本书作者从事科技产品研制和科学理论及实验研究,长达 60 年。期间曾多次获得国家级奖励。此照片上方为(从左至右):国务院颁发的政府特殊津贴证书,专著《截止波导理论导论》的全国优秀科技图书奖状,对"高频电磁场场强标准"课题成果的科学技术进步奖证书;下方为华夏高科技产业创新奖特等奖证书(获奖项目超光速理论与实验研究),中国传媒大学 60 年突出贡献奖证书。

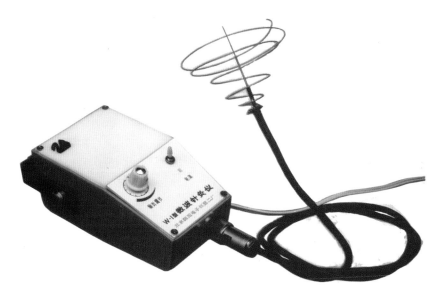

本书作者曾致力于微波的医疗应用研究,先后研制成功超短波治疗机和微波针灸仪。这张照片是早期的 W−1 型微波针灸仪。后来(投产前)又作了改进,即 W−1A 型。

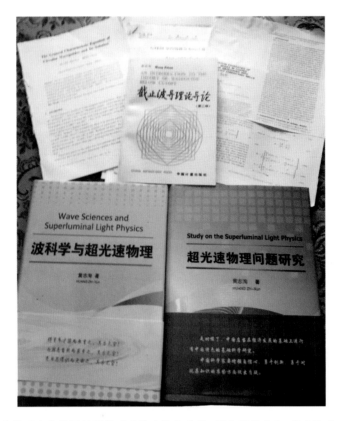

本书作者对波导理论有较深刻研究因而作出较大贡献,图中背景为中、英文论文(有的论文在美国发表);中间的书是专著《截止波导理论导论(第二版)》,1991年出版、50万字。图中下方的两部书是《波科学与超光速物理》(2014年)、《超光速物理问题研究》(2017年),集中反映了作者研究超光速所获成果,并有其他方面的科学工作;两书合计138万字。

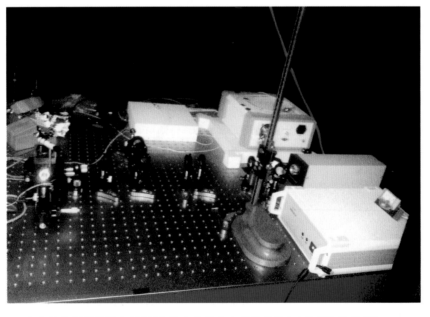

本书作者领导的团队于2013年建立的激光实验系统(波长632.8纳米)。

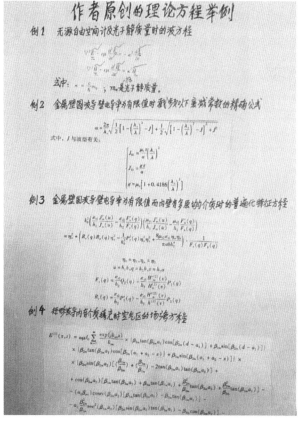

这张照片是本书作者原创性理论方程的举例：①计及光子静质量时的自由空间电磁波方程；②圆截止波导衰减常数的精确公式；③内壁有多层介质时圆波导的普遍化特征方程；④矩形波导内有介质填充时空气区的场强方程。这些仅为作者创新性研究工作的几个代表。

2007年本书作者与林为干院士合影；林先生曾长期担任中国电子学会微波分会主任，其研究思想和方法对作者有深刻影响。

　　过去本书作者曾参加中国最早的"光频测量"课题组,其中的一个分课题是"超导腔稳频振荡器"(SCSO)研制,并负责微波器件及低温真空系统的设计。这是在当时主持研制成功的全金属化液氦(LHe)杜瓦,提供4.2K超低温后经减压降温可达1.3K;摄于1982年。

　　1999年T. Hansch提出的飞秒光频梳技术为光频测量带来了突破;图中为李天初院士(右1)向本书作者(中)介绍在中国计量科学院初步建立的光梳技术实验系统(2006年)。

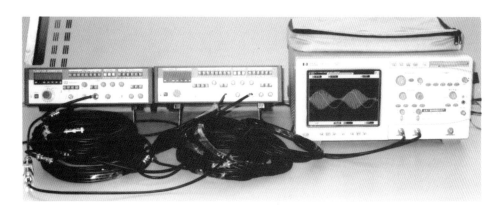

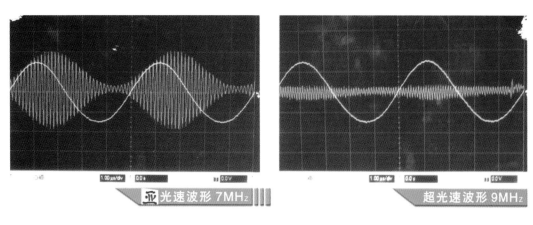

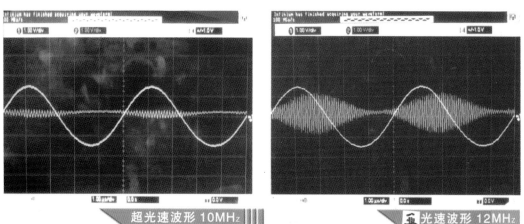

　　2003 年 4 月,本书作者领导的课题组,在中国传媒大学实验室中用模拟光子晶体的同轴结构实现了群速超光速,其值为(1.5～2.4)c;这被中国工程院称为国内的首例超光速实验。图中上部为实验器材和仪器;下部为数字示波器显示的波形。在该实验中,数据分布情况为:阻带中群速为超光速,通带中群速为亚光速。图中显示了通带中(7MHz、12MHz)两路信号的波形,也显示了阻带中(9MHz、10MHz)两路信号的波形。

2004 年 11 月 26 日～28 日召开了主题为"宇航科学前沿与光障问题"的香山科学会议,发起人及执行主席为宋健、陈佳洱、王越三位院士。本书作者应邀作题为"超光速研究 40 年的回顾与发展"的中心议题报告,此为会议休息时与宋健院士的合影。

2011 年 11 月《科技日报》社举办了"超光速科学问题研讨会",本书作者曾作主题发言。图为会后全体人员合影——前排(自左至右):曹盛林教授(北京师范大学)、林金研究员(中国运载火箭技术研究院)、张操教授(美国 Alabama 大学)、程津培院士(国家科技部)、本书作者、谭暑生教授(国防科技大学)、耿天明教授(首都师范大学)。

本书作者于 2006 年参观香港理工大学时在校园中留影。

意大利科学先驱 Galileo Galilel(1564—1642)曾在 Pisa 的斜塔上做著名的落体实验;这是本书作者游历意大利时在该斜塔前留影(1999 年)。

中国计量科学院昌平基地建成后，本书作者前往参观并在实验室内留影(2010年)。

英国国家物理实验室(NPL)赠送中国计量科学院昌平基地一颗苹果树，它是传说 Newton 当年"被落下的苹果打中头部"的那株树的一部分；本书作者与其合影(2010年)。

微波和光的物理学研究进展

Research Progress in Microwave and Light Physics

黄志洵　著

HUANG Zhi – Xun

国防工业出版社

·北京·

图书在版编目(CIP)数据

微波和光的物理学研究进展 / 黄志洵著. — 北京：
国防工业出版社，2020.9
ISBN 978 – 7 – 118 – 10318 – 2

Ⅰ. ①微… Ⅱ. ①黄… Ⅲ. ①电磁波 – 研究 Ⅳ.
①O441.4

中国版本图书馆 CIP 数据核字(2020)第 185821 号

※

国防工业出版社出版发行

（北京市海淀区紫竹院南路 23 号　邮政编码 100044）
天津嘉恒印务有限公司印刷
新华书店经售

*

开本 787×1092　1/16　插页 6　印张 32½　字数 780 千字
2020 年 9 月第 1 版第 1 次印刷　印数 1—2200 册　定价 199.00 元

（本书如有印装错误，我社负责调换）

国防书店：(010)88540777　　书店传真：(010)88540776
发行业务：(010)88540717　　发行传真：(010)88540762

作 者 题 记

在学术上,只有苛刻地审视,才能接近真理。因此,"合理怀疑"是科学家应具备的精神。一个科学工作者如毕生都未对现存知识提出过质疑,他就不会是一位优秀的科学家。

新思想、新观念的提出,开始时会使人觉得怪异、反常。然而,杰出的思想可能照亮一个新领域、发现一个新方向。创造力的标志就在于"标新立异"。当旧的框架已不能解释新的事实,就要考虑这里是否有新原理要破土而出。中国科学界目前非常缺乏全新的创造性思想与学理,许多研究都是对西方的模仿。人们过分迷信权威,也就难以在科学理论思维上取得突破。

Author's Inscription

In the sphere of learning , we must make excessive demands of examine, to be gradually nearing the truth. So, scientists should satisfy the condition of rational suspect. If a researcher did not query the validity of extant knowledge's statement in all his life, he is not an outstanding scientist.

When someone advances a new idea in science study, it is strange in person's mind of sometimes. But a wonderful idea can illuminate a new area, and discover a new direction. The creative ability is start new just in order to be different. When the old frame can't explain the new facts, then it is possible to destroy the old and establish the new principle. In PRC, the new original theory and principles was lacking for study, and many researches were simulating to the West. People have blind falth in authority too much, and then it is difficult to obtain the scientific break through.

序

　　黄志洵教授是国内著名电磁场理论、微波技术及光学专家,博士生导师,长期从事该领域的科研工作。

　　《微波和光的物理学研究进展》是他科学研究成果的总结。文章内容广泛,包含电磁学中的消失态理论、截止波导理论、波导新方程等方面;书中论述了他提出的电磁波负性运动概念,以及关于超光速、引力波、量子通信等问题的评论,具有独特的见解和创新性。

　　相信本书的出版能对我国学术繁荣和科技进步,起到积极的推动作用。

张履谦

2019 年 3 月 28 日

　　张履谦　雷达与信息技术专家,中国工程院院士。曾从事雷达与电子对抗研究,主持研制地空导弹制导雷达、地球同步通信卫星微波统一测控系统,参加通信、导航、微波遥感等卫星和探月、载人航天工程的研制,为我国雷达技术进步和空间事业发展作出了重大贡献。其成果曾获国家科技进步特等奖、一等奖、全国科学大会奖及中国载人航天突出贡献者奖。1997 年获何梁何利基金科技进步奖。

前　言

一

本书是一本论文集,收入一批微波物理和光物理方面的理论性、创新性研究论文。其中许多论文是 2017 年至 2018 年间写作和发表的,代表了我较成熟的科学思想,为现有知识增添了新内容。和过去一样,全书表达了一名科学工作者的内心世界——真挚的感情、被理想点燃的兴奋、对自然界的好奇;是一种对当代科学迷宫的探险。……在长期的研究生教育工作中,我有时会对某个攻读博士学位的学生说:"你聪明,但我不认为你很聪明,要加倍努力。"……那么,我对自己怎么看? 这些文章说明我有高智商吗? 我欣赏那些青年才俊,但我从不认为自己"聪明"。我更相信郑板桥咏松的著名诗句——"咬定青山不放松",即顽强和毅力。自然科学研究主要有两种手段:理论思维和实验探索,两者都是艰苦劳动的过程。至于创新,更是每个科学工作者必须努力达到的要求。我喜欢 J. Wheeler 的名言:"在任何领域找出最奇怪的事,然后进行探索"。

美国苹果公司创立者之一 Steve Jobs 英年早逝。当他在世时曾到 Stanford 大学演讲,有一位学生问道:"how can I be more like you , how can I become like you?"对此 Jobs 回答道:"think different"(另类思维)。显然,Jobs 是要学生们知道墨守成规及盲目迷信权威是创新的大敌;要敢于想前人未想过的事,做前人未做过的工作;有敢于"标新立异"的勇气和创新能力。可以说,在这方面我较为突出、较有思想,这可由本书作为证明。书中收集的论文不同于一般教科书式的认知,而是一种高级的理性思维形式,是冷静而独立的带有批判性、穿透性、超越性的思考,尊重权威但又不迷信权威。……在这本书中,绝大多数论文或是有我们推导的新方程,可解析地说明事物的联系和规律;也有自行设计和实施的实验,已获得了独特的结果。当然,更多的是活跃的科学思想——如果没有新思想,写文章就没有意义了。

仅就本书(6 个方面、28 篇论文)来看,大多数是创新性的——新的思想观点、新的理论分析、新的实验设计、新的数据。这是大容量的科学工作,它们说明了我对祖国的爱和奉献,不吝惜为科学理想挥洒汗水。……有必要指出,自己在青、中年时有两个方面的长期工作经验(设计和研制电子仪器、研究 TEM transmission cell 技术),也有多篇理论与实验相结合的创新性论文,但均未收入本书;这是为了控制书的篇幅。另外,大家知道我对光速和超光速问题作过许多研究,试图推动这方面科学工作的发展。但在本书中收入的论文却很少,这是由于过去自己已出版过多部专题著作,因而有意省略了。

本书的 28 篇论文可以分为两大部分。前半部分 14 篇,涵盖电磁波、场的消失态理论,截止波导理论,金属壁波导新方程及导波系统新结构。这些都是用传统的电磁理论对具体导波结构的分析处理,包含有众多的由笔者(以及合作者)独立提出的原创性理论及推导。这是我毕生科学生涯的重要反映,集中了大部分可以称之为标志性理论贡献的东西。本书第Ⅲ部分的标题中的说法(金属壁波导新方程)绝不表示我的研究范围限于金属壁结构。我在论文和书中都指出过,在导波系统理论中,关于圆柱波的讨论,实际上是一个统一的理论,亦即同一个数学模型在几种特定情况下的具体体现。也就是说,具有普遍意义的特征方程(characteristic equation)一旦导出,就不仅可用于金属壁中空圆波导,还可用来处理介质圆管波导、介质圆棒波导,以及光导纤维。可以说,这些理论充分展示了数学美、逻辑美。此外,我还深入研究过如何用量子力学 Schrödinger 方程来分析光纤的问题。

那么我为何会以多年的精力持续研究电磁消失态(evanescent state)理论和截止波导(WB-CO)理论? 这里简单说一下背景情况——20 世纪 50 年代(我读大学时期)是中国开始工业化的年代,主要学习苏联。1958 年我到电子工业部第 10 研究所当技术员;先跟苏联专家工作,目的是把他们工厂(高尔基无线电仪器厂)的一种电子仪器转移到中国来。后来中苏分裂,苏联撤走专家;第 10 研究所就自己完成研制,自行组织批量生产。我们搞的是超高频信号发生器,其中的一个部件(截止衰减器)引起我很大兴趣。经不断钻研提升到理论层面上作长期研究,多年后我写出了 50 万字的《截止波导理论导论》一书。它至今仍是国内外独一无二的著作。由于其独特性和有若干理论创新,获得了全国优秀科技著作奖。这是一个在实践中培养兴趣提升到理论层面并从多角度研究同一现象从而取得成功的例子。还有一些原创性论文被收入本书中。

我的兴趣在于理性认识的深入和提高。关于导波理论,多年来我针对圆柱状导波结构提出了好几个新的特征方程;给出了精确求解 CMS 方程的算法;又用表面阻抗微扰法导出了计算一级衰减标准衰减常数的高精度算式,从而解决了当时急需的建立国家衰减标准所用的基础理论(从 1979 年起我在中国计量科学院做研究工作)。此外,我和合作者解决了一级衰减标准中波导内壁氧化膜影响的严格计算。就这样,从实践中提出问题并在理论层面给出了回答;这坚定了我的信心。

1985 年,我转到北京广播学院(后称中国传媒大学)任教,先任副教授,后升职教授,又任微波工程系副主任,主要负责研究生教育。1993 年,我和研究生合作导出了非理想导电金属壁圆波导内壁敷介质层时的全新的特征方程,为降低喷气式飞机进气口的雷达散射截面(RCS)提供了可能,并有其他多方面的用途;论文在美国发表后在多国引起反响。……作为一名微波工程教授,我对不同截面、不同材料的导波系统的理论一直有兴趣。

二

本书的后半部分也是 14 篇文章,涵盖的内容包括电磁波负性运动及物理学中的负参数、超光速、引力波问题研究,量子理论和量子信息学评论。这些从基础物理理论衍生出来的科学内容,对我有强烈的吸引力;对它们的研究持续了 20 多年。我也曾指导研究生(硕、博学生)并取得了一些实验成果。

超光速研究是多个国家都在进行的一种"挑战不可能"的探索,在理论和实验两方面既有广度又有深度。我从 20 世纪 90 年代中期开始这一领域的工作;最初研究方法侧重于从消失态和反常色散这两种物理状态入手,后来扩展到不附条件的自由空间。早在 1985 年我提出可把截止波导当作量子理论中的势垒而用在物理实验中,给出了等效电路模型;1992—1997 年,德国科隆大学用此方法做成功群速超光速实验。2003 年,我和逯贵祯教授指导研究生利用同轴线结构模拟光子晶体进行测量,发现和测出了超光速群速,论文被中国工程院称为国内首例超光速实验。2013 年,指导博士生设计了左手传输线芯片,测出了负群速(NGV);这是超光速的另一形式。

2013年,我提出了"电磁波负性运动"概念,指出物理参数的正或负都是客观世界对称性的固有本质。实际上,早在1991年我在研究截止波导理论时即已发现了消失态中的负群速和负相速(NPV),指出这就是Maxwell方程超前解的物理表现,过去人们简单地把超前解抛弃是不对的。进一步,我开展了对天线近区场中超光速现象的研究,提出这是发生在自由空间的类消失态(evanescent-state like)现象。另外,我还提出了应当开展"三负研究"的建议,认为只有把负折射、负波速、负GH位移相联系地作统一研究才能真正揭示波动和光学现象的本质。2014年7月出版的《波科学与超光速物理》一书,收入和总结了这些工作成果。

我的研究逐渐引起了科技界领导人的注意,例如2003年原国家科学技术委员会主任宋健院士指定我和林金院士协助他组织题为《宇航科学前沿与光障问题》的香山科学会议。会议代表共50人,其中9位院士;宋健做了主旨报告《航天、宇航和光障》,我则被指定作中心议题报告《超光速研究40年:回顾与展望》。正是在这个会议上,宋健提出:"飞出太阳系是人类的伟大理想;而且如果要进入银河系,必须加大航行速度——接近光速,如可能的话应超过光速。"这是中国科学家在世界上最早提出的"超光速宇航"设想。2014年9月,在看过新出版的《波科学与超光速物理》一书后宋健写道:"大作已拜读,不胜鼓舞。"说明这位老科学家、航天专家一直不改初衷。另外,由于多年来我坚持研究重大科学问题,国家科技部原副部长程津培院士多次给予鼓励和表扬。由于他与另5位专家的推荐,经评比后我获得2013年度"华夏高科技奖"的特别创新奖。

三

和过去一样,在现在的这本书中我表达了对国家科学事业发展的希望,认为必须先作自我追问、自我反省,改变一直以来对西方科学界亦步亦趋的作法。我并非对他们抱有敌意,也不反对Nobel奖。我反对的是Nobel奖的变味和退化,以及他们中某些人在追逐Nobel奖时的不择手段。一些理论物理学家似乎丧失了在大自然面前应有的谦虚,习惯以权威自居,对宇宙和事物作随心所欲的解释,漏洞百出却大肆宣传。在美国物理界,认为自己"早该得Nobel奖"者似乎颇不乏人;2014年就曾鼓噪说,哈佛大学BICEP小组已用实验证明引力波存在,暴涨理论和多宇宙论也得到证实;暴涨理论提出者Alan Guth曾对新闻界说"这可能获Nobel奖"(或许也暗示他自己可能折桂)。我当时写了文章反驳,后来证明是正确的——BICEP的"成果"和Guth的夸口一起破灭了。

从2016年初开始,西方对发现引力波作了声势浩大的宣传。2017年6月,《前沿科学》杂志(第2期)发表了我的短文"对LIGO所谓'第3次观测到引力波'的看法"。文章说,LIGO最近宣布第3次观测到引力波;并非有了新的物理学、天文学证据,而是和过去一样,只要有信号与数值相对论(numerical relativity)数据库中的海量波形能对上,就向全世界宣布观测到引力波;但这只是一场计算机模拟和图像匹配的游戏。从场论来看,引力场是静态场而非旋量场,缺乏产生引力波的必然性。……另外,著名物理学刊物 *Jour. Mod. Phys.* 在2016年第7期上刊登了英文论文"LIGO experiments cannot detect gravitational waves by using laser Michelson inteferometers",作者为中国、美国、巴西的4名科学工作者,对LIGO的说法提出了批评(作者中包括梅晓春、黄志洵)。

2017年夏季有动向证明我们的意见正确:美国连线杂志网站7月9日报道说,丹麦Bohr

研究所的科学家称，LIGO测到的可能是一种噪声，所谓"发现"受到质疑；而LIGO有的成员已开始承认这个批评(参见7月12日《参考消息》报)。同一时期在刊物 *Jour. Cosmology & Astroparticle Phys.* 上，出现了一篇文章"On the time lags of the LIGO signals, abnormal correlation in the LIGO data"，指出可以在LIGO数据中找到大量与"GW150914引力波信号"非常相似的波形，而它们却是一些噪声。该文由多位欧洲科学家撰写，指出LIGO的所谓"引力波信号"是偶然造成的——如果第一次是误判，第二、三次就是欺骗了。这与我们的意见相同。后来中国科学工作者联名写了一封公开信，发给Nobel Prize Committee的13人，包括委员会主席(Prof. Lars Heikensten)、常务主席、秘书长、物理学委员会负责人，主题是"The latest and stronger proofs to reveal the fraudulence of LIGO's experiments to detect gravitational waves"；着重指出：A large number of waveforms which were highly similar to the so–called gravitational waveforms in GW150914 event, but they were only noise!

2017年10月3日，我以平静的心态获悉，当年的Nobel物理学奖授予"引力波的发现"，获奖者为R. Weiss、B. Barish、K. Thorne三人。把奖金发给已"造势"两年之久的"引力波"，又有什么可奇怪的？

英国科学刊物 *New Scientist* 于2018年11月3日出版的一期上，刊登了一篇文章"Wave goodbye?"(与波再见?)副题为"Doubts are being raised about 2015's breakthrough garavitational waves discovery"(关于2015年的突破性发现，怀疑升高)。文章说，丹麦Bohr物理研究所(Niels Bohr Institute)的一个团队(包括Andrew Jackson等人)，对噪声影响等作研究的结论是："the decisions made during the LIGO analysis are opaque at best and probably wrong."(根据LIGO分析而作的判断，往最好说也是愚笨的，甚至可能是错误的)。12月4日，86岁高龄、德高望重的宋健院士给我写了一封短信，照录如下：

"志洵同志：刚收到 *New Scientist* (3 Nov. 2018)，看到这篇文章，质疑LIGO 2016年发现的重力波。想起去年拜读过足下和梅晓春、胡素辉合写的一篇评论，内容与此文大多重合。可见质疑者并非仅足下三人。惮足下漏阅，特奉上复印件。你或许已读过，敬请恕扰。致敬礼。宋健 2018, 12, 4。"

此信蕴含一位中国老科学家对国际上重大科学问题的关注。……问题是，如果Nobel委员会在人们不断质疑下终于认识到自己的错误，会不会收回2017年的奖金和奖章？这在过去尚无先例，但只能怪他们自己的草率。……我们把梅、黄、胡三人共同署名的2017年文章列于本书的附录中，供读者参考。

2019年1月黄志洵、姜荣写了一篇文章并放到科学网(*Sci. net.*)上；2月7日贴出修改稿。文章题目"美国LIGO真的发现了引力波吗?"见：http: blog. sciencenet. cn/blog – 1354893 – 1160629. html。到4月8日为止，阅读人数累计约4000人。可见大家都很关注此事，而我们讲的道理得到了广泛认同。该文较短，我把中、英文版本均收入本书中。这篇文章强调指出，Einstein引力场方程(EGFE)自身强烈的非线性造成无波动解，所以连Einstein自己都说"If you ask me whether there are garavitational waves or not, I must answer that I do not know"。

四

量子理论很早就进入了我的视野，我喜欢它解释世界时的深刻与美丽。尽管量子理论也存在一些问题,我仍相信它基本上是好理论。量子力学(QM)从根本上改变了我们对自然的理解,而且后来也没有出现别的理论能像它那样对物理现象提供如此深刻的认识和广泛的应用。本书的最后部分(5 篇论文),代表了我对量子理论的认识及探索,其中的两篇文章("Casimir 效应与量子真空""相对论性量子力学是否真的存在")实际上可作为"think different"的例证。

这里我想谈谈在量子信息学(QIT)方面的 3 篇文章。近几年 QIT 的发展很惊人;它的三个方向是:量子计算机(Quantum Computer)、量子通信(Quantum Communication,QC)、量子雷达(Quantum Radar,QR),在这几方面中国都有科研机构在做。这是正确的,因为它们象征未来。然而对 QC 一直有激烈的争论。2018 年我写了关于量子通信的文章:①"试论量子通信的物理基础";②"试评量子通信技术的发展及安全性问题";③"单光子技术理论与应用的若干问题",有人(如沈京玲教授)称之为"QC 三部曲"。这其实是有计划地把一个大题目分为 3 个小题目,试着把它讲清楚。这些文章对有关 QC 的努力作了肯定,认为 QM 足够做 QC 的理论基础,但对一些问题(如安全性、持续通信的稳定性)有怀疑。至于 QR,认为 QR 的思路新颖,设想和概念都很美好;但实践起来困难重重,因此怀疑更大了。

中国科学院院士程津培先生于 2018 年 9 月 7 日发来邮件说:"两篇 QC 文章均已拜读,对该领域有了更清晰的了解,我非常赞成您的分析和意见——客观、理性、不盲从。对您毕生探求未知、逐本求真,心系大事,一直由衷敬佩。我之关注 QC,不在于当初曾(注:2008 年以前程先生任国家科技部副部长)主导设立"国家重大研究计划",对 QC 萌芽期有所支持的缘分,而是对该计划基础研究阶段一些人头脑过热急忙产业化所致风险的担忧。您在文中已多处提及,学界也有很多议论。"……11 月 13 日程院士又发邮件说:"《单光子技术理论与应用的若干问题》已收到,将认真拜读学习。仅从摘要即觉得此文很有分量,您有否考虑将其译成英文,让国际上对中国学者的创新理论有更多的认知?"

我的论文①、②已在《中国传媒大学学报(自然科学版)》上发表(2019 年 No.5 及 No.6)。但在 2019 年 2 月,我看到一篇网文(题为"中科院主办的科普刊物竟出现了严重错误",作者徐令予,见:https://www.ednchina.com/news/20190212013.html? utm_source = EDNC % 20 Article……)。文章认为中国的量子通信工程与量子纠缠无关。目前的量子通信工程实际上仅为量子密钥分发,包括"京沪干线工程"的技术都是 BB84 协议(或其改进版),即利用光子的偏振态作为信息载体以传递密钥,与量子纠缠没有关系。另外,QKD 单次有效距离最多100km,而且 BB84 提供的不是量子密钥分发,而是量子密钥协商。那么远距离 QKD 如何实现? 要设立可信中继站(以下简称"可站")。其工作原理是:传统信道与光纤相结合,从而在1 号中继站与 N 号站之间建立共享密钥 K1。BB84 的协商密钥有不确定性,按说在 N 个站之间会产生$(N-1)$个密钥。但要求起始和终点只有一个密钥,只好用对称密码把 K1 一路传递下去(不断重复加、解密)。可见,QC 表面上是量子密钥分发,实际上是用经典密码分发密钥。因此,"可站"为密钥失窃敞开大门。京沪干线工程用的几十个"可站",对称密钥就是几十次以明码出现,相当于"密钥在裸奔",这是严重的安全隐患。……

上述徐先生的意见虽有可商榷之处,但在总体上讲既尖锐又重要,故录此以供参考。我觉得,物理学家去做 QC 工程并不合适,因为他们其实对通信工程和密码学都不太懂。但目前的情况,最著名的 QC 带头人都是物理学家。另外,据说 QC 主要研发团队说,他们用的不是单光子,而是弱激光束;这就引起了新的怀疑和争论。……看来 QC 技术的现状尚不能令人信服。

五

对有的科学问题,我坚持思考和钻研许多年。这不仅指导波理论的研究和对超光速物理问题的关注,还发生在基础科学的多个课题上。以光子研究为例,十多年的钻研始终不曾放弃。我在 2009 年发表"论单光子研究"一文;2011 年发表"虚光子初探"文章,对虚光子作消失态解释(这引起一些科学家的注意)。2016 年 9 月发表了"光子是什么"一文,指出:令人费解之处在于,既然人们公认光是电磁波的一种,光子还是微观粒子吗? 如果是,为什么光波不是几率波? 光子的原始定义是一个个"孤立的能量子",这算不算是微观粒子、有无大小和结构? 另外,光子的不可定位性造成无法为它确定一个自洽的波函数。光子似不能与电磁波等同,这一点最令人费解。我提出"光子是一种独特的微观粒子",认为 Proca 方程组(我称为修正的 Maxwell 方程组)可作为光子新理论体系的基础。2018 年岁末我写出了"单光子技术理论与应用的若干问题"一文,对光子作了较深刻完整的分析。在这篇论文中我做了本应由法国物理学家 A. Proca 来做(但他未做)的事——从 Proca 场方程出发导出了新的(光子与电磁波的)波方程,并称之为 Proca 波方程(PWE)。这样,物理学中的一个自洽性缺失的理论问题得到了改善;值得注意的是,在 Maxwell 波方程中没有粒子质量,而在 PWE 中出现了粒子质量。

在长期的科学研究中,我体会到应如何认识大自然。她告诉我物理规律的深刻性、相互联系和普遍性。例如,消失态不仅呈现在一些高频和微波的场合,在研究表面等离子波时也会遇到。波导理论中的特征方程是又一例子,你要做的只是建立一个提炼出来的数学模型,然后可以用到各处——从金属壁波导到光纤。另外,在探索负物理参数问题我也发现和强调这一现象的普遍性。另外,我指出量子理论并非只适用于微观世界,它也可以处理一些宏观问题。注意自然界的相互联系,这也体现在超光速与超声速的比较研究中。……总之,希望读者注意到我的科学思想和研究方法的特点。自然是奇妙的,但她只把秘密告诉细心观察的人。

无庸讳言,本书具有对我的科学生涯作总结的性质。那么我为什么如此执着地研究科学?首先是因为国家需要,其次是因为好奇和带来的快乐。我把一生都用于探索,虽然这并不能为自己带来物质利益。……现在也是如此,如果本书对科学研究人员和高校师生非常有益,对我而言就足够了。

六

我一向喜欢收集、研究历史上一些科学大师的言论,把他们的思想看作指路明灯。例如在获奖著作《截止波导理论导论》中,在最前面(扉页)引用了三段话。首先是伽利略(G. Galilei, 1564 ~ 1642)所说:"自然之书是用数学写成的"。其次是达芬奇(L. da Vinci, 1452 ~ 1519)所说:"一个人如喜欢没有理论的实践,他就像水手上船而没有舵和罗盘,永远不知驶向何方。理论好比统帅,实践则是战士。"最后是汤姆孙(J. J. Thomson, 1856 ~ 1940)所说:"理论的最重要品质是提出研究新领域"。在同一书中中国科学院院士黄宏嘉先生在他写的"序言"中说:"科学理论的发展离不开实践;理论的模型总是通过某种线索,与可观测量联系起来。理论联系实际的这种特色,在截止波导理论中表现得更加明显。黄志洵教授将自己多年来的研究成果和心得,结合国内外的经典论述,写成此书,颇有独到之处,也填补了一个空白"。他还赋诗一首:"一年容易去如斯,喜读华章岁末时;波欲静兮场不息,词称截止堪深思。理论形成赖实践,格言摘录引芬奇;学术交流同进步,新书一卷谢君贻。"

对于上述科学大师和前辈的教诲,我是身体力行、不打折扣,本书的内容即可证明。全书于 2019 年 6 月 19 日交稿,今年 3 月出版社完成审核、录入、排版、交给作者校对清样、修改定稿。众所周知,现在中国人民、世界人民联手战疫,无论如何一定要(也一定能)胜利。在近一年时间里,作者又写出几篇论文("试论引力对光传播的影响"、"速度研究的科学意义"、"从声激波到光激波"、"关于 GPS 系统相对论修正问题的讨论");它们已不可能收入本书之中,但《中国传媒大学学报(自然科学版)》已经(或将要)将其发表,有兴趣的读者可自行检索。

※　　　　※　　　　※

[致谢]

借此机会我要向多方面的人士致谢:

——首先感谢航天界老专家、雷达界的泰斗张履谦院士为本书写序。张院士虽已高龄(他是我老师辈的人),但仍认真阅读了有的文章,给出了"很有见解"的评语。而且他还鼓励我说:"你的钻研精神和科学态度值得学习,我希望你的著作早日出版,以繁荣学术,推进科学发展。"老专家的关怀和执着,非常令人感动。

——本书有一些文章是与人合著的作品,首先是我在不同时期的研究生们(曾诚、徐诚、李天舒、孙金海、姜荣),与他们的合作不仅卓有成效,而且难以忘怀。其次是两位研究员(梅晓春、胡素辉)、一位在美国工作的教授(王令隽)及几位高级工程师(朱敏、潘津、杨青山),书中有的文章蕴含了他们的智慧和辛劳。

——多年来,中国传媒大学对我的研究工作提供了精神上和经费上的支持,我感谢学校的信任和帮助。也有的研究经费来自科技部、教育部。中国传媒大学的 3 位教授(车晴、刘剑波、逯贵祯)给予了许多帮助。

——国内的专家学者的鼓励和帮助也是难忘的,包括一些德高望重的老院士(林为干、黄宏嘉、陈太一、吕保维、王越、宋健、程津培、张钟华、吴培亨、夏健白)和多位教授及研究员(谢希仁、郭衍莹、沈乃澂、杨新铁、冯正和、沈京玲、耿天明、曹盛林、李志远、吴养曹、梁昌洪、马青平、艾小白、马晓庆、张巍)的支持;和他们的切磋讨论使我受益良多。我也感谢和德国科隆大学 G. Nimtz 教授的有益讨论。

——国防工业出版社领导的长期支持和信任,以及陈洁、王九贤编辑的持久、有效的工作。

——夫人李英和女儿晓薇的支持和帮助。

对以上各位,谨致最诚挚的谢意!

黄志洵

2020 年 7 月

对本书的说明及导读

本书是一本理论性、创新性研究论文的合集，包含了大量深刻的科学工作。全书共 28 篇论文，分为 6 个部分。正如一位读过部分内容的物理学家所说："这些论文逻辑严密，条理清晰；文献丰富，有浓重的历史感。"尽管如此，笔者认为需要在卷首说明各篇的写作背景、核心思想和创新点，作为导读，从而对读者提供帮助。

第 I 部分为"电磁波、场的消失态理论"，这是笔者曾长期研究的领域。我们知道，在一般情况下，波的进行沿距离增大只有缓慢的减幅（衰减），而其相位则有显著的变化；这称为波的传输态（transmission state）。另外，可能出现下述情形——波的幅度沿距离增大方向迅速地衰减，而相位几乎不变；这称为消失态（evanescent state）。无疑，传输态和消失态都是 Maxwell – Helmholtz 方程所代表的电磁规律的结果，是一定会有的现象。因此无论在何种频率上，如短波、超短波、微波、太赫波、可见光频段，甚至波长比可见光波波长还小的频段，都会发现消失态的存在。最为著名的现象，或许是光在玻璃与空气界面发生的全内反射（total internal reflection），由此产生的消失波最早由 G. Quincke（Ann. Phys. Chem.，Vol. 5，No. 1，1866）和 E. Hall（Phys. Rev.，Vol. 15，1902，73）作了实验研究；这是在光波频段，而在 1866 年 Maxwell 电磁理论刚刚问世。另外，Lord Rayleigh 在 1897 年通过分析金属壁柱波导而预言了波导内消失态的存在，这是指工作频率低于波导截止频率的情况。因此，在 19 世纪后期就发现了消失态，也彰显了大自然的相互联系的本质。

在这部分中有 5 篇论文："波科学中的消失态理论"是一个全面的论述，涉及的结构有金属壁波导、光纤、双三棱镜等，有助于使读者建立丰富、全面的认识，并把经典状态和量子状态沟通联系起来。此外，该文给出了消失态的虚光子理论。"消失场的能量关系及 WKBJ 分析法"文章，通过对电抗性系统（网络和互感电路）功率、能量关系的分析，阐明消失场的概念；又讨论了 Schrödinger 方程的 WKBJ 近似法求解。论文"消失态与 Goos – Hänchen 位移研究"深入探讨了界面发生全反射时的消失态表面波和在全反射条件下 GHS 的计算；此外，还重点讨论了双界面问题，指出关于 GHS 的精确理论至今尚不存在。"表面等离子波研究"一文证明了消失态是普遍存在的现象，该文讨论了 SPW 的产生条件和激发方法，给出了我们研究团队用 Kretschmann 方式的三棱镜系统激发 SPW，成功在 632.8nm 激光波长上测出了纳米级金属薄膜厚度，并精确测量了金属的负性介电常数。最后，论文"消失模波导滤波器的设计理论与实验"给出了消失模波导滤波器的设计理论，这使微波滤波器的体积重量大为减小；又提供了自行加工的样品的测量结果。……总体来看，5 篇论文对消失波、场的理论和应用作出了贡献。

第 II 部分为"截止波导理论"，这也是笔者较有贡献的领域，共 5 篇文章。论文"H_{11} 模截止衰减器的误差分析"，对截止式波导衰减器的线性段误差和非线性段偏差进行了理论与实验研究。论文"圆截止波导衰减常数的精确公式"，用微扰法对圆波导在截止区的衰减常数作推导，得到了全新的方程，其精度达 10^{-6}。论文"金属壁内生成氧化层对高精密圆截止波导传播常数的影响"，用严密的数学分析处理了圆波导金属内壁有微小氧化层生成时对传播常数的影响,此文为建立国家衰减标准提供重要参考。论文"Exact calculations to the propagation constant of circular waveguide below cutoff",对于圆波导中 H_{11} 模的消失态,用近似计算手段求解特征方程,得出传播常数的精确值,对建立国家衰减标准的设计是有益的。

第Ⅱ部分的主要内容其实是先由实践经验和需要提升出理论课题,然后用进一步的数学分析改进理论提高精确程度,最后对照实践提出指导性的论述和建议,预测其中的新的可能性。所谓"实践经验"是指:早年笔者在电子工业部第10研究所工作时参加了仿苏 ГСС – 17 标准信号发生器的研制,其输出衰减器可使输出信号最低达 $1\mu v$,即 $100mv \sim 1\mu v$ 连续可调。如此优越的性能得益于截止波导衰减器,正是这个精密部件点燃了我对波导理论的强烈兴趣。曾对微波衰减测量技术(microwave attenuation measurements)作长期钻研的笔者在中国计量科学院(NIM)做研究工作时,恰逢该院开展用圆截面截止波导(circular waveguide below cutoff)作为核心部件以建立国家衰减标准的课题,而这是因为这种波导实际上可由计算决定衰减常数的最高精确度。笔者非常关注该课题的进展并埋头做理论研究,导致本书这几篇论文的诞生。中国计量科学院在研制中曾做过出色的工作——该院附属工厂对圆截面黄铜短波导加工达到以下的高水平:室温20℃时平均管径 $d = 2a = 31.96254\text{mm}$,管径加工不均匀性≤0.5μm,管径测量不确定性≤0.6μm。结果是:室温20℃时衰减常数 $\alpha = 0.99995775\text{dB/mm}$;由截止波导对国家衰减标准总误差造成的影响为 $\text{d}\alpha/\alpha \leq 5 \times 10^{-5}$。上述的数据与别的大国的最高计量研究机构(如美国标准局 NBS、英国物理研究所 NPL)的工作相比,NIM 也毫不逊色。……至于笔者的这些文章,起的作用是课题的理论保障及升华提高,是有学术价值的。

第Ⅱ部分还有一篇文章"波导截止现象的量子类比",指出对微波也要关注其粒子性(微波光子或微波量子),而对波导可以从量子隧道效应的角度来观察和研究。该文证明了截止波导可在物理实验中当作势垒而使用(文章发表几年后德国科隆大学 G. Nimtz 教授用这一思想和方法测出了截止波导中的超光速群速)。此外,文章给出了量子隧道效应等效传输线电路模型。

第Ⅲ部分为"金属壁波导新方程及导波系统新结构"。我们知道,早在1893年英国物理学家 J. J. Thomson 就从理论上肯定了电磁波沿空金属管传输的可能性并建立了圆波导的初级理论,导出了最早的特征方程。1936年,J. Carson 等为配合用圆波导传输微波的成功实验,按照贝尔实验室(BTL)的要求推导了既假定壁电导率为有限,又作混合模(hybrid modes)分析的特征方程,比 Thomson 前进了一大步。我们所做的工作是,在更复杂的条件下(波导壁电导率为有限值、内壁敷有电介质层)推导新的特征方程,结果获得成功——论文"The general characteristic equation of circular waveguide and it's solution"在国内发表;数学分析更加严谨的论文"Attenuation properties of normal modes in coated circular waveguides with unperfectly conducting walls"在美国发表。由于这些工作,我们得到普遍化的新特征方程。笔者证明著名的 Carson – Mead – Schelkunoff 方程只是它的近似,又可以概括计量学中所用方程。而且,它为降低喷气式飞机进气口的雷达散射截面(RCS)提供了参考;因而受到多国(如美国、印度)科学家的重视。

在第Ⅲ部分,还有对矩形截面波导的分析——论文"用介质片加载时矩形波导内的场分布",它反映了我们对"如何在波导内部建立 TEM 场区"的兴趣,以及克服了巨大困难之后获得的研究成果。论文"A new TEM transmission cell using exponential curved taper transition"面对的也是矩形结构,但它是有内导体的双导体系统。由于我们创造性地对过渡段采用指数型曲面结构,团队的研制和实验都证明这种电磁兼容性(EMC)测量装置的技术性能获得了改善。

第Ⅳ部分是"电磁波负性运动及物理学中的负参数"。众所周知,由于苏联物理学家

V. Veselago 于 1964 年提出媒质电磁参数可以为负(即同时有 $\varepsilon < 0, \mu < 0$),几十年后演变为左手材料(LHM,也称超材料)的大发展。但我们应从一个更广阔的角度来看待这件事;笔者提出"电磁波负性运动"这一新概念,指出物理参数的正或负都是客观世界对称性的固有本质。实际上,早在 1991 年在研究截止波导理论时笔者已发现在 WBCO 中有负群速(NGV)和负相速(NPV),多年后又指出这就是 Maxwell 方程超前解的物理表现,过去人们简单地把它抛弃是不对的。进一步,我们开展了对天线近区场中超光速现象的研究,说明这是发生在自由空间的类消失态现象(evanescent - state like)。另外,笔者提出了应当开展"三负研究"的建议,认为只有把负折射、负波速、负 GH 位移联系在一起作统一研究,才能真正揭示波动和光学现象的本质。

第Ⅳ部分有 4 篇文章。论文"金属电磁学理论的若干问题",指出金属对微波照射和可见光照射的反应很不相同。在微波,金属的相对介电常数(ε_r)为复数,但实部为负,虚部为正。例如有以下计算结果:$\varepsilon_r = -3.4 \times 10^4 + j3.5 \times 10^7 (f = 3\text{GHz})$,$\varepsilon_r = -3.4 \times 10^4 + j3.5 \times 10^6 (f = 30\text{GHz})$;然而对光频而言,$\varepsilon_r$ 为正实数,金属很像是电介质。因此,如做表面等离子波(SPW)实验,在微波容易成功,在光频就不顺利。论文"负 Goos - Hänchen 位移的理论与实验研究"给出了我们团队在实验中发现的新现象——采用 Kretschmann 结构对金属(铝)纳米级薄膜造成的 GHS 进行测量,竟可以在 TE 极化(而非 TM 极化)时发生负位移。论文"量子隧穿时间与脉冲传播的负时延"着重研究了量子隧穿中的负群速特征,指出存在两种情况:空间中的反向运动和对时间的反向运动。又指出在波动力学中波速度(如 v_p、v_g)是标量,故 NGV 的含义并非仅为"运动方向反了过来"。着重说明 NGV 波是超前波,它不仅比真空中光速 c 快,而且快到在完全进入媒质前就离开了媒质。本文给出了我们团队使用互补类 Ω 结构(COLS)构成的左手传输线的微波脉冲传输特性的实验研究;在 5.6 ~ 6.1GHz 形成阻带,其中状态为反常色散;结果获得了负群速,$v_g = (-0.13c) \sim (-1.85c)$。

负群速是一种比无限大群速还大的速度,并且此时的群时延也为负。这个奇异的现象看起来不符合人们的经验和逻辑,但却是经过实验精确测量得到的。论文"电磁波负性运动与媒质负电磁参数研究",提出了"电磁波负性运动"(negative characteristic electromagnetic wave motion)的概念,并将其与简单的"反向运动"相区别。认为必须接受 D'Alembert 方程的超前解,才能理解负速度概念。可以说,自然以她的真实和丰富给我们上了一课。

第Ⅴ部分为"超光速、引力波问题研究":虽然其中只有 3 篇超光速研究论文,并不表示该课题不重要,而是考虑到笔者过去已出版过较多的超光速研究论文和书籍,现在可以从简。论文"无源媒质中电磁波的异常传播"首先论述了波传播中负群时延的电路模拟,随后详细评论了用同轴线级联电路模拟光子晶体在实验中获得超光速群速及负群速,给出了我们团队的实验成果;其次又讨论了在微波用波导做实验的方法;最后对实现超光速通信的可能性作了讨论。论文"超光速物理学研究的若干问题"论述了 50 年中(1963—2013 年)在世界范围内超光速研究的成就和问题,重点讨论了量子光学方法。该文认为"超光速物理学"的建立已成事实。论文"突破声障与突破光障的比较研究"指出在这两方面作相互联系、参照研究的必要性与合理性;从超声速飞机的成功可知,那个奇点造成的无限大其实只存在于数学描写的表面,不应被它吓住。文章又深入分析了所谓"超光速造成时间倒流"的说法,证明它是完全错误的。

近年来笔者曾发表几篇文章,对美国 LIGO 声称"以实验发现了引力波"持强烈的批评态度。我们选择其中一篇文章"对引力波概念的理论质疑"放在本书第Ⅴ部分。该文认为已有充分证据证明引力场是静态场,是无旋场,不会有引力的波动。目前流行的观点是把引力作用速度与引力波波速混为一谈,这是错误的,而引力作用不可能以光速传播。文章论证说,Einstein 引力场方程的非线性造成无波动解,故引力波是一个无意义的概念。论文"美国 LIGO 真的发现了引力波吗?"包含中文稿、英文稿两个版本,它的内容更精炼、逻辑性更强,表达也更清楚。因此,本书收入它对读者是有益的。

第Ⅵ部分是"量子理论和量子信息学",有 5 篇文章。论文"Casimir 效应与量子真空"发表后曾引起国外学术界的注意,该文认为 Casimir 的双平行金属板结构造成了两种真空:板外的常态真空和板间的负能真空(negative energy vacua),后者造成板间的电磁波速(相速、群速)大于真空中光速。论文"相对论性量子力学是否真的存在"说,虽然 Dirac 量子波方程(DE)的推导从表面上看是从相对论出发,而不像 Schrödinger 量子波方程(SE)那样从 Newton 力学开始其推导;但 DE 的推导源于两个与质量有关的方程(质能关系式和质速关系式),而它们都能用狭义相对论(SR)出现前的经典物理导出;而且它们在 1905 年之前即分别由 H. Poincarè 和 H. Lorentz 提出,因此不能说 DE 是从 SR 出发得到的结果。文章评论了 P. Dirac 在晚年时的科学思想,认为他强调"无法使相对论和量子理论融合一致"是正确的。因此,所谓相对论性量子力学其实并不存在。

第Ⅵ部分的最后 3 篇文章是量子信息学(Quantum Information Technology, QIT)方面的论述。近年来在国际上掀起了研究量子通信技术的热潮,卷入的国家有中国、奥地利、美国、加拿大、澳大利亚、俄罗斯等国,其中以中国投入力量最大,公开报道的成果最多。在这部分中,论文"试论量子通信的物理基础"评论了量子力学的 Copenhagen 诠释,认为它实际上是 QM 的核心内容。指出 QM 的正确性和纠缠态的存在性均无可怀疑,必须肯定发展 QC 技术的重大意义。但是,即使 Wootters 定理无懈可击,QC 也不可能绝对安全保密。论文"试评量子通信技术的发展及安全性问题"讨论了 QC 的发展概况及工作模式,认为它已取得了巨大成绩。但其安全性、保密性究竟如何,还有待实验证明和应用考核。论文"单光子技术理论与应用的若干问题"是笔者对自己长期研究光子的一次总结,本文有深刻的逻辑系统和表达,并独立推导出新的关于光子和电磁波的波方程——Proca 波方程(PWE),此外还讨论了单光子在 QC 和量子雷达"(QR)中的应用问题。

综上所述,全书 6 个部分、28 篇论文中,约有 3/4 是创新性的。我们独立进行过实验甚至产品研制的文章,则占全书的 30%。因此,笔者有充分信心将此书推荐给高校师生及科学研究人员,并相信它对物理学家、航天专家、电子学家、计量学家有较高参考价值。

目　录

Contents

电磁波、场的消失态理论

- 波科学中的消失态理论
- 消失场的能量关系及 WKBJ 分析法
- 消失态与 Goos – Hänchen 位移研究
- 表面等离子波研究
- 消失模波导滤波器的设计理论与实验

波科学中的消失态理论

黄志洵

（中国传媒大学信息工程学院,北京　100024）

摘要:消失态是电磁环境中的一种常见的状态,基本特征是场强自原生地向远处按指数规律下降。电磁波通过电抗性突出的媒质是有普遍意义的情况,它对应导波模式、色散媒质、电离气体中的波传播问题。关于波传播的众多文献的理论贡献,它们表明经常同时存在着传输态和消失态。这是非常吸引人的物理现象,即消失态出现在若干不同的领域,如波导、光纤、受抑全内反射、等离子体、量子隧道效应、表面等离子波等。对于消失态,通常用函数 $e^{-\alpha z}$ 表示波幅随传播距离 z 迅速下降的规律,而确定衰减常数 α 的大小就成为一项重要的工作。本文给出了 4 种物理机制下对 α 的推导,结果表明对于不同的机制会有不同的计算公式,而 α 与频率的关系并没有相同的规律。

1897 年,Rayleigh 在分析金属壁矩形波导时最早预言了消失态传播。为了分析截止波导,看来可以把消失态当作具有虚波矢(虚波数)的状态;并且可将其看成驻波,场变化在各处同时发生,故在传播方向上无相移。但截止波导中的状况是奇怪的,有时相位常数 $\beta<0$,故实验显示脉冲延迟时间可以为负。虽然波导中相速比光速大是众所周知的,理论上却难以解释相速和相折射率变负的现象。

本文在一些问题上提出了与文献不同的观点。首先,"消失波"一词可以用,但它不是一个合适的词语,因为消失态基本上不是行波,而是驻波式振动变化的电抗性场,是能量的贮存而非能量的传送,故建议使用"消失态"一词以取代"消失波"。其次,"消失波放大"也非恰当的说法,它只是用指数式上升对指数式下降进行补偿,以追求所谓"理想透镜"的效果。从根本上讲,一种随时间和距离做驻波式振动的电抗性贮存场,没有"放大"的需要与可能。……此外,指出传输态与消失态的交界点是一种突变,目前还非常缺乏直接对其作研究的理论和实验工作。

在量子力学中,势垒内的消失态也具有虚数的波参量。这时可用 Schrödinger 方程作出说明,它可类比经典电磁理论中的 Helmholtz 方程。实际上量子隧穿是常见的物理过程,可在许多场合观察到——折射率渐变光纤中的传播;Bose 的双棱镜实验;等等。科学家们认为挑战"光速极限"是可能的,例如,在双棱镜实验中光子隧穿过两镜间隙,与走过较短距离的反射光子竟同时到达检测器。这表示在两棱镜之间发生了超快速传送,可以是光速的许多倍。人们都知道 R. Feynman 用虚粒子描写微观相互作用;现在可能已有了 G. Nimtz 实验所证明的虚粒子宏观相互作用。……总之可以认为消失态具有虚的波矢量。已有若干研究工作显示,由量子电动力学(QED)表述的虚光子特性在一些消失模实验中被观察到;因而从物理意义上提出了下述观点——消失模是虚光子。

最后,近年来不断有报道说,自由空间中在近场条件下电磁波可以超光速行进;实验中也观测到自由空间中的负波速现象。本文用类消失态原理和超前波理论对此作出解释。通过比较和鉴别,研究了消失场与天线近区场的特性,得到了统一的认识和理解,它涵盖了近场超光速性、消失态电磁现象、Maxwell 方程超前解和负波速。

关键词:消失态;截止波导;等离子体;量子势垒;光纤;双三棱镜;完美透镜;表面等离子波;虚光子;近场类消失态

Theory of Evanescent States in Wave Sciences

HUANG Zhi – Xun

(Communication University of China, Beijing   100024)

Abstract: The evanescent states are common in the electro – magnetic environments, it's basic feature is the field strength decrease according to the exponential law from original position to far away. The electro – magnetie waves propagate through the reactive medium are common situations, corresponding wave propagation in the guided wave modes, dispersion mediums, and the ionic gases. The theoretical contribution on wave propagation was offered in literatures, where it has been shown that the propagation state and the evanescent state are exist simultaneously. This is a very interesting physical phenomenon where the evanescent state was appeared in several situation, such as the waveguides, optical fiber, frustrated total reflection, plasma, quantum tunneling effect, etc. In evanescent state, funciton $e^{-\alpha z}$ represents an exponentially – decreasing law, z is the propagation distance of waves. Then, determination of attenuation constant α is a important research work. In this paper, we consider the derivation of 4 physical constructures, obtained 4 computation formulas of α, we show that the relations between α and ω are different.

In 1897, Lord Rayleigh's calculation predicated the evanescent states appear to propagate in rectangular metal waveguides. In order to analyze the phenomenon of waveguide below cut – off(WBCO), it seems that the evanescent states have a imaginary wave vector (a imaginary wave number). And so, we can say it is like a standing wave, the variation of field occurs in every position simultaneously, this means that they do not experience a phase shift in propagate direction. But the behaviour of WBCO was a bit strange, sometimes the phase constant β is negative, then in experiments the pulse delay is negative. Although the phase velocity of waveguide to be superluminal is well – known, the theoretical discussion does not explain why the phase velocity and the phase refractive index becomes negative.

In this paper, some scientific problems are investigated. First, the term "evanescent wave" are not the reasonable words, because the evanescent state is a standing – wave model of vibrate variation, and it is not a traveling wave. Thus, the field is reactive, there are storage of energy, but not the transmission of power. We have introduced the term "evanescent state" in this situation to replaced the term "evanescent wave". Second, "amplification of evanescent waves" also are not the reasonable words, beause it just using exponentially – increasing process to compensate the exponentially – decreasing process, hope the effect of "perfect lens." However, the storage field can't be amplifying. Finally, in the paper we show that the demarcation between the transmission state and evanescent state is a mutation process, it is be short of research works of theoretical and experiments now.

In quantum mechanics(QM), in barrier the evanescent states also have a imaginary wave parameter. This state can be explained by the Schrödinger equation, it is analogy with the Helmholtz equation in classical electro – magnetic theory. In practice, quantum tunnelling is the most popular physical process, it can be observed in many cases: the propagation of the graded index optical fiber, the two glass prisms of Bose experiment, etc. In scientist's opinion, to defy the light – speed limit is possible; for example, photons tunnel across a gap between two prisms yet arrive at same time as reflected photons than traveled shorter distance, that means an ultra – fast transit between the two prisms: so much faster than the speed of light. As well known, we are used the virtual particles in microscopic interaction processes since R. Feynman, but now we perhaps demonstrated here an example in the macroscopic range of a meter since G. Nimtz's experiment. ⋯⋯ However, it seems that the evanescent state have a imaginary wave vector. In previous works, the special properties of virtual photons elaborated by QED approaches have been observed in several experiments with evanescent modes. Then, there is a thought in physical meaning——evanescent modes are virtual photons.

Recently, it has been reported that near – field EM – waves travel at what appears to be superluminal velocity in free space. And then, experimental observation of the free space negative wave velocity was presented. In this paper, that phenomenon is explained by the principle of evanescent – state like and the theory of advanced waves. Only by comparing can one distinguish the difference, we study the special features of the evanescent fields and the near – region field in free space. Then we reach a common understanding about the near – field superluminality, EM phenomenon in evanescent state, advanced solution of Maxwell equation, and the negative wave speed.

Key words: evanescent states; waveguide below – cutoff; plasma; quantum potential barrier; optical fiber; double prism; perfect len; surface plasma wave; virtual photons; near – field evanescent like.

1 引言

消失态(evanescent states)作为电磁环境和量子环境的一种现象,虽非常态,却很常见。它包含错综复杂的科学背景和自然关系。我们知道,电磁波通过具有复数波阻抗媒质是一种有普遍意义的情况,这种媒质可以是波导,可以是半导体,也可以是等离子体;它们对应导波模式、色散介质、电离气体中的波传播问题[1]。1847年,德国物理学家 C. Goos 和 H. Hänchen 发现了一种新现象:当线极化的入射光束入射到界面并满足全反射条件时,反射光束将产生微小的纵向位移,称为 Goos – Hänchen 位移(CH 位移);它体现了在实际的物理光学条件下真实情况与 Snell 定律之间的偏差。之所以会产生 GH 位移,原因是在全反射时在光疏介质中形成了消失波;其传播方向与界面平行[2]。这就带来了新的应用,例如,根据消失波与界面平行传播的性质,把光能量耦合到另一材料上以形成电磁表面波。此外,近年来又发现了多种与消失态相联系的超光速现象。总之,物理学家、电子学家、微波学家、光学家、计量学家对消失态都很重视并进行研究。深入探讨消失态理论已是一个非常重要的课题。

2　消失态的发现

消失模(evanescent modes)和消失波(evanescent waves)这两个词都是描写电磁场的一种特殊状态的。由于它在本质上不是行波(travelling waves),称为消失波其实不甚恰当。我们认为用消失态一词较好;但为了符合已有的习惯本文有时仍称为消失场(evanescent fields)或消失波。用波导阐述消失场的原理是最方便的,并能提炼出带有普遍性的物理规律。

在美国 Wisconsin 大学图书馆,笔者弄清了 1936 年波导诞生之前很久的情况,它充分体现了英国科学界的优秀传统——理论思维总是遥遥领先于技术发明。1893 年,英国科学家 J. J. Thomson 批评了 O. Heaviside 的书中的错误[3];Heaviside 认为,只有同轴线式的双金属管结构才能传输电磁波;但 Thomson 却认为用单一圆金属壁空管(即圆波导)传输电磁波是可以实现的。为什么后者能得出正确的结论?这主要是因为其数学出发点正确——他先分析"导体内部圆柱形空腔的电振动",即求解二维波方程。这就使 J. Thomson 成为历史上第一位预言了波导的科学家。

Thomson 所分析的是圆柱状金属结构,即后来的圆波导。1897 年,Lord Rayleigh 分析处理了矩形截面的柱状金属结构[4],即后来的矩形波导(图 1)。

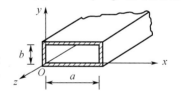

图 1　金属壁矩形柱波导

比较他们的工作,Rayleigh 的理论更为完备。例如,他提出的波导内"电动强度"和"磁感应"的分量所满足的常微分方程是三维的,而 Thomson 提出的波导内"磁感应"分量所满足的常微分方程是二维的。对于方程中的 V,Thomson 说是"电动作用的传播速度",而 Rayleigh 则明确指出 V 是光速。此外,关于波导(他们当时都称为"空柱")存在截止现象的问题,应当说 Rayleigh 的数学描述更明确,Thomson 却没有清晰的模式概念;Rayleigh 用"两类振动"的说法从数学上区分了今天的电波和磁波。Rayleigh 工作的缺点是从未导出过特征方程,实际上未考虑有限导电壁情况,在这两方面 Thomson 的工作较为优越。

Rayleigh 论文的题目是:"论电波通过管子,或介质空柱体的振动",它一般地解了矩形和圆形空金属管中电磁场的 Maxwell 方程,指出 E 波和 H 波的场分量。文章建立了无线电波沿具有理想导电壁的无限长空心导体传播时的数学理论;他指出波传播中截止频率的存在($f < f_c$ 波被衰减,$f > f_c$ 波自由传输)。此外,他还讨论了实现各种不同波型的可能性。

Rayleigh 认为,在一个空柱体中的电磁振动遵循 Maxwell 的理论,介质中"电动强度"的分量 P、Q、R 和介质中磁感应的分量 a、b、c,满足下述方程:

$$\frac{d^2 R}{dx^2} + \frac{d^2 R}{dy^2} + \frac{d^2 R}{dz^2} = \frac{1}{c^2}\frac{d^2 R}{dt^2}$$

式中:c 为光速;Rayleigh 假设激励的电磁振动正比于 $e^{j(mz+pt)}$,并假设

$$\frac{d^2 R}{dz^2} = -m^2 R$$

$$\frac{d^2 R}{dt^2} = -p^2 R$$

则有

$$\frac{d^2 R}{dx^2} + \frac{d^2 R}{dy^2} + k^2 R = 0$$

式中

$$k^2 = \left(\frac{p}{c}\right)^2 - m^2$$

按照现在习惯的符号,$p \to \omega$,$m \to j\gamma$,$k \to h$;电动强度即电场强度,磁感应即磁场强度;P、Q、R 即 E_x、E_y、E_z,a、b、c 即 H_x、H_y、H_z。因此,时间相位因子是 $e^{j\omega t} e^{-\gamma z}$,而 Rayleigh 的有关方程式应写为

$$\frac{\partial^2 E_z}{\partial x^2} + \frac{\partial^2 E_z}{\partial y^2} + h^2 E_z = 0 \tag{1}$$

式中

$$h^2 = h_0^2 = \left(\frac{\omega}{c}\right)^2 + \gamma_0^2 = k_0^2 + \gamma_0^2 \tag{2}$$

然后,Rayleigh 转而讨论"矩形截面空柱和圆形截面空柱"中的电磁振动。他认为矩形空柱是"最简单的",取横截面坐标为 $x = 0 \sim a$,$y = 0 \sim b$,z 轴指向"空柱的纵向"(即波导中波传播的方向)。他得到二维波方程的解:

$$E_z = \sin\left(\frac{m\pi x}{a}\right) \sin\left(\frac{n\pi y}{b}\right) e^{j\omega t - \gamma z} \tag{3}$$

以及

$$h^2 = \pi^2 \left[\left(\frac{m}{a}\right)^2 + \left(\frac{n}{b}\right)^2 \right] \tag{4}$$

$$-\gamma^2 = \left(\frac{\omega}{c}\right)^2 - \pi^2 \left(\frac{m^2}{a^2} + \frac{n^2}{b^2}\right) \tag{5}$$

这些公式今天来看完全正确,并使我们回想起 1759 年数学家 Euler 对矩形鼓膜振动问题的处理。

Rayleigh 把空柱中的电磁振动区分为"第一类振动"和"第二类振动",这相当于现在的"电波"和"磁波"。他认为第一类振动的"周期性波"沿空柱传播的最低频率由下式决定:

$$\left(\frac{\omega}{c}\right)^2 = \left(\frac{m}{a}\right)^2 + \left(\frac{n}{b}\right)^2 \tag{6}$$

因此他是取 $m = n = 1$,用现在的语言,这是决定电波 E_{11} 模的截止频率的公式。Rayleigh 认为,对于"第二类振动"(磁波)有

$$H_z = \cos\frac{m\pi x}{a} \cdot \cos\frac{n\pi y}{b} \tag{7}$$

而 h^2 的表达式与前面相同。磁波的 h 的最小值相应于 $m=1,n=0$。用今天的语言,即"主模是 H_{10} 模"。他还给出该模式的一组表达式:

$$\begin{cases} E_x = E_z = H_y = 0 \\ E_y = -\dfrac{\mathrm{j}\omega}{h}\sinh x \\ H_x = \dfrac{\gamma}{h}\sinh x \\ H_z = \cosh x \end{cases}$$

这是 H_{10} 模的场方程组。实际上,"矩形波导中的主模传输"到 20 世纪 30 年代末才得以实现。

　　论文中有这样一段话是最重要的:"无限长圆柱体(导体)中,……假如 k^2 的最小可能值超过 p^2/V^2, m 必须是虚数;这就可以说没有一定频率的周期波动能沿空柱体传播。"用我们的符号,即在 $h^2 > k_0^2$ 时,$\mathrm{j}\gamma$ 必须是虚数(γ 必须是实数)。……总之,Rayleigh 第一次指出截止波导(实际是理想导电壁的截止波导)的特性,因而也是最早揭示了消失态的存在。

　　1936 年,美国贝尔实验室(BTL)宣布用圆波导的传输实验成功。这距 Thomson 的预言是 43 年,距 Rayleigh 的论文是 39 年。过了一段时间,矩形波导的传输实验也成功了。

　　无疑地,传输态和消失态的现象都是 Maxwell – Helmholtz 方程所代表的电磁理论的结果,是一定会有的现象。因此无论在何种频率上,如短波、超短波、微波、太赫波、可见光波频段,甚至波长比可见光波波长还要小的频段,都会发现消失态的存在。正如 C. Carniglia 和 L. Mandel[5] 所指出的,最为著名的现象,或许是光在玻璃与空气界面发生的全内反射(total internal reflection),由此产生的消失波最早由 G. Quincke(Ann. Phys. Chem. ,Vol. 5,No. 1,1866)和 E. Hall(Phys. Rev. ,Vol. 15,1902,73)作了实验研究;注意这是在光波频段,而在 1866 年 Maxwell 电磁理论刚刚问世。另外,前已指出 Rayleigh 在 1897 年通过分析金属壁柱波导而预言了波导内消失态的存在,当然是指工作频率低于波导截止频率的情况。法国科学家 F. de Fornel 于 2001 年出版了 *Evanescent waves—From Newtonian Optics to Atomic Optics* 一书[6],其中提出了两个观点:①虽然消失波包含在 Newton 所观察的在媒质表面发生的全内反射现象之中,但其证明却是在 19 世纪末,正是在那时用较大的波长(指厘米波波长——笔者注)作了首次相关的定量测量;②由于 1897 年 J. Bose[7] 的工作,首次以实验证明了由于第 3 媒质导致的消失波受阻现象,即 frustration of the evanescent wave by a third medium,而且实验是由最早的厘米波信号源进行的。因此,de Fornel 认为真正的消失波研究是始于 19 世纪末;笔者同意他的意见。

3　场和波的传输态与消失态

　　在一般情况下,波的进行沿距离的增大只有缓慢的减幅(慢衰减),而其相位则有显著的变化,这称为波的传输态(transmission state)。另外,可能出现下述情形:波的幅度沿距离增大方向迅速地衰减,而在这过程中相位几乎不变,这称为消失态(evanescentstate)。翻开《英汉词典》,动词 evanesce 的意思是"逐渐消失;消散",形容词 evanescent 的意思是"很快消失的","短暂的、瞬息的"。科学文献中对 evanescent field 有时译作洞落场、迅衰场,把 evanescent waves 译作衰逝波、指数衰减波、隐失波。对此不必奇怪,多种译法反而证明这种场(或波)是一种广泛存在的物理现象。……必须指出,消失态并非只在经典波动中出现,它也存在于量子世界的波动中——例如,随距离呈指数下降的几率波正是势垒(potential barrier)或势阱(potential well)中固有的现象[8]。因此,无论经典波动成量子波动,都有传输态和消失态的区分。

在电磁理论中通常讨论在时间上是简谐函数的电磁场,虽然大部分科学文献采用时谐因子 $e^{j\omega t}$,但也有一些文献采用 $e^{-j\omega t}$。显然这种选择完全是任意的,而用 $e^{j\omega t}$ 有许多优点。取 $\boldsymbol{k}$ 为波矢量,$\boldsymbol{k} = k_x\boldsymbol{i}_x + k_y\boldsymbol{i}_y + k_z\boldsymbol{i}_z$($\boldsymbol{i}$ 为单位矢量),则波的时间相位因子为 $e^{j(\omega t - \boldsymbol{k} \cdot \boldsymbol{r})}$,这里 $\boldsymbol{r}$ 为位置矢量。为讨论方便,设 $\boldsymbol{k}$ 与 $\boldsymbol{r}$ 同向(均为 z 向),则 $\boldsymbol{k} = k_z\boldsymbol{i}_z$,因而时间相位因子成为 $e^{j(\omega t - k_z z)}$;这时可取

$$\gamma = jk_z = \alpha + j\beta \tag{8}$$

γ 称为传播常数(propagagation constant),因而时间相位因子成为 $e^{j\omega t - \gamma z}$。

另外,可以把传播方向上波矢的值(k_z)称为传播因数(propagagation factor),故有

$$k_z = -j\gamma = \beta - j\alpha \tag{9}$$

在某种情况下(如金属壁规则柱波导的截止区)可能发生相位常数 β 很小而衰减常数较大的现象,故在 $\beta \approx 0$ 时,有

$$k_z \approx -j\alpha \tag{10}$$

这时传播因数是纯虚数,故有时把消失波称为"虚电磁波"。

下面我们用表 1 说明波的两种状态(传输态和消失态)的比较;然后针对一种带有截止现象的物理过程(低于截止频率 f_c 时为消失态,高于截止频率 f_c 时为传输态)进行分析,使表 1 的内容得到生动的体现。

表 1 两种电磁状态的比较

	传输态	消失态
传播常数 $\gamma = \alpha + j\beta$	$\alpha \approx 0, \gamma \approx j\beta$(传播常数近似纯虚数)	$\beta \approx 0, \gamma \approx \alpha$(传播常数近似纯实数)
传播因数 $k_z = \beta - j\alpha$	$\alpha \approx 0, k_z \approx \beta$(传播方向波矢的大小近似纯实数)	$\beta \approx 0, k_z \approx -j\alpha$(传播方向波矢的大小近似纯虚数)
物理特征	行波状态;有能量的正常传输	几乎没有行波,类似驻波状态;只有能量的贮存,几乎没有能量的传输(纵向瞬时能流 $\neq 0$,平均能流 $= 0$)
振幅相位变化规律	场沿传播方向上的振幅基本不变,相位逐点改变	在任何时刻场沿传播方向呈迅速下降规律,但各处的相位相同
场的性质	电阻性	电抗性

对波导而言,在单色波 $e^{j\omega t}$ 时推导的标量 Helmholtz 方程为

$$(\nabla_t^2 + h^2)\Psi(x, y) = 0$$

式中:$\nabla_t^2 = \dfrac{\partial^2}{\partial x^2} + \dfrac{\partial^2}{\partial y^2}$;$h$ 是本征值,满足

$$h^2 = \gamma^2 + k^2 = \gamma^2 + \omega^2\varepsilon\mu \tag{11}$$

所谓本征值问题是指 $h^2 \neq 0$ 的情况。由于

$$-\gamma^2 = k^2 - h^2$$

而波传输的条件是 γ 为虚数($\gamma^2 < 0$),故要求 $k > h$;反之,波截止的条件是 $k < h$。故 $k = h$ 是分界线或截止点,由此可导出截频 f_c 的算式。令截止时的角频率 ω_c,由于 $k^2 = \omega^2\varepsilon\mu$,故有分界点处满足的方程:

$$\omega_c\sqrt{\varepsilon\mu}=h \tag{12}$$

故得

$$f_c=\frac{h}{2\pi\sqrt{\varepsilon\mu}} \tag{12a}$$

可知标志着分界点的 f_c 只取决于本征值 h 和宏观电磁参数 ε、μ。截止频域为 $(0\sim f_c)$，在这里 α 很大而 β 很小；如波导壁无损耗，则 $\beta=0$。

波导内场对坐标与时间的关系为 $e^{-\gamma z}e^{j\omega t}$，直接描写传输特性的量是复传播常数。在理想情况下，随着频率由 $f>f_c$ 减小到 $f<f_c$，γ 由纯虚数通过零变化为纯实数。在截止频率以下，波导中没有波动现象；只有能量的贮存，没有能量的传输（纵向瞬时能流不等于零，平均能流等于零）。

所谓理想情况是指：波导壁的电导率 $\sigma\to\infty$、填充介质无耗、波导无穷长或终端匹配。三个条件中任何一个如不满足，就转化为非理想情况。在非理想情况下，传输与截止、传输波与消失波之间，已无绝对的不可逾越的界限。传输波有衰减（$\alpha\neq0$），消失波有波动性（$\beta\neq0$），这表现为 γ 在整个 $(0\to\infty)$ 频域中均为复数。因此，截止波导中电磁场虽然遭受到很大的衰减，但却仍具有波动性，可以通过微量的有功功率。当然，这种波动性是很微弱的，但却是能够用作衰减器的基础。因此，正确理解截止频率和截止波长的概念是十分重要的。

我们先假设波导是理想导电壁（$\sigma\to\infty$），并先讨论传输波导（$f>f_c$）的情形。波导内场在不同时刻沿轴的分布可表示为 $e^{j(\omega t-\beta z)}$，这意味着场沿 z 轴的分布是振幅不变，而相位逐点改变。图2(a)显示不同时刻时的情况，这就是传输波导的情况。如果波导有损耗（壁电导率 $\sigma\neq\infty$），沿轴方向幅度略为降低；而相位仍然是逐点改变的。

现在考虑截止波导（$f>f_c$）的情形。波导内场在不同时刻沿 z 轴的分布可表示为 $e^{j\omega t-\alpha z}$，亦即 $e^{-\alpha z}e^{j\omega t}$。这里我们假设波导壁无耗，故沿 z 轴各点相位一样。图2(b)显示了这种情况，从 $t_1\to t_5$ 的每个瞬时的场分布都符合指数下降规律，只是起始振幅不同。这种情况很像一个驻波，场的变化在各处同时发生。如果波导壁有损耗，则相位常数 $\beta\neq0$。这时，截止波导中场随时间、z 轴的变化关系可写为

$$e^{-\gamma z}e^{j\omega t}=e^{-\alpha z}e^{j(\omega t-\beta z)}$$

等式右端后项是行波的因子，虽然 β 很小。等式右端前项是指数衰减项，这样的图没法画。这种状态不是纯驻波，行波成分又很小，笔者认为称为"复合波"（complex waves）较妥，但迄今为止的科学文献尚无此称呼[9]。

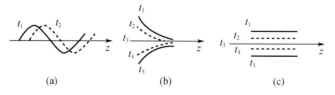

图2　电磁波动的不同情形

还有一种情况是截止点上的情况（$f=f_c$），基本的物理情况与 $f<f_c$ 时相同。波导内场在不同时刻沿 z 轴的分布可表为 $e^{j\omega t}$，因此沿 z 轴没有相位的变化，故不是行波，即所渭"波横跨在波导上一来一回地进行，而不能有任何前进"。但它的振幅沿 z 轴也不变，因此与 $f<f_c$ 的情况也有区别。这种情况如图2(c)所示。

4 矩形波导中消失态的物理图像

为了更深入地了解动态变化的情况,这里用矩形柱波导内部场的变化说明消失态的物理图像[10]。先在消失模($f < f_c$)条件下写出矩形波导中的场分量。对于理想导电壁的矩形波导,有

$$H_z = \cosh_x x \cdot \cosh_y y e^{-\gamma z}$$

此式满足在边界 $y = 0$,$x = 0$ 处 $E_x = E_y = 0$($E_z \equiv 0$ 时,E_x 与 $\partial H_z / \partial y$ 成正比,E_y 与 $\partial H_z / \partial x$ 成正比)。另外,两个边界要求 $h_x a = m\pi$,$h_y b = n\pi$,故对于传输波导可写出

$$H_z = \cos\frac{m\pi x}{a}\cos\frac{n\pi y}{b}e^{-j\beta z}e^{j\omega t}$$

对于截止波导可写出

$$H_z = \cos\frac{m\pi x}{a}\cos\frac{n\pi y}{b}e^{-\alpha z}e^{j\omega t} \tag{13}$$

令 $m = 1$,$n = 0$,得主模(消失模)轴向磁场:

$$H_z = \cos\frac{\pi x}{a}e^{-\alpha z}e^{j\omega t} \tag{14}$$

现在考虑纵向电场 E_y,当 $f > f_c$,有

$$E_y = E_0 \sin\frac{m\pi x}{a}\cos\frac{n\pi y}{b}e^{-j\beta z}e^{j\omega t}$$

当 $f < f_c$,有

$$E_y = E_0 \sin\frac{m\pi x}{a}\cos\frac{n\pi y}{b}e^{-\alpha z}e^{j\omega t} \tag{15}$$

令 $m = 1$,$n = 0$,得主模纵向电场:

$$E_y = E_0 \sin\frac{\pi x}{a}e^{-\alpha z}e^{j\omega t} \tag{16}$$

这也是消失模情况,式中

$$E_0 = -j\frac{\omega\mu_0 a}{\pi}$$

根据公式

$$H_x = \frac{E_y}{-Z_{0H}}$$

可求与 E_0 相对应的 H_0:

$$H_0 = \frac{-j\dfrac{\omega\mu_0 a}{\pi}}{-\dfrac{j\omega\mu_0}{\gamma}} = \frac{\gamma a}{\pi}$$

因此可得出主模在消失模条件下的横向磁场:

$$H_z = H_0 \sin\frac{\pi x}{a}e^{-\alpha z}e^{j\omega t} \tag{17}$$

在截止波导中,电场和磁场的相位不随位置改变,并在一切位置均互相正交。如 H_z 取 $\sin\omega t$,则电场的分量如 E_y 应取 $\cos\omega t$。总结上述种种情况,得到完整的场分量表达式:

$$H_z = \cos\frac{\pi x}{a}\mathrm{e}^{-\alpha z}\sin\omega t \tag{14a}$$

$$H_x = \frac{\alpha a}{\pi}\sin\frac{\pi x}{a}\mathrm{e}^{-\alpha z}\sin\omega t \tag{17a}$$

$$E_y = \frac{\omega\mu_0 a}{\pi}\sin\frac{\pi x}{a}\mathrm{e}^{-\alpha z}\cos\omega t \tag{16a}$$

式中:α 为截止区衰减常数:

$$\alpha = \alpha_{10} = \frac{\pi}{a}\sqrt{1-\left(\frac{2a}{\lambda}\right)^2} \tag{18}$$

我们已知道的相位关系造成对时间的平均 Poynting 矢量为零,没有功率流。要使功率流不为零,应有两个条件:①波导壁有耗;②有由反射造成的第二个消失场(沿波导反向指数衰减)。两个条件只要满足一个就可以,但实际上两个条件都满足,因此功率可用工作在截频以下的波导传递,即截止衰减器中有微量功率由输入端流向输出端。最早指出反射场存在的必要性的是 L. Huxley[11]。

交变电磁场是波动的,随时都在变。只有规定了 ωt,我们才能画波导内场的空间分布。取 $E_0=1$,$\lambda\gg\lambda_c$(因此 $\alpha=\pi/a$),$\omega t=0$,在这些条件下绘出波导内电场的三维图像(图3)。这里同时显现了横向(x 方向)的正弦分布,以及在纵向(z 方向)的指数下降。这个曲面当然不是凝然不动的。可以想象曲面在振动:山、平地、谷、平地、山……磁场 H_x 的分布与此相同,即可用同一表面表示它的强度。这种表达比图2显然生动了许多。现在,沿一条力线的磁场强度由下式给出:

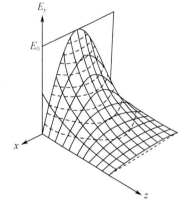

$$H = \sqrt{H_x^2 + H_z^2} \tag{19}$$

当 $\alpha=\pi/a$,有

$$H = \mathrm{e}^{-\alpha z}\sin\omega t \tag{20}$$

图3　无反射时矩形截止
波导内的消失场

有趣的是,H 与 x 无关。……另外,前面提到 E_y 表面的驻波振动;磁场强度也正弦地随时间振动,但总比电场滞后 $\pi/2$。

单独一个电抗性场是不能携带有功功率的,两个交互作用的电抗性场却可以造成有功功率的传递。在截止波导中,第二个场来自终端的反射。画矢量图就可证明:存在一个功率流,其大小取决于入射场与反射场之间的相角。既然截止衰减器能工作的原因是反射性消失场的存在,那么就要研究有第二个消失场(反向指数衰减)存在时会怎样?因此,要研究在此条件下的合成场图。规定电压波反射系数为

$$\rho_{\mathrm{L}} = |\rho_{\mathrm{L}}|\mathrm{e}^{\mathrm{j}\varphi_{\mathrm{L}}} = \frac{E_-}{E_+}$$

式中:E_+ 为入射场;E_- 为反射场。那么,可以取定相角 ρ_{L} 去讨论,例如取 $\rho_{\mathrm{L}}=-\pi/2$,这时需要写出 E_{-y} 的表达式。为满足相位差($-\pi/2$)的要求,由于前面已规定 E_{+y} 按 $\cos\omega t$ 变,则反

射场 E_{-y} 应按 $\sin\omega t$ 变。这时可写出合成场

$$E_y = E_{+y} + E_{-y} \tag{21}$$

即

$$E_y = \sin\frac{\pi x}{a}\mathrm{e}^{-\alpha z}\cos\omega t + \sin\frac{\pi x}{a}\mathrm{e}^{\alpha(z-l)}\sin\omega t \tag{21a}$$

式中：l 为波导长度；这时的 E_y 曲面形状随时变化，不像单独消失场的曲面。情况更复杂了，图解也困难。当 $\cos\omega t$ 与 $\sin\omega t$ 具有相同的符号，E_y 随 z 的变化具有 $\cosh$ 函数曲线的形状。当 $\cos\omega t$ 与 $\sin\omega t$ 的符号相反，E_y 随 z 的变化具有 $\sinh$ 函数曲线的形状。总之，三维图像画起来更不容易了。

此外，可以证明对于磁场有以下表达式：

$$H_z = \cos\frac{\pi x}{a}\left[\mathrm{e}^{-\alpha z}\sin\omega t - \mathrm{e}^{\alpha(z-l)}\cos\omega t\right] \tag{22}$$

$$H_x = \frac{\alpha a}{\pi}\sin\frac{\pi x}{a}\left[\mathrm{e}^{-\alpha z}\sin\omega t + \mathrm{e}^{\alpha(z-l)}\cos\omega t\right] \tag{23}$$

图 4(a) 是 $\omega t = -\pi/4$ 时的 E_y，虚线是 $\omega t = \pi/4$ 时的磁场；图 4(b) 是 $\omega t = \pi/4$ 时的 E_y，虚线是 $\omega t = 3\pi/4$ 时的磁场。本节的讨论生动地表明，作为空间函数的电磁场具有复杂性质。

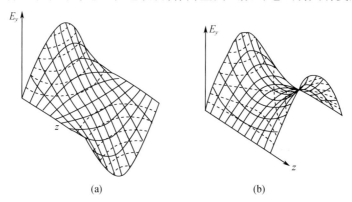

(a)　　　　　　　(b)

图 4　有反射时矩形截止波导内的消失场

5　金属壁圆柱波导中的波传播和衰减

对传播常数 $(\gamma = \alpha + \mathrm{j}\beta)$ 的掌握应是全频域 $(f = 0 \sim \infty)$ 的，而特征方程法正是处理全频域的传播常数的有效方法。首先，消失场的电场强度 $\boldsymbol{E}$、磁场强度 $\boldsymbol{H}$，其大小都按指数率沿波导长度方向迅速衰减。设 l 为距起始点的距离，则有

$$E_l = E_0\mathrm{e}^{-\alpha l} = E_0\mathrm{e}^{-A} \tag{24}$$

式中：E_0 为起始点场强；E_l 为距离起始点 l 处的场强。故有

$$A = \alpha l \tag{25}$$

衰减常数 α 的单位是 Np/cm 或 Np/mm，A 的单位是 Np。但 A 的单位也可用 dB（1Np = 8.686dB）。由于指数函数 e^{-A} 下降迅速，场幅随长度方向减小很快。例如，取 $\alpha = 1$dB/mm，长

度 $l=20\,\text{mm}$，就有 $A=20\,\text{dB}=2.3\,\text{Np}$，$e^{-A}=0.1$。这就是说，只经过 $2\,\text{cm}$ 的距离场幅降为起始值的 $1/10$，这是很快速的下降。

在波导壁 $\sigma\neq\infty$ 情况下，严格说来，理想波导中的简正波不再是独立的了，它们之间将发生耦合。这种问题既可以用耦合波方法来处理，也可以用简正波的方法处理，即解特征方程或计算孪生波的自耦合系数。因此，对 $\sigma\neq\infty$ 的情况，TE 波和 TM 波已不是简正波了。当然对于圆波导对称波型 E_{0n} 或 H_{0n} 可能正好仍旧是简正波，但 H_{11} 波决不是简正的。

采用图 5 作为分析的模型，它表示一个圆柱状区域（Ⅰ）埋嵌在无限大区域的另一媒质（Ⅱ）之中。显然，据此而作出的数学分析处理具有一般性，不仅可用于金属壁圆管波导，而且可能用于别的圆柱状导波系统。符号规定为

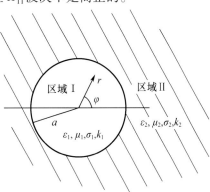

图 5　分析圆波导的普遍化模型的横截面

$$h_1 r=\sqrt{\omega^2\varepsilon_1\mu_1+\gamma^2}\qquad(26)$$

$$h_2 r=\sqrt{\omega^2\varepsilon_2\mu_2+\gamma^2}\qquad(27)$$

$$u=h_1 a\qquad(28)$$

$$v=h_2 a\qquad(29)$$

另外，在区域Ⅱ中所取 γ 的值与区域Ⅰ一样，即两个区域具有相同的轴向传播常数。严格而论，横向场分量均应看作是电型场造成的分量与磁型场造成的分量的迭加。因此，普遍性的理论分析并不预先区分 TE 和 TM 两大类模式。运用边界条件（电场、磁场矢量的切向分量在交界面处连续），可导出圆柱波普遍化特征方程。如讨论有限导电率金属壁圆波导的情形，具体化为 Carson – Mead – Schelkunoff 方程[12]：

$$-k_0^2\left[\frac{1}{u}\frac{J_m'(u)}{J_m(u)}-\frac{\mu_{rc}}{v}\frac{H_m'(v)}{H_m(v)}\right]\left[\frac{\varepsilon_{r1}}{u}\frac{J_m'(u)}{J_m(u)}-\left(\varepsilon_{r2}+\frac{\sigma}{j\omega\varepsilon_0}\right)\frac{1}{v}\frac{H_m'(v)}{H_m(v)}\right]$$

$$=m^2\gamma^2\left(\frac{1}{v^2}-\frac{1}{u^2}\right)\qquad(30)$$

式中 J 是 Bessel 函数，H 是 Hankel 函数，而 u、v 为

$$u\approx a\sqrt{\varepsilon_{r1}k_0^2+\gamma^2}\qquad(31)$$

$$v=a\sqrt{k_2^2+\gamma^2}\qquad(32)$$

然而可以证明 v 是 u 的函数：

$$v^2=a^2(k_2^2-k_1^2)+u^2$$

因而待解特征方程可写为

$$F(u)=0\qquad(33)$$

式中

$$F(u)=-k_0^2\left[\frac{1}{u}\frac{J_m'(u)}{J_m(u)}-\frac{\mu_{rc}}{v}\frac{H_m'(v)}{H_m(v)}\right]\left[\frac{\varepsilon_{r1}}{u}\frac{J_m'(u)}{J_m(u)}-\left(\varepsilon_{r2}+\frac{\sigma}{j\omega\varepsilon_0}\right)\frac{1}{v}\frac{H_m'(v)}{H_m(v)}\right]$$

$$-m^2\gamma^2\left(\frac{1}{v^2}-\frac{1}{u^2}\right)^2\qquad(34)$$

因此，求解特征方程的工作就有了出发点。

1987 年，黄志洵和潘津[13]对求解圆波导中的 CMS 方程有所突破。按混合模分析时，圆波

导中的主模不写作 H_{11} 或 TE_{11}，而是写作 HE_{11}。令 $m = 1$，式(34)成为

$$F(u) = -k_0^2 \left[\frac{1}{u} \frac{J_1'(u)}{J_1(u)} - \frac{\mu_{rc}}{v} \frac{H_1'(v)}{H_1(v)} \right] \left[\frac{\varepsilon_{r1}}{u} \frac{J_1'(u)}{J_1(u)} - \left(\varepsilon_{r2} + \frac{\sigma}{j\omega\varepsilon_0} \right) \frac{1}{v} \frac{H_1'(v)}{H_1(v)} \right]$$
$$- \gamma^2 \left(\frac{1}{v^2} - \frac{1}{u^2} \right)^2 \tag{34a}$$

并设计了算法，可在频域内的传输区和截止区进行求解圆波导特征方程的计算。但是，在截止点 f_c 附近，要使用从表面阻抗微扰法导出的解析式。也就是说，求解特征方程可得到全频域的传播常数，但在截止点(f_c 处)则除外。……取一个圆波导($a = 1.599 \times 10^{-2}$ m)，内部为真空，壁为金属($\sigma = 10^7 1/\Omega \cdot m$)，模式为 HE_{11}。在宽广频域计算所得结果如图6所示，这个图同时显示了衰减常数(α)和相位常数(β)的变化情况。

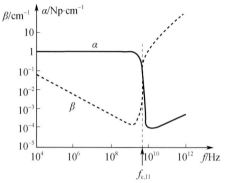

图6　圆波导主模的 α 和 β

以上所述为用电子计算机对特征方程编程求解，可以对圆截止波导的衰减常数和相位常数作精确计算。现在来看看衰减常数的解析式，1975年，黄志洵[14]曾用表面阻抗微扰法导出了圆截止波导针对 HE_{11} 模的衰减常数的精确解析式：

$$\alpha_{11} = \frac{2\pi}{\lambda_{c\varepsilon}} \sqrt{ \frac{1}{2} \left[1 - \left(\frac{\lambda_{c\varepsilon}}{\lambda} \right)^2 \varepsilon_r - J_{11} \right] + \frac{1}{2} \sqrt{ \left[1 - \left(\frac{\lambda_{c\varepsilon}}{\lambda} \right)^2 \varepsilon_r - J_{11} \right]^2 + J_{11}^2 } } \quad (\text{Np/m}) \tag{35}$$

参数 J_{11} 代表壁损耗($\sigma \neq 0$)的影响。如令式(35)中 $J_{11} = 0$，则得

$$\alpha = \frac{2\pi}{\lambda_c} \sqrt{ 1 - \left(\frac{\lambda_c}{\lambda} \right) } \tag{36}$$

式(36)适用于 $\lambda > \lambda_c$(即 $f < f_c$)的情况。它虽由圆波导而推导，但对其他截面形状(如矩形)也适用。它称为 Linder 公式[9]。其精确度较低，不适用于计量学中建立衰减标准时使用，但用于物理学实验设计则无问题。

6　基于阻抗、反射和驻波的消失态描述

阻抗本来是一个电路的概念，出现在早期电工学理论中。在电磁场理论发展起来以后，人们首先发现电场 E 和磁场 H 不是互相独立的量。而在寻找它们各分量之间关系时，如定义一个标量 η(或用符号 Z_0)表示横向电场与横向磁场的比值，而它恰恰有阻抗的量纲(即 ohm)，因而称之为"波阻抗"(wave impedance)，那么在研究具体的波动(如有耗媒质中的均匀平面波)时，就会有许多方便；亦即当我们证明

$$E = \frac{\gamma}{j\omega\varepsilon} H \times i_z \tag{37}$$

的时候，如取

$$\eta = Z_0 = \frac{\gamma}{j\omega\varepsilon} = \sqrt{\frac{\mu}{\varepsilon}} \tag{38}$$

即得

$$\boldsymbol{E} = \eta \boldsymbol{H} \times \boldsymbol{i}_z = Z_0 \boldsymbol{H} \times \boldsymbol{i}_z \tag{37a}$$

取 Z_0 为波阻抗的符号；那么真空波阻抗（也称自由空间波阻抗）为

$$Z_{00} = \sqrt{\frac{\mu_0}{\varepsilon_0}} = 376.62\Omega \approx 377\Omega \tag{38a}$$

对于导波系统而言，1938 年 S. Schalkunoff[15] 由波导内横向场关系得到

TE 模：
$$\boldsymbol{E}_i = Z_{0H}(\boldsymbol{H}_i \times \boldsymbol{i}_z)$$

$$Z_{0H} = \frac{\mathrm{j}\omega\mu}{\gamma} \tag{39}$$

TM 模：
$$\boldsymbol{H}_i = \frac{\boldsymbol{i}_z \times \boldsymbol{E}_i}{Z_{0E}}$$

$$Z_{0E} = \frac{\gamma}{\mathrm{j}\omega\varepsilon} \tag{40}$$

由式（39），可得 TE 模情况的波导波阻抗的实部和虚部：

$$R_{0H} = \frac{\beta}{\alpha} \frac{\dfrac{\omega\mu}{\alpha}}{1 + \left(\dfrac{\beta}{\alpha}\right)^2} \tag{41}$$

$$X_{0H} = \frac{\dfrac{\omega\mu}{\alpha}}{1 + \left(\dfrac{\beta}{\alpha}\right)^2} \tag{42}$$

故有

$$\frac{R_{0H}}{X_{0H}} = \frac{\beta}{\alpha} \tag{43}$$

在消失态，相位常数 β 很小，故 $R_{0H} \ll X_{0H}$，亦即波阻抗差不多是纯电抗；在 TE 模情况相当于 1 个电感。对于 TM 模，则有

$$R_{0E} = \frac{\beta}{\omega\varepsilon} \tag{44}$$

$$X_{0E} = -\frac{\alpha}{\omega\varepsilon} \tag{45}$$

故有

$$\frac{R_{0E}}{X_{0E}} = -\frac{\beta}{\alpha} \tag{46}$$

现在同样有 $R_{0E} \ll |X_{0E}|$，波阻抗几乎是纯电抗；在 TM 模情况相当于 1 个电容。总之，消失态是一种电抗性电磁场。图 7 是柱波导的波阻抗的计算值与比值 λ/λ_c 的关系，两类模式（TE 和 TM）的曲线有对偶性，这是因为在真空条件下有

$$R_{0H} R_{0E} = Z_{00}^2$$

截止波导的波阻抗、输入阻抗都是强电抗性，置于传输系统中必引起强大的反射，使绝大

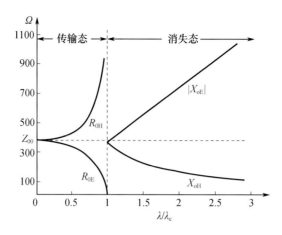

图 7　规则柱波导的波阻抗计算值

部分有功功率无法通过。我们知道,空间任意点的电磁功率的平均密度为

$$P = \frac{1}{2} \mathrm{Re} \big[\boldsymbol{E} \times \boldsymbol{H}^* \big]$$

式中:*代表复数共轭值。由此可以证明电磁波通过波阻抗 Z_0 的体系时有以下方程:

$$P = \frac{1}{2} |H_+|^2 R_0 - |\rho|^2 \left[\frac{1}{2} |H_+|^2 R_0 \right]$$

$$- |\rho| \sin\phi \big[|H_+|^2 X_0 \big] \tag{47}$$

式中: H_+ 为入射波场强; $\rho = |\rho| \mathrm{e}^{\mathrm{j}\phi}$ 为反射系数。对于传输态,可取 $X_0 = 0$,故有

$$P = P_{\mathrm{a}} \big[1 - |\rho|^2 \big] \tag{47a}$$

式中 $P_{\mathrm{a}} = \frac{1}{2} |H_+|^2 R_0$,是纯入射功率;式(47a)右端第 2 项代表反射的影响。对于消失态,可取 $R_0 = 0$,得

$$P = - |\rho| \sin\phi \big[|H_+|^2 X_0 \big] = - (\mathrm{Im}\rho) |H_+|^2 X_0 \tag{48}$$

只要 $X_0 \neq 0$,这项功率就存在。此外,它与入射场强模值平方、反射系数虚部成正比。

　　这里有一个重要的概念——只有入射场、反射场同时存在,才有 $P \neq 0$;亦即如反射系数 $\rho = 0$,P 就等于零。这在消失态里是重要的情况,即两个单独不携带功率的消失场靠交互作用可以产生有功功率流,传送一些有功功率。这在数学上归结为

$$P \propto \mathrm{Im}\rho_{\mathrm{L}} \tag{49}$$

这里 ρ_{L} 是负载反射系数。考虑负载阻抗 $Z_{\mathrm{L}} = R_{\mathrm{L}} + \mathrm{j}X_{\mathrm{L}}$ 与 Z_0 的匹配关系,有

$$\rho_{\mathrm{L}} = \frac{Z_{\mathrm{L}} - Z_0}{Z_{\mathrm{L}} + Z_0} = \frac{(R_{\mathrm{L}} - R_0) + \mathrm{j}(X_{\mathrm{L}} - X_0)}{(R_{\mathrm{L}} + R_0) + \mathrm{j}(X_{\mathrm{L}} + X_0)}$$

可求出 $\mathrm{Im}\rho_{\mathrm{L}}$,又假设 $R_0 = 0$(消失态的理想情况),得

$$\mathrm{Im}\rho_{\mathrm{L}} = \frac{-2R_{\mathrm{L}}X_0}{Z_{\mathrm{L}}^2 + (X_{\mathrm{L}} + X_0)^2} \tag{50}$$

故只有在下述条件下才有 $\mathrm{Im}\rho_{\mathrm{L}} \neq 0$:①$R_{\mathrm{L}} \neq 0$(负载有电阻分量);②$X_0 \neq 0$(系统具有电抗性波阻抗)。

　　现在考虑驻波这一视角能告诉我们什么。在微波网络理论中有两个体系,即电压波(voltage waves)理论,也称行波(travelling waves)理论,以及功率波(power waves)理论。前者是人们熟悉的,它主要来自对均匀传输线的分析。前述的反射系数,应该称为行波反射系数或电压波反射系数,它与另一参数电压驻波比(VSWR)的对应关系为

$$VWSR = \frac{1 + |\rho|}{1 - |\rho|}, \quad |\rho| = \frac{VSWR - 1}{VSWR + 1} \tag{51}$$

由于消失态意味着强反射,$|\rho|$ 可能接近 1(但小于 1)。例如,某截止波导的电压反射系数模为 0.98,则可算出 VSWR = 99;又如已知 VSWR = 10^4,则可算出 $|\rho| = 0.9998$。这些计算是有实验基础的,例如,1950 年 A. Giordano[16] 的圆波导 TM_{10} 模截止衰减器,其电压驻波比为 20 ~ 80dB,即 $VSWR = 10 ~ 10^4$。

因此,如坚持用人们习惯了的行波理论去描写一个强电抗性(接近纯电抗)的系统,计算上可能出现大得不合理的驻波系数,同时也不再有可测性。不仅如此,有时会产生荒唐的结果。由前述内容,在取 $Z_0 = jX_0$ 时(纯电抗性波阻抗),有

$$\rho_L = \frac{Z_L - jX_0}{Z_L + jX_0} \tag{52}$$

若 $Z_L = jX_0$,则 $\rho_L = 0$;若 $Z_L = -jX_0$,则 $\rho_L = \infty$。故 H. Barlow 和 A. Cullen[1] 认为,截止波导反射系数模可在 $(0 ~ \infty)$ 中间取值,即 $|\rho_L| > 1$。笔者认为这是荒唐的,因为这将导致 VSWR < 0,没有物理意义。而且 $|\rho_L| > 1$ 表示波导终端反射场强大于入射场强,也是不可能的。

1991 年,笔者用功率波理论以克服概念上的困难[9],正是该理论适合于处理强电抗性的系统。对于终端负载 Z_L 而言,功率波反射系数为

$$\Gamma_L = \frac{Z_L - Z_0^*}{Z_L + Z_0} \tag{53}$$

如波阻抗为纯电抗,$Z_0 = jX_0$;其共轭值 $Z_0^* = -jX_0$,代入后得 $\Gamma_L = 1$。可以证明,如 Z_0 有一个小的实部($R_0 \neq 0$),也有 $|\Gamma_L| < 1$(但很近于 1);VSWR 不会出现负值。

以上是取波导的消失态进行分析以了解其物理特征。现在考虑等离子体,这种媒质当然比真空或(接近真空的)空气要复杂。当平面波通过等离子体时,可以求解以下方程

$$Z_0 = \frac{\gamma}{\sigma' + j\omega\varepsilon_r'\varepsilon_0} = R_0 + jX_0 \tag{54}$$

对水银蒸气等离子体作计算,得到图 8。由此可知,在 $f = f_{ep}$ 时,R_0、X_0 都达到最大值;当 $f < f_{ep}$,R_0 急剧减小,在 2.2GHz 以下的频段实际上可把体系看作纯电抗。这种描述消失态的方式是生动的。

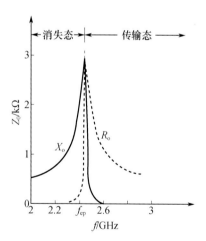

图 8　一种等离子体的 R_0 和 X_0 计算值

7　消失态相位变化的奇异性质

现在考虑消失场的相位变化。对于波动因子 $e^{j\omega t - \gamma z}$,应取 $\gamma = \alpha + j\beta$,则有

$$e^{j\omega t - \gamma z} = e^{j(\omega t - \beta z)} \cdot e^{-\alpha z} \tag{55}$$

这时 β 必须是正值,才能保证在截止波导中的波是一个前向的衰减波。

对于波动因子 $e^{-j\omega t+\gamma z}$,应取 $\gamma = -(\alpha+j\beta)$,则有

$$e^{-j\omega t+\gamma z} = e^{-j(\omega t+\beta z)} \cdot e^{-\alpha z} \tag{56}$$

这时 β 必须是负值,才能保证在截止波导中的波是一个前向的衰减波。

现在我们的分析是取时谐因子 $e^{j\omega t}$。在这种情况下,相位常数 $\beta > 0$,这本不成为问题。如果先考虑传输波导的情况,这必然是滞后,即波行进了一段距离 z 之后,产生了大小为 βz 的滞后相角。截止波导的情况,虽然 $\beta \neq 0$,但 β 很小,即还有很小的行波成分,它通过截止波导后也是产生大小为 $|\beta z|$ 的滞后相角。只是 $|\beta z|$ 之值很小,在 0.1m 的距离上相位滞后不会大于 0.5°。这种情况与模式无关,不论工作模式是什么总满足下式:

$$|\beta z| > 0 \tag{57}$$

因而,人们认为 $\beta > 0$ 是理所当然的。

但在 1960 年,美国标准局(NBS)的专家 C. Allred 和 C. Cook 针对圆截止波导中相位常数的推导却给出 H_{11} 模情况下的公式为[17]

$$\beta_{11} = \frac{\alpha_{11}}{1 - \frac{a}{\tau}\left[1 - \left(\frac{\lambda_c}{\lambda}\right)^2\right]} \tag{58}$$

式中:τ 为趋肤深度。若 $f \ll f_c$,则

$$\beta_{11} \approx \frac{\alpha_{11}}{1 - \frac{a}{\tau}} \tag{59}$$

由于 $a/\tau > 1$,当 $\alpha_{11} > 0$ 时实际上有 $\beta_{11} < 0$。初看起来,Allred 和 Cook 的公式可能是采用 $e^{-j\omega t+\gamma z}$ 的波动因子的结果。但原文说:"模式的场分量都与量 $e^{-\gamma z+j\omega t}$ 成比例。"这就不好理解了。40 年后,一项实验却验证了负相位常数的可能性:2000 年,K. Wynne 等[18]在太赫波段对针孔状圆截止波导(直径仅 $50\mu m$)进行实验,发现了负相速和负的有效折射率。由于公式

$$n = \frac{c}{v_p} \tag{60}$$

$n < 0$ 和 $v_p < 0$ 是一致的。当用复折射率 n 处理介质的色散特性时,取 $n = n_r + jn_i$,现在有

$$k = \omega\sqrt{\varepsilon\mu}\frac{\omega}{c} = \sqrt{\varepsilon_r\mu_r}\frac{\omega}{c} \approx \frac{\omega}{c}\sqrt{\varepsilon_r} = \frac{\omega}{c}n \tag{61}$$

故 k 的实部为

$$\text{Re } k = \beta = \frac{\omega}{c}n_r$$

如 n 为常数,则有

$$\beta = k_0 n \tag{62}$$

故负折射率又意味着负相位常数。

以上分析阐述并不表示圆截止波导中的任何模式都具有负相位常数。例如,对 E_{01} 模而言就会是 $\beta_{01} > 0$。在某些情况下消失态会呈现出奇异的负物理参数(负相位常数、负相速、负折射率)特性,是消失态研究中的一个重要课题,对这方面的探索尚有待深入。

8　等离子体的消失态等效衰减常数计算

等离子体(plasma)被称为物质第 4 态,它由中性粒子、电子、正离子组成,一般情况下具有电中性。关于电磁波通过等离子体的情况,近百年来被许多人研究过,认为它有时可看作类似导体的物质,有时可看作类似电介质的媒质。理论与实验都揭示了等离子体有一种能使电磁波传输受阻的截止效应,即存在消失态。很早就发现,短波无线电波到达电离层,波不能通过而被反射;后来利用这种现象实现了地球表面的远距离通信。宇宙飞船重返大气层时与大气摩擦产生一个等离子体层,会使飞船内航天员与地面站的通信中断,持续 7~8min。另外,1957 年苏联发射第一颗人造卫星 Sputnik – Ⅰ,地面上的科学家发现其表面电磁散射特性有很大变化,也是由于卫星与大气摩擦形成了 plasma 层的影响。……20 世纪末,用等离子体实现飞行器的对电磁波隐身(即把雷达散射截面(RCS)降到极小)的研究取得了很大进展,1999 年俄罗斯取得了技术突破,比美国还要早。这是由于 plasma 和波导一样,具有高通滤波器的特性——当雷达波频率低于等离子体频率,plasma 的折射率出现虚部,电磁波在传播方向上按指数率衰减,波被截止其实是被完全反射。这不仅降低了 RCS,又使对雷达进行电子干扰成为可能。用等离子层实现隐身无须改变飞行器的外形设计就使 RCS 大大减小,是非常优越的[19]。此外,对地球上空电离层的研究也与对消失态的理解有关。

下面我们考虑等离子的消失态计算问题。先回顾等离子体的基本参数,例如等离子体频率(plasma frequency),也称 Langmuir 频率:

$$\omega_{p}^{2}=\omega_{ep}^{2}+\omega_{ip}^{2} \tag{63}$$

式中:ω_{ep}、ω_{ip} 分别为等离子体的电子振荡频率和离子振荡频率:

$$\omega_{ep}=\sqrt{\frac{e^{2}n_{e}}{\varepsilon_{0}m_{e}}} \tag{64}$$

$$\omega_{ip}=\sqrt{\frac{e^{2}n_{i}}{\varepsilon_{0}m_{i}}} \tag{65}$$

式中:n_{e}、n_{i} 分别为电子密度和离子密度;m_{e}、m_{i} 分别为电子静止质量和离子静止质量。
由于 $m_{i}\gg m_{e}$,故 $\omega_{ip}\ll\omega_{ep}$,因而有

$$\omega_{p}\approx\omega_{ep}=\eta\sqrt{n_{e}} \tag{66}$$

η 是一个系数。另一个参数是气体中电子碰撞频率:

$$f_{c}=\xi p \tag{67}$$

式中:p 为气体压强;下标 c 代表 collision;ξ 为系数。这里所谓碰撞是指电子与中性粒子的碰撞。把等离子体看作电介质,那么在取相对介电常数 $\varepsilon_{r}=\varepsilon_{r}'+j\varepsilon_{r}''$ 时,可以证明

$$\varepsilon_{r}'=1-\frac{\omega_{p}^{2}}{\omega^{2}+f_{c}^{2}} \tag{68}$$

$$\varepsilon_{r}''=-\frac{f_{c}}{\omega}\frac{\omega_{p}^{2}}{\omega^{2}+f_{c}^{2}} \tag{69}$$

故相对介电常数是频率的函数,而 $\varepsilon_{r}'<1$(带电粒子的存在造成)。如满足条件 $f_{c}\ll\omega$,则有

$$\varepsilon_r' \approx 1 - \left(\frac{\omega_p}{\omega} \right)^2 \tag{68a}$$

$$\varepsilon_r'' \approx -\frac{f_c}{\omega} \left(\frac{\omega_p}{\omega} \right)^2 \approx 0 \tag{69a}$$

然后我们需要推导一个色散方程。

现在讨论等离子体,不是真空,不能取 $\varepsilon = \varepsilon_0$,但可取 $\mu = \mu_0$。设平面电磁波($e^{j\omega t} e^{-k \cdot r}$)通过自由、均匀、非磁化的等离子体,代入简谐 Maxwell 方程组,可得

$$\varepsilon k \cdot E = 0 \tag{70}$$

$$k \cdot H = 0 \tag{71}$$

$$k \times H = -\omega \varepsilon E \tag{72}$$

$$k \times E = \omega \mu_0 H \tag{73}$$

式中 $\varepsilon = \varepsilon_r \varepsilon_0$。联立以上方程并消去 H,得

$$(k \cdot E)k - k^2 E + \varepsilon_r k_0^2 E = 0 \tag{74}$$

式中 $k_0 = \omega/c$。取

$$k = (\beta - j\alpha) i_r \tag{75}$$

i_r 是传播方向的单位矢量,则有

$$e^{-k \cdot r} = e^{-\alpha i_r \cdot r} e^{-j\beta i_r \cdot r} \tag{76}$$

回过头来考虑式(70),由于 $\varepsilon \neq 0$,故有 $k \cdot E = 0$。式(74)变为

$$k^2 E = \varepsilon_r k_0^2 E$$

故可得到色散方程

$$(\beta - j\alpha)^2 = k_0^2 (\varepsilon_r' + j\varepsilon_r'') \tag{77}$$

由此可解出 α、β 的表达式;然后代入式(68a)和式(69a),最终得到衰减常数 $\alpha = 0$,而相位常数为

$$\beta = k_0 \sqrt{\varepsilon_r'} = \frac{1}{c} \sqrt{\omega^2 - \omega_p^2} \tag{78}$$

也就是

$$\beta^2 = \left(\frac{\omega}{c} \right)^2 - \left(\frac{\omega_p}{c} \right)^2 \tag{78a}$$

当 $\omega > \omega_p$,$\beta^2 > 0$,β 是实数,故是传输态。但如增大 n_e 使 ω_p 增大,总可做到 $\beta^2 = 0$,这称为截止。因此,如等离子体 n_e 太大,或 n_e 不太大而 ω 太小,电磁波将不能通过;亦即当 $\omega < \omega_p$ 时,$\beta^2 < 0$,β 是虚数,故是消失态。把这种情况与波导理论对照,二者非常相似,ω_p 对应波导的截止频率 ω_c(c 表示 cutoff);而这里讨论的 β 相当于波导理论中的传播常数 γ。总之,这是一种高通滤波器特性,波导(当 $\omega < \omega_c$)、等离子体(当 $\omega < \omega_p$)都有截止频域,也称阻带(stop band),在这里电磁波几乎全被反射回去了。

为与波导理论对照,取消失态公式

$$k_z \approx -j\alpha$$

对照式(78),有

$$-j\alpha = j\frac{1}{c}\sqrt{\omega_p^2 - \omega^2}$$

取绝对值,得

$$\alpha = \frac{1}{c}\sqrt{|\omega_p^2 - \omega^2|} \tag{79}$$

这是等离子体消失态衰减常数的基本公式;α 与 ω_p 有关即表示与电子浓度有关,又与外来信号频率 ω 有关——ω 越大,α 越小。

从另一角度也可以计算 α:Maxwell 第一定律的简谐形式为

$$\nabla \times \boldsymbol{H} = (\sigma + j\omega\varepsilon)\boldsymbol{E} \tag{80}$$

只是在取 $\sigma = 0$ 的条件下,传播常数才由 $\gamma^2 = -\omega^2\varepsilon\mu$ 而定义;对于非真空(非空气)的实际媒质,如金属、半导体、等离子体等,传播常数的正确表述应为

$$\gamma^2 = j\omega\mu(\sigma + j\omega\varepsilon) \tag{81}$$

这和导体的电磁理论中的公式是一致的:

$$\gamma_c^2 = -\omega^2\varepsilon\mu\left(1 + \frac{\sigma}{j\omega\varepsilon}\right) = -\omega^2\varepsilon\mu + j\omega\sigma\mu \tag{81a}$$

所以求解等离子体衰减常数的另一方法是求解以下方程:

$$\gamma = \sqrt{j\omega\mu(\sigma' + j\omega\varepsilon_r'\varepsilon_0)} = \alpha + j\beta \tag{82}$$

式中 σ' 是等离子体复电导率($\sigma = \sigma' + j\sigma''$)的实部:

$$\sigma' = \frac{n_e e^2}{m}\frac{f_c}{f_c^2 + \omega^2} \tag{83}$$

ε_r' 是复介电常数($\varepsilon' = \varepsilon_r'\varepsilon_0$)的相对值:

$$\varepsilon_r' = 1 - \frac{\omega_{ep}^2}{f_c^2 + \omega^2} \tag{84}$$

现在有可能算出 α 和 β,只要指定具体的等离子体参数。例如,取水银蒸气等离子体($n_e = 7.5 \times 10^{10}$ cm^{-13}),可算出 $f_{ep} = 2.46 \times 10^9$Hz,$f_c = 9.4 \times 10^7$Hz,而 α、β 与频率的关系如图9所示,高通滤波器性质一目了然。

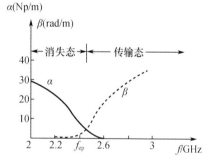

图9　一种等离子体的 α 和 β 计算值

9　量子势垒中的消失态

含时的 Schrödinger 方程为

$$\hat{H}\Psi = j\hbar\frac{\partial\Psi}{\partial t}$$

式中:$\hbar = h/2\pi$ 为归一化 Planck 常数,而 Hamilton 算符为

$$\hat{H} = -\frac{\hbar^2}{2m}\nabla^2 + U$$

式中:m 为粒子质量,故 Schrödinger 方程为

$$j\hbar \frac{\partial \Psi}{\partial t} = -\frac{\hbar^2}{2m} \nabla^2 \Psi + U\Psi \tag{85}$$

设粒子只沿一维(z 向)运动,并且把偏微分改为常微分,则有

$$j\hbar \frac{d\Psi}{dt} = -\frac{\hbar^2}{2m} \frac{d^2\Psi}{dz^2} + U\Psi \tag{86}$$

式中 $\Psi = \Psi(z,t)$;对于某个具体的物理问题,如一个具有能量 E 的粒子射向高度为 U_0 宽度为 d 的矩形势垒(图10),就可以用分离变数法求解一维 Schrödinger 方程。令 $\Psi(z,t) = \psi(z)f(t)$,代入后得

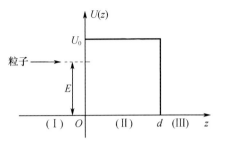

图 10 微观粒子射向一维势垒

$$-j\frac{h}{2\pi} \frac{1}{f(t)} \frac{df(t)}{dt} = -\frac{h^2}{8\pi^2 m} \frac{1}{\psi(z)} \frac{d^2\psi(z)}{dz^2} + U(z)$$

为使上式成立,应使等式两端各等于同一个常数。设该常数为 E,则有

$$-\frac{h^2}{8\pi^2 m} \frac{d^2\psi(z)}{dz^2} + U(z)\psi(z) = E\psi(z) \tag{87}$$

先分析 $E < U_0$ 的情况,对 3 个区域(Ⅰ 、Ⅱ 、Ⅲ)可写出 3 个方程。令

$$h_{01}^2 = -\frac{8\pi^2 mE}{h^2} \tag{88}$$

$$h_{02}^2 = -\frac{8\pi^2 mE}{h^2}(E - U_0) \tag{89}$$

等式右端中的 h 是 Planck 常数。现在可以写出统一的常微分方程:

$$\frac{d^2\psi_i(z)}{dz^2} + h_{0i}^2 \psi_i(z) = 0 \quad (i = 1,2,3) \tag{90}$$

故得通解为

$$\begin{cases} \psi_1 = Ae^{jh_{01}z} + A'e^{-jh_{01}z} \\ \psi_2 = Be^{jh_{01}z} + B'e^{-jh_{02}z} \\ \psi_3 = Ce^{jh_{01}z} \end{cases} \tag{91}$$

以因子 $e^{-j2\pi Et/h}$ 乘各式,可见 ψ_1、ψ_2 等式右端第 1 项为右行平面波,第 2 项为左行平面波。ψ_3 等式右端无第 2 项,因没有反射。

现在考虑 $E < U_0$ 会发生什么情况。设粒子速度为 v,按能量守恒就有

$$\frac{1}{2}mv^2 = E - U_0 \tag{92}$$

如 $E < U_0$,粒子动能(等式左方的值)为负,在 $m > 0$ 条件下得到虚速度。这是不合理的,故一个经典力学中的粒子不能到达势垒的右方。微观粒子则不同,按照 QM 中的不确定性原理(测不准关系式),不可能同时得到粒子速度和坐标位置的准确值,即不能同时得到粒子动能和势能的准确值。故在区域Ⅱ势能为已知值的情况下,动能是不确定的。这时,表示粒子能量等于动能与势能合成的公式失去了意义。即使在势垒右方发现粒子,也不存在理论上的困难。

当 $E < U_0$,h_{02} 为虚数。令 $h_{02} = jh_{02}'$,则有

$$h_{02}' = \sqrt{\frac{8\pi^2 m(U_0 - E)}{h^2}}$$

可以证明,当 $h_{02}' \gg 1$,势垒的传输系数(两个几率流密度之比)为

$$T \approx \frac{16E(U_0 - E)}{U_0^2} e^{-2h_{02}'d} \qquad (93)$$

可见,在区域Ⅱ波函数并不为零,而是表现为一种穿透深度 $(h_{02}')^{-1}$ 的消失态。当 $d \leqslant (h_{02}')^{-1}$ 时,粒子以隧道效应穿透势垒的几率就相当大了。因此,只要势垒宽度为有限值,不存在真正的束缚态。图 11 显示,在势垒壁以内波函数是指数地减小;而在势垒右面 $\psi \neq 0$。

以上分析是以粒子波动性(或说以几率波理论)为基础而进行的。由以上分析又可写出[21]:

$$T \approx \frac{16E(U_0 - E)}{U_0^2} e^{-4\pi l \sqrt{2m(U_0 - E)}/h} \qquad (93a)$$

故透射的大小取决于势垒的宽度 d、粒子质量 m、U_0 与 E 之差这几个因素。如希望透射几率加大,应减小 d、m 和 $(U_0 - E)$。在宏观物质条件下,m、d 都很大,负指数函数的值小,粒子不能

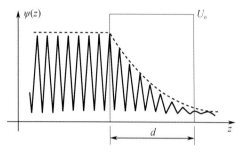

图 11　势垒内的消失波

通过势垒,再谈论量子隧道效应即无意义。从数值计算上讲,量子效应的情况,例如可得 $T = 10^{-3} \sim 10^{-4}$。宏观机制的情况,例如可得 $T = 10^{-35} \sim 10^{-38}$;后者即认为隧道效应不复存在。另一个计算例也提供有启发性的数据,已知电子 $m_0 = 9.10938188 \times 10^{-31}$ kg,又知 $h = 6.62606876 \times 10^{-34}$ J · s,取 $U_0 - E = 5\text{eV} = 8 \times 10^{-19}$ J;算出当 $d = 0.1, 0.5, 1.0$ nm 时,$T = 10^{-1}$,1.7×10^{-5},3×10^{-10}。可见,势垒宽度加大时,透射系减小很快(按指数规律衰减)。

利用量子势垒中的消失态并不是一句空话,而可由某些典型实验而得到体现。例如,美国加州大学伯克利分校的科学家于 1993 年发表的 SKC 实验[22],这个实验的意义是实现了使光子以超光速运动($v = 1.7c$);其实验装置中的 DB 代表 dielectric barrier(介电障碍,即势垒),它的制作是在基片上搞多层涂复。作为基片的 SiO_2,无耗时折射率 $n = 1.41$,有耗时折射率 $n = 1.41 + j0.0372$;涂复是 TiO_2 材料,不论无耗、有耗,均有 $n = 2.22$。针对激光源频率 $f_0 = 5.37 \times 10^{15}$ Hz,做成 $\lambda/4$ 结构(λ 是波长)。

1996 年,T. Grunter 和 D. Welsch[23] 针对非色散性吸收媒质(多层介电平板结构)导出了量子光学的输入、输出关系。使用辐射的量子化理论,针对多层的势垒采用频域中的多级复介电率进行描述,满足 Kramers – Kronig 关系式。分析表明,损耗会改变隧穿时间,而且折射率的小虚部会增大到一定程度;并算出了固体势垒的传输系数模的二次方与频率的关系,如图 12 所示。可见,对于多层平面介电结构而言,11 层的势垒系统具有带阻滤波器特性;41 层的势垒系统具有高通滤波器特性。

10　非均匀折射率光纤中的消失态

我们再提供一个用 Schrödinger 方程处理消失态问题的例子。也可以说,光纤理论的发展不仅显示了导波理论的量子化趋势,而且证明了消失态的普遍存在。设圆柱状光纤沿 z 轴安

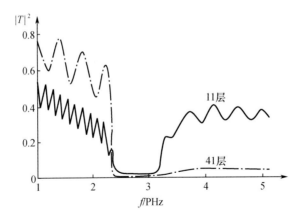

图 12　多层薄膜构成固体势垒时的性能

放(图 13),芯子折射率、介电常数最大值分别为 n_1、ε_1,折射率、介电常数分布函数为 $n(r)$、$\varepsilon(r)$。分析的出发点是由 Maxwell 方程组导出的波方程。如空间不含电荷、电流($\rho = 0, \sigma = 0$),则有

$$\nabla^2 \Psi - \varepsilon\mu \frac{\partial^2 \Psi}{\partial t^2} = 0$$

对单色波 $e^{j\omega t}$,就有

$$\nabla^2 \Psi + k^2 \Psi = 0$$

式中 $k^2 = \omega^2 \varepsilon\mu$,而 Ψ 为 E 或 H;上式是齐次 Helmholtz 方程。分析时通常可以建立起用纵向场(E_z、H_z)表示横向场(E_r、H_r、E_φ、H_φ)的公式,故可只讨论标量方程:

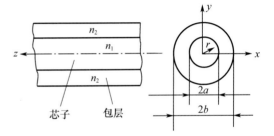

图 13　圆柱状光纤示意

$$\nabla^2 \psi + k^2 \psi = 0$$

式中:ψ 为 E_z 或 H_z。在简谐波条件下又可按圆柱坐标推出:

$$\nabla_t^2 \psi(r, \phi) + h^2 \psi(r, \phi) = 0 \tag{94}$$

式中 $h^2 = \gamma^2 + k^2$,而 $\nabla_t^2 = \frac{\partial^2}{\partial r^2} + \frac{1}{r} \frac{\partial}{\partial r} + \frac{1}{r^2} \frac{\partial^2}{\partial \phi^2}$;另外,分析时,取 $\mu = \mu_0$,而 $\varepsilon(r)$ 为

$$\varepsilon(r) = \varepsilon_1 [1 - f(r)]$$

式中的函数 $f(r) > 0$。故有

$$\omega^2 \varepsilon(r)\mu_0 = \omega^2 \varepsilon_0 \mu_0 n^2(r) = k_0^2 n^2(r)$$

式中 $k_0^2 = \omega^2 \varepsilon_0 \mu_0$,而 $n^2 = \varepsilon\mu / \varepsilon_0 \mu_0$。现在可写出光纤的标量波方程:

$$\frac{d^2 R(r)}{dr^2} + \frac{1}{r} \frac{dR(r)}{dr} + \left[k_0^2 n^2(r) - \beta_0 - \frac{m^2}{r^2} \right] R(r) = 0 \tag{95}$$

式中:m 为 Bessel 函数的阶,而函数 $R(r)$ 的意义为

$$E(\text{或 } H) = R(r) e^{j(\omega t - \beta z - m\phi)} \tag{96}$$

故 β 为相位常数。令 $F(r) = \sqrt{r} R(r)$,则波方程变为

$$\frac{d^2 F(r)}{dr^2} + [E - U(r)] F(r) = 0 \tag{97}$$

式中

$$E = k_0^2 n_0^2 - \beta^2 \tag{98}$$

$$U(r) = k_0^2 n_0^2 - k_0^2 n^2(r) + \frac{m^2 - 1/4}{r^2} \tag{99}$$

很明显,方程式(95)相当于具有势能 $U(r)$ 及本征值的单粒子束缚态的 Schrödinger 方程。因此,在光纤理论中可以引用量子力学的方法和结果。为此,必须知道相当于势垒 $U(r)$ 的函数和 E 的大小,以确定 $E \sim U$ 关系。这也就是运用 Wentgel – Kramers – Brillouin 法。

我们可以先根据式(99)定性地绘出 $U \sim r$ 的函数曲线,并假设 E(它相当于过去我们讨论过的向量子势垒入射的粒子的能量)处在由小而大的 3 种情况[24],看看会发生什么物理现象。图 14(a)是比较小的情况。在 $r_1 \sim r_2$ 区间,$U < E$,这类似前文中矩形势垒外面的情况,是驻波解。在 $r > r_2$ 时,$U > E$,这类似前文中矩形势垒内部的情况,是指数下降解,即

$$F(r) = e^{-\alpha r} \tag{100}$$

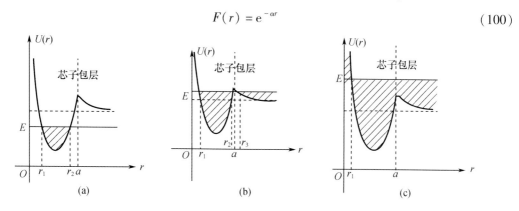

图 14　光纤势函数的 3 种可能性

因此可以肯定包层内是消失场。总之,绝大多数电磁能量集中在芯子里,而芯子是传输线状态(导波模式)。这种情况对应于量子力学里粒子能量取分立值的状态,即本征值离散谱。这是我们在波导理论中所熟悉的。

图 14(b)是 E 较大的情况,在 $r_1 \sim r_2$ 和 $r > r_3$ 的区域,均为 $U < E$,即驻波解;而在 $r_2 \sim r_3$ 的中间区域,是指数衰减场。总之,包层内和包层外,都有向外的电磁波分量,但外泄能量很小。因为它仿佛是通过 $r_2 \sim r_3$ 间的势垒泄漏出去的,故称为隧道漏泄模或漏波。部分能量通过消失场区域而向外辐射,这是非常有趣的。

图 14(c)是再次增大后的情况。当 $r > r_1$,全为驻波解。由于 E 越过势垒上方,没有隧道效应。势垒不再存在,光子成为自由光子。能量仿佛由 r 向的等效传输线跑掉了,称为辐射模。这对应于介质波导理论中的截止状态(向外辐射)的情形,是光纤应用中最需防止的状况。这种情况对应量子力学里粒子能量取任意值的状态,即本征值连续谱。这是传统的金属壁波导所没有的。

11　量子力学出现前的 Bose 双三棱镜实验及后来的发展

前已指出,在量子力学中,势垒内的消失态也具有虚数的波参量;这时可用 Schrödinger 方程而作出说明,它可类比经典电磁理论中的 Helmholtz 方程。实际上量子隧穿是常见的物理过

程,可在许多场合观察到。例如,1897 年 Bose[7] 的双三棱镜实验现象,他用厘米波波长的电磁波作用于两个相对的三棱镜时的情况来演示经典电磁领域的隧道效应。图 15 是引自原文的示意,(a)表示波的通过和反射,(b)表示实验装置;L 是提供入射波束的信号源,P、P' 是两个等边三角形的棱镜;圆盘是可旋转的(为了改变入射角),而 A、B 是接收器的两个不同位置。

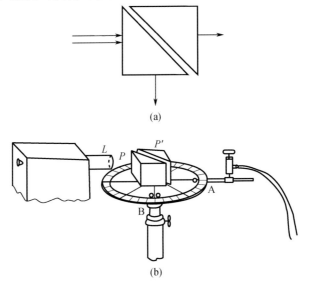

图 15 Bose 实验的基本装置

现在我们用图 16 说明 Bose 实验的原理。取两个玻璃板平行相对,中间有等宽(宽度 d)的空气隙。如光束自左方斜向入射(与法线夹角 θ),则在气隙左方的玻璃(Ⅰ区)内形成电磁波(光波)从 $n>1$ 区(光密媒质)向 $n\approx1$ 区(光疏媒质)的传播,界面上多数光波反射,少数光波将隧穿通过气隙(区域Ⅱ),而进入另一光密媒质Ⅲ区。虽然波包向玻璃板长度方向传播,与玻璃板垂直的 z 向却发生隧穿过程(tunneling process)。当然入射角 θ 应大于总内反射临界角,即

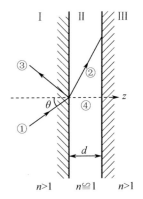

$$\theta > \theta_c = \arcsin(1/n) \tag{101}$$

图 16 两块平板玻璃中间
有空气隙的情况

式中:n 为玻璃的折射率。当距离小于波长时,Bose 发现在右方玻璃板中确有波通过了气隙而在Ⅲ区内传播。这是最早的量子隧道效应实验。当然,从 1897 年算起要过 30 年才有量子力学(QM)的发明,Bose 在 1897 年也不知道这是一种量子隧道效应。所以,我们看到了经典电磁理论与量子理论互相沟通的例子。

Bose 的实验表明,当入射波被全反射时,有少数波穿越气隙 d 进入另一棱镜,亦即发生全反射时在光疏介质中会发生消失波。1949 年,A. Sommerfeld 最先指出可以用 QM 解释 Bose 实验,在气隙中发生的物理过程对应量子势垒中的消失波衰减过程。此后,2000 年 J. Carey[25] 用太赫波重做双棱镜实验,发现了超光速现象。图 17 是他所用的实验装置;太赫兹发生器使用 GaAs 晶体加 2000V 偏压,得到太赫兹的脉冲脉宽为 0.85ps,波长 1mm。双棱镜设在一个平移台上,使两棱镜间的距离 d 可以变化。棱镜的材料是 Teflon,$n=1.43$,故全反射临界角为 44.4°。消失波与非消失波的光路如图 18 所示。Carey 取 $d=0\sim20$mm,入射角 $\theta=35°\sim55°$,

做了一系列实验。结果是脉冲重心时延和群时延均可以为负值,是超光速传输的证明。Carey说,如信号以接近并稍大于临界角的入射角入射,信号可以基本上无衰减地作超光速传播。但这要求光信号严格准直,棱镜为无限大。他认为"以全反射实现超光速信息传输是可能的",但 d 足够大时信号主要是非消失波,其脉冲重心速度(在气隙中)为 $0.99c$,是亚光速。

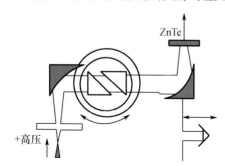

图17　太赫波段的全反射超光速实验装置

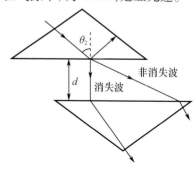

图18　Carey 双棱镜实验示意

在双三棱镜的气隙中,消失态有以下方程:

$$A = \alpha d \quad (\text{Np}) \tag{102}$$

这与式(25)相同;式(102)表示场幅按照 $e^{-\alpha d}$ 的规律衰减。重要的是这个规律已有实验上的证明;2001 年的 Haibel 和 Nimtz 实验,用 $n = 1.6$ 的材料做成双三棱镜,故总内反射临界角为 θ_c = arcsin$(1/n)$ = 38.5°;现如按 $\theta = 45°$ 入射,则会造成 Bose 效应。在微波使用两个频率$(f_1 =$ 9.72GHz,$f_2 = 8.345$GHz),得到 $A \sim d$ 关系的实验曲线如图19所示;对应的 α 测量值为 $\alpha_1 = 0.93$dB/mm,$\alpha_2 = 0.73$dB/mm。Nimtz 说,这结果与下式的计算值是一致的:

$$\alpha = \sqrt{\frac{\omega}{c}(n^2\sin^2\theta - 1)} \tag{103}$$

笔者认为这工作可能是对 Bose 效应的首次实验证明。

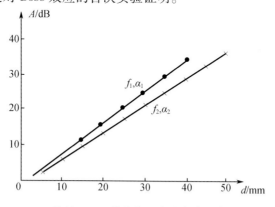

图19　双三棱镜气隙中的衰减曲线

2006—2007 年,Nimtz 公布了他用双三棱镜做超光速实验的情况[27]。他们说:"光学中的消失模对应量子电动力学(QED)创始人 Feynman 引入的虚粒子(virtual particles),这种模式的典型例子是双三棱镜的受抑全内反射(FTIR)。我们企图用米级宏观尺度来证明消失模的 QM 行为,由于零相移通过势垒的传播似不需要时间。"他们采用折射率 $n = 1.6$ 的塑胶有机材料构成双三棱镜,信号频率 9.15GHz(波长 3.28cm);三棱镜尺寸为 40cm × 40cm,反射临界角为

38.7°。采用盘形天线(直径35cm),接收天线与棱镜表面平行,并可移动;微波是TM模式。实验结果是:反射信号和透射(隧穿)信号在同一时刻被接收到(时延均为100ps)。由于反射光束和透射光束的路程相同,而透射光束可能多穿过长度为 d 的区域就像是不用时间的传播。他们说,虽然这是对狭义相对论(SR)的违反,但可用QM和QED作描述和解释。

现根据图20叙述实验方法和过程——使用两块玻璃棱镜,拼起来是每边40cn的立方体。使用波长较长的微波($\lambda \approx 33cm$);对大隧穿距离而言 λ 足够长,对光子路径可被棱镜拐弯而言 λ 足够短。实验时使微波束从第一个三棱镜面的右方斜向射入($\theta > \theta_c$),在镜内底面被反射后由另一斜面射出,到达检测器A。根据Bose - QTE效应,有少数波束穿过底面,并通过间隙 d 从第二个三棱镜的底面进入该棱镜,再折射出去到达检测器B。由于A、B的位置对称安放,在 $d = 0$ 时两个光路的长度相同。但当 $d \neq 0$,后一光路较长,增量为 d 。现在的实验发现两个光路的信号传输时间没有差别,或者说两路微波到达A、B的时间相同。故可判断后一情况的波速较快,或者说微波穿过间隙(亦即势垒)没有耗费时间,即速度为无限大(即便 $v \neq \infty$,也可断定 $v > c$,而且大出很多)。对图20(a)有

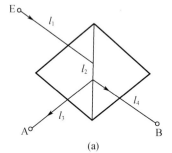

$$v_1 = \frac{l_1 + l_2 + l_4}{t_1} \qquad (104)$$

式中: v_1 、 t_1 分别为由E到B的速度和时间; l_2 为Goss—Hänchen位移造成的(夸大画出);对图20(b)有

$$v_2 = \frac{l_1 + l_2 + d + l_4}{t_2} \qquad (105)$$

如实验发现 $t_1 = t_2 = \tau$,则有

$$v_2 = \frac{l_1 + l_2 + l_4}{t_2} + \frac{d}{\tau} = v_1 + \frac{d}{\tau} \qquad (106)$$

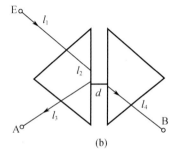

图20　对"双三棱镜超光速实验"的说明

故 $v_2 > v_1$;若 v_1 是光速,则有

$$v_2 = c + \frac{d}{\tau} \qquad (107)$$

故 $v_2 > c$,亦即发现了超光速。此外,实验还发现当拉开棱镜时(即逐步加大 d),隧穿时间不变;但在 $d \geqslant 1m$ 时就无法观察了。……考虑到Carey的实验,我们可以说"从太赫波到微波都以双三棱镜实现了超光速的波传播"。

Nimtz团队的实验早已被媒体所报道,例如,2007年8月27日德新社发出电讯称:"两名德国物理学家宣称已做到了不可能的事——打破光速。"8月28日中国的《参考消息》报译载了德新社的电稿,所用标题为"德发现打破光速现象"。……Günter Nimtz教授与笔者相熟,我们多次交换彼此的科学著作;他在quantum tunneling这一研究方法上坚持不懈,令人佩服;笔者当时曾致电祝贺。2016年11月10日,Nimtz发来邮件,提到他过去曾用实验发现在隧穿中的现象——以零时间实现超光速能量传送(见:PRL,1993,Vol. 48 ,632;Found Phys ,2014,Vol. 44 ,678)。

12 "完美透镜"与"消失波放大"

近年来,对"负折射率"问题和"左手材料"(LHM)的研究,获得了迅速的发展[28,29]。在研究过程中,出现了所谓"完美透镜""消失波放大"等概念[30,31]。考虑自由空间中的一个透镜,左侧有一点源,辐射电磁波沿 z 向(与透镜平面垂直的方向)传播。频率 ω 的源造成的辐射可写作电场的 2D Fourier 展开式:

$$E(r,t) = \sum_{\omega} E(k_x,k_y) \mathrm{e}^{-\mathrm{j}\omega t} \mathrm{e}^{\mathrm{j}(k_x x + k_y y + k_z z)} \tag{108}$$

式中:k_x、k_y 为波矢 $\boldsymbol{k}$ 的横向分量。由式(22),在真空时($k=k_0$)可有

$$k_z = \sqrt{k_0^2 - (k_x^2 + k_y^2)} \tag{109}$$

而 $k_0 = \omega/c$;对于传输态,$k_0^2 > k_x^2 + k_y^2$,相位因子为 $\mathrm{e}^{\mathrm{j}k_z z}$,透镜可对每一传播模分量的相位产生一定的变化,并且这些分量将在透镜右端的像平面重新组合成像。然而,还有一部分电磁信息蕴藏在消失态的波、场之中,对该态而言 $k_0^2 < k_x^2 + k_y^2$,k_z 可写作:

$$k_z = \sqrt{(k_x^2 + k_y^2) - k_0^2} \tag{109a}$$

这种态的 k_x 或 k_y 值较大,含有指数下降的衰减项:

$$\mathrm{e}^{-\alpha z} = \mathrm{e}^{\mathrm{j}k_z z},\ \alpha = \sqrt{(k_x^2 + k_y^2) - k_0^2} \tag{110}$$

因此幅度沿 z 向很快衰减,实际上会丢失掉一些反映源平面信息的细节,即无法达到像平面。这也正是普通透镜总有一个成像分辨率的上限的原因。2000 年 J. Pendry[30] 提出,为突破普通透镜的分辨率极限,应设法使消失波参与成像。具体说,他建议采用 LHM 平板,可使传输系数指数地增大;如能做到 $\varepsilon = -1$,$\mu = -1$,则消失态成分将得以恢复,透镜功能完善。他把这个过程和结果称为"消失波放大"和"完美透镜"(perfect lens)。

Pendry 的方法是把透镜换为 LHM 平板(图 21),而他所谓的 $\varepsilon = -1$ 和 $\mu = -1$,准确表述应为 $\varepsilon_r = -1$ 和 $\mu_r = -1$。我们知道在现实中并不存在 LHM 介质板,仅有一种复杂的体系起到 LHM 的作用(而且仅在微波成功),所以对"完美透镜"的讨论仅有理论上的意义。Pendry 考虑在 LHM 平板的左、右两个端面的多次反射和透射,把表达式迭加起来得到总反射系数 ρ_{TE} 和总透射系数 T_{TE},为简单计我们写作 ρ_{H} 和 T_{H};然后在 $\varepsilon_r \to -1$ 和 $\mu_r \to 1$ 的条件下求极限,得到

$$\rho_{\mathrm{H}} = 0,\ T_{\mathrm{H}} = \mathrm{e}^{-\mathrm{j}k_z d} \tag{111}$$

这表示通过 LHM 平板后波成为传输态,消失态不见了,就是说该板对消失波起了一种恢复作用,Pendry 称为"对消失波进行了放大"——笔者认为这样说不太确切。

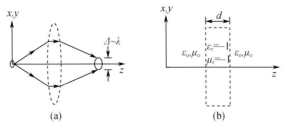

图 21 用 LHM 平板取代普通透镜

这里作进一步的讨论,为此对有关基础理论进行整理。在平面波传输理论中有

$$k^2 = \omega^2 \varepsilon \mu = \omega^2 \varepsilon_0 \mu_0 \varepsilon_r \mu_r = k_0^2 \varepsilon_r \mu_r \tag{112}$$

对有耗媒质,取 $\varepsilon_c = \varepsilon_r \varepsilon_0$,故有

$$\varepsilon_{rc} = \frac{\varepsilon_c}{\varepsilon_0} = \frac{1}{\varepsilon_0}\left(\varepsilon + \frac{\sigma}{j\omega}\right) = \varepsilon_r + \frac{\sigma}{j\omega\varepsilon_0} \tag{113}$$

这时有

$$k^2 = k_0^2 \mu_r \varepsilon_{rc} = k_0^2 \mu_r \left(\varepsilon_r - j\frac{\sigma}{\omega\varepsilon_0}\right) \tag{112a}$$

取 $k = \beta - j\alpha$,则可证明:

$$\begin{cases} \beta^2 - \alpha^2 = k_0^2 \varepsilon_r \mu_r \\ 2\alpha\beta = k_0^2 \dfrac{\mu_r \sigma}{\omega\varepsilon_0} \end{cases} \tag{114}$$

取 $k_0^2 \varepsilon_r \mu_r = a$,$k_0^2 \mu_r \sigma / \omega\varepsilon_0 = b$,得到联立方程的解:

$$\alpha = \pm \sqrt{(\sqrt{a^2 + b^2} - a)/2} \tag{115}$$

$$\beta = \pm \sqrt{(\sqrt{a^2 + b^2} + a)/2} \tag{116}$$

由于 $\alpha < 0$ 表示指数增大波(exponentially increasing wave),对于无源媒质不会出现,故 α 公式应取正号。对于通常的右手化媒质(RHM),$\varepsilon_r > 0$,$\mu_r > 0$,因而 $b > 0$;这样可知 $\beta > 0$,即 β 公式取正号。对于左手化媒质(LHM),$\varepsilon_r < 0$,$\mu_r < 0$,因而 $b < 0$;这时应取 $\beta < 0$,即 β 公式取负号。对于 LHM,考虑媒质中无传导电流(因而无相应损耗)的情况,取 $\sigma = 0$;这时有 $\alpha = 0$,以及

$$k = -k_0 \sqrt{\varepsilon_r \mu_r} \tag{117}$$

$$n = -\sqrt{\varepsilon_r \mu_r} \tag{118}$$

这就是负折射率媒质。

2004 年,T. Cui 等[32]研究了消失波在 LHM 传播中时损耗的影响,分析计算了 LHM 板置于点源之前并有 Gauss 波束通过的情形。认为通过理论分析和数值计算得到如下结果:①对传输态波动而言,入射波在 LHM 板中将折向折射角为负的方向,板损耗使波发生衰减;②消失波的进行是向着各个方向(travel in all directions),如损耗小(如 $\sigma \leqslant 10^{-7}$ s/m),板造成的放大清晰可见;③对成像而言,消失波对最终成像质量有好处,在无耗条件下可理想成像(perfect image)。以上这些工作均以电导率 $\sigma \neq 0$ 作为"有损耗"的象征。

另外,2008 年李超[31]研究了有耗 LHM 平板的成像特性。认为在实际上,获得 $\varepsilon_r = -1$,$\mu_r = -1$ 的理想条件是不可能的,损耗带来了参数的虚部:

$$\varepsilon_r = -1 + j\varepsilon_r', \mu_r = -1 + j\mu_r' \tag{119}$$

这时用计算机的作图分析表明,损耗会大大降低 LHM 平板的"消失波放大"能力,从而降低其超分辨率成像能力。但如损耗较小,部分消失波仍参与成像,因此使分辨能力高于普通透镜。

现在美国人研制的超级透镜的显微能力已达 70nm,利用的是包含被观察物体最细微信息的"特殊光波"——它不扩散,而是在物体附近渐渐隐没。超级透镜捕获这种消失波并将其转变为扩散波,而另外设计加强消失波的透镜是有可能的。

13　表面等离子波的消失态

表面波(SW)是一种沿两媒质之间界面传播的电磁波。1899 年,A. Sommerfeld 最早提出,TM 型表面波可沿一根具有有限电导率的无穷长圆柱导线传输。1909 年,Sommerfeld 又用 Maxwell 方程组处理了非辐射型表面波。表面等离子波(SPW)发生在金属与电介质的界面,自 1957 年以来为人所知,界面两侧呈消失态。SW 与 SPW 的区别在于,SW 发生于两电介质之间,而 SPW 仅在电介质与导体(如金属膜)之间的界面上传播。也可认为 SPW 是 SW 的一种,它要求界面两边的介电常数一正一负,这可由一边用电介质而另一边用金属来满足。金属中的大量自由电子被当作高密度电子气体,其纵向密度起伏形成 SPW 可经由金属而传播 SPW 的电磁场在界面上最大,在垂直表面的两个方向上指数地减小,这情况与 SW 相同。

图 22(a)表示两种固体媒质紧密互相接触,选取笛卡儿坐标系,取 zy 平面为两介质的界面,而 z 向是表面波传播的方向;相应的场表示式为 $\boldsymbol{E} = E_x \boldsymbol{i}_x + E_y \boldsymbol{i}_y + E_z \boldsymbol{i}_z$。一个沿 z 向传播而场在 x、$-x$ 方向上指数衰减的波,可以写作

$$\boldsymbol{E}_1 = \boldsymbol{E}_{10} \mathrm{e}^{-\alpha_1 x} \mathrm{e}^{-\mathrm{j}\beta_1 z} \cdot \mathrm{e}^{\mathrm{j}\omega t} \quad (x > 0) \tag{120}$$

$$\boldsymbol{E}_2 = \boldsymbol{E}_{20} \mathrm{e}^{-\alpha_2 x} \mathrm{e}^{-\mathrm{j}\beta_2 z} \cdot \mathrm{e}^{\mathrm{j}\omega t} \quad (x < 0) \tag{121}$$

ε_1 为介质 1 的介电常数,ε_2 为介质 2 的介电常数(更确切的写法是 ε_r、ε_r,即相对介电常数);α_1 和 α_2 分别为两介质中的衰减常数,β 为相位常数,k_0 为真空中的波数。我们在 TM 模条件下讨论,由于

$$\alpha_1^2 = \beta^2 - k_0^2 \varepsilon_1 \tag{122}$$

$$\alpha_2^2 = \beta^2 - k_0^2 \varepsilon_2 \tag{123}$$

根据边界条件,在 $z = 0$ 界面上,由电场切向和电位移矢量法向的连续性得 SPW 的色散方程:

$$\varepsilon_{r1} \alpha_2 + \varepsilon_{r2} \alpha_1 = 0 \tag{124}$$

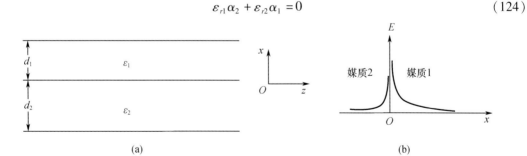

图 22　两种固体媒质紧密接触时的情况

亦即

$$\frac{\alpha_1}{\alpha_2} = -\frac{\varepsilon_{r1}}{\varepsilon_{r2}} \tag{124a}$$

由于 α_1、α_2 均为正实数,为了满足式(124a)ε_{r1} 与 ε_{r2} 的符号应相反。例如,若 $\varepsilon_{r1} > 0$,要求 $\varepsilon_{r2} < 0$;使用金属作为媒质 2 可满足这一条件,如图 22(b)所示。

另外,在 TE 模条件下所作分析得出

$$\alpha_1 + \alpha_2 = 0 \tag{125}$$

这是不可能满足的,故 SPW 不能以 TE 模形式存在。

总结以上内容,表面等离子波又称为表面等离子激元(Plasmon),是表面电磁波的一种形式。它发生于金属与电介质之间界面,是沿界面传播的纵向电磁波,是 TM 波。其电磁场从界面向两边按指数率下降,呈消失态,并且在金属中场分布比在介质中分布更集中,一般分布深度与波长量级相同,其波矢大于自由空间中电磁波的波矢。……对于 TE 波,前已指出在 TE 极化时不存在表面等离子波。这是由于在 TE 极化时,电场在介质与金属分界面上,只有沿界面方向连续的水平分量,因此电场的法向分量也是连续的,总的电荷面密度为零。另外,由于边界层没有自由电荷或总的自由电荷为零(电位移矢量的法向连续),因此并不会在金属表面累积极化电荷,而产生等离子表面波时必须有极化电荷。

通常情况下表面等离子波的波矢大于电磁波的波矢。故电磁波入射到光滑界面不能激发出表面等离子波;只有利用某些耦合方式,才能使入射电磁波的波矢与表面等离子波的波矢相匹配,从而获得表面等离子谐振,激发出表面等离子波。常用的耦合方式有棱镜耦合和光栅耦合。棱镜耦合方式是利用受阻内全反射(ATR)方法,使入射电磁波获得较大的波矢,与等离子表面波波矢相匹配,激发出 SPW。当电磁波入射到介电常数较大的棱镜,入射角大于临界角时,在棱镜与介质界面处产生全反射,在紧邻全反射界面附近的介质中产生消失波。由于消失波与全反射的电磁波的水平分量的波矢相同,即

$$k_x = \frac{\omega}{c} \sqrt{\varepsilon_p} \sin\theta \tag{126}$$

因此获得较大的波矢。由于 k_x 大于 k_0,因此当棱镜与介质表面的距离足够小,并且发生全反射时,使入射电磁波波矢的水平分量与表面等离子波的波矢相匹配,即满足关系

$$k_x = \frac{\omega}{c} \sqrt{\varepsilon_p} \sin\theta = k_{sp} = k_0 \left(\frac{\varepsilon_1 \varepsilon_{2r}}{\varepsilon_1 + \varepsilon_{2r}} \right)^{1/2} \tag{127}$$

在界面处就可激发出表面等离子波。更详细的讨论和实验技术的经验,请参阅文献[33]。

14 对消失态的量子化描述

消失态的本质是什么? 这一直令人困惑。前已述及,可以把消失态当作具有虚波矢(虚波数)的状态;并且可将其看成驻波,场变化在各处同时发生,故在传播方向上无相移。……如果说,一个传输着的电磁波可以把光子束流作为对应物,那么消失态的对应物是什么呢? 如果仍用“消失波”一词,它可否与量子理论中的虚光子(virtual photons)对应? Günter Nimtz 教授多年前就认为这不但可以,而且是唯一正确的认识。现在我们就来讨论这个问题,整个理论的基础是量子电动力学(QED)。

在 20 世纪中期,虚光子的概念逐渐进入了物理学。年轻的 R. Feynman 曾和 J. Wheeler 共同研究“电子与自身的作用”并备感困惑。这在后来发展成为电子的自能问题,意指电子通过辐射场产生自相互作用。对于这种自身作用,必须把振幅相加以符合 Feynman 图,因为要考虑每个可能发生事件的所有方式。结果是电子发射并吸收自己的虚光子,有关图形称为电子自能图。具体讲,在 x_1 处初态中的电子发出一个光子,在 x_2 处又把光子吸收掉。因此自由电子可以在周围产生虚光子,在高级微扰论中还会产生多个虚光子。这种虚光子就是电动力学中所谓“电子的自场”,它使电子获得附加质量(电磁质量)[12]。在 QED 中,电子的自能图还有

另一效应——电子波函数的重正化。现在,一个真实电子只有一定几率是"裸电子",另有一定几率带有一个或多个虚光子,甚至带有虚电子对。……图 23 是描述上述简约过程的时空图(Feynman图),它表现电子与自己本身的相互作用,该电子先放出 1 个虚光子,过了一段时间又把后者吸收回去。

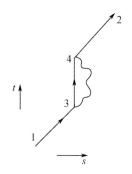

图 23　表现电子自作用的
虚光子过程的时空图

　　如果把一些最基本的 Feynman 图拿来研究,就会领悟到虚光子与实光子并无本质上的区别。而且,还可以大体上领会到引入虚光子概念后的好处。我们认为,虚光子也是光子,只是其出现不能肯定。这一概念的提出的关键人物是 Richard Feynman,这是他对现代物理学的一项贡献。那么虚光子是否仅仅是一种辅助分析手段?或许可以说,只要光子存在,虚光子也就会是真实的存在。不过,对光子的多个疑问也都会落到虚光子身上。但在 QED 著作中[34],虚光子已被熟练地运用。

　　用虚光子概念解释电磁作用中的消失态现象,在 20 世纪 30 年代就有人作了尝试〔C. Weizsäcker, Ann. Phys., 1933, 5:869; E. Williams, Proc. Roy. Soc. (London), 1933, A139:163〕,但笔者读过的文献却是 70 年代的。

　　在自由空间电磁波的量子化处理中,人们习惯于把场看成均匀平面波,认为它没有消失波(场)分量。但是如果有源、有散射体、有孔缝等,场大体上就不能看成是均匀平面波了,这种处理方法就失效了。在这种情形下,不再是处理一个自由空间了;而且似乎除非我们把它看成一个耦合系统,我们亦不可能处理量子化的问题。1971 年,C. Carniglia 和 L. Mandel[5] 发表了题为"电磁消失波的量子化"的论文,他们说是"选择利用消失波的虚光子法来表示场"(the evanescent waves may be an alternative to the virtual – photon approach for the representation of the field)。意味着一种包含消失波电磁场的描述方法,而且研究了场特性和它与原子系统的相互作用。这种处理方法的精髓是引入了一系列标记着连续波矢量指数的模式,每个模式都由三种波组成(其中包括消失波)。由于这些模式的辅助,方法得到的结果与真空中电磁场普通方法得到的趋于一致,并且可以用一种类似方法定义了 Fock 态、相干态等。……有趣的是,在研究过程中出现了消失光子(evanescent photons)这一词语。

　　Carniglia 和 Mandel 的论文是有贡献的和有趣的,但它并未多谈虚光子问题,也没有说文中所谓"消失光子"就是虚光子。这二人是美国纽约 Rochester 大学的科学家。1973 年,同在 Rochester 大学工作的 S. Ali[35] 发表了题为"QED 中的消失波"的论文,把一切表述得更为明确。在"引言"中说:"evanescent waves are actually the virtual photons carrying out the interaction between the field and the external source"。在"消失场与虚光子"小节中说:"evanescent waves will be shown to be the virtual particles of aquantized theory."又说:"we proves that evanescent fields are to be identified with the virtual photon fields,"总之,Ali 指出消失模等同于虚光子。

　　从 20 世纪末到 21 世纪初,德国科隆大学 G. Nimtz 教授通过写文章以及与笔者的通信,畅谈了他的看法。例如,1998 年 Nimtz 提出消失模具有不平常的特性[36]——其能量为负,不能直接地被测量,消失区是非因果性的(因消失模在所处区域不消耗时间,实验也证明对势垒的隧穿时间与势垒厚度无关)。又如,2000 年 1 月 4 日他指出,消失模状态应在考虑量子力学的条件下来描述和理解;它通过无法测量的虚光子而呈现(The evanescent modes can only be described and understood taking into consideration quantum mechanics. Evanescent modes are presented by virtual photons, they can't be measured.)。2001 年 12 月 17 日他则说,Maxwell 方程组未能完全、充分地描述消失模,因它是非局域的,具有负能量,并在势垒中速度无限大,不具有 Lorentz 不变性,应当用量子力学来描写其特性。Nimtz 认为消失态体现出一种负动能,其根据是在讨论量子势垒时的公式,在 $E < U_0$ 时有

$$E - U_0 < 0 \qquad (128)$$

因而这种观点不认为有关公式失去了意义。2006 年,A. Stahlhofen 和 G. Nimtz[37] 发表了题为"消失模是虚光子"(Evanescent mode are virtual photons)的论文,文章说,多年来建基于量子电动力学(QED)的研究认同消失模与虚光子的一致性,其怪异性质(如非局域性和不可观测性)违反了相对论性因果律(relativistic causality),而原始的、早期的因果律(原因在结果之前,cause precedes effect)不受影响。2009 年 12 月 30 日他在致笔者信中写道:"I think evanescent modes are Galilei invariant, what do you think?"……笔者同意他的见解。

图 24 是 G. Nimtz 针对量子隧穿绘制的 Feynman 图,描写了势垒内外的时空关系。编号 2 代表垒内情况,粒子穿越几乎不需要时间,是超光速传输,而垒内的消失态是与虚光子对应的,代表两个光子传输的中间态。

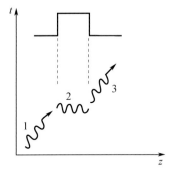

图 24 量子隧穿的 Feynman 图

15 近场消失态超光速现象

最后我们叙述近年来发现的一个现象,2013 年黄志洵[38] 称之为近场类消失态效应(effect of evanescent - like in near - field)。我们知道,在消失态(场、波)情况下,电场与磁场矢量的时间相位差为 $\pi/2$(TM 模 H 超前,TE 模 E 超前);Poynting 矢瞬时值 $\frac{1}{2}(E \times H^*)$ 为纯虚数,Poynting 矢平均值 $\frac{1}{2}\mathrm{Re}(E \times H^*) \neq 0$;波阻抗均为电抗,体现电能和磁能的储存。对于电小天线,近区场 E 和 H 的相位差为 $(-\pi/2)$,H 超前;Poynting 矢瞬时值为纯虚数,平均值为零。也是储能场性质,体现为电抗性场。……上述对比表明,两者的性质几乎完全一样!不仅如此,两者均随距离增大而迅速衰减,只是规律不同——消失场按 $e^{-\alpha r}$ 规律,近区场按与 r^3(或 r^2)呈反比关系。取消失场强为 $E_e = E_0 e^{-\alpha r}$,而电小天线产生的近区静电场场强为 $E_s = kr^{-3}$。在以上两式中,下标 e 表示 evanescent,s 表示 static(E_s 是静电场分量)。在两种情况下,场强随距离 r 的下降都很快。……由于种种原因,消失场结构和天线近区场结构中,都发现了超光速传播的现象。

作为对比,我们指出以上两者都有类稳场(quasi - static field)的特征。在消失场理论中,虽然是时变场,但对于某些结构的分析,竟可把它看成为单独的静态场情况(例如,截止波导中的 TM 模式用等效电容器分析处理,TE 模式用等效电感处理)。在电小天线理论中,也有类似情况——靠近天线的场会遵循 Poisson 方程,因而可按静电场去处理。

1999 年,W. Walker[39] 用理论分析表明在电偶极子近场区,电磁波以比光速大许多倍的速度传播,但 r 增加到波长(λ)位置时降为光速。在实验方面,表 2 给出几个例子,均为在天线近区发现的超光速现象。特别是 2009 年 N. Budko[42] 发现的现象,既重要又有趣。

表 2　近场超光速现象的实验例

研究者	时间/年	频段	研究方法和结果
A. Kholmetskii 等[40]	2007	米波	用高压(5.5kV)产生多谐波电流脉冲,经隔直流电容器和同轴电缆送到环天线($L=46$mH)上。实验发现了近区场具有非局域特性,传播速度$v=2c$及$v=10c$
A. Kholmetskii 等[41]	2007	米波	实验安排同上;实验发现近区束缚场以超光速传播;离环天线远(远区 $r\geq$ 80cm)时为光速($v=c$),在近区离环天线越近传播速度越大——$r=(50\sim60)$ cm 时,$v=4.3c$;$r=40$cm 时,$v\cong8.2c$
N. Budko[42]	2009	微波	实验发现了近区场中的负速度传播现象;发射天线用垂直偶极天线,微波脉冲中心频率4GHz,观察到波形反时间行进
O. Missevitch 等[43]	2011	米波	在实验技术和方法上作改进,对近区束缚场传播给出测量结果为$v=(1.6\pm0.05)c$
樊京等[44]	2013	短波	把20MHz正弦波信号送到环天线,发射天线直径25cm;用2个直径3cm的线圈接收在不同距离上的信号。实验证明在近区磁力线速度可达10倍光速($v\geq10c$)

Budko 论证存在一个区域,在其中波形主体随时间做逆向运动——随着离源的距离加大,接受者收到的波形极值的时间不断提前。假设源为有限正弦波束,中心频率$f_0=4$GHz;这时$r=100$mm 为近场、中场区域,对近场波形的模拟(仿真 simulation)计算表明在近场区(10 ~ 13.6)mm 存在负速度。亦即 outer edger shift rightwards(正常现象),而 inner part shift leftwards(负速度现象)。注意这与环境无关,即使在真空中也是如此。Budko 展示了几个以时间为函数的近场波形的细节,它们是通过逐步加大与源的距离(r)而获得的。尽管波包的边缘向右移动,内含部分却向左移动,即 travels back in time。实验验证了上述的模拟(仿真)计算,实际的负速度区大约为8mm。

笔者认为,近场超光速现象可用消失态理论解释,近场负速度现象可用 Maxwell – d'Alembert 方程的超前解说明。再加上虚光子理论的帮助,这一切均为可理解的物理实在。

16　结束语

现已查明,从无线电波的低频端到太赫乃至光波的高频端,即宽阔频域,都有消失态电磁现象存在。这说明需要深刻的理论以描述这种有普遍性的物理现象。对消失态的认识是通过多个渠道而深化的——以 Maxwell – Helmholtz 方程描述为基础的经典电磁理论,以 Schrödinger 方程描述为基础的量子力学(QM)理论,甚至要用量子电动力学(QED)。由于微波理论与技术的巨大发展,前一渠道的成就更为显著。例如波导理论的深厚积累使我们认识到,可以把截止波导内的消失态的主要特点归纳为:①高电抗性(电感性或电容性)及强反射;②高衰减性(衰减常数 α 比传输区大几个量级),而这是强反射造成的,故场按指数率迅速下降;③几乎没有相移;④储能性;⑤在准静态条件下交变电场与交变磁场的可分离性;等等。这些特点大大丰富了对消失态的认识,并导致许多技术应用(谐振腔、衰减器、滤波器等)[9]。

所谓太赫波(tera – waves)是指在微波和可见光之间的波段,近年来迅猛发展并有许多应用。在太赫兹频段,截止波导的横向尺寸(如圆波导直径)很小,很难加工,但仍有所发展。例如,英国科学家 K. Wynne[18] 等构造了直径 50μm、长度 40μm 的圆截止波导(实际上是极薄金属板上打微孔),并用单周太赫脉冲(single – cycle terahertz pulces)通过波导,发现了截止波导中的负折射率和负相速。负相速与传统理论不相符,例如 Sommerfeld – Brillouin 波速理论中就只有正相速而没有负相速[45]。故 2000 年的 Wynne 论文是发现了在消失态条件下的超前相速。

另外,光纤的工作与消失态有关。光传输在芯线进行,在与包层交界面处发生全反射,一般不会透出到芯线以外。用 Schrödinger 方程分析,正常情况下包层内是消失场,或说成"一层贴着界面的消失波。"正是它的存在防止了界面和附近微粒的散射造成光传输能量的损失。防止泄漏模(漏波)的发生,防止传输模转化为辐射模,正是理论分析的任务。……光纤中的消失态研究导致了应用技术的发展。de Fornel 著作[6]的第 4 章是"消失场光纤耦合器"(eva-nescent – field optical fiber couplers),第 5 章是"集成光学消失场耦合器"(integrated – optical evanescent – field couplers),第 6 章是"消失场波导传感器"(evanescent – field guides sen-sors);这些章节展示了由研究光纤中的消失态所导致的应用技术的进步。

消失态并非只存在于导波系统中,而在自由空间也有表现,我们讨论了近场的两类基本电磁环境:束缚场与消失态;前者包含静态场(按 r^{-3} 规律衰减)和感应场(按 r^{-2} 规律衰减);后者包含消失平面波谱,当离源的距离增大时指数地急速下降。束缚场在本文中称为类消失场。近年来两者都发现了电磁波在自由空间以超光速传播的现象,实验上还进一步观察到负波速,由最近几年的实验,对束缚场而言结果并不支持普遍认为的以光速($v = c$)迟滞传播的观点;根据对天线近区内无迟滞现象的观测,提供了束缚电磁场的非局域性的实验证据,有的实验甚至达到了高度超光速,即 $v \geq 10c$。非局域性是一个量子力学概念,故束缚场的非局域特性可能在经典电磁学与量子力学之间建立紧密联系。

另外,电磁波的散射、衍射理论,电磁波通过小孔和缝隙时的现象,这些领域都有消失态存在。半导体色散媒质中也有消失态问题。

最后,理论与实验都揭示了等离子体有一种能使电磁波传输受阻的截止效应,即存在消失态。很早就发现,短波无线电波到达电离层,波不能通过而被反射;后来利用这种现象实现了地球表面的远距离通信。宇宙飞船重返大气层时与大气摩擦产生一个等离子体层,会使飞船内航天员与地面站的通信中断,持续 7~8min。另外,1957 年苏联发射第一颗人造卫星 Sput-nik – I,地面上的科学家发现其表面电磁散射特性有很大变化,也是由于卫星与大气摩擦形成了 plasrma 层的影响。……20 世纪末,用等离子体实现飞行器的对电磁波隐身(即把 RCS 降到极小)的研究取得了很大进展,1999 年俄罗斯取得了技术突破;这是由于 plasma 和波导一样具有高通滤波器的特性——当雷达波频率低于等离子体频率,plasma 的折射率出现虚部,电磁波在传播方向上按指数率衰减,波被截止其实是被完全反射。这不仅降低了 RCS,又使对雷达进行电子干扰成为可能。用等离子层实现隐身,无须改变飞行器的外形设计就使 RCS 大大减小,是非常优越的。此外,对地球上空电离层的研究也与对消失态的理解有关。

总之,通过对消失态的研究,我们看到了自然界当中事物的联系和本质上的统一。正是自然的神秘深深吸引了科学工作者去研究和领会她的美丽。

参 考 文 献

[1] Barlow H, Cullen A. Microwave measurements [M]. London:Constable, 1950.

［2］黄志洵. 消失态与 Goos – Hänchen 位移研究［J］. 中国传媒大学学报（自然科学版）,2009,16（3）:1 – 14.

［3］错误的意见是在下述著作中:Heaviside O. Electromagnetic Theory［M］. Vol 1, Chelsea Publishing Co, New York, 1893. 正确的论述见:Thomson J. Notes on recent researches in electricity and magnetism［M］. Oxford Press,1893; Reprint: London, Dawsons of Pall Mall,1968.

［4］Rayleigh L. On the passage of electric wave through tubes, or the vibrations of dielectric cylinders［J］. Philos. Magazine, 1897, 43（261）:125 – 132. 又见: 黄志洵. 波导理论的奠基人瑞利［J］. 物理,1984,13（4）:250 – 253.

［5］Carniglia C, Mandel L. Quantization of evanescent electromagnetic waves［J］. Phys Rev D, 1971, 3（2）: 280 – 296.

［6］de Fornel F. Evanescent waves［M］. Berlin: Springer, 2001.

［7］Bose J. On the influence of the thickness of airspace on total reflection of electric radiation［J］. Proc Roy Soc（London）, 1897 （Nov）: 300 ~ 310.

［8］黄志洵. 论消失态［J］. 中国传媒大学学报（自然科学版）, 2008, 16（3）: 1 – 19.

［9］黄志洵. 截止波导理论导论［M］. 北京:中国计量出版社,1991.

［10］Cullen A. Waveguide field patterns in evanescent modes［J］. Wireless Engineer, 1949, 26（10）: 317 – 322.

［11］Huxley L. Wave Guides［M］. Cambridge: Cambridge Univ Press, 1947.

［12］Carson J, Mead S, Schelkunoff S. Hyper – frequency wave guides – mathematical theory［J］. Bell Sys Tech Jour, 1936, 15 （2）:310 – 333.

［13］Huang Z X, Pan J. Exact calculations to the propagation constants of circular waveguide below cutoff［J］. Acta Metrologica Sinica, 1987, 8（4）: 267 – 270.

［14］黄志洵. 截止下圆波导衰减常数的精确公式［J］. 无线电计量,1975（2）:13 – 20.

［15］Schelkunoff S. A note on certain guided waves in slightly noncircular tubes［J］. Jour. Appl. Phys. , 1938,9（7）: 484 – 488.

［16］Giordano A. Design analysis of a TM – mode piston attenuator［J］. Proc. IRE, 1950, 38（5）:545 – 550.

［17］Allred C, Cook A. precision RF attenuation calibration system［J］. Trans IRE,1960,19（2）:268 – 274.

［18］Wynne K, Carey J, Zawadzka J, et al. Tunneling of single cycle terahertz pulses. through waveguides［J］. Opt Commun, 2000,176:429 – 435.

［19］庄钊文,等. 等离子体隐身技术［M］. 北京:科学出版社,2005.

［20］黄志洵. 波在电离气体中的截止现象和消失场特性［C］. 超光速研究——相对论、量子力学、电子学与信息理论的交汇点［M］. 北京:科学出版社,1999.

［21］黄志洵. 波导截止现象的量子类比［J］. 电子科学学刊,1985,7（3）:232 – 237.

［22］Steinberg A, Kuwiat P, Chiao R. Measurement of the single photon tunnelingtime［J］. Phys Rev Lett, 1993, 71（5）: 708 – 711.

［23］Grunter T, Welsch D. Photon tunneling through absorbing dielectric barriers［J］. ar Xiv: quantph/9606008, 1996, 1（6）:1 – 5.

［24］大越孝敬. 光学纤维基础［M］. 东京:东京大学工学部,1977.

［25］Carey J. Noncausal time response in frustrated total internal reflection［J］. Phys Rev Lett,2000, 84: 1431 – 1434.

［26］Haibel A, Nimtz G. Universal relationship of time and frequency in photonic tunneling［J］. Ann d Phys, 2001, 10: 707 – 712.

［27］G. Nimtz 教授的实验见之于下述短文的报道:Light seems to defy its own speed limit［J］. New Scientist, Aug. 18,2007

［28］Veselago V. The electrodynamics of substances with simultaneously negative values of permittivity and permeability［J］. Sov Phys Usp, 1968, 10（4）: 509 – 514.

［29］Shelby R, Smith D, Schultz S. Experimental verification of a negative index of refraction［J］. Science, 2001, 292:77 – 79.

［30］Pendry J. Negative refraction makes a perfect lens［J］. Phys Rev Lett. 2000,85（18）: 3966 – 3969.

［31］李超. 微波左手 meta – materials 研究——电磁特性分析、平面电路实现及应用［D］. 北京:中国科学院,2008.

［32］Gui T, et al. Study of lossy effects on the propagation of propagating and evanescent waves in LHM［J］. Phys. Lett. A, 2004, 323: 484 – 494.

［33］姜荣, 黄志洵. 表面等离子波研究［J］. 前沿科学,2016, 10（4）:54 – 68.

［34］黄志洵,石正金. 虚光子初探［C］. 见:现代物理学研究新进展［M］. 北京:国防工业出版社,2011,37 – 51.

［35］Ali S. Evanescent waves in quantum electrodynamics with unquantized sources［J］. Phys Rev D, 1973, 7（6）: 1668 – 1674.

［36］Nimtz G. Superluminal signal velocity［J］. Ann Phys（Leipzig）, 1998, 7（7 – 8）: 618 – 624.

［37］Stahlhofen A, Nimtz G. Evanescent mode are virtual photons［J］. Euro. Phys. Lett. , 2006, 76(2): 189 – 192.

［38］黄志洵. 自由空间中近区场的类消失态超光速现象［J］. 中国传媒大学学报(自然科学版),2013, 20(2):40 – 51.

［39］Walker W. Superluminal near – field dipole electromagnetic fields［EB/OL］. http://www. arXiv. Org, 1999.

［40］Kholmetskii A, et al. Experimentsal test on the applicability of the standard retardation condition to bound magnetic fields［J］. Jour App Phys 2007, 101: 023532 1 – 11.

［41］Kholmetskii A, et al. Measurement of propagation velocity of bound electromagnetic fields［J］. Jour App Phys,2007, 102: 013529 1 – 12.

［42］Budko N. Observation of locally negative velocity of the electromagnetic field in free space［J］. Phys Rev Lett, 2009, 102: 020401 1 – 4.

［43］Missevitch O, et al. Anomalously small retardation of bound(force) electromagnetic fields in antenna near zone［J］. Euro. Phys. Lett. , 2011, 93: 64004 1 – 5.

［44］樊京. 自由空间磁力线速度测量实验［J］. 中国传媒大学学报(自然科学版),2013,20(2):64 – 67.

［45］Brillouin L. Wave propagation and group velocity［M］. New York: Academic Press, 1960.

附:基础理论的发展对先进技术的促进和拉动作用

消失场与消失波理论的意义和应用绝非只限制在计量学范畴,近年来它已渗透到微细加工技术领域,甚至促进了芯片制造技术的发展。2010 年有报道说,美国研制的超级透镜的显微能力已达 70nm,利用的是包含被观察物体最细微信息的特殊光波——它不扩散,而是在物体附近渐渐隐没。超级透镜捕获这种消失波并将其转变为可穿过显微镜的扩散波,这样最细微的信息就保留下来了……笔者认为,只有人工设计才能使消失波转变为扩散波,并且有可能设计加强消失波的透镜。

不久前又有报道说,近场光学显微技术通过在探针尖端制作直径远小于光波长的纳米尺度小孔,光束在探针尖端小孔开口处形成消失波,其尺度与纳米小孔相当。光束射到探针时,针尖附近产生局域光场增强,从而超越衍射极限,获得纳米分辨能力。

这些例子都证明,笔者对博士生们提出的要求("夯实基础,努力创新"),是正确的也是重要的。

消失场的能量关系及 WKBJ 分析法

黄志洵

(中国传媒大学信息工程学院,北京 100024)

摘要:对于电磁波在均匀媒质中的传播,至少有 3 种不同机制会使场阻抗产生电抗性分量——有耗媒质中的平面波、电离气体中的平面波、导波模式。因而使人们关注微波在有耗媒质(如半导体)和等离子体中的传播,关注电磁波在截止频率以下的波导中的情况。在上述情形中,方向相反的两个贮能场会因相互作用从而产生一个净功率流,亦即纯消失态的入射场和反射场会产生能量流,即使分开来看各个场均未携带有功功率。本文从不同角度论述了这一概念。

以光纤为对象讨论了光的射线理论及二者的结合运用,这时其效果将是最好的;指出了区分光纤中的漏模和折射波辐射的方法。

E. Schrödinger 对波动力学作出了最大贡献;Schrödinger 方程(SE)不仅用在微观粒子分析中,也能处理宏观科学问题,如光纤。数学、物理问题中的许多微分方程归结为 $\xi^2 \psi'' + p^2 \psi = 0$,本文论述了由 Wentzel、Kramers、Brillouim、Jeffreys 提出的近似方法在缓变折射率光纤分析中的应用,方法适用于 SE 的求解。

关键词:消失场;电抗性系统;光纤中的漏模;Schrödinger 方程;WKBJ 法

Energy Relations of Evanescent Fields and the WKBJ Method

HUANG Zhi – Xun

(Communication University of China, Beijing 100024)

Abstract: There are three different mechanisms at least well known to produce a reactive component of the field impedance of a EM – wave propagated in a homogeneous medium——plane wave in a dissipative medium, plane wave in an ionised gas, guided wave modes. In particular, attention is called to microwave propagation in a lossy medium(such as a semiconductor), in plasma, and in a waveguide operated below cutoff. In each of these cases, the storage fields of oppositely directed

注:本文原载于《中国传媒大学学报》(自然科学版),第 18 卷,第 3 期,2011 年 9 月,1~17 页。

travelling waves may interact to produce a net flow of power, i. e. the incident and reflected fields of purely evanescent character interact to produce a flow of energy, even though each field separately carries no power.

In this paper, the optical fiber is target of discussion, the ray theory is allied with another method——the wave modes theory. We give good results in analysis. Then, we can strictly distinguish between the two different types of radiation: the leaky modes and the refraction waves.

It is well known, E. Schrödinger was the greatest contribution scientist of Wave Mechanics. The Schrödinger Equation (SE) not only can treat the movement of microscopic particles, but also can analysed some of the macroscopic scientific problems, such as the optical fiber. Many differential equations occurring in mathematical physics are reducible to the from $\xi^2\psi'' + p^2\psi = 0$。In the present paper, the approximate method of Wentzel、Kramers、Brillouim and Jeffreys is applied to the graded refraction index optical fiber, and the method is devised for adapting the solutions to the case of quantum wave equation (SE).

Keywords: evanescent fields; reactive system; leaky modes of optical fiber; Schrödinger equation; method of WKBJ

1 引言

在电磁场与微波技术中,消失场(evanescent fields)的存在是一种普遍的现象[1]。例如在电磁场激发装置(如天线)的附近,或者在障碍物、孔、缝的近处,故有消失场的存在,并且可能有足够大的(不可忽略的)振幅。这时人们必须把多模(包括传播模、消失模)的电磁状态叠加,才能正确地反映出一种真实的电磁环境。电磁结构越是具有不规则性,考虑消失态(evanescent states)存在的必要性就越大。众所周知,作为联立的 Maxwell 方程组(偏微分方程组)的求解十分困难,对于复杂的结构常常是不可能,只能求解若干特殊问题。故在实际上常需依靠电磁场的测量,而其结果(数据)实际上是各种电磁状态(不同态与不同模)的综合的、平均的反映。

消失态的普遍存在可以举出以下的例子:在互感耦合电路中;在金属壁波导中;在介质波导和光纤中;在半导体色散媒质中;在等离子体中;等等。大家都知道消失场是一种电抗性贮存场(reactive storage fields),亦即纯粹的消失场不携带,那怕是很小的有功功率。然而,一方面两个反向行进的消失态贮存场依靠相互作用将产生一个净有功功率流,这是非常独特而有趣的;另一方面,当然场的电抗性质也不是绝对纯粹的。这两种情况造成有功功率(或说能量)流动性的存在。总之,理论上的分析和研究必须重视电磁波在各向同性媒质中传播时场阻抗有可观的电抗分量时的情况和规律,否则就可以说未能懂得和掌握消失场的本质。

通常认为 Maxwell 电磁场理论属于经典物理的范畴。在 19 世纪末,由 Newton 力学、光学、热力学及统计物理、电动力学组成的经典物理学已相当完善,但却暴露出不少问题和困难——黑体辐射、光电效应、原子稳定性及原子光谱等方面都有例证。随后人类的认识深入到微观世界,而微观粒子的根本特征是有波粒二象性,因而科学家用波函数 $\psi(r,t)$ 描述,t 时刻在空间 r 处的体元 $d\tau$ 内找到微观粒子的几率为 $|\psi|^2 d\tau$。由于 $|\psi|^2$ 代表几率密度,人们称描述微观粒子的波为几率波(probability waves)。波函数所描写的是处于相同条件下的大量粒子的一次行为或单粒子的多次重复行为,几率波则是量子波动形式。几率波虽不同于电磁波,但它也有与

消失场相似的状态,即消失态,例如,在量子隧穿(也称势垒贯穿)中的情况[2,3]。由于电磁理论中的标量波方程与 Schrödinger 波方程(SE)极为相似,光纤的折射率分布函数可看作 SE 理论中的位势函数。我们知道 SE 中具有势能 U、本征值 E,可处理单粒子束缚态的微观问题。现在可把量子力学(QM)方法用于光纤分析,那么,在 E 值适中时,从 $U(r) \sim r$ 函数图像上看在光纤芯子与包层附近(即 $r = a$ 附近,a 是芯子半径),会出现一个窄小区域,其间满足 $U > E$,因而是指数衰减($e^{-\alpha r}$ 规律)的消失态,而在这区域的前面(芯子内)和后面(包层内)都是驻波解。也就是说,存在着由芯子向包层的能量传递,称为隧道泄漏波(tunneling leaky waves)[4-6]。这等效为加大了传导模的损耗,是不希望有的现象。那么,对这种穿过消失性场区而泄漏的能量应如何计算? 这也是当前面临的一个根本性问题。

本文首先分析电磁场与电磁波领域中的消失态,是从基本的电路模型入手进行讨论,重点放在功率(能量)关系,并论述反射系数对一个电抗性系统的影响。然后分析波导系统中的功率流,扩展为讨论电抗性系统功率传输的场理论。在回顾作为简单电抗性系统的互感电路之后,转到光理论、光纤、Schrödinger 方程及 WKB 近似解方面,重点论述势能函数概念。最后,给出当前需要研究的方向。分析既包括经典电磁场与电磁波范畴,也包括量子波动中几率波区域。

2　电抗性系统的电路模型及分析

假设发送有功功率的源用电动势 e_s 表示,它有其内阻抗 Z_s;假设接收有功功率的设备用负载 Z_L 表示,它的实部($R_L = ReZ_L$)体现了有功功率的消耗——在电阻 R_L 上转化为热。最后,假设中间过程用一个方框表示,它可以只耗能而不贮能(纯电阻性双口网络),也可以只贮能而不耗能(纯电抗性双口网络),或介乎两者之间(既耗散一定能量又贮存一定能量的双口网络)。因此我们可以画出图 1(a)。图中 Z_{in} 是双口网络的输入阻抗,其实部($R_{in} = ReZ_{in}$)体现了两方面的能耗:双口网络造成的消耗和负载造成的消耗,这是由能量守恒定律所决定的。

问题是如何处理双口网络? 可以有多种办法,其中之一是用一副均匀传输线来代替该网络,这办法既简单又有效。图 1(b)是用长为 l 的均匀传输线模拟处在(1,1′)和(2,2′)之间的二端口网络,γ 是其传播常数($\gamma = \alpha + j\beta$),Z_0 是其特性阻抗($Z_0 = R_0 + jX_0$)。如网络是传输线,传输态有 $\gamma = j\beta$,$Z_0 = R_0$;消失态有 $\gamma = \alpha$,$Z_0 = jX_0$。故选择这种数学、物理模型很便于分析不同类型的问题。

现在可以写出计算进入等效传输线 11′端面右方的有功功率的算式:

$$P = \frac{|e_s|^2 R_{in}}{(R_s + R_{in})^2 + (X_s + X_{in})^2} \tag{1}$$

根据使用双曲函数的均匀传输线理论[7],对纯电抗性二端口网络($Z_0 = jX_0$)可以写出等效传输线终端接负载 Z_L 时的输入阻抗(Z_{in})的实部和虚部为

$$R_{in} = X_0^2 \frac{R_L sech^2 \alpha l}{(X_0 + X_L th\alpha l)^2 + (R_L th\, \alpha l)^2} \tag{2}$$

$$X_{in} = X_0 \frac{X_L X_0 (1 + th^2 \alpha l) + (R_L^2 + X_L^2 + X_0^2) th\, \alpha l}{(X_0 + X_L th\, \alpha l)^2 + (R_L th\, \alpha l)^2} \tag{3}$$

当 αl 较大时,得到以下近似式:

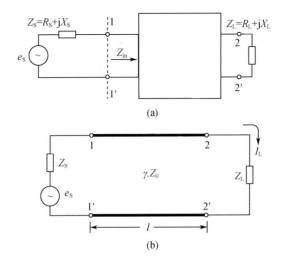

图 1   二端口网络及等效传输线

$$R_{\text{in}} \approx X_0^2 \frac{R_L \operatorname{sech}^2 \alpha l}{(X_0 + X_L)^2 + R_L^2} \tag{4}$$

$$X_{\text{in}} \approx X_0 \tag{5}$$

故有

$$P \approx \frac{|e_s|^2 R_{\text{in}}}{(R_s + R_{\text{in}})^2 + (X_s + X_0)^2} \tag{6}$$

由于源参数($|e_s|$、R_s、X_s)为已知量,只要知道 X_0、R_L、X_L、α、l 这 5 个量,则 P 可求。由于我们已经假设了电抗性网络(如截止波导)无损耗,即 $Z_0 = jX_0$、$R_0 = 0$,因此,式(6)本身就证明了纯电抗性的中间网络可以传递一些有功功率。因为功率 P 进入 11′端面右端以后,由于能量守恒,必然消耗在负载上。

$P \neq 0$ 的条件是 $R_{\text{in}} \neq 0$。从式(2)看,满足这个条件要求 $X_0 \neq 0$(必须是电抗性中间网络)或者 $R_L \neq 0$(必须在负载中有电阻分量)。所以,这项有功功率是非常有趣的,如果中间网络没有电抗成分,它立刻就消失了。这是从无损耗电抗性场中取出的有功功率。在物理学中的其他领域也有类似的现象发生。

我们从另一角度论述一个纯电抗性系统实现少量有功功率传递的条件。从电路理论中的反射系数定义,自图 1 的(2,2′)向右看去的反射系数 ρ_L 的算式为

$$\rho_L = \frac{Z_L - Z_0}{Z_L + Z_0} \tag{7}$$

对于中间网络取 $Z_0 = jX_0$ 的情况为

$$\rho_L = \frac{Z_L - jX_0}{Z_L + jX_0} \tag{8}$$

考虑复数量 ρ_L 的虚部,可以证明

$$\operatorname{Im} \rho_L = \frac{-2R_L X_0}{R_L^2 + (X_L + X_0)^2} \tag{9}$$

因此,$\operatorname{Im} \rho_L \neq 0$ 的条件是 $X_0 \neq 0$ 或者 $R_L \neq 0$,可见式(2)和式(9)表达的物理概念的内容是完全一样的。

3 反射系数的影响

以上分析适用于一些以电磁场为基础的器件,例如,截止波导介入到信号源与负载之间的情况。尽管如此,我们仍然要用场理论去分析下述各种复杂的情形——介质波导、光纤、等离子体等。在这之前,先来看看反射系数(Reflection Index)有关的一些概念。

反射系数在传输线理论中是最基本的物理参数之一。对电磁场理论和微波技术而言,其重要性也非常突出。问题是如何定义反射系数?是从电压、电流出发,还是从功率或场强出发?这是一个基础性的概念。至于选用符号,常用的有 R(或 r)、ρ、Γ,后两个是希腊字母。我们认为选用 ρ 较好,因这样可以把 Γ 留给功率波理论(power - wave theory)中再使用。有关该理论可参阅笔者的文章(文献[8]和[9])。

先写出传输线(图1)理论中经典电报员方程的稳态解:

$$U(z) = a_1 e^{-\gamma z} + b_1 e^{\gamma z} = U_i + U_r \tag{10}$$

$$I(z) = \frac{a_1}{Z_0} e^{-\gamma z} - \frac{b_1}{Z_0} e^{\gamma z} = I_i + I_r \tag{11}$$

式中:下标 i 代表 incident(入射),r 代表 reflective(反射)。如所周知,传输线特性阻抗的定义是入射波电压比入射波电流,即

$$Z_0 = \frac{U_i}{I_i} \tag{12}$$

假设我们依靠电压而定义反射系数,用符号 ρ 表示:

$$\rho = \frac{U_r}{U_i} \tag{13}$$

但

$$U_i = a_1 e^{-\gamma z}$$
$$U_r = b_1 e^{\gamma z}$$

故

$$\rho = \frac{b_1 e^{\gamma z}}{a_1 e^{-\gamma z}} = \frac{b_1}{a_1} e^{2\gamma z} \tag{14}$$

如由电流而定义反射系数:

$$\rho_1 = \frac{I_r}{I_i} \tag{15}$$

但

$$I_r = -\frac{b_1}{Z_0} e^{\gamma z}$$

$$I_i = \frac{a_1}{Z_0} e^{-\gamma z}$$

故

$$\rho_1 = \frac{I_r}{I_i} = \frac{-b_1 e^{\gamma z}}{a_1 e^{-\gamma z}} = -\frac{b_1}{a_1} e^{2\gamma z} = -\rho \tag{16}$$

ρ 与 ρ_1 定义差一负号。

上述讨论可以应用到场理论中。入射场强可用符号 $\boldsymbol{E}_i$（电场）和 $\boldsymbol{H}_i$（磁场）表示，反射场强可用符号 $\boldsymbol{E}_r$（电场）和 $\boldsymbol{H}_r$（磁场）表示，取

$$\boldsymbol{E} = \boldsymbol{E}_i + \boldsymbol{E}_r \tag{17}$$

$$\boldsymbol{H} = \boldsymbol{H}_i + \boldsymbol{H}_r \tag{18}$$

因而有场阻抗和场反射系数的定义：

$$Z_0 = \frac{E_i}{H_i} = -\frac{E_r}{H_r} \tag{19}$$

$$\rho = \frac{E_r}{E_i} = -\frac{H_r}{H_i} \tag{20}$$

现在我们回过头来看式（8）和式（9）；规定 $\rho_L = |\rho_L| \angle \phi_L$，并认为 $\mathrm{Im}\rho_L$ 是由 $|\rho_L|$、ϕ_L 这二者所决定。如果对 $\mathrm{lm}\rho_L$ 这个二元函数求极值，而不附加给定 $|\rho_L|$ 和 X_0 这一条件，将发现函数没有极值；这是错误的。当给定 $|\rho_L|$ 和 X_0 时，可以证明当

$$\phi_L = \pi/2 \quad （\text{TM 模}） \tag{21}$$

$$\phi_L = -\pi/2 \quad （\text{TE 模}） \tag{22}$$

$\mathrm{lm}\rho_L$ 将达到最大，这时获得最佳的功率传输[10]。

如果选 $\phi_L = \pm\pi/2$，可取 $|Z_L| = |Z_0|$，对于理想（无损耗）电抗网络，由此可得

$$R_L^2 + X_L^2 = X_0^2 \tag{23}$$

当此式满足时，有下列关系式成立：

$$P \approx |H_i|^2 \frac{R_L}{1 + \dfrac{X_L}{X_0}} \tag{24}$$

式中：H_i 为入射场强。由于 TM 波的 X_0 为负，故当外加同样的场而且终端阻抗相同时，TM 波将给出比 TE 波更大的有功功率流。

以上分析既适用于金属壁波导处于截止以下的情形，即 $f < f_c$ 的截止波导，也可用于光纤分析和其他物理情况的分析。

4 波导系统中的功率流分析

在交流电路中，内阻抗 Z_s 的源 e_s 与负载 Z_L 相接时，负载收到的有功功率（实功率）为

$$P = |I|^2 R_L = II^* (ReZ_L) = Re[UI^*] \tag{25}$$

式中：I 为流过 Z_L 的电流；U 为 Z_L 两端的电压；$*$ 为共轭复数。根据电路理论中最大值与有效值的关系：

$$UI = \frac{U_m}{\sqrt{2}} \frac{I_m}{\sqrt{2}} = \frac{1}{2} U_m I_m$$

所以式（25）又可写作

$$P = \frac{1}{2} Re[U_m I_m^*] \tag{25a}$$

因此系数 1/2 的存在与否,不是一个关键性的问题。

现在我们转而讨论电磁场中的能量关系。众所周知,时变电磁场中存在着由于不同位置的电磁能量密度变化而引起的能量流动。由于 $\boldsymbol{E}\times\boldsymbol{H}$ 是一个量纲为"功率/表面积"的矢量,例如 W/m^2,它被称为 Poynting 矢或能流矢量。这个定义适用于瞬时值的讨论。在简谐波(harmonics)条件下,可以证明面积分 $\oint\frac{1}{2}(\boldsymbol{E}\times\boldsymbol{H})\cdot ds$ 是穿过闭合面 S 的复功率,其实部是有功功率(平均值),即

$$P = \frac{1}{2}Re(\boldsymbol{E}\times\boldsymbol{H}^*) \tag{26}$$

式(25)和式(26)即求"mean value of power density"的出发点。

考虑一根金属壁均匀直波导(图2),一个传播波(非消失波)传输时所携带的平均功率为

$$P = R_e \iint_s (\boldsymbol{E}\times\boldsymbol{H}^*)\cdot d\boldsymbol{s} \tag{27}$$

S 是波导横截面积;然而有

$$\boldsymbol{E} = \boldsymbol{E}_t + E_z\boldsymbol{i}_z$$
$$\boldsymbol{H} = \boldsymbol{H}_t + H_z\boldsymbol{i}_z$$

故按照矢量乘法运算后可得

$$P = Re \iint_s (\boldsymbol{E}_t \times \boldsymbol{H}_t^*)\cdot \boldsymbol{i}_z ds \tag{28}$$

因而功率传输是取决于横向场($\boldsymbol{E}_t$、$\boldsymbol{H}_t$);它们不仅与 z 有关,还是横向坐标(x,y)的函数。这是比传输线理论复杂的地方,体现的是场的三维性质。

式(28)提供了可计算性,例如在取笛卡儿坐标系以分析一根矩形波导时,由于

$$\boldsymbol{E}_t = E_x\boldsymbol{i}_x + E_y\boldsymbol{i}_y$$
$$\boldsymbol{H}_t = H_x\boldsymbol{i}_x + H_y\boldsymbol{i}_y$$

按矢量乘法运算后可得

$$P = Re \iint_s (E_x H_y^* - E_y H_x^*)dx\cdot dy \tag{29}$$

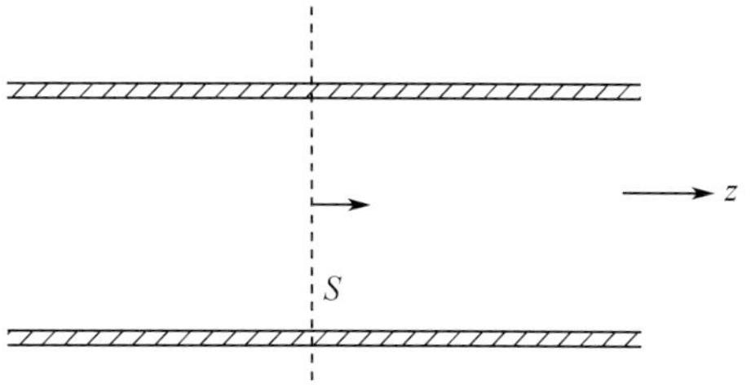

进一步的计算应在具体的波型(模式)下进行。

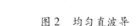

图 2　均匀直波导

回过头来看式(26),我们似不应跨越 Poynting 矢概念,只好使符号 s 在代表横截面积的同时,又表示另一参数,即能流 Poynting 矢量

$$\boldsymbol{S}_z = \boldsymbol{E}\times\boldsymbol{H}^* \tag{26a}$$

另外,可以利用 Hertz 位势矢量函数 $\boldsymbol{\Pi}$ 来求解波导中电磁场问题;在无场源时,对电波(TM波)而言有

$$\nabla^2\boldsymbol{\Pi}_e + k^2\boldsymbol{\Pi}_e = 0 \tag{30}$$

对磁波(TE波)而言有

$$\nabla^2\boldsymbol{\Pi}_m + k^2\boldsymbol{\Pi}_m = 0 \tag{31}$$

即齐次 Helmholtz 方程都得到满足,而式中 $k = \omega\sqrt{\varepsilon\mu}$。可以证明[11],在矩形波导情况下有如下方程:

$$S_z = K \cdot \mathrm{j}\gamma \left[\left(\frac{\partial \boldsymbol{\Pi}_e}{\partial x} \right)^2 + \left(\frac{\partial \boldsymbol{\Pi}_e}{\partial y} \right)^2 \right] \quad (\text{TM 波}) \tag{32}$$

$$S_z = K \cdot \mathrm{j}\gamma \left[\left(\frac{\partial \boldsymbol{\Pi}_m}{\partial x} \right)^2 + \left(\frac{\partial \boldsymbol{\Pi}_m}{\partial y} \right)^2 \right] \quad (\text{TE 波}) \tag{33}$$

式中:$\gamma = \alpha + \mathrm{j}\beta$,是传播常数。以上方程表示传播波能携带(也只携带)有功功率,实际上可认为波以恒幅不断传送下去。对于衰减波(消失波)则可认为 Poynting 矢的实部为零,即 $P \approx 0$。这种情况也可以说成是"消失波(衰减波)只携带无功功率",呈现电抗性场的特点。

例如,假设在矩形柱波导中有一个激励电磁场的偶极子(图 3),设其中传播 TE_{10} 波,其场结构最简单。在与偶极子(天线)相邻的近区,场结构则较复杂。近区中有偶极子激起的消失波(衰减波)。可以认为,偶极子发射的有功功率造成传播波,无功功率造成消失波(衰减波)。如果选择频率使传播波不存在,则偶极子不能向波导提供有功功率。

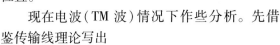

图 3   波导中的偶极子天线

但这样说只对无限长的理想波导才是正确的,即没有反射波(场)的存在之时。实际上波导是有限长,而且在远处可能有负责接收的第二个偶极子(天线)存在。现在要考虑的是一个入射消失波(衰减波)和一个反射消失波(衰减波),如图 4 所示。可以证明,虽然这两个场均为电抗性贮存场这一点未变,却可以造成少量的有功功率传输。也就是说,the incident and reflected fields of purely evanescent character interact to produce a flow of power, even though each field separately carries no power. 这是很奇妙的现象。图 4 是两个反向场的示意,单独而言都是指数下降的衰减场;振子 1 放在 $z = 0$ 位置,振子 2 放在 $z = l$ 位置。

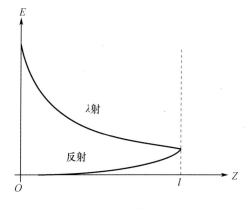

图 4   两个反向衰减场

现在电波(TM 波)情况下作些分析。先借鉴传输线理论写出

$$\boldsymbol{\Pi}_{ez} = \boldsymbol{\Pi}_e(x, y) \left[e^{-\gamma z} + \rho e^{\gamma z} \right] \tag{34}$$

式中:ρ 为按场强定义的反射系数。现在可得电场、磁场各分量的算式:

$$E_x = -\gamma \frac{\partial \boldsymbol{\Pi}_e}{\partial x} \left\lfloor e^{-\gamma z} - \rho e^{\gamma z} \right\rfloor \tag{35}$$

$$E_y = -\gamma \frac{\partial \boldsymbol{\Pi}_e}{\partial y} \left\lfloor e^{-\gamma z} - \rho e^{\gamma z} \right\rfloor \tag{36}$$

$$H_x = -\mathrm{j}k \frac{\partial \boldsymbol{\Pi}_e}{\partial y} \left\lfloor e^{-\gamma z} + \rho e^{\gamma z} \right\rfloor \tag{37}$$

$$H_y = \mathrm{j}k \frac{\partial \boldsymbol{\Pi}_e}{\partial x} \left\lfloor e^{-\gamma z} + \rho e^{\gamma z} \right\rfloor \tag{38}$$

这些横向场表达式的特点是都考虑了纵向问题——传播的入射和反射。使用式(29),可得

$$S_z = K \cdot \mathrm{j}\gamma k\left[\left(\frac{\partial \boldsymbol{\Pi}_e}{\partial x}\right)^2 + \left(\frac{\partial \boldsymbol{\Pi}_e}{\partial y}\right)^2\right]\left[e^{-\gamma z} - \rho e^{\gamma z}\right]\left[e^{-\gamma z} + \rho e^{\gamma z}\right] \tag{39}$$

类似地,可在磁波(TE波)情况下证明

$$S_z = K \cdot (-\mathrm{j})\gamma k\left[\left(\frac{\partial \boldsymbol{\Pi}_m}{\partial x}\right)^2 + \left(\frac{\partial \boldsymbol{\Pi}_m}{\partial y}\right)^2\right]\lfloor e^{-\gamma z} + \rho e^{\gamma z}\rfloor\lfloor e^{-\gamma z} - \rho^* e^{\gamma z}\rfloor \tag{40}$$

我们把式(26)写成

$$P = Re(\boldsymbol{E} \times \boldsymbol{H}^*) = ReS_z \tag{26b}$$

那么针对式(39)可以证明在电波(TM波)情况下有[11]

$$P = k\left[\left(\frac{\partial \boldsymbol{\Pi}_e}{\partial x}\right)^2 + \left(\frac{\partial \boldsymbol{\Pi}_e}{\partial y}\right)^2\right]\alpha \cdot \mathrm{lm}\rho \tag{41}$$

对磁波(TE波)也有类似结果,故统一的结论是

$$P \propto \alpha \cdot \mathrm{lm}\rho_{\mathrm{L}} \tag{42}$$

这意味着,只要入射波(场)和反射波(场)都存在,虽然它们都是衰减波(消失波,其实是电抗贮能性的消失场),这个体系(现在是以波导为例)仍然可传输少量的有功功率,其大小与衰减常数和反射系数虚部的乘积成正比。

　　如果波导中的情况是选择频率(波长)使传播波存在,可以认为在离1号振子(发射天线)较远的地方,即远区,消失波(衰减波)已可忽略,只有传播波。在大多数情况下,从近区向远区的过渡,正像偶极子(天线)在自由空间时那样,处在约略等于波长的距离上。

5　电抗性系统功率传输的场理论

　　波导理论中的标量波方程(单色波时即是标量 Helmholtz 方程)为

$$\nabla^2\psi_{\mathrm{t}} + h^2\psi_{\mathrm{t}} = 0 \tag{43}$$

式中:ψ_{t} 为横截面上的场解,即波函数,下标 t 代表横向;h 为本征值(或叫特征值):

$$h^2 = \gamma^2 + k^2 = \gamma^2 + \omega^2\varepsilon\mu \tag{44}$$

若 $h=0$,则有 Laplace 方程成立:

$$\nabla_{\mathrm{t}}^2\psi_{\mathrm{t}} = 0 \tag{45}$$

这对应电磁波(平面波)的自由空间传播以及 TEM 条件下的传输线状态,称为非本征值问题。另外,如取 $h \neq 0$,则有

$$\nabla_{\mathrm{t}}^2\psi_{\mathrm{t}} = -h^2\psi_{\mathrm{t}} \tag{43a}$$

这对应金属壁波导传输、介质波导(包括光纤)传输等,是本征值问题。

　　在传输线理论中,特性阻抗的定义为:单方向行波条件下线上任意点的电压与电流之比,故特性阻抗联系了电压参量和电流参量。图5是 14mm 镀银空气硬同轴线的特性阻抗,对 $Z_0 = R_0 + \mathrm{j}X_0$ 的实部和虚部分别给值,可以看到电抗(X_0)仅为电阻(R_0)的 1%。因此,对 TEM 传输线而言可以认为特性阻抗是实数。对于双导体导波系统而言,无论采用平行双导线、同轴线、微带线等当中的哪种形式,都不存在产生消失波(衰减波)场的可能。

　　电磁场理论中有波阻抗(wave impedalace)的定义,但它并不是传输线理论中的特性阻抗(characteristic impedance)。例如,平面波传播中有

$$E = \frac{\gamma}{j\omega\varepsilon}H \times i_z \qquad (46)$$

可以证明等式右端的标量部分具有阻抗的量纲,如定义波阻抗为

$$Z_0 = \frac{\gamma}{j\omega\varepsilon} \qquad (47)$$

则有

$$E = Z_0 H \times i_z \qquad (46a)$$

以上各式中 z 代表波传播方向,γ 是波的传播常数,ε 是媒质的参数。在平面波(非本征值问题)条件下有

$$\gamma = jk = j\omega\sqrt{\varepsilon\mu} = j\beta$$

代入式(47),得

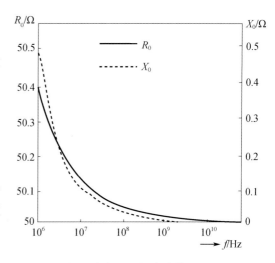

图 5　空气硬同轴线的特性阻抗

$$Z_0 = \sqrt{\frac{\mu}{\varepsilon}} \qquad (48)$$

在真空条件下有

$$Z_{00} = \sqrt{\frac{\mu_0}{\varepsilon_0}} = 376.62\Omega \qquad (49)$$

这个值与实际的传输线(例如,同轴线特性阻抗 $Z_0 \approx 50\Omega$)是不同的。

在波导的情况下,应首先区分金属壁波导和介质波导。对于前者,出现过对特性阻抗的Schelkunoff 定义法[12]和 Silver 定义法[13]。但两者都离不开波导的波阻抗,它们是根据波导内横向场关系而得出的。

TM 模

$$H_t = \frac{i_z \times E_t}{Z_{0E}} \qquad (50)$$

$$Z_{0E} = \frac{\gamma}{j\omega\varepsilon} = R_{0E} + jX_{0E} \qquad (51)$$

$$R_{0E} = \frac{\beta}{\omega\varepsilon} \qquad (52)$$

$$X_{0E} = -\frac{\alpha}{\omega\varepsilon} \qquad (53)$$

由于在消失波条件下 α 很大而 β 很小,$R_{0E} \ll |X_{0E}|$,波阻抗几乎是纯电抗,因此整个状态相当于一个电容器。另外有

TE 模

$$E_t = Z_{0H}(H_t \times i_z) \qquad (54)$$

$$Z_{0H} = \frac{j\omega\varepsilon}{\gamma} = R_{0H} + jX_{0H} \qquad (55)$$

$$R_{0H} = \frac{\beta}{\alpha} \frac{\omega\mu/\alpha}{1 + (\beta/\alpha)^2} \qquad (56)$$

$$X_{0H} = \frac{\omega\mu/\alpha}{1 + (\beta/\alpha)^2} \qquad (57)$$

同样的是 $R_{0H} \ll |X_{0H}|$，波阻抗几乎是纯电抗，整个状态相当于一个电感。对于金属壁波导我们作了计算(图6)。电抗部分(电波的 $|X_{0H}|$ 和磁波的 X_{0H})都很大，情况与 TEM 传输线完全不同[1]。

必须强调指出，对于介质波导和光纤，基本上不用特性阻抗概念;但这并不表示它们没有电抗性(贮能性)质的场。如何分析论述光纤的消失态正是我们面临的问题。

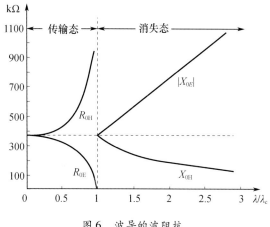

图6　波导的波阻抗

金属壁波导处于截止频率以下($f < f_c$)的情况是电抗性系统的一个生动实例，而另一个引人注意的例子是等离子体[14]。从经典理论出发，它的两个参数(等效电导率和等效介电常数)可以导出，先看电导率，其算式为

$$\sigma = \frac{n_e e^2 F_c}{m_e(\omega^2 + F_c^2)} \tag{58}$$

式中:n_e 为单位体积中的电子数目;e、m_e 分别为电子电荷及电子质量;F_c 为电子碰撞频率(在这里下标 c 代表 collision，而非 cutoff)。更严谨的写法为

$$\sigma = \frac{\varepsilon_0 \omega_p^2}{\omega^2 + F_c^2}(F_c - j\omega) \tag{58a}$$

式中:ω_p 为等离子振荡频率:

$$\omega_p = \sqrt{\frac{n_e e^2}{m_e \varepsilon_0}} \tag{59}$$

而对等效介电常数而言，一种写法为

$$\varepsilon_r = 1 - \frac{n_e e^2}{m_e \varepsilon_0(\omega^2 + F_c^2)} \tag{60}$$

即

$$\varepsilon_r = 1 - \frac{\omega_p^2}{\omega^2 + F_c^2} \tag{60a}$$

更严谨的表达为

$$\varepsilon_r = \varepsilon_r' + j\varepsilon_r'' \tag{61}$$

式中

$$\varepsilon_r' = 1 - \frac{\omega_p^2}{\omega^2 + F_c^2} \tag{62}$$

$$\varepsilon_r'' = \frac{F_c}{\omega}\frac{\omega_p^2}{\omega^2 + F_c^2} \tag{63}$$

据此按平面波理论分析[15]，频率 f_p 起相当于波导理论中 f_c 的作用——当 $f > f_c$ 时，波的衰减常数很小，而且 $X_0 \ll R_0$，是一种传输波的"电阻性场";当 $f < f_c$ 时，波的衰减常数很大(造成波

不能传输），而且 $X_0 \gg R_0$，是一种消失波（衰减波）的"电抗性场"。具体示例如图 7 所示。

现在讨论电抗性系统中的功率（能量）关系，这种系统当然不限于截止波导，甚至不限于等离子体，因而有更普遍的意义。取

$$P = P_1 + P_2 + P_3 \tag{64}$$

式中：P_1 为入射到系统中的功率；P_2 为产生反射时所造成的功率；P_3 为入射波（场）与反射波（场）交互作用产生的功率。我们取

$$P_1 = H_i^2 R_0 \tag{65}$$

即入射功率等于入射场强（磁场）的平方与波阻抗实部的乘积。可以认为式（65）来自电路理论中的 $I^2 R$，而现在只是用磁

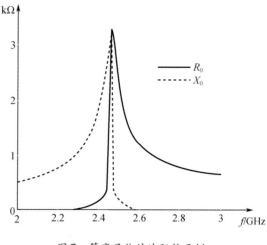

图 7　等离子体的波阻抗示例

场强度取代电流 I。入射波的实功率只能是由 R_0 决定的一个量，亦即对于纯电抗性系统，$R_0 = 0$，故 $P_1 = 0$。意思是说纯电抗性系统不能接纳一项纯粹是有功功率（实功率）的能量流动，也就是没有传播波。此外，有

$$P_2 = -|\rho|^2 P_1 \tag{66}$$

即反射系数模值的平方与 P_1 的乘积构成反射功率，负号是考虑到两者能量流动方向相反的事实。问题是 P_3 有多大？H. M. Barlow 给出[15]：

$$P_3 = H_i^2 X_0 (-|\rho|\sin\phi) \tag{67}$$

而 ϕ 的意义为

$$\rho = |\rho|e^{\mathrm{j}\phi} = |\rho|\cos\phi + \mathrm{j}|\rho|\sin\phi$$

故有

$$P_3 = -H_i^2 X_0 \cdot \mathrm{Im}\rho \tag{67a}$$

即 P_3 的大小与下述 3 个量的大小成正比：①入射磁场强度的平方；②电抗系统波阻抗虚部的大小；③反射系数的虚部的大小。可见，Barlow[15] 的分析与 Vainstein[11] 是一致的。总之，只要 $X_0 \neq 0$，这项功率（或说能量交换）就存在。因此有

$$P = H_i^2 \{R_0(1 - |\rho|^2) - X_0 \cdot \mathrm{Im}\rho\} \tag{64a}$$

显然，比值 P_3/P_1 取决于比值 X_0/R_0，即电抗性程度的大小。

6　作为简单电抗性系统的互感电路

本文论述的规律是普遍性的，那就是如果两个电抗性贮存场相互重迭和相互作用，就可能有实功率传送出来。现在用两个无损耗线圈组成的互感耦合电路来论述这个问题，忽略内阻的电感线圈所造成的交变磁场就是纯电抗性的。

假设有两个线圈（电感 L_1、L_2）互相靠近放置，若 L_1 中通入交流电流，原线圈 L_1 在周围会建立一个磁场。现在 L_2 处在这个磁场中，或说 L_1 中的电流产生的磁通在 L_2 引起互感电动势：

$$U_L = U_2 = -N_2 \frac{\partial \Phi_1}{\partial t} \tag{68}$$

式中：N_2 为 L_2 的匝数；$\partial \Phi_1 / \partial t$ 为同时穿过 L_1、L_2 的磁通的变化率。这些电工学概念是人们非常熟悉的，我们现在对这个简单电抗性系统的功率、能量关系作些讨论。

图 8 绘出这样一个互感耦合电路，虚线代表磁力线，它是由 L_1 产生的。假设 L_1 被固定，L_2 可逐渐远离 L_1 而向前方（z 向）移动，那么 L_2 所处位置的场强（H_2），以及由互感作用产生的电压（U_L），都是 z 的函数，且逐步减小。或许其规律将与下式接近：

$$H_2 = H_{20} e^{-\alpha z} \tag{69}$$

$$U_L = U_{L0} e^{-\alpha z} \tag{70}$$

亦即在 L_2 开始移动前的场强为 H_{20}，感应电压为 U_{L0}，然后随 z 增大而指数地下降。实际的规律与这两个方程可能有差异，但这不是我们最关心的问题。

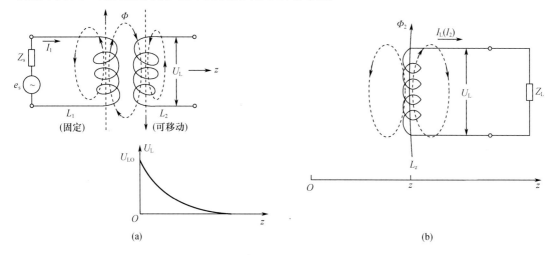

图 8 互感电路的渐变减弱磁场

L_2 的两个输出端子如保持开路，L_2 中没有电流。这时，只有一项电功率需要考虑：

$$P_1 = K\left[\frac{1}{2} L_1 |I_1|^2\right] \tag{71}$$

I_1 是初级回路中的交流电流，系数 K 是为了完成从磁场能量向电功率的换算。假设 L_2 处于某个位置（z）时，其输出电压为 U_L；把 Z_L 接上，有一个电流 I_2 发生，如图 8（b）所示。这时将有另一项电功率：

$$P_2 = K\left[\frac{1}{2} L_2 |I_2|^2\right] \tag{72}$$

它与下述功率值应当相同：

$$P_2 = P_L = |I_2|^2 R_L \tag{72a}$$

式中：$R_L = \mathrm{Re} Z_L$。我们的讨论实际上假设 L_1、L_2 没有自身损耗，即其电阻为零。这才对应一个纯电抗性系统。现在，I_2 使 L_2 产生磁通 Φ_2，这会影响到初级回路的状态——感应电压造成一项附加电流 I_1'，对应一项电功率：或许

$$P_3 = K\left[\frac{1}{2} L_1 |I_1'|^2\right] \tag{73}$$

显然,存在 P_3 的前提是 I_2 的存在。根据交流电路理论,如 Z_L 没有实部,即 $Z_L = jX_L, I_L$(即 I_2)也是存在的;故仍可造成 I_1' 及 P_3。故对于图 8 的纯电抗性系统(图 8a 在次级回路输出端接一个电抗),由于两个回路的相互作用(或说是磁通 Φ_1 与 Φ_2 的相互作用)可以造成一个较小的有功功率流。……不过,当 H. M. Barlow 和 A. L. Cullen[16] 讨论这个问题的时候,假设 L_2 所连接的是电阻性的负载。

如果把这样的互感电路(小线圈 L_1、L_2)放置在波导中,如图 9 所示,而且它们之间的相互位置可变。这时,以上讨论仍然有效,并且波导管壁的存在使场分布改变,使规律接近指数式下降(消失态),条件是 L_1、L_2 不能太靠近。这样的规律在波导问世(1936 年)之前就被人发现了,并用来设计一种新型衰减器。正如我们曾经论述过的那样[1],只有波导理论(场理论)才能很好地解释这类衰减器(截止式衰减器)的工作原理。我们知道,纯行波的电磁波的电场和磁场在时间相位上是相同的,而沿纵向(传输方向)上相位逐点改变。但对消失波而言,严格讲它不是波,场的空间分布没有周期性变化,亦即沿波导纵向没有逐点的相位改变,数学上表现为相位常数 $\beta \approx 0$。场的变化(升高或降低)在波导各处同时发生,场的振幅按离开信号源的距离而指数地减小,而电场与磁场在时间上差 1/4 周期。因此,消失波型(更准确些说是消失场)与行波之间有非常大的差别。在有限长波导中,无论行波状态或消失态,入射场分量或反射场分量都有。对 $f < f_c$ 的截止波导来讲,极少量功率的传输正是由于两个场的同时存在。我们已反复强调指出,一个单独的消失场仅代表一个纯电抗性能量的贮存,而不能传输实功率。

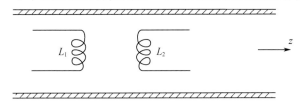

图 9　互感耦合电路外加金属筒(波导)

7　从光的射线理论到模式理论

把光看成光线由来已久,最早是古希腊学者 Heron(约公元 3 世纪),在光学方面他证明当一条光线被反射时入射角等于反射角,并且光线此时所走是最短路径。公元 6 世纪时的学者 Olympiodorus 则在其著作(反射光学)中说:"自然界不做任何多余的事或不必需的工作。"不过射线光学成型是在 16 世纪与 17 世纪交替时,荷兰数学家 W. van Snell(1591—1626)提出了著名的定律——当光线从媒质 1 穿过又通向另一媒质 2,入射角正弦与折射率的乘积为一常数:

$$n_1 \cdot \sin\theta_1 = n_2 \cdot \sin\theta_2 \tag{74}$$

式中:θ 为入射线、折射线与法向的夹角。我们知道这个定律可用几何作图迅速地证明,而图上的几何线段代表光线走过的距离,即光程。射线光学就这样取得了自己的地位,而 I. Newton(1642—1727)也常使用这种方法分析问题。

总之,当有一定粗细尺寸的光束无限地减小直径,就得到了光线,它的方向即光能流的方向。光线和光波的关系,若波长极短而趋于零($\lambda \to 0$),得到光的射线理论。它的基本内容是程函(eikonal)方程及 Fermat 原理,法国数学家 P. Fermat 在 1657 年和 1662 年论证说:"光线

总是以费时最少的路径行进。"最小光程原理或 Fermat 原理可简洁地写作

$$\delta \int_L ndl = 0 \tag{75}$$

式中：$\int_L ndl$ 为光程，是一个泛函；δ 为变分。

1936—1941 年间，L. Brillouin 发表了几篇论文，讨论刚刚出现的以传输微波为目的的波导。他把射线理论和波动分析相结合，提出了单元(子)波或 Brillouin 子波的概念；它也被称为"部分波"[17]。波在波导中的运动被图解为沿边界多次反射的折线，如图 10 所示。正是 Brillouin 最先把射线光学方法引入到微波波导的分析中。图 10 表示有一平面波以一个倾斜角度进入矩形波导，如壁是理想导电的，它将以相同角度从波导壁反射，因而该波以锯齿形路线向前走；而它可看成两个部分波(子波)合成的结果。当信号源的频率提高(波长减小)，相应的入射角 θ 将加大；反之，当频率减小，到截止频率 f，这时将遇到 $\theta = 0$ 的情况，波传播将终止。

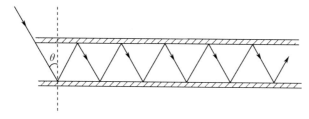

图 10　射线法分析波导的 Brillouin 图

现在我们把金属壁波导(中间为真空或损耗可忽略的空气)和介质棒波导(中间为有损耗介质，$n>1$)进行比较。图 11 表示波导的两大类型，情况(a)是以金属壁作为反射界面的波导管，内为空气，非理想导电壁造成非理想反射(imperfect reflection)，从而造成损耗。情况(b)当中，射线在电介质与空气界面上反射，这里要求入射角大于某个临界值($\theta > \theta_c$)，才会有全内反射(total internal reflection)发生；而且反射本身不带来损耗，只是在电介质以外有部分场存在，它采取消失态形式(evanescent form)。在情况(b)中，波的能量损耗主要由电介质造成，而非边界所造成——这与情况(a)恰恰相反。必须指出，在经典波动理论(模式理论)中，(a) 和(b)两类波导都可以按照多模(multi - modes)或单模(single - mode)方式传输。对情况(b)而言，若为多模传输介质棒直径是波长的许多倍；如要求单模，则应减小直径。

光纤(光波导)当然是图 11(b)的类型，但其结构是在芯子(折射率 n_1)外有一个包层(折射率 n_2)。在一定条件下会发生漏波(leaky wave)，也称漏模(leaky mode)，其特点是在包层内的指数下降场区之外有能量辐射出去，如图 12 所示。1974 年 A. W. Snyder 和 D. J. Mitchell[5] 发表的文章，题目是"Leaky rays on circular optical fibers"，指出漏波辐射的方向(图 12 的角度 η)是可以计算的。该文的特点是把特征方程(本征值方程)用在分析过程中，使数学分析与物理概念很好地结合起来。

对圆截面光波导(COW，即光纤)而言，有两种传播过程中的射线：一种是折射射线(refracted rays)；另一种是漏波射线(leaky rays)，应当把它们加以区别。后者是几何光学按预期(全反射规律)应当束缚在芯子内的，是弱衰减射线(weakly attenuated rays)。漏模的辐射方向不同于折射波，必须通过模式理论中的本征值方程求解，不能通过几何光学判定。

故对光纤而言，需用导波电磁场和辐射电磁场来表示功率流。在圆截面光波导(COW)

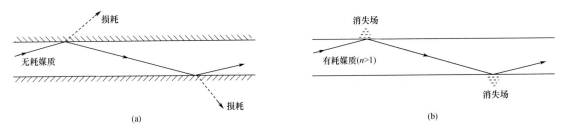

图 11 射线在两类波导中的进行

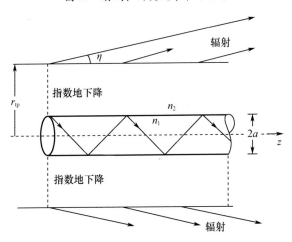

图 12 光纤中出现漏波的射线表示

中,漏波射线与波导中心轴呈斜向。束缚模式(bound modes)也称受阱模式(trapped modes)是表达导波能量的状态,非束缚模式(unbound modes)是表达辐射能量的状态。我们必须用漏模(leaky modes)近似地表示辐射场,而 COW 的许多漏模是由泄漏射线组成的,每个受衰减的射线对应本征值方程(即特征方程)的一个复数解。

那么光纤包层外发生辐射时其方向(图 12 中角度 η 的大小)是怎样确定的? 我们先写出对光纤分析中标量波方程的求解结果,即 Snyder 文章中的式(1):

在芯子内($r<a$):

$$\psi = J_{\mathrm{m}}\left(r\sqrt{k_1^2-\beta^2}\right)e^{j(\omega t - m\phi - \beta z)}$$

在包层内($a < r < r_{\mathrm{tp}}$):

$$\psi = H_{\mathrm{m}}\left(r\sqrt{k_2^2-\beta^2}\right)e^{j(\omega t - m\phi - \beta z)}$$

现在考虑波矢 $\boldsymbol{k}_1$ 和 $\boldsymbol{k}_2$,先定义包层的一个特征量:

$$w = a\sqrt{k_2^2-\beta^2} = a\sqrt{k_0^2 n_2^2 - \beta^2}$$

即

$$\frac{w}{a} = \sqrt{k_2^2-\beta^2} = \sqrt{k_0^2 n_2^2 - \beta^2}$$

当 $r<a$ 时,有

$$\boldsymbol{k}_1 = \beta\boldsymbol{i}_z + \sqrt{k_1^2-\beta^2}\,\boldsymbol{i}_\phi$$

当 $a<r<r_{tp}$ 时,有

$$\boldsymbol{k}_2 = \beta\boldsymbol{i}_z + \sqrt{k_2^2 - \beta^2}\,\boldsymbol{i}_\phi$$

这里(r,ϕ,z)是圆柱坐标系的 3 个分量,而$\boldsymbol{i}_z$、$\boldsymbol{i}_\phi$是单位矢量;当包层中存在消失场,就有漏波辐射的可能,辐射方向与光纤z轴倾斜,形成角度η,并满足

$$\sin\eta = \frac{w}{ak_2} = \frac{\sqrt{k_2^2 - \beta^2}}{k_2} \tag{76}$$

这是漏波辐射的角度。

Snyder 关注 $n_1 \approx n_2$ 的情况,这在实际中是常见的。他讨论了 trapped modes 和 leaky modes。这里我们先写出以下特征量:

$$u = a\sqrt{k_1^2 - \beta^2} = a\sqrt{k_0^2 n_1^2 - \beta^2}$$

故有

$$v^2 = u^2 - w^2$$

对于 trapped modes,增强随与光纤的距离而指数地下降,而w为虚数,u和v为实数,故有$0 \leqslant u \leqslant v, 0 < |w| \leqslant v$。对于 leaky modes,$w$和$u$均为复数,且有以下关系:

$$v \leqslant \mathrm{Re}\,u \leqslant 2\pi a n_1/\lambda$$
$$0 \leqslant \mathrm{Re}\,w \leqslant 2\pi a n_2/\lambda$$

而为定义漏模的u的区间包含漏波射线和折射射线。

现在,当$r > a$时,用 Hankel 函数$H_{m-1}(wr/a)$以描写漏模的横向矢量场。当$m \geqslant 2$,而且$rw > a(m-1)$时,由于w是复数,场在辐射方向呈指数地振荡增大(exponentially growing oscillatory)。而对于$rw < a(m-1)$的情况,是指数地衰减(exponentially decaying)。前一种情况,$r > r_{tp}$的位置形成漏模,并存在折射波辐射。在 Snyder 理论中,这二者是需要分开的,不能混为一谈。

图 13 显示为定义向光纤边界入射而在分析中需要的角度。$\boldsymbol{k}$是任意入射光线的波矢,$\boldsymbol{k}_t$是$\boldsymbol{k}$在横截面$(r,\phi$ 平面)上的分量,P是入射光线在芯子外缘到达位置,O是光纤横截面的中心,θ_N是入射光线与OP(边界法线)的夹角。可以证明有下述关系式成立:

$$\cos\theta_\phi = \boldsymbol{\phi} \cdot \frac{\boldsymbol{k}_t}{k_t} = \frac{m}{u}$$

$$\cos\theta_z = \boldsymbol{z} \cdot \frac{\boldsymbol{k}}{k} = \frac{\beta}{k}$$

$$\cos\theta_N = \boldsymbol{r} \cdot \frac{\boldsymbol{k}}{k} = \frac{\sqrt{u^2 - m^2}}{ak} = \sin\theta_\phi\sin\theta_z$$

在 Snyder 的理论中,θ_z、θ_ϕ及全反射临界角ϕ_c是很重要的:$0 \leqslant \theta_z < \theta_c$时为 trapped 模;而造成漏模的条件为

$$\begin{cases} \theta_c < \theta_z \leqslant \pi/2 \\ \left(\dfrac{\pi}{2} - \theta_c\right) < \theta_N \leqslant \pi/2 \end{cases} \tag{77}$$

形成折射射线的条件为

$$\theta_N < \left(\frac{\pi}{2} - \theta_c\right) \tag{77a}$$

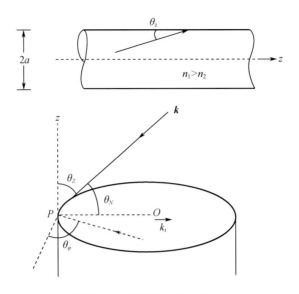

图 13   光纤芯子的立体角度表示

这样就把向外辐射的两种情况(漏模及折射辐射)清楚地区别开来。

总之,以上的描述表明几何光学的射线方法既用在光频段又用在微波波段,它和波动理论(模式理论)结合时分析将最为有效。应当指出的是,一条射线并不等同于一个模式。从根本上讲,微波理论(或说电磁波理论)总归结为对 Maxwell 方程的求解,而在分析过程中我们把各种不同的空间场分布称为模式(modes)。很明显,模式概念不仅在微波理论中大量使用,在光波导(光纤)分析中也是必不可少。所谓单模光纤和传输主模的微波波导(矩形波导中的 TE_{10},圆波导中的 TE_{11})并无本质上的不同,但光纤是开波导,微波波导则是闭式的。单模光纤传输的模式就是圆柱状介质波导中的主模,即混合模(hybrid mode)EH_{11},它在微波理论中是早已清楚的知识。但它与闭波导情况不同之处在于,它没有截止频率(f_c),即不管频率多么低这个 EH_{11} 模都能传输,故不存在波导尺寸的下限。在理论上,为了避免第一个高阶模(TE_{01} 或 TM_{01})出现,单模光纤应满足以下的要求:

$$\begin{cases} 2a < \zeta\lambda \\ \zeta = \dfrac{2.408}{\pi \sqrt{n_1^2 - n_2^2}} \end{cases}$$

式中:a 为芯子半径;λ 为工作波长;n_1、n_2 分别为芯子、包层的折射率。上式表示芯径与波长处于同一量级,故单模光纤的芯子很细($1 \sim 2\mu m$),工艺上造成困难。

能同时传输多个模式的光波导是多模光纤。在其中,数以千计的大量模式以不同的振幅、相位、极化而同时传输,是很特殊的现象。过去的波导技术并不允许模式的相位和极化方向出现丝毫的混乱,多模光纤为何能工作? 这是因为光学接收技术是基于光子计数原理,在这里波的相位和极化状态并不重要,关键的是功率和群速度。……多模光纤技术的优点不仅在于芯径可以较大(几十微米),对光源要求也简单,可以不用激光器而用普通的发光二极管。然而,单模光纤的通信容量高得多。而多模光纤由于色散较大等问题,实际应用于通信的价值大为降低。多模光纤容易引起人们的兴趣,更多地是由于它的传输方式独特,不同于以往的各种波导传输技术。

8　Schrödinger 方程(SE)与 WKBJ 近似解法的提出

　　科学界认为量子理论揭示了事物的本质,经典理论只是它的近似。虽然微波理论在总体上属于经典电磁理论的范畴,但量子力学(QM)的概念和方法对其有着越来越大的影响。对于一个波动,最重要的参量是频率 ω 和波矢量 $\boldsymbol{k}$;它对应的粒子概念为:能量为 $\hbar\omega$ 的粒子,具有动量 $\hbar\boldsymbol{k}$。这种对应关系使 QM 的分析方法可以转移到波问题上来[18]。例如自由空间中电磁波的衍射,或者光波导的数学分析,用 QM 方法都是成功的。非均匀媒质光波导的波方程,在简化后其形式恰与 SE 完全相同,因而求解 SE 的数学方法(如 WKBJ 法)可以立即引用过来。在物理上,QM 的一些名词术语(如隧道效应等)也可以很好地描述发生在工程技术领域中的许多现象。

　　应当认识到,SE 植根于早期的 Fermat 原理(光学)和最小作用量原理(力学),是人类智慧的一种杰出表现和对客观世界的精确描绘[19]。前面式(75)的意思是说在光线的实际路径上光程的变分为零。这个原理不仅与经典电磁波方程一致,甚至可以看成是后者的基础。……另外,1744 年由 Maupertuis 提出的最小作用原理说,在势场 $U(r)$ 中运动的质量为 m、速度为 v 的粒子,其运动满足下式:

$$\delta\int_L p\,\mathrm{d}l = 0$$

式中:$p = mv$ 为粒子的动量;L 为运动路径总长。我们看到,力学中的最小作用原理与几何光学中的 Fermat 原理在形式上相似。设粒子总能为 E,则有

$$E = \frac{1}{2}mv^2 + U$$

由此可证

$$p = \sqrt{2m(E-U)}$$

故最小作用原理又可写作

$$\delta\int_L \sqrt{2m(E-U)}\,\mathrm{d}l = 0 \tag{78}$$

我们知道,当波长很小时波动光学近似为几何光学;因此在 1926 年时 Schrödinger 作了两个对比:①光学理论与力学理论的对比;②波动光学与几何光学的对比。在此基础上设想有一种新力学(波动力学在量子条件下成为量子力学)存在,找出了几率波满足的波方程。所以说,SE 的发现和提出是物理理论的一次飞跃,是经典物理理论向现代物理理论转变的标志! 现在,我们既可以说 Schrödinger"天才地发明了 SE",也可以说他"天才地发现了 SE";后一说法可以更好地体现下述思想——SE 是在人类对微观世界(电子、光子、原子为其代表)的研究日益深入的背景下,由奥地利人 E. Schrödinger 所发现的新力学的反映客观规律性的方程[20],它继承了经典光学和力学的已有成就但又是重大的创新。

　　含时 SE 的写法为

$$\mathrm{j}\hbar\frac{\partial\Psi}{\partial t} = -\frac{\hbar^2}{2m}\nabla^2\Psi + U\Psi$$

式中:$\Psi(r,t)$ 为波函数;m 为粒子质量;$U(r,t)$ 为粒子在力场(势场)中的势能。在粒子只做一维运动(沿 z 向)的情况下,可按常微分方程处理,即有

$$j\hbar \frac{d\Psi}{dt} = -\frac{\hbar^2}{2m}\frac{d^2\Psi}{dz^2} + U\Psi$$

引用分离变量法,令 $\Psi(z,t) = \psi(z)f(t)$,代入后得

$$j\hbar \frac{1}{f(t)}\frac{df(t)}{dt} = -\frac{\hbar^2}{2m}\frac{1}{\psi(z)}\frac{d^2\psi(z)}{dz^2} + U(z)$$

令等式两端各等于一个常数 E,不会改变上式反映的关系,故有

$$-\frac{\hbar^2}{2m}\frac{d^2\psi(z)}{dz^2} + U(z)\psi(z) = E\psi(z)$$

经整理后得

$$\frac{d^2\psi(z)}{dz^2} + \frac{2m}{\hbar^2}[E - U(z)]\psi(z) = 0 \tag{79}$$

现在我们来看看,SE 的发表为何迅速引起数学家们的兴趣,导致了理论物理学中一种著名的近似方法(WKBJ 法)的诞生。

含有多元未知函数及其各阶偏导数的关系式称为偏微分方程,由于它常常反映某种物理规律故又称为数学物理方程;式(78)即为一例。如上所述,它可在一维条件下转化为常微分方程——含有单一自变量的未知函数及其各阶导数的方程,如式(79)。一般认为常微分方程比偏微分方程易求解,这是对的;但如认为前者很好处理,那就错了。我们写出以下的线性常微分方程:

$$\xi^2\psi'' + q(z)\psi = 0$$

对定态 SE 而言,$\xi = \hbar$,$q(z) = 2m[E - U(z)]$,即

$$\hbar^2\psi'' + 2m[E - U(z)]\psi = 0 \tag{79a}$$

式(79a)与式(79)是一样的。通常认为这是归类于"高阶(现在是 2 阶)导数乘以小参数的线性微分方程"[21],而 WKBJ 法是求其近似解的有效方法。该近似解的结构简单,是由代数函数做积分而构成的指数函数,以及某些特殊函数所组成。令 $p^2(z) = 2m[E - U(z)]$,则有

$$\hbar^2\psi'' + p^2(z) \cdot \psi = 0 \tag{79b}$$

因而我们要处理的方程为

$$\frac{d^2\psi(z)}{dz^2} + G(z)\psi(z) = 0 \tag{79c}$$

式中 $G(z) = \frac{2m}{\hbar^2}[E - U(z)] = \frac{q(z)}{\hbar^2}$。现在取

$$\psi(z) = A(z)e^{js(z)} \tag{80}$$

代入式(79),又分别令实部、虚部为零。先令虚部为零,得

$$2\frac{dA(z)}{dz}\frac{dS(z)}{dz} + A(z)\frac{d^2S(z)}{dz^2} = 0$$

即

$$\frac{d}{dz}\Big[A^2(z)\frac{dS(z)}{dz}\Big] = 0$$

故得

$$A(z) = C\left[\frac{\mathrm{d}S(z)}{\mathrm{d}z}\right]^{-1/2}$$

再令实部为零,得

$$\frac{\mathrm{d}^2 A(z)}{\mathrm{d}z^2} - A(z)\left[\frac{\mathrm{d}S(z)}{\mathrm{d}z}\right]^2 + G(z)A(z) = 0$$

由于 $A(z)$ 随 z 变化较小,略去首项,得

$$\frac{\mathrm{d}S(z)}{\mathrm{d}z} = [G(z)]^{1/2}$$

代入 $A(z)$ 公式,得 $A(z) = C[G(z)]^{-1/4}$,故由式(80)得

$$\psi(z) = C[G(z)]^{-1/4} \cdot \exp\left[\pm\mathrm{j}\int G(z)\,\mathrm{d}z\right] \tag{81}$$

也就是

$$\psi(z) = \frac{C_1}{\sqrt{p}}\exp\left[\frac{\mathrm{j}}{\hbar}\int p(z)\,\mathrm{d}z\right] + \frac{C_2}{\sqrt{p}}\exp\left[-\frac{\mathrm{j}}{\hbar}\int p(z)\,\mathrm{d}z\right] \tag{81a}$$

这是式(79b)的近似解,即 WKBJ 法求解 SE 的近似结果。

这里简单地回顾历史——1924 年 H. Jeffreys[22] 讨论了下述方程的数学处理:

$$\psi'' - a^2 f(x)\psi = 0$$

式中 $\psi'' = \mathrm{d}^2\psi/\mathrm{d}x^2$,$a$ 与 x 无关;1926 年(在 SE 方程发表之后),G. Wentzel[23] 讨论了波动力学中下述方程的处理:

$$\psi'' + \frac{2m}{\hbar^2}[E - U(x)]\psi = 0$$

同年(1926),H. A. Kramers[24] 对这个方程的求解也作了讨论,只是略晚于 Wentzel 和 L. Brillouin(Comptes Rendus, 1926, 183: 24 – 30);这就是 WKBJ 法的来历。有关的 4 位科学家,Jeffreys 是作纯数学的讨论;其他 3 人(W、K、B)都是根据 SE 的形态,把物理问题转化为数学问题,是对波动力学的贡献。现在我们根据数学分析结果可作以下的分区讨论:

(1) $E > U(z)$。

把被称为经典许可区,$\psi(z)$ 可作为正弦函数的表示式而写作

$$\psi(z) \approx \frac{C}{\sqrt{p}}\sin\left[\frac{1}{\hbar}\int p(z)\,\mathrm{d}z\right] \tag{82}$$

在许多物理问题中被称为行波解或振荡解。

(2) $E < U(z)$。

这是经典禁区,特点是 $p(z)$ 为虚数:

$$p = \mathrm{j}\sqrt{2m[U(z) - E]} \tag{83}$$

这时波函数不能用三角函数表达,而是指数函数(指数下降)解。在物理问题中被称为消失波(Evanescent Waves)解。

(3) $E = U(z)$。

这是转折点(turning point)。由于 $p(z) = 0$,式(81a)表示的解答是发散的。在这里 WKBJ 展开处理不适用。

9 缓变折射率光纤的量子力学分析[25-27]

缓变折射率光纤(graded refraction index optical fiber)是一个迄今为止定性论述很多、定量计算却较少的课题。尽管光纤应用早已普遍,形成巨大的产业链,但在理论上却仍有一些空白点。首先,n 成为变数,是指在纤芯的径向,即 $n = n(r)$;这会造成 Helmholtz 方程的变化,多了一个包含 ∇n(或写作 $\nabla \varepsilon$)的附加项。但如 n 的变化缓慢(实际上就是如此,例如,从芯子中心的 1. 4586 变到变到芯子外缘的 1. 4500),场分量的变化很小,故可取 $\nabla n = \nabla \varepsilon = 0$。另外,折射率分布沿纵向($z$ 向)并不改变,因而在数学处理上可以方便地采用分离变量法以处理有关的方程。重要之点在于,电磁波经典理论中的标量波方程与 SE 极为相似,而光纤的折射率分布函数可作为 SE 理论中的位势函数(势能函数)。现在看看该函数是怎样导出的。

先看从经典电磁波理论出发的推导。众所周知,在媒质(ε, μ)中电磁波满足下述标量 Helmholtz 方程:

$$\nabla^2 \psi + k^2 \psi = 0$$

式中:$k^2 = \omega^2 \varepsilon \mu$,$\psi$ 为传输方向(z 向)的电场或磁场(E_z 或 H_z)。由于

$$k^2 = \omega^2 \varepsilon_r \varepsilon_0 \mu_r \mu_0 = \varepsilon_r \mu_r k_0^2 = n^2 k_0^2$$

故有

$$\nabla^2 \psi + k_0^2 n^2 \psi = 0 \qquad (84)$$

可以此作为求解光纤问题的基础。在圆柱坐标系中,$\psi = \psi(r, \phi, z)$,并且有

$$\nabla^2 = \nabla_t^2 + \frac{\partial^2}{\partial z^2}$$

$$\nabla_t^2 = \frac{\partial^2}{\partial r^2} + \frac{1}{r} \frac{\partial}{\partial r} + \frac{1}{r^2} \frac{\partial^2}{\partial \phi^2}$$

取 $\psi(r, \phi, z) = \psi(r, \phi) e^{j\beta z}$,故有

$$\nabla^2 \psi(r, \phi, z) = \nabla_t^2 \psi(r, \phi) \cdot e^{j\beta z} + (-\beta^2) \psi(r, \phi) \cdot e^{j\beta z}$$

故式(84)可写作

$$\nabla_t^2 \psi(r, \phi) + [k_0^2 n^2 - \beta^2] \psi(r, \phi) = 0 \qquad (84a)$$

考虑到光纤结构上的圆对称性质,可取

$$\psi(r, \phi) = \psi(r) e^{-jm\phi} \quad (m = 0, \pm 1, \pm 2, \cdots) \qquad (85)$$

代入后可得下述形式的 Bessel 方程:

$$\frac{d^2 \psi(r)}{dr^2} + \frac{1}{r} \frac{d\psi(r)}{dr} + \left[k_0^2 n^2(r) - \beta^2 - \frac{m^2}{r^2} \right] \psi(r) = 0 \qquad (86)$$

式中 $\psi(r)$ 为场幅

$$\binom{E}{H} = \psi(r) e^{j(\omega t - \beta z + m\phi)} \qquad (87)$$

现在设法去除式(86)中的一阶求导数项,办法是令 $F(r) = \sqrt{r} \psi(r)$,则有

$$\frac{d^2 \psi(r)}{dr^2} = \frac{1}{r^2} \left[F''(r) \cdot r^{3/2} + \frac{3}{4} F(r) \cdot r^{-1/2} - F(r) \cdot r^{1/2} \right]$$

$$\frac{1}{r}\frac{\mathrm{d}\psi(r)}{\mathrm{d}r} = \frac{1}{r^2}\left[F'(r)\cdot r^{1/2} - \frac{1}{2}F(r)\cdot r^{-1/2}\right]$$

式中 $F''(r) = \mathrm{d}^2 F(r)/\mathrm{d}r^2$。现在有

$$\frac{\mathrm{d}^2 F(r)}{\mathrm{d}r^2} + \left[k_0^2 n^2(r) - \beta^2 - \frac{m^2 - 1/4}{r^2}\right]F(r) = 0 \tag{88}$$

令

$$E = k_0^2 n_0^2 - \beta^2 \tag{89}$$

$$U(r) = k_0^2 n_0^2 - k_0^2 n^2(r) + \frac{m^2 - 1/4}{r^2} \tag{90}$$

则有

$$\frac{\mathrm{d}^2 F(r)}{\mathrm{d}r^2} + [E - U(r)]F(r) = 0 \tag{91}$$

式(91)在形式上与式(79)相同,即它是一维的 SE。现在 $F(r)$ 相当于波函数,E 相当于粒子能量,而 $U(r)$ 相当于势垒能量。因而,发展 QM 过程中的成果,可以移植到光纤的理论分析中来。

我们关心缓变折射率光纤的势能函数 U 与半径坐标 r 的关系,即用式(90)作为绘图的基础。重点放在 E 不太小、也不太大的中间情况,以便研究泄漏模(leaky modes),也称隧穿模(tunneling modes)。由式(90)可知,当 $r\to 0$,$U(r)\to\infty$;当 $r\to\infty$,$U(r)\to[k_0^2 n_0^2 - k_0^2 n_1^2(r)]$,这里 n_1 是芯子折射率;这个值记为 $U(\infty)$:

$$U(\infty) = k_0^2 n_0^2 - k_0^2 n_1^2(r) \tag{92}$$

故有

$$U(r) = U(\infty) + \frac{m^2 - 1/4}{r^2} \tag{90a}$$

据此可绘出图 14;我们感兴趣的泄漏模,就发生在粒子能量 E 比 U_∞ 略高的情况下。我们知道,E 是由 β 决定的;不同的模式 β 不同,因而 E 值不同。发生泄漏模的条件是

$$U(\infty) < E < U(a) \tag{93}$$

亦即

$$k_0 n_1 < \beta < k_0 n_a \tag{93a}$$

这时的势垒壁比传导模(guided modes)时是变薄了;虽然光子不能越过垒壁,但按 QM 隧道效应可出现在垒的右方。现在我们是根据 $F(r)$ 的规律而判断,是振荡解(oscillating solution)还是指数下降解(decaying solution),并把前者在图上用斜线表示其发生区域。与此同时,我们又用一个横向小箭头表示隧穿方向。在图 14 中,$(r_2 \sim r_3)$ 区域是势垒函数(图中呈三角形状)构成隧穿的范围,它是在 $r = a$ 的附近,主要在包层中。然而,$r > r_3$ 时又有振荡解区域,表示包层里存在着传输波导向外(r 向)的电磁能量运动。这会加大传输损耗!估计这部分向外泄漏的电磁能量较少,目前缺少的正是对这份能量(功率)的定量计算。

这样的计算似可先提出简单的 $U(r) \sim r$ 关系方程式,它由两个线段(a 和 b)组成,a、b 两者都不是直线。另外,还要考虑第一个辐射区($r_1 \sim r_2$)向第 2 个辐射区($r > r_3$)的能量(功率)传输,它经过的是一个电抗性贮能区域($r_2 \sim r_3$)。……分析中可能要涉及对函数 $F(r)$ 的处理,故这里给出必要的解析式。

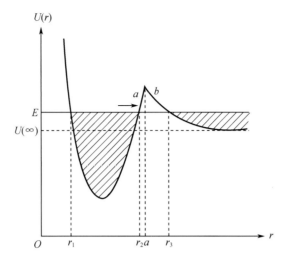

图 14　缓变折射率光纤的势能函数

用 WKBJ 法求解式(86)所描写的方程;采用下述坐标变换

$$r = ae^z, z = \ln \frac{r}{a} \tag{94}$$

则式(86)的方程可简化为式(79c),而其中的 $G(z)$ 为

$$G(z) = (k_0^2 n^2 - \beta^2) a^2 e^{2z} - m^2 \tag{95}$$

$G(z)$ 是 z 的缓变函数。由前面的分析可得式(80)中的 $A(z)$ 为

$$A(z) = \frac{C}{G^{1/4}} = \frac{C}{[(k_0^2 n^2 - \beta^2) r^2 - m^2]^{1/4}} \tag{96}$$

故可得

$$\psi(z) = C[(G(z))]^{-1/4} \cdot \exp[\pm j \int_{r_1}^{r} G(z) \mathrm{d}z] \tag{97}$$

从原则上讲这就是 $F(r)$ 的表达式,或者说是传导模的 WKBJ 求解结果。在 $r < r_1$ 及 $r > r_2$ 的区域,是衰减解,表达式类似但略有不同。

WKBJ 法是求解一维的 SE 的一种近似方法,应用条件是位势函数 U 比较恒定(变化较小),具体到光纤便是折射率 n 的变化较小。更详细内容可看曹庄琪《导波光学》5.2 节[27],其中指出了此法不能应用于转折点($k_0 n = \beta$)的附近。但此书同样缺少计算分析。

10　结束语

本文从能量和功率传输的角度讨论电抗性电磁系统和消失场。已经证明,一个纯电抗性的系统却有可能实现少量有功功率的传递。文中给出了实现这种传递的条件,并指出:目前仍缺少数值计算结果,因而仍为研究人员提供了探索的空间。

上述理论却有令人费解之处。如果说两个 storage fields(或说两个 purely evanescent fields)可以 interact 从而 produce a net flow of power even though each field separately carries no power——那么这部分 power 是从哪里来的? 按照能量守恒定律,功率(即能量)不可能从无到有地产生,因而这个"produce"令人费解。虽然 H. M. Barlow 说[15],这种行为(现象)的一个

例子是截止波导衰减器的输入与输出之间的耦合,又强调这发生在 oppositely directed 的场合,我们却仍然认为不好解释。或许互感电路分析能在概念上作简明的阐述,但最根本的办法还是进行定量计算以解决问题。

此外,本文给出了光纤分析中的 Snyder 理论,进而论述当光纤技术中采用 WKBJ 分析法的情况,可供参考。

参 考 文 献

[1] 黄志洵. 截止波导理论导论[M]. 北京:中国计量出版社,1991.

[2] 黄志洵. 波导截止现象的量子类比[J]. 电子科学学刊,1985,7(3):232 - 237.

[3] 黄志洵. 超光速研究的量子力学基础[J]. 中国工程科学,2004,6(4):15 - 25.

[4] Snyder A W. Failure of geometric optics for analysis of circular optical fibers[J]. Jour. Opt. Soc. Am. , 1974,64(5): 608 ~ 614.

[5] Snyder A W, Mitchell D J. Leaky rays on circular optical fibers[J]. Jour. Opt. Soc. Am. , 1974,64(5): 599 - 607.

[6] Stewart W J. End launching of, and emission from, leaky modes in graded fibers[J]. Electr. Lett. , 1975,11(21): 516 - 518.

[7] 黄志洵. 用全双曲函数的均匀传输线理论[J]. 光纤与电缆,1990(5):9 - 16.

[8] 黄志洵. 包含共轭阻抗的反射系数定义及应用[J]. 计量学报,1980,1(1):63 - 76.

[9] 黄志洵. 功率波理论与广义散射矩阵[J]. 计量学刊,1985,3(1): 1 - 15.

[10] 黄志洵. 关于截止波导的功率传输问题[J]. 无线电计量,1978(3): 97 - 99.

[11] Vainshtein L A. Electromagnetic waves[M]. Moscow: Soviet Radio Press, 1957.

[12] Schelkunoff S A. The impedance of a transverse wave in a rectangular waveguide[J]. Quart. Appl. Math. , 1943,1(1),78 - 83.

[13] Silver S. Microwave antenna theory and design[M]. Boston: Rad. Lab. Ser. , 1949.

[14] 庄钊文. 等离子体隐身技术[M]. 北京:科学出版社,2005.

[15] Barlow H M. Power transmitted by a medium of complex wave impedance[J]. Proc. IEE, 1963,110(12): 2174 - 2176.

[16] Barlow H M, Cullen A L. Microwave measurements[M]. London: Constable, 1950.

[17] Vvedensky B A, Arenberg A G. Radio waveguides[M]. Moscow: National Technology Press, 1946.

[18] 黄宏嘉. 现代微波理论与技术的发展[M]. 北京:科学出版社,1980.

[19] Kline M. Mathematical thought from ancient to modern times[M]. New York: Oxford Univ. Press, 1972.

[20] Schrödinger E. Quantisation as a problem of proper values[J]. Ann. d Phys. , 1926, 79(4): 1 - 9.

[21] 李先胤. 理论物理学中的近似方法[M]. 合肥:安徽大学出版社,2010.

[22] Jeffreys H. On certain approximate solutions of linear differential equations of the second order[J]. Z. Phys. , 1924 (Apr.): 428 - 436.

[23] Wentzel G. Eine verallgemeinerung der quantenbedingungen für die zwecke der wellenmechanik[J]. Z. Phys. , 1926, 38: 518 - 529.

[24] Kramers H A. Wellenmechanik und halbzahlige quantisierung[J]. Z. Phys. , 1926, 39: 828 - 840.

[25] 叶培大,吴亦尊. 光波导技术基本理论[M]. 北京:人民邮电出版社,1981.

[26] 大越孝敬. 光学纤维基础[M]. 东京:东京大学工学部,1977.

[27] 曹庄琪. 导波光学[M]. 北京:科学出版社,2007.

消失态与 Goos - Hänchen 位移研究

黄志洵

（中国传媒大学 信息工程学院，北京　100024）

摘要：假定媒质 1 中有一个光束以入射角 θ_1 向两媒质组成的界面入射，而界面两侧的媒质折射率为 n_1、n_2($n_1 > n_2$)，入射角大于临界角，即 $\theta_1 > \theta_{1c} = \arcsin \dfrac{n_2}{n_1}$，那么几何光学预期将发生全反射。但在实际上，光束进入了媒质 2 并在与界面平行方向前行一段距离，然后才返回媒质 1。反射光束的令人惊奇的平移于 1947 年由 Goos 和 Hänchen 测出。在媒质 2 中，波由两个波数所描述——与界面平行方向 $k_{11} = k_0 n_1 \sin\theta_1$，与界面垂直方向的虚波数 $k_\perp = jk_0 \sqrt{n_1^2 \sin^2\theta_1 - n_2^2}$；而在垂直方向波呈指数式下降，即消失态。

本文对消失态与 GH 位移作原理性研究，特别关注双界面问题。正如人们后来所知，部分反射时在入射波束与反射波束之间也有位移。然而，关于 GH 位移的精确理论至今尚不存在，实验研究变得重要了。例如，关于 CHS 谐振，关于反向 GH 位移，关于负群延时等等，均有待作进一步研究。

关键词：Goos - Hänchen 位移；消失态

Study on the Evanescent State and the Goos - Hänchen Shift

HUANG Zhi - Xun

（Communication University of China，Beijing　100024）

Abstract：If a beam of light hits an interface between two mediums with indices of refraction $n_1 > n_2$ under an angle $\theta_1 > \theta_{1c} = \arcsin \dfrac{n_2}{n_1}$, geometrical optics predicts total reflection of the incoming beam. But in reality, the beam pentrates into the second medium and travels for some distance parallel to the interface before being scattered back into the first medium. The amazing shift of the reflected beam has been measured in 1947 by Goos and Hänchen, and then in the second medium

---

注：本文原载于《中国传媒大学学报》（自然科学版），第 16 卷，第 3 期，2009 年 9 月，1～14 页。

the wave is characterized by the wave number $k_{11} = k_0 n_1 \sin \theta_1$ describing the propagation parallel to the interface and the imaginary wave number $k_\perp = jk_0 \sqrt{n_1^2 \sin^2\theta_1 - n_2^2}$ associated with an instantaneous spread perpendicular to the interface and an exponential decay in this direction, i. e. the evanescent state.

In this paper, we carried out a principal study of the evanescent state and the Goos – Hänchen shift, specially about the two interfaces problem. And we know, the partial reflection also shows a shift between the incident and reflected beam. Because there is no exact theoretical description of the GH shifts now, the experimental research become impotant on this subject. For example, the resonance of GHS, the opposite GHS, the negative group delay, etc; all these requires further investigations.

Key words: Goos – Hänchen shift; evanescent state

1　问题的提出

evanescent wave 通常译为消失波,也有人译作倏逝波、迅衰波和凋落波。由于它是一种准静态的场分布,也常称为 evanescent field,即消失场。在不久前发表的一篇文章中[1],笔者把以上两者概括为统一的词,即消失态(evanescent states)。不过,对于这种电磁状态(或电磁环境)需要一个定义。如果我们用时间相位因子 $e^{j\omega t - \gamma z}$ 描写场(波)的时空关系,那么电磁场(波)的性质将唯一地由复传播常数 γ 决定。当 γ 主要部分是虚数,即为向 z 正向传播的行波;但如 γ 主要部分是实数,或者说反映 z 向相位变化的成分很小,这时波动基本上已不存在,我们得到一个能量贮存(而非能量传输)性质的场,即消失场。那么,为何一些文献把消失态称为“虚电磁波”? 令传播常数(propagation constant) $\gamma = \alpha + j\beta$;定义另一参数传播因子(propagation factor) k_z,它与 γ 的关系是 $\gamma = jk_z$ 或 $k_z = -j\gamma$,故有 $k_z = \beta - j\alpha$。如 $\alpha = 0, k_z$ 就是相位常数;但如 $\beta = 0, k_z = -j\alpha$ 是虚数。正因为如此有人把消失波称为虚波动(Imaginary waves)。总之,消失态是这样的一种场,它的幅度沿距离按指数规律下降,而相位并不沿距离变化(或说只有极小的变化)。

消失态在自然界是普遍存在的,并且在短波、微波、光波波段都发现了这种特有的现象。文献[2]指出,最早发现消失态是在 19 世纪的光学实验中(G. Quincke, Ann. Phys. Chem. ,1866,5,1; E. E. Hall, Phys. Rev. ,1902,15,73);而从理论上确认消失态存在是由 Lord Rayleigh 于 1897 年在分析矩形截面的柱状金属结构(即后来的矩形波导)时给出的[3],从而使在微波研究消失态得以开始。

在光学界,人们利用消失波(场)的特点发展了多种应用。例如,利用消失场以记录及转换光学图像,把全息摄影摄在极薄的区域内。又如,根据消失波的与界面平行传播的性质,把光能量耦合到另一材料上以形成电磁表面波。所有情况都关系到本文论述的 Goos – Hänchen 位移研究。

用 Maxwell 电磁场理论处理电磁波在不同媒质界面的反射时会发现有趣的结果。理论分析显示,电磁波并非到达界面时立刻反射,而是在能量进入光疏媒质后才发生全反射。换言之,电磁波能量在界面的某个位置上进入光疏媒质,在另一位置上又完全返回(图 1)。因此,存在着能量沿界面的横向(z 向)运动,而波幅度沿界面法向(x 向)快速衰减。由于波幅的下降遵守指数规律,故可写出下述表达式:

$$E = E_0 e^{-\alpha x} F(z) \tag{1}$$

式中:x 为与界面的垂直距离;$F(z)$ 为与界面平行方向(z 向)的一个函数。式(1)表示全反射时进入光疏媒质的波是一个横向衰减的消失态电磁波。文献[4]指出 α 的算式为

$$\alpha = \frac{2\pi}{\lambda_1} \sqrt{\sin^2 \theta_1 - \left(\frac{n_2}{n_1}\right)^2} \tag{2}$$

式中:$\lambda_1 = \lambda_0/n_1$,$\lambda_0$ 为真空中波长;n_1、n_2 分别为光密、光疏媒质的折射率;θ_1 为在光密媒质中的入射角。显然,所谓全反射了的光进入光疏媒质有一定深度,这必定造成反射光不是在图1的 Q 点而是在 S 点开始。这就是 Goos – Hänchen 位移,其命名是由于德国物理研究院的两位科学家(F. Goos 和 H. Hänchen)的文章"一项新的全反射基础实验"[4]。该文写于 1943 年,发表于 1947 年。图1正是两位作者所绘,虚线是光由光密媒质进入光疏媒质然后又回到光密媒质的示意。

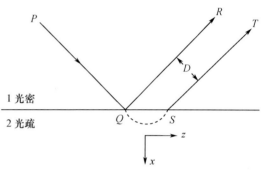

其实,这种位移在 1947 年之前早就发现了,并不是 Goos 和 Hänchen 的功绩。他们的成就是在实验方面的。Goos 和 Hänchen 指出,尽管在实验中不可能用单一的光线,而是用开角尽量小的狭窄光束,但以上所描述的现象仍然存在,并产生实际光束(ST)相对于设想光束(QR)的位移 D,即 Goos – Hänchen shift(GHS)。以下我们先做一些理论分析。

图 1　Goos – Hänchen 位移的示意图

2　电磁波在不同媒质界面的折射和反射

当平面电磁波入射到两种不同媒质的交界面(平面)时将发生折射、反射现象,图2是用两根射线代表一个波束并描绘出入射波、折射波、反射波三者的关系,虚线 ac、be、db 分别代表三者的波前。由于 $\overline{ab} = \overline{cb} \cdot \sin\theta_1 = v_1 t$,$\overline{ce} = \overline{cb} \cdot \sin\theta_2 = v_2 t$($v$ 是波速,t 是时间),故有

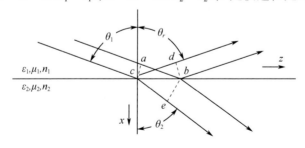

图 2　电磁波在界面的折射和反射

$$\frac{\overline{ab}}{\overline{ce}} = \frac{\sin\theta_1}{\sin\theta_2} = \frac{v_1}{v_2} = \sqrt{\frac{\varepsilon_2 \mu_2}{\varepsilon_1 \mu_1}} \approx \sqrt{\frac{\varepsilon_2}{\varepsilon_1}} \approx \frac{n_2}{n_1} \tag{3}$$

故有

$$n_1 \cdot \sin\theta_1 = n_2 \cdot \sin\theta_2 \tag{3a}$$

这是 Snell 折射定律,它表示在界面的折射过程中 $(n \cdot \sin\theta)$ 不变,而 θ 是入射波、折射波传播方向与法向的夹角。此外,由类似的证明方法可得 $\theta_r = \theta_1$,即反射角等于入射角。这些都是几何光学方法和结果。

平面波的波阻抗也可称为自由空间的(真空的)波阻抗,用 Z_{00} 表示:

$$Z_{00} = \sqrt{\frac{\mu_0}{\varepsilon_0}} = 376.62\Omega \tag{4}$$

对一般(非真空)媒质,波阻抗为

$$Z_0 = \sqrt{\frac{\mu}{\varepsilon}} = Z_{00}\sqrt{\frac{\mu_r}{\varepsilon_r}} \approx \frac{Z_{00}}{\sqrt{\varepsilon_r}} = \frac{Z_{00}}{n} \tag{5}$$

可以用以下诸式计算在界面法向三者的强度(能流密度)[5]:

$$S_1 = \frac{E_1^2}{Z_{01}}\cos\theta_1 = Z_{00}^{-1} \cdot n_1 \cdot \cos\theta_1 \cdot E_1^2$$

$$S_2 = \frac{E_2^2}{Z_{02}}\cos\theta_2 = Z_{00}^{-1} \cdot n_2 \cdot \cos\theta_2 \cdot E_2^2$$

$$S_r = \frac{E_r^2}{Z_{01}}\cos\theta_1 = Z_{00}^{-1} \cdot n_1 \cdot \cos\theta_1 \cdot E_r^2$$

式中:E_1、E_2、E_r 分别代表入射、折射、反射电场的幅度。由于能量守恒定律必须遵守,则有

$$\frac{E_1^2}{Z_{01}}\cos\theta_1 = \frac{E_2^2}{Z_{02}}\cos\theta_2 + \frac{E_r^2}{Z_{01}}\cos\theta_1$$

故可得

$$\left(\frac{E_r}{E_1}\right)^2 = 1 - \frac{n_2 \cdot \cos\theta_2}{n_1 \cdot \cos\theta_1}\left(\frac{E_2}{E_1}\right)^2 \tag{6}$$

式(6)表示三个波的数量关系;在全反射($E_2 = 0$)情况,$E_r = E_1$。

为了弄清界面上的情况必须作模式分析并考虑场的边界条件。如入射波是在一任意方向极化的,可以将入射电场分解为水平极化波分量(TE 波分量)和垂直极化波分量(TM 波分量);前者是电场垂直于入射面(入射路径与法线构成的平面)而线极化的,可绘成图 3(a),⊙号表示 E_1 垂直于入射面而又平行于分界面。后者是电场在入射面上而线极化量后可以求出对应的折射波分量和反射波分量,最后用矢量合成求得折射波电场和反射波电场。这种处理既深入又细致,是几何光学简单的射线法做不到的。先看 TE 波,在界面上由电场 E 切向分量连续的边界条件可有

$$E_1 + E_r = E_2$$

不用矢量是因为 3 个电场矢量互相平行并与界面平行,故有

$$\frac{E_r}{E_1} = \frac{E_2}{E_1} - 1$$

利用式(6)就可推出

$$\frac{E_2}{E_1} = \frac{2\cos\theta_1}{\cos\theta_1 + \sqrt{(n_2/n_1) - \sin^2\theta_1}} \tag{7}$$

$$\frac{E_r}{E_1} = \frac{\cos\theta_1 - \sqrt{(n_2/n_1) - \sin^2\theta_1}}{\cos\theta_1 + \sqrt{(n_2/n_1) - \sin^2\theta_1}} \tag{8}$$

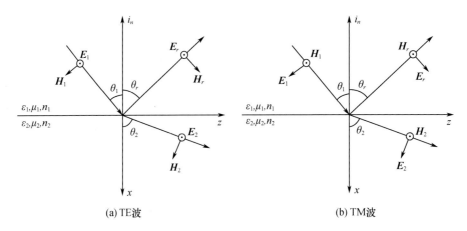

(a) TE波   (b) TM波

图 3 不同极化的电磁波在界面的情况

用类似分析可导出 TM 波的有关公式,这里从略。以上推导表示,只要知道入射角和界面两侧的折射率,如入射波场强已知就能算出折射波场强和反射波场强。另外,图 3 的绘制是按照 $\theta_2 > \theta_1$ 而绘制的,这表示我们假设 $n_2 > n_1$。

由 Snell 定律知

$$\theta_1 = \arcsin\left[\frac{n_2}{n_1}\sin\theta_2\right] \tag{3b}$$

当 $\theta_2 = \pi/2$,得临界入射角

$$\theta_{1c} = \arcsin\frac{n_2}{n_1} \tag{9}$$

故知 $\theta_1 > \theta_{1c}$,则 $\theta_2 > \pi/2$,发生全反射(图 4),这时媒质 2 本应没有电磁波的存在。另外,若 $n_2 = 1$(空气),$n_1 = n$,则有

$$\theta_1 = \arcsin\left[\frac{\sin\theta_2}{n}\right] \tag{10}$$

$$\theta_{1c} = \arcsin\frac{1}{n} \tag{11}$$

当需要研究三棱镜中波入射到底边界面的问题时,以上两式是有用的。

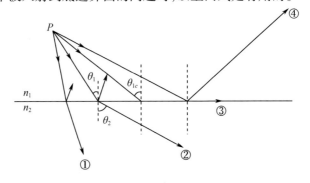

图 4 从部分反射到全反射

3　界面发生全反射时的消失态表面波[6,7]

当入射波由媒质 1 入射到两媒质的交界面,并且 $\theta_1 > \theta_{1c}$,这时媒质 2 中似乎不会有电磁波场和相应的能量存在:理论分析却得出了不同的结果。在媒质 2 中的场可一般地写作

$$E_2 = E_{20} e^{j(\omega t - k_2 \cdot r)}$$

在省写 $e^{j\omega t}$ 时为

$$E_2 = E_{20} e^{-jk_2 \cdot r} \tag{12}$$

r 是位置矢量,对于由坐标 x、z 构成的平面,x 轴的反方向是法向单位矢量 i_n 的方向(图 3),这时 $r = xi_x + zi_z$;而波矢 k_2 可写作

$$k_2 = n_2 k_0 \cdot \cos\theta_2 \cdot i_x + n_2 k_2 \cdot \sin\theta_2 \cdot i_z \tag{13}$$

这是因为 $k_2 = \omega \sqrt{\varepsilon_2 \mu_2} \approx \omega \sqrt{\varepsilon_2 \mu_0} = n_2 k_0$,而矢量 k_2 可看作两个互相垂直的分矢量合成的结果。故有

$$k_2 \cdot r = k_0 (x \cdot n_2 \cos\theta_2 + z \cdot n_2 \sin\theta_2)$$
$$E_2 = E_{20} e^{-jn_2 k_0 \cdot \cos\theta_2 \cdot x} e^{-jn_2 k_0 \cdot \sin\theta_2 \cdot z} \tag{12a}$$

现在 E_2 沿 z 向为一行波,即

$$e^{j\omega t} e^{-j\beta_2 z} = e^{j\omega t} e^{-jn_2 k_0 (\sin\theta_2) z}$$

故相位常数为

$$\beta_2 = n_2 k_0 \cdot \sin\theta_2 \tag{14}$$

其振幅为

$$e^{-\alpha_2 x} = e^{-jn_2 k_0 \cdot \cos\theta_2 \cdot x}$$

故衰减常数为

$$\alpha_2 = jn_2 k_0 \cdot \cos\theta_2 \tag{15}$$

然而 $\cos^2\theta_2 = 1 - \sin^2\theta_2$,$\cos\theta_2 = \pm\sqrt{1 - \sin^2\theta_2} = \pm j\sqrt{\sin^2\theta_2 - 1}$;在全反射($\theta_1 > \theta_{1c}$)发生时,$\theta_2 > \dfrac{\pi}{2}$,$\cos\theta_2 < 0$。故 $\cos\theta_2$ 应取负号,故得

$$\alpha_2 = n_2 k_0 \sqrt{\sin^2\theta_2 - 1} = k_0 \sqrt{n_2^2 \sin^2\theta_2 - n_2^2}$$

引用 Snell 定律,得

$$\alpha_2 = k_0 \sqrt{n_1^2 \sin^2\theta_1 - n_2^2}$$

故得结果

$$\alpha_2 = n_1 k_0 \sqrt{\sin^2\theta_1 - \left(\frac{n_2}{n_1}\right)^2}$$
$$= \frac{2\pi}{\lambda_1} \sqrt{\sin^2\theta_1 - \left(\frac{n_2}{n_1}\right)^2} \tag{16}$$

此即前面的式(2)。对消失态表面波的完整表述则为式(1):

$$E_2 = E_{20} e^{-\alpha_2 x} F(z) \tag{1a}$$

式中 $F(z) = e^{j(\omega t - \beta_2 z)}$。

若取 $n_1 = n$,$n_1 = 1$,由式(16)可得

$$\alpha_2 = nk_0 \sqrt{\sin^2\theta_1 - \frac{1}{n^2}} = k_0 \sqrt{n^2\sin\theta_1 - 1}$$

亦即

$$\alpha_2 = \frac{\omega}{c} \sqrt{n^2\sin\theta_1 - 1} \tag{16a}$$

式(16a)已在微波由双三棱镜实验证实[8]。由此可知,光频与微波相比,ω 大故 α_2 更大,衰减更快,消失波更贴近界面。

从式(14)、式(15)等公式出发,也可按下述方式描写——在媒质 2 之中,平行界面的波传播特性参数为 $k_{\parallel}$:

$$k_z = k_{\parallel} = k_0 n_2 \sin\theta_2 \tag{14a}$$

引用 Senll 定律后得

$$k_z = k_{\parallel} = k_0 n_1 \sin\theta_1 \tag{14b}$$

但垂直于界面的波传播特性参数为 $k_\perp$:

$$k_x = k_\perp = jn_2 k_0 \cos\theta_2 \tag{15a}$$

经过导致式(16)的推演后得

$$k_x = k_\perp = jk_0 \sqrt{n_2^2\sin^2\theta_1 - n_2^2} \tag{15b}$$

以上各式中 $k_0 = \dfrac{\omega}{c} = \dfrac{2\pi}{\lambda_0}$,是真空中波数。

以上分析证明,在发生全反射时媒质 2 当中并非空无一物,而是存在界面以下沿 x 方向指数下降的波场,即消失态;但在沿界面(z 方向)表现为传播的行波。由于 $k_0 = \omega/c$,故在光频时比微波时沿 x 方向衰减更快。此外,衰减快慢还与材料参数(n_1、n_2)及入射角(θ_1)有关。发生全反射以后界面上的物理情况,几何光学观点相当于取 $k_0 = \infty$,$e^{-\alpha_2 x} = 0$,媒质 2 中没有电磁波场。实际的情况,$k_0 = \omega \sqrt{\varepsilon_0\mu_0}$ 当中的 ω 很大(微波时 ω 就很大,光频时则更大),但不是无限大。由于 α_2 很大,沿 z 向的行波(它携带有功功率)是集中在 x 较小的区域内(即一薄层),是一种独特的表面波。这种波在 x 方向按指数率衰减但在 z 方向以相速 ω/k_z 传播,是在等相面(它们与界面垂直但与 x 轴平行)上具有变化振幅的一种非均匀平面波。它在界面处振幅最大,离开界面就迅速减小。而消失态特性是 $\theta > \theta_{1c}$ 时才开始的。"全反射"(total reflection)的概念是否发生问题是值得研究的。在光密媒质 1 与光疏媒质 2 的分界面上,在发生全反射时在 2 中有光能量存在,据说最早是 I. Newton 发现的,后来被许多研究者用实验证实。Goos 和 Hänchen 证明在媒质 2 中存在光的运动;虽然在界面的某位置上光能量由光密媒质进入光疏媒质,但在另一位置又完全返回了光密媒质,两者的差别即 GHS。但如何证明光疏媒质中的能量流存在却是一个难题,因为提取能量的操作将对全反射构成破坏,从而影响到反射的完整性。实验的设计必须保证光在媒质 2 中的运动不受干扰,没有能量损失的发生;这是直到 20 世纪 40 年代仍使光学家感兴趣的问题。Goos 和 Hänchen 强调说[4],由于光能是从某个位置从光密媒质进入光疏媒质,之后又从另一位置全部返回光密媒质,这是光反射的完全性,也是他们实验的意义所在。实验技术的设计保证了光(电磁波)在光疏媒质中的运动不受干扰,而全反射也未受破坏。

如果计算全反射时反射波场强与入射波场强的比值,可以找出两者之间的幅度关系和相位关系。用 ρ_H 表示 TM 波的场强反射系数,即取

$$\rho_H = Ae^{-j\phi_H} \tag{17}$$

式中：A 为反射波场强幅度与入射波场强幅度的比；ϕ_H 为反射造成的相位变化，即相对于入射光，反射光产生了 ϕ_H 的相移。可以认为全反射造成反射波场强等于入射波场强，即取 $A=1$，故有

$$\rho_H = e^{-j\phi_H} \qquad (17a)$$

分析表明，ϕ_H 由 n_1、n_2、θ_1 三者决定。K. Artmann 给出的相移公式为

$$\phi_H = 2\arctan\left[\frac{1}{\cos\theta_1}\sqrt{\sin^2\theta_1 - \left(\frac{n_2}{n_1}\right)^2}\right] \qquad (18)$$

因而实际上 ϕ_H 只取决于入射角和折射率；这可表示如图 5 所示。可见，当 $\theta_1 < \theta_{1c}$ 时，总有 $\phi_H = 0$；而虚线表示比值 n_2/n_1 改变（从而使 θ_{1c} 改变）的情况。为何在发生全反射之后反射波相对于入射波才有相位变化？这是因为在全反射时反射系数不再为实数，造成反射波的相位超前。

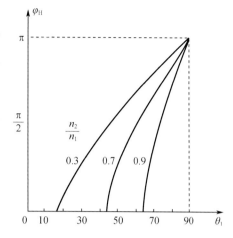

图 5　TE 波场强反射系数相角与入射角的关系（曲线与横坐标交点为 θ_{1c}）

4　Goos – Hänchen 位移的基本理论

传统上认为光线入射到界面时在该点上发生折射或反射，但 1947 年的 Goos – Hänchen 实验证明并非如此，反射点距入射点有一段距离，并不在几何光学预期的位置。图 6 是一种夸大画法，P 是入射波，R 是几何光学预计的反射波，T 是实际的反射波；Δx 是电磁波在媒质 2 内的最大深度，反射仿佛是在该处发生。显然，正是 Δx 造成了 Δz 和 D 的存在，后两者代表 GHS 的大小。但是，我们现在需要深入探究造成 GH 位移的根本原因和最大纵向深度 Δx 的计算方法。

产生 GHS 的原因在于入射波在实际上不是单一平面波，而是多个平面波组成的波束（光束），而各平面波的入射角不会完全相同，这又使反射波相对于入射波的相移有区别。为分析简单考虑两个入射角略有不同的平面波组成的波包，入射波在界面的振幅为

$$E_0 = \left[e^{j\Delta k_z \cdot z} + e^{-j\Delta k_z \cdot z}\right]e^{-jk_z \cdot z}$$

方括号内的项表示两个不同的平面波的

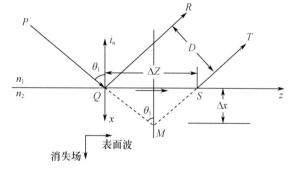

图 6　Goos – Hänchen 位移的几何表示

波矢的分量发生微扰，微扰量为 Δk_z，故两个波对应地各为 $(k_z - \Delta k_z)$ 及 $(k_z + \Delta k_z)$。换言之，如两波合一（无差异），即 $\Delta k_z = 0$，那么方括号等于 2，仅此而已不会发生别的问题。现在则有

$$E_0 = \left[2\cos(\Delta k_z \cdot z)\right]e^{-jk_z \cdot z}$$

然后考虑反射，由于两波 θ_1 不同，相移 ϕ 也就不同。这时写出的界面处的反射波振幅公式也有区别[9]：

$$E_r = \left[e^{j(\Delta k_z \cdot z - \Delta\phi)} + e^{-j(\Delta k_z \cdot z - \Delta\phi)}\right]e^{-j(\Delta k_z \cdot z - \phi)}$$

这里是考虑到 θ_1 的不同造成 ϕ 发生微扰，微扰量为 $\Delta\phi$；亦即方括号内的指数项都是两项——

表示两个入射波有区别的项和表示两波引起的相移不同的项。现在对方括号作演算,得到

$$E_r = \left[2\cos(\Delta k_z \cdot z - \Delta \phi) \right] e^{-j(\Delta k_z \cdot z - \phi)} \tag{19}$$

考虑到在微扰计算中

$$\phi(k_z + \Delta k_z) \approx \phi(k_z) + \frac{d\phi}{dk_z} \Delta k_z = \phi(k_z) + \Delta \phi \tag{20}$$

式中 $\Delta \phi = \dfrac{d\phi}{dk_z} \Delta k_z$。故有 $\Delta k_z \cdot z - \Delta \phi = \Delta k_z \left(z - \dfrac{\Delta \phi}{\Delta k_z} \right) = \Delta k_z \left(z - \dfrac{d\phi}{dk_z} \right)$。因此

$$E_r = 2\cos\left[\Delta k_z \left(z - \frac{d\phi}{dk_z} \right) \right] e^{-j(\Delta k_z \cdot z - \phi)}$$

可看出反射波发生的横向位移为

$$\Delta z = \frac{d\phi}{dk_z} = \frac{d\phi}{dk_{11}} = \frac{d\phi}{d\beta} \tag{21}$$

故 GHS 是反射波相移对 k_z 的微分。上式的第三种写法表示对于平面波条件下的电磁波传播,相位常数 β 与波矢的大小 k_z 相等。为什么 ϕ 对 β 的微分会得到 GHS?须知 β 的意义是"单位长度的相移变化",故 $d\phi/d\beta$ 的量纲是长度。现在,图 6 中的 Δx 可由已知的 Δz 算出:

$$\Delta x = \frac{\Delta z/2}{\tan\theta_1} = \frac{1}{2\tan\theta_1} \frac{d\phi}{d\beta} \tag{22}$$

前已述及,$\phi \sim \beta$ 函数关系及入射波的极化情况有关,TE 波时反射系数相角为 ϕ_H,TM 波时反射系数相角为 ϕ_E,这样一来,Δz 和 Δx 的表达式的推导将有不同结果。例如对 TE 波而言,由式(18)、式(21)可求出

$$\Delta z_H = \frac{d\phi_H}{d\beta} = \frac{\tan\theta_1}{\sqrt{k_0^2 n_1^2 \sin^2\theta_1 - k_0^2 n_2^2}}$$

然而 $k_0 = \dfrac{2\pi}{\lambda_0} = \dfrac{2\pi}{n_1 \lambda_1}$,故有

$$\Delta z_H = \frac{\lambda_1}{2\pi} \frac{\tan\theta_1}{\sqrt{\sin^2\theta_1 - \left(\dfrac{n_2}{n_1}\right)^2}} \tag{23}$$

另外,引用式(22)可得

$$\begin{aligned}
\Delta x_H &= \frac{1}{\sqrt{k_0^2 n_1^2 \sin^2\theta_1 - k_0^2 n_2^2}} \\
&= \frac{\lambda_1}{2\pi} \frac{1}{\sqrt{\sin^2\theta_1 - \left(\dfrac{n_2}{n_1}\right)^2}}
\end{aligned} \tag{24}$$

以上各式中下标 H 均代表 TE 波。现在我们知道,Δz_H、Δx_H 均与媒质 1 中的波长 λ_1 成正比。故知 GHS 的大小是波长量级(在光频很小,在微波则较大)。另外,当 $\lambda \to 0$(频率 $f \to \infty$),Δz 和 Δx 均趋于零,这时 GHS 为零,亦即在几何光学极限下没有光束发散也就没有了 Goos-Hänchen 位移。

由图 6 可知,Δx 越大则 D 越大,故可取

$$D = C \frac{\lambda_1}{\sqrt{\sin^2\theta_1 - \left(\dfrac{n_2}{n_1}\right)^2}} \tag{25}$$

实际上,由图 6 中的小三角形 QMN 可知

$$D = \sqrt{(\Delta x)^2 + \left(\frac{\Delta z}{2}\right)^2} \tag{26}$$

因而对于 TE 波,就可得到

$$C = \frac{1}{2\pi}\sqrt{1 + 0.25(\tan\theta_1)^2} \tag{27}$$

可见 C 是可求的。另外,由式(2)可得 $\alpha = 2\pi C/D$,故指数下降因子为

$$e^{-\alpha x} = e^{-2\pi Cx/D} \tag{28}$$

即指数下降速度由比值 C/D 决定。

现在我们总结以上的讨论。从前面的式(2)、式(16)、式(18)、式(23)、式(24)及式(25)可知,有一个共同的因子是 $\sqrt{\sin^2\theta_1 - \left(\frac{n_2}{n_1}\right)^2}$;考虑到式(9),它实际上是 $\sqrt{\sin^2\theta_1 - \sin^2\theta_{1c}}$,故有

$$\alpha = \frac{2\pi}{\lambda_1}\sqrt{\sin^2\theta_1 - \sin^2\theta_{1c}} \tag{2a}$$

$$\phi_H = 2\arctan\left[\frac{\sqrt{\sin^2\theta_1 - \sin^2\theta_{1c}}}{\cos\theta_1}\right] \tag{18a}$$

$$\Delta z_H = \frac{\lambda_1}{2\pi} = \frac{\tan\theta_1}{\sqrt{\sin^2\theta_1 - \sin^2\theta_{1c}}} \tag{23a}$$

$$\Delta x_H = \frac{\lambda_1}{2\pi} = \frac{1}{\sqrt{\sin^2\theta_1 - \sin^2\theta_{1c}}} \tag{24a}$$

$$D = C\frac{\lambda_1}{\sqrt{\sin^2\theta_1 - \sin^2\theta_{1c}}} \tag{25b}$$

$$C = \frac{D}{\lambda_1}\sqrt{\sin^2\theta_1 - \sin^2\theta_{1c}} \tag{25c}$$

这些公式更简洁而方便记忆。另外,可以肯定当 θ_1 由不同方向接近 θ_{1c} 时 GHS 将急剧增大。

5　全反射条件下 GHS 的计算

尽管 Goos 和 Hänchen 作出了重要贡献,文献[4]却存在一些基本而重大的问题。该文给出全反射时位移的大小为[4]

$$D = \eta\frac{n_2\lambda_1}{\sqrt{\sin^2\theta_1 - \left(\frac{n_2}{n_1}\right)^2}} \tag{29}$$

式中:η 为一个无量纲数(原文用 k,笔者改用 η)。对此式的来历,文献[4]的表述如下:全反射时进入光疏媒质的光能是一横向衰减波,指数因子为

$$e^{\frac{-2\pi x}{\lambda_1}\sqrt{\sin^2\theta_1 - \left(\frac{n_2}{n_1}\right)^2}} = e^{-2\pi x \cdot \eta n_2/D} \tag{30}$$

为了确定常数 η,需通过纯经验的方式(即观察)来确定。此时取

$$\eta = \frac{D}{\lambda_1 n_2}\sqrt{\sin^2\theta_1 - \left(\frac{n_2}{n_1}\right)^2} \tag{29a}$$

Goos 和 Hänchen 由实验给出 $\eta = 0.52 \pm 2\%$。

这个理论排除了 D 与光的极化(polarization,也译作偏振)有关,是不对的。在界面上,反射波相对于入射波会发生相移,它在光的位移理论中起重要作用。在不同极化条件下,相移的计算公式不同,造成的位移 D 也就不会相同。1948 年,K. Artmann[9] 指出了 Goos – Hänchen 论文中的这个突出的问题,重新作了推导。他取(参见图 6):

$$\Delta z = \frac{\mathrm{d}\phi}{\mathrm{d}k_z} \tag{31}$$

式(31)与式(21)差了一个负号。由此得

$$D = -\cos\theta_1 \frac{\mathrm{d}\phi}{\mathrm{d}k_z} \tag{32}$$

式(32)可变换为

$$D = -\frac{\lambda_1}{2\pi} \frac{\mathrm{d}\phi}{\mathrm{d}\theta_1} \tag{33}$$

对于电场强度矢量 $\boldsymbol{E}_1$ 位于分界面中(TE 波)情况有

$$\phi_{\mathrm{H}} = -2\arctan \frac{\sqrt{\sin^2\theta_1 - (n_2/n_1)^2}}{\cos\theta_1} \tag{18a}$$

由此求出

$$D_{\mathrm{H}} = \frac{\lambda_1}{\pi} \cdot \frac{\sin\theta_1}{\sqrt{\sin^2\theta_1 - \left(\frac{n_2}{n_1}\right)^2}} \tag{34}$$

这是 Artmann 得到的基本公式。但这里 λ_1 是媒质 1 中的波长;如规定 λ_0 为真空中波长,应有关系式 $\lambda_1 = \lambda_0 / n_1$,故得

$$D_{\mathrm{H}} = \frac{\lambda_0}{\pi} \cdot \frac{\sin\theta_1}{\sqrt{n_1^2\sin^2\theta_1 - n_2^2}} \tag{34a}$$

考虑到 Snell 定律,有

$$\sin\theta_1 = \frac{n_2}{n_1}\sin\theta_2$$

全反射时(或接近全反射时),$\theta_2 = \frac{\pi}{2}\left($或 $\theta_2 \approx \frac{\pi}{2}\right)$,故有

$$\sin\theta_1 \approx \frac{n_2}{n_1}$$

这时得文献[9]中的式(2.11):

$$D_{\mathrm{H}} \approx \frac{\lambda_1}{\pi} \frac{n_2}{n_1} \frac{1}{\sqrt{\sin^2\theta_1 - \sin^2\theta_{1c}}} \tag{34b}$$

另外,从式(34a)出发,如取 $n_1 = n, n_2 = 1$,则有

$$D_{\mathrm{H}} = \frac{\lambda_0}{\pi} \cdot \frac{\sin\theta_1}{\sqrt{n^2\sin^2\theta_1 - 1}} \tag{34c}$$

此即 2002 年 H. Gilles 等[10] 在光频实验中所检验的公式。Gilles 说,它与实验数据的符合是 "extremely good"。但他给出的实验结果是 TM 波时的位移(D_{E})与 TE 波时的位移(D_{H})的差值(见图 7),故这里还要考查 D_{E} 的计算公式。对于磁场矢量 $\boldsymbol{H}_1$ 位于分界面中(TM 波)情况

$$\phi_E = -2\arctan \frac{\sqrt{\sin^2\theta_1 - (n_2/n_1)^2}}{\left(\dfrac{n_2}{n_1}\right)^2 \cos\theta_1} \tag{35}$$

故可求出

$$D_E = \frac{\lambda_0}{\pi}\left(\frac{n_1}{n_2}\right)^2 \frac{\sin\theta_1}{\sqrt{n_1^2\sin^2\theta_1 - 1}} \tag{36}$$

全反射(或接近全反射)时有

$$D_E = \frac{\lambda_0}{\pi}\frac{n_1}{n_2}\frac{1}{\sqrt{n_1^2\sin^2\theta_1 - n_2^2}} \tag{36a}$$

如取 $n_1 = n, n_2 = 1$,则有

$$D_E = \frac{\lambda_0}{\pi}\frac{n}{\sqrt{n^2\sin^2\theta_1 - 1}} \tag{36b}$$

故有

$$\frac{D_E}{D_H} = \frac{n}{\sin\theta_1} \tag{37}$$

这些结果与 Gilles 文章不同。

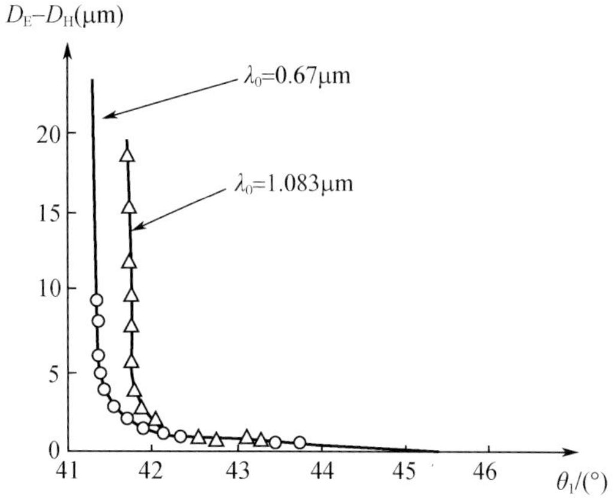

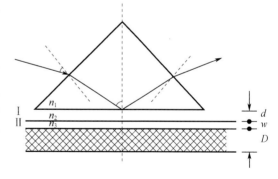

图 7　TM 波时的位移与 TE 波时的位移的差值

6　双界面问题

本文图 1 ~ 图 4,以及图 6,都是单一界面(媒质与媒质交界面)的情况。图 8 是一种光学器件——光定向耦合器(optical directional coupler)的设计,其构成为:用单棱镜底面通过气隙(d)与光学薄膜(W)耦合,该膜是在衬底(D)上部。现在媒质 n_1、媒质 n_2、媒质 n_3 形成两个界面(Ⅰ 和 Ⅱ),而 $n_1 \neq n_3$,但 $n_1 > n_2$、$n_3 > n_2$;用 He - Ne 激光器从左方射入极化的光束。在全反射条件下由右方射出(作为观察用的反射光束)。由于棱镜底下空气层 n_2 中形成了消失态,向薄膜(n_3)馈送和取出光能,形成了精确测量薄膜参数

图 8　对称的单三棱镜光耦合器

的重要方法。实验中在光学薄膜中形成的波导模式传输条纹取决于气隙宽度(d)的大小。国内的一项研究对 BaK$_2$ 玻璃薄膜进行了成功的测量,结果得到薄膜折射率 $n_3 = 1.5367 \pm 5.9 \times 10^{-4}$,薄膜厚度 $W = 3.570\mu m$,精确度很高。

1986 年,A. K. Ghatak 等[11] 发表了题为"FTR 条件下的波束传播"的论文。我们知道,长期以来对 GHS 的研究局限于全反射情况,而 Ghatak 等把研究扩展到部分反射,认为透射光束也有相应的 GHS,这时入射角小于全反射临界角。文献[11]认为,在对称结构中透射光束的 GHS 与反射光束的 GHS 相等。图 9 是以计算为基础的双界面问题的轨迹,情况(a)、(b)、(c)、分别对应 $d/\lambda = 0.2, 1, 5$;计算时取 $n_1 = 1.5, n_2 = 1.4, n_3 = 1.5$。

双界面问题是一种 Sandvich 结构,对应的物理问题有两类,分述如下。

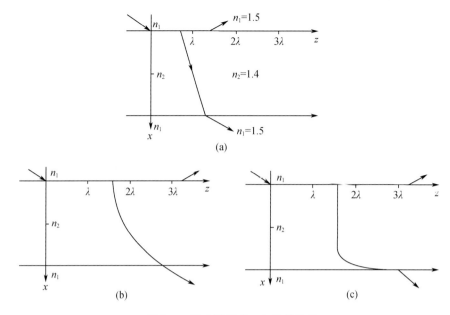

图 9　双界面问题的一组计算结果

① 双三棱镜问题。物理条件是 $n_1 = n_3 > n_2$，实际上媒质 2 是空气，故可写作 $n_1 = n_3 = n$，$n_2 \approx 1$。具体可能有两种状态：一是第一个三棱镜在底部全反射，第二个三棱镜形成为对消失态波场的接收器；二是上面仅为部分反射，透射光束可达到下面并发生作用。究竟是哪种情况由入射角决定。

分析双三棱镜问题时必须先画出结构图及标示出光束（波束）入射后的状态，但我们发现文献中存在矛盾和错误。C. P. Li[12] 的文章（2001 年）画法如图 10（a）所示，朱绮彪等[13] 的文章（2005 年）画法如图 10（b）所示，两者基本上相同，d 代表空气隙厚度。问题是入射光束（波束）在从上棱镜底边折射出来时的偏折方向画错了。由于 Snell 定律，故有

$$\frac{n_1}{n_2} = \frac{\sin\theta_2}{\sin\theta_1} \tag{3b}$$

现在 $n_1 > n_2$，故 $\theta_2 > \theta_1$；而图 10 却按 $\theta_2 < \theta_1$ 而绘制，是不对的。之所以会发生错误，可能是由于这种画法较易说明"反射位移和透射（传输）位移相等"，如图 10（b）所示。但笔者认为，只要空气层厚度 d 不太大，正确画法也能表现两者的相等，如图 11 所示。2001 年 J. J. Carey 等[14] 的文章，在表现向第二个棱镜的折射（透射）时，绘图是正确的（图 12）。该波束（射线）旁边注明 non‑evanescent（非消失波）以便与量子隧道效应的消失波过程相区别。

本文的上述意见并非否定文献［12］和［13］的价值。图 13 是朱绮彪等[13] 由分析计算得到的 S/λ 与 d/λ 的关系，波动变化的峰值处 S 可为波长的数十倍，他们称为透射谐振。2004 年，Chunfang Li 和 Qi Wang[15] 分析计算了广义 GHS（它与消失波无关）的各种情况，特别关注大位移（large shifts）和反向位移（opposite shifts）问题。

② 介质板问题。物理条件是 $n_1 = n_3 < n_2$，实际上媒质 1、3 是空气，故 $n_1 = n_3 \approx 1$，而媒质 2 是电介质板（如玻璃板），故可写作 $n_2 \approx n$，情况如图 14 所示。2002 年李春芳[16] 作了深入的分析计算，研究了反射光束和透射光束的 GHS 及所需的群时延；认为在非谐振点上两者是相同的，并在一定条件下可以为负值。给出了 GHS < 0 的充分条件和必要条件以及群时延为负的充分条件和必要条件。图 15 是分析计算结果，既反映了所谓"谐振点"（即 S 的几个峰值），又

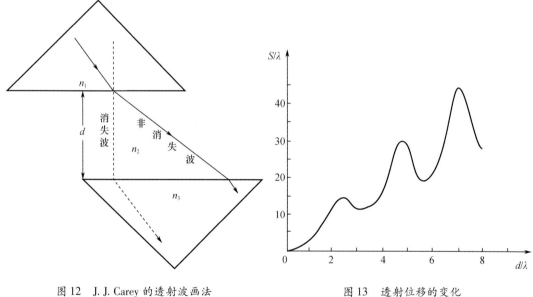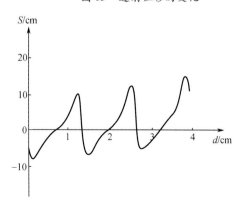

表现了反向位移(即 S 为负的情况)。

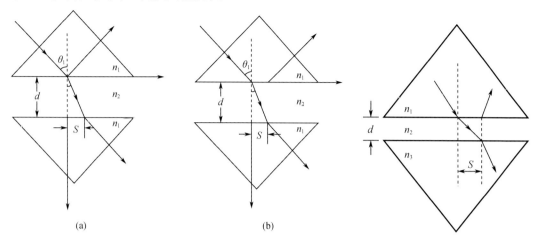

(a)　　　　　　　　(b)

图 10　文献[12]和[13]中对双三棱镜波束状态的两种画法　　图 11　使两个位移相等的透射波画法

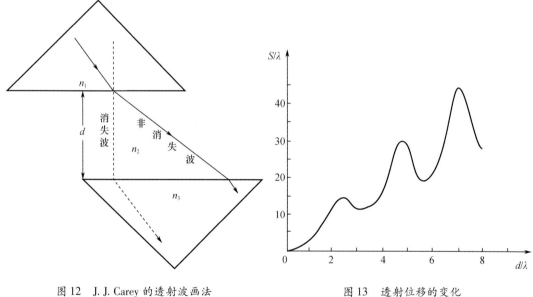

图 12　J. J. Carey 的透射波画法　　图 13　透射位移的变化

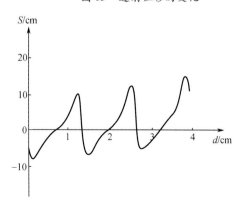

图 14　介质板问题的透射波画法　　图 15　介质板的透射位移

7　实验技术的进展

在光频测量 GHS 是非常困难的,这是因为它的大小与波长相近,而光波的波长很短。在微波测量 GHS 则较易成功。早期的光频测量[4],采用了"多次反射以放大 GHS"的技术。1947 年,Goos 和 Hänchen 在设计实验时面临的问题在于:①能否在实验中实现图 1 中的设想光束 QR,从而使位移 D 可见并可测;②能否对很小的 D 实现高精度测量。文献[4]在解决这两个问题上都做了出色的工作。

这里我们指出任务①似与"存在 GH 位移"的前提相矛盾,对此只能说实验者是采用特殊手段来解决的,即通过使用金属层,例如,在玻璃上镀银。由于厚度仅 $50\mu m$ 的银层在黄红光谱区内能反射入射光的 95%,且与入射角无关。因此实现光线 QR 是可能的;然后,就可以研究无特殊措施时的射线 ST 和位移 QS 了。实际上用一玻璃三棱镜(图 16),光带 PP' 向底面(abcd)入射,由于 efgh 是镀银的,反射光分为 3 部分,由一块摄像板接收,痕迹上直接显示出 GHS(见图 7 虚线框)。但它实际上非常小,故又采取放大反射的措施,最终可用肉眼看到 D,并能精确地测出来。

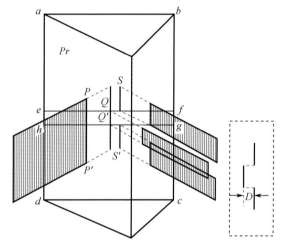

图 16　在光频测量 GHS 的三棱镜

1992 年,Bretenaker 等[17]在光频($\lambda_0 = 3.39\mu m$)对全反射时的 GHS 作了直接测量,使用了 He – Ne 激光器、硅质单三棱镜($n = 1.409$)、平面镜和球面镜构成的腔,可区分线极化的 TE、TM 本征态。这里的临界角 $\theta_{1c} = 45.212°$,而实验在 θ_{1c} 的附近进行。当 $\theta_1 > \theta_{1c}$,实验数据大体上与 Artmann 公式相符合;当 $\theta < \theta_{1c}$,Artmann 公式不能使用。2002 年,H. Gilles 等[10]采用了更简单的技术在光频($\lambda_0 = 0.67\mu m$、$1.083\mu m$)进行了测量,使用了电光调制器和对位置灵敏的检波器(EOM 和 PSD),以及单三棱镜(用以实现全反射,$n = 1.511$、1.506),临界角 $\theta_{1c} = 41.4°$、$41.6°$。实验结果如图 7 所示。

现在来看在微波和太赫波的频段进行的实验。我们知道,GHS 一般发生在入射面内,故称为纵向位移(longitudinal shift);这是入射光束为线极化(平行和垂直于入射面)时反射光束发生的情况。如入射光束为圆极化,反射光束除纵向位移外还将产生垂直于入射面方向的横向位移(transverse shift),这一点是由 C. Imbert 于 1968 年由实验确定的,其数值大约比纵向位移小一个数量级。1977 年,J. J. Cowan 等[18]在 34.2GHz($\lambda_0 = 0.88cm$)的微波用一个石蜡单三棱镜进行实验(棱镜斜边长 25cm,另两边长 18cm,$n = 1.491$),如图 17 所示;全反射时测得线极化条件下纵向位移约 3cm(TM 极化)、1.5cm(TE 极化)。如加上一个金属反射器构成双界面(two interfaces),从而在毫米级距离上造成消失波,位移会减小。采用圆极化微波,会有一个横向位移,但较小(约 6mm)。

进入 21 世纪后的几个实验实例如表 1 所列。J. J. Carey 等[14]不是测 GHS,而是做超光速

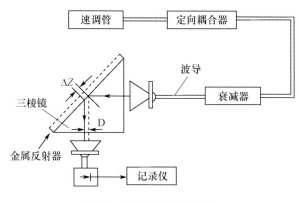

图 17　1977 年的微波实验

研究。图 18 是其实验装置,太赫兹发射器使用低温生长的 GaAs 晶体加 2000V 偏压。得到太赫兹的脉宽为 0.85ps、波长 1mm,信噪比约为 100。两块边长 40mm 的直角 Teflon 棱镜放在两个离轴抛物面镜之间,其中一块固定,另一块放在一个平移台(精度 1nm)上,使两棱镜间的距离可以变化。随着第二块棱镜移开 $d = 0$ 的位置,棱镜之间出现空气隙,如果光速与气隙的存在无关,除去由于折射造成的光程变化,两种情况下实验结果应该是相同的。实验中首先测量了 Teflon 的折射率,为 1.430 ± 0.006;在 $d = 0 \sim 20\text{mm}$、入射角 35°~55°、两种极化条件下作了一系列实验,测量了消失波通过空气隙需要的时间。显然,这些时间很

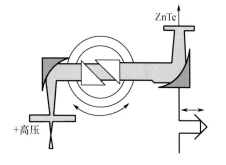

图 18　太赫兹波段的全反射
超光速实验装置

接近于零,因此认为以全反射而实现的超光速信息传输是可能的。但是,当空气隙变得足够大以满足实际通信的要求时,信号将以非消失波为主导,但实验数据及理论计算表明,非消失波脉冲的重心速度在空气隙中为 $(0.99 \pm 0.01)c$,是亚光速。

表 1　近年来的几个实验实例

作者	输入信号		双三棱镜				波束角度		备注
	f/GHz	λ/cm	材料	折射率 n	边长/cm	间隔 d/cm	入射角 θ_1	全反射临界角 θ_{1c}	
J. J. Carey 等[14] (2002 年)	300 (0.3THz)	0.1	Teflon 塑料	1.43	4	0~2	35°~55°	44.4°	采用脉冲信号 (脉宽 0.85ps)
A. Haibel 等[19] (2001 年)	9.15	3.28	Perspex 有机玻璃	1.605	40	0~5	45°~60°	38.5°	盘形天线, 直径 35cm
G. Nimtz 等[20] (2007 年)	9.15	3.28	有机塑胶	1.6	40	0~100	45°	38.5°	盘形天线, 直径 35cm

　　近年来,德国 Cologne 大学教授 G. Nimtz 领导的团队,用双三棱镜做了许多关于 Goos - Hänchen 位移和超光速研究方面的实验工作。2001 年,A. Haibel 等在 Ann. d. Phys. 刊物和 Phys. Rev. E. 刊物上各发表一篇论文[19,8]。文献[8]对双三棱镜气隙中的消失波的衰减常数作了测量,得到的结果是 $\alpha = 0.93\text{dB/mm}$ (当 $f = 9.72\text{GHz}$), $\alpha = 0.73\text{dB/mm}$ (当 $f = 8.345\text{GHz}$)。文献[19]提供了在微波的 GHS 实验结果,是在 TE 极化和 TM 极化两种情况下

测得的,TM 波情况下的 GHS 明显较大,即 $D_{TM} > D_{TE}$,也可写作 $\Delta_{||} > \Delta_{\perp}$(或 $\Delta Z_E > \Delta Z_H$)。GHS 测量值如图 19 所示,实验是在微波($f = 9.15$GHz,$\lambda = 3.28$cm)进行的,发射天线直径 35cm;双三棱镜用 Perspex 有机玻璃,故 $n_1 = 1.605$,$\theta_{1c} = 38.5°$,$n_2 = 1$,$n_3 = 1.605$。从实验结果看,TM 极化的情况比之于 TE 极化的情况;前者 GHS 偏大的比例是与气隙大小有关。那么实验技术中如何体现 TE 和 TM 两种情况的不同? 就此我们询问了 G. Nimtz 教授。Nimtz 回答说,"We have used the same antennas they were turned by 90° in order to study both potarization"。……另外,Nimtz 团队于 2007 年公布了用双三棱镜完成的超光速实验[20],是消失态导致的超光速现象,对应量子力学中的量子隧穿(quantum tunneling)过程,笔者已在"论消失态"一文中介绍[1],此处不赘述。

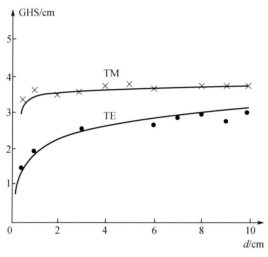

图 19   Nimtz 团队的微波 GHS 实验结果

8   结束语

对 Goos - Hänchen 位移的研究迄今已有 60 多年的历史。使用的工具从单三棱镜到双三棱镜,研究内容从全反射到部分反射,实验的频段从可见光到微波乃至太赫波。并且,范围从传统物理学发展到量子物理学,甚至进入"非共识前沿课题"的研究范畴——双三棱镜的超光速研究即为一例。在 GH 位移的研究中,消失态扮演了重要的角色,深化了人们对发生于界面上的表面波(surface waves)的认识。在几十年的研究中有一个概念逐步清晰起来——Goos 和 Hänchen 最早的观点"光位移与极化(偏振)方向无关"是错误的。实际上,不先设定极化(偏振)条件就无法进行理论分析和实验。

消失态与 GHS 研究涉及多个科学领域,如物理光学理论、表面物理、半导体物理、光波导理论、光学元件设计等方面,是很重要的研究方向。虽然研究工作已取得许多进展,但仍遗留下诸多尚待解决的问题。例如,虽然早在 1948 年 K. Artmann 就指出详细的分析是一个非常复杂的数学问题,直到现在仍未很好解决,因而至今缺少精确的理论。又如,文献[16]断言一块光密介质板(如玻璃板)的 GHS 在一定条件下可以为负值,由此又认为它的折射率可以为负、群时延可以为负,甚至类似于王力军实验[21]中的反常色散媒质。这样一些观点令人难以接受,因其赋予了一块玻璃板以太多的可能性,逻辑上说不通而现实中又不存在。再如,透射位移(也称传输位移 transmission shift)S 随双三棱镜气隙 d 变化时发生的起伏波动现象,我们认为是公式推导中由于简谐函数的周期性造成的;把这称之为"GHS 谐振"(文献[16]写作共振)是勉强的,与谐振的真实物理意义并不相符。诸如此类的一些理论虽然推导出公式并在国外学术期刊上发表,尚缺少实验上的支持。……目前我们正努力建立微波实验系统以作进一步的研究,如有新的发现将尽快报导。

最后指出,印度物理学家 J. Bose[22] 很早用双三棱镜做了出色的研究工作,特此说明。

参 考 文 献

[1] 黄志洵. 论消失态[J]. 中国传媒大学学报(自然科学版),2008,16(3):1 – 19.

[2] Carniglia C K,Mandel L. Quantization of evanescent electromagnetic waves [J]. Phys Rev,1971,3(2):280 – 296。

[3] Rayleigh L. On the passage of electric wave through tubes,or the vibrations of dielectric cylinders [J]. Philos Magazine,1897,43(261):125 – 132.

[4] Goos F, Hänchen H. Ein neuer und fundamentaler versuch zur total reflexion [J]. Ann d Phys, 1947,6(1):333 – 346.

[5] 黄宏嘉. 微波原理(Ⅰ)[M]. 北京:科学出版社,1963.

[6] 范崇澄,彭吉虎. 导波光学[M]. 北京:北京理工大学出版社,1988.

[7] 曹庄琪. 导波光学[M]. 北京:科学出版社,2007.

[8] Haibel A, Nimtz G. Universal relationship of time and frequency in photonic tunnelling [J]. Ann d Phys,2001,10:707 – 712.

[9] Artmann K. Berechnung der seitenversetzung des total reflektierten strahles [J]. Ann d Phys, 1948,6(2):87 – 102.

[10] Gilles H, et al. Simple technique for measuring the Goos – Hänchen effect with polarization modulation and a position sensitive detector [J]. Opt Lett,2002,27(16):1421 – 1423.

[11] Ghatak A K, et al. Beam propagation under frustrated total reflection [J]. Opt Commun, 1986,56(5):313 – 317.

[12] Li C F, Wang Q. Duratiion of tunneling photons in a frustrated – total – internal reflection structure[J]. Opt Soc Am(B),2001,18(8):1174 – 1179.

[13] 朱绮彪,等. 双棱镜结构中透射光束的 GH 位移[J]. 光学学报,2005,25(5):673 – 677.

[14] Carey J J, et al. Noncausal time response in frustrated total internal reflection? [J]. Phys, Rev Lett,2000,84(7):1431 – 1434.

[15] Li C, Wang Q. Prediction of Simultaneously large and opposite generalized Goos – Hänchen shifts for TE and TM light beams in an asymmetric double – prism configuration [J]. Phys, Rev E,2004,69(055601):1 – 4.

[16] 李春芳. 反向 Goos – Hänchen 位移及负群时延[J]. 北京石油化工学报,2002,10(4):55 – 58.

[17] Bretenaker F, et al. Direct measurement of the optical Goos – Hänchen effect in lasers [J]. Plays, Rev lett, 1992,68(7):931 – 933.

[18] Cowan J J, Anicin B. Longitudinal and trans – verse displacements of a bounded microwave beam at total internal reflection [J]. J Opt Soc Am,1997,67(10):1307 – 1314.

[19] Haibel A, et al. Frustrated total reflection:the double – prism revisited [J]. Phys, Rev E,2001,63(047601):1 – 3.

[20] Nimtz G. Stahlhofen A A. Macroscopic violation of Special relativity. See: Anderson M. Light seems to defy its own speed limit [J]. New Scientist,2007(18):10.

[21] Wang L J, Kuzmich A, Dogariu A. Gain – asisted superluminal light propagation [J]. Nature,2000,406:277 – 279.

[22] Bose J. Collected physical papers of Sir Tagadis[M]. London:Longmans,1927.

表面等离子波研究

姜荣[1]　黄志洵[2]

（1. 浙江传媒学院,杭州　310018；2. 中国传媒大学信息工程学院,北京　100024）

摘要:表面波(SW)是一种沿两媒质之间界面传播的电磁波。1899 年,A. Sommerfeld 最早提出 TM 型表面波可沿一根具有有限电导率的无穷长圆柱导线传输。1909 年,Sommerfeld 又用 Maxwell 方程组处理了非辐射型表面波。表面等离子波(SPW)发生在金属与电介质的界面,自 1957 年以来为人所知,界面两侧呈消失态。SW 与 SPW 的区别在于,SW 发生于两电介质之间,而 SPW 仅在电介质与导体(如金属膜)之间的界面上传播。也可认为 SPW 是 SW 的一种,它要求界面两边的介电常数一正一负,这可由一边用电介质而另一边用金属来满足。金属中的大量自由电子被当作高密度电子气体,其纵向密度起伏形成 SPW 可经由金属而传播。SPW 的电磁场在界面上最大,在垂直表面的两个方向上指数地减小,这情况与 SW 相同。

本文深入探讨了激励 SPW 的相关理论和技术。近年来发展了一门新学科——以金属表面衰减全反射为基础的 ATR 光谱学,它是由体电磁波(VEMW)通过谐振激发造成 SPW 的技术,其实施是通过 Otto 方式(棱镜—空气—金属)或 Kretschmann 方式(棱镜—金属—空气)。在我们的实验中,采用波长 632.8nm 的 $H_e - N_e$ 激光器作为光源,在玻璃三棱镜底部镀金膜,用 Kretschmann 方式激发 SPW,并测出其 ATR 谱。通过计算得出纳米薄膜的厚度和金的负介电常数。

关键词:表面电磁波;表面等离子波;消失态;三棱镜

Study on the Surface Plasma Waves

Jiang Rong[1]　Huang　Zhi – Xun[2]

（1. Zhejiang University of Media and Communication, Hangzhou 310018；

2. Communication University of China, Beijing　100024）

Abstract:A surface wave(SW) is one that propagates along an interface between two media. The propagation of a TM – type surface wave along an infinitely long cylindrical wire of finite

注:本文原载于《前沿科学》,第 10 卷,第 4 期,2016 年 12 月,54 ~ 68 页。

conductivity, first discussed by A. Sommerfeld in 1899. Nonradiative surface waves are known as solutions of Maxwell's equations since Sommerfeld in 1909. A surface plasma wave(SPW) are given in the interface of a metal and a dielectric medium are well known since 1957, for the fields on both side of the interface to be evanescent states. The different on the SW and the SPW is, SW propagates at the interface of two dielectric media, but the SPW only propagates at the interface of one dielectric media and other one of conductor——such as a metal film. So we say that SPW is a kind of SW, it needs permittivity positive in one side and negative in other side, which can be fulfilled in a dielectric medium and in a metal. In the metal, the free electrons are treated as an electron gas of high density. Then, the logitudinal density fluctuations, i. e. the SPW, will propagate through the metal. SPW's electromagnetic fields have their maximum in the interface and decay exponentially into the space perpendicular to the surface, as is characteristic for SW.

In this article, we discussed the theory and technology of SPW excitation. An attenuated total – reflection(ATR) spectroscopy of metal surface has developed in recent years, which makes use of the resonant excitation of SPW by linear coupling with volume electromagnetic waves(VEMW) in either an Otto configuration(prism – air – metal) or a Kretschmann configuration (prism – metal – air). We used $H_e - N_e$ laser with wavelength 632. 8nm and prism with aurum film to do the experiment, and used Kretschmann configuration excite the SPW on the prism with aurum film, and measure the ATR spectrum. The thickness of the nano film and the negative permittivity of the aurum were obtained.

Key words：Surface Electro – magnetic Waves；Surface Plasma Waves；Evanescent States；Prism

1　引言

表面电磁波简称表面波(Surface Waves,SW),是一种沿两媒质之间界面传播的波。表面等离子波(surface plasma waves,SPW)则发生于金属与电介质之间界面,故 SPW 是 SW 的一种。在导波理论中,一根表面裸露的金属圆柱导线,可以工作在分米波、厘米波波段,作为单线表面波波导(single wire surface waveguide)。1899 年 A. Sommerfeld 指出[1],如导线的电导率为有限值($\sigma \neq \infty$,这与实际相符),则会有 TM 波型沿导线表面传播。表面波的相速小于光速,在靠近导体表面处携带有其能量的绝大部分。Sommerfeld 的论断直到几十年后才得到实验证实。Sommerfeld 波存在的条件是电导率 $\sigma \neq \infty$,亦即电阻率 $\rho \neq 0$。因而,$\rho > 0$ 表示导线电阻提供了对波的相速的迟滞,从而获得了慢波状态。另外,1909 年 Sommerfeld 用 Maxwell 方程处理两个媒质分界面上的表面波传播问题(Ann. Phys. ,Vol. 28,1909,665),是非辐射型(non radiative)表面电磁波。

1907 年,F. Harms[2]研究了当单根导线表面涂敷有电介质层时的波传播问题。介质层的存在同样满足了 Sommerfeld 波所要求的边界条件,因而表面波的存在可以不依赖于导线的有限导电率。就是说,即使是理想导体($\sigma = \infty$),波也能传播。1910 年, D. Hondros 和 P. Debye[3]也论述了这个问题。不过,完整的工作和实验是1950 由 G. Goubau 完成的[4],故称为 Goubau Wire。

　　表面等离子光子学(Surface Plasmonics,SP)是一门新兴学科,它的另一名称是表面等离子激元(surface plasmon polariton,SPP),是指沿金属/介质界面传播的纵向电磁波(longitudinal EM wave propagating along a metal/dielectric interface),其电磁场从界面向两边按指数率下降,即消失态(evanescent states)。对 SPP 或 SPW 的研究已有百余年历史,例如在金属栅格(metallic gratings)上的激励,早在 1902 年 R. W. Wood 即报告过对有关现象的观察(见:Philos. Mag., Vol. 6,1902,396)。又如在 1904 年出现了"金属/介质复合材料"的说法,研究了掺有金属微粒的电介质的光学性质。故 SPW 起因于对金属在微波和光频的介电特性的探讨,借鉴了等离子体理论方法,技术上则创建了金属/介质复合材料系统。1957 年,R. Ritchie 研究了金属膜中电子束的能量损耗,发现在金属表面区域可能存在等离激子现象,从而首次作出明确的理论表述。1968 年,A. Otto[5] 提出了在金属薄膜上激发 SPW 的实验方法,用玻璃三棱镜作为光的耦合器。1971 年,E. Kretschmann[6] 作了改进。他们的技术现在仍是广泛使用的研究和实验方法。

2　表面电磁波基础理论

　　早期研究的表面波是一种沿两媒质之间的界面传播的电磁波,媒质之一通常是空气。界面可以是光滑表面(平面或曲面),也可以是周期性或不规则结构。表面波比光速慢,在界面处近距离上携带了大部分能量。表面波一般作为被导波而加以研究,但当它在传播过程中遭遇不连续性障碍时,或在专门的表面波天线设计中,它是辐射性的。由于波矢量 k 的一般表示式为 $\boldsymbol{k} = k_x \boldsymbol{i}_x + k_y \boldsymbol{i}_y + k_z \boldsymbol{i}_z$,假设 z 为两媒质界面上表面波传播方向,x 为与界面垂直的法向(指向上方);y 方向没有波动,可取 $k_y = 0$,故有

$$k = \sqrt{k_x^2 + k_z^2} \tag{1}$$

取 k 为空气中的波数,则有

$$k_0^2 = k_x^2 + k_z^2 \tag{1a}$$

这是表面波遵守的简单方程,k_z 是沿表面传播的波数,k_x 是与表面垂直方向上的波数。所有波数均为复数,例如可取

$$k_z = -\mathrm{j}\gamma = \beta - \mathrm{j}\alpha \tag{2}$$

式中:γ 为传播常数($\gamma = \alpha + \mathrm{j}\beta$)。

　　设有一个比光慢($v_\mathrm{p} < c$)的表面波,且传播中无损耗;这时 k_z 是实数,写作 $k_z = \beta_z$(或 $k_z = \beta$)。较小波速意味着较大波数,即 $k_z > k_0$,或写作 $\beta > k_0$。为使式(1a)仍然满足,要求 k_x 为纯虚数,即 $k_x = -\mathrm{j}\alpha_x$。因而 $k_x^2 = -\alpha_x^2$,故有

$$k_0^2 = \beta^2 - \alpha_x^2 \tag{3}$$

这组成一种非均匀波(inhomogeneous wave),相阵面与表面垂直,幅阵面与表面平行(距表面越远强度越小,是指数衰减)。

　　对于比光快($v_\mathrm{p} > c$)的表面波,有以下方程:

$$k_0^2 = (\beta_z - \mathrm{j}\alpha_z)^2 + (\beta_x - \mathrm{j}\alpha_x)^2 \tag{4}$$

展开后得到两个关系式:

$$k_0^2 = \beta_z^2 + \beta_x^2 - (\alpha_z^2 + \alpha_x^2) \tag{5a}$$

$$\alpha_z \beta_z + \alpha_x \beta_x = 0 \tag{5b}$$

对于向 z 方向传播的波而言, $\beta_z > 0$;至于 β_x,对于从表面浮现的波 $\beta_x > 0$,对于向表面入射的波 $\beta_x < 0$。另外,根据波的 z 向传播时逐渐减弱, $\alpha_z > 0$。这样,根据式(5b)有 $\alpha_x < 0$,表示在 x 方向振幅指数式增大。在快波($v_p > c$)情况下,应把相位常数写成矢量($\boldsymbol{\beta}$),而 β_z、β_x 均是它的分量。故有

$$\beta^2 = \beta_z^2 + \beta_x^2 \tag{6}$$

另外,还可能有一种辐射的快波,也称漏波(leaky wave),不赘述。

以上是早期电磁理论中对表面波的一般分析,讨论中没有具体说明媒质 1、2 可能是电介质或者金属。但在开放式结构中表面波由非辐射性向辐射性过渡,使人认识到表面波导波结构和表面波天线系统的不同。总之,为了获得非辐射型的传导性表面波,必须保证波的相速比光速慢。

3 表面等离子波的产生条件

在固体理论中,使用等离子体概念是一种有效的分析方法,即把金属中的自由电子当作高密度电子气体,其体密度可达 $n_e = 10^{23} \text{cm}^{-3}$。这时可把纵向的密度起伏称为等离子振荡(plasma oscilations),它将在金属内传播开来。单个"体等离激子"(volume plasmon)的能量为[7]

$$E = \hbar \omega_p = \hbar \sqrt{\frac{4\pi n_e e^2}{m_e}} \tag{7}$$

式中: ω_p 为等离子振荡频率; E 的值大约为 10eV;相应的研究被称为"等离激子物理学"(Plasmon Physics,PP)。图 1 是 SPW 的示意,这是一种 TM 单极化场,表面场损耗很大,只能传输短距离。

SPW 分析仍是依靠 Maxwell 方程组的运用。设选取笛卡儿坐标系方法仍为取 zy 平面为两介质的界面,而 z 向是表面波传播的方向;相应的场表示式为 $\boldsymbol{E} = E_x \boldsymbol{i}_x + E_y \boldsymbol{i}_y + E_z \boldsymbol{i}_z$,式中 $\boldsymbol{i}$ 为单位矢量;一个沿 z 向传播而场在 x、$-x$ 方向上指数衰减的波,可以写作

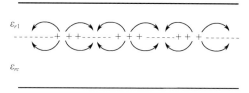

图 1 SPW 的示意图

$$\boldsymbol{E}_1 = \boldsymbol{E}_{10} \mathrm{e}^{-\alpha_1 x} \mathrm{e}^{-\mathrm{j}\beta_1 z} \cdot \mathrm{e}^{\mathrm{j}\omega t} \quad (x > 0) \tag{8}$$

$$\boldsymbol{E}_2 = \boldsymbol{E}_{20} \mathrm{e}^{-\alpha_2 x} \mathrm{e}^{-\mathrm{j}\beta_2 z} \cdot \mathrm{e}^{\mathrm{j}\omega t} \quad (x < 0) \tag{9}$$

式中: α_1、α_2 为衰减常数。现在我们作更细致的描述。对于 TM 模,界面两边的场采用下述表达式:

$$E_1 = E_{10} \exp(-\alpha_1 x) \exp[\mathrm{j}(\beta z - \omega t)] \quad (x > 0)$$

$$E_2 = E_{20} \exp(\alpha_2 x) \exp[\mathrm{j}(\beta z - \omega t)] \quad (x < 0)$$

根据 Maxwell 方程组,求得界面两边的整个电磁场为

$$E_1(x) = E_0 \exp[\mathrm{j}(\beta z - \omega t)] \left(1, 0, \frac{\mathrm{j}\beta}{\alpha_1}\right) \exp(-\alpha_1 x) \quad (x > 0)$$

$$E_2(x) = E_0 \exp[\mathrm{j}(\beta z - \omega t)] \left(1, 0, -\frac{\mathrm{j}\beta}{\alpha_2}\right) \exp(\alpha_2 x) \quad (x < 0)$$

$$H_1(x) = \frac{\mathrm{j}}{\omega\mu_0} E_0 \exp[\mathrm{j}(\beta z - \omega t)] \left(0, \frac{k_0^2 \varepsilon_1}{\alpha_1}, 0\right) \exp(-\alpha_1 x) \quad (x > 0)$$

$$H_2(x) = \frac{\mathrm{j}}{\omega\mu_0} E_0 \exp[\mathrm{j}(\beta z - \omega t)] \left(0, -\frac{k_0^2 \varepsilon_2}{\alpha_2}, 0\right) \exp(\alpha_2 x) \quad (x < 0)$$

其中

$$\alpha_1^2 = \beta^2 - k_0^2 \varepsilon_1 \tag{10}$$

$$\alpha_2^2 = \beta^2 - k_0^2 \varepsilon_2 \tag{11}$$

ε_1 为介质 1 的介电常数,ε_2 为介质 2 的介电常数(更确切的写法是 ε_{r1}、ε_{r2},即相对介电常数);α_1 和 α_2 分别为两介质中的衰减常数,β 为相位常数,k_0 为真空中的波数。根据边界条件,在 $z = 0$ 界面上,由电场切向和电位移矢量法向的连续性得 SPW 的色散方程:

$$\varepsilon_{r1}\alpha_2 + \varepsilon_{r2}\alpha_1 = 0 \tag{12}$$

亦即

$$\frac{\alpha_1}{\alpha_2} = -\frac{\varepsilon_{r1}}{\varepsilon_{r2}} \tag{12a}$$

由于 α_1、α_2 均为正实数,为了满足式(12a)ε_{r1} 与 ε_{r2} 的符号应相反——例如,若 $\varepsilon_{r1} > 0$,要求 $\varepsilon_{r2} < 0$;使用金属作为媒质 2 可满足这一条件。

另外,在 TE 模条件下所作分析得出:

$$\alpha_1 + \alpha_2 = 0 \tag{13}$$

这是不可能满足的,故 SPW 不能以 TE 模形式存在。

以上的分析比较简单,我们现在作更深入的讨论。从上述色散性出发可以有两种理论模式;为讨论的方便以下仍把 ε_{r1} 写作 ε_1,ε_{r2} 写作 ε_2。在 $\varepsilon_1 > 0$ 时要求 $\varepsilon_2 < 0$,可考虑一种 Fano 模型[8],介质 2 的介电常数的虚部 $\varepsilon_{2i} = 0$ 无损耗的介质,例如低气压下的等离子体$[\varepsilon(\omega) = 1 - \omega_{pe}^2/\omega^2] < 0$,则此时介质 2 的介电常数为实数 $\varepsilon_2 = \varepsilon_{2r} < 0$,这时 β 为

$$\beta = k_0 \left(\frac{\varepsilon_1 \varepsilon_{2r}}{\varepsilon_1 + \varepsilon_{2r}}\right)^{1/2} \tag{14}$$

因此,可得此时衰减常数为

$$\alpha_1 = k_0 \varepsilon_1 \sqrt{\frac{1}{-\varepsilon_{2r} - \varepsilon_1}} \tag{15}$$

$$\alpha_2 = -k_0 \varepsilon_2 \sqrt{\frac{1}{-\varepsilon_{2r} - \varepsilon_1}} \tag{16}$$

因为 $\alpha_1 > 0$ 和 $\alpha_2 > 0$,所以 $|\varepsilon_2| = |\varepsilon_{2r}| > \varepsilon_1$。此外因为 β 为实数,所以 Fano 模型的表面等离子波沿界面法向传播的距离是无限大的。

另一种模型为 Zenneck 模型[9],介质 2 介电常数的虚部 $\varepsilon_{2i} \neq 0$ 为复介电常数,Zenneck 模型的色散关系可以表示为

$$\beta_r = k_0 \left(\frac{\varepsilon_1}{(\varepsilon_1 + \varepsilon_{2r})^2 + \varepsilon_{2i}^2}\right)^{1/2} \left(\frac{\varepsilon_e^2 + (\varepsilon_e^4 + \varepsilon_1^2 \varepsilon_{2i}^2)^{1/2}}{2}\right)^{1/2} \tag{17}$$

$$\beta_i = k_0 \left(\frac{\varepsilon_1}{(\varepsilon_1 + \varepsilon_{2r})^2 + \varepsilon_{2i}^2}\right)^{1/2} \frac{\varepsilon_1 \varepsilon_{2i}}{[2\varepsilon_e^2 + (\varepsilon_e^4 + \varepsilon_1^2 \varepsilon_{2i}^2)^{1/2}]^{1/2}} \tag{18}$$

其中 $\varepsilon_e^2 = \varepsilon_{2r}^2 + \varepsilon_{2i}^2 + \varepsilon_1\varepsilon_{2r}$。此时衰减常数 α_1 和 α_2 为复数,在介质 1 和介质 2 中的场正常衰减。此时 β 为复数,因此由于衰减 Zenneck 模型中表面等离子波沿界面的传播距离有限。如果当 $|\varepsilon_{2r}| \gg |\varepsilon_{2i}|$,$\varepsilon_{2r} < 0$,即 ε_2 近似为一个实数时,例如,金属在可见光频率范围内的介电常数,则此时的色散关系可以近似表示为 Fano 模型下的色散关系。如果当 $|\varepsilon_{2r}| \ll |\varepsilon_{2i}|$,$\varepsilon_{2r} > 0$ 时的色散关系可以表示为

$$\beta_r = k_0 \left(\frac{\varepsilon_1}{\varepsilon_1^2 + \varepsilon_{2i}^2} \right) \left(\frac{\varepsilon_{2i}^2 + \varepsilon_{2i}(\varepsilon_1^2 + \varepsilon_{2i}^2)^{1/2}}{2} \right)^{1/2} \qquad (19)$$

$$\beta_i = k_0 \left(\frac{\varepsilon_1}{\varepsilon_1^2 + \varepsilon_{2i}^2} \right)^{1/2} \frac{\varepsilon_1}{[2 + 2(1 + \varepsilon_1^2/\varepsilon_{2i}^2)^{1/2}]^{1/2}} \qquad (20)$$

称之为 Brewster – Zenneck 模型[10]。

　　总结以上内容,表面等离子波又称为表面等离子激元(Plasmon),是表面电磁波的一种形式。它发生于金属与电介质之间界面,是沿界面传播的纵向电磁波,是 TM 波。其电磁场从界面向两边按指数率下降,呈消失态,并且在金属中场分布比在介质中分布更集中,一般分布深度与波长量级相同,其波矢大于自由空间中电磁波的波矢。……对于 TE 波,前面已指出在 TE 极化时不存在表面等离子波。这是由于在 TE 极化时,电场在介质与金属分界面上,只有沿界面方向连续的水平分量,因此电场的法向分量也是连续的,总的电荷面密度为零。另外,由于边界层没有自由电荷或总的自由电荷为零(电位移矢量的法向连续),因此并不会在金属表面累积极化电荷,而产生等离子表面波时必须有极化电荷(图 1)。

4　激发 SPW 的方法(棱镜耦合)

　　通常情况下表面等离子波的波矢大于电磁波的波矢,如图 2 所示的色散关系曲线。在线 $\omega = ck_x$ 右边,实线表示非辐射性表面等离子波的色散关系,虚线表示金属与介电常数为 ε_2 的介质界而激发的表面等离子波的色散关系。在线 $\omega = ck_x$ 左边,辐射性的表面等离子波从 ω_p 开始。所以通常情况下电磁波入射到光滑界面不能激发出表面等离子波;只有利用某些耦合方式,才能使入射电磁波的波矢与表面等离子波的波矢相匹配,从而获得表面等离子共振,激发出表面等离子波。常用的耦合方式有棱镜耦合和光栅耦合,此外还有其他的耦合方式。在这里我们先讨论棱镜耦合。

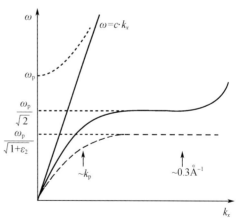

图 2　表面等离子波的色散关系图

　　棱镜耦合方式是利用受阻内全反射(ATR)方法,使入射电磁波获得较大的波矢,与等离子表面波波矢相匹配,激发出 SPW。当电磁波入射到介电常数较大的棱镜,入射角大于临界角时,在棱镜与介质界面处产生全反射,在紧邻全反射界面附近的介质中产生消失波。由于消失波与全反射的电磁波的水平分量的波矢相同,即

$$k_x = \frac{\omega}{c}\sqrt{\varepsilon_p}\sin\theta \qquad (21)$$

因此获得较大的波矢。因为 k_x 大于 k_0,所以当棱镜与介质表面的距离足够小,并且发生全反射时,使入射电磁波波矢的水平分量与表面等离子波的波矢相匹配,即满足关系

$$k_x = \frac{\omega}{c}\sqrt{\varepsilon_p}\sin\theta = k_{sp} = k_0\left(\frac{\varepsilon_1\varepsilon_{2r}}{\varepsilon_1+\varepsilon_{2r}}\right)^{1/2} \quad (22)$$

在界面处就可激发出表面等离子波;色散关系如图 3 所示。

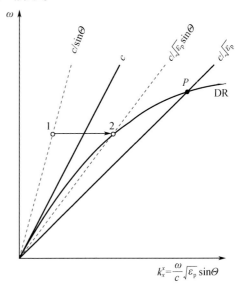

图 3　三棱镜耦合方式表面等离子波的色散关系
（c 表示真空中的电磁波,c/ε_p
表示棱镜中的电磁波）

1968 年,A. Otto[5]发表论文"用受阻全反射（FTR）法在银中激励非辐射型表面等离子波",文章描述了在光滑表面上激励 SPW 的一种新方法,它起因于全反射中的现象。由于在金属/真空界面上相速小于 c,用光撞击表面不能激励这种波。然而,如果用一个棱镜使其接近金属/真空界面,可以激励 SPW,这是在全反射中存在消失波时用光学方法实现的。可以这样看这种激励:对 TM 光波反射大大减弱,而入射角是特定的值。此法可以对这些波的色散作准确评价。对银/真空界面的实验结果与金属光学（metal optics）理论作了对比,二者是符合的。

Otto 的贡献是引入了玻璃三棱镜技术。图 4(a) 是 TM 平面波斜入射到电介质（ε_1、n_1）与金属（ε_2、n_2 或 ε_c、n_c）的界面上,斜虚线是一系列等相位平面,底部的（ + - ）号代表表面电荷波。图 4(b) 与图 4(a) 相似,但区域 1 的电介质是构成三棱镜的玻璃;区域 2 是介质层,但 $n_2 < n_1$,实际上是空气层;区域 3 是金属（相当于原来的 2 区）,用 ε_3、n_3 或 ε_c、n_c 作代表。图 4(a) 没有画出反射波束和金属中的消失波。表面电荷波被感应产生,相速为 $\frac{c}{n_1\sin\theta_1}$,无论 θ_1 是多少这都比 c/n_1 要大,而 SPW 的相速却小于 c/n_1。由于相速的差异,图 4(a) 的方法不能激发 SPW。

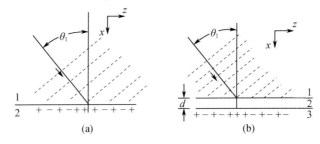

(a)　　　　　　　　　　(b)

图 4　Otto 实验方法的简化说明

在图 4(b) 中有一个间隔层（即区域 2）存在。在 1 区和 2 区之间的界面上,固定相位点的速度为

$$v_p = \frac{c}{n_1\sin\theta_1} \quad (23)$$

现在假设

$$\frac{c}{n_1\sin\theta_1} < \frac{c}{n_2} \tag{24}$$

那么就有

$$n_1\sin\theta_1 > n_2 \tag{24a}$$

在界面一侧仅为消失波，x 方向的场因子为

$$e^{-k_0\sqrt{n_1^2\sin^2\theta_1 - n_2^2}\,x} \tag{25}$$

问题是区域 2 与区域 3 的界面上会发生什么现象？可以认为这里的 SPW 会与上述消失波谐振，假设二者的相速相同的话。

现在我们讨论 SPW 分析中的经典电磁理论的界面方程。我们知道，1947 年 Goos 和 Hänchen[11]用实验证实了当光束向界面入射时必将发生的反射波束位移（GHS）。实际上，无论 GHS 研究，或是 1968 年 A. Otto[5]对电介质与金属界面上发生的 SPW 研究，都与受阻全反射（Frustrated Total Reflection, FTR）密切相关，而且都有消失态（evanescent states）的存在。

2009 年黄志洵[12]在论文"消失态与 Goos-Hänchen 位移研究"中，给出了对电磁波在不同媒质界面的折射和反射的分析，进而讨论了界面发生全反射时的消失态表面波。我们现在从此文中已有的推导出发，建立起反映界面情况基本方程，并与 Otto 文章中的表述相对照。该文在分析由 P 点发出的波束向媒质 1、2 的交界面入射（图 5）时指出，入射角 θ_1 不断增大到超过临界角（θ_1）时就发生全反射，过程①→②→③；给出媒质 2 中的电场为

$$\boldsymbol{E}_2 = \boldsymbol{E}_{20}e^{-\alpha_2 x}e^{-j\beta_2 z}\cdot e^{j\omega t}$$

这表示 $\boldsymbol{E}$ 沿 z 向为一行波，相位常数为

$$\beta_2 = n_2 k_0 \cdot \sin\theta_2$$

这个行波的振幅在 x 方向是指数衰减的，即消失态。也就是说，$e^{-\alpha_2 x}$ 代表其振幅，衰减常数为

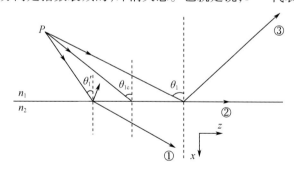

图 5　两媒质界面上的全反射

$$\alpha_2 = jn_2 k_0 \cdot \cos\theta_2$$

进一步的推导证明：

$$\alpha_2 = k_0\sqrt{n_1^2\sin^2\theta_1 - n_2^2} \tag{26}$$

由于 θ_1 是入射波束与界面法向的夹角，取 $\theta_1 = \pi/2$ 时有

$$\alpha_2 = k_0\sqrt{n_1^2 - n_2^2} \tag{27}$$

对无磁性媒质而言折射率 n 与介电常数 ε_r 关系为 $n = \sqrt{\varepsilon_r}$，故从形式上将有以下方程：

$$\alpha_2 = k_0 \sqrt{\varepsilon_{r1} - \varepsilon_{r2}} \tag{28}$$

现在来看 Otto 的分析。他用时谐因子 $e^{-j\omega t}$,但在本质上不会有所不同。取媒质 1 的电介质,相对电介常数 $\varepsilon_{r1} > 0$;媒质 2 为金属,相对介电常数 $\varepsilon_{r2} = \varepsilon'_{r2} + j\varepsilon''_{r2}$,而 $\varepsilon'_{r2} < 0$。对于 $x > 0$,有

$$E = E_0 e^{jkz} \frac{jk}{\sqrt{k^2 - \varepsilon_{r1}\omega^2/c^2}} e^{-\sqrt{k^2 - \varepsilon_{r1}\omega^2/c^2}x} \cdot e^{-j\omega t}$$

也就是

$$E = E_0 e^{jkz} \frac{jk}{\sqrt{k^2 - \varepsilon_{r1}k_0^2}} e^{-\sqrt{k^2 - \varepsilon_{r1}k_0^2}x} \cdot e^{-j\omega t} \tag{29}$$

对于 $x < 0$,有

$$E = E_0 e^{jkz} \frac{-jk}{\sqrt{k^2 - \varepsilon_{r1}k_0^2}} e^{\sqrt{k^2 - \varepsilon_{r1}k_0^2}x} \cdot e^{-j\omega t} \tag{30}$$

现在,z 方向是简谐波(频率 ω,波数 k);在界面两侧,场是消失态。这意味着

$$k^2 - \varepsilon_{r1}k_0^2 > 0 \tag{31}$$

而相速 $v = \omega/k$ 比介质中的平面波波速要小。另外又有

$$\sqrt{k^2 - \varepsilon_{r2}k_0^2} > 0 \tag{32}$$

而 $\varepsilon'_{r2} < 0$。

另外,从 E 的 x 分量(E_x)的有关边界条件可推出

$$\frac{\varepsilon_{r2}}{\sqrt{k^2 - \varepsilon_{r2}k_0^2}} = \frac{\varepsilon_{r1}}{\sqrt{k^2 - \varepsilon_{r1}k_0^2}} \tag{33}$$

式(33)决定了整个体系的色散关系 $k(\omega)$。

下面给出在 TM 模条件下讨论时 Zenneck 类型 SPW 传播时的色散关系。在过去的讨论中,场的时间相位因子可取 $\exp[j\omega t - \gamma z]$ 或 $\exp[-j\omega t + \gamma z]$;当取后者时,若忽略衰减($\gamma = \alpha + j\beta \approx j\beta$),就有 $\exp[-j\omega t + j\beta z]$。现在 β 也是复数,可写 $\beta = \beta' + j\beta''$,并可证明

$$\beta' = k_0 \left[\frac{\varepsilon_{r1}}{(\varepsilon_{r1} + \varepsilon_r)^2 + \varepsilon''^2_{rc}} \right]^{1/2} \times \left(\frac{\varepsilon_e^2 + (\varepsilon_e^4 + \varepsilon_{r1}^2\varepsilon''^2_{rc})^{1/2}}{2} \right)^{1/2} \tag{34}$$

$$\beta'' = k_0 \left[\frac{\varepsilon_{r1}}{(\varepsilon_{r1} + \varepsilon_r)^2 + \varepsilon''^2_{rc}} \right]^{1/2} \times \frac{\sqrt{2}\varepsilon_{r1}\varepsilon''_{rc}}{[\varepsilon_e^2 + (\varepsilon_e^4 + \varepsilon_{r1}^2\varepsilon''^2_{rc})]^{1/2}} \tag{35}$$

式中 $\varepsilon_e^2 = \varepsilon_{rc}^2 + \varepsilon''^2_{rc} + \varepsilon_1\varepsilon'_{rc}$。由于 $\beta' \neq 0$,故 Zenneck 类型的 SPW 沿界面的传播距离有限。

Otto 实验的原理建筑在"被衰减的全反射"(Attenuated Total Reflection, ATR)的基础上,意思是说利用单三棱镜、通过调整入射角使之发生全反射时,底面有消失波渗透到下面的介质中,如图 6 所示。如棱镜 P 的折射率足够大,对于 TM 入射波可以调整入射角(θ_1)使入射波沿界面方向的波矢分量等于 SPW 要求的波矢,调整空气隙厚度 d 也有影响(d 应当足够小),而这时消失波沿 x 方向的强度为

$$e^{-k_0\sqrt{n_p^2\sin^2\theta_1 - n_0^2}x}$$

式中:n_p 为棱镜折射率;$n_0 \approx 1$ 为空气折射率。这个消失波将与金属表面 SPW 谐振(如二者相速相等),亦即 SPW 被激发。这时由于 SPW 的能量被吸收,对特定入射角全反射"受阻"。测

量会发现由棱镜底部的全反射波强(光强)明显下降,形成一个吸收峰,就证明使用 ATR 技术激励 SPW 成功。图 7 是 Otto 实验的示意,P 是石英玻璃制成的;Ⅰ、Ⅱ是石英玻璃板,面积为 9.5cm×5cm,板Ⅱ中间 0.7cm×1.5cm 面积是镀银膜,厚度大于 100nm;图 8 是实验结果举例,纵坐标表示反射的大小。实验条件是:金属膜厚 150nm,入射光波长 $\lambda = 406nm$。实验显示,当调整入射角使 θ_1 为一合适角度(有文献称之为 θ_{ATR}),SPW 被入射波激发,这时入射能量的很大部分转移到金属膜与空气的界面上,成为 SPW 的能量;故反射率 R 这时成为最小值(负峰值),表示"全反射"已有名无实,也可称之为谐振吸收峰。故能否获得图 8 那样的曲线是实验激励 SPW 是否成功的标志。

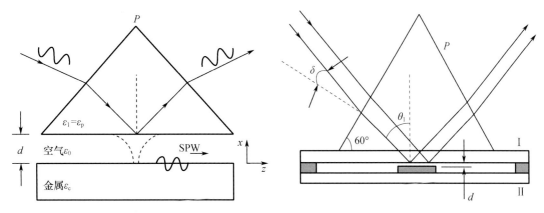

图 6　Otto 的 SPW 激励方法(原理)　　　图 7　Otto 的 SPW 激励方法(实验)

现在讨论激发 SPW 的 Kretschmann 方法;1971 年 E. Kretschmann[6]发表了题为"用表面等离激子激励以确定金属光学常数"的论文,给出了精确决定金属薄膜的光学常数和厚度的方法,它基于光波全反射条件下激起的 SPW;在 $\lambda = 400 \sim 600nm$ 波段对银箔进行了测量,给出了方法的精度。图 9 是 Kretschmann 的 SPW 激励方法示意,方便之处在于金属膜可以直接镀在三棱镜的底面上。可能是由于 Kretschmann 的方法简单易行,在 20 世纪 80 年代就广泛被用来确定薄金属膜的光学常数和厚度,成为一种技术[13,14]。

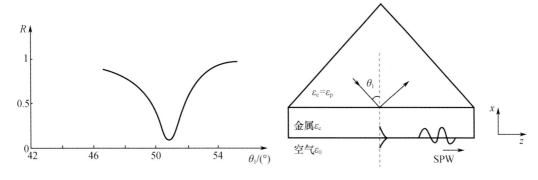

图 8　Otto 实验激发 SPW 成功的实证曲线　　　图 9　Kretschmann 的 SPW 激励方法(原理)

Kretschmann 说,虽然 Otto 最先提出了用棱镜激发 SPW 的方法,但在棱镜与金属之间有薄空气层的安排,对测量介电常数是不利的,特别是测量时空气层厚度难于掌握。我们用本文的符号 $\varepsilon_r = \varepsilon'_{rc} + j\varepsilon''_{rc}$ 来表达 Kretschmann 的思路——他指出,如果金属的介电常数满足以下不等式:

$$\varepsilon'_{rc} < -1, \varepsilon''_{rc} < |\varepsilon'_{rc}| \tag{36}$$

那么非辐辐射性的 SPW 可能出现在金属与空气的介面上,SPW 的特点是,波矢的水平分量 $k_\perp > k_0$;把 TM 极化光射到棱镜面(已直接镀有薄金属膜)上,且 $\theta_1 > \theta_{1c}$,可以激励 SPW。具体讲,改变 θ_1 可找到反射最小的位置,测量谐振角可计算出 ε_r。而且,反射率 R_p 最小时,吸收率 $A_p = 1 - R_p$ 可达到最大,膜厚可由下式得出:

$$\frac{d}{\lambda} = \frac{\sqrt{|\varepsilon'_{rc}| - 1}}{4\pi |\varepsilon'_{rc}|} \ln \frac{4\varepsilon'^2_{rc} I_m \rho_{21}}{\varepsilon''_{rc}(|\varepsilon'_{rc}| + 1)} \tag{37}$$

式中

$$I_m \rho_{21} = \frac{2\varepsilon_p a}{\varepsilon_p^2 + a^2} \tag{38}$$

$$a^2 = |\varepsilon'_{rc}|(\varepsilon_p - 1) - \varepsilon_p \tag{39}$$

实验的布置,突出之处是棱镜放在量角器桌上,该桌能旋转,角度精确到 $0.01°$。另外,设置了两条光线,一束光射向水晶棱镜与金属界面上,另一束光是在水晶与空气界面(没有金属层)上反射的。

5   激发 SPW 的方法(光栅耦合)

光栅耦合是指利用光栅引入一个额外的波矢增量,实现波矢的匹配。由于光栅结构的材料参数与几何结构便于改变,因此可供研究的内容更加丰富。当电磁波以入射角 θ 入射到周期为 λ_g 的光栅时(图 10),光栅表面的波矢为[7,15]

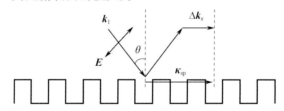

图 10   光栅耦合方式激发表面等离子波(光栅周期为 λ_g)

$$k_z = k_0 \sqrt{\varepsilon_1} \sin\theta \pm \Delta k_z = k_0 \sqrt{\varepsilon_1} \sin\theta \pm nk_g, n = 1, 2, 3, \cdots \tag{40}$$

其中 $k_g = 2\pi/\lambda_g$ 表示周期为 λ_g 的光栅 Bragg 倒格子矢量大小。当光栅表面波矢量与表面等离子波的波矢匹配时,即

$$k_z = k_0 \sqrt{\varepsilon_1} \sin\theta \pm \Delta k_z = k_0 \sqrt{\varepsilon_1} \sin\theta \pm nk_g = k_{sp} = k_0 \left(\frac{\varepsilon_1 \varepsilon_{2r}}{\varepsilon_1 + \varepsilon_{2r}}\right)^{1/2} \tag{41}$$

激发出 SPW。通过式(41)可以看出光栅的周期尺寸影响表面等离子波的激发,因此可以通过调整光栅结构的周期对不同频率和不同入射角度的电磁波激发 SPW。

同理对于二维光栅结构,波矢匹配的关系为[16-17]

$$\boldsymbol{k}_{sp} = \boldsymbol{k}_z \pm i\boldsymbol{k}_{gz} \pm j\boldsymbol{k}_{gy}, \quad i,j = 1, 2, 3, \cdots \tag{42}$$

式中:$\boldsymbol{k}_x$ 为入射波平行于界面的分量,$|\boldsymbol{k}_z| = k_0 \sqrt{\varepsilon_1} \sin\theta$;$\boldsymbol{k}_{gz}$ 和 $\boldsymbol{k}_{gy}$ 为倒格子矢量,对于方阵形的孔阵或者凸阵 $|\boldsymbol{k}_{gz}| = |\boldsymbol{k}_{gy}| = 2\pi/\lambda_g$,$\lambda_g$ 为相邻孔径中心或凸形中心之间的距离。对于 Fano 模

型来讲，$|\boldsymbol{k}_{sp}| = k_0 \left(\dfrac{\varepsilon_1 \varepsilon_{2r}}{\varepsilon_1 + \varepsilon_{2r}} \right)^{1/2}$，在垂直入射时有

$$(i^2 + j^2)^{1/2} \lambda_{sp} = \lambda_0 \left(\frac{\varepsilon_1 \varepsilon_{2r}}{\varepsilon_1 + \varepsilon_{2r}} \right)^{1/2} \tag{43}$$

二维周期结构不仅能够激发表面等离子波，同时还引入了能带，从而使得 SPW 受到能带的影响，更加容易地控制表面等离子波的激发。

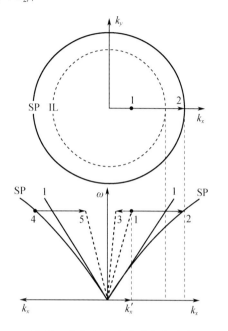

　　光栅耦合也有两种略有区别的方式：一种是在金属表面上制作如衍射光栅等微小的周期性结构；另一种是在分界面前适当位置处外置金属光栅。常用的光栅结构主要包括一维光栅、二维光栅以及孔阵列结构和颗粒阵列结构。在外加电场的作用下，这些周期结构会造成特定波长下的极化电子振荡，而其产生的电磁场将可提供入射电磁波额外的 k_x 值，如图 11 所示。其中上图：实线表示 SPW 的 $|k| = \sqrt{k_x^2 - k_y^2}$，虚线为电磁波的 $|k_0|$。下图：1 表示真空中的电磁波，入射波为点 1，1→2 表示转化为表面等离子激元 2，波矢增量为 Δk_x，1→3 是由于表面粗糙导致光线以内的散射。4→5 为表面等离子激元衰减，是 1→2 的逆过程。此效应与电子在固态晶格中运动的系统类似，入射电磁波将获得（或减损）

图 11　光栅耦合方式的色散关系

光栅倒晶格矢量整数倍大小的额外水平波矢，当所获得之光栅倒晶格矢量使入射电磁波的波矢分量与 SPW 的波矢匹配时，即可激发金属表面等离子波。

6　SPW 的研究进展及我们的实验

　　1902 年，Wood[18] 等人在研究金属光栅衍射时发现光强会出现不规则的增强或减弱，从而发现了表面等离子波谐振现象。当时对其物理原因并不十分清楚，将其称之为"Wood 异常"并做了公开介绍。1941 年，Fano[8] 等人根据金属与空气界面上表面电磁波的激发解释了这种"Wood 异常"现象。1957 年，Rtchie[19] 注意到，当高能电子通过金属薄膜时，不仅在等离子体频率处出现能量损失峰，而且在更低频率处也出现了能量损失峰，并认为这与金属薄膜的界面有关。1959 年，Powell 和 Swan[20] 通过实验证实了 Rtchie 的理论。1960 年，Stem 和 Farrel[21] 研究了此种模式产生谐振的条件并首次提出了表面等离子波的概念。

　　1968 年，A. Otto[5] 提出了使用三棱镜作为光的耦合器激发 SPW 的实验。随后在 1971 年 E. Kretschmann[6] 对 Otto 的三棱镜结构进行改进，激发出 SPW，并依据 ATR 曲线，利用谐振角度和反射曲线峰值等，计算出金属薄膜的厚度和金属在实验频率处的介电常数，对纳米量级薄膜的厚度测量提供基础。并且这两种激发方式的提出也为 SPW 的研究带来了里程碑式的突破，为之后设计表面等离子激元传感器奠定了研究基础；许多科研工作者在 Kretschmann 模型的基础上开展了对基于等离子激元的仪器和生物传感器的全面研究，实现小分子相互作用、低

分子浓度的高灵敏度、高分辨率检测。利用等离子体激元检测技术在免疫检测、药物代谢及其蛋白质动力学等领域已经取得了很多的科研成果。

在 1998 年,Ebbese[16]等人首次观测到光通过具有周期性亚波长孔阵列的金属薄膜的传输增强现象,激起了研究者对 SPW 在亚波长尺度研究的浓厚兴趣。这种亚波长增强透射现象已经超出了经典光学中的衍射极限,大多数科学家认为这种现象与在金属表面激发的表面等离子波有关。由于这种人工结构对某特定亚波长光的增强透过能力以及对亚波长近场光的超高分辨率,因此这种现象所涉及的亚波长光学以及基于其的微型光学器件成为研究热点。近年来,人们致力基于贵金属(银或金)表面在光学领域对表面等离子体激元的大量研究[22-25],并且随着纳米技术的发展,使 SPW 的研究被更加广泛应用于光子学、数据存储、显微镜、太阳能电池和生物传感等方面[26-27]。

现在叙述我们团队于 2013 年进行的三棱镜 SPW 实验。本文作者应用 Kretschmann 方式的三棱镜系统激发表面等离子波,并且通过测量到的受阻内全反射谱计算金属的介电常数和金属薄膜的厚度。我们的实验系统如图 12 所示,采用 632.8nm 相位稳定的激光器作为光源。使用透镜组以得到准直的光线,应用偏振片获得 TM 极化波。用半透半反的棱镜分离出两组相同的信号,一路信号用于参考,另一路信号入射到放置在转台上的三棱镜,三棱镜材料为 K9玻璃,折射率为 1.5,在三棱镜斜面镀金膜。用两个相同的硅探测器分别接收参考信号和通过三棱镜的信号。两路接收到的信号用数字万用表做比值测量。

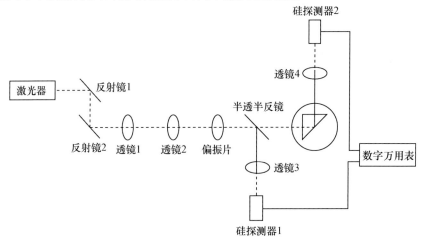

图 12　本文作者的 SPW 实验布置

采用上述实验系统测量到不同金属薄膜厚度的受阻全反射(ATR)谱,实验结果如图 13所示,谐振吸收峰值($|R|_{\min}$)分别为 0.361 和 0.375,峰值宽度(W_e)分别为 7.20°和 6.60°。

根据表面等离子波的理论,SPW 波矢为 $\beta_L = k_0 \sqrt{\varepsilon_2} \sin\theta_{ATR}$。事实上,表面等离子波的波矢为复数,但是虚部远远小于实部。所以 SPW 的传播常数的实部近似为

$$\mathrm{Re}(\beta_L) = k_0 \sqrt{\varepsilon_2} \sin\theta_{ATR} \tag{44}$$

式中:k_0 为真空中的波数;θ_{ATR} 为谐振角。因此反射系数为

$$R = \left| \frac{r_{12} + r_{10}\exp(-2\alpha_1 d)}{1 + r_{10}r_{12}\exp(-2\alpha_1 d)} \right|^2 \tag{45}$$

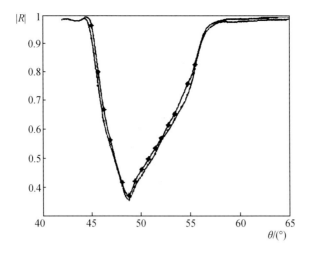

图 13   本文实验结果(.点线为棱镜 1 的 ATR 谱;星线为棱镜 2 的 ATR 谱)

$$r_{10} = \frac{\varepsilon_1 \alpha_0 - \varepsilon_0 \alpha_1}{\varepsilon_1 \alpha_0 + \varepsilon_0 \alpha_1} \tag{46}$$

$$r_{21} = \frac{\varepsilon_1 \alpha_2 - \varepsilon_2 \alpha_1}{\varepsilon_1 \alpha_2 + \varepsilon_2 \alpha_1} \tag{47}$$

式中

$$\alpha_0 = (\beta^2 - k_0^2 \varepsilon_0)^{1/2}, \alpha_1 = (\beta^2 - k_0^2 \varepsilon_1)^{1/2}, \alpha_2 = (k_0^2 \varepsilon_2 - \beta^2)^{1/2} \tag{48}$$

其中 β 为棱镜中的波矢。当入射角在谐振角附近时,反射系数可近似为

$$R = 1 - \frac{4 \operatorname{Im}(\beta_0) \operatorname{Im}(\Delta \beta_L)}{[\beta - \operatorname{Re}(\beta_L)]^2 + [\operatorname{Im}(\beta_L)]^2} \tag{49}$$

式中

$$\beta_L = \beta_0 + \Delta \beta_L \tag{50}$$

其中 β_0 是在没有棱镜影响下的 SPW 的波矢,$\Delta \beta_L$ 是 β_L 的微扰,我们给出

$$\beta_0 = \sqrt{\frac{\varepsilon_1 \varepsilon_0}{\varepsilon_1 + \varepsilon_0}} = k_0 \sqrt{\frac{\varepsilon_{1r} \varepsilon_0}{\varepsilon_{1r} + \varepsilon_0}} + j k_0 \sqrt{\frac{\varepsilon_{1r} \varepsilon_0}{\varepsilon_{1r} + \varepsilon_0}} \cdot \frac{\varepsilon_{1r} \varepsilon_0}{2 \varepsilon_{1r} (\varepsilon_{1r} + \varepsilon_0)} \tag{51}$$

$$\Delta \beta_L = k_0 (r_{21})_{\beta = \beta_0} \frac{2}{\varepsilon_0 - \varepsilon_1} \left(\frac{\varepsilon_1 \varepsilon_0}{\varepsilon_1 + \varepsilon_0} \right)^{3/2} \exp \left[-2 k_0 d \frac{\varepsilon_1}{(\varepsilon_1 + \varepsilon_0)^{1/2}} \right] \tag{52}$$

由于 $\Delta \beta_L$ 的实部远小于 β_0 的实部,因此 β_0 的实部近似等于 β_L 的实部。使用下述公式金属介电常数的实部可以被计算。

实部确定后,我们继续计算金属介电常数的虚部和金属的薄膜的厚度。半高宽为

$$W_\theta = \frac{2 \operatorname{Im}(\beta_L)}{k_0 \sqrt{\varepsilon_2} \cos \theta_{\text{ATR}}} \tag{53}$$

谐振角处的反射系数为

$$R_{\min} = 1 - \frac{4\eta}{(1 + \eta)^2} \tag{54}$$

其中

$$\eta = \mathrm{Im}(\beta_0)/\mathrm{Im}(\Delta\beta_L) \tag{55}$$

使用式（50）、式（53）~式（55）可以计算 β_0 的虚部和 $\Delta\beta_L$ 的虚部。然后通过式（50）可以计算金属介电常数的虚部。最后应用式（52）计算金属薄膜的厚度。

使用测量到的数据应用上述计算方法得到金在 632.8nm 波长时的介电常数和计算金膜的厚度,计算结果如表 1 所列;表 1 的结果与图 13 中的数据相对应。通过比较介电常数,我们取 $\varepsilon_2 = -4.552 + j0.229$,可以看出金在 632.8nm 波长时介电常数的虚部的模值小于实部的模值,并且实部为负。棱镜 1 所镀金膜的厚度为 $d = 64.22$nm,棱镜 2 所镀金膜的厚度为 $d = 64.24$nm。实验误差来自于测量反射系数时许多不受控的因素:位置测量的偏差,极化的不完全所带来的偏差,光的散射,偏振面的确定带来的误差等等。本实验中反射系数绝对值的误差大约为 $\pm0.5\%$,由于转台转动精度所带来的测量角度的误差约为 $\pm2\%$,计算带来的误差小于 $\pm5\%$。

表 1　金纳米薄膜在光频的实验和计算结果

	棱镜 1		棱镜 2	
共振吸收峰 $|R|_{\min}$	0.361		0.375	
角度（θ_{ATR}）	49.00°		49.00°	
峰值宽度（W_θ）	7.20°		6.60°	
金属介电常数（ε_2）	$-4.552 + j0.229$	$-4.552 + j0.917$	$-4.552 + j0.228$	$-4.552 + j0.943$
薄膜厚度（d）	64.29nm	64.14nm	64.29nm	64.18nm
平均厚度（a）	64.22nm		64.24nm	

7　结束语

本文论述表面等离子波的发展,讨论了 SPW 的色散特性和激发方式。近年来对表面电磁波的研究重新引发了科学工作者们的浓厚兴趣,这不是偶然的。首先,开波导中的慢波（或闭波导中加入电介质后产生的慢波）造成了许多物理学方面的思考,涉及波动力学中的一些根本性问题;其次,对金属负介电常数的研究,以及对 SPW 激励方法的研究,开拓了人们的科学思维,刺激了一些交叉学科的生成。

本文还报道了本团队的研究工作;我们应用 Kretschmann 方式的三棱镜系统激发起表面等离子波,观测了不同金膜厚度时的 ATR 谱;并且用测量到的 ATR 谱以新的对比方式计算出金在 632.8nm 波长时的介电常数和金膜的厚度。用实验证明金属电磁学的理论是不容易的,然而我们克服了重重困难,以实验证明金属的介电常数确实可以为负! 而且证明有关方法是测量纳米级金属薄膜厚度的有效技术。

关于当前的研究趋向,首先在微波用三棱镜技术激励 SPW 的可能性问题是令人感兴趣的。虽然 2001 年 H. E. Went 和 J. R. Sambles 曾给出用金属光栅（metallic gratings）技术在微波激发 SPP 的方法,2009 年又有人做了这方面的实验[29];然而至今尚未看到采用棱镜方法的报导。我们认为在微波按 Otto 型方法作实验是有可能成功的。

最后我们要强调指出 SPW 研究对丰富和改进波科学（wave sciences）理论的积极意义。本文作者之一黄志洵过去曾深入研究金属壁圆波导（circular waveguides）内衬电介质层的理论,并与他过去的学生曾诚在国内外发表学术论文[30,31]。例如,1991 年黄志洵和曾诚[30]提出了一个新的普遍化特征方程,用来描述圆波导壁电导率为有限值而内衬电介质层的情况。据此可以给出 3 类传播模式:内模、界面模和表面模。很明显,界面模即 SW,表面模即 SPW。使用由"黄曾方程"导出的近似式,可以算出 TM_{11}^{su} 模和 TE_{11}^{su} 模的衰减常数。……必须从整体上来看待波科学的发展,才能理解不同学科之间的内在的深刻联系。

参 考 文 献

[1] Sommerfeld A. Fortpslanzung elektrodynatischer wellen an einem zykindrischen leiter[J]. Ann. d. Phys,1899,67(2): 233 – 237.

[2] Harms F. Electromagnetishe wellen an einem draht rnit isoliesender zylindrischen huelle[J]. Ann. d. Phys,1907,23(1): 44 – 49.

[3] Hondros D,Debye P. Elektromagnetishe wellen an dielektrischen draehten[J]. Ann. d. Phys,1910,32(3):465 – 470.

[4] Goubau G. Surface waves and their application to transmission lines[J]. Jour. Appl. Phys,1950,21(8):1119 – 1122.

[5] Otto A. Excitation of nonradiative surface plasma waves in silver by the method of frustrated total reflection[J]. Zeit. für Phys, 1968,216:398 – 410.

[6] Kretschmann E. Die bestimmung optischer konstanten von metallen durch anregung von oberflächchenplasma schwingungen[J]. Zeit. für Phys,1971,241:313 – 324.

[7] Raether H. Surface plasmons[M]. Berlin:Springer – Verlag,1988.

[8] Fano U. The Theory of Anomalous Diffraction Gratings and of Qusi – Stationary waves on Metallic Surfaces[J]. J. Opt. Soc. Am,1941,31:213 – 222.

[9] Zenneck J. über die Fortpflanzung ebener elektromagnetischer Wellen längs einer ebenen Leiter Flache und ihre Beziehung zur drahtlosen Telegraphie[J]. Ann. d. Phys, 1907,328:846 – 866.

[10] Sarrazin M, Vigneron J. Light Transmission Assisted by Brewster – Zetnnek Modes in Chromium Films Carrying a Subwavelength Hole Array[J]. Phys. Rev. B, 2005,71:0754041 – 0754046

[11] Goos F, Hänchen H. Ein neuer fundamentaler versuch zur total reflexion[J]. Ann. d. Phys,1947,6(1):333 – 346.

[12] 黄志洵. 消失态与 Goos – Hänchen 位移研究[J]. 中国传媒大学学报(自然科学版),2009,16(3):1 – 14.

[13] Chen W P, Chen J M. Use of surface plasma waves for determination of the thickness and optical constants of thin metallic films [J]. Jour. Opt. Am. ,1981,71(2):189 – 191.

[14] Yang F. Use of exchanging media in ATR configurations for determination of thickness and optical constants of thin metallic films[J]. App. Opt,1988,27(1):11 – 12.

[15] Watts R, et al. The Influence of Grating Profile on Surface PIasmon Polariton Resonances Recorded in Different Diffracted Orders[J]. J. mod. Optics, 1999,46:2157 – 2186.

[16] Ebbesen T, et al. Extraordinary Optical Transmission through Sub – Wavelength Hole Arrays[J]. Nature, 1998,391: 667 – 669.

[17] Ghaemi H, et al. Surface Plasmons Enhance Optical Transmission through Subwavelength Holes[J]. Phys. Rev,B,1998,58: 6779 – 6782.

[18] Wood R. On a Remarkable Case of Uneven Distribution of Light in a Diffraction Grating Spectrum[J]. Philos. Mag,1902,4: 396 – 402.

[19] Rtchie R. PIasma Losses by Fast Electrons in Thin Films[J]. Phys. Rev, 1957,106:874 – 881.

[20] Powell C, Swan J. Origin of the Characteristic Electron Energy Losses in Aluminum[J]. Phys. Rev,1959,115:869 – 875.

[21] Stern E A, Ferrell R. Surface Plasma Oscillations of a Degenerate Electron Gas[J]. Phys. Rev, 1960, 120:130 – 136.

[22] Ghaemi H, et al. Surface Plasmons Enhance Optical Transmission through Subwavelength Holes[J]. Phys. Rev. B,1998,58:

6779 – 6782.

[23] Lezee H, et al. Beaming Light From A Subwavelength Aperture[J]. Science. 2002,297:820 – 822.

[24] Pacifiei D, et al. Quantitative Determination of Optical Transmission through Subwavelength Slit Arrays in Ag Films:Role of Surface Wave Interference and Local Coupling between Adjacent Slits[J]. Phys. Rev. B,2008,77(11):528 – 532.

[25] Min C, et al. Investigation of Enhanced and Suppressed Optical Transmission through a Cupped Surface Metallic Grating Structure[J]. Opt. Express. 2006,14:5657 – 5663.

[26] Fleming J, et al. All – metallic Three – dimensional Photonic Crystals eith a Large Infrared Bandgap[J]. Nature, 2002,417:52 – 55.

[27] Weeber J, et al. Optical Near – field Distributions of Surface Plasmon Waveguide Modes[J]. Phys. Rev. B,2003,68(11):1 – 10.

[28] Went H,Sambles J. Resonantly coupled surface plasmon polaritons in the grooves of very deep highly blazed zero – order metallic gratings at microwave frequencies[J]. App. Phys Lett,2001,79(5):575 – 577.

[29] Akarca – biyikli S. Resonant excitation of surface plasmons in one – dimensional metallic grating structures at microwave frequencies[J]. Jour. Opt. A,2005,7:5159 – 5164.

[30] Huang Z X,Zeng C. The general characteristic equation of circular waveguides and it's solution[J]. 中国科学技术大学学报,1991,21(1):70 – 77.

[31] Huang Z X,Zeng C. Attenuation properties of normal modes in coated circular waveguides with imperfectly conducting walls. Microwave and Opt. Tech. Lett. ,1993,6(6):342 – 349.

消失模波导滤波器的设计理论与实验

黄志洵 孙金海

(中国传媒大学信息工程学院,北京 100024)

摘要:给出了消失模波导滤波器的设计理论,其中导出了矩形波导在 TE 主模传播时的等效电路。给出了设计实例。与通常的波导滤波器相比较,文中提供的设计可使滤波器的体积、重量大为减小。给出了自行研制的滤波器的实验结果。

关键词:消失模;带通滤波器;波导;等效电路

The Design Theory and Experiments of the Evanescent Mode Waveguide Filter

HUANG Zhi – Xun Sun Jin – Hai

(Communication University of China, Beijing 100024)

Abstract:The design theory of evanescent mode waveguide filter is presented. The theory derives the equivalent circuits of the rectangular waveguide in TE dominant mode. The desigm examples are given in the article. A considerable size and weight reduction, compared with usual waveguide filters, is realizable. The experimental results are given in this article.

Key words:evanescent mode; band – pass filter; waveguide; equivalent circuit

1 引言

滤波器技术之所以成为必要,是因为电磁频谱有限,必须作妥善的分配和利用,并防止互相串扰。其具体用途为:不同波道信号的合并、分离;边带的抑制;高次谐波的抑制;噪声的抑制等。随着微波设备日益增多,频谱的拥挤日益严重,微波滤波器技术也就蓬勃发展起来。无疑,微波滤波器的设计,比低频时(使用集总参数电抗元件)的滤波器设计困难得多。与低频滤波器相区别,微波滤波器的几何尺寸可与波长相比拟。此外,当波长(频率)变化时,它将表现出周期性。

　　波导滤波器是微波滤波器的一个重要类型。使用工作在截频以下($f < f_c$)的矩形截止波导,可以设计出性能优良的微波带通滤波器[1-4]。尽管如此,对消失模状态下的波导滤波器设计尚缺少系统的理论阐述;本文可以弥补这方面的缺憾。

2　矩形波导横电模的等效电路

　　首先分析矩形截面(宽边 a、窄边 b)的金属壁均匀直波导[图1(a)]。假设波导无穷长,内部无电荷及电流源,而以均匀介质(ε, μ)填充(波导内为空气时,$\varepsilon \approx \varepsilon_0$,$\mu \approx \mu_0$);且 z 正向为波传播方向。波导内电磁场可表示为

$$\boldsymbol{E} = E_x\boldsymbol{i}_x + E_y\boldsymbol{i}_y + E_z\boldsymbol{i}_z$$
$$\boldsymbol{H} = H_x\boldsymbol{i}_x + H_y\boldsymbol{i}_y + H_z\boldsymbol{i}_z$$

式中:$\boldsymbol{i}_x + \boldsymbol{i}_y + \boldsymbol{i}_z = \boldsymbol{i}$,是单位矢量。由 Maxwell 方程

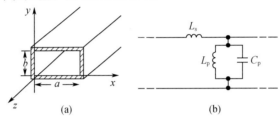

图1　金属壁矩形波导和主模传播时的等效电路(单节)

$$\nabla \times \boldsymbol{H} = \mathrm{j}\omega\varepsilon_0\boldsymbol{E} \tag{1}$$
$$\nabla \times \boldsymbol{E} = -\mathrm{j}\omega\mu_0\boldsymbol{H} \tag{2}$$

由式(1),有

$$\nabla \times \boldsymbol{H} = \left(\frac{\partial H_z}{\partial y} - \frac{\partial H_z}{\partial z}\right)\boldsymbol{i}_x + \left(\frac{\partial H_x}{\partial z} - \frac{\partial H_z}{\partial x}\right)\boldsymbol{i}_y + \left(\frac{\partial H_y}{\partial x} - \frac{\partial H_x}{\partial y}\right)\boldsymbol{i}_z$$

假设

$$H_x(z) = H_{xo}\mathrm{e}^{\mathrm{j}\omega t - \gamma z}$$
$$H_y(z) = H_{yo}\mathrm{e}^{\mathrm{j}\omega t - \gamma z}$$

式中:$\gamma = \alpha + \mathrm{j}\beta$,是波导的传播常数。则式(1)可得

$$\frac{\partial H_z}{\partial y} + \gamma H_y = \mathrm{j}\omega\varepsilon_0 E_x \tag{3}$$

$$-\gamma H_x - \frac{\partial H_z}{\partial x} = \mathrm{j}\omega\varepsilon_0 E_y \tag{4}$$

$$\frac{\partial H_y}{\partial x} - \frac{\partial H_x}{\partial y} = \mathrm{j}\omega\varepsilon_0 E_z \tag{5}$$

同理,由式(2)可得

$$-\frac{\partial E_z}{\partial y} - \gamma E_y = \mathrm{j}\omega\mu_0 H_x \tag{6}$$

$$\gamma E_x + \frac{\partial E_z}{\partial x} = \mathrm{j}\omega\mu_0 H_y \tag{7}$$

$$-\frac{\partial E_y}{\partial x} + \frac{\partial E_x}{\partial y} = j\omega\mu_0 H_z \tag{8}$$

由式(7)得

$$H_y = \frac{1}{j\omega\mu_0}\left(\gamma E_x + \frac{\partial E_z}{\partial x}\right)$$

代入式(3)，又令 $k_0 = \omega_0\sqrt{\varepsilon_0\mu_0}$；定义一个符号 h：

$$h^2 = \gamma^2 + k_0^2$$

可得

$$h^2 E_x = -j\omega\mu_0\frac{\partial H_z}{\partial y} - \gamma\frac{\partial E_z}{\partial x} \tag{9}$$

同理可证：

$$h^2 E_y = j\omega\mu_0\frac{\partial H_z}{\partial x} - \gamma\frac{\partial E_z}{\partial y} \tag{10}$$

$$h^2 H_x = j\omega\varepsilon_0\frac{\partial E_z}{\partial y} - \gamma\frac{\partial H_z}{\partial x} \tag{11}$$

$$h^2 H_y = -j\omega\varepsilon_0\frac{\partial E_z}{\partial x} - \gamma\frac{\partial H_z}{\partial y} \tag{12}$$

故完成了用纵向场分量表示横向场分量。

考虑 TE 波(横电波)，取 $E_z = 0$。由式(10)可得

$$\frac{\partial H_z}{\partial x} = \frac{h^2}{j\omega\mu_0}E_y$$

但由式(1)、式(4)有以下关系成立：

$$\frac{\partial H_x}{\partial z} - \frac{\partial H_z}{\partial x} = j\omega\varepsilon_0 E_y$$

联立以上两式，可得

$$\frac{\partial H_x}{\partial z} = \left(j\omega\varepsilon_0 + \frac{h^2}{j\omega\mu_0}\right)E_y \tag{13}$$

这是矩形波导内横向磁场与纵向电场的关系。如果引入等效电压(U)和等效电流(I)作为分析的工具，就可以导出波导的等效电路。

略写因子 $e^{j\omega t - \gamma z}$，矩形波导主模 TE_{10} 的场分量可写作

$$\begin{cases} E_z = 0 \\ H_z = \cos\left(\frac{\pi}{a}x\right) \\ E_y = \left[\sin\left(\frac{\pi}{a}x\right)\right]\cdot U(z) \\ H_x = -\left[\sin\left(\frac{\pi}{a}x\right)\right]\cdot U(z) \end{cases}$$

可以证明

$$-\frac{\partial I(z)}{\partial z} = \left[j\omega\varepsilon_0 + \frac{1}{j\omega\mu_0}\left(\frac{\pi}{a}\right)^2\right]U_z \tag{14}$$

式(14)与式(13)是一致的。实际上，矩形波导内 TE_{10} 模的本征值为

$$h_{10} = \frac{\pi}{a}$$

因而得到式(14)并不奇怪。把式(14)与均匀传输线理论中稳定正弦状态的方程对照:

$$-\frac{\partial I(z)}{\partial z} = YU(z)$$

式中:Y 为单位长线的导纳。在目前情况下,Y 应为并联导纳,可写作 Y_{p},故有

$$Y_{\mathrm{p}} = \mathrm{j}\omega\varepsilon_0 + \frac{1}{\mathrm{j}\omega\mu_0}\left(\frac{\pi}{a}\right)^2$$

Y_{p} 可看成电容 C_{p} 与电感 L_{p} 并联。现在我们得到单节等效电路,如图1(b)所示;而波导可看作这样的多节电路链接而成。取

$$Y_{\mathrm{p}} = \mathrm{j}\omega C_{\mathrm{p}} + \frac{1}{\mathrm{j}\omega L_{\mathrm{p}}}$$

可求出等效电容、等效电感为

$$C_{\mathrm{p}} = \varepsilon_0 \tag{15}$$

$$L_{\mathrm{p}} = \frac{\mu_0}{\pi^2}a^2 \tag{16}$$

故等效电路的元件都可以计算。另外,用类似分析方法可以求得

$$-\frac{\partial U(z)}{\partial z} = \mathrm{j}\omega\mu_0 \cdot I(z)$$

把上式与传输线理论中稳定正弦状态方程对照:

$$-\frac{\partial U(z)}{\partial z} = Z_{\mathrm{s}}I$$

Z_{s} 是等效电路的串联阻抗,故有

$$Z_{\mathrm{s}} = \mathrm{j}\omega\mu_0$$

故等效电感为

$$L_{\mathrm{s}} = \mu_0 \tag{17}$$

式(15)~式(17)是通过波导参数(包括波导尺寸及内部媒质参数)而表达等效电路的元件参数取得成功的证明。

过去人们常说,波导在总体上可看成一个高通滤波器,其分界是波导截止频率 f_{c}。那么,这说法是否与图1有矛盾?(在图1中,有并联回路 $L_{\mathrm{p}}C_{\mathrm{p}}$,而这是带通滤波器的标志。)我们认为从物理概念上看并不成为问题。带通滤波器(band – pass filter)的实际响应曲线,可以用介入损失与频率的关系的形式绘出,如图2所示。图中,1为阻带(stop band),2为通带(pass band),3为过渡带(transition band)。图2称为带通滤波器的衰减频率特性。如果中心频率 f_0 很高,而带通滤波器的通频带很宽,就可看作高通滤波器了。实际上,一切滤波器都是频带的。因为实用上既无须扩展到 $f=0$,又不可能扩展到 $f\to\infty$。亦即在专业的设计中,"低通""高通""带通"的说法,并不具有重大的意义。

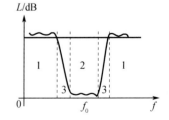

图2 带通滤波器的介入损失与频率的关系

　　以上分析处理表明,可以用分布式多级链接的等效电路模拟一个带有截止条件的电磁波动过程。作为对照,这里给出在横磁(TM)模情况下的等效电流、等效电压所遵守的方程[5]:

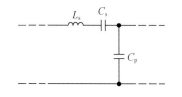

图3　横磁(TM)波的等效电路(单节)

$$-\frac{\partial I(z)}{\partial z} = j\omega\varepsilon_0 \cdot U(z)$$

$$-\frac{\partial U(z)}{\partial z} = \left(j\omega\mu_0 + \frac{h^2}{j\omega\varepsilon_0}\right) \cdot I(z)$$

相应的单节等效电路如图3所示。应当指出,图1和图3都是在忽略波导损耗条件下的结果。

3　消失模波导的等效电路

　　截止波导(Waveguide Below Cutoff,WBCO)也可称为消失模波导(Evanescent Mode Wave Guide,EMWG)。对金属壁矩形波导而言,主模TE_{10}的截止波长为

$$\lambda_{c.10} = 2a$$

例如:若$a = 1.27\text{cm}$,则$\lambda_{c.10} = 2.54\text{cm}$;对于10GHz的微波($\lambda \approx 3\text{cm}$),有$\lambda > \lambda_{c.10}$,亦即$f < f_{c.10}$,波导处于$EMWG$状态。由于消失模的基本特征是电磁场强度随距离增大按指数率下降,而在f远小于f_c时可看作准静态场。对金属壁波导而言,主模的衰减常数(α)最小,衰减最慢。故在留有足够距离时即可获单一模式。

　　在矩形波导条件下,TE模(H模)的波阻抗(wave impedance)是Z_{OH},它反映横向电场与横向磁场的关系,也称为模式阻抗(mode impedance)或本征阻抗(intrinsic impedance),可证明:

$$Z_{OH} = \frac{j\omega\mu}{\gamma}$$

式中:γ为波导的传播常数(propagation constant);μ为波导内介质的磁导率。在传输主模TE_{10}时,矩形波导波阻抗实际上是比值$E_y / -H_x$。

　　由于γ是复数,因此Z_{OH}也是复数。当$f < f_c (\lambda > \lambda_c)$,对理想导电壁波导有

$$Z_{OH} \approx \frac{j\omega\mu}{\alpha} \tag{18}$$

这是因为在截止频域相位常数$\beta \approx 0$。取$Z_{OH} = jX_{OH}$,则有

$$X_{OH} \approx \frac{\omega\mu}{\alpha} \tag{19}$$

可见这个纯电抗是电感性质。如波导壁不是理想导电($\beta \neq 0$),Z_{OH}有一个电阻分量,即$Z_{OH} = R_{OH} + jX_{OH}$;但$R_{OH}$之值只有$X_{OH}$的$10^{-3}$或$10^{-4}$,故常忽略之。现在按Linder[6]公式计算$\alpha$:

$$\alpha = \frac{2\pi}{\lambda_c}\sqrt{1 - \left(\frac{\lambda_c}{\lambda}\right)^2} = \frac{2\pi}{\lambda}\sqrt{\left(\frac{\lambda}{\lambda_c}\right)^2 - 1} \tag{20}$$

故有

$$X_{OH} \approx \frac{f\mu\lambda_c}{\sqrt{1 - \left(\frac{\lambda_c}{\lambda}\right)^2}}$$

取$\mu = \mu_0$,又定义真空中波阻抗为

$$Z_{00} = \mu_0 c = \sqrt{\frac{\mu_0}{\varepsilon_0}} \approx 376.62(\Omega)$$

式中: c 为真空中光速。则有 $f\mu_0\lambda_c = Z_{00}\lambda_c/\lambda$, 故得

$$X_{OH} \approx \frac{Z_{00}}{\sqrt{1 - \left(\frac{\lambda_c}{\lambda}\right)^2}} \frac{\lambda_c}{\lambda} = \frac{Z_{00}}{\sqrt{\left(\frac{\lambda}{\lambda_c}\right)^2 - 1}}$$

也可写作

$$X_{OH} \approx \frac{376.62}{\sqrt{\left(\frac{\lambda}{\lambda_c}\right)^2 - 1}} \quad (\Omega) \tag{21}$$

例如, $\lambda/\lambda_c = 3/2.54 = 1.18$, 则可算出 $X_{OH} = 599.2\Omega$。

两根矩形波导, 如 a 相同, b 不同, 式(21)反映不出其区别, 因主模 TE_{10} 的 λ_c 只由 a 决定。但我们知道, 这两根波导串联时一定会有反射的! 故波阻抗定义反映不出当波导用于实际时会出现的现象。在 S. A. Schelkunoff 的努力下, 建立了波导有效阻抗(effective impedance of waveguides)的概念, 定义为

$$Z_{eff} = \frac{b}{a} Z_{OH} \tag{22}$$

据此可以写出

$$X'_{OH} \approx \frac{376.62}{\sqrt{\left(\frac{\lambda}{\lambda_c}\right)^2 - 1}} \frac{b}{a} = \frac{b}{a} X_{OH} \tag{23}$$

这一定义在实际中运用将更为合理。设 $b/a = 0.3$, 则由上述算例可算出 $X'_{OH} = 0.3 \times 599.2 \approx 180\Omega$。

现在考虑 EMWG 的等效电路, 为此要引用影像参数理论(image parameter theory)[7]。图4(a)显示一个 4 端子(four terminals)网络, 在微波时它对应二端口(two ports)网络。使用通用矩阵(general matrix)进行分析, 定义为

$$[\mathscr{A}] = \begin{bmatrix} A & B \\ C & D \end{bmatrix}$$

该定义与下述方程相对应:

$$\begin{cases} U_1 = AU_2 + BI_2 \\ I_1 = CU_2 + DI_2 \end{cases}$$

假如网络的内容是一付传输线(传播常数 γ, 特性阻抗 Z_0), 如图4(b)所示, 则有

$$[\mathscr{A}] = \begin{bmatrix} \cosh\gamma l & Z_0\sinh\gamma l \\ \dfrac{\sinh\gamma l}{Z_0} & \cosh\gamma l \end{bmatrix}$$

亦即

$$A = \cosh\gamma l, B = Z_0\sinh\gamma l, C = \frac{\sinh\gamma l}{Z_0}, D = \cosh\gamma l$$

定义网络的影像阻抗(image impedance)为

$$Z_{\Pi} = \sqrt{\frac{AB}{CD}}$$

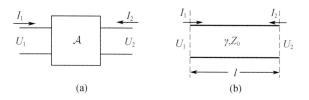

图4　4 端子(2 端口)网络及传输线

$$Z_{l2} = \sqrt{\frac{DB}{CA}}$$

对均匀传输线, $A = D$, 有

$$Z_{l1} = Z_{l2} = \sqrt{\frac{B}{C}} = Z_0$$

在线性网络理论中, 有一种方法是用 3 个集总参数元件组成 T 型电路或 π 型电路(图5), 以取代被研究的对象(如传输线)。在使用 T 型电路以取代长为 l 的均匀传输线时, 其元件数值由以下各式确定[4]:

$$Z_A = \frac{Z_{l1}}{\tanh\gamma l} - \frac{\sqrt{Z_{l1}Z_{l2}}}{\sinh\gamma l} = Z_0 \cdot \tanh\frac{\gamma l}{2}$$

$$Z_B = \frac{Z_{l2}}{\tanh\gamma l} - \frac{\sqrt{Z_{l1}Z_{l2}}}{\sinh\gamma l} = Z_0 \cdot \tanh\frac{\gamma l}{2}$$

$$Z_C = \frac{\sqrt{Z_{l1}Z_{l2}}}{\sinh\gamma l} = \frac{Z_0}{\sinh\gamma l}$$

在消失模状态下取 $Z_0 = jX_0$, 故得

$$Z_A = Z_B = jX_0 \cdot \tanh\frac{\gamma l}{2} \tag{24}$$

$$Z_C = \frac{jX_0}{\sinh\gamma l} \tag{25}$$

同理, 在取 π 型电路以取代长为 l 的均匀传输线时, 就有

$$Z_A = Z_B = jX_0 \cdot \coth\frac{\gamma l}{2} \tag{26}$$

$$Z_C = jX_0 \cdot \sinh\gamma l \tag{27}$$

这些式子表明等效电路参数的可计算性。

图5　T 型电路及 π 型电路

4　消失模波导的一种激励方法

假设用 EMWG 做一个滤波器, 工作频率(中心频率) $f_0 = 10\mathrm{GHz}$, 输入、输出方式均为同轴

式(coaxial)。对这样的技术设计要求,如何以最简单的办法实现矩形波导与同轴座之间的转换,而又有恰当的阻抗匹配(例如,实现 180Ω 与 50Ω 之间的过渡和匹配),是一件困难的事。实际上,采用微带(micro - strip)电路来解决难题是最恰当的。图 6 显示了这种过渡方式。图中,1 是同轴座(SMA 型),2 是 EMWG 的底盘(金属),3 是微带,4 是 EMWG 侧壁(金属)。微带的基板(衬底)厚度为 h,其上的导条宽为 w;当按 50Ω 特性阻抗设计时,假设取 $w = 0.61$mm,由特性阻抗设计曲线(Z_C 与 $w/h = 1$ 的关系曲线族,参变数为衬底材料的相对介电常数 ε_r),可以进行设计。例如,取 $w/h = 1$,则可查出衬底材料应为 $\varepsilon_r = 9$,参见图 7。我们知道,当 $f = 10$GHz,氧化铝材料的 $\varepsilon_r = 8.9 \sim 9.5$(当纯度 96% ~99.5%),故选氧化铝作衬底介质是合适的。

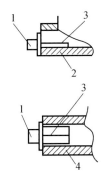

图 6 矩形波导(工作于消失模)的一种激励方法

图 6 中的微带,与左方的高频座(50Ω 阻抗)相匹配已不成问题。那么,它与右方的 EMWG 是什么关系?实际上,它既可看成是终端开路的传输线,又可看成是微带天线;亦即其开路端的边缘场产生的辐射,成为 EMWG 的激励源。宽度 w 的微带线,其开路终端缝隙的辐射可用辐射电阻来等效,它损耗的功率等于缝隙的辐射功率。可以证明,当 $0.35\lambda \leqslant a \leqslant 2\lambda$,有

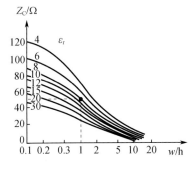

图 7 微带电路的特性阻抗

$$R_s^{-1} = \frac{1}{120}\frac{a}{\lambda} - \frac{1}{60\pi^2} \tag{28}$$

若 $a = 1.27$cm,$\lambda = 3$cm,算出 $R_s = 545\Omega$。另外,开路端缝隙的等效导纳还有一个电容 C_s,它由边缘效应引起,也是可计算的。输入部分的电路可放大绘出如图 8 所示。图中,1 是导条,2 是衬底(介质板),3 是接地导体板。把高频插座 SMA 当作微带天线的同轴线馈电装置,则可绘出一个等效电路(图 9)。中间的等效传输线(特性阻抗 Z_c)代表微带线,两端的导纳 $Y_s = G_s + jB_s$ 代表辐射效应和边缘电容效应,则有

$$Y_{in} = Y_s + Y_c = \frac{Y_s + jY_c\tan\beta l_0}{Y_c + jY_s\tan\beta l_0} \tag{29}$$

式中:$\beta = 2\pi/\lambda$,是等效传输线的相位常数;而 $Y_c = Z_c^{-1}$,是等效传输线的特性导纳。问题是 C_s 如何计算?作为近似的处理,可以把图 8 看成一个小型的平板电容器,极板面积 $S = l_0 w$,极板间隔为 h,故有

$$C = \varepsilon\frac{S}{h} = \varepsilon\frac{l_0 w}{h} \tag{30}$$

式中:$\varepsilon = \varepsilon_r\varepsilon_0$,$\varepsilon_r$ 是微带线衬底材料的相对介电常数。故单位长微带线的电容为

$$C' = \frac{C}{l_0} = \varepsilon_r\varepsilon_0\frac{w}{h} \tag{31}$$

假设设计时取 $w = h$,则有

$$C = \varepsilon_r\varepsilon_0 l_0$$
$$C' = \varepsilon_r\varepsilon_0$$

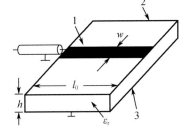

图 8 由同轴线激励微带电路

已知 $\varepsilon_0 \approx 8.8542 \times 10^{-12}$F/m,如取 $\varepsilon_r = 9$,$l_0 = 10.16$mm,则可算出 $C = 0.81$pF。不过,这样计算出来的 C 值,与 C_s 尚不能完全等同。

以上是用等效传输线的理论分析。还有一种分析方法，是在假设 $h \ll \lambda$ 的条件下，把微带天线（或一般地称为微带结构）的导条与接地板之间的空间看成四周为磁壁、上下为电壁的谐振腔（resonator）。从腔的四周的等效磁流可求出天线辐射场，从腔内场和馈源边界条件可求出天线输入阻抗。这时，矩形腔内电场、磁场均为无散场，故可求腔内并矢 Green 函数的本征函数 $G(r,r')$ 的展开式，进而求腔内电场

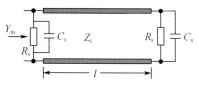

图 9　微带的等效电路

$$E(r) = \mathrm{j}\omega\mu_0 \iiint_V G(r,r') \cdot J(r') \mathrm{d}V' \tag{32}$$

式中：$J(r')$ 为腔内任意馈电电流。这些是分析方法的大意，实际上在目前的问题中（即不是专门讨论微带天线理论时）不必搞得那么复杂化。

5　消失模波导滤波器中的调谐螺钉

一个理想的滤波器，在频域的通带（pass band）以内，所有频谱分量得到同样的放大（或衰减），故合成后的输出信号无频率失真。此外，所有的频谱分量均按 ω 大小而成比例地产生相移，即相频特性 $\phi(\omega) \propto \omega$，则输出信号无相位失真。设滤波器的输入信号为 $u_i(t)$，则输出信号可写作

$$u_0(t) = K_0 u_i(t - \tau)$$

式中：$K(\omega) = K_0$，为滤波器（网络）的电压传输系数；τ 为信号在时域产生的时延（可以允许）。两端取 Laplace 变换，得

$$U_0(s) = K_0 \mathrm{e}^{-\tau s} U_i(s)$$

式中：s 为复频率。在稳态、正弦波情况下，有

$$U_0(\mathrm{j}\omega) = K_0 \mathrm{e}^{-\mathrm{j}\omega\tau} U_i(\mathrm{j}\omega)$$

故得传递函数（transfer function）为

$$G(\mathrm{j}\omega) = \frac{U_0(\mathrm{j}\omega)}{U_i(\mathrm{j}\omega)} = K_0 \mathrm{e}^{-\mathrm{j}\omega\tau}$$

亦即

$$K(\omega) = K_0 \tag{33}$$

$$|\phi(\omega)| = \omega\tau \tag{34}$$

故相频特性的切向斜率是系统的时延（time delay）。在非色散媒质（如真空或 TEM 波传输线）情况下，相速与群速相同，相时延与群时延相同。对于色散媒质（如等离子体）或系统（如波导），以上两者是不同的，即应区别以下两者：

相时延
$$\tau_\mathrm{p} = \frac{\beta}{\omega} \tag{35}$$

群时延 τ_g 也可写作
$$\tau_\mathrm{g} = \frac{\mathrm{d}\beta}{\mathrm{d}\omega} \tag{36}$$

$$\tau_\mathrm{g}(\omega) = \frac{\mathrm{d}\phi(\omega)}{\mathrm{d}\omega}$$

如 $\tau_\mathrm{g}(\omega) = \mathrm{const.}$（与频率无关），就表示

$$|\phi(\omega)| \propto \omega$$

在微波以下的频段（如短波、米波），采用集中参数电气元件（电感、电容）可以构造出带通

滤波器,图 10 即为一例。图中 n 代表所需要的级数,它根据技术指标而确定(指标要求越高,级数越多)。在这个电路中,每个单节(单元)的滤波器,是由一个并联谐振电路和一个串联谐振电路构成的;在谐振频率 f_0,电压传输系数最大,衰减最小。图 10 也可作些修改后使用,例如,省去电感 L_{sn}($n = 1, 2, \cdots$),也是带通滤波器性质。

在微波条件下,设计滤波器方法很多,但使用 EMWG 有利于减小体积和质量,并降低成本。前已述及,当采用矩形波导并用 TE_{10} 模时,在截频以下($f < f_c$)可获得一个电感性器件。为了构造一个带通滤波器,需要引进电容。这可由引入调谐螺钉来解决,图 11 是这种方法的示意[8];金属螺钉直径为 d,长度为 H;实际上 H 是可变的,等效电路参数也就随 H 而变化。当 H 由零开始增大,波导最初呈电容性;当 $H = \lambda_g/4$ 时发生串联谐振,$X_1 = 0$;过了这一点,再加长时波导变为感性。至于 X_2,一般比较小。图 12 是螺钉调节的实测情况。

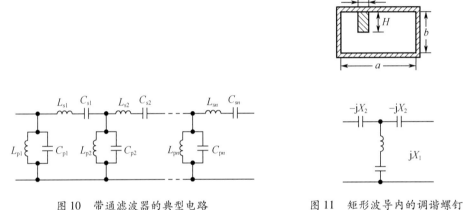

图 10　带通滤波器的典型电路　　　　图 11　矩形波导内的调谐螺钉

在截止波导理论中,关于 EMWG 的输入阻抗我们曾作过深入的论述[4]。在假设 $\gamma \approx \alpha$,$Z_0 \approx jX_0$ 时,传输线理论公式可用来分析 EMWG,并得出一系列结论。例如,终端短路($Z_L = 0$)的截止波导,输入电阻为零,输入电抗为

$$Z_{in} = jX_0 \cdot \tanh\alpha l$$

而终端开路($Z_L = \infty$)的截止波导,输入电阻也是零,输入电抗为

$$Z'_{in} = jX_0 \cdot \coth\alpha l$$

在以上两式中,l 是截止波导长度。S, S, Bharj[3] 对 EMWG 滤波器给出一个单节等效电路(图 13),其中 50Ω 是高频座(或说微带电路)的阻抗;C 是微带电容(前已作过计算);C_1 是调谐螺钉电容。并联阻抗 $Z_p = jX_{OH} \cdot \coth\alpha l$,是电感性;串联阻抗 $Z_s = jX_{OH} \cdot \sinh\alpha l$,也是感性。图 13 表面上与图 10 不同,实际上由于螺钉引入了电容,构成谐振电路是不成问题的。

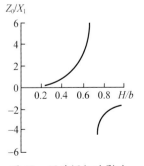

图 12　调谐螺钉的影响

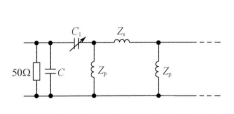

图 13　消失模滤波器设计例的等效电路

6　实验情况

首先介绍 S. S. Bharj[3] 研制的滤波器。图 14 是其 EMWG 滤波器的侧剖图,$l_0 = 10.16\text{mm}$,$L = 4.83\text{mm}$,$l_1 = 16\text{mm}$,故总长($2l_0 + 2L + l_1$)为 46mm;滤波器横宽 $a = 12.7\text{mm}$,可见,这是一个体积很小的微波滤波器。它的中心频率 $f_0 \approx 10\text{GHz}$,相应波长 $\lambda \approx 3\text{cm}$。图 15 是实验结果,这个滤波器的中心频率比预期值稍大($f_0 = 10.2\text{GHz}$),但误差仅 2%。它的介入损耗(IL)值,通带时很小(低于 0.1dB);阻带时相当大,可达 30dB。图 15 的虚线代表回波损耗(RL)值,通带中可达 $\text{RL} \geqslant 20\text{dB}$,亦即 $\text{VSWR} \leqslant 1.22$;这个指标可以说"较好"。阻带时 RL 值很小,表示 EMWG 造成的反射非常大。

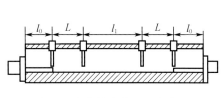

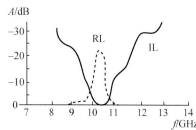

图 14　消失模滤波器设计实例　　　　　图 15　消失模滤波器设计例的性能曲线

现在介绍我们自己的研制工作和实验研究。利用消失波(场)自身的特点,加之以适当的信号激励和接收方式,有效地实现了带通滤波器的设计,达到了体积小、质量小、性能好的目的。通过实验测量发现由 4 个调谐螺钉介入腔体长度的调节可以达到中心频率为 10GHz 的带通滤波,同时发现可以根据需要对中心频率的位置和带宽进行适当调整。以矩形金属壁波导为基础设计宽边 $a = 1.27\text{cm}$,窄边为 $b = 0.38\text{cm}$,中心频率为 $f_0 = 10\text{GHz}$ 的带通滤波器,其输入、输出方式均为同轴式。经计算可知其波导有效阻抗为 180Ω。设计中我们采用了微带电路的办法来解决了腔内 180Ω 与腔外 50Ω 的阻抗匹配问题。图 16 显示了这种过渡方式并给出了消失模波导的装配图,其中的(a)为顶视图,(b)为侧视剖面图,同轴座为 SMA 型。由于对这个微带电路要求其特性阻抗为 50Ω,因此可以根据特性阻抗设计曲线进行设计。假设取微带的宽度为 0.61mm,而当介质厚与其相当时,可查出衬底材料的介电常数应为 $\varepsilon_r \approx 9$,我们知道当 $f_0 = 10\text{GHz}$,氧化铝材料的 $\varepsilon_r = 8.9 \sim 9.5$(当纯度为 96% ~99.5% 时)。因此可以选氧化铝作为衬底材料,实际制作中为了降低制作成本,我们选用了复合板材进行制作,介电常数选为 $\varepsilon_r = 9.2$。

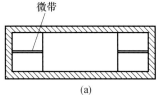

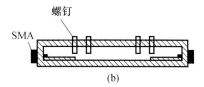

图 16　微带电路及装配图

其等效电路可以视作是由一个并联谐振电路和一个串联谐振电路构成的。当采用矩形波导并用 TE₁₀ 模时,在截止频率以下($f < f_c$)可获得一个电感性器件,为了构造一个带通滤波

器,需要引进电容。这可以通过引入调谐螺钉来解决。当调谐螺钉慢慢进入腔体时,波导最初呈电容性,当插入腔体的深度达到 $\lambda_c/4$ 时就会发生串联谐振,过了这一点,再加长时波导就会变为感性了。由此可见,由调谐螺钉的介入,使得波导构成谐振电路是不成问题的。

　　我们制作完成的滤波器,用 ANA 的测量结果如图 17 中的(a)和(b)所示,其中图(a)为通过调节调谐螺钉而得到的介入损耗曲线,通带的中心频率为 10GHz,图(b)为对应的驻波比曲线,在 10GHz 处达到较好的驻波比,值为 1.059。

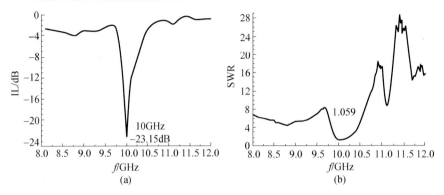

图 17　自行研制的滤波器的 ANA 测量结果

　　通过实验测量发现消失模波导滤波器达到了体积小、质量小、滤波性能好的目的。通过调谐螺钉在腔内介入尺寸的调节,可以有效控制通带的中心频率。

7　结束语

　　带通滤波器用来在频域通过有一定带宽的信号。本文给出了消失模波导滤波器的设计理论,重点放在带通滤波器上。限于篇幅,我们没有论述如何利用"低通原型(low - pass prototype)滤波器"理论方法,因而尚不能根据指定的性能曲线来设计电路并算出元件值。对此将另文论述。

参 考 文 献

[1] Graven G. Waveguide bandpass filters using evanescent modes[J]. Electron Lett, 1966,2:251 – 255.

[2] Craven G, Mok C. The design of evanescent mode waveguide bandpass filters for a prescribed insertion loss characteristic[J]. Trans. TIEEE,1971,MTT19(3):295 – 308.

[3] Bharj S. Evanescent mode waveguide to microstrip transition[J]. Microwave Jour. , 1983(2):147.

[4] 黄志洵. 截止波导理论导论[M]. 2 版. 北京:中国计量出版社,1991.

[5] Schelkunoff S. Transmission theory of the plane electro – magnetic waves[J]. Proc,IRE,1937,25(11):1457 – 1492.

[6] Linder E. Attenuation of electro – magnetic field in pipes smaller than critical size[J]. Proc. IRE,1942,30(12): 554 – 556.

[7] 甘本祓,吴万春. 现代微波滤波器的结构与设计(上册)[M]. 北京:科学出版社,1973.

[8] 黄志洵,王晓金. 微波传输线理论与实用技术[M]. 北京:科学出版社,1996.

截止波导理论

- H$_{11}$模截止式衰减器的误差分析
- 圆截止波导衰减常数的精确公式
- Exact Calculations to the Propagation Constant of Circular Waveguide Below Cutoff
- 金属壁内生成氧化层对高精度圆截止波导传播常数的影响
- 波导截止现象的量子类比

H$_{11}$ 模截止式衰减器的误差分析

黄志洵

（电子工业部第 10 研究所,成都　610000）

摘要:对 H$_{11}$ 模截止式波导衰减器理论完整性作了几点补充,分析了非线性偏差和线性段的误差,得出一些对设计、使用、维护、校准有用的结论。

关键词:截止波导;截止式衰减器;起始非线性段

Error Analysis of the H$_{11}$ − mode Cutoff Attenuator

HUANG Zhi − Xun

（10th Institute of Electronic Ministry,Chendu　610000）

Abstract:This article is a supplement to the completion of cutoff attenuator's theory. The deviation of attenuation in nonlinear region and the errors of attenuation constant in linear region are given in the article, which obtained some useful conclusions.

Key words:waveguide below cutoff;cutoff attenuator;original nonlinear region of attenuation

1　引言

虽然用矩形截面金属壁波导和圆截面金属壁波导都能设计出实用的截止衰减器,但在计量学和微波测量中使用的主要是圆波导,这是本文所讨论的 H$_{11}$ 模截止衰减器的核心部件。我们的研究从两方面入手,即分析纵向问题与横向问题。前者主要探讨起始非线性段的规律,导出衰减方程;后者则对衰减常数作误差分析。利用标准信号发生器 ΓCC – 17 的输出衰减器做了一些实验。

注:本文原载于《电子学报》,第 1 卷,第 4 期,1963 年,128 – 141 页。

2　非线性偏差

1）用低频等效电路方法分析

截止式波导衰减器的起始非线性段是由寄生波型和负载的反作用所引起的。对于波型不纯的影响和滤波的方法,在早期的文献[1-3]中已详加分析,因此近年来人们的注意力集中于负载反作用所引起的非线性上面。

1950 年 Barlow 和 Cullen[4]提出:为了减小非线性,衰减器应接在纯电阻的发生器输出阻抗和纯电阻的负载阻抗之间,其阻值均等于波导管波特性阻抗的模。这样当非线性偏差 $\Delta A = 0.02\text{dB}$ 时,最小起始衰减将为 24.4dB。如果把非线性的要求降低到 $\Delta A = 0.1\text{dB}$,不可避免地将有一个 13.6dB 的起始衰减。

1959 年,Weinschel[5]在设计超外差衰减检定装置内的中频衰减器时,发现达到上述阻抗条件很感困难,在 30MHz 上,波导的 H_{11} 模波阻抗只有 2.61Ω,这个数值太小不便掌握。因此,他采用一种低频等效电路的处理方法:将 H_{11} 中频衰减器看成一个互感耦合电路而进行分析。结果得到这样的结论:如果输出电路是并联谐振的,使输入回路失谐可以改善线性。他的分析差不多完全解决了 H_{11} 中频衰减器两端电路参数的设计问题。

在米波标准信号发生器(如 $\Gamma\text{CC}-17$、$\Gamma\text{CC}-30$)中,我们遇到了另外一种情形:输入回路是并联谐振的,而输出电路是不调谐的(图 1)。现在对此种情况进行分析。

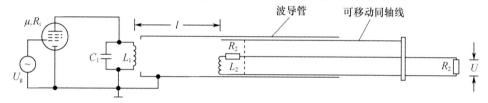

图 1　米波标准信号发生器输出部分的等效电路

假设(1)衰减器按 H_{11} 模工作,在激励线圈与接收线圈之间没有滤波屏,但由于线圈之间的分布电容小,工作频率低,E_{01} 模的影响是可以忽略的。

（2）发生器的高频末级是调谐放大器,用其阳极输出槽路作为衰减器的激励电路。

（3）衰减器的输出电路为串联不调谐式,由接收线圈、串联电阻组成;输出端用相同的电阻 R_0 端接。接收线圈电感量很小,因此其损耗很小,可以略去不计。

（4）发生器末级放大器处于 C 类、欠压状态。

在这些条件下,可以证明(见附1):输出负载上的电压 U 和放大器栅极电压 U_g 之比的绝对值为

$$\left|\frac{U}{U_g}\right| = \frac{ak}{\sqrt{1+bk^2+ck^4}} \tag{1}$$

式中:k 为耦合系数,即两个线圈的磁场强度之比;这个比值决定于很多因素,包括线圈间距和周围环境,后者包含波导管的影响。a、b、c 是常数,由工作频率和电路参数决定:

$$a = \frac{\mu\omega\sqrt{L_1 L_2}}{2R_i'(1-\delta)\sqrt{\left(1+\frac{Q_i^2}{\delta^2}\right)\left(1+\frac{1}{hQ_1^2}\right)}}$$

$$b = \frac{Q_1 Q_2}{1 + h Q_1^2}$$

$$c = \frac{Q_1 Q_2}{4} b$$

上列各式中符号的意义如下：μ 是电子管放大因数；$R'_i = \alpha_i R_i$，称为折合内阻；$Q_1 = \frac{\omega L_1}{R_1}$，$Q_2 = \frac{\omega L_2}{R_2}$，$Q_i = \frac{\omega L_1}{R'_i}$ 为质量因数；$\delta = \omega^2 L_1 C_1$，称为相对失谐度（$\delta \neq 1$ 代表激励槽路失谐，$\delta = 1$ 代表激励槽路谐振）；$h = \left(\frac{1-\delta}{\delta}\right)^2$ 为由相对失谐决定的常数；谐振时 $h = 0$，失谐时 $h > 0$。

式(1)表明，$\left|\dfrac{U}{U_g}\right|$ 对 k 而言是一个非线性方程；如果 b、c 为零，式(1)就成为线性方程。取式(1)的对数得

$$\ln\left|\frac{U_g}{U}\right| = \ln \frac{1}{k} - \ln a + \ln \sqrt{1 + bk^2 + ck^4} \quad (\text{Np})$$

波导理论确定了在消失态时磁场强度沿长度方向的指数衰变特性；当移开线圈时，k 按指数率减小，故可取

$$k = c^{-al}$$

因此得到

$$\ln\left|\frac{U_g}{U}\right| = \alpha l - \ln a + \ln \sqrt{1 + bk^2 + ck^4} \quad (\text{Np})$$

设 $l = 0$ 时，$U = U_0$；又取

$$A = \ln\left|\frac{U_0}{U}\right| \quad (\text{Np})$$

则可证明：

$$A = \alpha l - \ln \sqrt{1 + b + c} + \ln \sqrt{1 + be^{-2al} + ce^{-4al}} \quad (\text{Np}) \tag{2}$$

这就是图 1 所示电路中 A 和 αl 的关系式。第三项是非线性项，

$$\Delta A = \ln \sqrt{1 + be^{-2al} + ce^{-4al}} \approx \{be^{-2al} + ce^{-4al}\} \quad (\text{Np}) \tag{3}$$

实际上，式(3)中 ck^4 项可以忽略，这是因为当 $k \leqslant 0.1$ 时，$\dfrac{bk^2}{ck^4} \geqslant \dfrac{400}{Q_1 Q_2}$；即当 $Q_1 Q_2 = 1 \sim 4$ 时，$\dfrac{bk^2}{ck^4} \geqslant 100 \sim 400$。因此得到非线性偏差为

$$\Delta A \approx \ln \sqrt{1 + be^{-2al}} \approx \frac{1}{2} be^{-2al} \quad (\text{Np}) \tag{3a}$$

显然，为了减小 ΔA，应该使 b 尽量小。

b 与 Q_1、Q_2、δ 有关，如图 2 所示。该曲线表明以下两个情况：

（1）使 $\delta \neq 1$，即使激励电路微量失谐时，非线性偏差可以减小。这个结果，与 Weinschel 的分析类似。

（2）如果初级槽路质量因数较大，那么失谐对非线性的抑制作用较显著；反之，如果激励槽路质量因数很低，例如，槽路两端并联有分路电阻，那么失谐的抑制作用较小。

必须指出，失谐过大时，不能收到减小非线性的效果；因为失谐太多时，激励线圈上的电压

大大降低。为使输出电压增大,势必要加紧线圈之间的耦合,而这又将导致非线性的增加。因此,有一个最佳失谐存在,其值用实验确定。

由式(3),当 $l = 0$,非线性偏差最大。但互相耦合的线圈的几何中心不可能完全重合,故耦合最紧时还存在一个起始距离 l_1;当 $l = l_1$ 时,有

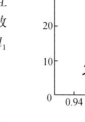

$$A_1 = \ln \left| \frac{U_0}{U_1} \right|$$

$$= \alpha l_1 - \ln \sqrt{1 + b + c} + \ln$$

$$\sqrt{1 + be^{-2al_1 + ce^{-4al_1}}} \quad (\text{Np})$$

图2　b/Q_2 与 δ 的关系曲线

故最大的非线性偏差为

$$(\Delta A)_1 = \ln \sqrt{1 + be^{-2al_1 + ce^{-4al_1}}} \quad (\text{Np}) \tag{4}$$

应用级数展开式并略去高次项得

$$(\Delta A)_1 \approx \frac{1}{2} \{ be^{-2al_1} + ce^{-4al_1} \} \quad (\text{Np}) \tag{4a}$$

$$= 4.34 \{ be^{-2al_1} + ce^{-4al_1} \} \quad (\text{dB}) \tag{4b}$$

在以上各公式中 αl_1 的单位均是奈贝。

若 $b \gg ce^{-2al_1}$,则非线性偏差公式最简单:

$$(\Delta A)_1 \approx 4.34 be^{-2al_1} \quad (\text{dB}) \tag{4c}$$

式(4c)对于工程计算非常方便。

下面举出一个实际的计算与实验例子。

已知:$f = 21\text{MHz}, L_1 = 1\mu\text{H}, L_2 = 0.03\mu\text{H}, \alpha = 1.28(\text{dB/mm}), l_1 \approx 1\text{mm}$,激励回路相对失谐为 5% ~ 10%,求 $(\Delta A)_1$ 等于多少。

计算步骤:

(1) 根据以上数据算出 $Q_2 = \frac{\omega L_2}{R_2} = 0.05, 2\alpha L_1 = 2.6\text{dB} = 0.3\text{Np}, e^{-2al_1} = e^{-0.5} = 0.74$;

(2) 根据相对失谐度,估计取 $\frac{b}{Q_2} = 6$,故得 $b = 0.3$;

(3) $(\Delta A)_1 \approx 4.34 \times 0.3 \times 0.74 = 0.96 \quad (\text{dB})$

实验情况:

用 $2a = 25 \pm 0.04\text{mm}$ 的、表面镀银的黄铜波导管,用传动比约为80,指标器精度为 0.0385mm 的齿轮度盘作读数机构。利用与理论分析和计算中相同的激励与接收回路参数,起始距离 l_1 取波导管输出为 0.1V 电压时的位置。放大管栅极激励电压为 $U_g = 10\text{V}$。在 21MHz 频率上,测出 $(A - A_1)$ 与 $\alpha(l - l_1)$ 关系,如图3所示。将曲线的直线段延长与纵轴相交,交

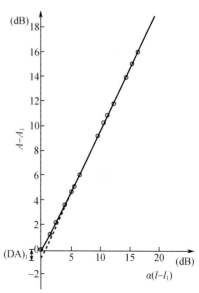

图3　$(A - A_1)$ 与 $\alpha(l - l_1)$ 的关系曲线

点的截距离就是$(\Delta A)_1$,其值为 0.85 ~ 0.9dB。因此,实验与计算颇相符合。另外,由直线部分求出其斜率为 1,也与理论分析的要求一致。

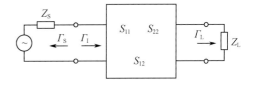

图 4 二端口网络

获得图 3 的条件为:H_{11} 模;$f = 21 MHz$;$2a = 25 \pm 0.04 mm$,$L_1 = 1\mu h$,$L_2 = 0.03\mu h$;$R_2 = 75\Omega$;$|1 - \delta| = 5\% ~ 10\%$。

2)用网络方法(传输线方法)分析

耦合电路法不适用于微波,在这里要用网络分析。图 4 是一个无源线性二端口网络,它包含的内容可以是传输线、衰减器、波导接头等。其工作情况,可用散射矩阵参数 S_{11}、S_{12}、S_{22} 来表征。根据 Beatty[6],网络的介入损失等于:

$$L = \ln \left| \frac{(1 - S_{11}\Gamma_S)(1 - S_{22}\Gamma_L) - S_{12}^2\Gamma_S\Gamma_L}{S_{12}(1 - \Gamma_S\Gamma_L)} \right| \quad (Np) \tag{5}$$

式(5)可以写成

$$L = \ln \frac{1}{|S_{12}|} + \ln \frac{1}{|1 - \Gamma_S\Gamma_L|} + \ln \left| (1 - S_{11}\Gamma_S)(1 - S_{22}\Gamma_L) - S_{12}^2\Gamma_S\Gamma_L \right| \quad (Np)$$

式中

$$\Gamma_S = \frac{Z_S - Z_0}{Z_S - Z_0}, \qquad \Gamma_L = \frac{Z_L - Z_0}{Z_L + Z_0}$$

可以证明:

$$\frac{1}{1 - \Gamma_S\Gamma_L} = \frac{1}{\sqrt{(1 - \Gamma_S^2)(1 - \Gamma_L^2)}} \cdot \frac{2\sqrt{Z_S/Z_L}}{Z_S + Z_L}$$

因此得到

$$L = \ln \frac{1}{|S_{12}|} - \ln \left| \sqrt{1 - \Gamma_S^2}\sqrt{1 - \Gamma_L^2} \right| + \ln \left| (1 - S_{11}\Gamma_S)(1 - S_{22}\Gamma_L) - S_{12}^2\Gamma_S\Gamma_L \right| +$$

$$\ln \frac{2\sqrt{Z_S Z_L}}{Z_S + Z_L} \quad (Np) \tag{5a}$$

式(5a)中前三项称为工作衰减,用 A 表示:

$$A = \ln \frac{1}{|S_{12}|} - \ln \left| \sqrt{(1 - \Gamma_S^2)(1 - \Gamma_L^2)} \right| + \ln \left| (1 - S_{11}\Gamma_S)(1 - S_{22}\Gamma_L) - S_{12}^2\Gamma_S\Gamma_L \right| \quad (Np)$$

$$\tag{6}$$

对于截止式波导衰减器(图 5),$S_{11} = 0$,$S_{22} = 0$,$S_{12} = e^{-\gamma l}$,故得

$$L = \alpha l - \ln |1 - \Gamma_S\Gamma_L| + \ln |1 - \Gamma_S\Gamma_L e^{-2\gamma 1}| \quad (Np) \tag{5b}$$

$$A = \alpha l - \ln \left| \sqrt{1 - \Gamma_S^2}\sqrt{1 - \Gamma_L^2} \right| + \ln |1 - \Gamma_S\Gamma_L e^{-2\gamma 1}| \quad (Np) \tag{6a}$$

如果命

$$\Delta A = \ln |1 - \Gamma_S\Gamma_L e^{-2\gamma 1}| \tag{7}$$

则得

$$L = \alpha l - \ln |1 - \Gamma_S\Gamma_L| + \Delta A \quad (Np) \tag{5c}$$

$$A = \alpha l - \ln \left| \sqrt{1 - \Gamma_S^2}\sqrt{1 - \Gamma_L^2} \right| + \Delta A \quad (Np) \tag{6b}$$

在附 2 中我们证明了:

$$\Delta A = \ln \sqrt{1 - 2|\Gamma_S||\Gamma_L|e^{-2a_1}\cos(\varphi_S + \varphi_L - 2\beta L) + |\Gamma_S|^2|\Gamma_L|^2 e^{-4a_1}} \quad (Np) \tag{7a}$$

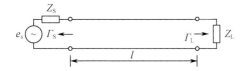

图 5　截止式波导衰减器的传输线式等效电路

因此,获得了计算非线性偏差的是一般公式。这个非线性是由于负载反作用而引起的,未计及波模不纯的作用,后者由于滤波措施实际上很小。

在许多情况下,可以略去波导管的相位移,这时 L、A 的公式可以改写。例如,对于工作在低中频($f<30$MHa)的 H_{11} 模标准衰减器,其相位移等于(附3)

$$\beta l = -\alpha l \frac{\tau}{a} \quad (\text{rad}) \tag{8}$$

由于 $\frac{\tau}{a} \ll 1$,故 βl 之值很小,可能在 $2° \sim 3°$ 以内。这时可认为

$$\gamma l = \alpha l \left(1 - \mathrm{j}\frac{\tau}{a} \right) \approx \alpha l$$

从而得到

$$L \approx \alpha l - \ln|1 - \Gamma_S \Gamma_L| + \ln|1 - \Gamma_S \Gamma_L e^{-2\alpha l}| \quad (\text{Np}) \tag{9}$$

$$A \approx \alpha l - \ln\left| \sqrt{1 - \Gamma_S^2} \sqrt{1 - \Gamma_L^2} \right| + \ln|1 - \Gamma_S \Gamma_L e^{-2\alpha l}| \quad (\text{Np}) \tag{10}$$

$$\Delta A \approx \ln \sqrt{1 - 2|\Gamma_S||\Gamma_L|e^{-2\alpha l}\cos(\varphi_S + \varphi_L) + |\Gamma_S|^2|\Gamma_L|^2 e^{-4\alpha l}} \quad (\text{Np}) \tag{11}$$

显然,L、A、ΔA 与固有衰减 αl 的关系,与衰减器两端的反射系数的相角(φ_S、φ_L)的大小密切相关。

截止式波导衰减器的特性阻抗是纯电抗。对于 H 模,$Z_0 = \mathrm{j}X_0$,故有

$$\Gamma_S = \frac{Z_S - \mathrm{j}X_0}{Z_S + \mathrm{j}X_0} = \frac{(R_S^2 + X_S^2 - X_0^2) - \mathrm{j}2R_S X_0}{R_S^2 + (X_S + X_0)^2} \tag{12}$$

$$\Gamma_L = \frac{Z_L - \mathrm{j}X_0}{Z_L + \mathrm{j}X_0} = \frac{(R_L^2 + X_L^2 - X_0^2) - \mathrm{j}2R_L X_0}{R_L^2 + (X_L + X_0)^2} \tag{13}$$

考虑一种特殊情况,即 Z_S 与 Z_L 是纯电阻,而其绝对值等于 X_0;

$$\begin{cases} X_S = X_L = 0 \\ R_S = R_L = X_0 \end{cases}$$

这时 $\Gamma_S = \Gamma_L = -\mathrm{j}$;亦即 $|\Gamma_S| = |\Gamma_L| = 1$,$\varphi_S = \varphi_L = -\frac{\pi}{2}$。就得到

$$L = A = \alpha l - \ln 2 + \ln \sqrt{1 + 2e^{-2\alpha l}\cos\xi\alpha l + e^{-4\alpha l}} \tag{14}$$

式中

$$\xi = \frac{2\beta}{\alpha}$$

式(14)是与波型无关的。虽然是由 H 模导出,但对于 E 模也是一样的。

如果下式得到满足:

$$\beta l = n\pi \quad (n = 0,1,2,\cdots)$$

式(14)将变为

$$A = \alpha l - \ln 2 + \ln(1 + e^{2al}) \qquad (\text{Np})$$

这是 Barlow 和 Cullen[4] 在 1950 年给出的公式。它只是式(14)的一个特殊解。式(14)仍要遵从 Barlow 的阻抗条件,但是①由于线路中的杂散影响,两端阻抗不易获得纯电阻。②考虑到理想的线性的获得要靠阻抗的"完全匹配"($Z_S = Z_L = jX_0$),因此使两端阻抗具有一定电抗分量,对减小非线性有益;人们可能有意识地这样做了。因此,式(14)也不是最全面、最合用的,应该更重视式(7a)和式(11),它可以在上述情形出现时,继续有效地解决非线性的计算问题。由于 $|\Gamma_S|$ 是 X_S 的函数,因此适当地选择 X_S,可以使 $|\Gamma_S|$ 减小到最低限度。Weinschel 的方法的实质,就是通过减小 $|\Gamma_S|$ 而减小 ΔA。

3　直线段的误差

1) 直线段误差的计算

如果截止式衰减器工作在非线性偏差可以忽略的线性衰减段,则得

$$A = \alpha l$$

因此 A 的全微分为

$$dA = l d\alpha + \alpha d l \qquad (15)$$

式(15)表明,线性截止式衰减器的误差由两个部分合成:一部分是由于衰减常数所引起的误差;另一部分是由于读数机构的缺陷而引起的误差。

令

$$\begin{cases} |dA|_1 = \left| \dfrac{d\alpha}{\alpha} \right| A \\ |dA|_2 = \alpha |dl| \end{cases} \qquad (16)$$

则得

$$dA = \pm \{ |dA|_1 + |dA|_2 \} = \pm \left\{ \left| \dfrac{d\alpha}{\alpha} \right| A + |dA|_2 \right\} \qquad (17)$$

式(17)既反映了截止式衰减器工作的特点,又便于进行工程计算。

式(17)表明,当 A 较小时,$|dA|_2$ 构成总误差的大部分,因此读数机构的水平有决定性意义;反之,当 A 甚大,引起 α 误差的那些因素影响就最大。

2) 对 $\left| \dfrac{d\alpha}{\alpha} \right|$ 的分析:

计及波导管材料有限电导率的影响时,H_{11} 模截止衰减器的衰减常数由下式决定[2]:

$$\alpha = \frac{2\pi}{\lambda_c} \sqrt{1 - \left(\frac{\lambda_c}{\lambda} \right)^2 - \frac{\tau}{a}} \qquad (18)$$

式中

$$\lambda_c = \frac{2\pi a \sqrt{\varepsilon_r}}{k_{mn}}$$

$$\tau = \frac{1}{\sqrt{\pi \mu_1 f \sigma}}$$

因此,α 是 a、σ、μ_1、ε_1、λ 的函数,这五个参数的任何不固定、不稳定、或计算误差,都将引起 α

的误差。误差的可能来源甚多,这说明截止衰减器虽然可以做一级标准,但却不够理想。最高精度的提高可能性受到很大的限制。为了获得精度为 $\pm 0.01\text{dB}/100\text{dB}$,或 $\pm 1 \times 10^{-4}$ 级的精密衰减器,在实际制作方面会产生许多的困难。但是,衰减常数只由基本物理单位(长度、时间)决定的衰减器现在还没有,因此截止式衰减器在今天仍然有很大的重要性。

显然,由式(18)可得

$$\frac{\mathrm{d}\alpha}{\alpha} = \frac{\partial\alpha}{\partial\lambda}\frac{\mathrm{d}\lambda}{\alpha} + \frac{\partial\alpha}{\partial a}\frac{\mathrm{d}a}{\alpha} + \frac{\partial\alpha}{\partial\varepsilon}\frac{\mathrm{d}\varepsilon}{\alpha} + \frac{\partial\alpha}{\partial\mu_1}\frac{\mathrm{d}\mu_1}{\alpha} + \frac{\partial a}{\partial\mu_1}\frac{\mathrm{d}\mu_1}{a}$$

由此可以证明(附4)

$$\frac{\mathrm{d}\alpha}{\alpha} = K\left\{\left(\frac{\lambda_c}{\lambda}\right)^2\frac{\mathrm{d}\lambda}{\lambda} - \frac{\mathrm{d}a}{a} - \frac{1}{2}\frac{\mathrm{d}\varepsilon_r}{\varepsilon_r} + \frac{\tau}{4a}\left(\frac{\mathrm{d}\sigma}{\sigma} + \frac{\mathrm{d}\mu_1}{\mu_1} - \frac{\mathrm{d}\lambda}{\lambda}\right)\right\} \tag{19}$$

式中

$$K = \frac{1}{1 - \left(\dfrac{\lambda_c}{\lambda}\right)^2 - \dfrac{\tau}{a}}$$

$$\approx \frac{1}{1 - \left(\dfrac{\lambda_c}{\lambda}\right)^2}$$

式(19)是一个最完整而全面的算式,可以确定由于 λ、a、ε_1、σ、μ_1 的不固定、不稳定或不准确而造成的 α 的相对误差。既适用于低频率的一级标准衰减器,也适用于毫米波的二级标准衰减器或工作衰减器。式中各项符号不同,表明误差有互相抵销的作用。但在实际上应考虑误差的最大可能值,即

$$\left|\frac{\mathrm{d}\alpha}{\alpha}\right|_{\max} = K\left\{\left(\frac{\lambda_c}{\lambda}\right)^2\left|\frac{\mathrm{d}\lambda}{\lambda}\right| + \left|\frac{\mathrm{d}a}{a}\right| + \frac{1}{2}\left|\frac{\mathrm{d}\varepsilon_r}{\varepsilon_r}\right| + \right.$$
$$\left. \frac{\tau}{4a}\left(\left|\frac{\mathrm{d}\sigma}{\sigma}\right| + \left|\frac{\mathrm{d}\mu_1}{\mu_1}\right| + \left|\frac{\mathrm{d}\lambda_1}{\lambda}\right|\right)\right\} \tag{20}$$

这个公式指出了影响衰减器精度的四大因素,即工作频率、管径、填充介质和管壁材料。

(1)由频率引起的误差为

$$\left|\frac{\mathrm{d}\alpha}{\alpha}\right| = K\left\{\frac{\tau}{4a} + \left(\frac{\lambda_c}{\lambda}\right)^2\right\}\left|\frac{\mathrm{d}f}{f}\right| \tag{20a}$$

为了减小频率误差,衰减器应按固定单频工作,并应确保其稳定度。此外,频率越低,这项误差越小。

(2)由管径引起的误差为

$$\left|\frac{\mathrm{d}\alpha}{\alpha}\right| = K\left|\frac{\mathrm{d}a}{a}\right| \tag{20b}$$

在低频,$K \approx 1$,故可认为半径的误差就是 α 的误差。但在毫米波,K 值可达到 3,这时保证同样的半径精度,却不能保证同样的衰减率精度,应予注意。

$\left|\dfrac{\mathrm{d}a}{a}\right|$ 由两部分组成,即计算误差和加工公差。前者应控制在 1×10^{-5} 以内;加工方面,目前的水平达到 3×10^{-5}[7]。

(3)由介电常数引起的误差为

$$\left|\frac{\mathrm{d}\alpha}{\alpha}\right| = \frac{K}{2}\left|\frac{\mathrm{d}\varepsilon_r}{\varepsilon_r}\right| \tag{20c}$$

如果波导管内没有空气,那么由 $\left|\dfrac{\mathrm{d}\varepsilon_r}{\varepsilon_r}\right|$ 引起的衰减误差就不存在,实际上管内介质是空气,空气的相对介质常数是温度 T、压力 P、相对湿度 H、频率 f 的函数。根据 Phillips[8] 在 3036MHz 下的测量,0℃ 的干燥空气在单位压力变化下引起的 ϵ_r 变化的平均值是一个很小的值:

$$\left|\frac{\mathrm{d}\epsilon_r}{\mathrm{d}P}\right| \approx 8 \times 10^{-7}\,\mathrm{mmH_g^{-1}}$$

因此,一般实验室可以不计气压的影响。温度、湿度的影响则严重的多(附5)。大致可以认为:当 $|\mathrm{d}T| = 3℃$,$|\mathrm{d}H| = 27\%$ 时,$|\mathrm{d}\varepsilon_r| = 0.00006$,$\dfrac{1}{2}\left|\dfrac{\mathrm{d}\varepsilon_r}{\varepsilon_r}\right| = 3 \times 10^{-5}$;这是一个不可忽略的数值。在毫米波工作时,此值还要乘上系数 K。因此,一级标准衰减器和毫米波工作衰减器均应存放在恒温、恒湿的实验室中,避免受气候影响。

(4)由管壁导电率引起的误差为

$$\left|\frac{\mathrm{d}\alpha}{\alpha}\right| = K\,\frac{\tau}{4a}\left|\frac{\mathrm{d}\sigma}{\sigma}\right| \tag{20d}$$

这项误差的主要原因是 σ 值难以定准,因射频值与直流值不同(黄铜在直流时,$\sigma = 1.35\,\Omega/\mathrm{m}$,在确定射频值时,不确定性 $\left|\dfrac{\mathrm{d}\sigma}{\sigma}\right|$ 可达 5%[7])。另外,本项误差与频率有关。

(5)由管壁材料的导磁率引起的误差为

$$\left|\frac{\mathrm{d}\alpha}{\alpha}\right| = K\,\frac{\tau}{4a}\left|\frac{\mathrm{d}\mu_1}{\mu_1}\right| \tag{20e}$$

公式在形式上与电导误差相同;但 $\left|\dfrac{\mathrm{d}\mu_1}{\mu_1}\right|$ 可控制在 1% 以下,故影响较小。

4   结束语

本文从两个方面分析了 H_{11} 模截止式衰减器的误差,提出工程计算方法,得到对设计、维护、使用这一器件的有用结论。对于负载反作用引起的非线性,十余年来发展了两套处理方法:Barlow、Beatty 的等效传输线、网络分析和 Weinschel 的低频等效电路分析。本文对这两个方面作了补充和发展。得到的公式,在外形上甚相一致。线性段的误差分析,对作一级标准的衰减器,和工作频率很高的厘米波、毫米波衰减器,具有特别重大的意义。我们全面地讨论了产生误差的原因和减小误差的方法,重点放在 H_{11} 模。

参 考 文 献

[1] Montgomery. Technique of Mirowave Measurements[M]. Boston: Radiation Laboratory Series, NO. 11,1947.

[2] Grantham,Freeman. A Standard of Attenuation for Microwave Measurements[J]. Trans. AIEE,1948,67(6):329 – 335.

[3] Gordon – Smith. Calibrated Piston Attenuator for Millimetre waves[J]. Wireless Engineer, 1949,(10):322 – 324.

[4] Barlow, Cullen. Microwave Meaurements[M],London:Constable, 1950.

［5］Weinschel et al. Relative Voltmeter for VHF/UHF Signal Generator Attenuator Calibration［J］. Trans. IRE on Inst. ,1959,I8（1）:22~31.

［6］Beatty. Mismatch Errors in the Measurements of Ultrahigh Frequency and Microwave Variable Attenuators［J］. Journal of N. B. S. ,1954,52（1）:7~9.

［7］Allred,Cook,A Precision RF Attenuation Calibration System［J］. Trans. IRE on Inst. ,Vol. 1-9,No. 2,Sep 1960,268-274.

［8］Phillips. The Permittivity of Air at a wavelength of 10 Centimeters,P. I. R. E. ,1950,38（7）:786-790.

附1　公式(1)的证明

　　米波信号发生器的输出级电子管工作于大电压输入状态下,因此应按 C 类放大器分析;用前苏联书籍中的折线法是比较方便的。据测量,放大器屏极槽路(即衰减器的激励电路)两端的交流电压是 10~15V,这个数值不大,因此可以认为放大器是处在"欠压"状态下。

　　欠压工作的放大管可以用一个具有内阻为 R'_i 的信号源 μU_g 来代表;μ 是电子管的放大因数,可由手册查出;U_g 是放大管栅极输入交流电压。R'_i 称为"折合内阻",与手册给出的内阻 R_i 有如下关系:

$$R'_i = \alpha_i R_i$$

α_i 是放大器内阻的折合系数,可由别尔格系数表查得。它是阳极电流脉冲流通角 θ 的函数,例如,当 $\theta = 66° \sim 90°$ 时,$\alpha_i = 4 \sim 2$。因此,R'_i 将比 R_i 要大。

　　这样,我们可以提出 H_{11} 模截止衰减器及其相关联部分的等效电路(互感耦合电路),如图6所示;运用戴维南定理,并设 $R'_i \gg \dfrac{1}{\omega C_1}$,可以得到简化了的等效电路,如图7所示。根据这个电路很容易证明

$$\frac{U}{U_g} = \frac{j\omega M\mu R_2}{(Z_1 Z_2 + \omega^2 M^2)(1 + j\omega R'_i C_1)}$$

Z_1、Z_2 分别为初级回路和次级回路的总阻抗。今

$$C_0 = \frac{1}{\omega^2 L_1}$$

$$\delta = \frac{C_1}{C_0}$$

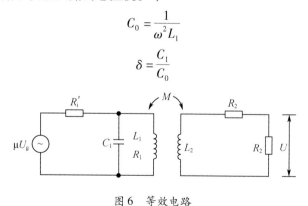

图6　等效电路

则有

$$Z_1 = R_1 + j\omega L_1 \left(1 - \frac{1}{\delta}\right)$$

另外,由于 L_2 之值一般很小(百分之几微亨),都有

$$Z_1 \approx 2R_2$$

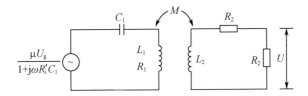

图 7　简化的等效电路

将 Z_1、Z_2 代入并作整理,可得

$$\frac{U}{U_g} = \frac{\mathrm{j}\omega M\mu}{\left\{2R_1 + \dfrac{\omega^2 M^2}{R_2} + 2R_1'(1-\delta)\right\} + \mathrm{j}\omega\left\{2L_1 + \left(1 - \dfrac{1}{\delta}\right) + R_1'C_1\left(2R_1 + \dfrac{\omega^2 M^2}{R_2}\right)\right\}}$$

令

$$Q_1 = \frac{\omega L_1}{R_1}, Q_2 = \frac{\omega L_2}{R_2}, Q_i = \frac{\omega L_1}{R_1'}, h = \left(1 - \frac{1}{\delta}\right)^2$$

就可以得到

$$\left|\frac{U}{U_g}\right| = \frac{\mu\omega M}{2R_i'(1-\delta)\sqrt{1 + \dfrac{Q_i^2}{\delta^2}} - \sqrt{1 + \dfrac{1}{hQ_1^2}}\sqrt{1 + \dfrac{Q_1 Q_2}{1 + hQ_1^2}\left(\dfrac{M^2}{L_1 L_2}\right) + \dfrac{Q_1^2 Q_2^2}{4(1 + hQ_1^2)}\left(\dfrac{M^4}{L_1^2 L_2^2}\right)}}$$

将 $M = k\sqrt{L_1 L_2}$ 代入上式,并假设三个常数 a、b、c 如文中所述,则得到式(1)。

附 2　公式(7a)的证明

由于

$$\Gamma_S = |\Gamma_S|\mathrm{e}^{\mathrm{j}\varphi_S}$$
$$\Gamma_L = |\Gamma_L|\mathrm{e}^{\mathrm{j}\varphi_L}$$
$$2\gamma l = 2\alpha l + \mathrm{j}2\beta l$$

故有

$$1 - \Gamma_S\Gamma_L\mathrm{e}^{-2\gamma l} = 1 - |\Gamma_S||\Gamma_L|\mathrm{e}^{-2\alpha l}\mathrm{e}^{\mathrm{j}(\varphi_S + \varphi_L - 2\beta l)}$$

令

$$u = |\Gamma_S||\Gamma_L|\mathrm{e}^{-2\alpha l}$$
$$\theta = \varphi_S + \varphi_L - 2\beta l$$

则

$$1 - \Gamma_S\Gamma_L\mathrm{e}^{-2\gamma l} = 1 - u\mathrm{e}^{-\mathrm{i}\theta} = 1 - u(\cos\theta - \mathrm{j}\sin\theta)$$
$$= (1 - u\cos\theta) + \mathrm{j}\sin\theta$$

故得

$$\Delta A = \ln|1 - \Gamma_S\Gamma_L\mathrm{e}^{-2\gamma l}| = \ln\sqrt{(1 - u\cos\theta)^2 + (u\sin\theta)^2}$$
$$= \ln\sqrt{1 - 2u\cos\theta + u^2}$$

将 u 与 θ 代入上式,则得

$$\Delta A = \ln|1 - \Gamma_S\Gamma_L\mathrm{e}^{-2\gamma l}|$$

$$= \ln \sqrt{1 - 2\,|\Gamma_{\mathrm S}|\,|\Gamma_{\mathrm L}|\,\mathrm{e}^{-2al}\cos(\varphi_{\mathrm S} + \varphi_{\mathrm L} - 2\beta l) + |\Gamma_{\mathrm S}|^2\,|\Gamma_{\mathrm L}|^2\mathrm{e}^{-4al}}$$

附3　H_{11}模衰减器的相移

根据文献[7]，H_{11}模衰减器的相位常数为

$$\beta = \alpha\left\{1 - \cfrac{1}{1 - \cfrac{1}{a\,\sqrt{\pi\mu_1 f\sigma}\left[1 - \left(\dfrac{\lambda_{\mathrm c}}{\lambda}\right)^2\right]}}\right\} = \cfrac{\alpha}{1 - a\,\sqrt{\pi\mu_1 f\sigma}\left[1 - \left(\dfrac{\lambda_{\mathrm c}}{\lambda}\right)^2\right]}$$

$$= \cfrac{\alpha}{1 - \dfrac{a}{\tau}\left[1 - \left(\dfrac{\lambda_{\mathrm c}}{\lambda}\right)^2\right]}$$

如果 $\lambda_{\mathrm c} \ll \lambda$，则得

$$\beta \approx \frac{\alpha}{1 - \dfrac{a}{\tau}} = \alpha\,\frac{\tau}{a}\left\{\frac{-1}{1 - \dfrac{\tau}{r}}\right\}$$

由于 $\dfrac{\tau}{r} \ll 1$，故在 $\lambda_{\mathrm c} \ll \lambda$ 时实际上可取

$$\beta \approx -\alpha\,\frac{\tau}{a}$$

式中 α 以奈贝/单位长度计时，β 以弧度/单位长度计。这样，我们就得到了工作在低频的 H_{11} 模衰减器的相位移：

$$\beta l \approx -\alpha l\,\frac{\tau}{a}$$

附4　公式(19)的证明

将 α 对 r 和 $\epsilon_{\mathrm r}$ 分别求偏微分，引用 $\dfrac{\tau}{a} \ll 1$，然后可以证明：

$$\frac{\partial\alpha}{\partial r}\frac{\mathrm dr}{\alpha} \approx \frac{-1}{1 - \left(\dfrac{\lambda_{\mathrm c}}{\lambda}\right)^2 - \dfrac{\tau}{a}}\frac{\mathrm dr}{a}$$

$$\frac{\partial\alpha}{\partial\epsilon_{\mathrm r}}\frac{\mathrm d\epsilon_{\mathrm r}}{\alpha} \approx \frac{-1}{1 - \left(\dfrac{\lambda_{\mathrm c}}{\lambda}\right)^2 - \dfrac{\tau}{a}}\left(\frac{1}{2}\frac{\mathrm d\epsilon_{\mathrm r}}{\epsilon_{\mathrm r}}\right)$$

另外，将 α 对 λ、σ、μ_1 求偏微分后得到

$$\frac{\partial\alpha}{\partial\lambda}\frac{\mathrm d\lambda}{\alpha} = \frac{1}{1 - \left(\dfrac{\lambda_{\mathrm c}}{\lambda}\right)^2 - \dfrac{\tau}{a}}\left\{\left(\frac{\lambda_{\mathrm c}}{\lambda}\right)^2 - \frac{\tau}{4a}\right\}\frac{\mathrm d\lambda}{\lambda}$$

$$\frac{\partial \alpha}{\partial \sigma} \frac{\mathrm{d}\sigma}{\alpha} = \frac{1}{1 - \left(\frac{\lambda_c}{\lambda}\right)^2 - \frac{\tau}{a}} \left(\frac{\tau}{4a}\right) \frac{\mathrm{d}\sigma}{\sigma}$$

$$\frac{\partial \alpha}{\partial \mu_1} \frac{\mathrm{d}\mu_1}{\alpha} = \frac{1}{1 - \left(\frac{\lambda_c}{\lambda}\right)^2 - \frac{\tau}{a}} \left(\frac{\tau}{4a}\right) \frac{\mathrm{d}\mu_1}{\mu_1}$$

因此获得

$$\frac{\mathrm{d}\alpha}{\alpha} = \frac{1}{1 - \left(\frac{\lambda_c}{\lambda}\right)^2 - \frac{\tau}{a}} \left\{ \left(\frac{\lambda_c}{\lambda}\right)^2 \frac{\mathrm{d}\lambda}{\lambda} - \frac{\mathrm{d}a}{a} - \frac{1}{2}\frac{\mathrm{d}\epsilon_r}{\epsilon_r} + \right.$$

$$\left. \frac{\tau}{4a}\left(\frac{\mathrm{d}\sigma}{\sigma} + \frac{\mathrm{d}\mu_1}{\mu_1} - \frac{\mathrm{d}\lambda}{\lambda}\right) \right\}$$

令

$$K = \frac{1}{1 - \left(\frac{\lambda_c}{\lambda}\right)^2 - \frac{\tau}{a}}$$

即得式(19)。

附5　空气的 ϵ_r

1950 年, Phillips 在厘米波测量了湿空气的相对介质常数。在每种情形下作三次测量的平均值列如下表:

压力 P/mmHg	温度 T/℃	相对湿度 H/%	ϵ_r
752. 40	21. 3	88. 1	1.000735
752. 30	22. 0	83. 3	1.000728
755. 30	19. 5	63. 1	1.000687
756. 45	19. 0	55. 7	1.000668

测量的频率是 3036. 43MHz。

对于干燥的空气, 他给出: 当 $T = 25.2℃$, $P = 759.1\mathrm{mmHg}$ 时, $\epsilon_r = 1.00055 \pm 0.0002$; 根据 Clausius – Mosatti 关系, 等效到 $T = 0℃$, $P = 760\mathrm{mmHg}$ 时, $\epsilon_r = 1.00060 \pm 0.00002$。这些数据在计算衰减器的波导管半径 a 时是要用到的。

圆截止波导衰减常数的精确公式

黄志洵

（中国计量科学研究院，北京　100029）

摘要：波导理论中的一个重要情况是，当金属壁波导的壁电导率并非理想的无限大（而是有限值）时，截频以下的衰减常数公式变得很复杂。使用表面阻抗微扰法，本文导出了圆截止波导衰减常数的精确公式。

关键词：圆截止波导；衰减常数；表面阻抗微扰法

Exact Formula of Attenuation Constant of the Circular Waveguide Below Cutoff

HUANG Zhi – Xun

（National Institute of Metrology，Beijing　100029）

Abstract：Of great importance is the waveguide case with metal wall of finite conductivity so that the attenuation constant below cutoff frequency can be considered to be complicate. Based on the surface impedance perturbation method，we derive the exact attenuation constant formula of the circular waveguides below – cutoff.

Key words：Circular waveguides below – cutoff；Attenuation constant；Surface impedance perturbation method

1　引言

截止波导的主要优点是衰减基本上可由长度和频率这两个基本物理量确定。但是，波导材料的有限电导率引起了一个"二次效应"，实际上降低了这一器件可能达到的高标准性。为了精确估计这一效应，多年来出现了许多公式。本文介绍我们运用表面阻抗微扰法导出的一个精确的公式及其过程。

注：本文原载于《无线电计量》，1975 年，第 2 期，13 ~ 20 页。

2 分析方法的讨论

传播常数问题是波导技术中的一个基本问题。二维 Hemholtz 方程加上具体边界条件,就构成波导的本征值问题。运用边界值问题的严格解法,缺点是太复杂。Carson – Mead – Schelkunoff 方程解起来是很困难的。

另一个方法是用 Poynting 定理分别计算传输功率和消耗功率,从而计算衰减常数 α。当然,这要假设理想波导的条件(如波导壁的电导率 $\sigma = \infty$)变化后,场卖际上未受影响。这实际上引用了微扰概念。

第三个方法称为"阻抗微扰法",它是最简便的,其实质是计算实际器件与所用模型有微小偏离时,对波导传播常数的影响。微扰计算用于波导的一个限制,是它不能用在截止点附近,因为在该处传播常数变化剧烈。

对波导来说,微扰的类型很多,有限电导率只是其中之一。

微扰法简单、方便、迅速,但是也需要引入某些近似,否则也会失效。还有,每次只能处理一种微扰,故与实际情况仍有出入。

1936 年,Barrow 最早采用了微扰法推导 E_{01} 波的情况。他解了一个较简单的超越方程,但在其过程中引入数学近似或物理近似达 5 次之多。

在实际应用微扰法的结论时,必须注意要控制其他微扰因素,使计入主要微扰因素的结论有顺利使用的可能性;否则,就不会正确运用所谓"精确公式"。例如,用精确公式去计算加工精度不太高的圆波导,显然是没有任何意义的。

3 分析过程

本文分析的圆波导如图 1 所示,所用数学符号的含义见附 1。

在理想导电壁情况下传播时,场分量正比于 $e^{j\omega t - \gamma_0 z}$,其中,$\gamma_0 = \sqrt{h_0^2 - k_0^2}$;波导壁非理想导电时,场分量正比于 $e^{j\omega t - \gamma z}$,其中,$\gamma = \sqrt{h^2 - k_0^2}$。把非理想波导看成理想波导的一种微扰(令 $h = h_0 + \delta h$),则可证明

图 1 圆波导

$$\gamma = \sqrt{\gamma_0^2 + 2h_0\delta h + (\delta h)^2}$$

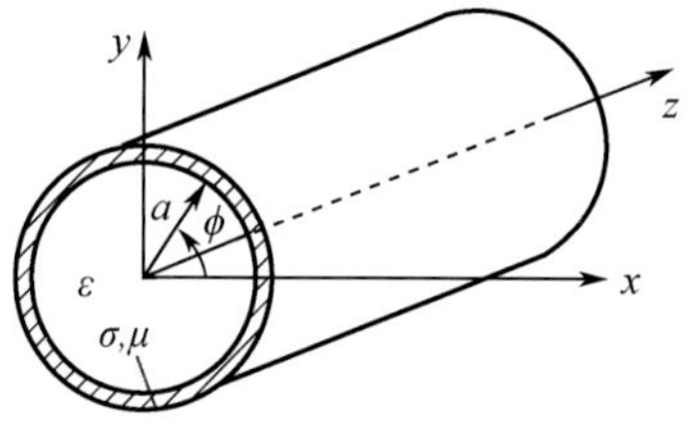

当 $\lambda > \lambda_c$,$\gamma_0 = \alpha_0$,故得

$$\gamma = \sqrt{\alpha_0^2 + 2h_0\delta h + (\delta h)^2}$$

因此问题在于寻找 δh,它是一个复数量($\delta h = h_1 + jh_2$)。因此可以证明

$$\alpha = \text{Re}\gamma = \frac{2\pi}{\lambda_c}\sqrt{\frac{1}{2}\left(\frac{\lambda_c}{2\pi}\right)^2 A + \frac{1}{2}\sqrt{\left(\frac{\lambda_c}{2\pi}\right)^4 (A^2 + B^2)}}$$

式中

$$A = \alpha_0^2 + 2h_0 h_1 + h_1^2 - h_2^2$$
$$B = 2h_2(h_0 + h_1)$$

在微扰方法中,δh 是表面阻抗和波导几何尺寸的函数。对于 E_{mn} 波型,轴向表面阻抗为

$$Z_z = \frac{J_m(ha)}{\frac{jk_0}{h_0}J'_m(ha) - \tau_s \frac{j\beta m}{h^2 a}J_m(ha)}$$

对 E_{01} 波型,$m = 0$,得

$$Z_z = \frac{J_0(ha)}{\frac{jk_0}{h_0}J'_0(ha)}$$

故得

$$\frac{J_0(ha)}{J'_0(ha)} = jZ_z \frac{k_0}{h_0}$$

显而易见,在 E_{01} 波形情况中,δh 与周向表面阻抗 Z_ϕ 无关,此情形不带有任何近似。

在附 2 中证明了圆波导中 E_{0n} 波符合下式

$$\frac{J_0(ha)}{J'_0(ha)} \approx a\delta h \left[1 - \frac{W}{2}\delta h \right] \tag{1}$$

式中

$$W = \frac{1}{h_0} - a \frac{J_0(h_0 a)}{J_1(h_0 a)}$$

这样就得到

$$a\delta h \left(1 - \frac{W}{2}\delta h \right) = jZ_z \frac{k_0}{h_0}$$

近似解得

$$\delta h = \frac{1}{a}\left(\frac{k_0}{h_0} \right)jZ_z - \frac{W}{2a^2}\left(\frac{k_0}{h_0} \right)^2 Z_z^2$$

今按平面金属的表面阻抗 Z_f 计算 Z_z,故得

$$\delta h = \frac{1}{a}\left(\frac{k_0}{h_0} \right)jZ_f - \frac{W}{2a^2}\left(\frac{k_0}{h_0} \right)^2 Z_f^2 \tag{2}$$

式中

$$Z_f = \frac{\pi\mu_r\tau}{\lambda}(1 + j) = R_f(1 + j)$$

将 δh 代入 α 公式,并做必要的省略,可得

$$\alpha_{01} = \frac{2\pi}{\lambda_c}\sqrt{\frac{1}{2}(M - J) + \frac{1}{2}\sqrt{(M - J)^2 + C^2 J^2 \left(1 - J + \frac{J^2}{4} \right)}}$$

式中

$$M = 1 - \left(\frac{\lambda_c}{\lambda} \right)^2$$

$$J = J_{01} = \frac{\mu_r\tau}{a}\left(\frac{\lambda_c}{\lambda} \right)^2$$

$$C = 1 + \frac{W}{a}\left(\frac{\lambda_c}{\lambda} \right)R_f$$

对于 H_{11} 波,推导要麻烦一些。H_{mm} 波表面阻抗的规一化值为

$$Z_z = \frac{\tau_s J_m(ha)}{-\frac{j\beta_0 m}{h_0^2 r} J_m(ha) + \tau_s \frac{jk_0}{h_0} J_m'(ha)}$$

$$Z_\phi = \frac{jk_0}{h_0} \frac{J_m'(ha)}{J_m(ha)} - \tau_s \frac{j\beta_0 m}{h_0^2 a}$$

以上两式可表示为 τ_s, h 的二元联立方程组,消去 τ_s 后,得一新方程

$$\left[\frac{k_0}{h_0} \frac{J_m'(ha)}{J_m(ha)}\right]^2 + j\left[\frac{k_0}{h_0} \frac{J_m'(ha)}{J_m(ha)}\right]\left(Z_\psi + \frac{1}{Z_z}\right) + \left[\left(\frac{\beta_0 m}{h_0^2 a}\right)^2 - \frac{Z_\phi}{Z_z}\right] = 0$$

解得

$$\frac{k_0}{h_0} \frac{J_m'(ha)}{J_m(ha)} = -\frac{j}{2}\left(Z_\phi + \frac{1}{Z_z}\right)\left[1 - \sqrt{1 + \left(\frac{2}{Z_\phi + \frac{1}{Z_z}}\right)^2 \left(\frac{\beta_0 m}{h_0^2 a} - \frac{Z_\phi}{Z_z}\right)}\right]$$

运用函数展开,近似地得到

$$\frac{J_m'(ha)}{J_m(ha)} = \frac{h_0}{k_0}\left\{\frac{-jZ_\phi\left(\frac{\beta_0 m}{h_0^2 a}\right)^2 jZ_z}{1 + Z_\phi Z_z}\right\}\left\{1 + Z_z \frac{Z_\phi - \left(\frac{\beta_0 m}{h_0^2 r}\right)^2 Z_z}{(1 + Z_\phi Z_z)^2}\right\}$$

在波导壁各向同性、趋肤深度不深、曲率不大时 $(Z_\phi = Z_z = Z_f)$,得

$$\frac{J_m'(ha)}{J_m(ha)} = \left(\frac{h_0}{k_0}\right)(-jZ_f)\left\{\frac{1 + \left(\frac{\beta_0 m}{h_0^2 a}\right)^2}{1 + Z_f^2}\right\}\left\{1 + \left(\frac{Z_f}{1 + Z_f^2}\right)^2\left(1 - \frac{\beta_0^2 m^2}{h_0^4 a^2}\right)\right\}$$

对于 H_{1n} 波,$m \equiv 1$,就得到

$$\frac{J_1'(ha)}{J_1(ha)} = \left(\frac{h_0}{k_0}\right)\left(\frac{-jZ_f}{1 + Z_f^2}\right)\left(1 + \frac{\beta_0^2}{h_0^4 a^2}\right)\left\{1 + \left(\frac{Z_f}{1 + Z_f^2}\right)^2\left(1 - \frac{\beta_0^2}{h_0^4 a^2}\right)\right\}$$

另外,附 3 证明了

$$\frac{J_1'(ha)}{J_1(ha)} \approx r\delta h \frac{\frac{1}{h_0^2 a^2} - 1}{1 + \frac{(a\delta h)^2}{2}\left(\frac{1}{h_0^2 a^2} - 1\right)} \tag{3}$$

联立以上二式,得

$$\frac{r\delta h\left(\frac{1}{h_0^2 a^2} - 1\right)}{1 + \frac{(r\delta h)^2}{2}\left(\frac{1}{h_0^2 a^2} - 1\right)} = \left(\frac{h_0}{k_0}\right)\left(1 + \frac{\beta_0^2}{h_0^4 a^2}\right)\left(\frac{-jZ_f}{1 + Z_f^2}\right)\left\{1 + \left(\frac{Z_f}{1 + Z_f^2}\right)^2\left(1 - \frac{\beta_0^2}{h_0^4 a^2}\right)\right\}$$

原则上可由上式解 δh,但太繁,故简化为

$$\frac{a\delta h\left(\frac{1}{h_0^2 a^2} - 1\right)}{1 + \frac{(a\delta h)^2}{2}\left(\frac{1}{h_0^2 a^2} - 1\right)} \approx \left(\frac{h_0}{k_0}\right)\left(1 + \frac{\beta_0^2}{h_0^4 a^2}\right)(-jZ_f)$$

由此式用近似解法得

$$\delta h \approx \frac{1}{a} \frac{h_0}{k_0} \left[\frac{1 + \frac{\beta_0^2}{h_0^4 a^2}}{1 - \frac{1}{h_0^2 a^2}} \right] jZ_f + \frac{1}{2a} \left(\frac{h_0}{k_0} \right)^3 \left[\frac{1 + \frac{\beta_0^2}{h_0^4 a^2}}{\left(1 - \frac{1}{h_0^2 a^2} \right)^2} \right] jZ_f^3 \tag{4}$$

将 δh 代入 α 公式,并作必要的省略,得

$$\alpha_{11} = \frac{2\pi}{\lambda_c} \sqrt{\frac{1}{2}(M - J) + \frac{1}{2}\sqrt{(M - J)^2 + C^2 J^2 \left(1 - J + \frac{J^2}{4}\right)}}$$

式中

$$\begin{cases} M = 1 - \left(\frac{\lambda_c}{\lambda} \right)^2 \\[2mm] J = J_{11} = \mu_r \left[1 + \frac{1}{k_{11}^2 - 1} \left(\frac{\lambda_c}{\lambda} \right)^2 \right] \frac{\tau}{a} = g \frac{\tau}{a} \\[2mm] C = \sqrt{1 - \frac{1}{2} \left[\left(\frac{2\pi a}{\lambda} \right)^2 - 1 \right] J \frac{M - J}{1 - J + \frac{J^2}{4}}} \end{cases}$$

系数 C 与 1 相差很小,因此,衰减常数的严格公式为

$$\alpha = \frac{2\pi}{\lambda_c} \sqrt{\frac{1}{2}(M - J) + \frac{1}{2}\sqrt{(M - J)^2 + J^2 \left(1 - J + \frac{J^2}{4}\right)}} \tag{5}$$

式中:J 为波导材料有限电导率(或者说趋肤深度)的影响。如果忽略 J^3、J^4 项,则有

$$\alpha = \frac{2\pi}{\lambda_c} \sqrt{\frac{1}{2}(M - J) + \frac{1}{2}\sqrt{(M - J)^2 + J^2}} \tag{6}$$

也就是

$$\alpha = \frac{2\pi}{\lambda_c} \sqrt{\frac{1}{2} \left[1 - \left(\frac{\lambda_c}{\lambda} \right)^2 - J \right] + \frac{1}{2}\sqrt{\left[1 - \left(\frac{\lambda_c}{\lambda} \right)^2 - J \right]^2 + J^2}} \tag{6a}$$

式中,J 与波型有关:

$$\begin{cases} J_{01} = \frac{\mu_r \tau}{a} \left(\frac{\lambda_c}{\lambda} \right)^2 \\[2mm] J_{11} = \frac{g\tau}{a} \\[2mm] g = \mu_r \left[1 + 0.4186 \left(\frac{\lambda_c}{\lambda} \right)^2 \right] \end{cases} \tag{6b}$$

式(6a)、式(6b)是本文的主要结果。推导过程中假设 Leontovich 条件成立,这自然有误差;Bessel 函数运算和最后公式形状的整理[由式(5)到式(6a),式(6b)],也是有误差的。但是这些并未妨碍式(6a)是比国外文献所列举的公式都要精确的一个公式这样一个事实,其精度可达 10^{-7}。

在式(6a)中,如今 J^2 项为零,即忽略掉 J^2,则得

$$\alpha = \frac{2\pi}{\lambda_c} \sqrt{1 - \left(\frac{\lambda_c}{\lambda}\right)^2 - J} \tag{7}$$

这是 Rauskolb[1]公式,在这里 $J = g\dfrac{\tau}{a}$。如果取 $g = 1$, $J = \tau/a$, 就得到 Grantham 和 Freeman[2]的公式

$$\alpha_{11} = \frac{2\pi}{\lambda_c} \sqrt{1 - \left(\frac{\lambda_c}{\lambda}\right)^2 - \frac{\tau}{a}} \tag{8}$$

因此,我们看到式(6a)可以概括前人的各个公式,更不待说 Brown[3]、阿部武雄[4]的近似式和 Linder[5]的最古老公式了。

参 考 文 献

[1] Rauskolb R. A. E. U. ,1962,16:427 – 435.

[2] Grantham R,Freeman J J. Trans. A. I. E. E. ,1948,67:329 – 335.

[3] Brown J. P. I. E. E. , pt. Ⅲ ,1949,96:491 – 495.

[4] 阿部武雄. 电试汇,1958,22:821 – 826.

[5] Linder E. P. I. R. E. ,1942,30:554 – 556.

[6] 黄志洵,古乐天. 无线电计量,1974,1:1 – 21.

附1 符号表

$\omega = 2\pi f$——工作频率(角频率)

λ——工作波长(自由空间波长)

$\lambda_c = \dfrac{2\pi r \sqrt{\varepsilon_r}}{k_{mn}}$ ——截止波长

ε_0——自由空间介电率

$\varepsilon = \varepsilon_r \varepsilon_0$——波导管内介质介电率

μ_0——自由空间导磁率

$\mu = \mu_r \mu_0$——波导壁导磁率

σ——波导壁电导率

$k_0 = \omega \sqrt{\varepsilon_0 \mu_0} = \dfrac{2\pi}{\lambda}$ —— 波数

$k_1 = \sqrt{j\omega\mu\sigma}$

$J_m(x)$——第一类 m 阶 Bessel 函数

$J'_m(x)$——第一类 m 阶 Bessel 函数的一阶导数

$J''_m(x)$——第一类 m 阶 Bessel 函数的二阶导数

k_{mn}——$J_m(x) = 0$ 或 $J'_m(x) = 0$ 的第 n 个根

$k_{01} = 2.4048$

$k_{11} = 1.84113838$

a——圆波导内半径

$h_0 = 2\pi/\lambda_c$——受微扰前的截止系数

$h = h_0 + \delta h$——受微扰后的截止系数

$\tau = \dfrac{1}{\sqrt{\pi\mu f\sigma}}$——趋肤深度

τ_s——波的耦合系数

γ_0——理想导电壁波导的传播常数

$\gamma = \alpha + j\beta$——非理想导电壁波导的传播常数

z——圆柱坐标纵向

ϕ——圆柱坐标周向

$Z_f = \dfrac{\pi\mu_r\tau}{\lambda}(1+j)$——平面金属的归一化表面阻抗

$Z_z = -\dfrac{E_z}{H_\phi}\Big|_r$——圆波导内壁的归一化纵向表面阻抗

$Z_\phi = -\dfrac{E_\phi}{H_z}\Big|_r$——圆波导内壁的归一化周向表面阻抗

附2 式(1)的证明

由于
$$J_m(ha) = J_m(h_0 a + a\delta h)$$
而 $r\delta h$ 是一个较小的量,故可把 Bassel 函数展为 Taylor 级数,并取其前三项
$$J_m(ha) \approx J_m(h_0 a) + a\delta h J_m'(h_0 a) + \frac{(a\delta h)^2}{2}J_m''(h_0 a)$$
对于 E_{mn} 模, $J_m(h_0 a) \equiv 0$,故
$$J_m(ha) \approx a\delta h J_m'(h_0 a) + \frac{(a\delta h)^2}{2}J_m''(h_0 a)$$
然而
$$J_m''(h_0 a) = \frac{m}{(h_0 a)^2}J_m(h_0 a) + J_{m-1}'(h_0 a) - \frac{m}{h_0 r}J_m'(h_0 a)$$
$$= J_{m-1}'(h_0 a) - \frac{m}{h_0 r}J_m'(h_0 a)$$
故得
$$J_m(ha) \approx a\delta h J_m'(h_0 a)\left[1 - \frac{m\delta h}{2h_0}\right] + \frac{(a\delta h)^2}{2}J_{m-1}'(h_0 a)$$
令 $m = 0$,得
$$J_0(ha) = a\delta h J_0'(h_0 a) + \frac{(a\delta h)^2}{2}J_{-1}'(h_0 a)$$
由于
$$J_0'(h_0 a) = -J_1(h_0 a)$$

$$J'_{-1}(h_0 a) = \frac{1}{h_0 a} J_1(h_0 a) - J_0(h_0 a)$$

故

$$J_0(ha) = a\delta h J_1(h_0 a)\left[\frac{\delta h}{2h_0} - 1\right] = \frac{(a\delta h)^2}{2} J_0(h_0 a)$$

为了简化分析,近似地取

$$J'_0(ha) \approx J'_0(h_0 a) = -J_1(h_0 a)$$

故得

$$\frac{J_0(ha)}{J'_0(ha)} \approx a\delta h\left[1 - \frac{\delta h}{2h_0}\right] + \frac{(a\delta h)^2}{2}\frac{J_0(h_0 a)}{J_1(h_0 a)}$$

$$= a\delta h\left\{1 - \frac{1}{2}\left[\frac{1}{h_0} - a\frac{J_0(h_0 a)}{J_1(h_0 a)}\right]\delta h\right\}$$

这是圆波导中 E_{0n} 波所满足的第一个关系式。

　　另外,E_{0n} 波所满足的另一个关系式是

$$\frac{J_0(ha)}{J'_0(ha)} = \mathrm{j}Z_z\frac{k_0}{h_0}$$

上式指出 δh 与 z_ϕ 无关。将两个关系式联立,得到一个解答

$$\delta h = \frac{1}{a}\frac{k_0}{h_0}\mathrm{j}Z_z - \frac{1}{2a^2}\left(\frac{k_0}{h_0}\right)^2 Z_z^2\left[\frac{1}{h_0} - a\frac{J_0(h_0 a)}{J_1(h_0 a)}\right]$$

今按平面金属的表面阻抗计算 Z_z,即取 $Z_z = Z_f$,则得式(1)。

附3　式(3)的证明

　　由于

$$J_m(ha) = J_m(h_0 a + a\delta h)$$
$$\approx J_m(h_0 a) + a\delta h J'_m(h_0 a) + \frac{(a\delta h)^2}{2} J''_m(h_0 a)$$

对 H 模

$$J'_m(h_0 a) \equiv 0$$

故

$$J_m(ha) \approx J_m(h_0 a) + \frac{(a\delta h)^2}{2} J''_m(h_0 a)$$

然而

$$J''_m(h_0 a) = \frac{m}{(h_0 a)^2} J_m(h_0 a) + J'_{m-1}(h_0 a) - \frac{m}{h_0 a} J'_m(h_0 a)$$

$$= \frac{m}{(h_0 a)^2} J_m(h_0 a) + J'_{m-1}(h_0 a)$$

故可得

$$J_m(ha) \approx J_m(h_0 a)\left\{1 + \frac{m}{2}\left(\frac{\delta h}{h_0}\right)^2\right\} + \frac{1}{2}(a\delta h)^2 J'_{m-1}(h_0 a)$$

对于 H_{11} 波,$m = 1$,故有

$$J_1(ha) \approx J_1(h_0a)\left\{1 + \frac{1}{2}\left(\frac{\delta h}{h_0}\right)^2\right\} + \frac{1}{2}(a\delta h)^2 J_0'(h_0a)$$

然而

$$J_0'(h_0a) = -J_1(h_0a)$$

故得

$$J_1(ha) \approx J_1(h_0a)\left\{1 + \frac{1}{2}\left(\frac{1}{h_0^2} - a^2\right)^2(\delta h)^2\right\}$$

另外

$$J_m'(ha) \approx \frac{\partial J_m(ha)}{\partial(h_0a)}$$

因此

$$J_m'(ha) \approx J_m'(h_0a) + a\delta h J_m''(h_0a)$$

对于 H 模情况，$J_m'(h_0a) \equiv 0$，故

$$J_m'(hr) \approx a\delta h J_m''(h_0r)$$
$$= a\delta h\left\{\frac{m}{(h_0a)^2}J_m(h_0a) + \frac{m-1}{h_0a}J_{m-1}(h_0a) - J_m(h_0a)\right\}$$

对于 H_{11} 波，$m \equiv 1$，故得

$$J_1'(ha) \approx a\delta h J_1(h_0a)\left\{\frac{1}{h_0^2a^2} - 1\right\}$$

用 $J_1(ha)$ 除 $J_1'(ha)$，则得式(3)。

Exact Calculations to the Propagation Constant of Circular Waveguide Below Cutoff

HUANG Zhi – Xun   PAN Jin

(Beijing Broadcasting Institute, Bejjing   100024)

Abstract: The propagation constants of dominant HE_{11} mode in the cutoff region of a circular waveguide are discussed. They can be obtained by solving the characteristic equation using the Newton – Raphson method. Discussions are also presented for the effect of a dielectric material filled in the inner space of circular waveguide.

Key words: Circular waveguide below – cutoff; Propagation constant; Method of characteristic equation

The purpose of this paper is to present an exact numerical solution of the characteristic equation in a circular waveguide, which is filled with a loss – free medium.

A circular cylinder medium I of radius a with infinite length is surrounded by the medium II as shown in Fig. 1. No restriction is imposed on the permittivity and conductivity of the two mediums. We shall suppose that the time variable enters only into the harmonic factor $e^{j\omega t}$. The propagation constant γ ($\gamma = \alpha + j\beta$) in the cylinder must satisfy the following characteristic equation, which is given first by Carson – Mead – Schelkunoff[1] :

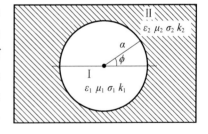

Fig. 1   Model of circular waveguide.

$$-\left[\frac{\mu_1}{u}\frac{J'_m(u)}{J_m(u)} - \frac{\mu_2}{v}\frac{H'_m(v)}{H_m(v)}\right]\left[\frac{k_1^2}{\mu_1 u}\frac{J'_m(u)}{J_m(u)} - \frac{k_2^2}{\mu_2 v}\frac{H'_m(v)}{H_m(v)}\right] = m^2\gamma^2\left(\frac{1}{v^2} - \frac{1}{u^2}\right)^2 \tag{1}$$

where $J_m(u)$ is the Bessel function of order m, $H_m(v)$ is the Hankel function of order m, primes denote differentiation with respect to the argument. The other relations are:

$$k_1^2 = \omega^2\varepsilon_1\mu_1 ; k_2^2 = \omega^2\varepsilon_2\mu_2 ; u = a\sqrt{k_1^2 + \gamma^2} ; v = a\sqrt{k_2^2 + \gamma^2}$$

Suppose the region I is the non – dissipative medium and the region II is conductor, then

$$\varepsilon_1 = \varepsilon_{r1}\varepsilon_0 ; \mu_1 = \mu_0 ; \mu_2 = \mu_c = \mu_{rc}\mu_0$$

$$\varepsilon_2 = \varepsilon_c = \varepsilon_{r2}\varepsilon_0 + \frac{\sigma}{j\omega} = \varepsilon_0\left(\varepsilon_{r2} + \frac{\sigma}{j\omega\varepsilon_0}\right)$$

注:本文原载于 *Acta Metrologica Sinica*, Vol. 8, No. 4, 1987, 267 ~ 270。

where σ is the conductivity of conductor, $\varepsilon_2(\varepsilon_c)$ is the complex permittivity. Then the wave numbers of two regions become:

$$k_1^2 = \omega^2 \varepsilon_{r1} \varepsilon_0 \mu_0 = \varepsilon_{r1} k_0^2 ; k_2^2 = \omega^2 \varepsilon_c \mu_c = \mu_{rc} k_0^2 \left(\varepsilon_{r2} + \frac{\sigma}{j\omega\varepsilon_0} \right)$$

so we have:

$$-k_0^2 \left[\frac{1}{u} \frac{J_m'(u)}{J_m(u)} - \frac{\mu_{rc}}{v} \frac{H_m'(v)}{H_m(v)} \right] \left[\frac{\varepsilon_{r1}}{u} \frac{J_m'(u)}{J_m(u)} - \left(\varepsilon_{r2} + \frac{\sigma}{j\omega\varepsilon_0} \right) \frac{1}{v} \frac{H_m'(v)}{H_m(v)} \right]$$

$$- m^2 \gamma^2 \left(\frac{1}{v^2} - \frac{1}{u^2} \right)^2 = 0 \tag{2}$$

Equation(2) is the basic propagation equation for cirular waveguides, the field components in the guide for the (m,n) mode are proportional to $\exp[\,j(\omega t - \gamma z - m\phi)\,]$. But

$$v^2 = a^2 k_2^2 + a^2 \gamma^2 = a^2 k_1^2 \left[\left(\frac{k_2}{k_1} \right)^2 - 1 \right] + u^2$$

Equation(2) can be written if the form:

$$F(u) = 0 \tag{3}$$

The algorithm for solving equation(3) is based upon the Newton – Raphson method, which is based upon the preliminary determination by trial of an approximate root u_0:

　　——First guess u_0,

　　——Next guess u_1, $u_1 = u_0 - [\,F(u_0)/F'(u_0)\,]$,

　　——Third guess u_2, $u_2 = u_1 - [\,F(u_1)/F'(u_1)\,]$.

This process may be repeated until the desired degree of approximation is attained:

$$u_n = u_{n-1} - \frac{F(u_{n-1})}{F'(u_{n-1})}$$

where n is the calculation number, not mode index. And now we may have:

$$\left| \frac{u_n - u_{n-1}}{u_n} \right| < 1 \times 10^{-7}$$

　　In common case, it has been assumed that the bounding conductor is lossfree, but in parctice, this assumption will not be true. Because of the finite conductivity of the surrounding conductor, the electric field will penetrate into the metal, and the resistance losses thereby incurred will cause the coupling of wave modes, except the circular symmetrical modes in the circular waveguide. When $m \neq 0$, this case yields waves of the type $HE_{mn}(E_z \neq 0)$ and $EH_{mn}(H_z \neq 0)$, named with the first derivation given by Carson – Mead – Schelkunoff. We must bear firmly in mind, that the hybrid wave has six field components. So we can strictly distinguish between the hybrid modes HE_{mn} and the transverse electric modes H_{mn}.

　　Putting $m=1$, from the CMS equation on HE_{1n} mode, we have:

$$F(u) = -k_0^2 \left[\frac{1}{u} \frac{J_1'(u)}{J_1(u)} - \frac{\mu_{rc}}{v} \frac{H_1'(v)}{H_1(v)} \right] \left[\frac{\varepsilon_{r1}}{u} \frac{J_1'(u)}{J_1(u)} - \left(\varepsilon_{r2} + \frac{\sigma}{j\omega\varepsilon_0} \right) \frac{1}{v} \frac{H_1'(v)}{H_1(v)} \right] -$$

$$\gamma^2 \left(\frac{1}{v^2} - \frac{1}{u^2} \right)^2 \tag{4}$$

But
$$J_1'(u) = J_0(u) - \frac{1}{u} J_1(u) ; H_1'(v) = H_0(v) - \frac{1}{v} H_1(v)$$

Then

$$F(u) = -k_0^2 \left[\varepsilon_{r1} \left(\frac{1}{u} \frac{J_0(u)}{J_1(u)} - \frac{1}{u^2} \right)^2 - \left(\frac{1}{u} \frac{J_0(u)}{J_1(u)} - \frac{1}{u^2} \right)^2 \left(\varepsilon_{r1}\mu_{rc} + \varepsilon_{r2} + \frac{\sigma}{j\omega\varepsilon_0} \right) \times \right.$$

$$\frac{1}{v} \left(\frac{H_0(v)}{H_1(v)} - \frac{1}{v} \right) + \mu_{rc} \left(\varepsilon_{r2} + \frac{\sigma}{j\omega\varepsilon_0} \right) \frac{1}{v^2} \left(\frac{H_0(v)}{H_1(v)} - \frac{1}{v} \right)^2 \right] -$$

$$\left(\frac{u^2}{a^2} - \varepsilon_{r1}k_0^2 \right) \left(\frac{1}{v^2} - \frac{1}{u^2} \right)^2 \tag{5}$$

$$F'(u) = -k_0^2 \frac{2\varepsilon_{r1}}{u^2} \left(\frac{J_0(u)}{J_1(u)} - \frac{1}{u} \right) \left[\frac{2}{u^2} - 1 - \left(\frac{J_0(u)}{J_1(u)} \right)^2 \right] + k_0^2 \left(\varepsilon_{r1}\mu_{rc} + \varepsilon_{r2} + \frac{\sigma}{j\omega\varepsilon_0} \right) \times$$

$$\left\{ \frac{1}{uv} \left[\frac{2}{u^2} - 1 - \left(\frac{J_0(u)}{J_1(u)} \right)^2 \right] \left(\frac{H_0(v)}{H_1(v)} - \frac{1}{v} \right) + \left(\frac{J_0(u)}{J_1(u)} - \frac{1}{u} \right) \frac{1}{v^2} \times \right.$$

$$\left[\frac{1}{v} \left(\frac{H_0(v)}{H_1(v)} \right) - \left(\frac{H_0(v)}{H_1(v)} \right)^2 - 1 + \frac{1}{v^2} \right] - \left(\frac{J_0(u)}{J_1(u)} - \frac{1}{u} \right) \frac{1}{v^3} \left(\frac{H_0(v)}{H_1(v)} - \frac{1}{v} \right) \right\} -$$

$$k_0^2\mu_{rc} \left(\varepsilon_{r2} + \frac{\sigma}{j\omega\varepsilon_0} \right) \frac{2u}{v^3} \left(\frac{H_0(v)}{H_1(v)} - \frac{1}{v} \right) \left[\frac{2}{v^2} - 1 - \left(\frac{H_0(v)}{H_1(v)} \right)^2 \right] -$$

$$2 \left(\frac{1}{v^2} - \frac{1}{u^2} \right) \left[\frac{u}{a^2} \left(\frac{1}{v^2} - \frac{1}{u^2} \right) + 2 \left(\frac{u^2}{a^2} - \varepsilon_{r1}k_0^2 \right) \left(\frac{1}{u^3} - \frac{u}{v^4} \right) \right] \tag{6}$$

Now, in our practical condition $f \ll f_c$, the attenuation constant α is very large, so we have

$$u_0 = a\sqrt{k_0^2 + \gamma_0^2} \approx a\gamma_0$$

Putting[2]
$$\gamma_0 = \alpha_0 \left(1 + j\frac{\tau}{2a} \right)$$

Where τ is the skin depth. Using Linder's formula[3]:

$$\alpha_0 = \frac{2\pi}{\lambda_c}\sqrt{1 - (\lambda_c/\lambda)^2}$$

Then
$$u_0 = \frac{2\pi}{\lambda_c}\sqrt{1 - (\lambda_c/\lambda)^2} \left(a + j\frac{\tau}{2} \right) \tag{7}$$

So that the $F(u_0)$ and $F'(u_0)$ can be obtained by computer analysis. The skin depth of the walls of the guide is given by

$$\tau = \frac{1}{\mathrm{Re}(j\omega^2\mu_c\varepsilon_c)}$$

For the most important mode HE_{11}, the cutoff wavelength may be written in the form

$$\lambda_c = \frac{2\pi a}{1.84118378} = 3.4125791a$$

The calculations will be made for the brass guide. It will be assumed that the original data are given by references[4] and[5]:

$\mu_0 = 4 \times 10^{-7} \mathrm{H/m}$ (permeability of free space),

$\varepsilon_0 = 8.854187818 \times 10^{-12} \mathrm{F/m}$ (permittivity of free space),

$\mu_{rc} = 0.999998$ (relative permeability of brass),

$\sigma = 1.6034 \times 10^7 \, 1/\Omega\mathrm{m}$ (RF conductivity of guide wall),

$a = 1.598125 \times 10^{-2} \mathrm{m}$ (inner radius of circular guide),

$f = 30\mathrm{MHz}$ (signal frequency).

Table 1 shows how the attenuation constant α and phase constant β depend on the relative permittivity of medium in the guide. It is seen that the difference between vacuum and air should not be sufficient large to be observed.

Table 1

ε_{rl}	1	1. 000537	2	3
$\alpha/(\text{dB}/\text{mm})$	0. 9999593	0. 9999593	0. 9999440	0. 9999292
$\beta/(\text{rad}/\text{m})$	0. 0827073	0. 0827073	0. 0827096	0. 0827118

The evanescent field in a waveguide is important, because its amplitude falls off exponentially with distance along the guide at an accurately calculable rate, so the waveguide may be used as a primary standard of attenuation. In references[4] and [5], the attenuation constant of 30MHz WBCO attenuator standard built in NIM is 0. 99995775dB/mm. As a numerical example, we calculated the attenuation constant of same attenuator, the final result is 0. 99995930 dB/mm. This value in larger than that mentioned above, the correction will be 1. 55 part in 10^6.

References

[1] Garson J R, Mead S P, Schelkunoff S A. Bell Sys. Tech. Jour. ,1936,15(2):310.

[2] Huang Z X. An Introduction to the Theory of Waveguide Below Cutoff[M]. Beijing: Metrology Publishing House,1981(1st pub.),1991(2nd pub).

[3] Linder E G. Proc. IRE,1942,30(12):554.

[4] An T. Acta Metrologica Sinica,1981,4(2):253.

[5] Xia Y J,Mo R G. Acta Metrologica Sinica,1982,2(3):135.

[6] Yell R W. CPEM Digest,1972,108.

金属壁内生成氧化层对高精度圆截止波导传播常数的影响

朱敏[1]　黄志洵[2]

（1　北京真空电子器件研究所,北京　100016；2　中国计量科学研究院,北京　100029）

摘要：1943 年, H. Buchholz 最早研究了圆波导中填充介质的影响；1950 年, 又有 H. M. Wachowski 和 R. E. Beam 讨论了所谓"带屏蔽的介质圆棒波导", 这些工作导致了 BWB 方程的建立, 而 H. G. Unger 于 1957 年提出了 BWB 方程的微扰法求解技巧并作了近似计算。另外,1949 年 J. Brown 分析了圆波导内壁有氧化层时的正规模特性。以上工作均认为波导壁金属是理想导电体。

本文对这些问题重做分析并对有关方面作审慎考虑。经过仔细的分析计算得到氧化层影响的结果为 $|\Delta\alpha/\alpha| = d/b$, 这里 b 是圆波导内半径, d 是氧化层厚度, α 是 H_{11} 模截止波导的衰减常数。故在设计一级衰减标准时, 对氧化层影响需作具体的分析考虑。

关键词：圆截止波导；衰减常数；氧化层

Propagating Properties of Normal Modes in Oxidelayer Coated Circular Waveguides with Perfectly Conducting Walls

ZHU Min[1]　HUANG Zhi – Xun[2]

（1　Beijing Institute of Vacuum Electronic Device, Beijing　100016；

2　National Institute of Metrology, Beijing　100029）

Abstract：In 1943, H. Buchholz first investigated the effects of the dielectric material filling a circular waveguide. In 1950, H. M. Wachowski and R. E. Beam discussed "the shielded dielectric – rod waveguide". That is the BWB equation. In 1957, Unger made the perturbation disposal to the BWB equation and got the approximate calculation. In other words, in 1949 J. Brown analysed the properties of normal modes in a circular waveguide with an oxide layer on the inner wall. These papers all assumed that the conductivity of the wall was infinite.

In the article, we analyse it again, and we must consider the other aspects of the problem. After

注：本文原载于《凯山计量》学刊,1984,No. 1,1～12 页。

analyse and calculate carefully, we obtain that $|\Delta\alpha/\alpha| = d/b$, where b is inner radius of the circular waveguide, d is depth of oxide layer on inner wall, α is the attenuation constant of H_{11} mode in waveguide below – cutoff. So, we should make a concrete analysis of the oxide layer effect, in design of primary attenuation standard.

Key words: Circular waveguide below – cutoff; Attenuation constant; Oxide layer

1　引言

1943 年, H. Buchholz 发表了《充填介质物的圆波导》一文[1], 最早提出了波导中充有介质时的影响问题。1950 年, H. M. Wachowski 和 R. E. Beam 发表了题为《带屏蔽的介质棒波导》的文章[2]。上述论文推导了圆波导内壁人工加均匀介质层时的特征方程(假设波导材料电导率 $\sigma = \infty$), 称为 BWB 方程。1957 年, Unger 提出了 BWB 方程的微扰近似解[3]。对这些工作, 称为"人工加介质层圆波导理论"。1949 年, J. Brown 发表了题为《活塞式衰减器衰减常数的修正》的论文[4], 对内壁有均匀氧化层的圆波导的正规模式进行了分析, 同样假设波导材料电导率 $\sigma = \infty$; 在此假设下推出的特征方程称为 Brown 方程, 它的外形与 BWB 方程不同。假设氧化膜层为纯介质, 并假设其介电常数由 $\varepsilon_0 \sim \infty$, Brown 的近似分析表明, 在截止区对 H_{11} 模的传播常数误差为

$$\frac{\mathrm{d}\gamma_{11}}{\gamma_{11}} = (1 \sim 1.8)\frac{d}{a}$$

式中: a 为圆波导内径; d 为氧化膜厚度。因此, Brown 认为, 如果要求衰减常数误差小于 1×10^{-5}, 则要求氧化膜厚度 $d < 10^{-4}\,\mathrm{mm}(0.1\,\mu\mathrm{m})$。这些可称为"自然生成氧化膜厚层的圆截止波导理论"。

这里要讨论的问题是: BWB 方程与 Brown 方程是否一致? Brown 的一系列观点是否正确? Unger 的近似结果与 Brown 的近似结果是否一样? 总结起来的问题是: 两套理论能否吻合一致, 应当怎样看待氧化膜的生成对截止衰减标准的影响?

2　人工加介质层时圆波导特征方程的讨论

所考虑的波导的横截面如图 1 所示, Ⅰ 是充空气区, Ⅱ 是敷介质区。规定 a 为圆心到金属壁的内半径, b 为圆心到介质层的内半径, d 为介质层厚度, 则有

$$d = a - b \qquad (1)$$

$$a = b + d \qquad (2)$$

$$\rho = \frac{b}{a} < 1 \qquad (3)$$

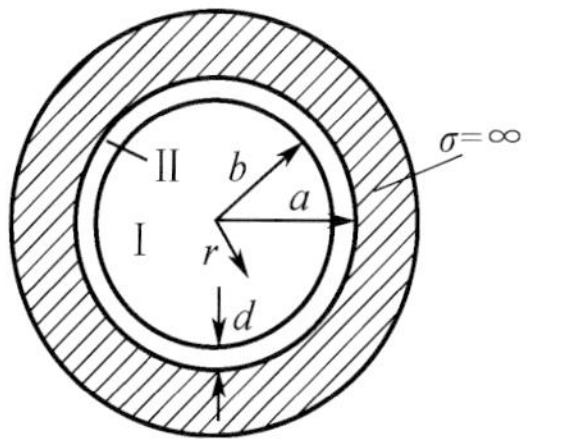

式中: ρ 为两个半径的比值。规定

$$x_1 = h_1 a \qquad (4)$$

$$x_2 = h_2 a \qquad (5)$$

则有

图 1　内壁有介质层的
金属壁圆波导横截面

$$\rho x_1 = h_1 b \qquad (6)$$

$$\rho x_2 = h_2 b \qquad (7)$$

式中:h_1、h_2 为径向传播常数:

$$h_1^2 = k_0^2 + \gamma^2 \tag{8}$$

$$h_2^2 = k_2^2 + \gamma^2 \approx \varepsilon_r k_0^2 + \gamma^2 \tag{9}$$

式中:k_0 为波数;γ 为轴向传播常数:

$$k_0 = \frac{\omega}{c} = \omega \sqrt{\mu_0 \varepsilon_0}$$

$$\gamma = \alpha + j\beta$$

式中:c 为光速;α 为衰减常数;β 为相位常数。而 k_2 是表征介质性能的参数:

$$k_2 = \sqrt{\omega^2 \varepsilon_2 \mu_2 - j\omega\mu_2 \sigma_2}$$

式中:ε_2 为介质层的介电常数($\varepsilon_2 = \varepsilon_r \varepsilon_0$);$\mu_2$ 为介质层的导磁率($\mu_2 = \mu_r \mu_0$);σ_2 为介质层的导电率。对于实际介质,$\sigma_2 \approx 0$,故有

$$k_2 \approx \omega \sqrt{\varepsilon_2 \mu_2} = k_0 \sqrt{\varepsilon_r \mu_r}$$

取介质 $\mu_r = 1$,故得

$$k_2 \approx \sqrt{\varepsilon_r} k_0 \tag{10}$$

弄清这些符号是很重要的。关于模式下标,规定圆波导中正规模式为 H_{mn}、E_{mn} 模。

Unger[3] 给出 BWB 方程的形式为

$$m^2 \left[\frac{1}{x_1^2} - \frac{1}{x_2^2} \right]^2 - \rho^2 \frac{x_2^2 - x_1^2}{x_2^2 - \varepsilon_r x_1^2} \left[\frac{1}{x_1} \frac{J_m'(\rho x_1)}{J_m(\rho x_1)} + \frac{\varepsilon_r W_m(\rho x_2)}{\rho x_2^2 U_m(\rho x_2)} \right]$$

$$\cdot \left[\frac{1}{x_1} \frac{J_m'(\rho x_1)}{J_m(\rho x_1)} + \frac{1}{\rho x_2^2} \frac{V_m(\rho x_2)}{Z_m(\rho x_2)} \right] = 0 \tag{11}$$

其中

$$U_m(\rho x_2) = J_m(\rho x_2) N_m(x_2) - N_m(\rho x_2) J_m(x_2)$$

$$V_m(\rho x_2) = \rho x_2^2 \left[J_m'(\rho x_2) N_m'(x_2) - N_m'(\rho x_2) J_m'(x_2) \right]$$

$$W_m(\rho x_2) = \rho x_2 \left[J_m(x_2) N_m'(\rho x_2) - J_m'(\rho x_2) N_m(x_2) \right]$$

$$Z_m(\rho x_2) = x_2 \left[J_m'(x_2) N_m(\rho x_2) - J_m(\rho x_2) N_m'(x_2) \right]$$

式中:J_m 和 N_m 分别为第一类、第二类圆柱函数。现在要把式(11)变形,例如有

$$\rho^2 \frac{x_2^2 - x_1^2}{x_2^2 - \varepsilon_r x_1^2} = \rho^2 \frac{h_2^2 - h_1^2}{h_2^2 - \varepsilon_r h_1^2} = \rho^2 \frac{(\varepsilon_r - 1) k_0^2}{(1 - \varepsilon_r) \gamma^2} = \rho^2 \frac{k_0^2}{-\gamma^2} = \frac{k_0^2 b^2}{k_z^2 a^2}$$

又如,我们处理下面的项:

$$\frac{\varepsilon_r}{\rho x_2^2} \frac{W_m(\rho x_2)}{U_m(\rho x_2)} = \frac{\varepsilon_r}{x_2} \frac{J_m(x_2) N_m'(\rho x_2) - J_m'(\rho x_2) N_m(x_2)}{J_m(\rho x_2) N_m(x_2) - N_m(\rho x_2) J_m(x_2)} =$$

$$- \frac{\varepsilon_r}{h_2 a} \frac{J_m'(h_2 b) N_m(h_2 a) - J_m(h_2 a) N_m'(h_2 b)}{J_m(h_2 b) N_m(h_2 a) - J_m(h_2 a) N_m(h_2 b)}$$

但令

$$P_m(h_2 r) = J_m(h_2 r) N_m(h_2 a) - J_m(h_2 a) N_m(h_2 r)$$

式中:r 为径向坐标(变数)。有

$$P_m(h_2 b) = J_m(h_2 b) N_m(h_2 a) - J_m(h_2 a) N_m(h_2 b)$$

$$P'_m(h_2 b) = J'_m(h_2 b) N_m(h_2 a) - J_m(h_2 a) N'_m(h_2 b)$$

故可得

$$\frac{\varepsilon_r}{\rho x_2^2} \frac{W_m(\rho x_2)}{U_m(\rho x_2)} = -\frac{\varepsilon_r}{h_2 a} \frac{P'_m(h_2 b)}{P_m(h_2 b)}$$

又令

$$Q_m(h_2 r) = J_m(h_2 r) N'_m(h_2 a) - J'_m(h_2 a) N_m(h_2 r)$$

则同理可证:

$$\frac{1}{\rho x_2^2} \frac{V_m(\rho x_2)}{Z_m(\rho x_2)} = -\frac{1}{h_2 a} \frac{Q'_m(h_2 b)}{Q_m(h_2 b)}$$

经过这类整理,BWB 方程成为

$$\left[\frac{1}{h_1} \frac{J'_m(h_1 b)}{J_m(h_1 b)} - \frac{\varepsilon_r}{h_2} \frac{P'_m(h_2 b)}{P_m(h_2 b)} \right] \cdot \left[\frac{1}{h_1} \frac{J'_m(h_1 b)}{J_m(h_1 b)} - \frac{\mu_r}{h_2} \frac{Q'_m(h_2 b)}{Q_m(h_2 b)} \right]$$

$$= \frac{m^2}{b^2} \frac{k_z^2}{k_0^2} \left[\frac{1}{h_1^2} - \frac{1}{h_2^2} \right]^2 \tag{12}$$

在波导材料为理想导电($\sigma = \infty$)时,式(12)是严格的。

这个方程可以按下述步骤推导出来。

(1)写出区域 I 内的场分量。

(2)写出区域 II 内的纵向场分量。

(3)第一次运用边界条件(在 $r = a$ 处):

$$E_z^{II} \big|_{r=a} = 0$$

$$\frac{\partial H_z^{II}}{\partial r} \bigg|_{r=a} = 0$$

(4)写出区域 II 内所有场分量。

(5)第二次运用边界条件(在 $r = b$ 处):

$$E_z^{I} = E_z^{II}$$

$$H_z^{I} = H_z^{II}$$

$$\varepsilon_0 E_r^{I} = \varepsilon_2 E_r^{II}$$

$$\mu_0 H_r^{I} = \mu_2 H_r^{II}$$

(6)把得到的 4 个等式化简为两个方程式。

(7)消去两个待定系数,即得特征方程。

按上述步骤,取 $\mu_r = 1$,得到式(12)。

3 从 BWB 方程推导 Brown 方程

现在有

$$h_1 a = h_1 b + h_1 d$$

$$h_2 a = h_2 b + h_2 d$$

假设 $d \ll b$,圆柱函数可按变数 $h_1 b$、$h_2 b$ 展开。Taylor 级数表明:

$$f(x_0 + \Delta) = f(x_0) + f'(x_0)\Delta + \frac{1}{2!}f''(x_0)\Delta^2 + \cdots$$

如 Δ 很小则可取线性展开：

$$f(x_0 + \Delta) \approx f(x_0) + f'(x_0)\Delta$$

故可有

$$J_m(h_2 a) \approx J_m(h_2 b) + (h_2 d)J_m'(h_2 b)$$

$$J_m'(h_2 a) \approx J_m'(h_2 b) + (h_2 d)J_m''(h_2 b)$$

第二类 Bessel 函数也有类似关系，故可证明：

$$\frac{P_m'(h_2 b)}{P_m(h_2 b)} \approx -\frac{1}{h_2 d} \tag{13}$$

现在需要利用整数阶 Bessel 函数的 Wronsky 关系式：

$$J_m(x)N_m'(x) - J_m'(x)N_m(x) = J_{m+1}(x)N_m(x) - J_m(x)N_{m+1}(x) =$$

$$J_m(x)N_{m-1}(x) - J_{m-1}(x)N_m(x) = \frac{2}{\pi x}$$

以及

$$J_m(x)N_m''(x) - J_m''(x)N_m(x) = -\frac{2}{\pi x^2}$$

$$J_m'(x)N_m''(x) - J_m''(x)N_m'(x) = \frac{2}{\pi x}\left(1 - \frac{m^2}{x^2}\right)$$

因此可以证明：

$$\frac{Q_m'(h_2 b)}{Q_m(h_2 b)} \approx h_2 d\left(1 - \frac{m^2}{h_2^2 b^2}\right) \tag{14}$$

又引入下述符号：

$$u = h_1 b = b\sqrt{k_0^2 + \gamma^2} \tag{15}$$

$$q = h_2 b = b\sqrt{k_2^2 + \gamma^2} \tag{16}$$

并考虑到下述关系式：

$$k_z^2 = -\gamma^2 \tag{17}$$

这样式（12）可整理为

$$-\left[k_0^2\frac{J_m'(u)}{J_m(u)} + \frac{buk_2^2}{\mu_1 dq^2}\right] \cdot \left[\frac{J_m'(u)}{J_m(u)} - \frac{\mu_r ud}{b}\left(1 - \frac{m^2}{q^2}\right)\right] = m^2\gamma^2 u^2\left[\frac{1}{u^2} - \frac{1}{q^2}\right]^2$$

也可写为

$$-\left[\frac{k_0^2}{\mu_0}\frac{J_m'(u)}{J_m(u)} + \frac{buk_2^2}{dq^2\mu_2}\right] \cdot \left[\mu_0\frac{J_m'(u)}{J_m(u)} - \frac{\mu_2 ud}{b}\left(1 - \frac{m^2}{q^2}\right)\right] = \frac{m^2\gamma^2}{u^2}\left[1 - \frac{u^2}{q^2}\right]^2 \tag{18a}$$

此即 Brown 的特征方程。误差只来自线性展开时忽略高阶小量，这要求 d 很小（氧化膜很薄）。Brown 方程是正确的，但不能用于膜厚情况。

式（18a）也可写为

$$\left[\frac{k_0^2}{\mu_0}\frac{J'_m(u)}{J_m(u)}+\frac{buk_z^2}{dq^2\mu_2}\right]\cdot\left[\mu_0\frac{J'_m(u)}{J_m(u)}-\frac{\mu_2ud}{b}\left(1-\frac{m^2}{q^2}\right)\right]=\frac{m^2k_z^2}{u^2}\left[1-\frac{u^2}{q^2}\right]^2 \tag{18b}$$

4　Brown 方程的微扰解(H_{mn} 模)

把式(18b)左边相乘后展开,左、右乘 d/b,略去 $(d/b)^2$ 项,并令 $\delta=d/b$,得近似方程:

$$k_2^2\frac{\mu_0}{\mu_2}\frac{u}{q^2}\left[\frac{J'_m(u)}{J_m(u)}\right]+k_0^2\delta\left[\frac{J'_m(u)}{J_m(u)}\right]^2-k_2^2\frac{u^2}{q^2}\delta\left(1-\frac{m^2}{q^2}\right)-m^2k_z^2u^2\delta\left[\frac{1}{u^2}-\frac{1}{q^2}\right]^2=0 \tag{19}$$

它实际上为

$$f(u)=0 \tag{20}$$

下面要近似求解。为了便于与 Brown 原文对照,沿用他的一个符号 h_{mn},它实际上为

$$h_{mn}=\mathrm{j}\gamma_{mn} \tag{21}$$

故有

$$h_{mn}^2=k_0^2-\frac{u_{mn}^2}{b^2} \tag{22}$$

微扰是对 $\delta=0$(不存在氧化膜层)而言。对 $\delta=0$ 的情况:

$$J'_m(u)=0$$

令其根为

$$u_{mn}=k_{mn}$$

当存在薄的氧化膜层,产生微扰量 $\mathrm{d}u_{mn}$:

$$u_{mn}=k_{mn}+\mathrm{d}u_{mn} \tag{23}$$

现在按 Newton – Raphson 法处理,即

$$\mathrm{d}u_{mn}\approx-\frac{f(k_{mn})}{f'(k_{mn})} \tag{24}$$

然而可以证明:

$$\frac{\mathrm{d}h_{mn}}{h_{mn}}=-\frac{u_{mn}}{b^2h_{mn}^2}\mathrm{d}u_{mn} \tag{25}$$

但是

$$\frac{\mathrm{d}h_{mn}}{h_{mn}}=\frac{\mathrm{d}\gamma_{mn}}{\gamma_{mn}} \tag{26}$$

故当 $u_{mn}=k_{mn}$ 时得

$$\frac{\mathrm{d}\gamma_{mn}}{\gamma_{mn}}=-\frac{k_{mn}}{b^2h_{mn}^2}\mathrm{d}u_{mn}=\frac{k_{mn}}{b^2h_{mn}^2}\frac{f(k_{mn})}{f'(k_{mn})} \tag{27}$$

因此先要求出 $\mathrm{d}u_{mn}$。由式(19),当 $J'_m(u)=0$ 时得

$$f(u)=-k_2^2\frac{u^2}{q^2}\left(1-\frac{m^2}{q^2}\right)\delta-m^2k_z^2u^2\left[\frac{1}{u^2}-\frac{1}{q^2}\right]^2\delta$$

故得

$$f(k_{mn})=-k_2^2\frac{k_{mn}^2}{q_{mn}^2}\left(1-\frac{m^2}{q_{mn}^2}\right)\delta-\left(k_2^2\frac{\delta}{q_{mn}^2}\right)\frac{m^2k_z^2k_{mn}^2q_{mn}^2}{k_2^2}\left[\frac{1}{k_{mn}^2}-\frac{1}{q_{mn}^2}\right]^2$$

把 k_z^2 换成 h_{mn}^2，并经整理后得

$$f(k_{mn}) = -k_2^2 \frac{\delta}{q_{mn}^2}\left\{ k_{mn}^2\left(1 - \frac{m^2}{q_{mn}^2}\right) + \frac{m^2 h_{mn}^2 q_{mn}^2}{k_2^2 k_{mn}^2}\left(1 - \frac{k_{mn}^2}{q_{mn}^2}\right)^2\right\} \tag{28}$$

下面找 $f'(k_{mn})$，只取式（19）第一项（零级近似），并令 $\mu_2 = \mu_0$，则有

$$f(u) \approx k_2^2 \frac{u}{q^2}\left[\frac{J_m'(u)}{J_m(u)}\right]$$

按微分法则求 $f'(u)$，可得 $f'(k_{mn})$ 表达式。又令 $J_m'(k_{mn}) = 0$，故得

$$f'(k_{mn}) \approx \frac{k_2^2}{q_{mn}^2} k_{mn} \frac{J_m''(k_{mn})}{J_m(k_{mn})}$$

利用 Bessel 递推公式：

$$J_m''(k_{mn}) = -\left(1 - \frac{m^2}{k^2}\right)J_m(k_{mn})$$

最后得

$$f'(k_{mn}) = -\frac{k_2^2}{q_{mn}^2} k_{mn}\left(1 - \frac{m^2}{k_{mn}^2}\right) \tag{29}$$

故得

$$\frac{\mathrm{d}\gamma_{mn}^{(b)}}{\gamma_{mn}^{(b)}} \approx \frac{\delta}{h_{mn}^2 b^2}\left[k_{mn}^2\left(1 - \frac{m^2}{q_{mn}^2}\right) + \frac{m^2 h_{mn}^2 q_{mn}^2}{k_2^2 k_{mn}^2}\left(1 - \frac{k_{mn}^2}{q_{mn}^2}\right)^2\right]\frac{k_{mn}^2}{k_{mn}^2 - m^2} \tag{30}$$

式中：h_{mn} 由式（22）可得

$$h_{mn}^2 = k_0^2 - \frac{k_{mn}^2}{b^2} \tag{31}$$

而 q_{mn} 可由下式决定：

$$q_{mn}^2 = k_2^2 b^2 + \gamma_{mn}^2 b^2 = k_2^2 b^2 - h_{mn}^2 b^2 = k_2^2 b^2 - k_0^2 b^2 + k_{mn}^2 \tag{32}$$

上述结果与 Brown 都是相符的。

对式（30）可作变形处理。由于

$$k_{mn}^2 - \frac{m^2 k_{mn}^2}{q_{mn}^2} = (k_{mn}^2 - m^2) + m^2\left(1 - \frac{k_{mn}^2}{q_{mn}^2}\right) = (k_{mn}^2 - m^2) + m^2 k_{mn}^2\left(\frac{1}{k_{mn}^2} - \frac{1}{q_{mn}^2}\right)$$

故式（30）可写为

$$\frac{\mathrm{d}\gamma_{mn}^{(b)}}{\gamma_{mn}^{(b)}} \approx \frac{\delta k_{mn}^2}{h_{mn}^2 b^2} + \frac{m^2\delta}{h_{mn}^2 b^2}\left\{k_{mn}^2\left(\frac{1}{k_{mn}^2} - \frac{1}{q_{mn}^2}\right) + \frac{k_{mn}^2 q_{mn}^2}{k_2^2 k_{mn}^2}\left(1 - \frac{k_{mn}^2}{q_{mn}^2}\right)^2\right\}\frac{k_{mn}^2}{k_{mn}^2 - m^2} \tag{33}$$

式中：符号 (b) 表示此结果是参考半径 b（不是 a）展开而获得的。式（33）右边第二项可化简为

$$\frac{m^2\delta}{h_{mn}^2 b^2}\left\{\frac{q_{mn}^2 - k_{mn}^2}{q_{mn}^2} + \frac{h_{mn}^2(q_{mn}^2 - k_{mn}^2)^2}{k_2^2 k_{mn}^2 q_{mn}^2}\right\}\frac{k_{mn}^2}{k_{mn}^2 - m^2} = \frac{m^2\delta}{h_{mn}^2 b^2}\frac{q_{mn}^2 - k_{mn}^2}{k_{mn}^2 - m^2}\left\{\frac{k_2^2 k_{mn}^2 + h_{mn}^2(q_{mn}^2 - k_{mn}^2)}{k_2^2 q_{mn}^2}\right\}$$

然而

$$q_{mn}^2 - k_{mn}^2 = k_0^2 b^2(\varepsilon_r - 1) \tag{34}$$

因此可以证明：

$$k_2^2 k_{mn}^2 + h_{mn}^2(q_{mn}^2 - k_{mn}^2) = k_0^2 q_{mn}^2 \tag{35}$$

把这些结果代入后得

$$\frac{\mathrm{d}\gamma_{mn}^{(b)}}{\gamma_{mn}^{(b)}} = \frac{\delta k_{mn}^2}{h_{mn}^2 b^2} + \frac{m^2\delta}{h_{mn}^2 b^2}\frac{q_{mn}^2 - k_{mn}^2}{k_{mn}^2 - m^2}\frac{k_0^2}{k_2^2} = \frac{\delta k_{mn}^2}{h_{mn}^2 b^2} + m^2\delta\frac{\varepsilon_r - 1}{k_{mn}^2 - m^2}\frac{k_0^2}{k_2^2}\frac{k_0^2}{h_{mn}^2}$$

然而 $k_0^2/k_2^2 = 1/\varepsilon_r$。另外,又可令

$$G_{mn}^2 = \frac{h_{mn}^2}{k_0^2} = 1 - \frac{k_{mn}^2}{b^2 k_0^2} = 1 - \frac{\lambda^2}{\left(\dfrac{2\pi b}{k_{mn}}\right)^2} = 1 - \frac{\lambda^2}{\lambda_{c,mn}^2} \tag{36}$$

因此得

$$\frac{\mathrm{d}\gamma_{mn}^{(b)}}{\gamma_{mn}^{(b)}} = \frac{\delta k_{mn}^2}{h_{mn}^2 b^2} + m^2\delta \frac{\varepsilon_r - 1}{\varepsilon_r} \frac{1}{(k_{mn}^2 - m^2)} G_{mn}^2$$

然而令

$$F_{mn}^2 = \frac{h_{mn}^2 b^2}{k_{mn}^2} = \frac{b^2 k_0^2}{k_{mn}^2} - 1 = \left(\frac{2\pi b}{k_{mn}}\right)^2 \frac{1}{\lambda^2} - 1 = \frac{\lambda_{c,mn}^2}{\lambda^2} - 1 \tag{37}$$

故最后得

$$\frac{\mathrm{d}\gamma_{mn}^{(b)}}{\gamma_{mn}^{(b)}} = \frac{\delta}{F_{mn}^2} + \frac{m^2\delta(\varepsilon_r - 1)}{\varepsilon_r(k_{mn}^2 - m^2)G_{mn}^2} \tag{38}$$

这个表达式是比较全面的,Brown 未曾给出过如此明晰的表达式。

5　对圆截止波导、H_{11} 模情况的分析

近似理论仍承认正规模可以存在。先从明晰的公式出发,由式(38)得

$$\frac{\mathrm{d}\gamma_{mn}^{(b)}}{\gamma_{mn}^{(b)}} = \frac{d/b}{\left(\dfrac{\lambda_{c\cdot mn}}{\lambda}\right)^2 - 1} + \frac{d}{b} \frac{m^2}{k_{mn}^2 - m^2}\left(1 - \frac{1}{\varepsilon_r}\right)\frac{1}{1 - \left(\dfrac{\lambda}{\lambda_{c\cdot mn}}\right)^2} \tag{38a}$$

令 $m = n = 1$,得到 H_{11} 模适用的公式:

$$\frac{\mathrm{d}\gamma_{11}^{(b)}}{\gamma_{11}^{(b)}} = \frac{d/b}{\left(\dfrac{\lambda_{c\cdot 11}}{\lambda}\right)^2 - 1} + \frac{d}{b} \frac{1}{k_{11}^2 - 1}\left(1 - \frac{1}{\varepsilon_r}\right)\frac{1}{1 - \left(\dfrac{\lambda}{\lambda_{c\cdot 11}}\right)^2} \tag{39}$$

对于截止波导衰减标准的具体情况,$\lambda \gg \lambda_c$,故得

$$\frac{\mathrm{d}\gamma_{11}^{(b)}}{\gamma_{11}^{(b)}} \approx -\frac{d}{b} - \frac{d}{b} \frac{1}{k_{11}^2 - 1}\left(1 - \frac{1}{\varepsilon_r}\right)\left(\frac{\lambda_{c\cdot 11}}{\lambda}\right)^2 \tag{40}$$

显然,等式右端第二项很小,故有

$$\frac{\mathrm{d}\gamma_{11}^{(b)}}{\gamma_{11}^{(b)}} \approx -\frac{d}{b} \tag{41}$$

负号表示氧化膜使衰减常数减小。

现在再从 Brown 论文[4]的式(24),即本文式(30)出发。令 $\mu_2 = \mu_0$,$m = n = 1$,则该式成为

$$\frac{\mathrm{d}\gamma_{11}^{(b)}}{\gamma_{11}^{(b)}} = \frac{d}{b} \frac{1}{h_{11}^2 b^2} \frac{k_{11}^2}{k_{11}^2 - 1}\left\{k_{11}^2\left(1 - \frac{1}{q_{11}^2}\right) + \frac{h_{11}^2 q_{11}^2}{k_2^2 k_{11}^2}\left(1 - \frac{k_{11}^2}{q_{11}^2}\right)\right\} \tag{42}$$

然而,Brown"取未微扰衰减常数值为 k_{11}/b",对此有两点说明。

(1)这个假设只有忽略式(22)中的 k_0^2 项才对。经数值验算,证明在截止区工作时($\omega = 2\pi f$ 很小)是允许的。

(2)Brown 丢掉了一个负号,实际上应取

$$h_{11}^2 b^2 = -k_{11}^2 \tag{43}$$

因此得

$$\frac{\mathrm{d}\gamma_{11}^{(b)}}{\gamma_{11}^{(b)}} = -\frac{d}{b}\frac{k_{11}^2}{k_{11}^2-1}\left\{1 - \frac{1}{q_{11}^2} + \frac{h_{11}^2 q_{11}^2}{k_2^2}\left(\frac{1}{k_{11}^2} - \frac{1}{q_{11}^2}\right)^2\right\}$$

$$= -\frac{d}{b}\frac{k_{11}^2}{k_{11}^2-1}\left\{1 - \frac{1}{q_{11}^2} - \frac{q_{11}^2}{b^2 k_2^2 k_{11}^2} + \frac{2}{b^2 k_2^2} - \frac{k_{11}^2}{b^2 k_2^2 q_{11}^2}\right\} \quad (44)$$

如假设 $\varepsilon_r \gg 1$，则 $k_2^2 \gg k_0^2$，故可取

$$q_{11}^2 = b^2 k_2^2 - b^2 k_0^2 + k_{11}^2 \approx b^2 k_2^2 + k_{11}^2 \quad (45)$$

因此有

$$\frac{q_{11}^2}{b^2 k_2^2 k_{11}^2} + \frac{k_{11}^2}{b^2 k_2^2 q_{11}^2} = \frac{b^2 k_2^2 + k_{11}^2}{b^2 k_2^2 k_{11}^2} + \frac{q_{11}^2 - b^2 k_2^2}{b^2 k_2^2 q_{11}^2} = \frac{1}{k_{11}^2} + \frac{2}{b^2 k_2^2} - \frac{1}{q_{11}^2}$$

代入后得

$$\frac{\mathrm{d}\gamma_{11}^{(b)}}{\gamma_{11}^{(b)}} \approx -\frac{d}{b} \quad (46)$$

这个结果是对的,而 Brown 原文给出的式子:

$$\frac{\mathrm{d}h_{11}}{h_{11}} = \frac{d}{b}\frac{1}{k_{11}^2-1}\left\{\frac{k_{11}^4 - k_{11}^2 + b^2 k_2^2(k_{11}^2+1)}{k_{11}^2 + b^2 k_2^2}\right\}$$

有误,原因就在于丢掉一个负号。Brown 虽有错,但其结论在数值的数量级上却仍是正确的。

6 BWB 方程微扰解(H_{mn} 模)及截止下(H_{11} 模)情况

现在有

$$h_1 b = h_1 a - h_1 d$$

$$h_2 b = h_2 a - h_2 d$$

假设 $d \ll a$,圆柱函数可按变数 $h_1 a$、$h_2 a$ 展开。引入下述符号:

$$u = h_1 a = a\sqrt{k_0^2 + \gamma^2} \quad (47)$$

$$x_2 = h_2 a = a\sqrt{k_2^2 + \gamma^2} \quad (48)$$

并令 $\delta = d/a$,类似的分析得

$$k_2^2 \frac{u}{x_2^2}\left[\frac{J_m'(u)}{J_m(u)}\right]^2 + k_0^2 \delta\left[\frac{J_m'(u)}{J_m(u)}\right]^2 - k_2^2 \frac{u^2}{x_2^2}\delta K - m^2 h_{mn}^2 u^2 \delta\left[\frac{1}{u^2} - \frac{1}{x_2^2}\right]^2 = 0 \quad (49)$$

推导过程中略去了 δ^2 项。式(49)中 K 为

$$K = \frac{J_m''(u)}{J_m(u)} + \left(1 - \frac{m^2}{x_2^2}\right) \quad (50)$$

把式(49)当为

$$f(u) = 0 \quad (51)$$

可以证明:

$$\frac{\mathrm{d}\gamma_{mn}^{(a)}}{\gamma_{mn}^{(a)}} = -\frac{k_{mn}}{a^2 h_{mn}^2}\mathrm{d}u_{mn} \quad (52)$$

可以证明:

$$\frac{\mathrm{d}\gamma_{mn}^{(a)}}{\gamma_{mn}^{(a)}} = \frac{m^2\delta}{h_{mn}^2 a^2}\left\{1 - \frac{k_{mn}^2}{x_{2.mn}^2} + \frac{h_{mn}^2 x_{2.mn}^2}{k_2^2 k_{mn}^2}\left[1 - \frac{k_{mn}^2}{x_{2.mn}^2}\right]^2\right\}\frac{k_{mn}^2}{k_{mn}^2 - m^2} \tag{53}$$

其中

$$h_{mn}^2 = k_0^2 - \frac{k_{mn}^2}{a^2} \tag{54}$$

$$x_{2.mn}^2 = k_2^2 a^2 - k_0^2 a^2 + k_{mn}^2 \tag{55}$$

但式(53)经整理后成为

$$\frac{\mathrm{d}\gamma_{mn}^{(a)}}{\gamma_{mn}^{(a)}} = \frac{m^2\delta}{h_{mn}^2 a^2}\frac{x_{2.mn}^2 - k_{mn}^2}{k_{mn}^2 - m^2}\left(\frac{k_2^2 k_{mn}^2 + h_{mn}^2(x_{2.mn}^2 - k_{mn}^2)}{k_2^2 x_{2.mn}^2}\right\}$$

然而 $(x_{2.mn}^2 - k_{mn}^2)$ 可写为

$$x_{2.mn}^2 - k_{mn}^2 = k_0^2 a^2(\varepsilon_r - 1) \tag{56}$$

又知 $k_0^2/k_2^2 = 1/\varepsilon$,故最后可得

$$\frac{\mathrm{d}\gamma_{mn}^{(a)}}{\gamma_{mn}^{(a)}} = m^2\delta\frac{\varepsilon_r - 1}{\varepsilon_r}\frac{1}{(k_{mn}^2 - m^2)G_{mn}^2} \tag{57}$$

其中

$$G_{mn}^2 = \frac{h_{mn}^2}{k_0^2} = 1 - \left(\frac{\lambda}{\lambda_{c.mn}}\right)^2 \tag{58}$$

$$\lambda_{c.mn} = \frac{2\pi a}{k_{mn}} \tag{59}$$

式(57)可写为

$$\frac{\mathrm{d}\gamma_{mn}^{(a)}}{\gamma_{mn}^{(a)}} = \frac{d}{a}\frac{m^2}{k_{mn}^2 - m^2}\left(1 - \frac{1}{\varepsilon_r}\right) + \frac{1}{1 - \left(\dfrac{\lambda}{\lambda_{c.mn}}\right)^2} \tag{57a}$$

令 $m = n = 1$,得到 H_{11} 模适用的公式:

$$\frac{\mathrm{d}\gamma_{11}^{(a)}}{\gamma_{11}^{(a)}} = \frac{d}{a}\frac{1}{k_{11}^2 - 1}\left(1 - \frac{1}{\varepsilon_r}\right) + \frac{1}{1 - \left(\dfrac{\lambda}{\lambda_{c.11}}\right)^2} \tag{60}$$

对于截止衰减标准的具体情况, $\lambda \gg \lambda_c$,故得

$$\frac{\mathrm{d}\gamma_{11}^{(a)}}{\gamma_{11}^{(a)}} \approx -\frac{d}{a}\frac{1}{k_{11}^2 - 1}\left(1 - \frac{1}{\varepsilon_r}\right)\left(\frac{\lambda_{c.11}}{\lambda}\right)^2 \tag{61}$$

式(61)表明人工加敷介质层于内壁只引起很小的影响,可以忽略。

7　两套理论的结果不一致的原因

式(22)应写为

$$h_{mn}^{(b)} = \sqrt{k_0^2 - \frac{u_{mn}^2}{b^2}} = \sqrt{k_0^2 - \frac{k_{mn}^2}{b^2}} \tag{22a}$$

而式(54)应写为

$$h_{mn}^{(a)} = \sqrt{k_0^2 - \frac{k_{mn}^2}{a^2}} \qquad (54a)$$

因此可求它们之差:

$$h_{mn}^{(b)} - h_{mn}^{(a)} = \sqrt{k_0^2 - \frac{k_{mn}^2}{b^2}} - \sqrt{k_0^2 - \frac{k_{mn}^2}{a^2}}$$

然而

$$\delta = \frac{d}{a} = \frac{a-b}{a} = 1 - \frac{b}{a}$$

故有

$$b^2 = a^2 (1 - \delta)^2 \qquad (62)$$

因此有

$$h_{mn}^{(b)} = \sqrt{k_0^2 - \frac{k_{mn}^2}{a^2(1-\delta)^2}} \approx \sqrt{k_0^2 - \frac{k_{mn}^2}{a^2}(1+2\delta)} = h_{mn}^{(a)} \sqrt{1 - \frac{2k_{mn}^2}{a^2 h_{mn}^{(a)2}}\delta}$$

再次取近似,得

$$h_{mn}^{(b)} \approx h_{mn}^{(a)} \left[1 - \frac{k_{mn}^2}{a^2 h_{mn}^{(a)2}}\delta \right]$$

故得

$$h_{mn}^{(b)} - h_{mn}^{(a)} \approx \frac{\delta k_{mn}^2}{a^2 h_{mn}^{(a)}} \qquad (63)$$

另外,式(53)可以变形、整理成下述形式:

$$\frac{\mathrm{d}h_{mn}^{(a)}}{h_{mn}^{(a)}} = -\frac{\delta k_{mn}^2}{a^2 h_{mn}^{(a)2}} + \frac{\delta}{a^2 h_{mn}^{(a)2}} \left\{ k_{mn}^2 \left(1 - \frac{m^2}{x_{2.mn}^2} \right) + \frac{m^2 h_{mn}^2 x_{2.mn}^2}{k_2^2 k_{mn}^2} \left(1 - \frac{k_{mn}^2}{x_{2.mn}^2} \right)^2 \right\} \frac{k_{mn}^2}{k_{mn}^2 - m^2} \qquad (53a)$$

对比式(30),可有

$$\mathrm{d}h_{mn}^{(a)} - \mathrm{d}h_{mn}^{(b)} \approx -\frac{\delta k_{mn}^2}{a^2 h_{mn}^{(a)}} \qquad (64)$$

故由式(63)、式(64)得

$$h_{mn}^{(a)} + \mathrm{d}h_{mn}^{(a)} = h_{mn}^{(b)} + \mathrm{d}h_{mn}^{(b)} \qquad (65)$$

也就是

$$\gamma_{mn}^{(a)} + \mathrm{d}\gamma_{mn}^{(a)} = \gamma_{mn}^{(b)} + \mathrm{d}\gamma_{mn}^{(b)} \qquad (66)$$

这就是说,传播常数在受微扰后,无论按 a 展开或按 b 展开,结果都一样。换言之,在一级近似下,按 BWB 方程分析与按 Brown 方程分析的结果一致。

按照下式来考虑:

$$\gamma_{11}^{(a)} + \mathrm{d}\gamma_{11}^{(a)} = \gamma_{11}^{(b)} + \mathrm{d}\gamma_{11}^{(b)} \qquad (67)$$

总和一样,分项可不同。举一个数字例如下:

$$1.0001000 + 0.0000006 = 1.0000006 + 0.0001 \qquad (68)$$

等式虽然成立,左边小量为 6×10^{-7},右边小量为 1×10^{-4}。因此,最终结果不同。

如果介质层不是人工敷设,而是自然氧化造成,则使用 Brown 的分析显然比较合理,因为刚加工完是半径 b,传播常数 $\gamma_{11}^{(b)}$;氧化使理想导电边界扩大到 a,引起微扰 $\mathrm{d}\gamma_{11}^{(b)}$。从实验角度讲,有氧化层时的传播常数只能与未氧化时的 $\gamma_{11}^{(b)}$ 相比较,而无法与 $\gamma_{11}^{(a)}$ 相比较。

结论是,在铜或黄铜圆波导的内表面自然生成氧化层的过程,可能造成衰减常数有 10^{-5} 数量级的误差(具体大小视厚度 d 而定),对于高精确度的标准不可忽视! Brown 的分析在最后略有小疵,但绝大部分是正确的。因而,可以认为文献[4]是一篇出色的论文。

至于误差的符号,所有的分析都说明,内壁介质层的存在使衰减常数减小。在这里没有矛盾或差异需要解释。

8　H_{11} 模情况的数值计算($\lambda \gg \lambda_c$)

设工作频率远小于截止频率($f \ll f_c$),或者说工作波长远大于截止波长($\lambda \gg \lambda_c$)。那么,对 H_{11} 模可用式(41)进行数值计算,写为

$$\frac{\Delta \alpha_{11}}{\alpha_{11}} \approx -\frac{d}{b} \tag{41a}$$

故有

$$\left| \frac{\Delta \alpha_{11}}{\alpha_{11}} \right| \approx \frac{d}{b} \tag{69}$$

即

$$d \approx b \left| \frac{\Delta \alpha_{11}}{\alpha_{11}} \right| \tag{70}$$

例如,有这样一根铜(或黄铜)波导,内半径 $b = 16000.00 \, \mu m$,则有

$$d \approx 1.6 \times 10^4 \left| \frac{\Delta \alpha_{11}}{\alpha_{11}} \right| \quad \mu m \tag{71}$$

可见,当规定 $|\Delta\alpha_{11}|/\alpha_{11}$ 小于某值时,同时也需保证氧化膜的厚度小于某值。表 1 列出当取衰减常数受影响的量为 $(1 \sim 5) \times 10^{-5}$ 时所要求氧化膜厚度不能超过的数值。

表 1　氧化膜厚度不能超过的数值

$\left\| \dfrac{\Delta \alpha_{11}}{\alpha_{11}} \right\|$	1×10^{-5}	2×10^{-5}	3×10^{-5}	4×10^{-5}	5×10^{-5}
$d/\mu m$	0.16	0.32	0.48	0.64	0.8

由表 1 可见,如希望制成不确定度达 5×10^{-5} 的截止衰减标准,对铜(或黄铜)波导采取适当的抗氧化措施是必要的。因为即使分配给这方面的误差是 1×10^{-5},仍然要求氧化膜厚 $d < 0.16 \mu m$。在表面物理和表面化学的科学研究中,有专门测量氧化膜厚度的仪器和方法,如椭圆仪法(利用金属与氧化膜的偏光性不同而进行测量)以及膜电阻法等,可以选用,本文不再叙述。

参 考 文 献

［1］ Buchholz H. Der einfluss der krummung von rechteckigen hohlleitern auf das phasenmass ultrakurzer wellen ［J］. Elektr. Nachricht. Techn. ,1939,16(Mar.) :73 - 85.

［2］ Wachowski H M,Beam R E. Shielded dielectric rod waveguides［J］. Rep. Invest. Microwave Opt. ,1950,3 :21 - 25.

［3］ Unger H G. Circular electric wave transmission in a dielectric coated weveguide［J］. Bell Sys. Tech. Jour. ,1957,36 (Sep.) :1253 - 1273.

［4］ Brown J. Corrections to the attenuation constants of piston attenuators［J］. Proc. IEE,1949,96 :491 - 495.

波导截止现象的量子类比

黄志洵

（中国计量科学研究院，北京　100029）

摘要：已有多个作者讨论过波导的截止现象。本文是把波导截止现象与量子力学中的隧道效应作比较，给出了一些有意义的结果。

关键词：微波量子；截止波导；量子隧道效应

An Attempt to Explain the Cutoff Phenomenon of Waveguide With Quantum Mechanics

Huang Zhixun

（National Institute of Metrology，Beijing　100029）

Abstract：Discussions in the problem of cut – off phenomenon of the waveguide was made by many authors. In this paper，we make a comparison between the cut – off phenomenon of waveguide and the quantum mechanical tunnel effect. The significant results is presented.

Key words：microwave photons；waveguide below cutoff；quantum tunnel effect

1　引言

J. Stratton[1]说过："事物在表面上极其复杂多样，这激励人们从中发现经常出现的一致性。……例如可以设计出这样的电路，使其性能与力学系统的振荡能用同样的微分方程组描写，两者具有一一对应的关系"。1936 年，波导传输实验成功[2]，从此开始了微波技术的历史[3]。次年，Schelkunoff[4]即采用等效电压、电流概念，对自由空间的横磁（TM）平面波作了分析，并第一次采用等效电路，即用分布式多节网络，模拟一个带有截止条件的波动过程。他在文献[4]中，把阻抗概念推广到电磁场领域，并从一维的传输线模拟开始，建立了基本理论基础。而阻抗本来是力学、声学、流体力学中的一个固有参数。

注：文本原载于《电子科学学刊》，第 7 卷，第 3 期，1985 年 5 月，232～237 页。

20 世纪初量子理论的发展,使人们认识到电磁场具有波粒二象性。1901 年,Лебедев 发表了光压实验的结果(3.08×10^{-5}dyne),使人们第一次认识到光子有辐射压力。1949 年,Carrara 和 Lombardini 报道了波在微波频率上存在辐射压力的验证,这可作为微波粒子性的证明;当然这也是波动性的证明,因为在微波电磁场中,磁场作用于电流,电场作用于表面电荷,都会产生力的效应。

Thomson、Rayleigh 等人[5-8]的工作,奠定了波导(包括传输波导和截止波导)的理论基础,但都是纯粹经典电动力学的理论,与同一时期内量子理论的进展[9,10]毫无关系。我们知道,微波场的量子化构成粒子,称为微波量子,它的能量很小($10^{-6} \sim 10^{-2}$eV),但密度极大,因而对微波的粒子性一般不予重视。微波对生物组织(细胞)的破坏作用,不是由于单个微波量子的能量大,而是由于微波量子群的数目庞大。这一情况曾经使人们以为,对于象波导理论这样的由宏观 Maxwell 方程组描述的领域,量子理论是无能为力的。

后来由于用边界条件微扰法处理波导中简并模的传输衰减问题成功[11](而简并态微扰理论却是量子力学中的一般问题),才开始认识到两种思想体系之间并非没有联系[12]。

本文将波导截止现象与量子隧道效应类比,使表面上看来互不相关的问题得到某些统一的解释。作者认为,从量子力学角度去研究和解释金属壁规则柱波导的截止现象,既有趣又有意义——它也许对"自然(宇宙)的统一性"提供出又一例证!

2   传输线理论的广义化

以平行双导线为基础的均匀传输线方程组是一阶偏微分方程组。它在稳定正弦状态($e^{j\omega t}$)下,变为一阶常微分方程组。在此基础上,建立了完整的传输线理论体系,但其应用范围早已超出了平行双导线本身。首先,平面波电磁场问题就可归结为熟知的传输线问题来解决;其次,波导传输线亦可建立起分布参数等效电路[4,13-15]。图 1 显示平行双线(图 1a)、TM 波导(图 1b)、TE 波导(图 1c)的分布参数等效电路,并显示了有损耗、无损耗两种情形。

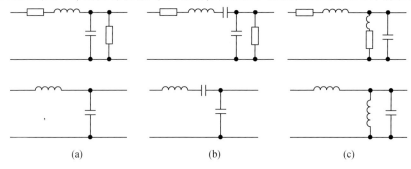

图 1   传输系统的分布参数等效电路

然而,Schelkunoff[4]最先给出了波导的"高通滤波器"特性。根据他的观点得知:对于 TM 波导,串联电抗为零时,发生截止;对于 TE 波导,并联为纳为零时,发生截止。在这两种情况下均可得到

$$\omega_c = \frac{h_0}{\sqrt{\epsilon_0 \mu_0}} \quad \text{或} \quad f_c = \frac{h_0}{2\pi \sqrt{\epsilon_0 \mu_0}} \qquad (1)$$

式中:h_0 为本征值;ϵ_0 为真空介电常数;μ_0 为真空导磁率;f_c 为截止频率。

微波电子管中的空间电荷波可用传输线模拟。不仅如此,现在传输线的基本表述方式,已

用于光纤理论中[16]。例如,1980 年曾有人在低损单模光纤中,1.55μm 波长上,观察到孤立子;而具有孤立子群的三种典型非线性方程都有相应的传输线模型[17]。这说明广义传输线理论、方法的重要性。

现在来看一看量子隧道效应。设能量为 E 的微观粒子,沿 z 轴正向射向矩形位垒(宽度 l、高度 U_0),即粒子只在 z 方向做一维运动。粒子有一定几率穿过位垒,也有一定几率被位垒反射。粒子运动的几率波函数为

$$\Psi(z) = C_+ e^{\gamma z} + C_- e^{-\gamma z} \quad (z < 0) \tag{2}$$

$$\Psi(z) = B e^{\gamma z} \quad (z > l) \tag{3}$$

式(2)由入射波、反射波组成,式(3)由透射波组成。ψ 是粒子处于任何特定位置的几率的量度。Schrödinger 方程所表达的是几率波,同样可以用一定的 L、C 链接的分布参数的等效电路来描写。在画出等效电路后,我们可以看出,它类似于 TE 波导,而非 TM 波导[18]。上述情况就是波导与量子隧道效应之间相似性的基础。

文献[19]指出,"不能认为量子力学规律与宏观世界无关;……一些宏观现象也直接地表现出量子效应"。这种提法符合上述那些事实所展示的规律性。

3　波导截止现象及其量子类比

J. Thomson[5] 并未指出波导存在截止现象。而 Rayleigh[6] 才第一个指出理想导电壁截止波导的本质:"没有波能够传播"。Schelkunoff[4] 认为:"使传播常数为零的频率叫截止频率。"但这一定义对非理想导电壁波导没有意义,因为取传播常数 $\gamma = \alpha + j\beta$,全频域找不到任何频率点能使 $\alpha = 0$ 或使 $\beta = 0$。

A. Karbowiak[20] 曾用表面阻抗微扰法研究了有限导电壁波导(矩形或圆形截面)的传播常数,给出能用于全频域(包括 f_c)的公式:

$$\gamma = \sqrt{\gamma_0^2 + 2M(jZ_f)} \tag{4}$$

式中:γ_0 为理想导电壁波导的传播常数;Z_f 为归一化表面阻抗;M 为由工作频率、波导尺寸决定的系数。当 $f = f_c$,$\gamma_0 = 0$(这符合 Schelkunoff 的定义)时,得

$$\gamma_c = \sqrt{2M(jZ_f)} \tag{5}$$

这说明截止点上的参数是可以计算的。

但是,波导在截止点上的突变,还是带有某种模糊性。如前文所述,在波导壁的电导率为有限值时,尚无截止频率的定义。作者[21] 曾指出:"绝对的截止并不存在,……仍有微量行波成分。"显然,上面的陈述是不够深刻的。作者[22] 还讨论过"等离子体的截止波导理论模型",指出截止现象是电离气体的特性;还指出,当波在各向同性的媒质中传播时,场阻抗产生可观的电抗分量的三种情形(包括导波、电离气体和色散介质中的平面波)。这些都证明波动理论的统一性,但仍未从量子规律出发来考虑问题。

我们现在把波导的截止现象与量子隧道效应作些类比。为此,首先画出金属壁柱波导的相位常数(β)在全频域中的变化,如图 2 所示。理想情况为:壁电导率 $\sigma = \infty$,趋肤深度 $\tau = 0$;实际情况为 $\sigma \neq \infty$,$\tau > 0$。

现在看一下超导体。根据 BCS 理论[23],两个自旋相反的电子,在极低温下形成弱束缚的 Copper 对。而当两块超导体经由绝缘的氧化薄层相连时,各自的波函数交叉重叠,产生弱耦

合;如在结两端施加电压 V,并由零起增大到能隙电压 $2\Delta/e$(e 为电子电荷、Δ 为能隙)时,电场能量就足以破坏电子对,形成单粒子,单粒子通过绝缘层形成隧道电流[24]。图 3 示出了超导结的隧道效应($V>2\Delta/e$ 时称为单粒子隧道效应)。当温度 $T=0$K,$V<2\Delta/e$ 时,全部配成电子对,没有单粒子,故电流 $I=0$。在 $T>0$,$V<2\Delta/e$ 的情况下,有少量单粒子,故只有微弱电流($I\neq0$),它随 V 的增高而增大。由图可见,$T>0$ 时的伏安曲线与 $T=0$ 时显著不同。

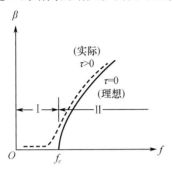

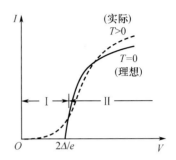

图 2　波导的相频曲线　　　　　　　图 3　量子隧道效应伏安特性

（Ⅰ为截止区,Ⅱ为传输区）　　　（Ⅰ是 Josephson 超导结,Ⅱ是单粒子超导结）

　　图 2 和图 3 对比,曲线的形状十分相似,它们的控制参量分别是 τ 和 T;$\tau=0$ 类似 $T=0$,$\tau>0$ 类似 $T>0$。由图可见,它们都是在一定条件下才发生突变。在图 2 中,表面趋肤深度为零是不可能实现的;在图 3 中,绝对零度也是不可能实现的。这就是说,物理实际总是 $\tau>0$,$T>0$,这时突变不具有绝对的意义。

　　如何从物理本质上解释图 2、图 3 的相似性? 从粒子性考虑时,波导中的电磁波是无数个场量子,它们服从玻色统计,是玻色子。而超导金属中无数电子对的波运动也具宏观性质,电子对是近似玻色子。从波动性考虑时,在波导中是 Maxwell 电磁波,在超导现象中是 Schrödinger 几率波;两者虽不同,但都可用传输线模拟,在一定条件下有外形相似的等效电路。因此,图 2、图 3 在频域中有类似的规律、形状相似的曲线,也就不足为奇了。

4　量子隧道效应等效于截止波导时的衰减常数公式

　　量子隧道效应的传输线模型与金属壁规则柱波导中的 TE 模拟似(图 4)[18],因而隧道效应可与截止波导的工作情况相比拟。下面我们作一些推导。

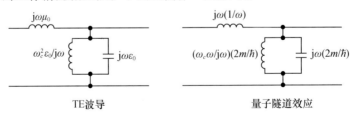

图 4　TE 波导与量子隧道效应的等效电路

对理想导电壁波导有

$$h_0^2 = \gamma_0^2 + k_0^2$$

式中

$$k_0^2 = \left(\frac{2\pi}{\lambda}\right)^2 = \omega^2 \varepsilon_0 \mu_0 , h_0^2 = \left(\frac{2\pi}{\lambda_c}\right)^2 = \omega_c^2 \varepsilon_0 \mu_0$$

（λ 为工作波长，λ_c 为截止波长）。由此可得

$$\gamma_0 = \mathrm{j} \sqrt{\varepsilon_0 \mu_0} \sqrt{\omega^2 - \omega_c^2} \tag{6}$$

对于微观粒子的隧道效应，公式外形略有区别[18]：

$$\gamma = \mathrm{j} \sqrt{\frac{2m}{\hbar}} \sqrt{\omega - \omega_c} \tag{7}$$

ω_c 取决于一维矩形势垒的高度 U_0（$\omega_c = U_0/\hbar$），故如改变 U_0，即可改变 γ；当 $U_0 = 0$ 时，有

$$\gamma \mid_{U_0 = 0} = \mathrm{j} \sqrt{\frac{2m}{\hbar}} \omega^{1/2} \tag{8}$$

由此，我们就可知道隧道效应等效于截止波导时，衰减常数是多大？显然，当 $\varepsilon < U_0$（$\omega < \omega_c$）时，γ 是实数，即相当于规则柱波导的截止区！这时衰减常数为

$$\alpha = \sqrt{\frac{2m}{\hbar}(\omega_c - \omega)} = \frac{\sqrt{2m(U_0 - E)}}{\hbar} \tag{9}$$

由式（9）可见，改变势垒高度，即可改变等效截止波导的衰减常数。

最后应指出，从截止波导的应用，有可能引导出隧道效应的一些应用，例如，应用于量子力学的几率波消失场。这些问题有待于进一步研究。

参 考 文 献

[1] Stratton J. 电磁理论[M]. 北京:北京航空学院出版社,1983.

[2] Southworth G. B. S. T. J. ,1936,15:284.

[3] 国际电工词典(无线电通信)[M]. 北京:科学出版社,1982.

[4] Sohelkunoff S. Proc. IRE,1937,25:1457.

[5] Thomson J. Recent researches in Electricity and Magnetism[M]. Cambridge:Cambridge Univ. Press,1893.

[6] Rayleigh L. Phil, Mag. ,1897,43(261):125.

[7] Harnett D,Case N. Proc. IRE,1935,23:578.

[8] Carson J,et. al. B. S. T. J. ,1936,15:310.

[9] Planck M. Ann. d. Phys. ,1901,4:553.

[10] Schrödinger E. Ann. d. Phys. ,1926,79:489.

[11] Papadopoulos V. Quant. J. Mech. & Appl. Math. ,Pt. 3,1954,7:326.

[12] Jackson J. 经典电动力学[M]. 北京:人民教育出版社,1978.

[13] Jordan E,电磁波与辐射系统[M]. 北京:人民邮电出版社,1959.

[14] Zinke O. Archiv. für Electrotech. ,1955,41:364.

[15] Rauskolb R. A. E. U. ,1962,16:427.

[16] 黄宏嘉. 电磁波[M]. 北京:知识出版社,1983.

[17] 汪业衡. 传输线技术,1983,(4):1.

[18] Hupert J. Trans. IRE,1962,CT9(4):425.

[19] 曾谨言. 量子力学[M]. 北京:科学出版社,1981.

[20] Karbowiak A. Electron. & Radio Eng. ,1957,34:379.

[21] 古乐天,黄志洵. 截止波导与截止衰减器[M]. 北京:人民邮电出版社,1977.

[22] 黄志洵. 截止波导理论导论[M]. 北京:中国计量出版社,1981.

[23] Bardeen J,et. al. Phys,Rev. ,1957,106:162.

[24] 吴培亨.凯山计量,1982,(2、3):1.

附　量子隧道效应传输线模型的基本关系式

假设微观粒子只在 z 方向做一维运动,一维 Schrödinger 方程为

$$j\hbar \frac{\mathrm{d}\Psi}{\mathrm{d}t} = \frac{\hbar^2}{2m} \frac{\mathrm{d}^2\Psi}{\mathrm{d}z^2} + U(z)\Psi$$

式中: $\hbar$ 为 Planck 常数与 2π 之比; m 为粒子质量; U 为粒子在力场中的势能; $\Psi = \psi e^{i\phi}$,为粒子的波函数。上述方程可按分离变数法求解,即取

$$\frac{\Psi''(z)}{\Psi(z)} = -h^2$$

这里 h 是分离常数(不是 Planch 常数),故有

$$\frac{\mathrm{d}^2\Psi(z)}{\mathrm{d}z^2} + h^2\Psi(z) = 0$$

式中

$$h^2 = \frac{2m}{\hbar^2}(E - U)$$

式中: E 为粒子能量。而微分方程的解为

$$\Psi(z) = C_+ e^{\gamma z} + C_- e^{-\gamma z}$$

γ 为传播常数,"$+$"号代表入射,"$-$"号代表反射。上式表明可以提出传输线模型。

在隧道效应中, U 是阻挡层势垒。在目前的情形下, U 代表一维的矩形势垒函数,如图 5 所示(同时 l 即是等效的均匀传输线的长度)。

把 $\Psi(z)$ 看成电压波,则电流类似于 $-j\Psi'(z)$;并提出以下公式:

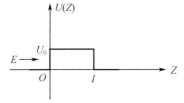

图 5　矩形位(势)垒示意

(1)工作频率:　　$\omega = \dfrac{E}{\hbar}$

(2)截止频率:　　$\omega_c = \dfrac{U_0}{\hbar}$

(3)波特性阻抗: $Z_0 = \dfrac{\Psi_+(z)}{-j\Psi'_+(z)}$

(4)能流(几率密度流):　$\mathrm{Re}\left[\Psi^* \dfrac{\hbar}{jm}\Psi'\right] = K\mathrm{Re}\left[\dfrac{\Psi\Psi^*}{z}\right]$

金属壁波导新方程及导波系统新结构

The General Characteristic Equation of Circular Waveguides and Its Solution[①]

HUANG Zhi – Xun   ZENG Cheng

(Beijing Broadcasting Institute, Bejjing   100024)

Abstract   The new characteristic equation of circular waveguides is discussed. This equation assumes not only that the metallic conductivity of the guide wall is finite, but also that there is an uniform dielectric coat on the inner wall of the waveguide. The exact solution and the approximate calculation are obtained by the Müller's method and the perturbation method, respectively. In view of the higher computation accuracy of the attenuation standard of the waveguide below – cutoff (WB-CO), the discussion pays more attention to the cutoff region.

Key words   Characteristic equation; Waveguide below – cutoff; Perturbation method

1   Introduction

The first characteristic equation of circular waveguides derived by Carson, Mead, Schelkunoff[1] and Stratton[2], which is called the CMS – Stratton equation, assumes that the metallic conductivity of the guide wall is finite, but there is no dielectric layer next to the inner wall. As for the propagation constant of dominant HE_{11} – mode in the propagate region and cutoff region of a circular waveguide in 1981[3] and 1987[4], they can be obtained by solving the CMS – Stratton equation with the Newton – Raphson method.

In 1943, Buchholz[5] first investigated the effects of the dielectric material filling a circular waveguide. In 1949, Brown[6] analysed the properties of normal modes in a circular waveguide with an oxide layer on the inner wall. In 1950, Wachowski and Beam[7] discussed "the shielded dielectric – rod waveguide". In 1957, Unger[8] made the perturbation disposal to the equation and got the approximate calculation. These papers all assumed that the conductivity of the wall was infinite.

Several more papers on this subject have been published since 1977[9-13], however, none of them have given any new analytic characteristic equation in their studies. In this paper, we will derive the new characteristic equation of circular waveguides, which is called the general charac – teristic equation, by assuming that not only the metallic conductivity of the guide wall is finite, but

---

also there is an uniform dielectric coat on the inner wall of the waveguide. The exact solution and the appoximate calculation are obtained by the Müller's method and the perturbation method, respectively. In view of the higher computation accuracy of the attenuation standard of the waveguide below – cutoff(WBCO)[14], the discussion of this paper will pay more attention to the cutoff region.

2 Analysis

We take $\exp[\ j\omega t\ ]$ as the time harmonic factor and carry out the analysis in cylindrical coordinates(Fig. 1). Now, a is the inner radius from the central axis to the metal wall, b is the inner radius from the central axis to the dielectric layer. Let the fields in the region Ⅰ submit to the Bessel function, the fields in the region Ⅱ to the linear combinabion of the Bassel function and the Neumann function, and the fields in the region Ⅲ to the Hankel function (assuming the region Ⅲ extends to the infinite), we can write down all axial components of the fields as:

$$E_z^{\text{Ⅰ}} = D_1 J_m(h_1 r)\cdot\cos m\phi$$

$$H_z^{\text{Ⅰ}} = D_2 J_m(h_1 r)\cdot\sin m\phi$$

$$E_z^{\text{Ⅱ}} = [\ D_3 J_m(h_2 r) + D_4 N_m(h_2 r)\ ]\cdot\cos m\phi$$

$$H_z^{\text{Ⅱ}} = [\ D_5 J_m(h_2 r) + D_6 N_m(h_2 r)\ ]\cdot\sin m\phi$$

$$E_z^{\text{Ⅲ}} = D_7 H_m^{(2)}(h_3 r)\cdot\cos m\phi$$

$$H_z^{\text{Ⅲ}} = D_8 H_m^{(2)}(h_3 r)\cdot\sin m\phi$$

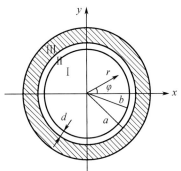

Fig. 1   Circular waveguide containing three regions.

where h_i satisfies:

$$h_i^2 + k_z^2 = k_i^2$$

while $k_i^2 = \omega^2\varepsilon_i\mu_i(i = 1,2,3)$; $k_z = -j\gamma, \gamma = \alpha + j\beta$, and γ is the propagation constant. Using the formula which expresses the azimuthal field components in terms of the axial fields:

$$E_\phi = \frac{j}{h^2}\left(-\frac{k_z}{r}\frac{\partial E_z}{\partial\phi} + \omega\mu\frac{\partial H_z}{\partial r}\right)$$

$$H_\phi = -\frac{j}{h^2}\left(\omega\varepsilon\frac{\partial E_z}{\partial r} + \frac{k_z}{r}\frac{\partial H_z}{\partial\phi}\right)$$

we can write the representations of E_ϕ and H_ϕ in every region. Applying the continuous conditions of the tangential components at the interface:

$$E_z^{\text{Ⅱ}} = E_z^{\text{Ⅲ}}, H_z^{\text{Ⅱ}} = H_z^{\text{Ⅲ}}, E_\phi^{\text{Ⅱ}} = E_\phi^{\text{Ⅲ}}, H_\phi^{\text{Ⅱ}} = H_\phi^{\text{Ⅲ}} \quad (\text{ at } r = a)$$

$$E_z^{\text{Ⅰ}} = E_z^{\text{Ⅱ}}, H_z^{\text{Ⅰ}} = H_z^{\text{Ⅱ}}, E_\phi^{\text{Ⅰ}} = E_\phi^{\text{Ⅱ}}, H_\phi^{\text{Ⅰ}} = H_\phi^{\text{Ⅱ}} \quad (\text{ at } r = b)$$

we obtain a set of eighth – order simultaneous equations for the coeffcients $D_1 \sim D_8$:

$$
\begin{cases}
D_1 J_m(h_1 b) - D_3 J_m(h_2 b) - D_4 N_m(h_2 b) = 0 \\[2mm]
D_2 J_m(h_1 b) - D_5 J_m(h_2 b) - D_6 N_m(h_2 b) = 0 \\[2mm]
D_1 \dfrac{\varepsilon_1}{\varepsilon_2} \dfrac{h_2}{h_1} J'_m(h_1 b) + D_2 \dfrac{h_2}{\omega \varepsilon_2} \eta_b J_m(h_1 b) - D_3 J'_m(h_2 b) - D_4 N'_m(h_2 b) = 0 \\[3mm]
D_1 \dfrac{h_2}{\omega \mu_2} \eta_b J_m(h_1 b) + D_2 \dfrac{\mu_1}{\mu_2} \dfrac{h_2}{h_1} J'_m(h_1 b) - D_5 J'_m(h_2 b) - D_6 N'_m(h_2 b) = 0 \\[3mm]
D_3 J_m(h_2 a) + D_4 N_m(h_2 a) - D_7 H_m^{(2)}(h_3 a) = 0 \\[2mm]
D_5 J_m(h_2 a) + D_6 N_m(h_2 a) - D_8 H_m^{(2)}(h_3 a) = 0 \\[2mm]
D_3 J'_m(h_2 a) + D_4 N'_m(h_2 a) - D_7 \dfrac{\varepsilon_3}{\varepsilon_2} \dfrac{h_2}{h_3} H_m^{(2)'}(h_3 a) - D_8 \dfrac{h_2}{\omega \mu_2} \eta_a H_m^{(2)}(h_3 a) = 0 \\[3mm]
D_5 J'_m(h_2 a) + D_6 N'_m(h_2 a) - D_7 \dfrac{h_2}{\omega \mu_2} \eta_a H_m^{(2)}(h_3 a) - D_8 \dfrac{\mu_3}{\mu_2} \dfrac{h_2}{h_3} H_m^{(2)'}(h_3 a) = 0
\end{cases}
$$

where

$$
\eta_a = \frac{m k_z}{a} \left| \frac{1}{h_3^2} - \frac{1}{h_2^2} \right|
$$

$$
\eta_b = \frac{m k_z}{b} \left| \frac{1}{h_1^2} - \frac{1}{h_2^2} \right|
$$

The condition that the equation set has nontrivial solutions is the coefficient determinant if it is zero. Expanding that representation and arranging it , we obtain a new characteristic equation:

$$
k_0^2 \left[\frac{\varepsilon_{r1}}{h_1} \frac{J'_m(u)}{J_m(u)} - \frac{\varepsilon_{r2}}{h_2} \frac{R'(b)}{R(b)} \right] \left[\frac{\mu_{r1}}{h_1} \frac{J'_m(u)}{J_m(u)} - \frac{\mu_{r2}}{h_2} \frac{S'(b)}{S(b)} \right]
$$

$$
= \eta_b^2 + \frac{\varepsilon_{r2}}{\varepsilon_{r3}} \frac{h_3}{h_2} \left[Y(b) T(b) \eta_a^2 - \frac{h_2^2}{k_2^2} P_m^2(h_2 b) \eta_a^2 \eta_b^2 - \frac{8 \eta_a \eta_b}{\pi^2 a b h_2^2} \right] \frac{1}{R(b) S(b)} \tag{1}
$$

Where $u = h_1 b , v = h_3 a$; The meaning of the other symbols in the above representations are given by:

$$
R(b) = \frac{\varepsilon_{r2}}{\varepsilon_{r3}} \frac{h_3}{h_2} Q_m(h_2 b) - \frac{H_m^{(2)'}(v)}{H_m^{(2)}(v)} P_m(h_2 b)
$$

$$
R'(b) = \frac{\varepsilon_{r2}}{\varepsilon_{r3}} \frac{h_3}{h_2} Q'_m(h_2 b) - \frac{H_m^{(2)'}(v)}{H_m^{(2)}(v)} P'_m(h_2 b)
$$

$$
S(b) = Q_m(h_2 b) - \frac{\mu_{r3}}{\mu_{r2}} \frac{h_2}{h_3} \frac{H_m^{(2)'}(v)}{H_m^{(2)}(v)} P_m(h_2 b)
$$

$$
S'(b) = Q'_m(h_2 b) - \frac{\mu_{r3}}{\mu_{r2}} \frac{h_2}{h_3} \frac{H_m^{(2)'}(v)}{H_m^{(2)}(v)} P'_m(h_2 b)
$$

$$
Y(b) = P'_m(h_2 b) - \frac{\varepsilon_{r1}}{\varepsilon_{r2}} \frac{h_2}{h_1} \frac{J'_m(u)}{J_m(u)} P_m(h_2 b)
$$

$$
T(b) = P'_m(h_2 b) - \frac{\mu_{r1}}{\mu_{r2}} \frac{h_2}{h_1} \frac{J'_m(u)}{J_m(u)} P_m(h_2 b)
$$

where

$$
P_m(h_2 b) = J_m(h_2 b) N_m(h_2 a) - J_m(h_2 a) N_m(h_2 b)
$$

$$
P'_m(h_2 b) = J'_m(h_2 b) N_m(h_2 a) - J_m(h_2 a) N'_m(h_2 b)
$$

$$
Q_m(h_2 b) = J_m(h_2 b) N'_m(h_2 a) - J'_m(h_2 a) N_m(h_2 b)
$$

$$Q'_m(h_2 b) = J'_m(h_2 b) N'_m(h_2 a) - J'_m(h_2 a) N'_m(h_2 b)$$

Considering the circumstance of $a = b(d = 0)$, we have $P_m(h_2 b) = Q'_m(h_2 b) = 0, P'_m(h_2 b) = -Q_m(h_2 b) = -2/\pi h_2 b$. Substituting these into the general characteristic equation (1), we can obtain the CMS – Stratton equation, which describes the circumstance that the conductivity of the metallic wall, is finite, with no dielectric coating or oxide layer next to the inner wall, what it disposes is the hybrid modes.

Secondly, consider the circumstance that the region Ⅱ and region Ⅲ are filled with the same medium. Let $\varepsilon_{r2} = \varepsilon_{r3}, \mu_{r2} = \mu_{r3}$, we have $h_2 = h_3, \eta_a = 0$. Substitut these into the equation (1) and consider:

$$Q_m(h_2 b) - \frac{H_m^{(2)}{'}(v)}{H_m^{(2)}{'}(v)} P_m(h_2 b) = \frac{2}{\pi h_2 a} H_m^{(2)}(h_2 b)$$

it is obvious that we can obtain the relation, which also belongs to the CMS – Stratton equation.

Considering the circumstance that the region Ⅰ and the region Ⅱ are filled with the same medium, and let $\varepsilon_{r1} = \varepsilon_{r2}, \mu_{r1} = \mu_{r2}$, we have $h_1 = h_2$, and $\eta_b = 0$. Substituting these into the equation (1) and considering:

$$\frac{J'_m(u)}{J_m(u)} P_m(h_2 b) - P'_m(h_2 b) = \frac{2}{\pi h_2 b} J_m(h_2 a)$$

$$\frac{J'_m(u)}{J_m(u)} Q_m(h_2 b) - Q'_m(h_2 b) = \frac{2}{\pi h_2 b} J'_m(h_2 a)$$

now we can obtain the relation, which is also the CMS – Strattion equation.

Finally, consider the circumstance that there is a dielectric coat on the inner wall, but the metallic conductivity of the guide wall is infinite. Now, $\varepsilon_{r3}/h_3 = \infty, \mu_{r3}/h_3 = 0$, therefore the general characteristic equation becomes:

$$k_0^2 \left[\frac{\varepsilon_{r1}}{h_1} \frac{J'_m(u)}{J_m(u)} - \frac{\varepsilon_{r2}}{h_2} \frac{P'_m(h_2 b)}{P_m(h_2 b)} \right] \left[\frac{\mu_{r1}}{h_1} \frac{J'_m(u)}{J_m(u)} - \frac{\mu_{r2}}{h_2} \frac{Q'_m(h_2 b)}{Q_m(h_2 b)} \right] = \frac{m^2}{b^2} k_z^2 \left(\frac{1}{h_1^2} - \frac{1}{h_2^2} \right)^2 \quad (2)$$

It can be proved that this is the BWB equation given by Unger, i. e. BWB – Unger equation.

Thus, it has been proved that the general characteristic equation can comprise the individual equation under the two circumstances in the classical references.

3 The Exact Numerical Solution of the General Characteristic Equation

Our aim is to solve the propagation constant. Therefore, the formula (1) can be written as:

$$f(\gamma) = 0 \qquad (1a)$$

It is an inhomogeneous linear transcendental equation of the complex variable. We will use the Müller's method[14] to solve it.

However, only if it is made in the cutoff region, the high accurate calculation is of great significance. In the development of the attenuation standard of the practical cutoff waveguide, the level of $d\alpha/\alpha = \pm 5 \times 10^{-5}$ was attained in 1972[15]. The suggestion of producing cutoff attenuator with the level of $d\alpha/\alpha = \pm 1 \times 10^{-5}$ was made in 1980[16]. Because of this, the main errors originate from the mechanical processing and the effect of the temperature, etc. The calculation accuracy of the attenuation constant arranged from 10^{-6} to 10^{-7} is appropriate. This can be completely attained in the numerical solution to the characteristic equation through the electronic computer.

Table 1a   The calculation results of the attenuation constant $\alpha_{11}/(\mathrm{dB}/\mathrm{b})$

$\sigma/(\mathrm{S/m})$	∞	10^8	1.6×10^7	10^6	10^5	10^4
$\delta = 0$	15.96843	15.96697	15.96479	15.95387	15.92238	15.82284
10^{-5}	15.96827	15.96681	15.96463	15.95370	15.92222	15.82268
10^{-4}	15.96682	15.96537	15.96319	15.95227	15.92079	15.82127
10^{-3}	15.95241	15.95096	15.95878	15.93788	15.90646	15.80711

Table 1b   The calculation results of the phase constant $\beta_{11}/(\mathrm{rad/m})$

$\sigma/(\mathrm{S/m})$	∞	10^8	1.6×10^7	10^6	10^5	10^4
$\delta = 0$	0	1.048×10^{-2}	2.619×10^{-2}	1.046×10^{-1}	3.295×10^{-1}	1.029
10^{-5}	0	1.048×10^{-2}	2.619×10^{-2}	1.046×10^{-1}	3.294×10^{-1}	1.029
10^{-4}	0	1.048×10^{-2}	2.619×10^{-2}	1.046×10^{-1}	3.294×10^{-1}	1.029
10^{-3}	0	1.046×10^{-2}	2.614×10^{-2}	1.044×10^{-1}	3.288×10^{-1}	1.027

In the following, a practical example of the calculation and its results are given. The initial conditions are: the working frequency $f = 3 \times 10^8 \mathrm{Hz}$, the inner radius of the waveguide $b = 1.6 \times 10^{-2}\mathrm{m}$ (for the dominant mode HE_{11} in the hollow circular waveguide with metallic wall, the cutoff frequency is $f_{\mathrm{co}} = 5.49 \times 10^9 \mathrm{Hz}$). There is an oxide layer formed on the inner wall, which is proposed as the dielectric material, with a permitivity $\varepsilon_{r2} = 5$. Table 1a gives the calculation results of the attenuation constants for HE_{11} mode. Table 1b gives the calculation results of the phase constants of the same mode. In these bables the symbol σ is the conductivity of the region Ⅲ (i. e. σ_3), and the symbol $\delta = d/b$.

Therefore, aided by computer, we have calculated the effects of two imperfect factors existing simultaneously. Such a calculation was never done in past time. From the Table 1a we found that the imperfect conductivity reduces the attenuation constant, with largest error of 2.3×10^{-4}, and that the existence of the oxide layer also reduces the attenuation constant. Even if $\delta = 10^{-5}$, the attenuation constant will decrease by 10^{-5}, for both $\sigma = \infty$ and $\sigma = 1.6 \times 10^7 \mathrm{S/m}$.

4   The Perturbation Solution of the General Characteristic Equation

Denoting that $\mathrm{d}u$ represents the perturbation of u caused by the two imperfect factors, we have:

$$\frac{\mathrm{d}\gamma}{\gamma} = \frac{u}{b^2 \gamma^2} \mathrm{d}u$$

Therefore the item $\mathrm{d}u$ must be calculated. Defining $\delta = d/b$, $u = h_1 b$, $q = h_2 b$, $v = h_3 b$, consider the HE_{mn} modes, and using the Taylor's expression of the cylindrecal functions, we get the following relations:

$$P_m(h_2 b) \approx \frac{2}{\pi} \delta$$

$$P'_m(h_2 b) \approx -\frac{2}{\pi h_2 b}$$

$$Q_m(h_2 b) \approx \frac{2}{\pi h_2 b}(1-\delta)$$

$$Q'_m(h_2 b) \approx \frac{2}{\pi}\delta\left(1-\frac{m^2}{q^2}\right)$$

Because $H_m^{(2)}{}'(v)/H_m^{(2)}(v) = -j$, we have

$$\frac{R'(b)}{R(b)} \approx \frac{-j}{\dfrac{\varepsilon_{r2}}{\varepsilon_{r3}}\dfrac{v}{q} + jq\delta}$$

$$\frac{S'(b)}{S(b)} \approx q\delta\left(1-\frac{m^2}{q^2}\right) - j\frac{\mu_{r3}}{\mu_{r2}}\frac{q}{v}$$

Substituting the above relations into equation (1) and noticing $v/\varepsilon_{r3} \approx 3$, $\mu_{r3}/v \approx 0$, we get (after neglecting the high - order infinitesimal)

$$jk_0^2 \frac{\varepsilon_{r2}}{q}\left[\mu_{r1}\frac{m^2 - k'^2_{mn}}{k'^2_{mn}}du - \mu_{r2}\delta\left(1-\frac{m^2}{q^2}\right) + j\frac{\mu_{r3}}{v}\right] = jq\delta\eta_b^2 + \frac{\varepsilon_{r2}}{\varepsilon_{r3}}\frac{v}{q}(\eta_a - \eta_b)^2$$

Taking $\mu_{r1} = \mu_{r3} = 1$, $|v^{-2}| = 0$, and knowing $k_3^2 \approx v^2/b^2$, hence

$$du = \frac{k'^3_{mn}\delta}{m^2 - k'^2_{mn}}\left[\mu_{r2}\left(1-\frac{m^2}{q^2}\right) + \frac{m^2 q^2 k_z^2}{\varepsilon_{r2}k_0^2}\left(\frac{1}{k'^2_{mn}} - \frac{1}{q^2}\right)^2\right] - j\frac{1}{m^2 - k'^2_{mn}}\frac{m^2 k_z^2 b^2 + k'^4_{mn}}{k'_{mn}v}$$

Where k'_{mn} is the nth root of $J'_m(u) = 0$. On the right hand side of this relation, the first item is the same as the perturbation solution of BWB – Unger equation and the second item is the same as the perturbation solution of CMS – Stratton equation. This can be simplified as

$$\frac{d\gamma_{mn}}{\gamma_{mn}} = \frac{1}{F^2_{mn}}\left(\mu_{r2}\delta + \frac{\tau}{2b}\right) - \frac{1}{G^2_{mn}}\frac{m^2}{m^2 - k'^2_{mn}}\left[\left(\mu_{r2} - \frac{1}{\varepsilon_{r2}}\right)\delta + \frac{\tau}{2b}\right] -$$

$$j\frac{\tau}{2b}\left(\frac{1}{F^2_{mn}} - \frac{1}{G^2_{mn}}\frac{m^2}{m^2 - k'^2_{mn}}\right) \tag{3}$$

where $\tau = (2/\omega\sigma\mu_0)^{1/2}$ is the skin depth of the metal. The meaning of the item G_{mn} is

$$G^2_{mn} = \frac{k_z^2}{k_0^2} = 1 - \frac{k^2_{mn}}{b^2 k_0^2} = 1 - \frac{\lambda^2}{\lambda^2_{c,mn}}$$

Here $\lambda_{c,mn} = 2\pi b/k'_{mn}$. The meaning of F_{mn} is

$$F^2_{mn} = \frac{\lambda^2_{c,mn}}{\lambda^2} - 1$$

if $\lambda \gg \lambda_c$, the formula (3) can be simplified as

$$\frac{d\gamma_{mn}}{\gamma_{mn}} \approx -\left(\mu_{r2}\delta + \frac{\tau}{2b}\right) + j\frac{\tau}{2b} \tag{3a}$$

This formula is suitable for the HE_{mn} modes and the case where the working frequency is far smaller than the cutoff frequency.

For comparison, the exact results and approximate results of the sttenuation constants, which come from the computer and the formula (3a) respectively, are given in Table 2. The initial conditions are: $b = 1.6 \times 10^{-2}$ m, $\sigma = 1.6 \times 10^7$ S/m, $d = 1.6 \times 10^{-7}$ m, $\varepsilon_{r2} = 5$, $\mu_{r2} = 1$.

It can be found that the largest error is no more than 1.4×10^{-4} when the attenuation constants are calculated by the approximate formula.

Table 2　Comparison of the exact with the approximate results of the propagation constant

$f/$Hz		10^4	10^5	10^6	10^7	10^8	10^9
$\alpha_{11}/($dB/b$)$	Exact	15.36544	15.79338	15.92928	15.97225	15.98322	15.72262
	Approx	15.36335	15.79331	15.92928	15.97225	15.98332	15.72273
$\beta_{11}/($rad/m$)$	Exact	4.1855	1.3958	0.4489	0.1427	0.0453	0.0148
	Approx	4.5247	1.4308	0.4525	0.1431	0.0452	0.0141

References

[1] Carson J R. Mead S P. Schelkunoff S A. Bell Syst. Tech. J. ,1936,15;310 – 333.

[2] Stratton J A. Electromagnetic Theory[M]. New York;McGraw Hill,1941,349 – 374.

[3] Abe T,Yamaguchi Y. IEEE Trans. ,1981,MTT – 29;707 – 712.

[4] Huang Z X,Pan J. Acta Metrologica Sinica,1987,8;267 – 270.

[5] Buchholz H. Annalen der Physik,1943,43;313 – 368.

[6] Brown J. Proc. IEE,Pt,1949,3(96);491 – 495.

[7] Wachowski H M,Beam R E. Rep. Microwave Lab. ,Northwestern Uviv. , Ⅲ ,1950.

[8] Unger H G. Bell Syst. Tech. J. ,1957,36;1253 – 1278.

[9] Yeh C,Lindgren G. Applied Optics,1977,16;483 – 4930.

[10] Miyagi M,Kawakami S J. Light Tech. ,1984,LT – 2;116 – 126.

[11] Miyagi M J. Light Tech. ,1985,LT – 3;303 – 307.

[12] Lee C S,Lee S W,Chung S L. IEEE Trans. ,1986,MTT – 34;773 – 785.

[13] Chou R C,Lee S W. IEEE Trans. ,1988,MTT – 36;1167 – 1176.

[14] Huang Z X. An Introduction to the Theory of Waveguide Below – Cutoff[M]. Beijing;Metrology Publishing House,1981,63.

[15] Yell R W. Development of a high precision waveguide beyond cutoff attenuator[J]. CPEM Digest,1972,108 – 110.

[16] Bayer H. IEEE Trans. ,1980,IM – 29;467 – 471.

Attenuation Properties of Normal Modes in Coated Circular Waveguides with Imperfectly Conducting Walls[①]

HUANG Zhi – Xun   ZENG Cheng

(Beijing Broadcasting Institute, Bejjing   100024)

Abstract   A new analytic characteristic equation is presented and applied to the analysis of attenuation properties of normal modes in coated circular waveguides including conductor loss. Approximate and numerical methods are employed to accomplish the solution to the new equation resulting in some useful approximate formulas for calculations of modal attenuation. These formulas are applicable to the analysis and design of the coated circular waveguide including conductor loss because of their good agreement with the numerical results obtained by the computer.

Key words   Coated waveguide; Characteristic equation; Modal attenuation

1   Introduction

The characteristic equation[1-3] for propagation factor k_z of normal modes in a coated circular waveguide is well known and has been widely adopted in many applications[4-8] to accomplish the approximate or accurate analysis of the attenuation properties of main low – order normal modes in the wavegide. For formulating the characteristic equation of normal modes in a multilayered coated waveguide, a matrix method[8] based on the mode – matching technique was presented which only involved the manipulaion of 4×4 matrices for any number of coating layers. In these studies, however, the metallic wall was usually assumed to be a perfect conductor in order to simplify the theoretical analysis. This relaxed treatment has certainly introduced some loss of accuracy in these results, especially for the cutoff waveguide, where high accuracy for calculations of modal attenuations is of most interest.

This article is devoted to the analysis of attenuation properties of normal modes in a coated waveguide under the condition of no restriction to the metallic wall. To this end, a new character – istic equation including conductor loss must be derived first. The method for formulating the char – acteristic equation in this article is still the matrix method, which involves the manipulation of 2×2

———————————————————

注:本文原载于美国 *Microwave and Opt. Tech. Lett.* ,1993 ,Vol. 6 ,No. 6 ,342 ~ 349.

matrices instead of 4×4 ones as in[8]. In Section 2, this novel method is presented first to formulated the characteristic equation for a multilayered coated waveguide, and subsequently a new analytic characteristic equation for a single – layer coated circular waveguide with an imperfect wall is obtained. In Section 3, according to this new equation, attenuation properties of normal modes in the cutoff and the overmoded waveguides are discussed, respectively, using approximate methods. These approximate treatments result in some useful formulas for the analysis and design of the coated circular waveguide which agree well with the numerical results obtained from the computer by Müller's methods. These numerical results and their discussions are also presented in the same section.

2 Characteristic Equation of Normal Modes

A generalized model is shown in Fig. 1. Region 1 is the air layer. Region $n + 1$ is the metallic conductor whose conductivity is finite. Region i is the uniform coating layer whose pernittivity and permeability are allowed to be complex. The axis of the cylinder coincides with the z axis. The characterisic equation of normal modes cna be derived from the continuity conditions for the four tangential fields (H_z, E_z, H_ϕ, and E_ϕ) at each interface. Recall that the transverse field components(E_ϕ and H_ϕ) in each region can be expressed as, in terms of the longitudinal components(E_z and H_z),

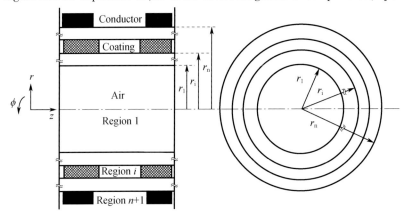

Fig. 1 Geometry of a multilayered coated circular waveguide

$$E_\phi = \frac{\mathrm{j}}{h^2}\left(-\frac{k_z}{r}\frac{\partial E_z}{\partial \phi} + \omega\mu\frac{\partial H_z}{\partial r} \right) \tag{1a}$$

$$H_\phi = -\frac{\mathrm{j}}{h^2}\left(\omega\varepsilon\frac{\partial E_z}{\partial r} + \frac{k_z}{r}\frac{\partial H_z}{\partial \phi} \right) \tag{1b}$$

Thus, we only give the longitudinal field components(E_z and H_z) in each region by

$$E_z^1 = D_{e1}^1 J_m(h_1 r)\cos m\phi \tag{2a}$$

$$H_z^1 = D_{h1}^1 J_m(h_1 r)\sin m\phi \tag{2b}$$

$$E_z^i = \left[D_{e1}^i J_m(h_i r) + D_{h2}^i N_m(h_i r) \right]\cos m\phi \tag{2c}$$

$$H_z^i = \left[D_{h1}^i J_m(h_i r) + D_{h2}^i N_m(h_i r) \right]\sin m\phi \tag{2d}$$

$$E_z^{n+1} = D_{e1}^{n+1} H_m^{(2)}(h_{n+1} r)\cos m\phi \tag{2e}$$

$$H_z^{n+1} = D_{h1}^{n+1} H_m^{(2)}(h_{n+1} r)\sin m\phi \tag{2f}$$

The convention of $\exp[\,(\omega t - kz)\,]$ is well known and suppressed. Subscripts $1, i$ and $n+1$ stand for the air layer, the coating layer ($2 \leqslant i \leqslant n$), and the metallic wall, respectively. h_i denotes the radial wave vector in region i, where $h_i^2 + k_z^2 = k_0^2 \mu_i \varepsilon_i$ and $k_0 = 2\pi/\lambda$. J_m is the Bessel function, N_m is the Neumann function, and $H_m^{(2)}$ is the Hankel function of order m. D_e and D_h are the constants, which are determined by the boundary conditions.

The boundary matching equations at each interface may be written as two 2×2 matrix equations. At $r = r_i$, where $2 \leqslant i \leqslant n-1$, we have

$$A_e^{ii} D_e^i = A_e^{ii+1} D_e^{i+1} + C^i D_h^{i+1} \tag{3a}$$

$$A_h^{ii} D_h^i = A_h^{ii+1} D_h^{i+1} + C^i D_e^{i+1} \tag{3b}$$

Note that subscripts e and h indicate the corresponding matrices with relation to ε_i and μ_i, respectively. A_e^{ij} refers to the 2×2 matrix resulting from the tangential fields in region j matched at the ith interface, defined as

$$A_e^{ij} = \begin{bmatrix} J_m(h_j r_i) & N_m(h_j r_i) \\ \dfrac{\omega \varepsilon_j}{h_j} J_m'(h_j r_i) & \dfrac{\omega \varepsilon_j}{h_j} N_m'(h_j r_i) \end{bmatrix} \tag{4}$$

where primes in this letter denote differentiation with respect to the argument. A_h^{ij} holds the same form as A_e^{ij} except for the substitution of μ_i for ε_i. Note that the terms (matrices or functions) with subscript h in theis letter are derivable from their counterparts with subscript e. Thus, their expressions are omitted and their interpretations will not be mentioned in this letter unless required. C^i refers to the coupling matrix which is related to m. Except for the case of $m = 0$, the normal modes are no longer pure TE or TM but the HE or EH hybrid modes for the coated waveguide. This indicates that there exists coupling between the pure TE and TM modes. C^i is defined as

$$C^i = \begin{bmatrix} 0 & 0 \\ \eta_i J_m(h_{i+1} r_i) & \eta_i N_m(h_{i+1} r_i) \end{bmatrix} \tag{5}$$

with

$$\eta_i = \frac{m k_z}{r_i} \left(\frac{1}{h_{i+1}^2} - \frac{1}{h_i^2} \right) \tag{6}$$

which is the coupling coefficient at boundary r_i.

Equations (3a) and (3b) may be expressed again in matrix form:

$$\begin{bmatrix} A_e^{ii} & 0 \\ 0 & A_h^{ii} \end{bmatrix} \begin{bmatrix} D_e^i \\ D_h^i \end{bmatrix} = \begin{bmatrix} A_e^{ii+1} & C^i \\ C^i & A_h^{ii+1} \end{bmatrix} \begin{bmatrix} D_e^{i+1} \\ D_h^{i+1} \end{bmatrix} \tag{7}$$

or

$$A_{ii} D_i = A_{ii+1} D_{i+1} \tag{7a}$$

This equation can be similarly applied to boundaries r_1 and r_n, except that A_e^{ii}, A_e^{nn+1}, and C^n are given by

$$A_e^{11} = \begin{bmatrix} J_m(h_1 r_1) & 0 \\ \dfrac{\omega \varepsilon_1}{h_1} J_m'(h_1 r_1) & 0 \end{bmatrix}$$

$$A_e^{nn+1} = \begin{bmatrix} H_m^{(2)}(h_{n+1}r_n) & 0 \\ \dfrac{\omega\varepsilon_{n+1}}{h_{n+1}}H_m'^{(2)}(h_{n+1}r_n) & 0 \end{bmatrix} \tag{8a}$$

and

$$C^n = \begin{bmatrix} 0 & 0 \\ \eta_n H_m^{(2)}(h_{n+1}r_n) & 0 \end{bmatrix} \tag{8b}$$

So, the boundary matching equation becomes n matrix equations for n interfaces and D_1 is then related to D_{n+1} by

$$A_{11}D_1 = A_{12}A_{22}^{-1}A_{23}A_{33}^{-1}\cdots A_{nn+1}D_{n+1} \tag{9}$$

or

$$A_{11}D_1 = \left\{ \prod_{i=2}^{n} B_i \right\} A_{nn+1}D_{n+1} \tag{9a}$$

where $B_i = A_{(i-1)i}A_{ii}^{-1}$ is written as

$$B_i = \begin{bmatrix} B_e^i & C_e^i \\ C_h^i & B_h^i \end{bmatrix} \tag{10}$$

with

$$B_e^i = \frac{1}{\Delta_e^i} \begin{bmatrix} \dfrac{\omega\varepsilon_i}{h_i}Q_i(h_ir_{i-1}) & -P_i(h_ir_{i-1}) \\ \left(\dfrac{\omega\varepsilon_i}{h_i}\right)^2 Q_i'(h_ir_{i-1}) & -\dfrac{\omega\varepsilon_i}{h_i}P_i'(h_ir_{i-1}) \end{bmatrix} \tag{10a}$$

$$C_e^i = \frac{1}{\Delta_e^i} \begin{bmatrix} 0 & 0 \\ \dfrac{\omega\varepsilon_i}{h_i}\eta_{i-1}Q(h_ir_{i-1}) & -\eta_{i-1}P_i(h_ir_{i-1}) \end{bmatrix} \tag{10b}$$

$$\Delta_e^i = 2\omega\varepsilon_i / \pi h_i^2 r_{i-1} \tag{10c}$$

where the expression of P_i, Q_i and P_i', Q_i' are defined as

$$P_i(h_ir_{i-1}) = J_m(h_ir_{i-1})N_m(h_ir_i) - J_m(h_ir_i)N_m(h_ir_{i-1}) \tag{11a}$$

$$Q_i(h_ir_{i-1}) = J_m(h_ir_{i-1})N_m'(h_ir_i) - J_m'(h_ir_i)N_m(h_ir_{i-1}) \tag{11b}$$

$$P_i'(h_ir_{i-1}) = J_m'(h_ir_{i-1})N_m(h_ir_i) - J_m(h_ir_i)N_m'(h_ir_{i-1}) \tag{11c}$$

$$Q_i'(h_ir_{i-1}) = J_m'(h_ir_{i-1})N_m'(h_ir_i) - J_m'(h_ir_i)N_m'(h_ir_{i-1}) \tag{11d}$$

Let us first consider the case of $m = 0$. Note that C_e^i, C_h^i, and C^i become the zero matrix as $m \to$ 0. Thus, Eq. (9a) is divided into

$$A_e^{11}D_e^1 = \left\{ \prod_{i=2}^{n} B_e^i \right\} A_e^{nn+1}D_e^{n+1} \tag{12a}$$

$$A_h^{11}D_h^1 = \left\{ \prod_{i=2}^{n} B_h^i \right\} A_h^{nn+1}D_h^{n+1} \tag{12b}$$

or more explicitly,

$$\begin{bmatrix} J_m(h_1r_1) & 0 \\ \dfrac{\omega\varepsilon_1}{h_1}J_m'(h_1r_1) & 0 \end{bmatrix}\begin{bmatrix} D_{e1}^1 \\ 0 \end{bmatrix} = \begin{bmatrix} F_e(h_2r_1) & 0 \\ \dfrac{\omega\varepsilon_2}{h_2}F_e'(h_2r_1) & 0 \end{bmatrix}\begin{bmatrix} D_{e1}^{n+1} \\ 0 \end{bmatrix} \tag{12c}$$

$$\begin{bmatrix} J_m(h_1 r_1) & 0 \\ \dfrac{\omega\mu_1}{h_1} J'_m(h_1 r_1) & 0 \end{bmatrix} \begin{bmatrix} D^1_{h1} \\ 0 \end{bmatrix} = \begin{bmatrix} F_h(h_2 r_1) & 0 \\ \dfrac{\omega\mu_2}{h_2} F'_h(h_2 r_1) & 0 \end{bmatrix} \begin{bmatrix} D^{n+1}_{h1} \\ 0 \end{bmatrix} \tag{12d}$$

Where $F_e(h_2 r_1)$, $F'_e(h_2 r_1)$, and $F_h(h_2 r_1)$, $F'_h(h_2 r_1)$ are determined by Eqs. (12a) and (12b). Eq. (12c) may be rearranged as

$$\begin{bmatrix} J_m(h_1 r_1) & -F_e(h_2 r_1) \\ \dfrac{\omega\varepsilon_1}{h_1} J'_m(h_1 r_1) & -\dfrac{\omega\varepsilon_2}{h_2} F'_e(h_2 r_1) \end{bmatrix} \begin{bmatrix} D_{e1} \\ 0 \end{bmatrix} = 0 \tag{13}$$

or

$$A_e D_e = 0 \tag{13a}$$

The characteristic equation for TM_{0n} modes is then obtained by the determinant of the 2×2 matrix set equal to zero

$$\det|A_e| = 0 \tag{14}$$

or

$$\frac{\omega\varepsilon_1}{h_1} \frac{J'_m(h_1 r_1)}{J_m(h_1 r_1)} - \frac{\omega\varepsilon_2}{h_2} \frac{F'_e(h_2 r_1)}{F_e(h_2 r_1)} = 0, \quad \text{for the } \mathrm{TM}_{0n} \text{ modes.} \tag{14a}$$

Similarly, it follows from Eq. (12d) that

$$\frac{\omega\mu_1}{h_1} \frac{J'_m(h_1 r_1)}{J_m(h_1 r_1)} - \frac{\omega\mu_2}{h_2} \frac{F'_h(h_2 r_1)}{F_h(h_2 r_1)} = 0 \quad \text{for the } \mathrm{TE}_{0n} \text{ modes.} \tag{14b}$$

Next, we consider the case of $m \neq 0$. Similarly from Eq. (9), through a set of manipulations described above, the characteristic equation for the hybrid modes (HE_{mn} and EH_{mn}) may be written as

$$\det|(A_e + M_1)(A_h + M_2) - M_3| = 0 \tag{15}$$

where M_1, M_2, and M_3 are the matrices with relation to the coupling coefficient η and determined by Eq. (9). Generally speaking, the analytic representation for Eq. (15) is usually very difficult to obtain due to the cumbersome manipulation of matrices, except in the case of a single coating layer. Therefore, the numerical solution to the desired characteristic equation is only available via computer. Even so, we still try to expand Eq. (15) into a form similar to Eqs. (14a) and (14b) as its analytic expression:

$$\left(\frac{\omega\varepsilon_1}{h_1} \frac{J'_m(h_1 r_1)}{J_m(h_1 r_1)} - \frac{\omega\varepsilon_2}{h_2} \frac{F'_e(h_2 r_1)}{F_e(h_2 r_1)} \right) \times \left(\frac{\omega\mu_1}{h_1} \frac{J'_m(h_1 r_1)}{J_m(h_1 r_1)} - \frac{\omega\mu_2}{h_2} \frac{F'_h(h_2 r_1)}{F_h(h_2 r_1)} \right) = f(\eta) \tag{16}$$

Note that $f(\eta)$ is the function of the coupling coefficient η and becomes zero as $m = 0$; that is, $\eta = 0$. Thus, Eq. (16) can be divided into Eqs. (14a) and (14b).

For single-layered coated waveguides, Eq. (9) is reduced to

$$A_{11} D_1 = B_2 A_{23} D_3 \tag{17}$$

Thus, a new characteristic equation follows from Eq. (17):

$$k_0^2 \left(\frac{\varepsilon_{r1}}{h_1} \frac{J'_m(u)}{J_m(u)} - \frac{\varepsilon_{r2}}{h_2} \frac{F'_e(q)}{F_e(q)} \right) \left(\frac{\mu_{r1}}{h_1} \frac{J'_m(u)}{J_m(u)} - \frac{\mu_{r2}}{h_2} \frac{F'_h(q)}{F_h(q)} \right)$$
$$= \eta_b^2 + \left(R_e(q) R_h(q) \eta_a^2 - \frac{1}{k_0^2} P_2^2(q) \eta_a^2 \eta_b^2 + \frac{8\mu_{r2}\varepsilon_{r2}\eta_a\eta_b}{\pi a b h_2^4} \right) \cdot \frac{1}{F_e(q) F_h(q)} \tag{18}$$

with

$$\eta_b = \eta_1, \eta_a = \eta_2$$

$$u = h_1 b, q = h_2 b, v = h_3 a$$

$$F_e(q) = \frac{\varepsilon_{r2}}{h_2} Q_2(q) - \frac{\varepsilon_{r3}}{h_3} \frac{H_m'^{(2)}(v)}{H_m^{(2)}(v)} P_2(q)$$

$$R_e(q) = \frac{\varepsilon_{r2}}{h_2} P_2'(q) - \frac{\varepsilon_{r3}}{h_3} \frac{H_m'^{(2)}(v)}{H_m^{(2)}(v)} P_2(q)$$

where ε_{ri} and μ_{ri} denote the relative permittivity and permeability of region i, respectively. $k_0 = 2\pi/\lambda$ is the wave number of the free space. $F_h(q)$ and $R_h(q)$ can be derived from $F_e(q)$ and $R_e(q)$ by substitution of μ_{ri} for ε_{ri}, respectively. $P_2(q), P_2'(q)$ and $Q_2(q), Q_2'(q)$ are determined by Eqs. (11a) ~ (11d).

3 Results and Discussion

A. *Oxide layer.* For the waveguide below cutoff(WBCO), high – accuracy calculation of attenuation constants α is of utmost interest. In the development of the attenuation standard of the practical WBCO, the level of $d\alpha/\alpha = \pm 5 \times 10^{-5}$ was attained in 1972[9] and then $d\alpha/\alpha = \pm 1 \times 10^{-5}$ was suggested in 1980[10]. In the WBCO, there exist two imperfect factors affecting the calculation accuracy, which are the imperfectly conducting wall and the oxide layer formed naturally on the inner wall of the WBCO. Note that their effects were investigated not simultaneously but separately in past studies. Therefore, to obtain more accurate results for attenuationconstants, it is necessary for us to consider them simultaneously.

We start our analysis from the new charateristic Eq. (18) and only involve the HE$_{mn}$ modes. From the perturbation method, we get

$$\frac{d\gamma}{\gamma} = \frac{u}{b^2 \gamma^2} du \tag{19}$$

where du represents the perturbation of u caused by two factors. γ is the propagation constant of the normal mode. $b = r_1$ is the inner radius from the central axis to the oxide layer.

We take the relative permeability in regions 1 and 3 as unity, that is, $\mu_{r1} = \mu_{r3} = 1$, and define $\delta = d/b, u = h_1 b, q = h_2 b$, and $v = h_3 b$, where d is the thickness of the oxide layer. Applying the Taylor's expansion of the cylindrical functions to Eq. (18), neglecting the highorder infinitesimal, and rearranging the equation, we have

$$du = \frac{k_{mn}'^3 \delta}{m^2 - k_{mn}'^2} \left[\mu_{r2} \left(1 - \frac{m^2}{q^2} \right) + \frac{m^2 q^2 k_z^2}{\varepsilon_{r2} k_0^2} \left(\frac{1}{k_{mn}'^2} - \frac{1}{q^2} \right)^2 \right] -$$
$$j \frac{1}{m^2 - k_{mn}'^2} \frac{m^2 k_3^2 b^2 + k_{mn}'^4}{k_{mn}' v} \tag{20}$$

where k_{mn}' is the nth root of $J'(u) = 0$. Substitution of Eq. (20) into Eq. (19) gives

$$\frac{d\gamma_{mn}}{\gamma_{mn}} = \frac{1}{F_{mn}^2} \left(\mu_{r2}\delta + \frac{\tau}{2b} \right) - \frac{1}{G_{mn}^2} \frac{m^2}{m^2 - k_{mn}'^2} \left[\left(\mu_{r2} - \frac{1}{\varepsilon_{r2}} \right)\delta + \frac{\tau}{2b} \right] -$$
$$j \frac{\tau}{2b} \left(\frac{1}{F_{mn}^2} - \frac{1}{G_{mn}^2} \frac{m^2}{m^2 - k_{mn}'^2} \right) \tag{21}$$

with

$$F_{mn}^2 = \frac{\lambda_{c,mn}^2}{\lambda^2} - 1 \tag{22}$$

and

$$G_{mn}^2 = \frac{k_z^2}{k_0^2} = 1 - \frac{k_{mn}'^2}{b^2 k_0^2} = 1 - \frac{\lambda^2}{\lambda_{c,mn}^2} \tag{23}$$

where $\tau = (2/\omega\sigma\mu_0)^{1/2}$ is the skin depth of the metal and $\lambda_{c,mn} = 2\pi b/k_{mn}'$

If $\lambda \gg \lambda_c$, formula(21) can be reduced to

$$\frac{d\gamma_{mn}}{\gamma_{mn}} = -\left(\mu_{r2}\delta + \frac{\tau}{2b}\right) + j\frac{\tau}{2b} \tag{24}$$

It is suitable for the HE_{mn} modes and the case where the operating frequency is far smaller than the cutoff frequency.

On the other hand, the exact solution to Eq. (18) is obtained using the Müller method with an electronic computer. As an example, the numerical results of the propagation constant of the HE_{mn} mode are given in Tables 1a and 1b to illustrate the effects of the oxide layer and the imperfect conductivity. From the tables, we find that both factors lead to reductions of the attenuation constants, with the largest error of 2.58×10^{-3} dB.

Table 1　Exact Results for(a) Attenuation Constants(dB/b) ,and(b)Phase Constants(rad/m) of the HE_{11} Mode Considering Effects of Imperfect Walls and Oxide Layers Simultaneously

$(f = 3 \times 10^8 \text{Hz}, b = 1.6 \times 10^{-2}\text{m}, \varepsilon_{r2} = 5, \mu_{r2} = 1)$

(a)						
$\sigma/(\text{S/m})$						
δ	∞	10^8	1.6×10^7	10^6	10^5	10^6
0	15.96843	15.96697	15.96479	15.95387	15.92238	15.82284
10^{-5}	15.96827	15.96681	15.96463	15.95370	15.92222	15.82268
10^{-4}	15.96682	15.96537	15.96319	15.95227	15.92079	15.82127
10^{-3}	15.95241	15.95096	15.94878	15.93788	15.90646	15.80711
(b)						
0	0	0.01048	0.02619	0.1046	0.3295	1.029
10^{-5}	0	0.01048	0.02619	0.1046	0.3294	1.029
10^{-4}	0	0.01048	0.02619	0.1046	0.3294	1.029
10^{-3}	0	0.01046	0.02614	0.1044	0.3288	1.027

For comparison, the exact and approximate results of the attenuation constants for the HE_{11} mode, which come from the computer and formula (24), respectively, are given in Table 2. It is shown that the largest error from formula (24) is no more than 1.4×10^{-4}. This indicates that the approximate formula (24) is helpful to the analysis and design of the practical WBCO.

Table 2　Exact and Approximate Results for Attenuation Constants of the HE_{11} Mode
($\sigma = 1.6 \times 10^7 \text{S/m}$, $\delta = 10^{-5}$, $\varepsilon_{r2} = 5$, $\mu_{r2} = 1$)

f/Hz						
α	10^4	10^5	10^6	10^7	10^8	10^9
Exa.	15.36544	15.79338	15.92928	15.97225	15.98322	15.72262
App.	15.36335	15.79331	15.92928	15.97225	15.98322	15.72273

B. Lossy Coating. In an overmoded coated waveguide, the coating can significantly alter radial distributions of the modal fields. Note that, with the proper design, some low – order normal modes may become the surface mode whose fields are mainly confined within the thin coating layer. Therefore, if the coating material is chosen to be lossy, the guide can achieve high attenuation for these modes. One of the applications using this property of the guide is to reduce the radar cross section (RCS) of a cavity structure such as a jet engine inlet. The theory is that since the undesirable interior radiation from a few low – order modes in a coated waveguide is mainly responsible for the RCS, reduction of the RCS will be achieved if the coating can effectively suppress these low order modes.

Note that $\text{Im}(h_1)$ becomes very large as b/λ is sufficiently large. Thus, the characteristic Eq. (18) is approximated to

$$\left(1 + j\varepsilon_{r2}\frac{h_1}{h_2}\coth_2 d\right)\left(1 - j\mu_{r2}\frac{h_1}{h_2}\tanh_2 d\right) = 0 \tag{25}$$

where d is the coating thickness, $a - b$. Assuming $|h_1/h_2| \gg 1$ and $|\mu_{r2}/\varepsilon_{r2}| \gg 1$, we have

$$\alpha = \frac{2\pi}{\lambda}\frac{1}{\sqrt{4 - f^2(n,\delta)}} \times \begin{cases} \sqrt{|\varepsilon_{r2}|\phi_e} & \text{for the dielectric coating} \\ \sqrt{|\mu_{r2}|\phi_h} & \text{for the magnetic coating} \end{cases} \tag{26}$$

where ϕ_e and ϕ_h are the loss angles of the dielectric coating and the magnetic coating, respectively. In the dielectric coating, $f(n,\delta)$ is defined as

$$f(n,\delta) = \begin{cases} (n - 1/2)/\delta & \text{for } TM^{su} \text{ modes} \\ n/(1/2)/\pi + \delta & \text{for } TE^{su} \text{ modes} \end{cases} \tag{27}$$

and in the magnetic coating

$$f(n,\delta) = \begin{cases} (n - 1/2)/(1/2\pi + \delta) & \text{for } TM^{su} \text{ modes} \\ n/\delta & \text{for } TE^{su} \text{ modes} \end{cases} \tag{28}$$

where the superscript su represents the surface mode. δ is the relative thickness of the coating layer, defined as

$$\delta = \sqrt{|\varepsilon_{r2}\mu_{r2}|} \cdot d/\lambda \tag{29}$$

The approximat results from formula(26) are shown in Tables 3a and 3b, as are the exact results from the computer. It is found that formula(26) is useful for predicting the attenuation constant of the surface mode when δ is large enough.

Table 3　Exact and Approximate Results for Attenuation Constants of (a) the TM_{11}^{su} Mode and (b) the TE_{11}^{su} Mode in a Dielectric Coated Waveguide

$(\sigma = 1.6 \times 10^7 \text{S/m}, b/\lambda = 3.5, \varepsilon_{r2} = 10\angle-5°, \mu_{r2} = 1)$

(a)					
δ $\alpha(\text{dB/b})$	0.4	0.5	0.6	0.7	0.8
Exa.	31.01	29.48	28.56	28.04	27.67
App.	33.72	30.39	28.96	28.18	27.71
(b)					
δ $\alpha(\text{dB/b})$	0.7	0.8	0.9	1.0	1.1
Exa.	29.43	28.93	28.53	28.22	27.97
App.	31.26	30.61	30.12	29.72	29.40

In the following, the numerical results from the computer are given in Figs. 2 ~ 5 to illustrate how the attenuation properties of main low – order modes are affected by the lossy coating. In these figures, the azimuthal coordinate δ represents the relative thickness of the coating layer.

The effects of slightly lossy dielectric materials upon the HE_{11} mode are described in Figs. 2 and 3. It is shown that as δ increases, the modal fields are gradually shifted to the coated region and at the transition points the mode acquires very large attenuation constants, which are then independent of δ. This indicates that after most of the modal fields are confined in coated region, the attenuation constants will be mainly decided by the loss property of the coating material.

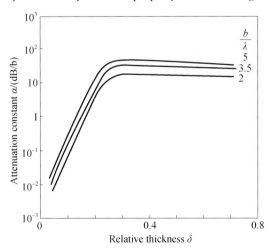

Fig. 2　Attenuation constants of the HE_{11} mode in a dielectric coated waveguide for various values of b/λ ($\sigma = 1.6 \times 10^7 \text{S/m}, \varepsilon_{r2} = 10\angle-5°, \mu_{r2} = 1$)

For comparison, the efects of a magnetic coating material on the normal modes are shown in Fig. 4, along with those of a dielectric material at the same loss level. From Fig. 4, we find that the HE_{11} and EH_{11} modes in the magnetic – coated waveguide acquire a large attenuation constant with a much thinner coating layer than those in the dielectric coated waveguide. Obviously, a lossy and

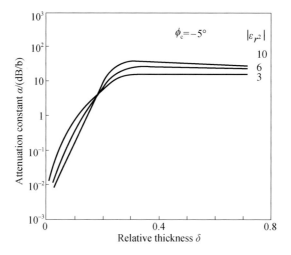

Fig. 3　Attenuation constants of the HE_{11} mode in a dielectric coated waveguide

for various values of ε_{r2} ($\sigma = 1.6 \times 10^7 S/m, b/\lambda = 3.5, \mu_{r2} = 1$)

magnetic coating material is more efficient in suppressing the normal modes. This is determined by the boundary condition of the well – conducting wall, which is that the magnetic energy is much larger than the electric energy near the surface of the wall.

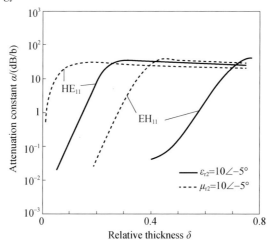

Fig. 4　Attenuation constants of the HE_{11} and EH_{11} mode in a dielectric coated (solid lines)

and magnetic coated(dashed lines)waveguides($\sigma = 1.6 \times 10^7 S/m, b/\lambda = 3.5$)

Fig. 5 shows that the attenuation constants of the HE_{11} mode increase only over a range of $\phi_e = 5°$ and $15°$ as the loss level of the coating material is raised. This indicates that the very lossy coating materials tend to exclude the normal mode from the coated region and most of the modal energies are shifted back to the air region. Especially at high frequencies, this exclusion trend becomes very strong and the attenuation constants of the normal modes decrease as a function of λ^2/b^{3} [6].

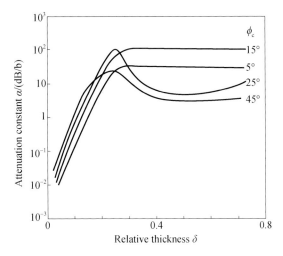

Fig. 5   Attenuation constants of the HE_{11} mode in a dielectric coated waveguide

for various values of ϕ_e ($\sigma = 1.6 \times 10^7 S/m$, $b/\lambda = 3.5$, $\mid \varepsilon \mid_{r2} = 10$, $\mu_{r2} = 1$)

Conclusion

Modal attenuations in the coated circular waveguide including conductor loss are investigated and a new anlytic characteristic equation is derived using a novel method which only involves the manipulation of 2×2 matrices. This method is applicable to formulate the characteristic equation for a waveguide with an arbitrary number of coating layers. For the low order modes in the cutoff waveguide, it is found that the existence of the oxide layer and the imperfect wall decrease their attenuation constants while in the overmoded waveguide a thin and slightly lossy coating layer significantly alters the radial distribution of their fields and the guide achieves high attenuation for them.

References

[1] Brown J. Corrections to the attenuation constants of piston attenuators[J]. IEE Proc,Pt. 3,1949,(96):491 – 495.

[2] Unger H G. Circular electric wave transmission in a dielectric coated waeguide[J]. Bell Syst Tech J,1957,36:1253 – 1278.

[3] Harrington R F. Time Harmonic Electromagnetic Fields[M]. New York:McGraw Hill,1961.

[4] Unger H G. Lined waveguide[J]. Bell Syst Tech J,1962,41:745 – 768.

[5] Carlin J W,P D'Agostion. Low – loss modes in dielectric – lined waveguide[J]. Bell Syst Tech J,1971,50:1631 – 1638.

[6] Lee C S,Lee S W,Chuang S L. Normal modes in an overmoded circular coated with lossy material[J]. IEEE Trans Microwave Theory Tech,1986,MTT – 34:100 – 107.

[7] Lee C S,Lee S W. RCS of a coated circular waveguide terminated by a perfect conductor[J]. IEEE Trans Antennas Propagat, 1987,AP – 35:391 – 398.

[8] Chou R C. Lee S W. Modal attenuation in multilayered coated waveguide[J]. IEEE Trans Microwave Theory Tech,1988,MTT − 36:1167 − 1176.

[9] Yell R W. Development of a high precision waveguide beyond cutoff attenuator[J]. CPEM Dig,1972:108 − 110.

[10] Bayer H. Considerations of a rectangular waveguide below cutoff attenuator as a calculable broadband attenuation standard between 1MHz and 2. 6GHz[J]. IEEE Trans Instrum Meas,1980,IM − 29:467 − 471.

用介质片加载时矩形波导内的场分布

黄志洵[1]　徐诚[2]

（1. 中国传媒大学信息工程学院,北京　100024；

2. 中国科学院电子学研究所,北京　100080）

摘要：论述了矩形波导中部分充填介质片时的情况,这导致在波导内无负载的自由空间中产生平面波型的 TEM 场。用射线法分析推导了介质片非对称加载矩形波导中的场分布,并与时域有限差分法的计算作了比较。给出了场分布的三维曲面图形。讨论了用此法建立 TEM 场区的应用与研究前景。

关键词：介质片加载矩形波导；TEM 场区；射线法；时域有限差分法

The Field Distribution of a Rectangular Waveguide Partially Filled with Dielectric Slab

HUANG Zhi – Xun[1]　Xu Cheng[2]

（1. Communication University of China, Beijing 100024；

2. Electronic Institute, Chinese Academy of Science. Beijing　100080）

Abstract：A description is given of a rectangular waveguide partially filled with dielectric slab in such a way that the structure is capable of supporting a plane TEM wave in the unloaded free space of the waveguide. The concept of ray theory is used to obtain the field distribution in the dielectric loaded waveguides, and the results have been compared with the FDTD method. The 3 – dimension patterns of the field distribution are presented. Finally, we discuss the possible applications of these rectangular waveguides.

Key words：rectangular waveguide loaded with dielectric material；TEM field region；ray theory of analytic；FDTD method

1　引言

虽然在 1944—1968 年已有多篇文献论述了金属壁波导管中填入电介质时的电磁波传

注：本文原载于《中国传媒大学学报(自然科学版)》,第 14 卷,第 2 期,2007 年 6 月,1～9 页。

播[1-4]；企图在一根金属壁矩形波导中建立 TEM 场区,最早较成功的研究始自 R. G. Heeren 和 J. R. Baird 的 1971 年论文[5]。该文对矩形波导两侧各用厚度 t 的电介质片加载时场解、特征方程、平面波传播频率作了分析,并用实验结果与理论分析作了对比。1990 年,唐敬贤[6]对非对称加载(两侧的介质片的介电常数、厚度不相同)的情况作了分析,对特征方程、TEM 场区宽度等作了研究。然而,以上工作在普遍性、严格性方面尚不能令人满意,并且缺乏对场分布的图形分析。本文采用 J. E, Robinson 等[7,8]在 1968—1969 年提出的射线法(ray theory)进行分析,并用时域有限差分(FDTD)法作了验证和比较。

2　场强方程的推导

我们考虑一个截面宽为 a、高为 b 的矩形波导由 3 层介质片加载,其介电常数分别为 ε_1、ε_2、ε_3,所对应区域分别为(1)、(2)、(3),宽度分别为 a_1、a_2、a_3。其中永久存在的电场分量 E_y 是沿着波导横截面的 y 轴方向,这是由区域(2)内,$x = d$ 和 $z = 0$ 处的 $(-y)$ 方向线源 I_0 所激励的,如图 1 所示。我们首先计算区域(2)内的电场。

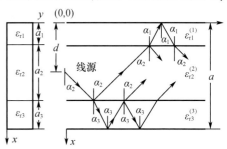

图 1　3 层介质加载的矩形波导

令一平面波以任意角度 α_2 为入射角射向区域(1)和区域(3),如图 1 所示。首先计算线源对所有可能的平面波的影响。其中 α_2 取值从 $(-\pi/2)$ 到 $(+\pi/2)$。

在区域(2)的观察平面 x 之中,由区域(3)一次或多次反射及折射所引起的平面波入射到区域(2),其产生的影响由下式可得

$$
\begin{aligned}
E_1^{(2)}(x) &= \exp[-jk_2\cos\alpha_2(x-d)]\{1 + \exp[-2jk_2\cos\alpha_2(a_1+a_2-x)] \times \\
&[r_{23} - t_{23}t_{32}\exp(-2jk_3\cos\alpha_3 a_3) + r_{32}t_{23}t_{32}\exp(-4jk_3\cos\alpha_3 a_3) \pm \cdots]\} = \\
&\exp[-b_2(x-d)]\{1 + \exp[-2b_2(a_1+a_2-x)]\gamma_{23}(\alpha_2)\}
\end{aligned}
\tag{1}
$$

其中

$$b_l = ik_l\cos x_l \quad (l = 1,2,3)$$

$$\gamma_{23}(\alpha_2) = \frac{r_{23} - \exp(-2b_3 a_3)}{1 - r_{23}\exp(-2b_3 a_3)}$$

式中:r_{ij} 和 t_{ij} 为区域 i 到区域 j 的 Fresnel 系数;α_3 为反射角 α_2 所对应的折射角;此处的传输因子 k_i 由自由空间的传输因子 k_0 及相对介电常数 ε_{ri} 得出

$$k_i = k_0\sqrt{\varepsilon_{ri}} \quad (i = 1,2,3)$$

在观察平面内,最初入射区域(3)经多次折射和反射经过区域(1)到达区域(2)的表达式为

$$
\begin{aligned}
E_2^{(2)}(x) &= E_1^{(2)}(x)[1 + \exp(-2b_2 a_2)\gamma_{21}(\alpha_2)\gamma_{23}(\alpha_2) + \\
&\exp(-4b_2 a_2)\gamma_{21}^2(\alpha_2)\gamma_{23}^2(\alpha_2) + \cdots] = \\
&E_1^{(2)}(x)\left[\frac{1}{1 - \gamma_{21}(\alpha_2)\gamma_{23}(\alpha_2)\exp(-2b_2 a_2)}\right]
\end{aligned}
\tag{2}
$$

其中

$$\gamma_{21}(\alpha_2) = \frac{r_{21} - \exp(-2b_1a_1)}{1 - r_{21}\exp(-2b_1a_2)}$$

除了如式(2)所示的最初入射区域(3)的平面波所产生的总体影响之外,还必须考虑最初以 α_2 入射区域(1)的平面波所产生的影响,即

$$
\begin{aligned}
E_3^{(2)}(x) &= \exp[-b_2(d - a_1 + x - a_1)]\{1 + \exp(1 - 2b_2a_2) \times \\
&\quad [r_{21} - t_{21}t_{12}\exp(-2b_1a_1) \pm \cdots]\} = \\
&\quad r_{21}\exp[-b_2(x + d - 2a_1)]\frac{1 + \gamma_{23}(\alpha_2)\exp[-2b_2(a_1 + a_2 - x)]}{1 - \gamma_{23}(\alpha_2)\gamma_{21}(\alpha_2)\exp(-2b_2a_2)}
\end{aligned}
\tag{3}
$$

将式(2)和式(3)合并,得出

$$
\begin{aligned}
E^{(2)}(x) &= \frac{1}{1 - \gamma_{23}(\alpha_2)\gamma_{21}(\alpha_2)\exp(-2b_2a_2)}\{\exp[-b_2(x + d)] \times \\
&\quad [1 + \exp[-2b_2(a_2 + a_3 - x)]\gamma_{23}(\alpha_2)] + r_{21}(\alpha_2)\exp[-b_2(d + x - 2a_1)] \times \\
&\quad [1 + \exp(-2b_2a_2)\gamma_{21}(\alpha_2)]\}
\end{aligned}
\tag{4}
$$

我们还可将式(4)写为更简洁的方式:

$$
\begin{aligned}
E^{(2)}(x) &= \exp[-b_2(x - d)] + \gamma_{21}(\alpha_2)\exp[-b_2(x + d - 2a)] \times \\
&\quad \frac{1 + \gamma_{23}(\alpha_2)\exp[-2b_2(a_1 + a_2 - x)]}{1 - \gamma_{23}\gamma_{21}(\alpha_2)\exp(-2b_2a_2)}
\end{aligned}
\tag{5}
$$

对于自由空间中的线源 I_0 所产生的角频谱可被扩展为

$$E(x,z) = -\frac{\omega\mu_0 I_0}{4\pi}\int_{-\pi/2+j\infty}^{\pi/2+j\infty}\exp(jkz \cdot \sin\alpha)\{[\exp[jk \cdot \cos\alpha(x \pm d)]]\}d\alpha \tag{6}$$

这里的积分路径如图 2 所示。

若积分式中的每一个平面波,如 $\exp[jk \cdot \cos\alpha(x \pm d)]$,都是由前面所提到的两个平面波中的一个所确定,则处于区域(2)的观察点 $P(x,z)$ 的场强为

$$
\begin{aligned}
E^{(2)}(x,z) &= -\frac{\omega\mu_0 I_0}{4\pi}\int_{-\pi/2+j\infty}^{\pi/2+j\infty}\exp(jk_z z)E^{(2)}(x)d\alpha_2 = \\
&\quad -\frac{j\omega\mu I_0}{2\pi}\int_{-\pi/2+j\infty}^{\pi/2+j\infty}\exp(jk_z z) \times \\
&\quad \frac{N_1(x,\beta_l)N_2(x,\beta_l)}{D(\beta_l)}d\alpha_2
\end{aligned}
\tag{7}
$$

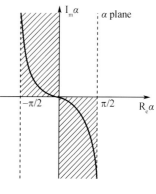

图 2　式(6)的积分路径

其中

$$
\begin{cases}
N_1(x,\beta_l) = \beta_2\tan\beta_1 a_1 \cdot \cos\beta_2(d - a_1) + \beta_1\sin\beta_2(d - a_1) \\
N_2(x,\beta_l) = \beta_2\tan\beta_3 a_1 \cdot \cos\beta_2(a_1 + a_1 - x) + \beta_3\sin\beta_2(a_1 + a_2 - x)
\end{cases}
\tag{8}
$$

$$
\begin{aligned}
D(\beta_l) &= (\beta_1\beta_3 - \beta_2^2\tan\beta_3 a_3 \cdot \tan\beta_1 a_1)\sin\beta_2 a_2 + \\
&\quad \beta_2(\beta_1\tan\beta_3 a_3 + \beta_3\tan\beta_1 a_1)\cos\beta_2 a_2
\end{aligned}
\tag{9}
$$

$$k_z = k_2\sin\alpha_2$$

$$\beta_l = -jb_l \quad (l = 1,2,3)$$

由于 k_z 在 3 个区域相等,所以式(8)和式(9)中的本征值 β_1、β_2、β_3 的关系式如下:

$$\beta_1 = \sqrt{\beta_2^2 + k_0^2(\varepsilon_1 - \varepsilon_2)} \tag{10}$$

$$\beta_3 = \sqrt{\beta_2^2 + k_0^2(\varepsilon_3 - \varepsilon_2)} \tag{11}$$

对式(7)进行积分展开,可以得到区域(2)的场强为

$$
\begin{aligned}
E^{(2)}(x,z) &= \omega\mu I_0 \sum_{m=1}^{\infty} \frac{\exp(jk_{zm}z)}{k_{zm}} \times \{\beta_{2m}\tan(\beta_{1m}a_1)\cos[\beta_{2m}(d-a_1)] + \\
&\quad \beta_{1m}\sin[\beta_{2m}(d-a_1)]\} \times \{\beta_{2m}\tan(\beta_{3m}a_3)\cos[\beta_{2m}(a_1+a_2-x)] + \\
&\quad \beta_{3m}\sin(\beta_{2m}(a_1+a_2-x))\} \times \{\beta_{2m}\sin(\beta_{2m}a_2) \times \\
&\quad \left[\left(\frac{\beta_{1m}}{\beta_{3m}}\right) + \left(\frac{\beta_{3m}}{\beta_{1m}}\right) - 2\tan(\beta_{1m}a_1)\tan(\beta_{3m}a_3)\right] + \cos(\beta_{2m}a_2)[\beta_{1m}\tan(\beta_{3m}a_3) + \\
&\quad \beta_{3m}\tan(\beta_{1m}a_1) + \frac{\beta_{2m}^2}{\beta_{1m}}\tan(\beta_{3m}a_3) + \frac{\beta_{2m}^2}{\beta_{3m}}\tan(\beta_{1m}a_1)] - \\
&\quad (a_2\beta_{zm})\csc(\beta_{2m}a_2)[\beta_{1m}\tan(\beta_{3m}a_3) - \beta_{3m}\tan(\beta_{1m}a_1)] - \\
&\quad a_1\frac{\beta_{2m}^2}{\beta_{1m}}\sec^2(\beta_{1m}a_3)[\beta_{2m}\sin(\beta_{2m}a_2)\tan(\beta_{3m}a_3) - \beta_{3m}\cos(\beta_{2m}a_2)] - \\
&\quad a_3\frac{\beta_{2m}^2}{\beta_{3m}}\sec^2(\beta_{3m}a_3)[\beta_{2m}\sin(\beta_{2m}a_2)\tan(\beta_{1m}a_1) - \beta_{1m}\cos(\beta_{2m}a_2)]\}^{-1}
\end{aligned} \tag{12}
$$

这里,本征值 β_1、β_2、β_3 可由式(10)和式(11)以及与 x 无关的超越方程(9)求得。

在推导式(12)时,我们忽略了一些项,这只有在场点远离源点时才能成立。另外,尽管在推导中假设 $x > d$,但要以验证式(12)在区域(2)内均成立。

对于 $a_2 = a$,$a_1 = a_3 = 0$ 这一特殊情形,式(12)可以很容易地从普通波导那里得到验证:

$$
E(x,z) = \frac{\omega\mu I_0}{a} \sum_{m=1}^{\infty} \sin\left(\frac{m\pi d}{a}\right)\sin\left(\frac{m\pi x}{a}\right)\frac{\exp(jk_{zm})}{k_{zm}} \tag{13}
$$

对于 $a_1 = 0$,即加载两层介质情形,展开式为

$$
\begin{aligned}
E(x,z) &= \omega\mu I_0 \sum_{m=1}^{\infty} \frac{\exp(jk_{zm})}{k_{zm}}\sin(\beta_{2m}d)\sin(\beta_{2m}x) \times \\
&\quad \left\{a_2 + \frac{\sin^2(\beta_{2m}a_2)}{\sin^2(\beta_{3m}a_3)}a_3 - \frac{\sin(2\beta_{2m}a_2)}{2\beta_{2m}} - \frac{\sin^2(\beta_{2m}a_2)}{\sin^2(\beta_{3m}a_3)}\cdot\frac{\sin(\beta_{3m}a_3)}{2\beta_{3m}}\right\}^{-1}
\end{aligned} \tag{14}
$$

3 本征值求解及横向场分布

曲线源在区域(2)所激励的 TE_{m0} 模可以由式(7)中的与 x、z 的无关项 $D(\beta_l)$,以及式(9)和式(10)决定。对于特定 $k_0 = 2\pi/\lambda_0$(λ_0 为自由空间波长)的本征值 $(\beta_l)_m$ 可由下式求得

$$
D(\beta_l) = 0 \tag{15}
$$

也可写成下面的形式:

$$
\tan\beta_2 a_2 = -\frac{\dfrac{\beta_2}{\beta_1}\tan\beta_1 a_1 + \dfrac{\beta_2}{\beta_3}\tan\beta_3 a_3}{1 - \dfrac{\beta_2}{\beta_1}\tan\beta_1 a_1 + \dfrac{\beta_2}{\beta_3}\tan\beta_3 a_3} \tag{16}
$$

我们可以先通过式(10)和式(11)求得 β_{1m} 和 β_{3m},再解式(16)求本征值集 β_{2m}。特别地,当 $\beta_2^2 \gg k_0^2(\varepsilon_1 - \varepsilon_2)$ 及 $\beta_2^2 \gg k_0^2(\varepsilon_3 - \varepsilon_2)$ 成立时,本征值 β_1、β_2 和 β_3 基本相等,式(16)化为

$$
\tan\beta_2 a_2 = -\tan\beta_2(a_1 + a_2) \tag{17}
$$

通常,对于任意厚度及任意介电常数,式(16)的解可以通过数值方法求得。对于这些参数对

应的 $\omega - k_{zm}$ 图可由下面的关系式得到

$$k_z^2 = k_2^2 - \beta_2^2 = k_1^2 - \beta_1^2 = k_3^2 - \beta_3^2 = 0 \tag{18}$$

其中 $k_z = 0$ 为截止条件。3 个区域内的截止本征值可由式(16)以及式(10)、式(11)和式(18)推出为

$$\beta_{lm}^c = \varepsilon_1 k_0^c m \tag{19}$$

这里上标 c 表示截止(cutoff)。

　　下面讨论横向场分布。根据式(12),提出与 x 的无关项用 A_m 表示,可将其写为更简洁的形式:

$$\begin{aligned} E^{(2)}(x,z) = \sum_{m=1}^{\infty} A_m^{(2)}(z) \big[& \beta_{2m} \tan\beta_{3m} a_3 \cdot \cos\beta_{2m}(a_1 + a_2 - x) + \\ & \beta_{3m} \sin\beta_{2m}(a_1 + a_2 - x) \big] \exp(\mathrm{j}k_{zm}z) \end{aligned} \tag{20}$$

同样,区域(1)和区域(3)中的电场可以表达为

$$E^{(1)}(x,z) = \sum_{m=1}^{\infty} A_m^{(1)}(z) \sin\beta_{1m}x \cdot \exp(\mathrm{j}k_{zm}z) \tag{21}$$

$$E^{(3)}(x,z) = \sum_{m=1}^{\infty} A_m^{(3)}(z) \sin\beta_{2m}(a - x) \cdot \exp(\mathrm{j}k_{zm}z) \tag{22}$$

在介质交界面 $x = a_1, a_1 + a_2$ 处应用边界条件,可得

$$E^{(1)}(x,z) = \sum_{m=1}^{\infty} A_m^{(3)}(z)(\beta_{2m}\tan\beta_{2m}a_3 \cdot \cos\beta_{2m}a_2 + \beta_{3m}\sin\beta_{3m}a_2) \times \frac{\sin\beta_{lm}x}{\sin\beta_{lm}a_1}\exp(\mathrm{j}k_{zm}z) \tag{23}$$

$$E^{(3)}(x,z) = \sum_{m=1}^{\infty} A_m^{(2)}(z)(\beta_{2m}\tan\beta_{3m}a_3) \frac{\sin\beta_{3m}(a - x)}{\sin\beta_{3m}a_3}\exp(\mathrm{j}k_{zm}z) \tag{24}$$

这里,与模式有关的 $A_m^{(2)}(z)$ 已由式(12)给出,为与 x 无关的项。

　　当 $k_0 = 3.1\pi/a$ 时,基于式(20)、式(23)和式(24)的横向电场分布结果如图 3 所示。可以看出,当区域(1)和区域(3)所填充的介质的介电常数具有明显差异时,横向电场分布显示出明显的非对称性。

　　但是,如选择参考文献[2]中给出的参数——BJ100 波导($a = 22.86\mathrm{mm}, b = 10.16\mathrm{mm}$),$\varepsilon_{r1} = 2.61, \varepsilon_{r2} = 2.08, t_1 = a_1 = 6.37\mathrm{mm}, t_2 = a_3 = 7.78\mathrm{mm}$,则由式(20)、式(23)、式(24)可绘出图 4 中的实线。可见,未加载区出现了均匀场区。

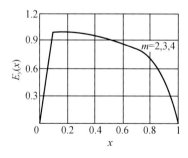 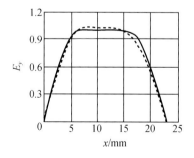

图3　3 种介质加载的矩形波导中的
横向电场分布($m = 2,3,4$)
($\varepsilon_{r1} = 3.0, \varepsilon_{r2} = 1.0, \varepsilon_{r3} = 6.0$,
$t_1 = a_1 = 0.1a, a_2 = 0.7a, t_2 = a_3 = 0.2a$)

图4　满足平顶条件时加载
矩形波导内的横向场分布

4　用 FDTD 法的计算[9]

用 FDTD 法求解波导传输线问题时,应顾及波导传输线的特点,即一般的波导及波导元件均有确定的导体外壁,它具有"高通滤波"的特征,且一般工作于主模状态。针对这些特点,在 FDTD 模拟时,在相应导体壁的离散网格点上,令电场强度切向分量为零,以代表理想导电壁的存在。也可在厚度上选用数个网格,对这些网格赋以较大的 σ 值。这样处理后,仅需在波传播方向的二端处设置吸收边界条件。当波导工作于主模状态时可在波导入口某横截面的网格点上赋以相应于主模场分布的时谐变化值,以激励所需波形。当激励源为一瞬时脉冲时,需令激励脉冲的频谱分布与被激励模式的频率分布相一致。

现在说明具体实施计算的方法。参看图 5,用于数值模拟的大小为 $n_1\Delta x \times n_2\Delta y \times n_3\Delta z$,其中 n_1、n_2、n_3 分别是沿 x、y、z 轴向的网格数,Δx、Δy、Δz 为单元网格尺寸。选用均匀网格,即 $\Delta x = \Delta y = \Delta z$,时间步长 $\Delta t = \Delta x/(2c)$。对于具体的非对称加载矩形波导,当工作频率取 $f_p = 9.27\text{GHz}$(工作波长为 $\lambda_p = 32.36246\text{mm}$),为了减少数值色散,在介电常数较大的介质中($\varepsilon_r = 2.61$),网格尺寸 Δ 应小于 2.0mm(即 $0.1\lambda_g$)。

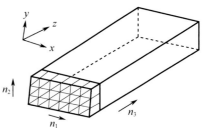

图 5　矩形波导网格图

由于本实例的几何尺寸,在较少的空间离散点(即较大 Δ)的条件下,无法做到网格与被研究的空间媒质的完全拟合,故需要想办法解决该问题:①采用非均匀网格技术,但由于时间所限,未能采用;②增大网格数,却因此而大大增加了计算量和存储空间;③合理地修正矩形波导的几何尺寸,使之拟合空间网格。

由于本文所讨论的论题为在加载矩形波导的未加载区,会出现 TEM 场区,且在一定范围内,未加载区的宽度没有影响。所以在下面的计算中,适当地减小了未加载区,使波导的几何尺寸与空间网格基本得到了拟合,结果并不影响本文的结论。

计算中,介质片的宽度 $t_1 = 6.37\text{mm}$,$t_2 = 7.78\text{mm}$ 未做改变,分别由 9 个和 11 个网格与之对应,故 Δ 取 0.707778mm,未加载区 d 取 12 个网格,即 8.493333mm,波导宽边即为 32 个网格,22.65mm,只与实例相差 0.9%。空间网格取 $32\Delta x \times 14\Delta y \times 50\Delta z$,其中 $\Delta x = \Delta y = \Delta z = \Delta$。

时间步长的取值为

$$\Delta t = \Delta x/(2c) = \frac{0.707778 \times 10^{-3}}{2 \times 3 \times 10^8} = 1.18 \times 10^{-12}(\text{s})$$

为了保证计算结果的准确性,计算了 1 500 个时间步长,约 16 个周期。

激励源为时谐型;设在 $z = 0$ 面上,场的变化规律为

$$E_y = \sin(k_x x)\sin(\omega t)$$

式中

$$k_x = \frac{2\pi}{(n_1 - 1)\Delta x}, \omega = 2\pi f, t = n\Delta t$$

程序的流程框图如图 6 所示。

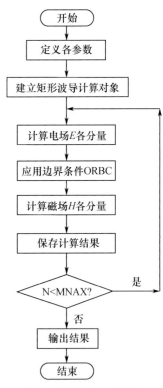

图 6　FDTD 法流程框图

实际的计算,首先取与图4相同的条件,算出横向场 $E_y \sim x$ 关系曲线(图4中的虚线)。可见,FDTD 法得到的结果,与射线法基本一致。其次,采用绘图软件可绘出场分布的三维图(即曲面);图7 为 E_y 与 x、y 的图形,图8、图9 分别为 H_z、H_x 的图形。由图8 的 $H_z = 0$ 区域,确证获得了一个 TEM 场区。

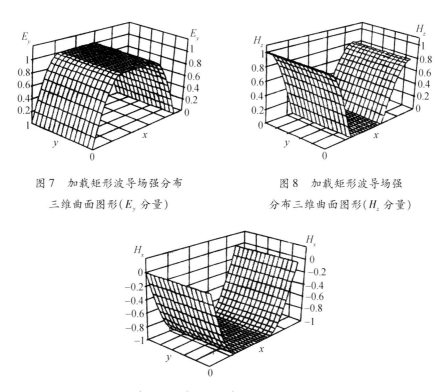

图 7　加载矩形波导场强分布　　　　　　图 8　加载矩形波导场强
　三维曲面图形(E_y 分量)　　　　　分布三维曲面图形(H_z 分量)

图 9　加载矩形波导场强分布三维曲面图形(H_x 分量)

5　应用与研究前景

黄志洵[10]曾在专著《微波传输线理论与实用技术》中详细论述了横电磁室系列(TEM Cell Series)的理论与应用,其几种主要形式或用于计量学中的场强标准;或用于电磁兼容学中作辐射敏感度(radiated susceptibility)测量;或作为雷电、核电磁脉冲模拟器;等等。然而,它们都是双导体式导波系统,一般结构复杂,且在频率低时(如米波频段)体积很庞大。因此,可以认为单导体的矩形波导加载法容易获得 TEM 场区,在计量学和电磁兼容学上均有应用的前景。如果说,矩形波导中的 TE$_{10}$ 波都曾被利用,在构成一种 TE$_{10}$ Waveguide Cell 以作微波场强校准,那么显然可以推断,改用 TEM 波后效果会更好——用于微波功率计探头校准应该没有问题。不过,这种校准装置的工作频率是固定的,而非宽频带的。

当然,还会有别的用途。一些文献曾讨论宽频带横电磁喇叭(TEM Horn))的有关技术。还可以设想,如在介质片非对称加载的矩形波导的宽壁开一些槽,将形成新型的缝隙天线阵。这些都展示了诱人的研究与应用前景。

参 考 文 献

[1] Pincherle L. Electromagnetic waves in metal tubes filled longitudinally with two dielectrics[J]. Phys. Rev. ,1944, 66(5,6):118 - 126.

[2] Vartanian P H, Ayres W P, Helgesson A. Propagation in dielectric slab loaded rectangular waveguide[J]. Trans. IRE, 1958, MTT1(4): 215 - 222.

[3] Seckelmann R. Propagation of TE - modes in dielectric loaded waveguides[J]. Trans, IEEE, 1966, MTTl4 (11):518 - 526.

[4] Gardiol F E. Higher - order modes in dielectrically loaded rectangular waveguides[J]. Trans. IEEE, 1968, MTT16(11). 919 - 924.

[5] Heeren R G, Baird J R. An inhomogeneously filled rectangular waveguide capable of supporting TEM propagation[J]. Trans. IEEE,1971,MTT19(4): 884 - 885.

[6] 唐敬贤,介质片非对称加载矩形波导内的 TEM 场区[J]. 电子科学学刊,1990,12(3):311 - 316.

[7] Robinson J E, Harnid M A. Mode propagation in multilayered dielectric loaded waveguides by ray theory[J]. Trans. IEEE, 1968,MTT16(1), 261.

[8] Robinson J E. Application of the ray - optical technique to dielectric loaded rectangular waveguides[J]. Electron Lett. , 1969 (5): 380 - 382.

[9] 王长清,电磁场计算中的时域有限差分法[M]. 北京:北京大学出版社,1994.

[10] 黄志洵,王晓金. 微波传输线理论与实用技术[M],北京:科学出版社,1996.

[11] 黄志洵. 用介质片加载法在矩形波导内建立 TEM 场区[J]. 北京广播学院学报(自然科学版),1998(1):28 - 34.

A New TEM Transmission Cell Using Exponential Curved Taper Transition

HUANG Zhi – Xun   Li Tian – Shu   Yang Qing – Shan

(Beijing Broadcasting Institute, Bejjing   100024)

Abstract   By theoretical calculation and TDR measurements, it is proved that the traditional transition in a TEM cell can not give a satisactory characteristic impedance distribution. That means its characteristic impedance distribution is much different from the nominal 50Ω and the matching for the whole body is bad, which will deteriorate the establishment of fine travelling wave state in the TEM cell. A new constructure which uses transition is proposed and some experimental results are given.

Key words   TEM transmission Cell; Exponential curved taper transition

1   Problems of traditional technology

The structure shown in Fig. 1 is called the traditional structure. The taper transition only reduces the large size of main section to the small size of 50Ω RF coaxial connector. In fact, the designers always paid attention to the impedance distribution of the main section to achieve a proper value(often 50 ~ 52Ω). The impedance distribution of the taper transition was not considered even if it was bad. But, we think both the main section and the taper transition of the cell should be considered. We should achieve a better impedance distribution in every section.

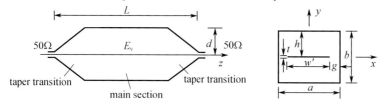

Fig. 1   The traditional TEM cell

For example, Decker et al. [1] believed that the designers could use three equations when they calculated the taper's impedance. From Tippet and Chang[2] :

$$Z_0 = \frac{376.62}{4\{a/b - (2/\pi)\ln[\sinh(\pi g/b)]\} - \Delta C/\varepsilon_0} \quad (\Omega) \quad (1)$$

where $g = (a - w')/2$, ΔC is capacitance between the fringe of septum and the side wall (pF/cm).

注:本文原载于 *Acta Metrologica Sinica*, Vol. 13, No. 2, 1992, 127 ~ 132.

This equation is used to calculate the impedance of the taper's big – end. Now, from Chen[3]:

$$Z_0 = \frac{376.62}{2(w'/h + t/g) + 4C_f'/\varepsilon_0} \quad (\Omega) \tag{2}$$

where $h = (b - t)/2$, C_f' is the capacitance of one corner. This equation is used to calculate the impedance of the taper's small – end. The coaxial impedance formula is well known:

$$Z_0 = \frac{138}{\sqrt{\varepsilon_r}} \lg \frac{D}{t} \quad (\Omega) \tag{3}$$

This equation is used to calculate the impedance of the smallest end which is connected with the 50Ω coaxial conector.

Since the impedance distribution was tested by TDR measurements, Decker et al. [1] considered the dimensions of septum could be adjusted when the impedance distribution was bad. But, it is not convenient to adjust the septum dimensions of taper transition. In many laboratories, the TEM cells are used without any taper's adjustment and test.

We can make TDR measurements of Narda 8801 cell, the results are shown in Fig. 2. Hence, although the impedance distribution of main section is good and the average value is 52.05Ω, the taper's impedance distribution can still vary from 35Ω to 61.4Ω, and has strong reactance at the positive or negative peaks.

A small traditional TEM cel using 1 mm copper plates was made, the main dimensions are: $a = b = 0.15\text{m}$, $w' = 0.123\text{m}$, $L = 0.3\text{m}$. The TDR measurement results are shown in Fig. 3. So, the taper's peak impdance is too high, then it is necessary to improve the design idea.

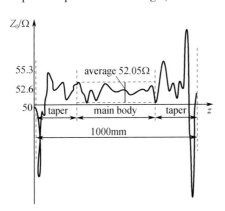

Fig. 2　Impedance distribution of the Narda 8801 cell

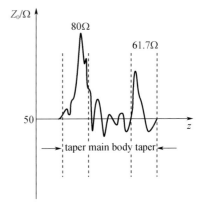

Fig. 3　Impedance distribution of a small traditional cell

2　Consideration of the new taper transition

When the distance between the two conductors of the transmission line varies at different positions, it is called non – uniform transmission line. For example, the exponential line is showed in Fig. 4. The Following differential equations on $U(z)$ and $I(z)$ are established at any point z for exponential line:

$$\frac{\partial^2 U}{\partial z^2} + \delta \frac{\partial U}{\partial z} = \gamma^2 U \tag{4}$$

$$\frac{\partial^2 I}{\partial z^2} - \delta \frac{\partial I}{\partial z} = \gamma^2 I \qquad (5)$$

where γ is the propagation constant ($\gamma = \alpha + \mathrm{j}\beta$), δ is the exponential attenuation coefficient of the exponential line's characteristic impedance:

$$Z_0 = Z_{02}\mathrm{e}^{-\delta z} \qquad (6)$$

the Z_{02} is the characteristic impedance at z_2 (see Fig. 4). By solving the differential equations, we can obtain the input impedance $Z_{\mathrm{in}}(z)$ at any point z. If we connect the load Z_{L} to the end of exponential lines (at z), and suppose $\alpha = 0$, $\gamma = \mathrm{j}\beta$, then we get

Fig. 4　The exponential transmission line

$$Z_{\mathrm{in}}(z) = Z_{02}\mathrm{e}^{-\delta z}\frac{\sqrt{1-(\delta/2\beta)^2}+(Z_{02}/Z_{\mathrm{L}}-\mathrm{j}\delta/2\beta)\mathrm{tg}\beta_z'}{(Z_{02}/Z_{\mathrm{L}})\sqrt{1-(\delta/2\beta)^2}+(1+\mathrm{j}\delta Z_{02}/2\beta Z_{\mathrm{L}})\beta_z'} \qquad (7)$$

So, the strict calculation can be achieved.

Now, let us consider the design idea of the new TEM transmission cell's taper transition. There are three schemes about the transition of outer conductor: ①The wide planes are turned to the exponential curved surfaces while the other two planes are not changed; ② The wide planes are not changed while the other two planes are turned to exponential curved surfaces; ③ The all four planes are turned to exponential curved surfaces. On the other hand, there are two schemes about the septum of the transition: ①The fringe changes in accordance with straight line (for instance the traditional construction); ②The fringe changes in accordance with exponential eurrve. So, we can have five overall schemes: 1A, 1B, 2B, 3A and 3B. We can remain the scheme 2A unless w' is very small, but that is impossible.

3　The choice of the best scheme and the calculation contrast of new taper transition

Fig. 5 shows the perspective view of the new structure. In fact, we only nead draw the transition and part of the main section to research the scheme choice. Fig. 6 shows six schemes: (a) The traditional structure; (b) Scheme 1A; (c) Scheme 1B; (d) Scheme 2B; (e) Scheme 3A; (f) Scheme 3B. Every drawing includes front view and end view. The best scheme can not be achieved if we discuss it generally, so we calculated the impedance distribution of our small cell according to its rough dimensions. Here we use equation (2), so we must get the value of $C_{\mathrm{f}}'/\varepsilon_0$. On the basis of Garver's research[5], the ratio $C_{\mathrm{f}}'/\varepsilon_0$ can be obtained (under the condition of $w'/h \geqslant 1$).

Fig. 5　A perspective view of the new cell

It means much work has to be done if we want to determine the best scheme by calculation. On conditions of fixed dimensions of the small cell, we calculated them using following procedure: First, we obtained several dimensions (a, b, w', g, h, $C_{\mathrm{f}}'/\varepsilon_0$) at the half of taper transition to calculate the characteristic impedance Z_0; Second, we compare various schemes. Because the mathematical relations of the curved surfaces of outer conductor have many different possibilities, it is complicated to calculate the smale cell's impedance. So we have to set up several boundary conditions in order to determine the law of the curved surface. Now, if the law of the exponential curve is:

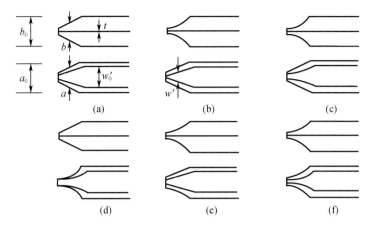

Fig. 6 Six schemes of the structure of the new cell

$$Y = Y_0 e^{-\delta z} \quad (\text{outer conductor})$$
$$Y = Y_0' e^{-\delta' z} \quad (\text{inner conductor})$$

Obviously, to obtain the factors δ and δ', we must set up another boundary condition, i. e. the value of y when the value of z is largest (75mm). The results of calculation are shown in Table 1. Because the Z_0 of the scheme 1A and 3B is chosen close to 50Ω. So, we have in all three schemes including the traditional scheme. Now, we can compare them further (see Table 1).

Table 1 Comparison of the different structures

outer conductor		center conductor		structure's scheme	C_f'/ε_0	characteristics impedance/Ω	choice
boundary condition	δ	boundary condition	δ'				
$z = 75$mm $y = 5$mm	0.036	$z = 75$mm $y = 2.5 \sim 50$mm	$0.043 \sim 0.033$	1A	$0.66 \sim 0.72$	$39.08 \sim 36.86$	
				1B	0.47	$82.94 \sim 65.65$	
				2B	—	—	
				3A	—	—	
				3B	$0.70 \sim 0.92$	$66.45 \sim 43.31$	*
$z = 75$mm $y = 7.5$mm	0.031	$z = 75$mm $y = 2.5 \sim 5$mm	$0.043 \sim 0.033$	1A	$0.67 \sim 0.74$	$45.63 \sim 41.75$	
				1B	$0.47 \sim 0.53$	$94.03 \sim 70.87$	
				2B	—	—	
				3A	—	—	
				3B	$0.62 \sim 0.53$	$80.10 \sim 54.86$	*
$z = 75$mm $y = 10$mm	0.027	$z = 75$mm $y = 2.5 \sim 5$mm	$0.043 \sim 0.033$	1A	$0.67 \sim 0.74$	$49.23 \sim 46.13$	*
				1B	$0.46 \sim 0.47$	$100.70 \sim 81.35$	
				2B	—	—	
				3A	—	—	
				3B	$0.67 \sim 0.73$	$88.67 \sim 64.92$	

We further calculated the characteristic impedance distribution in the direction of z. Here the tedious data table was not given. The impedance distribution curve is shown in Fig. 7, where the origin of coordinates ($z = 0$) represents the interface between the main section and taper transition. The curves (1) ~ (3) in Fig. 7 are from new constructions provided in this paper, they both are better than the traditional structure. We drew curves (2) and (3) by calculation according to Fig. 6 (f). Their boundary conditions are different. Now we see, they are not better than curve (1) which is calculated from Fig. 6 (b).

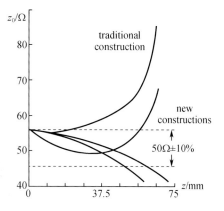

Fig. 7　Comparison of calculated results between the new cell and traditinal cell

For sake of producing conveniently, it is obvious that the Fig. 6 (b) is better than Fig. 6(f). So we achieved the best scheme.

4　Experimental results

Fig. 8 is the new construction of our cell. Figs. 9 and 10 are the experi mental results by ANA and TDR measurements respectively.

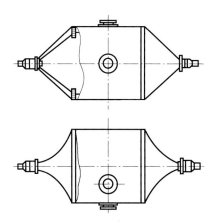

Fig. 8　Constrution of the new cell

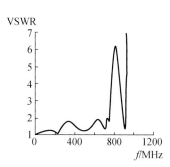

Fig. 9　VSWR curve of the new cell

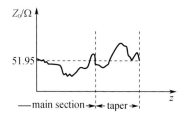

Fig. 10　Characteristic impedance distribution of the new cell

References

[1] Decker W F, Wilson W A, Crawford M L. Construction of a large transverse electromagnetic cell [R]. NBSTN 1011, Feb. 1979.

[2] Tippet J C, Chang D C. Radiation characteristics of dippole sources located inside a rectangular coaxial transmission line [R]. NBSIR 75 – 829, Jan. 1976.

[3] Chen T S. Determination of the capacitance, inductance and characteristic impedance of rectangular line [J]. Trans. IRE, 1960, MTT8 (5): 510 – 519.

[4] Yeh Q. Impedance analysis of the exponential microstrip line and Its application [R]. National Institute of Metrology, 1980.

[5] Garver R V. Characteristic impedance of rectangular coaxial line [J]. Trans. IEEE, 1961, MTF11 (2)262 – 263.

[6] Huang Z X. A new method for the TEM cell design [J]. Acta Metrologica Sinica, 1989, 10(2): 151 – 156.

电磁波负性运动及物理学中的负参数

- 金属电磁学理论的若干问题
- 负 Goos – Hänchen 位移的理论与实验研究
- 量子隧穿时间与脉冲传播的负时延
- 电磁波负性运动与媒质负电磁参数研究

金属电磁学理论的若干问题

黄志洵

（中国传媒大学信息工程学院,北京　100024）

摘要：对于气体、大多数液体和许多固体而言,电极化 P、电位移 D 和电场强度 E 这三个矢量的方向相同。故关系式 $D = \varepsilon E$ 成立,ε 被称为电容率。在静态场中 ε 仅取决于物质的组成和密度,与 E 无关,故 ε 被称为介电常数。上述关系在交变场（低频）中也对,但对包括光频而言的高频区,D 与 E 之间可能有相位差,这时电容率不是常数。金属光学中的金属导体就是如此,我们称相关的研究为金属电磁学。

当金属处于入射波（$e^{j\omega t}$）的照射下,在全频域可把 ω 分成 3 个区域:$0 \sim F_c$;$F_c \sim \omega_p$;ω_p 以上频率（F_c 为动量转移平均碰撞频率,ω_p 是等离子振荡频率）。实际上,金属对微波照射和可见光照射的反应很不一样。

表面等离子波（SPW）可在两种结构中发生:电介质三棱镜 – 空气 – 金属（Otto 方法）;电介质三棱镜 – 金属 – 空气（Kretchmann 方法）。如用金属薄膜,在光频可以激励 SPW,但在微波做实验就不顺利。采用纳米级金属膜或许是成功的唯一途径。

关键词：金属光学;金属电磁学;Goos – Hänchen 位移;表面等离子波

The Achievements and Problems of the Metal – Electromagnetics

HUANG Zhi – Xun

（Communication University of China, Beijing　100024）

Abstract：In gases, most liquids and many solids, the vectors electric polarisation P, dielectric displacement D and electric field strength E have the same direction. So we can write $D = \varepsilon E$, where the factor ε is called permittivity. In static fields of moderate intensities, the permittivity is only dependent on the chemical composition and the density of material and not on E, so the permittivity is often called dielectric constant. When the relation $D = \varepsilon E$ holds for static fields it also holds for low frequency alternating fields. In the case of high frequencies and even in the case of optical

注:本文原载于《中国传媒大学学报》（自然科学版）,第 18 卷,第 4 期,2011 年 12 月,1 ~ 12 页。

frequencies, there is often a phase – difference between D and E, where the permittivity is not a constant. This situation contain the metals in Metal – Optics called the Metal – Electromagnetics.

An important problem in the theory of metals is presented by the case of a metal placed in a incident wave $e^{j\omega t}$. This situation is approached when the ω is in three regions—$0 \sim F_c$, $F_c \sim \omega_p$, higher than ω_p; where F_c is the average collision frequency, and ω_p is the plasma oscillation frequency. In fact, when the microwave or light shines, the reaction of metal is very different.

Excitations of surface plasma waves(SPW) take place in two constructions: dielectric prism – air – metal (Otto method), and dielectric prism – metal – air(Kretchmann method). By using the metal films, we can obtain the SPW in optical frequency domain. But in microwaves, the experiment is not bound to be a success, When the depth of metal film is several nano – meter success or failure hings on this one action.

Key words: metal optics; metal – electromagnetics; Goos – Hänchen shift; surface plasma waves

1　引言

M. Born 和 E. Wolf[1]在其著作中提出金属光学(Metal Optics)一词,并指出早在 1888 年就有人研制了金属棱镜,以直接测量金属的复折射率的实部和虚部。笔者据此判断,金属光学研究是在 1888 年前后才开始的。为了扩大视野。我们提出"金属电磁学"(Metal Electro – magnetics)这一词语,以便容纳有关微波(及更低频率)波段上金属特性的探讨。

表面等离子波(Surface Plasma Waves, SPW)也称为表面等离子体激元(Surface Plasmon Polariton, SPP),指的是一种沿电介质/金属界面传播的电磁波[2],其场幅在界面处最大,在界面两侧按指数率下降。SPW 研究起因于对金属在微波和光频上介电特性的探讨,并借鉴了等离子体的研究方法。虽然这一领域早在 20 世纪初即有人进行研究,但明确的理论表述是在 50 年代和 60 年代。1988 年,Springer 出版了 H. Raether[3]所著的书 *Surface Plasmons*: *on Smooth and Rough Surfaces and on Gratings*,标志着这方面在理论上和技术上均已臻成熟。

1991 年,由黄志洵[4]所著的《截止波导理论导论》(第 2 版)由中国计量出版社出版。为了一般的波导研究的需要,也为了更精确地计算用于衰减标准的截止波导的性能参数,书中第三篇"表面理论"中着重论述了:微波金属表面问题的基本理论;透入深度与表面阻抗;金属表面粗糙度影响的理论;射频电导率概念;波导问题的表面理论;表面阻抗特征方程;用表面阻抗微扰法计算波导的传播常数;圆截止波导衰减常数的精确计算;等等。今天来看这些内容仍有参考价值,但也存在问题——例如,对射频电导率的论述较为肤浅。实际上,对于金属电子论和金属电磁理论作更严谨的整理、推导和分析,现在去做仍是重要的和有意义的。

2　金属电磁理论的基本研究方法

从导电能力上来区分时,物质可分为电介质、半导体、导体,合起来便是固体物理学研究的对象,其中的半导体物理更是一枝独秀,是非常深奥、复杂的。金属差不多全是导体,其内部情况与电介质不同,并非电子全部束缚在原子之内,而是有自由电子(free electrons)的存在,这也是高电导率的根源。大量自由电子组成的电子气体(electron gas)似乎可以用气体分子运动论与统计力学来分析和描写,但在实际上常用单个电子作为模型以代表大数量电子的平均行为,这方法还是可行的。例如,我们据此可写出电子运动的动力学方程,求解后得出有意义的结论。

当我们宏观地研究物质时,需要引入一些常数作为研究过程中的手段和研究结果的标志。严格而论,一个参数如随外场(入射波)的频率而变,它就不能作为物质常数了。但在实际上,当我们研究金属导体的电磁性质和光学性质时,介电常数(ε)、折射率(n)、电导率(σ)虽然都是频率 ω 的函数,仍然要依靠它们作为物态描写的主要参数和分析中的主要方法。在这种情况下,不仅 ε、n、σ 均为复数量,相关的波矢大小(波数)k,以及相速度 v_{p},也都成为复数量。虽然虚波速在物理意义上有些难以理解,但这是数学、物理逻辑造成的事实。此外,还应说明真正的金属电磁学理论以及金属光学理论的建立极其困难,因为金属本是晶粒原集体,即由无数个取向不同的小晶体组成。但为简单起见,通常假设金属是一种各向同性的、均匀的、具有高导电性的媒质,在此假设下建立的理论体系仍是有用的和有意义的。

从历史上看,金属光学诞生于 19 世纪末。例如 Kundt 的论文(A. Kundt, Ann. d Physik, Vol. 34, 1888, 469),通过研制金属棱镜以测量复折射率的实部和虚部[1]。当然,由于电导率非常大,电磁波也就难以进入金属内部,入射波的绝大多数将被反射。因此,对金属电磁学实验而言,主要不是依靠透射波,而是依靠研究反射波。

3 电介质的介电常数和折射率

在经典电磁理论中,当原子(或分子)受到电场作用时,产生变形和极化。由此出发的整个理论体系今天来看并非无懈可击,但它的一些结果基本上与实际相符,因而我们在此仍将复述这个理论,并介绍一些经典名著——如 Feynman[5] 的 *Lectures on Physics*,Born 和 Wolf[1] 的 *Principles of Optics*。20 世纪 60 年代以来,几十年内又有许多新发展。对早期文献的陈述,我们的原则是适当地继承,但指出经典理论的矛盾与不足。

在无外场时,物质的原子中的带电粒子在平衡位置以固有频率(ω_0)振动,ω_0 也称为特征频率。无外场时原子可看成带电荷($+q$)的核与总电荷($-q$)的电子云(它把核包围)之间的平衡,对外显示出电中性。当施加以沿 x 方向的简谐场 $E_x = E_m e^{j\omega t}$,电子云被移动一个有效距离 x,这就形成了一个哑铃状的电偶极子,其组成可记为 $[(+q)\cdots x \cdots (-q)]$,而位移 x 将被一个恢复力(bx)所阻碍,该力正比于位移 x。此外还有由损耗造成的阻尼效应而产生的一种粘性力,该力可能与速度成正比。因此,经典理论给出动力学方程:

$$m \frac{\mathrm{d}^2 x}{\mathrm{d}t^2} + mb \frac{\mathrm{d}x}{\mathrm{d}t} + m\beta x = -qE_x \tag{1}$$

式(1)等号左边:第一项为 Newton 第二定律决定的惯性力;第二项是粒子受到的阻尼力(b 为阻尼系数),它与速度成正比;第三项是电子所受到的准弹性力,也称为恢复力,由此得到电子固有振动频率 $\omega_0 = \beta^{1/2}$。但是,许多著作把式(1)写成了单个电子的动力学方程。我们姑且遵循这一作法,那么 $q = -e$,m 改用单个电子质量 m_e,x 是电子位移;故有

$$m_e \frac{\mathrm{d}^2 x}{\mathrm{d}t^2} + m_e b \frac{\mathrm{d}x}{\mathrm{d}t} + m_e \beta x = eE_x \tag{1a}$$

并且,金属电子理论从等离子体理论中得到借鉴,定义了一个参数"等离子体振荡频率":

$$\omega_p = \sqrt{\frac{n_e e^2}{m_e \varepsilon_0}} \qquad (2)$$

式中：n_e 为单位体积内的电子数目。ω_p 的引入使许多公式在形式上更加简洁。

运用电介质极化理论及方程 $\boldsymbol{D} = \varepsilon \boldsymbol{E}$，可以推导物质的介电常数的一般公式。这里用到介质极化率(χ)概念，并可写出下述关系式：

$$D_x = (\varepsilon_0 + \chi) E_x = \varepsilon E_x$$

故有

$$\varepsilon_r = 1 + \frac{\chi}{\varepsilon_0}$$

在求出 χ 的解析表达式后，可以证明：

$$\varepsilon_r = 1 + \frac{n_e e^2}{m_e \varepsilon_0} \frac{1}{\omega_0^2 - \omega^2 + j\omega b} \qquad (3)$$

即

$$\varepsilon_r = 1 + \frac{\omega_p^2}{\omega_0^2 - \omega^2 + j\omega b} \qquad (3a)$$

式中：ω_p 为自由电子气的振荡频率。

式(3a)适用于单特征频率的情况；有的电介质有多个特征频率，则式(3a)改为

$$\varepsilon_r = 1 + \sum_i \frac{\omega_p^2}{\omega_{0i}^2 - \omega^2 + j\omega b} \qquad (3b)$$

众所周知，折射率是波动光学中的概念。由于光是电磁波的一种，这一概念被移用到电磁理论之中。现在按下式定义折射率：

$$n = \frac{c}{v_p} \qquad (4)$$

式中：v_p 是相速，可表示成

$$v_p = \frac{1}{\sqrt{\varepsilon \mu}} = \frac{c}{\sqrt{\varepsilon_r \mu_r}} \qquad (5)$$

故有

$$n^2 = \varepsilon_r \mu_r$$

对非磁性物质，$\mu_r = 1$，故有

$$n^2 = \varepsilon_r \qquad (6)$$

因而有

$$n^2 = 1 + \frac{\omega_p^2}{\omega_0^2 - \omega^2 + j\omega b} \qquad (7)$$

式(7)的证明也可以通过别的方法进行。例如，取

$$n = \frac{kc}{\omega} \qquad (8)$$

可以证明

$$n^2 = 1 + N\chi \tag{9}$$

式中:N 是单位体积中的电荷数;χ 是原子极化率。由此亦可得式(7)。

式(7)表示在电介质情况下 n 为复数:

$$n = n' + jn'' \tag{10}$$

如 $n'' < 0$(一般均如此),则可写作

$$n = n' - j|n''| \tag{11}$$

与此同时 ε_r 也是复数:

$$\varepsilon_r = \varepsilon_r' + j\varepsilon_r'' \tag{12}$$

如 $\varepsilon_r'' < 0$,则可写作

$$\varepsilon_r = \varepsilon_r' - j|\varepsilon_r''| \tag{13}$$

这时有

$$n' - j|n''| = \sqrt{\varepsilon_r' + j\varepsilon_r''}$$

故可求出

$$n' = \frac{1}{\sqrt{2}}\sqrt{\varepsilon_r' + \sqrt{\varepsilon_r'^2 + \varepsilon_r''^2}} \tag{14}$$

$$|n''| = \frac{1}{\sqrt{2}}\sqrt{\sqrt{\varepsilon_r'^2 + \varepsilon_r''^2} - \varepsilon_r'} \tag{15}$$

此外,波数 k 可写作

$$k = \frac{\omega}{c}n = \frac{\omega}{c}(n' - j|n''|) \tag{16}$$

取 $k = \beta - j\alpha$,则得衰减常数为

$$\alpha = \frac{\omega}{c}|n''| \tag{17}$$

可见 $|n''|$ 越大,则波的衰减越大。

另外,相位常数为

$$\beta = \frac{\omega}{c}n' \tag{18}$$

因此相速为

$$v_p = \frac{\omega}{\beta} = \frac{c}{n'} \tag{19}$$

这与式(4)并不全同。由式(4),若 n 为复数,相速 v_p 也是复数。但由式(19),即使 n 为复数,相速仍为实数。我们认为后一结果较为合理。至于群速,仍用公式

$$v_g = \frac{d\omega}{d\beta} \tag{20}$$

4 金属的介电常数、折射率和电导率

我们最关注的是金属在微波和光频时呈现的性质,以及在这样两个波段金属的行为的区

别。我们回过来看式(1),等式左端第三项(电子所受的准弹性力)在目前情况下被认为应等于零,这是因为波在金属中传播已有明显衰减,阻尼系数 $b \neq 0$,自由电子不受单个原子的约束。所以,现在(在金属条件下)取 $\beta = 0$(因而取 $\omega_0 = 0$)是可以的。这样,式(3a)变成

$$\varepsilon_{\text{rc}} = 1 + \frac{\omega_{\text{p}}^2}{-\omega^2 + \mathrm{j}\omega b} \tag{21}$$

把式(21)写成

$$\varepsilon_{\text{rc}} = 1 - \frac{\omega_{\text{p}}^2}{\omega(\omega - \mathrm{j}b)} \tag{21a}$$

故得 ε_{rc} 的实部和虚部($\varepsilon_{\text{rc}} = \varepsilon_{\text{rc}}' + \mathrm{j}\varepsilon_{\text{rc}}''$):

$$\varepsilon_{\text{rc}}' = 1 - \frac{\omega_{\text{p}}^2}{\omega^2 + b^2} \tag{22}$$

$$\varepsilon_{\text{rc}}'' = \frac{b}{\omega} \frac{\omega_{\text{p}}^2}{\omega^2 + b^2} \tag{23}$$

这与我们的另一篇文章(文献[2])中的式(43)和式(44)相同,只是该文当中不用 b,而用 f_{c},并称其为"动量转移的平均碰撞频率"。也就是说,阻尼系数 b 原来具有频率的量纲(Hz 或 s^{-1}),下面是一次检验,即对阻尼力而言,有

$$\left[mb \frac{\mathrm{d}x}{\mathrm{d}t} \right] = \text{kg} \cdot \frac{1}{\text{s}} \cdot \frac{\text{m}}{\text{s}} = \text{kg} \cdot \frac{\text{m}}{\text{s}^2}$$

而 $\text{kg} \cdot \text{m/s}^2$ 正是力的量纲。但是,本文现在将符号 b 及 f_{c} 都舍去,改用符号 F_{c}。

　　对金属而言,折射率并不是一个好的参数。但在实际上它仍被使用,故联立式(2)和式(21)后可得

$$n^2 = 1 + \frac{\omega_{\text{p}}^2}{-\omega^2 + \mathrm{j}\omega b} \tag{24}$$

也可写作

$$n^2 = 1 - \frac{\omega_{\text{p}}^2}{\omega(\omega - \mathrm{j}b)} \tag{24a}$$

故在一般情况下 n 为复数。若 $\omega \gg b (\omega \gg f_{\text{c}})$,则 n 为实数,即

$$n^2 \approx 1 - \left(\frac{\omega_{\text{p}}}{\omega} \right)^2 \tag{25}$$

这是一个近似方程。当然,在 $\omega \gg b$ 条件下也可写出介电常数公式,即

$$\varepsilon_{\text{rc}} \approx 1 - \left(\frac{\omega_{\text{p}}}{\omega} \right)^2 \tag{26}$$

　　现在来看电导率。在电工学中有计算金属导线电阻的公式:

$$R = \rho \frac{l}{S} \tag{27}$$

式中:l 是导线长度;S 是导线横截面积;ρ 为电阻率,例如,20℃时铜 $\rho = 1.75 \times 10^{-2} \Omega \cdot \text{mm}^2/\text{m}$,铝 $\rho = 2.6 \times 10^{-2} \Omega \cdot \text{mm}^2/\text{m}$。电导率是电阻率的倒数:

$$\sigma = \frac{1}{\rho} \tag{28}$$

然而,电工学书籍中给出的电阻率和电导率,实际上是直流($\omega = 0$)时的参数,应当写作 ρ_0 和 σ_0;对于频率很低的交流电路(如工频50Hz),使用直流电阻率和直流电导率没有问题。但如交流电的频率(ω)很高,就需要另作考虑了。

在单色波时,Maxwell 旋度方程之一为

$$\nabla \times \boldsymbol{H} = (\sigma + j\omega\varepsilon) \boldsymbol{E}$$

定义金属的等效介电常数为

$$\varepsilon_c = \varepsilon + \frac{\sigma}{j\omega} = \varepsilon - j\frac{\sigma}{\omega} \tag{29}$$

则可得

$$\nabla \times \boldsymbol{H} = j\omega\varepsilon_c \boldsymbol{E} \tag{30}$$

这是讨论金属电磁学和金属光学的基本方程。由于

$$\varepsilon_{rc} = \frac{\varepsilon_c}{\varepsilon_0} = \varepsilon_r - j\frac{\sigma}{\omega\varepsilon_0} \tag{31}$$

等式右端的第一项反映位移电流效应,第二项反映传导电流效应。故可得

$$\sigma = j\omega\varepsilon_0 (\varepsilon_{rc} - \varepsilon_r) \tag{32}$$

如取 $\varepsilon_r = 1$,则由式(21a)可得

$$\sigma = \omega_p^2 \varepsilon_0 \frac{1}{b + j\omega} = \omega_p^2 \varepsilon_0 \frac{b - j\omega}{b^2 + \omega^2} \tag{33}$$

这是频率电导率(RF conductivity)。取 $\omega = 0$,可得直流电导率为

$$\sigma_0 = \frac{\omega_p^2 \varepsilon_0}{b} = \frac{n_e e^2}{m_e b} \tag{34}$$

在射频条件下,电导率是复数,可写作

$$\sigma(\omega) = |\sigma(\omega)| e^{j\theta(\omega)} \tag{35}$$

可以证明在射频条件下 $|\sigma(\omega)| < \sigma_0$,即比直流电导率稍低[4]。

现在讨论文献[5]的观点。在书中,Feynman 断言金属"对不同频率的波传播会产生很不相同的特性",并区分"低频""高频"而做分析。这里先循着他的思路而进行论述,看看有怎样的结果。Feynman 也是先推导电介质的折射率公式,然后讨论金属。其结果与本文的式(7)是一致的。当讨论金属中的波之时,Feynman 取 $\omega_0 = 0$,故得

$$n^2 = 1 + \frac{Ne^2}{m\varepsilon_0} \frac{1}{-\omega^2 + j\omega b} \tag{36}$$

式中:m 为电子质量;符号 N 即我们所用的 n_e。

Feynman 指出,式(36)只考虑传导(自由)电子的作用,对金属而言这样处理是不成问题的。然而 Feynman 做进一步讨论时要使用电导率,给出公式为

$$\sigma = \frac{Ne^2}{m}\tau \tag{37}$$

式中:τ 为电子两次碰撞间的平均时间;m 为电子质量。

式(37)表达的是直流电导率(σ_0)。对照式(34)可知：

$$\tau = \frac{1}{b} \tag{38}$$

故有

$$n^2 = 1 + \frac{\sigma/\varepsilon_0}{\mathrm{j}\omega(1 + \mathrm{j}\omega\tau)} \tag{36a}$$

式中

$$\tau = \frac{m\sigma}{Ne^2} \tag{37a}$$

必须记得式(36a)中的 σ 是直流电导率(σ_0)——为与 Feynman 的陈述一致，以下的叙述也不作符号上的改变。

Feynman 的书[5]，第 2 卷第 32 章（"稠密材料的折射率"）中有两节(32 - 6 节金属中的波，32 - 7 节低频近似与高频近似；趋肤深度与等离子体频率)是我们感兴趣的。他指出，如满足条件($\omega\tau \ll 1$)，即

$$\omega \ll F_c \tag{39}$$

那么由该书式(32.42)［本文的式(36a)］，可得近似式为

$$n^2 \approx -\mathrm{j}\frac{\sigma}{\omega\varepsilon_0} \tag{40}$$

故有

$$n \approx \sqrt{\frac{\sigma}{2\omega\varepsilon_0}}(1 - \mathrm{j}) \tag{41}$$

n 的实部、虚部大小相同；n 有一个大虚部，表示波在金属中会迅速衰减，即它主要在表面的薄层中。由式(40)又可得

$$\varepsilon_{rc} \approx -\mathrm{j}\frac{\sigma}{\omega\varepsilon_0} \tag{42}$$

对照式(31)，可知式(42)成立的条件为

$$\frac{\sigma}{\omega\varepsilon_0} \gg 1 \tag{43}$$

故式(39)和式(43)提供了 Feynman"低频"的条件($\omega\tau \ll 1$)，即 $\omega \ll F_c$，以及

$$\omega \ll \frac{\sigma}{\varepsilon_0} \tag{43a}$$

Feynman 指出：对铜而言 $\sigma = 5.76 \times 10^7 (\Omega \cdot \mathrm{m})^{-1}$［这是指直流电导率——本文笔者注］，$\tau = 2.4 \times 10^{-14}\mathrm{s}$，$\tau^{-1} = 4.1 \times 10^{13}\mathrm{s}^{-1}$，$\omega/\varepsilon_0 = 6.5 \times 10^{18}\mathrm{s}^{-1}$。现在假设入射波是微波，$f = 30\mathrm{GHz} = 3 \times 10^{10}\mathrm{Hz}$，则 $\omega = 1.9 \times 10^{11}\mathrm{Hz}$，符合 $\omega \ll \tau^{-1}$ 条件，是他所谓的"低频"。但如入射波是可见光，$f = 4 \times 10^{14}\mathrm{Hz}$，则 $\omega = 2.5 \times 10^{15}\mathrm{Hz}$，符合 $\omega \gg \tau^{-1}$ 条件，是他所谓的"高频"。

总之，他所谓"非常高的频率"（very high frequency），必然要遵守条件($\omega\tau \gg 1$)，即

$$\omega \gg F_c \tag{44}$$

故得近似式

$$n^2 \approx 1 - \frac{\sigma}{\varepsilon_0 \omega^2 \tau} \tag{45}$$

故有

$$n \approx \sqrt{1 - \frac{\sigma}{\varepsilon_0 \omega^2 \tau}} \tag{46}$$

$$\varepsilon_{rc} \approx 1 - \frac{\sigma}{\varepsilon_0 \omega^2 \tau} \tag{47}$$

这些与前面(低频情况)不同,折射率、介电常数均已成为实数量。把式(34)代入式(45),得

$$n^2 \approx 1 - \left(\frac{\omega_p}{\omega}\right)^2 \tag{48}$$

$$n \approx \sqrt{1 - \left(\frac{\omega_p}{\omega}\right)^2} \tag{49}$$

$$\varepsilon_{rc} \approx 1 - \left(\frac{\omega_p}{\omega}\right)^2 \tag{50}$$

设 $\omega \gg \omega_p$,则有

$$n^2 \approx 1, \varepsilon_{rc} \approx 1 \tag{51}$$

这时情况变得非常有趣:金属仿佛成为"透明"(像真空或空气)。这说法对 X 射线、紫外线都对;对于可见光,金属甚至也有一点"透明"。

5　金属在全频域特性的三段论法

现在让我们在全频域($f = 0 \sim \infty$)观察金属对入射电磁波($e^{j\omega t}$)的反应。为此,首先看一种气态等离子体的情况——取氢等离子体,电子浓度 $n_e = 10^{13} cm^{-3}$,振荡频率 $f_p = 5 \times 10^{10} Hz = 50GHz$,电子动量转移的平均碰撞频率 $F_c = 2 \times 10^7 Hz = 20MHz$($F_c$ 的下标 c 表示 collision)。对此,可以算出电磁波 $e^{j\omega t}$ 入射时的衰减常数和相位常数[6],如图 1 所示;并且分 3 个区域来认识氢等离子体的物理特性:

$$\begin{cases} f = 0 \sim F_c(即 0 \sim 2 \times 10^7 Hz),为"导电区",物理特征是有强吸收。\\ f \geq f_p(f_p = 5 \times 10^{10} Hz,而入射波频率在等离子振频以上),为"电介质区",物理特征是衰\\ 减小,波容易通过。\\ F_c < f < f_p(即频率在中间区域),为"截止区",物理特征是衰减大,像截止波导(f_p 对应\\ 波导截止频率);而大衰减来源于强反射。 \end{cases}$$

上述情况对于金属电磁学研究是有重要参考价值的。

从等离子体情况看,F_c 虽是一个界限,但不是重要的转折点。f_p 才是重大转折的频率,在 f_p 以上的频域形成电磁波的传输区。若 $f \gg f_p$,衰减小到难以觉察,电磁波通过等离子体毫无阻碍,也可以说这时媒质是"透明"的。对氢等离子体来讲,F_c 处在短波波段,f_p 处在微波波段($\lambda \approx 6mm$,是毫米波)。所谓 $f \geq f_p$,包含远红外、红外、可见光、紫外等波段。

作为固体的一块金属,与作为气体的装在一个玻璃瓶中的等离子体,当然是不同的两种东西;然而奇妙的是它们竟颇有相似之处。根据王亮[7]的论文,铝的电子浓度 $n_e = 4 \times 10^{21} cm^{-3}$,

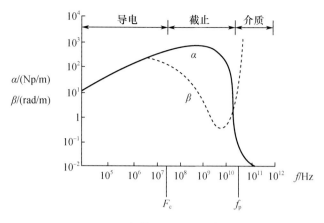

图 1　氢等离子体的计算例

比氢等离子体高 8 个数量级以上；因而前者 $F_c = 1.94 \times 10^{13}$ Hz，比后者高 6 个数量级。再看等离子振荡频率，对铝而言 $f_p = 5.7 \times 10^{14}$ Hz，比氢等离子体高 4 个数量级。我们知道可见光 $f = (4 \sim 7.5) \times 10^{14}$ Hz，故铝的 f_p 值恰在光频波段的中间。因而所谓 $f \gg f_p$，是指紫外线、X 射线、γ 射线等波段。这时铝不但呈电介质特性，而且甚至成为一种"透明"的媒质，即金属对入射电磁波几乎没有衰减。这与我们熟悉的金属在微波中的特性（电磁波只进入表面薄层、频率越高层厚越小）确实完全不同。

　　前已述及，Feynman 用 $\omega \ll 1/\tau$ 作为"低频"条件，用 $\omega \gg 1/\tau$ 作为"高频"条件。前者实际上是 $\omega \ll b$，后者实际上是 $\omega \gg b$。但我们已决定把具有频率量纲的 b 改用 F_c 表示，故 Feynman 是用 $f \ll F_c$ 作为"低频"条件，$f \gg F_c$ 作为"高频"条件。他还说，对铜而言这个分界点是 4.1×10^{13} s^{-1}，也就是 $F_c = 4.1 \times 10^{13}$ Hz，与上述铝的数据是相近的。$(2 \sim 4) \times 10^{13}$ Hz 的频率，比亚毫米波的波长还要短，是处在远红外波段。总之，Feynman 就用这个频域作为分界线，对金属特性作"两段论法"的叙述。但本文是用"三段论法"来讨论金属的特性。

　　现在把金属电磁理论作整理并分成 3 个区域来进行讨论。相对介电常数 $\varepsilon_{rc} = \varepsilon'_{rc} + j\varepsilon''_{rc}$，另外文献上的符号和本文所用符号可归结为

$$\tau = \frac{1}{b} = \frac{1}{F_c}, \tau^{-1} = b = F_c$$

因此可以写出

$$\varepsilon'_{rc} = 1 - \frac{\omega_p^2}{\omega^2 + b^2} = 1 - \frac{\omega_p^2}{\omega^2 + F_c^2} = 1 - \frac{\omega_p^2}{\omega^2 + \tau^{-2}} \qquad (22a)$$

$$\varepsilon''_{rc} = \frac{b}{\omega} \frac{\omega_p^2}{\omega^2 + b^2} = \frac{F_c}{\omega} \frac{\omega_p^2}{\omega^2 + F_c^2} = \frac{\tau}{\omega} \frac{\omega_p^2}{1 + \omega^2 \tau^2} \qquad (23a)$$

据此可分 3 段讨论。图 2 是电磁波谱的大部分，图中不仅给出了铝的 F_c、f_p 的所在位置，还绘出了氢等离子体的 F_c、f_p 所在位置以资比较。区域 Ⅰ、Ⅱ、Ⅲ 则根据铝而划分的。以下做分区讨论，并特别关注微波、可见光这两个常用波段的情况。

　　Ⅰ．$\omega < \tau^{-1}$ ($\omega < F_c$)

　　这是"低频"段，虽然从绝对值上讲频率可能并不低。对铝而言，指的是 $f = 0 \sim 1.94 \times 10^{13}$ Hz，涵盖了远红外和微波。对微波而言，实际上是 $\omega \ll \tau^{-1}$ ($\omega \ll F_c$)。由式(22a)，可得

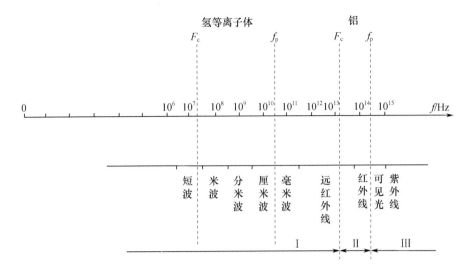

图 2　电磁波谱图上的 F_c 与 f_p

$$\varepsilon'_{rc} \approx 1 - \left(\frac{\omega_p}{b}\right)^2 = 1 - \left(\frac{\omega_p}{F_c}\right)^2 = 1 - (\omega_p \tau)^2 \tag{52}$$

然而括号项远大于 1,故有

$$\varepsilon'_{rc} \approx -\left(\frac{\omega_p}{b}\right)^2 = -\left(\frac{\omega_p}{F_c}\right)^2 = -(\omega_p \tau)^2 \tag{53}$$

因此,这种情况下不能用式(50),即 $\varepsilon'_{rc} \neq 1 - \left(\dfrac{\omega_p}{\omega}\right)^2$。

再看相对介电常数的虚部。对微波而言,由式(23a)可得

$$\varepsilon''_{rc} \approx \frac{\omega_p^2}{\omega b} = \frac{\omega_p^2}{\omega F_c} = \frac{(\omega_p \tau)^2}{\omega \tau} \tag{54}$$

故有

$$\varepsilon''_{rc} \approx -\frac{\varepsilon'_{rc}}{\omega \tau} \tag{55}$$

由于 $\omega \tau \ll 1$,故 $|\varepsilon''_{rc}| \gg \varepsilon'_{rc}$。这导致强的吸收(强的衰减),电磁波主要存在于趋肤深度(用 δ 表示)之中;而且 f 越大,δ 越小。

总之,有了在微波计算金属相对介电常数的实用公式:

$$\varepsilon_{rc} \approx -\left(\frac{\omega_p}{F_c}\right)^2 + j\frac{\omega_p}{\omega F_c} \tag{56}$$

而且实部、虚部之值有下述关系:

$$\frac{\varepsilon''_{rc}}{|\varepsilon'_{rc}|} \approx \frac{F_c}{\omega} \tag{55a}$$

故对铝(Al)可做如下计算。已知铝的参数: $F_c = 1.94 \times 10^{13}\,\mathrm{Hz}$,$f_p = 5.7 \times 10^{14}\,\mathrm{Hz}$,可计算出以下结果:

$$\begin{cases} f = 3\,\mathrm{GHz} = 3 \times 10^9\,\mathrm{Hz},\varepsilon_{rc} \approx -3.4 \times 10^4 + j3.5 \times 10^7 \\ f = 30\,\mathrm{GHz} = 3 \times 10^{10}\,\mathrm{Hz},\varepsilon_{rc} \approx -3.4 \times 10^4 + j3.5 \times 10^6 \end{cases}$$

2001 年,H. E. Went[8] 说"在微波铝的 $\varepsilon_{rc} = -10^4 + \text{j}10^7$",我们对负介电常数的计算与他是一致的。

归纳起来,微波波段金属的物理性质是:①相对介电常数是复数,但实部为负,虚部为正,且前者的绝对值远小于后者;②金属对入射电磁波呈现吸收和衰减,实际上只能进入表层;③公式 $\varepsilon_{rc} = n^2 = 1 - \left(\dfrac{\omega_p}{\omega}\right)^2$ 在微波不能使用。

Ⅱ. $2\pi F_c < \omega < \omega_p$

这是指 $f = F_c \sim f_p$ 频域,基本上是从远红外、红外到可见光(图 2)。由式(22a)和式(23a)可以写出:

$$\varepsilon_{rc} = 1 - \frac{\omega_p^2}{\omega^2 + F_c^2} - \text{j}\frac{F_c}{\omega}\frac{\omega_p^2}{\omega^2 + F_c^2} \tag{57}$$

这是复数介电常数的表达式。虽然取 $\omega > F_c$,并不等于取 $\omega \gg F_c$,但在后一情况下(红外的高频端和可见光的低频端),可以得出简炼公式:

$$\varepsilon_{rc} \approx 1 - \left(\frac{\omega_p}{\omega}\right)^2 - \text{j}\frac{\omega_p^2 F_c}{\omega^3} \tag{58}$$

可以看出虚部很小。故若 $\omega \gg F_c$,折射率 n 为实数,ε_{rc} 也是实数:

$$\varepsilon_{rc} = n^2 \approx 1 - \left(\frac{\omega_p}{\omega}\right)^2 \tag{59}$$

然而现在 $\omega < \omega_p$,故 $\varepsilon_{rc} < 0$(或 $\varepsilon'_{rc} < 0$)。物理特征是金属起强反射作用,类似波导理论中的截止区——截止波导是由于强反射才造成大衰减的。

Ⅲ. $\omega > \omega_p$

这是真正的"高频"(very high frequency)段。对铝而言,指的是 $f > 5.7 \times 10^{14}$ Hz,包括可见光的高频端、紫外线、X 射线等。对光频而言,现在虽然是 $\omega > \omega_p$,但还不是 $\omega \gg \omega_p$。从式(57)考虑,$\omega \gg F_c$ 这一点没有问题,故可应用式(58)。那么,ε_{rc} 的实部为

$$\varepsilon'_{rc} \approx 1 - \left(\frac{\omega_p}{\omega}\right)^2$$

并且满足 $1 > \varepsilon'_{rc} > 0$,即为正实数;虚部 $\varepsilon''_{rc} \approx 0$。整体而言金属像一种电介质;而且,$\omega$ 越大,$\varepsilon_{rc} \to 1$,金属对入射电磁波越发"透明"(如同空气或真空的情况);衰减当然很小,像波导的传输区。

对以上分析讨论的内容,我们扼要列于表 1。

表 1 金属对电磁波场的反应

分区		$0 \sim F_c$	$F_c \sim f_p$	f_p 以上
对铝而言的频域/Hz		$0 \sim 1.94 \times 10^{13}$	$1.94 \times 10^{13} \sim 5.7 \times 10^{14}$	$> 5.7 \times 10^{14}$
涵盖范围		微波、远红外	远红外、红外、可见光低端	可见光高端、紫外线、X 射线等
相对介电常数 ε_{rc}	实部 ε'_{rc}	$-\omega_p^2/F_c^2$(负值)	$1 - \omega_p^2/\omega^2$(负值)	$1 - \omega_p^2/\omega^2$(正值)
	虚部 ε''_{rc}	$\omega_p^2/\omega F_c$(正值)	$\omega_p^2 F_c/\omega^3$(正值)	≈ 0
	数值比较	虚部比实部绝对值高很多	虚部的值很小	虚部近似于 0
物理特征		吸收使入射电磁波迅速衰减,停留在薄层中;频率越高,趋肤深度越小	金属对入射电磁波有强反射,呈现大衰减	金属对入射电磁波的衰减很小,频率越高,电介质性越近于透明

6　对金属相对介电常数的讨论

金属的电磁特性(或说金属对电磁波、场的反应)只有在全频域进行观察、分析和讨论,才能有全面的、接近正确的认识。本文的详尽分析论述正是为了对此做深刻的说明,我们已经很好地完成了这一工作。现在可以归纳出以下几点初步的结论:

(1) 只要入射波频率低于金属的等离子振荡频率($f < f_p$),金属介电常数的实部即为小于0的负值。利用这种负参数特性,可以做其他性质独特的研究工作。但是,只有在 $f > F_c$ 时,公式 $\varepsilon'_{rc} = 1 - (\omega_p/\omega)^2$ 才是正确的。例如对铝而言,只有当 $f > 1.94 \times 10^{13}\,\text{Hz}$,才能用这个公式。图3是我们熟悉的 ε'_{rc}—ω 关系曲线[2],但这种画法在 f 很低的时候并没有意义,因为计算关系式已经变了。

总之,在应用技术中,如要求负介电常数,必须满足 $f < f_p$,即 $\lambda > \lambda_p$;对铝而言,$\lambda_p = 5.26 \times 10^{-7}\,\text{m} = 526\,\text{nm}$,凡比这个波长大的情况都能获得负介电常数。而且,规律是 ω 越大(λ 越小),$|\varepsilon'_{rc}|$ 就越大。图4是引自 Raether[3] 所著书 *Surface Plasmons* 的图 A.3,它表现的是银的 ε'_{rc}—λ 关系,"·"号是 ATR 法的测量结果。它描写的是银的情况,虽然大致的规律与图3($\omega < \omega_p$ 时)相符合;但很明显,不同金属的数据和规律不会完全一样,即图3只能提供一种粗略的趋势。

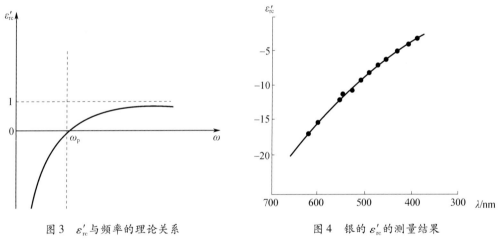

图3　ε'_{rc} 与频率的理论关系　　　　图4　银的 ε'_{rc} 的测量结果

(2) 尽管在 $f < f_p$ 时总可获得负的 ε'_{rc},但在 $f < F_c$ 的"低频"(微波也在其中),虚部(ε''_{rc})的值非常大,比 $|\varepsilon'_{rc}|$ 高很多,造成压倒性的影响,因而实部为负也就失去了意义。这就影响了实验工作:在光频成功的某些实验如移植到微波来做就未必可行。另外,ε''_{rc} 在 $f > f_p$ 时实际上是 0,可以不再考虑其影响。实际上,在全频域金属介电常数的虚部总是正值,并在频率提高时有减小的趋势。

(3) 金属在微波与在光频呈现出不同(甚至相反)的特性。众所周知,微波理论中说金属的趋肤深度 $\delta \propto f^{-1/2}$,但这规律并不适用于光频。这种情况初看起来令人奇怪,但金属在非常高的频率上已成为类似电介质的物质,因而也就不难理解了。

(4) 介电常数和折射率这样的物理参数,本来并不适合于金属导体特性的表达。但科学界就这样做了,同样取得了不错的效果。但这两者不能等同,例如,我们曾经在 2009 年发表的文章中证明[9],仅仅 $\varepsilon_r < 0$ 并不能保证获得负折射率。

（5）理论公式不可能完全真实地给出金属的 ε_{rc} 的规律,因为其正、负变化及大小变化实际上较复杂,例如,要考虑 Brewster – Zennek 模式[10] 现象的影响,因此,通过测量技术而进行研究是很重要的。

7　金属对 GHS 实验和 SPW 实验的影响

1947 年 G. Goos 和 H. Hänchen[11] 以实验证明,当光束向两媒质(n_1、n_2)的界面斜入射时,全反射并非在到达界面时立刻发生,从而导致了反射波束前移。此现象称为 Goos – Hänchen 位移(GHS)。1978 年,B. A. Ancin 等[12] 又发现了负位移(negative GHS)现象。正、负位移分别以 Δz、$-\Delta z$ 表示(图 5);图 5 所示情况称为单界面类型。另有一种常见情况是双界面类型,实例见图 6 所示,Ⅰ、Ⅱ表示两个界面;棱镜的材料可能是玻璃或其他电介质,金属可能是银或其他。

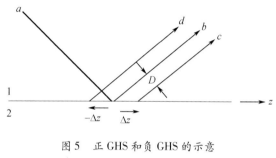

图 5　正 GHS 和负 GHS 的示意

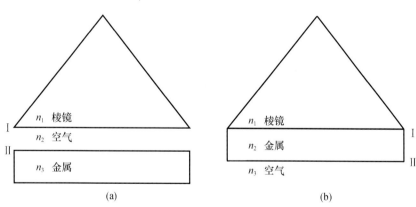

图 6　研究 GHS 问题的双界面类型示例

早期的研究工作,GHS 都是正的,相关媒质(材料)都是电介质。为获取正 GHS 不要求媒质之一具有负介电常数,故无须引入金属;而且在微波也可把实验做成功,如 Haibel 等[13]、曲敏等[14] 的论文。如希望获得负 GHS 就需另作安排。笔者搜集了 1978—2005 年的 9 个例子,前 6 个是用金属于研究中,后 3 个是用左手材料于研究中,后者也称为负相速(NPV)材料。这当中只有两例是双界面类型,其余均为单界面类型。实际上,6 例(用金属情况)是在光频做研究的——其原因正如前面所说,在微波无法从金属真正获得负介电常数。情况也显示,用 LHM 以辅助实验的 3 例,是在光频或微波进行研究的——这是因为用 LHM 在微波获得负介电常数是不成问题的。行文至此,我们可以先做判断——既然在微波不能获得足够大的

$(-\varepsilon_{rc})$，在微波激发 SPW 也不可能；除非采取某些新措施。例如，采用纳米(nm)级厚度的金属薄层，或许既能得到负位移，又能得到表面等离子波。当然也可试试使用光子晶体类型结构。

令人感兴趣的是，用图 6 的结构既可研究 GHS，又可以研究 SPW。后者到底是什么？surface plasma waves(SPW，表面等离子波)一词是基于波动的说法；surface plasmons(SP，表面等离激子)或 surface plasmon polaritons(SPP，表面等离子激元)是粒子的说法。这正是波粒二象性的体现。这一技术的本质是电磁波和自由电子的相互作用。当然早期实验只用光[可见光 $f = (4 \sim 7.5) \times 10^{14}$ Hz，$\lambda = (760 \sim 400)$ nm]。我们知道 SPW 是沿金属和电介质界面传播的，那么，它是否仅仅由光和金属表面的自由电子"相互耦合振动"即可形成？电介质起什么作用？

金属对光(或一般地说对电磁波)有很大损耗，这是因为其电子在光场(电磁场)作用下振动时会与原子晶格碰撞，从而把能量消耗掉。但沿金属/介质界面传播时损耗小得多，这是因为场扩展到电介质中，那里没有自由电子也就没有了消耗能量的问题。这就决定了 SPW 只能沿金属/介质界面传播。

这里有一个"谐振"(resonance)的观点——条件合适时，沿界面传输的波与金属表面的自由电子谐振。这时金属表面电子的振动与金属外的光波(电磁波)可以互相匹配，从而产生了沿界面传输的电子密度波，即 SPW(SPP)。

理论分析证明[2]，SPW 不能以 TE 模形式存在。对于 TM 模，沿媒质 1、2 的界面传播的波场需满足下式：

$$\frac{\varepsilon_{r1}}{\varepsilon_{r2}} = -\frac{\alpha_1}{\alpha_2} \tag{60}$$

式中：α_1、α_2 为从界面向两边法向指数衰减场的衰减常数，它们都是正的。

因此，ε_{r1} 与 ε_{r2} 必须反号，即需要其中之一具有负介电常数，亦即把金属引进来。SPW 要求负介电常数，这与产生负 GHS 的条件一样。例如，用真空镀镆技术对三棱镜镀上金属薄膜，人们既可以用来做 GHS 研究，也可用于 SPW 研究。

图 6 实际上对应于历史上的两种激励 SPW 的著名方法：图(a)是 A. Otto[15]的方法；图(b)是 E. Kretschmann[16]的方法。对于能产生表面波的多界面系统而言，可以产生更大的 GHS。这正是两个著名的利用棱镜的实验方法的由来。2003 年 Shadrivov[17]发表理论分析文章"从 LHM 反射得到的巨大 GHS"，是按图 6(a)而进行研究，但最下面的媒质不是金属，而是 LHM。他在讨论中假设：①斜入射波束是从光密媒质到光疏媒质($\varepsilon_1\mu_1 > \varepsilon_2\mu_2$)。②入射角大于临界角($\theta_1 > \theta_{1c}$)。③入射波波矢切向分量等于表面波传播常数。这时，媒质 2 与媒质 3 的界面(即空气与 LHM 界面)，可能产生 SPW。LHM 是 ε、μ 均为负，可看成比金属进了一步。能产生 SPW 并不奇怪，问题只是有何特点。Shadrivov 的结果是：①使用 LHM 使 GHS 增大。②能激发双向的表面波，体现在 GHS 上面是有正有负。③反射波束有两个峰值。④空气隙没有或很小都不能激励 SPW，GHS 可忽略；增大 d 可能使 GHS 加大，但 d 过大时 SPW 也不能激发。总之，Shadrivov 最先把 GHS 和 SPW 联合起来研究，并产生了"造成巨大的 GHS"的研究方向。

2008 年 R. Gruschinski 和 G. Nimtz[18]发表了一篇实验性论文，题为"用纳米金属膜诱导出类谐振 GHS"，实验安排如图 7 所示。一个微波波束(TE 或 TM)向单三棱镜斜入射，后者底部镀铝膜。铝膜蒸镀在厚 10μm 的聚乙烯膜上，厚度无法测量(10 ~ 100nm)。有机玻璃三棱镜的高和边长均为 40cm，折射率 $n_1 = 1.605$，对应的临界角 $\theta_{1c} = 38.5°$。所用微波的波长 $\lambda = 3.28$cm，频率 $f = 9.15$GHz。抛物面天线发射近似平行波束，入射角 $\theta_1 = 45°(\theta_1 > \theta_{1c})$；实验方法是图 6(b)的类型,在一定条件下可获得相当大的 GHS,这发生在 TE 极化时。实验结果(图 8)是正 GHS 的,没有负 GHS 的报道。图 8 显示测得的 GHS 与金属片电阻(sheet resistance)的关系。可见,GHS 增大很多,就不像过去那样"只有波长量级大小"了,这被为"类谐振(resonance like)的 GHS 增大现象"。至于与 SPW 的关系,文章说"this can't be related to a surface plasmon resonance, because this plasmon enhance is only observed for TM excitation"。因此,此文实际上认为虽然实验中出现了很大的吸收和衰减,却不是 SPW 出现的原因。对此,或许可以用金属膜很薄时(纳米级时)产生的特殊性质来解释。

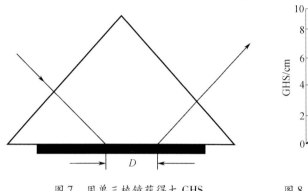
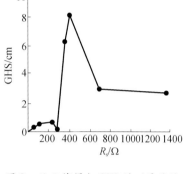

图 7　用单三棱镜获得大 GHS　　　　　图 8　显示获得大 GHS 的测量结果

那么,在微波究竟能否用图 6 的两种方法(Otto、Kretschmann)激发 SPW 呢? 可以认为一般不行,因在微波得不到真正有意义的$(-\varepsilon)$。但为什么 Gruschinski 使用了纳米级金属薄膜却仍未发现 SPW 的迹象呢? 或许是因为其 TM 态下的实验做得不够——整个而论其实验确实未能深入下去,例如,根本没有在改变入射角条件下做测量。我们课题组在中国传媒大学的实验室中也进行了类似的实验,其结果将另行报道。

8　结束语

本文大胆采用了"金属电磁学"(Metal Electro – magnetics)这一术语来表现科学发展的一个分支的许多内容,要明确而完美地表达却不容易。因这不仅要求对科学史和技术史有深刻了解,而且在探讨有关概念时必须做到思路清晰,只有这样才能判断这一学科分支的发展趋势。由本文内容可知,金属确实是一种非常独特的物质;联系到最近的新发展(英国科学刊物 *New Scientist* 于 2011 年 9 月 14 日报道说,英国科学家正尝试利用金属原子制造有机生命体),更加使人认识到在金属电磁学方向上开展科学研究工作的意义。

参 考 文 献

[1] Born M, Wolf E. Principle of optics[M]. Cambridge:Cambridge Univ. Press, Ist edition 1959, 7th edition 2004.

[2] 黄志洵,姜荣. 表面电磁波与表面等离子波[J]. 中国传媒大学学报(自然科学版),2011,18(2):1 – 13.

[3] Raether H. Surface plasmons[M]. Berlin:Springer – Verlag, 1988.

[4] 黄志洵. 截止波导理论导论[M]. 北京:中国计量出版社,1991.

[5] Feynman R. Lectures on physics[J]. New York:Pearson Edu. Inc. , 1989.

[6] 黄志洵. 波在电离气体中的截止现象和消失场特性. 见:超光速研究——相对论、量子力学、电子学和信息理论的交汇点[M]. 北京:科学出版社,1999.

[7] 王亮. 薄层等离子体与表面等离子体激发的实验研究[D]. 合肥:中国科学技术大学,2009.

[8] Went H E, Sambles J R. Resonantly coupled surface plasmon polaritons in the grooves of very deep highly blazed zero – order metallic gratings at microwave frequencies[J]. App. Phys Lett, 2001, 79(5): 575 –577.

[9] 黄志洵. 现代物理学中的负参数研究[J]. 中国传媒大学学报(自然科学版),2009,16(4): 1 – 16

[10] Zennek J. Uber die fortpflanzung ebener elektromagnetischer wellen langs einer ebenen leiterflache und ihre bezichung zur drahtlosen elegraphie[J]. Ann. d. Phys, 1907, 328(10): 846 – 850.

[11] Goos F, Hänchen H. Ein neuer und fundamentaler versuch zur total reflexion[J]. Ann. d Phys. , 1947, 6(1): 333 – 346.

[12] Anicin B A. Theoretical evidence for negative Goos – Hänchen Shifts[J]. J. Phys. , A: Math, Gen. , 1978, 11(8): 1657 – 1662.

[13] Haibel A. Frustrated total reflection: the double prism revisited[J]. Phys, Rev E, 2001, 63: 1 – 3.

[14] Qu M, Huang Z X. Frustrated total internal reflection: resonant and negative Goos – Hänchen Shifts in microwave regime[J]. Optics Communications, 2010, 284(10): 2604 – 2607.

[15] Otto A. Excitation of nonradiative surface plasma waves in silver by the method of frustrated total reflection[J]. Zeit. Für Phys, 1968, 216: 398 – 410.

[16] Kretschmann E. Die bestimmung optischer konstanten von metallen durch anregung von oberflächen plasma schwingungen[J]. Zeit. Für Phys, 1971, 241: 313 – 324.

[17] Shadrivov I. Giant Goos – Hänchen effect at the reflection from left – handed metamaterials[J]. Appl Phys Lett, 2003, 83(13): 2713 – 2715.

[18] Gruschinski R, Nimtz G. Resonance – like Goos – Hänchen shift induced by nano – metal films[J]. Annd Phys, 2008, 17(12): 917 – 921.

负 Goos – Hänchen 位移的理论与实验研究

黄志洵　姜荣

（中国传媒大学信息工程学院，北京　100024）

摘要：1947 年 Goos 和 Hänchen 发现，当电磁波束在玻璃/空气界面全反射时，在返回玻璃内部时有一项发生在入射面内的纵向位移，我们称之为正位移。实际上，稳态相位法的计算表明，位移可以为正、为零，甚至为负。由于界面上的表面波可以是前向型的和后向型的，携带的功率向着不同方向，故当激发起后向型表面波时就可获得入射波束的负位移。在多层结构中，当入射波束波矢的切向分量与表面波传播常数一致时，会发生类谐振现象并导致位移增大。

在一般情况下，当光束入射到金属表面，TM 极化时 GHS 为负，并且绝对值比 TE 极化时大得多。但我们在微波的实验研究表明，在使用金属时可以在 TE 极化时发生负位移。实验时在全反射界面处为纳米级金属膜，是厚度 30nm 和 60nm 的铝膜，它蒸镀在厚 $18\mu m$ 聚乙烯膜上。实验还发现，当改变入射角 θ_1 并使之达到约 $q\theta_{1c}$（θ_{1c} 为全反射临界角，$q>1$）出现类谐振现象，GHS 的绝对值可达 5～7cm。目前尚缺少对这些结果的理论解释。

关键词：表面波；大 GH 位移；负 GH 位移；Kretschmann 结构；纳米金属薄膜

Theoretical and Experimental Study of the Negative Goos – Hänchen Shifts

HUANG Zhi – Xun　JIANG Rong

（Communication University of China，Beijing　100024）

Abstract：It has been shown by Goos and Hänchen in 1947 that electro – magnetic wave beam totally reflected from a glass – air interface suffers a longitudinal displacement in the plane of incidence before reentry into the glass，we say this situation to be positive GH shifts. In fact，the longitudinal displacement as computed by the application of the stationary phase method can be positive，zero or negative. The surface waves may be of the forward or the backward type and they carry power in opposite directions in the interface. And then，a negative shift of the incident beam is obtained

注：本文原载于《中国传媒大学学报（自然科学版）》，第 21 卷，第 1 期，2014 年 2 月，1～15 页。

when the backward surface waves are excited. In a layered structure, when the tangential component of the wave vector of incident beam coincides with the propagation constant of the surface wave, the resonance – like phenomenon leading to a large enhancement of the beam shift.

In common cases when a light beam incident on a metal surface, the GHS for TM polarized light in metals is negative and much bigger than the positive shift for TE polarized light. But a experimental research of the GHS was performed by our team with microwaves, the result was that the shifts for TE polarized wave in metals is negative——dataes of the total reflection influenced by nano metal – films deposite on the total reflecting surface, and the Al – films were 30nm and 60nm thick and were vapor deposited on polyethylene films of 18μm thickness. When the incidence angle θ_1 near the value of $q\theta_{1c}$ (θ_{1c} is the critical angle of total reflection, $q > 1$), it show a resonance – like behavior, the GHS has a strong maximum of 5 ~ 7cm absolutely. There is no exact theory for explain these effects, now.

Keywords: surface waves; giant GHS; negative GHS; Kretschmann's structure; nano metal – films

1 引言

几何光学认为光线斜入射到媒质 1 和 2(折射率 n_1、n_2)的界面时将立刻在到达点发生折射及反射,但 1947 年 Goos – Hänchen 实验[1]表明情况并非如此——当调节入射角(θ_1)以达到全反射时,反射点实际上会前移一个距离(D)。产生 Goos – Hänchen 位移(GHS)的原因在于,实际上并不存在几乎没有宽度的"一条光线",即没有单一平面波,实际上是一个有宽度($2w$)的波束。后者由多个平面波组成,而 GHS 是对这种波包在界面上的相位关系作计算时得到的结果。研究表明,界面存在消失态表面波,它向界面前方传播却带有在界面法向按指数率衰减的振幅[2]。1948 年,K. Artman[3]用稳态相位法(stationary phase method)计算 GHS,实验表明,它在一定误差内正确[4]。Artmann 的公式在临界点上($\theta_1 = \theta_{1c}$)会得到"无限大位移"的不合理结果。对此,1971 年 B. Horowitz 和 T. Tamir[5]作了改进。……自那以后在几十年中对 GHS 的研究有很大进展,但还有许多理论和实验上的问题尚未解决。

Goos、Hänchen 和 Artmann 等描写的位移当然都是正的,即向表面波进行方向(z 向)有一个正向位移。设想有一种"负位移"出现,那表示电磁波及能量在由媒质 1 进入媒质 2 后会掉头向表面波进行方向相反地移动,然后再返回第一媒质,再以相同的角度斜向反射出去。这是奇怪的现象,需要有合理的解释。本文在论述前人的工作后介绍了我们的实验,并对一些问题提出自己的观点。

2 负 GH 位移的发现

1963 年,T. Tamir 等[6]所分析的物理模型是:一个厚度恒定的等离子体层像一块介质板那样放在真空中。这看起来脱离实际,但其分析却对金属电磁学研究有重要参考价值。因为通常的等离子体虽以气态存在,但在理论上这样的等离子体层可以看作是一块放在真空中(或说自由空间中)的同厚度金属板。他们的讨论在 E 模(TM 模)条件下进行,而等离子体的介电常数视为负值($\varepsilon_p < 0$)。文章指出表面波可分为前向型(forward type)和反向型(backward type），而它们携带的功率也具有相反方向。这篇文章是后来发现反向 GHS（backward GHS，即负 GHS）现象的先导。文中假想的金属性等离子体平板（metallic plasma slab），其介电常数为负，因而易于激发一个反向传播表面波（backward propagating surface wave），这是关键点。

1971 年，T. Tamir 等[7] 从理论上深入分析了光束在多层结构和周期性结构的界面上的 Goos - Hänchen 位移，认为多层媒质的平面结构和光栅型周期结构都会有漏波（leaky - wave）式电磁场。由于这种场的激励，入射光束转移部分能量到渗漏波之中，在沿 z 向传导一个距离后返回到与反射波束相同的方向。图 1 显示了宽 $2w(2w \gg \lambda)$ 的波束入射到界面并发生正 GHS 的情况（$D > 0$），图中 TF 代表 trailing field（拖曳场 TF），LSW 代表 leaky surface waves（泄漏表面波）；虚线的间隔越来越大表示随着 z 加大 TF(LSW) 的强度在减弱。图 1 形象地把表面波、GHS、LSW 三种概念联系在一起。由于纵向能流全反射波束有一个位移产生，它可以是"前向束移"（forward beam shift，即 Goos 和 Hänchen 发现的位移），也可以是另一种"后向束移"（backward beam shift）。后者在 1971 年尚不为人所知，但却由 Tamir 等从理论上预测到了。在有 Gauss 光束入射的假设下，推导了普遍化的场方程，研究了位移与束宽、入射角大小的关系。论文说，在分析结果中有反向位移存在是有趣的。

从 Maxwell 电磁理论出发可以分析界面问题。对于定向（波矢 **k** 方向）传播的波可只处理标量函数的 Helmholtz 方程：

$$(\nabla^2 + k^2)\psi = 0 \tag{1}$$

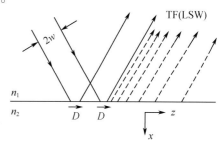

图 1　波束斜入射到两媒质界面时的情形

ψ 可为 E_k 或 H_k，如波向 z 正向传播则为 E_z 或 H_z；k 是波数（波矢量的大小，$k^2 = \omega^2 \varepsilon \mu$）。取矢量 $\boldsymbol{k} = k_x \boldsymbol{i}_x + k_y \boldsymbol{i}_y + k_z \boldsymbol{i}_z$，则有 $k = \sqrt{k_x^2 + k_y^2 + k_z^2}$。在图 1 中取界面位置为 $x = 0$，z 是沿界面的方向，则 y 应与纸面垂直。

为简单计，假设波束在 (z, y) 平面传播，而沿这入射面的垂直方向波场是均等的（$\partial/\partial y = 0$），则 $k_y = 0$（y 向没有波动变化），故有

$$k_x = \sqrt{k^2 - k_z^2} \tag{2}$$

在这里 k_z、k_x 分别为 z 向、x 向的传播因数（propagation factor），而式（2）就是界面上的表面波色散方程。如取时谐因子 $\mathrm{e}^{-\mathrm{j}\omega t}$，则对 ψ 的简化（不计场幅）写法是

$$\psi = \mathrm{e}^{-\mathrm{j}\omega t} \mathrm{e}^{-\mathrm{j}k_z z} \mathrm{e}^{-\mathrm{j}k_x x} \tag{3}$$

现在从理论上对界面上的表面波场作些分析。首先，k_z 在一定范围内具有实数值连续谱，范围是 $(-k) \leqslant k_z \leqslant k$，而 $k_z = k\sin\theta_1$（θ_1 是入射角）。若 $k_z > k$，k_x 为虚数，这时为沿 $x = 0$ 传播的是表面波，但在 $(-x)$ 方向指数地减弱。该表面波仅在 k_z 的一系列分立值（设为 k_s）下发生，以满足边界上的场连续性条件。如取时谐因子 $\mathrm{e}^{\mathrm{j}\omega t}$，$k_z$ 与传播常数（$\gamma = \alpha + \mathrm{j}\beta$）的关系是 $k_z = \beta - \mathrm{j}\alpha$。现在是取时谐因子 $\mathrm{e}^{-\mathrm{j}\omega t}$，则可写出

$$k_z = \beta + \mathrm{j}\alpha \tag{4}$$

式中：β 为相位常数；α 为衰减常数。表面波是复数的被导波，也称漏波。对于无耗媒质，k 是实数，故如果 k_z 为复数则 k_x 也是复数，因此沿 z、x 传播的是逐渐衰减的波。由于这种衰减，平面波不能激发 leaky 波，因为前者的相位常数 $k\sin\theta$ 不能与复数的 k_s 相等。然而用一定方法（如线源、有界波束）来激励，仍可造成 leaky 波场。

　　显然,泄漏表面波(Leaky Surface Waves, LSW)的概念是 Tamir 理论体系中的重要内容。仔细观察图 1,D 是 Goos 和 Hänchen 发现的位移,即 GHS。至于 TF(LSW),它如存在则也有性质相似(但比 D 大)的位移,但却不是 Goos 和 Hänchen 发现的那个东西了! 图 1 只显示了正位移,是为了使物理概念明晰。但我们认为对主反射波束以外的 TF(LSW)的存在,还需要实验上的证明,或由计算数据给出量的概念。自 1971 年至今对 LSW 理论没有给于重视,更缺少定量研究。但是,在 1971 年提出了反向位移(负 GHS)并作了理论探索,还是应当肯定的。

　　关于反向型 leaky 波结构下的 GH 位移,这是由文献[7]的方程式(35)获得的:只要把场方程中的 (z, α) 改为 $(-z, -\alpha)$,而其他参数保持不变。Tamir 认为反向位移不易观察到,因为反向 leaky 波是在异常情况下才会发生——例如具有负导磁率的等离子板[6],或光栅结构(指周期性结构)。在同一论文中,根据周期结构阐述了经典栅格方程,认为入射光与周期性波状表面上表面波的耦合,既可以造成正向 GHS,又可能造成反向 GHS。或者说,负位移是由于反向漏波。

　　1976 年,M. Breazeale 等[8]最早以实验证明负 GHS 存在,论文题目是"波从周期结构界面反射时的反向位移"。文章说,当超声波束入射到具有周期结构的固体(浸在水中)表面,在某种入射角时发生了反射波束的负向位移,正如 Tamir[7]的预期。在超声波发生的现象与光波是相似的。Tamir 曾指出,在界面有周期结构时,在反方向可能造成泄漏波传播,故可能造成反向波束位移。图 2(a)是实验条件的示意,其中显示了媒质 1 为液体(如水)、媒质 2 为固体(如金属)的界面;宽度 $2w$ 的波束以 θ_1 角入射,耦合到 $(-z)$ 方向传播的泄漏波。发生此现象的最佳入射角为

$$\sin\theta_1 = \frac{1}{k_1}\left(\frac{2\pi}{T} - k_2\right) = v_2\left(\frac{1}{fT} - \frac{1}{v_2}\right) \tag{5}$$

式中:T 为金属起伏表面的周期;f 为入射频率;v_1 为液体中的波速;v_2 为泄漏波的波速;$k_1 = \omega/v_1$;$k_2 = \omega/v_2$。入射波束在这个角度与泄漏波的空间谐波实现相位匹配,造成反射波束在 $(-z)$ 方向的反向位移。但这个角度与频率有关,当 f 较低时等式右方可能大于 1,表示不会出现上述现象。在这个实验中,液体为水,固体为黄铜,周期 $T = 0.178\mathrm{mm}(178\mu\mathrm{m})$,起伏高度 $d = 0.025\mathrm{mm}(25\mu\mathrm{m})$;取 $v_1 = 1.49 \times 10^3\mathrm{m/s}$,$v_2 = 2.02 \times 10^3\mathrm{m/s}$,$f = 6\mathrm{MHz}$,可算出 $\theta_1 = 41°$——这是出现负位移的预期值。但如取 $f = 2\mathrm{MHz}$,θ_1 成为虚数,表示不能观察到负位移现象。摄影底片的感光图象证实了这些分析,6MHz 时能获得负位移是因为在起伏表面上激励了泄漏波;而在 2MHz 却激励不了。图 2(b)是在 2MHz 所拍照片的示意(GHS 为正),图 2(c)是在 6MHz

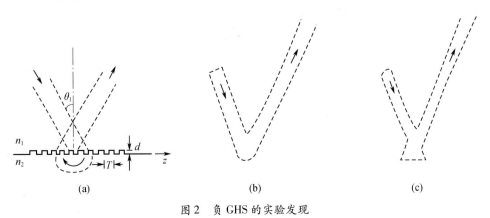

图 2　负 GHS 的实验发现

所拍照片的示意(GHS 为负)。

如果按照图 2(b)和图 2(c)而实测入射角的近似值,得到 $\theta_1 \approx 22.5°$,与前述的计算(预期)值差别很大。这可能是由于计算时所用 v_2 的值有问题,该值是根据黄铜表面的 Rayleigh 表面波而提出的。如采信 22.5°这个数据,反过来计算反向泄漏波(negatively directed leaky wave)的速度,得到的值是 $1.47 \times 10^3 \text{m/s}$,与 Rayleigh 表面波的波速不同。……我们认为这项研究是有意义的,对于表面超声波技术乃至光束耦合器技术而言都是如此。

3 利用周期性结构造成负 GHS

获得负 GHS 的金属表面可分为两种:光滑表面(smooth surface),粗糙不平表面(rough surface),后者也称为波纹状表面(corrugated surface)。早期研究(从 Tamir 到 Breazeale)主要使用人为造成周期性波纹的金属表面,但后来的发展显示即使用光滑表面也能获得负 GHS。现在先说明周期性结构,例如当一束微波入射到一个波纹状金属表面,它的结构有周期性,周期远小于波长。可以用电抗性表面(reactive surface)来称呼它,这种结构在微波技术中是常见的,波纹状凸起可看成是对导波系统(传输线)提供了障碍物,或说周期性加载。这种结构带来了频率选择性——当波沿此结构传播时,存在着基本没有衰减的频带(通带),这些频带又被截止而不能传播的频带(阻带)所分隔。因此,此结构有利于需要时的选频谐振激励。另外,周期结构可以减慢波速——减小相速 v_p,使之远小于光速。仿照通过固体中的周期性晶体点阵传播的量子力学电子波中的说法,沿周期性结构传播的波被称为 Bloch 波。

1978 年,B. A. Anicin 等[9]的论文最先表明可以用稳态相位法算出负位移的值。界面上电磁波的 GH 位移既可为正也可为负,取决于互相接触的两种媒质的情况——看看反射究竟发生在哪种媒质中。由此他们提出了"反射等效平面"
(equivalent plane of reflection)的概念,如图 3 所示。图 3(a)是正常情况,GHS 为正($D > 0$);图 3(b)是特殊情况,GHS 为负($D < 0$)。两者的区别只是体现在 EPR 的不同;前者处在媒质 2 之中,后者处在媒质 1 之中。那么该如何安排才能使负位移出现?Anicin 等提出两个方案:一是微波波束入射到波纹状的金属表面;二是电磁辐射落到磁等离子体上。在这两种情况下,由于入射角等条件的不同,GHS 可以为正值、零、负值,都有可能性。用稳态相位法计算 GHS 的公式为

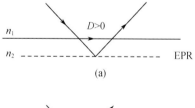

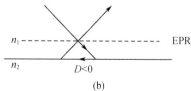

图 3　两种情况下的反射等效平面

$$D = \frac{\mathrm{d}\phi}{\mathrm{d}k_z} \tag{6}$$

式中:k_z 为波矢 k 沿表面传播方向(z 向)的分量;ϕ 为相位。故又可写作

$$D = \frac{1}{k_0} \frac{\mathrm{d}\phi}{\mathrm{d}s} \tag{7}$$

式中:$s = \sin\theta_1$;k_0 为自由空间(真空)中波数,故必须求出相位 ϕ 的解析表达式。Anicin 等先

给出对于 p 极化(TM 极化)时波纹表面的反射系数:

$$\rho_H = \frac{Z_{00}\cos\theta_1 - jX}{Z_{00}\cos\theta_1 + jX} \tag{8}$$

其中

$$X = Z_{00} \cdot \tan k_0 d \tag{9}$$

式中: Z_{00} 为自由空间(真空)中波阻抗; d 为波纹结构凸起物高度。然后引用公式

$$\rho_H = e^{-\phi_H} \tag{10}$$

这是说相位变化由反射所造成;而在全反射条件下又可认为反射场强等于入射场强,即指数函数前面的幅度系数为 1。这样一来计算位移 D 就容易了,导出的公式为

$$D = \frac{2}{k_0} \frac{\tan(k_0 d) \cdot \tan\theta_1}{\cos^2\theta_1 + \tan^2(k_0 d)} \tag{11}$$

由此可得

$$D > 0 \text{ 条件} \qquad \tan(k_0 d) < 0 \tag{12}$$

$$D < 0 \text{ 条件} \qquad d < \frac{\lambda}{4} \tag{13}$$

计算得到的 $D/\lambda \sim d/\lambda$ 函数关系表明, $D < 0$, $D = 0$, $D > 0$ 三种情况的出现都是可能的。另外, θ_0 越大则 $|D|$ 越大,最大值 $|D|_{max} = 0.5\lambda$ 。

这些理论计算结果当时未获实验证明,今天来看并非根本上的缺点,重要的是计算表明 GHS 可以为正($D > 0$),一如 Goos 和 Hänchen 的发现;但也可以没有($D = 0$),或反向地存在($D < 0$),只要改变外部条件(采用特殊方式构建媒质 2)就可以做到。Anicin 提出了基于经典电磁理论的推导证明,又尝试从量子力学出发作解释。不仅如此,他还认为磁化等离子体(magnetized plasma)的使用可成为获得负 GHS 的另一方法;媒质 2 是磁化等离子体,固定磁场与入射面垂直(该表面中包含矢量 $\boldsymbol{E}$,表示 p 极化即 TM 极化)。可以证明 GHS 的大小及符号(正或负)取决于入射角 θ_1 、等离子体的电子浓度、磁感应强度 B ;再次解析地证明获得负位移是可能的。这是 20 多年后用 LHM 获得负 GHS 研究的先导性工作。

2001 年,C. Bonnet 等[10]发表了题为"近于 Wood 异常的金属栅造成的正、负 GHS 的测量"。所谓 Wood 异常来源于 20 世纪初的工作(R. W. Wood, Philos, Mag. , Vol. 4, 1902, 396),是说当光束由真空向金属栅入射时,在特定入射角下观察到衍射波束的急剧变化。这可解释为入射波束造成漏泄表面波(LSW)的强力的谐振激发(这在周期结构即金属栅条件下即表面等离子波 SPW)。这只在 TM 极化下发生,因只有这种极化下才能建立起振荡电子群的表面密度。Bonnet 等的任务是在光频下研究 GHS——在考虑 LSW 的传播方向时在 Wood 异常下确定 GHS 为正或为负。我们认为这是一种类 GH 位移(GHS – likes),可用下式计算:

$$D = -\frac{\lambda}{2\pi}\frac{d\Phi}{d\theta_1} \tag{14}$$

总之,GHS 为正或为负,取决于所激发表面波的方向。图 4 表示光束斜入射到锯齿状金属表面的情况,图 4(a)是正位移,激发的 LSW 向前(z 正向)行进;在另外的较大角度 θ_1 ,激发的 LSW 向后(z 反向)行进,即图 4(b)显示的负位移。实验使用氦氖激光器($\lambda = 3.39\mu m$),铝栅(120 槽/mm),测量结果如图 5 所示。这与 Breazeale 实验是一致的,只是波段不同——Breazeale 在超声波(或说短波),Bonnet 在光频。由图 5 可知,当 θ_1 连续地加大, $\theta_1 \approx 35° \sim 37°$ 时位

移为正,并在某个角度(约 36.4°)达到最大。当 $\theta_1 \approx 38° \sim 40°$,位移为负,在某个角度(约 38.8°)达到(绝对值)最大。对此现象 Bonnet 未作解释,我们认为最佳角度的存在表示在那里耦合状态最佳,即 LSW 最大所造成的位移增大现象。

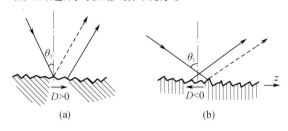

图 4   在锯齿状金属表面的正位移和负位移

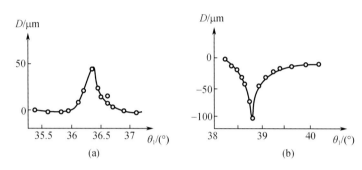

图 5   改变入射角对正位移和负位移的影响

4   利用平滑金属表面产生负 GHS

不在金属表面人为地制出波纹,仅仅依靠平滑的金属表面,能否造成负 GH 位移现象出现?回答是:虽然波纹金属表面可以更有把握造成负位移现象,但这种频率选择性表面并非必需。1982 年,W. J. Wild 等[11]的论文"吸收媒质造成的 Goos - Hänchen 位移",在理论分析中只对两媒质(1 和 2)接触界面的一方,即造成反射的媒质 2 的参数提出了要求,而未要求媒质 2 具有周期结构性表面。当入射波束是在媒质 1 的左上方向界面斜入射,媒质 1 假设为正常(n_1),媒质 2 假设具有复数折射率 $n_2 = n_2' + jn_2''$,这里 n_2''的被称为"消光系数"(extinction coefficient)。例如锗和银,前者 $n = 5.15 + j1.83$,后者 $n_2 = 0.17 + j2.94$,虚部都是突出的存在。此文建议把金属镀在三棱镜上,但作者未做实验。计算表明获得负位移完全可能,但是只在 P 极化(TM 极化)的条件下。

由前述内容可知,对周期性波状金属表面而言,从短波到光频都有负位移现象。对平滑金属表面的情况,预期仍然如此。因此,对负位移的形成和对表面等离子波(SPW)的激发,应当有不同的考虑——后者要求媒质具有负介电常数,对金属而言只有在光频才能很好地满足,在微波就难于做到。表 1 是定性地列举全频域中不同波段的金属电磁特性,主要供对 SPW 做实验研究的人员参考。表 1 中 F_c 是电子动量转移的平均碰撞频率(下标 c 代表 collision),f_p 是等离子体谐振频率(下标 p 代表 plasma)。2008 年张纪岳等[13]的理论分析和计算表明,GHS 是正或负,决定性因素是入射波的线极化方式(TE 或 TM),但频率也影响位移值的大小和变化规律。图 6(a)显示光束在平滑金属界面上的反射,d 是金属板(置于真空或空气中)的厚

度。用稳态相位法求出在不同极化下的 GHS,但解析式过于复杂。采用差分法作近似数值计算(取波长 $\lambda = 1.5\mu m$,故 $\omega = 1.26 \times 10^{15}$ Hz;又取等离子体频率 $\omega_p = 2.51 \times 10^{16}$ Hz;F_c 之值,在吸收区取 $F_c = 5 \times 10^{13}$ Hz,在反射区取 $F_c = 2.5 \times 10^{16}$ Hz)。其结果取决于入射波极化方式——TE 极化时无论在哪个频区都只得到很小的正位移(吸收区 $D/\lambda < 0.05$,反射区 $D/\lambda < 0.01$)。TM 极化时所得如图6(b)所示,当 $\theta_1 \leqslant 45°$ 时,$D = 0$;当 $\theta > 45°$ 时,GHS 为负。但只有在反射区的频率上才可能在 θ_1 较大时(85°~88°)得到绝对值较大的 θ_1 值,而在吸收区总有 $|D/\lambda| < 1$。文献[13]的工作未在实验上取得数据的支持,但无论如何下述结论当无可疑——依靠平滑金属表面可获得负 GH 位移,但入射波必须是 TM 极化。

表1 关于金属电磁特性的定性比较[12]

分区		$0 \sim F_c$	$F_c \sim f_p$	f_p 以上
名称	一般称呼	吸收频区	反射频区	透射频区
	等离子体研究中	导电性区	截止区	介质性区
对铝而言的频率值/Hz		$0 \sim 1.94 \times 10^{13}$	$1.94 \times 10^{13} \sim 5.7 \times 10^{14}$	$> 5.7 \times 10^{14}$
涵盖范围		短波、米波、微波、远红外	远红外、红外、可见光低端	可见光、紫外等
介电常数 ε		实部为负,但绝对值小;虚部为正,绝对值大	基本上是负实数(虚部的值很小)	是正实数(虚部为零)
物理特性		吸收使入射电磁波迅速衰减,停留在薄层中	对入射电磁波的强反射也呈现大衰减	对入射电磁波衰减很小,频率高时近于透明

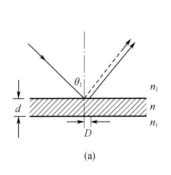 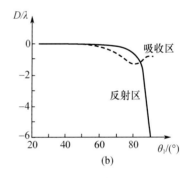

图6 光束在平滑金属界面上反射

2007 年,M. Merano 等[14]也是针对平滑金属表面对"常规的金属反射"(conventional metallic reflection)作理论和实验探讨;研究工作在光频进行,相当于前述的"反射区"。金属取金(Au),入射波波长 $\lambda = 826$nm,此时的材料折射率为 $n = n_2 = 0.188 + j5.39$。用稳态相位法算出的 GHS $\sim \theta_1$ 关系如图7所示,而实验结果基本上与计算相符,证明稳相法仍是可信的方法。这些工作再次证明负位移不难获得,但必须在 TM 极化的条件下。

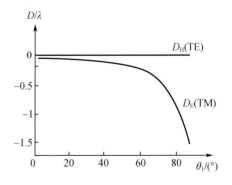

图7 用金获得的负位移计算结果

5　利用表面等离子激发形成负 GHS

形成负 GHS 的方法较多,前已述两种:①利用周期结构(periodic structures);②利用平滑金属表面(smooth surface of metals)。其他方法还有:③利用表面等离子激发(surface plasmon excitation);④利用光子晶体(photonic crystals);⑤利用左手材料(LHM)。这里只讨论方法③。

前已述及 Tamir 在 1963 年、1971 年提出的理论思想,但过于抽象。然而很快出现了 A. Otto[15] (1968) 和 E. Kretschmann[16] (1971) 关于联合使用电介质三棱镜和金属膜以激发表面等离子波(SPW)的方法,从而为 Tamir 的思想提供了技术支撑,并使关于 GHS 的实验研究进入了新的阶段。

在固体理论中,使用等离子体概念是一种有效的分析方法,即把金属中的自由电子当作高密度电子气体,其体密度可达 $n_e = 10^{23} \text{cm}^{-3}$。这时可把纵向的密度起伏称为等离子振荡(plasma oscilations),它将在金属内传播开来。单个"体等离激子"(volume plasmon)的能量为

$$E = \hbar\omega_p = \hbar\sqrt{\frac{4\pi n_e e^2}{m_0}} \tag{15}$$

它的值大约为 10eV;相应的研究被称为"等离激子物理学"(Plasmon Physics)。SPW 是一种 TM 单极化的场,表面场损耗很大,只能传输短距离。

设上方媒质 1 与下方媒质 2 构成一个接触界面,选取笛卡儿坐标系,即取 zy 平面是两介质的界面,而 z 向是表面波传播的方向;相应的场表示式为 $\boldsymbol{E} = E_x \boldsymbol{i}_x + E_y \boldsymbol{i}_y + E_z \boldsymbol{i}_z$,式中 $\boldsymbol{i}$ 为单位矢量;一个沿 z 向传播而场在 x、$-x$ 方向上指数衰减的波,可以写作

$$\boldsymbol{E}_1 = \boldsymbol{E}_{10} e^{-\alpha_1 x} e^{-j\beta_1 z} \cdot e^{j\omega t} \quad (x > 0) \tag{16}$$

$$\boldsymbol{E}_2 = \boldsymbol{E}_{20} e^{-\alpha_2 x} e^{-j\beta_2 z} \cdot e^{j\omega t} \quad (x < 0) \tag{17}$$

式中:α_1、α_2 是衰减常数。对于 TM 模,在列出场方程并运用边界条件后可以证明有以下方程成立:

$$\varepsilon_{r1}\alpha_2 = \varepsilon_{r2}\alpha_1 = 0 \tag{18}$$

由于 α_1、α_2 均为正实数,为了满足式(18) ε_{r1} 与 ε_{r2} 的符号应相反——例如,若 $\varepsilon_{r1} > 0$,要求 $\varepsilon_{r1} < 0$。使用金属作为媒质 2 可满足这一条件。

另外,在 TE 模条件下所作分析得出

$$\alpha_1 + \alpha_2 = 0 \tag{19}$$

这是不可能满足的,故 SPW 不能以 TE 模形式存在。

因此 SPW 是 TM 电磁波,沿两个不同媒质的界面传播。它分为辐射型和非辐射型;后者由 Sommerfeld(1909)的工作得知,它是 Maxwell 方程的解。其理论有赖于复介电函数:$\varepsilon_2(\omega) = \varepsilon' + j\varepsilon''$,$\varepsilon' < 0$。1968 年,Otto 的论文"用受阻全反射(FTR)法在银中激励非辐射型表面等离子波"描述了在光滑表面上激励 SPW 的一种新方法,它起因于全反射中的现象。由于在金属/真空界面上相速小于 c,用光撞击表面不能激励这种波。然而,如果用一个棱镜使其接近金属/真空界面,由全反射造成的消失波可激发 SPW,可从在特定入射角时反射强烈减小看出来。

虽然 Otto 最先提出了用棱镜激发 SPW 的方法,但在棱镜与金属之间有薄空气层的安排,对测量介电常数是不利的。特别是测量时空气层厚度难于掌握,这就加大了实验成本。1971

年,E. Kretschmann 的论文"用表面等离激子激励以确定金属光学常数"给出了精确决定金属薄膜的光学常数和厚度的方法,它基于光波全反射条件下激起的 SPW;在 $\lambda = 400 \sim 600\text{nm}$ 波段对银箔进行了测量,给出了方法的精度。图 8 是 Kretschmann 的 SPW 激励方法示意,方便之处在于金属膜可以直接镀在三棱镜的底面上。Otto 加上空气隙才得到成功,现在却取消了空气隙;这在概念上并无矛盾——Otto 方案的 SPW 是金属上表面与空气的界面激发的;Kretschmann 方案虽不可能在金属上表面激发 SPW,但它是在金属下表面与空气的界面激发的。这就是后者巧妙的地方。

本文的主题是研究 GHS 而非 SPW,并特别注意大位移和负位移。在简单情况下,在界面上发生全反射时,反射光束的 GHS 通常比光束宽度小很多。然而,在能产生表面波(SPW)的多层系统中可能会出现更大的位移。这与单层界面的情况是不同的——在那里入射波与表面波的相位不能匹配,故不能在单界面上激发出能量沿界面传输的表面波。对于 Kretschmann 的结构(图 8)而言,激发表面波是可能的;这时的沿界面能量传输有使 GHS 加大的作用。换言之,获得大 GHS 的入射角就大体上应为激发 SPW 的角度——如采用的是微波技术,而在微波 ε 并不真正呈现"负性",不能满足 SPW 所要求的条件。因而很可能出现不了 SPW。如果改在光频做实验,情况将完全不同。可能在获得 SPW 的同时又获得 giant GHS。

用 Kretschmann 结构研究 GHS 有两个实例,都是把金属膜直接放到电介质三棱镜的底部。在全反射发生时,当谐振时入射场在金属膜中指数地减小,激起 SPW 沿金属/空气界面传播。按照 2004 年 X. Yin[18] 的文章,对入射的 TM 极化光束,界面上谐振电磁场最大值可为入射幅度的约 100 倍;但如使用 TE 极化,就没有增强了的等离子场。实验采用的三棱镜,全反射角 $\theta_{1c} = 41.3°$,SPR 角 $\theta_R = 42.8°$;在三棱镜底部镀银膜(厚度 34.9nm、45nm、70.3nm、82nm)。实验结果既获得了大 GHS,又获

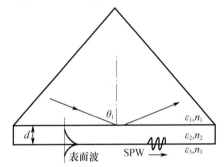

图 8 Kretschmann 的 SPW 激励方法(原理)

得了从负 GHS 到正 GHS 情况,$\theta_1 = 43.2° \sim 43.5°$ 时出现峰值,$D = 25\lambda \sim 60\lambda$;负 GHS 情况,$\theta_1 \approx 43°$ 时,$D = -20\lambda$。这个实验证明,经由表面等离子谐振可造成光束的正、负大位移;是两种基本研究(GHS 研究和 SPW 研究)相结合的范例。

另一个在三棱镜底面镀涂纳米金属膜的实验完成于 2008 年,R. Gruschinski 等[17]发表了题为"纳米金属膜导致类谐振 Goos – Hänchen 位移"一文,是在单三棱镜底部镀铝膜,用微波束照射以进行 GHS 的测量和实验。具体作法是把铝蒸镀在 $10\mu\text{m}$ 厚的聚乙烯膜上,金属膜厚度为 $10 \sim 100\text{nm}$(未给出准确值)。TE 极化和 TM 极化下都做了实验,主要发现在 TE 极化时有类谐振(resonance – like)造成的 GHS 增强现象,最大可达 7cm,大于所用信号源波长(微波源的频率 $f = 9.15\text{GHz}$,波长 $\lambda = 3.28\text{cm}$)。文章又说"resonance – like can't be related suface plasma resonance";这是可以理解的,因为表面等离子波(SPW)只能在 TM 极化条件下激发。值得注意的是,该文没有测出负 GHS。

6　本课题组的微波实验研究

我们在2010年建立的微波实验系统的核心是有机玻璃双三棱镜(图9),它的加工要求是:四周抛光,两块的斜面平行一致;没有缺口及损坏;两块左右对称。它的折射率根据全反射角便可确定,由于我们的装置尚不能精确测角,只能给出近似值——在微波 $n\approx1.5\sim2$,在光频 $n\approx1.5$(实际上不在光频使用尺寸如此之大的三棱镜)。根据英文 polymerhy methacrylate,称之为 PMMA。微波信号源用 Agilent MXG – N5183A,频率范围100kHz～20GHz,最大输出功率20dBm。用线极化抛物面天线(直径20cm)发射,经过三棱镜的信号用 $6\times8.4cm^2$ 矩形喇叭接收,检测器是 Agilent E4407b 频谱仪。

曲敏等[19]于2010年在微波利用光子晶体类型的周期结构实现了负 GHS,使用了频率选择表面 FSS——一种二维周期阵列结构。实验的核心成为一种 Otto 型棱镜耦合结构,如图10所示,其中 FSS 设计方法见文献[4]。据此测量了两种极化下反射 GHS 与入射波频率的关系,如图11和图12所示。由图可知,TE 极化时获得的 GHS 数据全为负;TM 极化时则多数为正、少数为负。这一结果令人觉得有些意外。

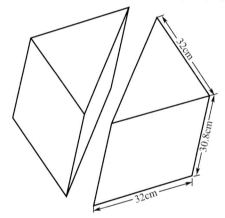

图9　有机玻璃双三棱镜

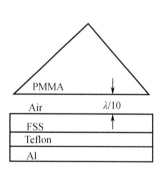

图10　加入 FSS 的复合吸波材料的 Otto 型耦合结构

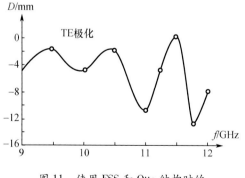

图11　使用 FSS 和 Otto 结构时的
实验结果(TE 极化)

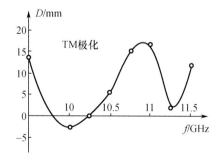

图12　使用 FSS 和 Otto 结构时的
实验结果(TM 极化)

自2011年起姜荣按照 Kretschmann 结构对金属膜造成的 GHS 进行了实验研究(图13),金属薄膜制备方法为:把铝膜蒸镀在18μm 厚的聚乙烯膜上,再把塑料膜贴在三棱镜底部;使用的微波设备与过去相同。实验结果分述如下:

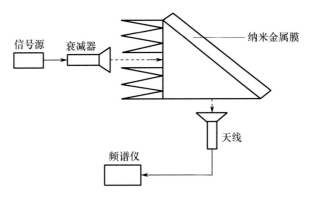

图 13 使用 Kretschmann 结构时测量 GHS 的微波实验系统示意

① 先在固定入射角($\theta_1 = 45°$)条件下进行实验,这个角度满足全反射条件($\theta_1 > \theta_{1c}$);采用 TM 极化时,铝膜厚度分别为 30nm、60nm 时,GHS 与频率的关系如图 14 和图 15 所示,GHS 均为正值。然后在 TE 极化条件下测量,膜厚 30nm、60nm 情况下的 GHS 与频率关系如图 16 和图 17 所示,得到的 GHS 均为负值。

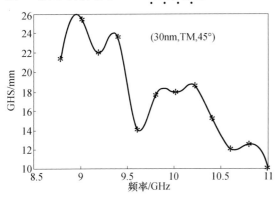

图 14 纳米金属薄膜实验结果之一(TM 极化)   图 15 纳米金属薄膜实验结果之二(TM 极化)

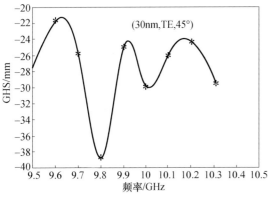
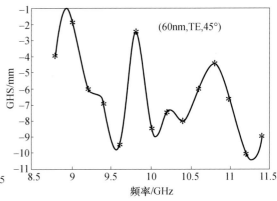

图 16 纳米金属薄膜实验结果之三(TE 极化)   图 17 纳米金属薄膜实验结果之四(TE 极化)

② 固定频率($f = 9GHz$),改变入射角 θ_1 进行测量。在 TE 极化条件下,得到 GHS 与 θ_1 的关系曲线,如图 18 所示。可见,在镀膜厚度 30nm 时,GHS 基本上为正值(只在 $\theta_1 < 46.5°$ 时出现负值);膜厚 60nm 时,GHS 基本上为负值(只在 $\theta_1 < 48 \sim 50.5°$ 时出现正值)。这种情况与前

面(①的内容)有很大不同——在固定在45°时,只要用 TE 极化,两种膜厚都是负位移;但在 $\theta_1 > 45°$ 时,即使保持 TE 极化不变,也可能出现正位移。并且在 $\theta_1 \approx 47.5°$ 时,正位移(30nm)、负位移绝对值(60nm)都出现极大值,即所谓 giant shifts。

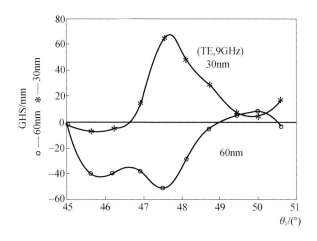

图 18　纳米金属薄膜实验结果之五(TE 极化)

7　讨论

前文已给出关于大 GHS 和负 GHS 的研究情况。表2 是其中主要实例的汇总,列表的好处是便于比较。表2 代表了几十年来相关研究的进展。值得注意的是,近年来的实验(Gruschinski 等[17]和本课题组[19, 21])都已证明在 TE 极化条件下既可获得大 GHS 又可获得负 GHS,特别是姜荣等用两种纳米金属膜按 Kretschmann 结构进行的实验,是很有特色的实验。目前我们尚不能通过理论分析和计算来讨论从图17 到图21 的测量结果,以下只就薄金属膜物理作用性质进行评估,以便为进一步的分析提供参考。

表2　关于大 GHS 和负 GHS 的研究实例

研究者	频段	性质	入射波极化	类别	研究方法及主要结果
Anicin 等[9] (1978)	微波	理论分析和计算	TM	周期性电磁结构(波纹状金属表面)	波纹起伏不大(凸起 $d<\lambda/4$)时位移为负
Wild 等[11] (1982)	光频	理论分析和计算	TM	平滑金属表面(银和锗)	计算表明 GHS 可为正,也可为负
张纪岳等[13] (2008)	微波或光频	理论分析和计算	TM	平滑金属表面	计算表明在 TE 极化时无论频率高低都只能得到小的正位移,但在 TM 极化时如频率较高(在反射区)及入射角大(85°~88°)可得绝对值大的负位移
Zhou 等[20] (2008)	光频	理论分析和计算	TM	Otto 结构,空气隙下是金属(银)表面	计算表明 GHS 可正可负,并与气隙厚度密切相关

（续）

研究者	频段	性质	入射波极化	类别	研究方法及主要结果
Breazeale 等[8]（1976）	短波（超声波）	实验	?	周期性电磁结构（水中的黄铜表面）	用照相底片感光方式清晰显示了正位移（$f=$ 2MHz）和负位移（$f=$6MHz）两种状态
Bonnet 等[10]（2001）	光频	实验	TM	周期性电磁结构（锯齿状铝表面）	实验表明入射角 $\theta_1 < 37°$ 时为正位移，38°～40°时为负位移（在 38.8° 处绝对值最大）
Merano 等[14]（2007）	光频	实验	TM	平滑金属表面（金）	实验表明负位移不难获得，绝对值远大于正值
Yin 等[18]（2004）	光频	实验	TM	表面等离子激发（玻璃三棱镜底镀银膜）	用 Kretschmann 结构，既获得了大 GHS，又获得了负 GHS；是两领域（GHS、SPW）结合研究范例
Gruschinski 等[17]（2008）	微波	实验	TE	表面等离子激发（三棱镜底镀铝膜）	用 Kretschmann 结构，在 TE 极化时发现类谐振造成的 GHS 增大（可达 7cm）现象；未测出负位移
曲敏 等[19]（2010）	微波	实验	TE	表面等离子激发（三棱镜下放 FSS 板，因而也利用了周期性电磁结构思想）	用 Otto 型棱镜耦合结构；在 TM 极化时多数结果 GHS 为正，少数为负；在 TE 极化时的结果数据全为负
姜荣 等[21]（2013）	微波	实验	TE	表面等离子激发（三棱镜底镀铝膜）	用 Kretschmann 结构，在两种膜厚（30nm、60nm）下作测量；结果在 TM 极化时 GHS 为正。TE 极化时 $\theta_1 = 45°$ 时 GHS 为负。加大 θ_1 之后，TE 极化时 GHS 可为正值，也可为负值，并在适当的角度成为大 GHS

对薄金属膜中可能出现的物理现象的研究兴趣始于半个世纪前，但至今仍然不很清晰。应区分两种情况：①自然放置在真空（或空气）中的金属膜；②有电磁波向表面斜入射的金属膜。对于①，可以认为其内部体电荷密度为零，但表面电荷密度不为零（该密度应与电子的体密度 n_e 成正比）；在电场力作用下的电子群浪涌（subsequent surge）遵循一个微分方程并造成在 f_p 上的表面电荷振荡，这过程甚至会在 f_p 产生微弱的辐射。这就要求金属膜不能太薄，以使电场得以透入并完成它的物理作用。

对于②，若有电磁波向金属膜表面斜入射，而且又是 TM 极化的；那么电场是在入射面内，因而有与膜表面垂直的场分量，可以激发表面等离子模（Surface Plasma Mode，SPM）。由于入射波会与 SPM 发生强相互作用，如果改变频率（在 f_p 附近扫描），若发现在某个频率处传输系数突降、反射系数突升，就是发生上述作用的标志，也就是表面等离子波被激发了。表 3 对不同线极化波引起不同反应的说明，由此可知 TE 极化条件下不可能获得 SPW。图 19 是对银膜（厚 19nm）的计算和实验例，图中纵坐标 T 是传输系数，横坐标 hf 是光子能量。我们知道可见光波段的频率 $f = 4 \times 10^{14} \sim 7.5 \times 10^{14}$ Hz，波长 $\lambda = 760 \sim 400$nm，光子能量 $hf = 1.6 \sim 3$eV，故发生 SPW 的值（3.8eV）是处在可见光频段的高频端。另外，图 19 清楚地表明使用 TE 极化没有意义。

表 3　两种线极化波的特点及其与金属膜的作用

电磁波类型	另一种称呼	特　点	波向金属膜表面斜入射时的作用
TM, 横磁波 (transverse magnetic)	电波 (E 波)	磁场在与波矢方向(波进行方向)垂直的横截面上,即 $H_k=0$;在纵向(波矢方向)有电场($H_k\neq0$),故又称电波	电场在入射面内,会与带有电荷的金属表面的等离子模(plasma mode)产生强相互作用,即类谐振现象
TM, 横电波 (transverse electric)	磁波 (H 波)	电场在与波矢方向(波进行方向)垂直的横截面上,即 $E_k=0$;在纵向(波矢方向)有磁场($H_k\neq0$),故又称磁波	磁场在入射面内,但它对金属表面电荷不起作用,故不会由谐振而激发 SPW

因此,就激发 SPW(或说建立 SPM)而言,必须用 TM 极化,而且应当在光频做实验。但我们讨论的事情却有所不同:首先,为了观察负 GHS(而非激发 SPW),不一定要求有与金属膜表面垂直的电场分量;其次,实验是在微波进行的,规律与在光频也有区别。

还应指出,纳米结构存在一些特殊性质——表面/界面效应;小尺度效应;宏观量子现象等。我们知道纳米技术关注的范围为 $0.01\sim100\text{nm}$,即 $10^{-11}\text{m}\sim10^{-7}\text{m}$,故可认为其上限是 $0.1\mu\text{m}$。物质在这区间的特性既不同于分子也不同于宏观材料,具有双重性。纳米尺度的行为不能从宏观规律中作简单的推理和认识,这一点必须考虑到。

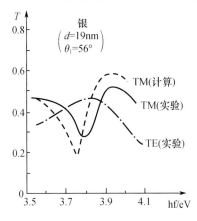

图 19　对银膜的实验结果

8　仅靠光密电介质板是否能获得负 GHS

普通的光密电介质板是双正媒质(medium of $\varepsilon>0$ and $\mu>0$),所谓左手材料或称负折射材料是双负媒质(medium of $\varepsilon<0$ and $\mu<0$),金属在一定条件下可看作单负媒质(medium of $\varepsilon<0$)。以上三者之中,后两个被用来促成负 GHS 现象出现,都是成功的。但有的文献说,使用一块光密电介质板就可以获得负 GHS,并且在微波取得了实验数据的证明。仅靠一块电介质板就可得到这种结果,是令人匪夷所思的事情。为了便于讨论,我们在图 20 中绘出了一种由三种媒质(n_1、n_2、n_3)组成的双界面(Ⅰ、Ⅱ)结构。如果区域 2 是某种固体材料($n_1=n$),区域 1、3 是空气($n_1=n_3\approx1$),那么就可绘出正位移($D>0$)的情况,如图 20(a)所示;然后笔者根据自己的理解绘出可能的负位移($D<0$)情况,如图 20(b)所示。由波束进行方向可以看出,在后一情况下媒质 2 仿佛是一种负折射率材料。

1978 年和 1979 年,L. Arthur 等[22, 23]讨论了电磁波波束和微波波束通过电介质板时的位移。1978 年,实验所用的电介质板是 Plexiglas($n=1.63$),厚度为 9.54cm,面积为 $61\times61\text{cm}^2$,实验结果均为 $D>0$。但在文中提及一个工作(M. Wong, Can. J. Phys., Vol. 55, 1977, 1061)时说到反向位移(backward direction shift),证明 1977 年就出现了"用介质板也能获得负位移"的观点。1984 年,C. W. Hsue 等[24]研究了与多层结构相关的位移,认为对透射光束而言总有 $D>0$,但对反射光束而言既可能 $D>0$(GHS 为正),也可能 $D<0$(GHS 为负)。

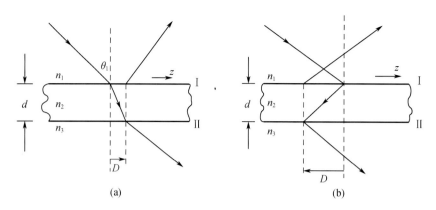

图 20　双界面问题中的正位移和负位移

　　针对与本文图 20(a)相同的结构(如一块玻璃板),2005 年李春芳[25]作了分析和计算,其结果甚有趣。假设入射波是 TE 极化,他导出透射光束沿表面方向(图 12 中的 z 向)GH 位移的算式,由此导出 GHS 为负的充分条件和必要条件。然后在取 Perspex 玻璃($n = 1.605$)条件下进行计算,输入微波 $\lambda = 3.28$cm;计算结果是,位移 D 之值在 $16 \sim (-8)$cm 之间随 d 的变化而波动(d 最大取 40cm)。至于反射光束的 GH 位移,除了所谓谐振点之外,反射光束的 GHS 等于透射光束的 GHS。不仅如此,他还提出了下述公式:

$$\tau_g = \frac{\partial \phi}{\partial \omega} + \frac{\partial k_z}{\partial \omega} D \qquad (20)$$

式中:τ 为群时延。因此又可导出群时延为负的充分条件和必要条件。这就是说,光脉冲所通过的即使仅仅是一块玻璃板,也可能获得负群速。李春芳甚至认为,当 GHS 为负时光密介质板有点像 Shelby[26]所述的负折射材料,但二者在本质上并不相同。

　　对于这个观点(双正材料也能出现负 GHS 现象因而在这时与双负材料类似),我们目前还难于接受,并且认为这些推导在实验上无法证明。2006 年陈玺等[27]发表"有限光束穿过薄介质板的类 GH 位移"一文,声称已经"首次观察到了透射光束的反向 GH 位移"(采用 $n = 1.637$ 的有机玻璃板,入射波 TE 极化,$\lambda = 3.28$cm)。他们的微波实验系统不用三棱镜,而是直接对 8 种不同厚度($d = 1$mm ~ 1.5cm)的有机玻璃板进行测量;提出了以下观点:在薄介质板这种部分反射结构中,透射光束、反射光束的侧向位移与全反射时发生的消失场无关,故可称之为类 GH 位移(shift of GH - like)。它反映的只是与几何光学预期结果的不同。……这一解释在物理上可以接受,但我们仍然反对"双正材料与双负材料类似"的说法。

9　结束语

　　如果把 T. Tamir 对"反向传播表面波"的研究当作起点,可以说对负 GHS 的研究已有半个世纪了。从本文的内容可知,相关研究已有很大进展。然而,正如 Gruschinski 等[17]所说:"目前没有解释 GHS 的精确理论"("there is no exact theory of the GHS available for the time being"),这个说法看来是对的。例如 1971 年提出的 leaky waves 理论,至少缺少实验或数值计算的检验。当我们讨论全反射(total reflection)时,究竟会有多少能量不在主反射波束中,而像图 1 中虚线所示的那样"拖曳"在更远的地方? 另外,2000 年 H. M. Lai 等[28]论述了 Goos - Hänchen 位移效应中的能流图像(energy - flux pattern),认为界面处为循环波,与流体中的涡流相似;给出了全反射能流涡旋场;又绘出了消失态表面波能流线。但是,这种形象化的作图技术可以带来怎样的物理解释? 尚不够清晰。再如,对金属表面而言,由于表面等离子场由谐振而放大了漏波是重要的,又有了表面等离子谐振(Surface Plasma Resonance, SPR)的理念。如小心设计一种 SPR 结构,就会发生负 GHS;我们觉得这可能也是获得大位移的条件,也是值得研究的问题。另外,我们课题组的实验,为什么对纳米级金属薄膜进行实验时会在在 TE 极化的条件下得到负 GHS? 尚缺少理论解释。还有,对"电介质板也可发生负位移"的说法我们至今持怀疑态度,希望在今后有机会进行实验以便一探究竟。最后指出,在界面问题中,Goos – Hänchen 位移和表面等离子波(SPW)显然有联系,因此本文对 SPW 研究工作颇有参考价值。

参 考 文 献

[1] Goos F, Hänchen H. Ein neuer und fundamentaler versuch zur total reflexion[J]. Ann d Phys, 1947, 6(1): 333 – 346.

[2] 黄志洵. 消失态与 Goos – Hänchen 位移研究[J]. 中国传媒大学学报(自然科学版),2009,16(3):1 – 14.

[3] Artman K. Berechnung der seidenversetzung des totalreflektierten strahles[J]. Ann. d Phys. , 1948, 6(2): 87 – 102.

[4] 曲敏. 电磁波消失态的理论与实验研究[C]. 北京:中国传媒大学,2011.

[5] Horowitz B,Tamir T. Lateral displacement of a light beam at a dielectric interface[J]. Jour Opt Soc Am, 1971, 61(5): 586 – 594.

[6] Tamir T, Oliner A. The spectrum of electromagnetic waves guided by a plasma layer[J]. Proc. IEEE, 1963, 51(2): 317 – 332.

[7] Tamir T, Bertoni H. Lateral displacement of optical beams at multilayered and periodic structures[J]. Jour Opt Soc Am, 1971, 61(10): 1397 – 1413(又见:Bertoni H, Tamir T. Unified theory of Rayleigh – angle phenomena for acoustic beams at liquid – solid interfaces[J]. Appl Phys, 1973, (2): 157 – 172.)

[8] Breazeale M, Torbett M. Backward displacement of waves reflected from an interface having superimposed periodicity[J]. Appl Phys Lett, 1976, 29(8): 456 – 458.

[9] Anicin B. Theoretical evidentce for negative Goos – Hänchen Shifts[J]. J Phys, A: Math Gen, 1978, 11(8): 1657 – 1662.

[10] Bonnet C, et al. Measurement of positive and negative Goos – Hänchen effects for metallic gratings near Wood anomalies[J]. Opt Lett, 2001, 26(10): 666 – 668.

[11] Wild W. Goos – Hänchen Shifts from absorbing media[J]. Phys Rev A, 1982, 25(4): 2099 – 2101 .

[12] 黄志洵. 金属电磁学理论的若干问题[J]. 中国传媒大学学报(自然科学版),2011,18(4):1 – 12.

[13] 张纪岳,等. 光束在单层金属界面上反射时的纵向位移[J]. 中国激光,2008,35(5):712 – 715.

[14] Merano M, et al. Observation of Goos – Hänchen Shifts in metallic reflection[J]. Opt Exp, 2007, 15(24): 15928 – 15934.

[15] Otto A. Excitation of nonradiative surface plasma waves in silver by the method of frustrated total reflection[J]. Zeit für Phys, 1968, 216: 398 – 410.

[16] Kretschmann E. Die bestimmung optischer konstanten von metallen durch anregung von oberflächchenplasma schwingungen[J]. Zeit. für Phys, 1971, 241: 313 – 324.

[17] Gruschinski R,et al. Resonance – like Goos – Hänchen shifts induced by nano – metal films[J]. Ann d Phys, 2008, 17 (12): 917 – 921.

[18] Yin X, et al. Large positive and negative lateral optical beam displacements due to surface plasmon resonance[J]. Appl Phys Lett, 2004, 85(3): 372 – 374.

[19] Qu M(曲敏), Huang Z X(黄志洵). Frustrated total internal reflection: resonant and negative Goos – Hänchen Shifts in mi-

crowave regime[J]. Opt Comm, 2010, 284(10): 2604 – 2607.

[20] Zhou H, et al. Analysis of the positive or negative lateral shifts of the reflected beam in Otto configuration under grazing incidence[J]. Chin Opt Lett, 2008, 6(6): 446 – 448.

[21] Jiang R(姜荣), Huang Z X(黄志洵). Negative Goos – Hänchen shifts with nano – metal – film on prism surface[J]. Opt Comm, 2014,313:123 – 127.

[22] Arthur L, et. al. Displacement of an electromagnetic beam upon reflection from a dielectric slab[J]. J Opt Soc Am A, 1978, 68(3): 319 – 322.

[23] Arthur L, et al. Displacement of a microwave beam upon transmission through a dielectric slab[J]. Can J. Phys. , 1979, 57: 1409 – 1413.

[24] Hsue C W, Tamir T. Lateral beam displacement in transmitting layered structures[J]. Opt Comm, 1984, 49(6): 383 – 387.

[25] 李春芳. 反向 Goos – Hänchen 位移及负群时延[J]. 北京石油化工学院学报,2002,10（4）:55 – 58.

[26] Shelby R, et al. Microwave transmission through a two – dimensional isotropic left – handed metamaterial[J]. Appl Phys Lett, 2001, 78: 489 – 491.

[27] 陈玺,等. 有限光束穿过薄介质板的类 Goos – Hänchen 位移[J]. 红外与毫米波学报,2006,25(4):291 – 294.

[28] Lai H M, et al. Energy – flux pattern in the Goos – Hänchen effect[J]. Phys Rev E, 2000, 62(5): 7330 – 7339.

量子隧穿时间与脉冲传播的负时延

黄志洵　姜荣

（中国传媒大学信息工程学院,北京　100024）

摘要：为了计算粒子隧穿通常认为是禁区的势垒的时间,应考虑波包的传输。这被许多科学家(如 MacColl、Wigner、Hartman、Büttikar 等)讨论过。按照 Hartman 的解析式,隧穿时间是非零的正值;而对于较厚的势垒,传输时间与垒厚无关。这为粒子的超光速运动提供了理论上的可能性。1960 年,L. Brillouin 讨论了色散媒质中的光传播,结果认为信号速度 v_s 与群速 v_g 并无不同,除非在反常色散区。v_g 可以比真空中光速大（$v_g > c$）,甚至变为负值（$v_g < 0$）。这样就使人们对波传播中的负时延产生了兴趣。但 Brillouin 说"负群速(NGV)没有物理意义",现在我们知道这样讲是错误的。

本文着重研究了负群速特征(NGVF),首先指出存在两种情况:空间中的反向运动和对时间的反向运动。指出在波动力学中波速度(如 v_p、v_g)是标量,故 NGV 的含义并非仅为"运动方向反了过来"。其次指出 NGV 波是超前波,它不仅比真空中光速 c 快,而且快到在完全进入媒质前就离开了媒质。电磁脉冲可以作时间超前运动是一种负性运动。这种现象对物理学家而言很重要,因为他们想知道究竟发生了什么。最后给出了我们使用互补类 Ω 结构(COLS)构成的左手传输线的微波脉冲传输特性的实验研究。在 5.6 ~ 6.1GHz 形成阻带,其中状态为反常色散。获得了 NGV 特征,即脉冲超前传播——输入脉冲峰进入样品前输出脉冲峰即在出口浮现。获得了负群速,$v_g = (-0.13c) \sim (-1.85c)$。

关键词：量子隧穿时间;负群速;负群时延;超前波;NGV 特征;左手传输线;超光速

Quantum Tunneling Time and Negative Time – delay in Pulse Propagation

HUANG Zhi – Xun　JIANG Rong

（Communication University of China，Beijing　100024）

Abstract：To account for the time spent by a tunneling particle in the classically forbidden re-

注:本文原载于《前沿科学》,第 8 卷,第 1 期,2014 年 3 月,54 ~ 68 页。

gion of a potential barrier, the tramsmission of a wave – packet must be considered. This problem was discussed by MacColl, Wigner, Hartman, Büttikar and other scientists. According to the Hartman's analytic expressions, the tunneling time is positive, non zero; and for thicker barriers, the transmission time is independent of barrier thickness. It is the theoretical possibility of superluminal motion of the particle. In 1960, L. Brillouin discussed the propagation of light in dispersive media. The results can be summarized in the following viewpoints: The signal velocity v_s does not differ from the group velocity v_g, except in the region of anomalous dispersion. The v_g can greater than the light velocity in vacuum ($v_g > c$), and it even becomes negative ($v_g < 0$). Then, considerable interest has developed on negative time – delay in wave propagation. But, Brillouin said: "The negative group velocity (NGV) has no physical meaning", now we know this idea is wrong.

In this paper we study the features of negative group velocity, i. e the NGV Features (NGVF); Firstly, it contains two situations: backward motion in space and backward motion in time. We must remember that, in the Wave Mechanics the wave velocity (such as v_p and v_g) is scalar, so NGV does not only indicate the direction of movement is flow backward. Secondly, the NGV – wave is advanced wave, it is not only faster than a wave traveling in vacuum by c, and so quickly that it left the medium before it had even finished entering. The electro – magnetic pulse can moving advanced in time, it is a negative characteristic motion. This phenomenon is of great importance to physicist, they will be interested to know what happens. Finally, In this paper, the microwave pulse propagation transferred through a left – handed transmission line using Complementary Omega – Like Structures(COLS) loaded was studied. There was a stop band in transmission from 5.6GHz to 6.1GHz, and the anomalous dispersion was causes in this band. Negative group velocity corresponds to the case in which the peak of the pulse exited before the peak of the incident pulse had entered the sample. The negative group velocity reached ($-0.13c$) ~ ($-1.85c$)。

Key words: Quantum tunneling time; Negative group velocity; Negative group time – delay; Advanced waves; NGV features; Left – Handed transmission line; Faster – Than – Light

1 引言

早在 20 世纪 20 年代物理学家就在量子力学理论基础上提出了量子隧道效应(quantum tunneling effect),它在数学上的描写是"即使势垒高度大于入射粒子能量,在势垒后面粒子出现的几率也不为零"。实际上,在量子力学出现之前 J. C. Bose 早就进行过经典物理范畴内的(即以经典电磁学为基础的)隧穿实验,它是以消失波衰减过程为基础的实验。取两个玻璃板平行相对,中间有等宽(宽度 L)的空气隙,如光束自左方斜向入射(与法线夹角 θ),则在气隙左方的玻璃(Ⅰ区)内形成电磁波(光波)从 $n > 1$ 区(光密媒质)向 $n \approx 1$ 区(光疏媒质)的传播,界面上多数光波反射,少数光波将隧穿通过气隙,即区域Ⅱ,而进入另一光密媒质Ⅲ区。虽然波包向玻璃板长度方向传播,与玻璃板垂直的 z 向却发生隧穿过程(tunneling process)。Bose 是用微波(厘米波)做的实验,当然入射角 θ 应大于总内反射临界角,即 $\theta > \arcsin\dfrac{1}{n}$,其中 n 为玻璃的折射率。当距离小于波长时,Bose 发现在右方玻璃板中确有波通过了气隙而在Ⅲ区内传播,状况与 L 密切相关。这是最早的隧道效应实验,也是最早的消失波实验(L 是消失波区域）。近年来的"二维受阻全内反射"（Frustrated Total Internal Reflection、FTIR）研究和实验,可以溯源到近百年前的 Bose 实验。

无论在经典电磁学中或在量子力学中,隧道效应都是基础性的。如何定义隧穿时间是一个重要问题。它涉及现代物理学的多个方面,如薄膜生长技术、超晶格理论、单晶材料量子阱、光纤技术、隧道二极管技术、超光速实验技术等,都要求建立量子领域的隧穿动力学理论。隧穿输运的动力过程必须在时间尺度上有明确说法,虽然隧穿时间通常极为短暂,例如可能在 10^{-13} s 以下。理论分析和实验研究既立足于微观粒子（如电子、光子）层面,也可直接做波包运动（motion of packet）分析。经典电磁学中的 Maxwell 方程,量子力学中的 Schrödinger 方程、Dirac 方程,都可作为分析的起点和工具。因此这一领域的研究吸引了许多科学家,虽然分歧越来越大。……本文在作综述的同时也提出了自己的观点,特别是对负群速、负群时延的物理意义和隧穿过程的"NGV 特征"作深入的分析。最后介绍了我们课题组在负群时延和负群速方面得到的实验结果。

2　早期研究情况

1931 年,E. Condon 和 P. Morse[1]发表了关于"碰撞过程的量子力学"的研究报告,第 I 部分讨论"在一确定力场中粒子的散射";该文最早提出了粒子隧穿时间的问题。1932 年,L. MacColl[2]发表题为"波包在势垒中的传输和反射"论文,提出了第一个关于隧穿时间的分析理论。值得注意的是,他使用了非相对论性量子波方程（Schrödinger 方程）。他说入射波包将分解为一个反射波包（reflected packet）和一个出射波包（transmitted packet）。分析发现,当出射波包在势垒后端（$z=L$ 处）出现,其时间大约与入射波包（incident packet）到达势垒前端（$z=0$处）相同,故波包经过势垒时没有可以觉察到的时延。因此,MacColl 认为出射波包峰大约是在入射波包峰抵达势垒时离开势垒,故对应的时延为零;我们由此可以认为相应的速度是无限大。

MacColl 的研究表明"粒子隧穿势垒不需要时间",即使在今天来看也令人吃惊。无限大速度当然是超光速,这是相对论学者不能接受的。……但无论如何 MacColl 是有贡献的,他揭示出:隧穿是在特别短的时间上发生（tunneling takes place in an extremely short time）;至于究竟多少时间,需视具体情况而定。

1962 年,T. E. Hartman[3]发现对不透明势垒在势垒厚度增加时相时间趋于饱和达到一恒定值,故当势垒（或障碍）厚度增加时隧穿粒子速度可以不断地（不受限制地）增大。对相对论学者来说,这理论与 MacColl 理论一样不可接受,因为它为超光速可能性打开了大门。但 Hartman 的理论分析更严谨,驳倒他会更困难;因此出现了一个名词:"惊慌的物理学家"[4]。如果科学工作者秉持冷静、客观、平和的心态,用与时俱进的观点看问题,是不会惊慌的;反之,如果坚持狭义相对论（SR）中的光速极限原则,认为该原则如同《圣经》一样绝对不能违背,那么仅仅一个 Hartman 效应就足以使之惊慌了。这还没有算上在以后半个世纪中超光速理论和实验的巨大发展。……鉴于 Hartman 效应的重要性,这里将多作叙述。

Hartman 指出,由于经过绝缘薄膜的隧穿现象的发现及该现象实际应用可能性的考虑,对波包隧穿的研究引起了人们的兴趣。虽然已广泛处理了稳能态经过势垒的隧穿,对隧穿时间的注意却不够。……当入射波包碰上势垒,它分解为一个出射波包和一个反射波包。Hartman 分析了 Gauss 波包通过一维矩形势垒的情况,入射波包由多个平面波组成;能量函数 U 分为 3 个区域:

Ⅰ　$U(z) = 0, z \leqslant 0$　　　　　　　　　　　　　　　　　　　　　　　　(入射区)

Ⅱ　$U(z) = U_0, 0 < z < L$　　　　　　　　　　　　　　　　　　　　　　　(势垒)

Ⅲ　$U(z) = 0, z \geqslant L$　　　　　　　　　　　　　　　　　　　　　　　　(出射区)

而分析是从含时 Schrödinger 方程出发:

$$\frac{\hbar^2}{2m} \frac{\partial^2 \Psi(z,t)}{\partial z^2} - U(z) \Psi(z,t) = -\mathrm{j}\hbar \frac{\partial \Psi(z,t)}{\partial t} \tag{1}$$

由此写出 3 个区的波包解;式(1)中 m 为粒子质量。

　　Hartman 的数学分析详尽而具体,并有多个计算得出的图表。分析计算得到如下结论:粒子通过势垒的传输时间(transmission time)是非零的正值;当势垒厚度 L 较小时,传输时间随厚度增大而增加。如 L 较大,传输时间保持恒定值(for thicker barriers the transmission time is independent of barrier thickness),如图 1 所示。如 L 很大,不再有隧穿现象(for very thick barriers, not tunneling at all)。

　　Hartman 用 δt 表示传输时间;后来人们习惯用符号 τ_g,称之为群时延(group delay)。简言之,如果 L 不断增加时 τ_g 不变(为有限值),那么当 $L \to \infty$,就会有

$$v_\mathrm{g} = \frac{L}{\tau_\mathrm{g}} \to \infty \tag{2}$$

当然令 $L \to \infty$ 是无意义的,因为 L 加大到一定程度就没有隧穿发生了。但这仍然表示超光速($v_\mathrm{g} > c$)是可能的,只要 L 加大到 $c\tau_\mathrm{g}$ 以上($L > c\tau_\mathrm{g}$);这里 τ_g 代表饱和值。因此,虽然 Hartman 论文未提及 SR 理论,也没有一句话涉及光速极限原则和超光速可能性问题,但却

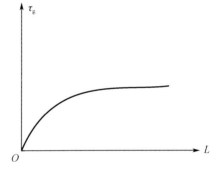

图 1　Hartman 效应示意

仿佛开启了超光速研究之门。这是相对论学者不能接受的;但迄今似乎尚无人能指出 Hartman 的分析计算错在何处。一直以来,人们都知道对自由空间而言粒子的群时延(τ_g)与距离呈线性关系;但如穿越势垒而垒宽又较大时 τ_g 却呈饱和状态。从逻辑上讲是可以在实验中观察到这种现象的。1993 年,美国加州大学伯克利分校几位科学家所做实验(SKC 实验)[3] 就证明,光子穿过特制的(固体物质薄膜组成的)势垒时可以比光速快 70%,即获得 $v_\mathrm{g} = 1.7c$。

　　Hartman 效应是不能不重视的。在该文发表 44 年后,即到了 2006 年,H. Winful[6] 从维护 SR 理论出发仍然把它作为批评的主要对象。此文虽对隧穿时间提出"新解释",我们认为它并不能终结分歧及讨论。文章说"现有的实验中没有一个是针对势垒隧穿而测出了超光速群速的",则完全是武断的结论;Winful 所知道的实验有限。不仅如此,对于负群速(NGV)实验现象及如何解释,其文章完全没有涉及。科学家在狭隘有限的情况了解的基础上急于下结论是不可取的。……还应指出,超光速性(超光速现象)的存在并非仅靠"粒子隧穿"而证明的。

3　隧穿时间定义的多样性

一个基本的隧穿时间概念是相时间(phase time),它的定义为

$$\tau_{\varphi} = \frac{\mathrm{d}\Phi}{\mathrm{d}\omega} \tag{3}$$

式中:Φ 为相位,如取 $\Phi = \beta L$,则有

$$\tau_{\varphi} = L\frac{\mathrm{d}\beta}{\mathrm{d}\omega} = \frac{L}{v_{\mathrm{g}}} \tag{4}$$

故所谓相时间速度(phase time velocity)为

$$v_{\varphi} = \frac{L}{\tau_{\varphi}} = v_{\mathrm{g}} \tag{5}$$

它与群速是一回事,本身不具独立性。

人们通常认为,1955 年 E. Wigner[7]最先讨论了相时间并得出某些独特的结论。查阅原文,给笔者的印象是他并未专注于隧穿时间的讨论。在"摘要"中他说:"本文显示散射波相移对能量的导数 $\mathrm{d}\eta/\mathrm{d}E$ 会超过一个确定的极限,假如散射粒子和散射源的相互作用超越一确定距离后消散。$\mathrm{d}\eta/\mathrm{d}E$ 的极限基本上是因果性原理的影响"。他的相移 η 即我们习惯上使用的 Φ;另外,量子能量 $E = \hbar\omega$;所以 $\mathrm{d}\eta/\mathrm{d}E$ 即 $\mathrm{d}\Phi/\mathrm{d}\omega$,也就是相时间 τ_{φ}。不过,该文未详细讨论真空中光速 c 能否超越的问题。……2002 年顾本源[8]曾对相时间作简短讨论,我们注意到其出发点仍为 Schrödinger 方程。

1982 年,M. Büttiker 和 R. Landauer[9]假设势垒随时间作简谐变化:

$$U(z,t) = U_0(z)\cos\omega t$$

这时情况与频率有关,分为低频($\omega < \tau_{\mathrm{t}}^{-1}$)和高频($\omega > \tau_{\mathrm{t}}^{-1}$)两种情况。据此提出了透射时间的定义 τ_{BL},在粒子的低频表现和高频表现之间存在一个转折点或临界频率。τ_{BL} 在数值上等于势垒宽度除以速度的绝对值。……这项研究后来并未受到普遍重视,不如 1983 年 M. Büttiker[10]发表的论文"隧穿的 Larmor 进动和透射时间"。以下是其大意。

粒子与势垒(L 为势垒宽度,U_0 是势垒高度)之间的相互作用时间,Büttiker 提出了几个概念:透射时间、反射时间和居留时间。透射时间(traversal time)是粒子穿过势垒的平均时间,用 τ_{t} 表示。居留时间(dwell time)最早并非 Büttikar 提出的,但用来描写粒子与势垒的相互作用(一维隧穿过程)却是他在 1983 年所做的事。定义居留时间 τ_{d} 为势垒中粒子数与入射流通量的比(ratio of number of particles within the barrier to the incident flux):

$$\tau_{\mathrm{d}} = \frac{N}{J} \tag{6}$$

式中

$$J = \frac{\hbar k}{m} \tag{7}$$

m、k 分别为粒子的质量和波矢;另外

$$N = \int_{-d/2}^{d/2} |\Psi|^2 \mathrm{d}z \tag{8}$$

式中 $\Psi = \Psi(\omega, k, z)$ 是粒子的波函数, z 是粒子运动方向坐标,故有

$$\tau_{\mathrm{d}} = \frac{m}{\hbar k} \int_{-d/2}^{d/2} |\Psi|^2 \mathrm{d}z \tag{9}$$

τ_{d} 是粒子在势垒中的平均居留时间,不管其最终是否透射或反射出该区域。τ_{d} 与相时延不相关,除非隧穿已不重要;即如果势垒几乎透明,则 τ_{d} 与 τ_{φ} 可比拟。

在这些理论陈述中,有以下关系式存在:

$$\tau_{\mathrm{d}} = \tau_{\mathrm{t}} T + \tau_{\mathrm{r}} R \tag{10}$$

式中: τ_{r} 为反射时间(reflective time); T 为隧穿粒子的透射几率密度(probability of traversal intensities); R 为隧穿粒子的反射几率密度(probability of reflective intensities),而 $R + T = 1$。

Büttikar 说,如果粒子最终是发送过去的, τ_{t} 为它用在势垒中的时间。如果粒子最终被反射, τ_{r} 为它与势垒相互作用的时间。两者都与 τ_{d} 不同,只在某些特定条件下接近相等。

隧穿时间的定义很多,令人眼花缭乱。例如,1984 年 E. Pollar 和 W. H. Miller 建议的复数时间(complex time)定义为

$$\tau_{\mathrm{c}} = \tau_{\varphi} + \mathrm{j}\tau_1 = -\mathrm{j} \frac{\partial \ln A}{\partial \omega} \tag{11}$$

式中: $A = |A| \mathrm{e}^{\mathrm{j}\varphi}$ 为波幅复传输系数;在这里, τ_{c} 的实部是相时间,虚部 τ_1 是损耗时间(loss time)

$$\tau_1 = -\frac{\partial \ln |A|}{\partial \omega} \tag{12}$$

对复数时间顾本源[8]进行了讨论。

我们不再作繁冗的介绍。在自然科学研究中,一种观点和作法是高举复杂性的旗帜,强调对自然界不能用简单的方法看待和对待。但我们认为科学家的信仰(或者说心中信奉的原则)却应当是简单性,即将任何事情还原到本质去认识,相信自然界的简单与和谐。为了维护某种传统理论而编织新的理论,是不可取的。

在以后的论述中,我们仍使用简单明确的以相时间为基础的群速关系式。

4 脉冲穿越势垒时的波速

"脉冲以负群时延穿越势垒"是一个难于理解的概念。负群时延($\tau_{\mathrm{g}} < 0$)意味着负群速(NGV, $v_{\mathrm{g}} < 0$),而关于负波速物理意义和 NGV 特征的解释是最核心,但也最困难的问题,存在很大争议。首先,如何看待"负波速就是反方向运动"这一流行说法?我们认为这观点存在问题。在经典力学中,速度定义为 $v = \frac{\mathrm{d}\boldsymbol{r}}{\mathrm{d}t}$ 或 $v = \frac{\mathrm{d}z}{\mathrm{d}t}$,负速度即速度矢量 $\boldsymbol{v}$ 的方向反了过来,这没错。然而波速概念是波动力学的一部分,要按波科学的观点和方法处理,不完全遵循诠释实体物质运动的 Newton 力学。在这方面,M. Born 和 E. Wolf[11] 的名著《光学原理》做得很好。我们先看最基本的两个波速定义——相速和群速。经典波方程的解为

$$V(\boldsymbol{r}, t) = a(\boldsymbol{r}) \cos[\omega t - g(\boldsymbol{r})] \tag{13}$$

其中 $a(>0)$ 和 g 是位置的标量函数,而

$$g(\boldsymbol{r}) = 常数 \tag{14}$$

称为等相面或波面。假如 dt、dr 满足

$$\omega dt - (\nabla g) \cdot dr = 0 \tag{15}$$

则相位 $[\omega t - g(r)]$ 在 (r,t) 和 $(r + dr, t + dt)$ 是相同的。此时设 q 代表 dr 方向上的单位矢量，并写成 $dr = q ds$，则由式（15）得

$$\frac{ds}{dt} = \frac{\omega}{q \cdot \nabla g} \tag{16}$$

当 q 垂直于等相面，即 $q = \nabla g / |\nabla g|$ 时，式（16）取得最小值，把这个最小值称为相速：

$$v_{\mathrm{p}} = \frac{\omega}{|\nabla g|} \tag{17}$$

相速表示等相位面前进的速度。对于平面波来讲

$$g(r) = \omega \left(\frac{r \cdot s}{v} \right) - \delta = k(r \cdot s) - \delta = k \cdot r - \delta \tag{18}$$

所以

$$\nabla g = k \tag{19}$$

因此平面波的相速表示为

$$v_{\mathrm{p}} = \frac{\omega}{k} \tag{20}$$

其中 $k = ks$ 是波矢量；如果 k 是频率 ω 的函数，那么 $k(\omega)$ 就是色散方程。如果 k 与频率 ω 无关，就是非色散的，这个条件下 k 与系统的相位常数 β 相同，即 $k = \beta$，此时相速可表示为

$$v_{\mathrm{p}} = \frac{\omega}{\beta} \tag{21}$$

在以上论述中可以看出相速不是矢量，而是标量。在《光学原理》一书中指出："式（16）中给出的 $\frac{ds}{dt}$ 表达式并不是相速在 q 方向上的分解，即相速不能作为一个矢量。"

　　我们虽然讨论了相速，但是相速不能从实验测定，因为要测量这个速度，需要在无限延展、光滑的波上做一个记号，然而这就要把无限长的谐波波列变换成另一个空间和时间的函数，因此必须承认相速缺乏实际的物理意义。并且在实际中由于单色波是一种理想化的波，展布于 $t = -\infty$ 到 $t = +\infty$，实际上并不存在。在实际应用中我们通常遇到的都是已调波，如调幅波（AM）、调频波（FM）等。这些被调制的波可以看成是由许多频率相近的单色平面波叠加而成，通常称为波群或波包，我们把用来描述这些频率相近的波群或波包在空间中传播的速度的物理量称为群速。通常一个波群或波包可以表示为

$$V(r,t) = \int_0^\infty a_\omega(r) \cos[\omega t - g_\omega(r)] d\omega \tag{22}$$

式中：a_ω 为 Fourier 振幅，在平均频率 $\bar{\omega}$ 两边很窄的范围，即 $\bar{\omega} - \frac{1}{2}\Delta\omega \leqslant \omega \leqslant \bar{\omega} + \frac{1}{2}\Delta\omega, \Delta\omega / \bar{\omega} \ll 1$。因此，一般三维波群的群速可以表示为

$$v_{\mathrm{g}} = \frac{1}{\left| \nabla \left(\dfrac{\partial g}{\partial \omega} \right)_{\bar{\omega}} \right|} \tag{23}$$

在平面波条件下写作

$$v_g = \frac{1}{\left| \nabla \left(\dfrac{\mathrm{d}\boldsymbol{k}}{\mathrm{d}\omega} \right)_{\bar{\omega}} \right|} \tag{24}$$

通常写作

$$v_g = \frac{\mathrm{d}\omega}{\mathrm{d}k} \tag{25}$$

从以上的论述中可以看出群速和相速一样不是矢量,而是标量。同样,当 k 与频率 ω 无关时,是非色散的,波群可以不失真的传播相当长一段距离。但是如果 k 是频率 ω 的函数,那么就是色散的,尤其是在反常色散时,群速可以超过真空中的光速,甚至变为负。

　　许多著名的电磁理论、电磁波与微波著作回避了与上述内容有关的问题,而我们采取的论点是"波速是标量而非矢量"。在计量学发展中,光速 c 的最精确值的测量是依靠下述标量方程[12]:

$$c = f\lambda \tag{26}$$

即精测光频 f 和光波长 λ(二者均为标量)而得到标量 c 的最精确值,而非由于对实物的经典力学速度定义($v = \mathrm{d}r/\mathrm{d}t$ 或 $v = \mathrm{d}z/\mathrm{d}t$)。因此,如果有人测出了负群速 $v_g = -c/310$[13],它应当作为一个整体结果而被接受,并进一步努力理解 $v_g < 0$ 的物理意义。而不应先验地"取绝对值",然后把负号孤立出来用"反方向"作解释[14,15]。

　　自然科学家的基本原则是以客观事实为准,对具体事实作具体分析;而不能预设结论,然后设法给这个预设结论作注脚。对 NGV 实验结果用"取绝对值"来对待,恰恰违反了这一基本原则。我们知道,WKD 论文题目是"Gain‐asisted superluminal light propagation"[13],亦即"增益辅助的超光速光传播",强调所报道的是一项超光速实验;而具有如此明确标题的论文被国际名刊 Nature 所接受和刊出。……然而张元仲[14]为了反对说"WKD 实验是一项超光速实验",提出了"取绝对值"的处理方法($c/310$ 当然是亚光速)。这是因为他有一个预设结论("不可能有超光速"),但 WKD 始终坚持他们完成的是超光速实验,而国际上多数评论也支持这一点。E. Wolf 曾致函王力军博士,说在 Principle of Optics 的新版中将引述 WKD 论文并修改关于光的群速度的描述。

　　《中国大百科全书·物理学》[16]在第 154 页文中指出,"负温度状态比正温度状态更热,负温度比正温度要高"。这正温度包含一切值,无限大温度也在其中。同理,正如 L. Brillouin[17]通过其计算曲线族所指出的那样,负群速比正群速更快;这正群速也包含一切值,无限大群速也在其中。张元仲却不顾这些经典分析,认为对 NGV 要用"取绝对值"的方法处理。学术研究不仅要关注结论还需关注结论的论证过程。2001 年,黄超光和张元仲[18]发表英文论文,说对 WKD 实验作分析计算的结果表明,媒质中脉冲的电磁能密度为负;能速 $v_e \approx v_g < 0$,表示能量密度在方向上与入射方向相反。……无独有偶,2006 年 G. Gehring[19]用图像说明他在光纤系统中做实验的情况(他和 WKD 一样是用的增益系统),表示虽然光纤前后的脉冲峰是右行的(向 z 增大方向),但在光纤内部脉冲峰却是左行。……因此我们有再作阐述的必要。

　　2013 年,黄志洵[20]提出"电磁波负性运动"的概念,认为尽管负波速现象中可能有空间的反向运动(backward motion in space),但更本质的东西却是时间上的反向运动(backward motion in time）。前者是形式上的，没有可挖掘的内涵；后者却更深刻，可能有令人费解但却实际存在的一些现象，对它的认识会使我们对光学原理乃至对自然界的认识进入一个新层次。例如，大家都知道的对 NGV 的常见描写："出射脉冲在出口浮现时，入射脉冲却未到入口处，而在距入口一定距离之外"（简称 NGV 特征）。这是事实，还是一种流传下来的说法？经查，最早这样讲的是 1970 年的 Garrett 论文[21]。此前，Einstein[22]虽然论述过负速度（1907），Brillouin[17]虽然论述过负群速（1960），但都没有说过会有这种现象。Garrett 说："not only can the pulse appear to travel faster than c, it can even appear to travel backwards; the output pulse peak can sometimes emerge from the far – side of medium before the peak of input enters the near – side."可以注意到：①他肯定脉冲可能做超光速运动；②他认为会有反向运动；③他最先提出了 NGV 特征，但对入射、出射脉冲都是根据峰值而论述的；④由于他未做实验，故 NGV 特征的提出不是由于在实验中观察到的现象，而是理论分析的结果（只要是 NGV，从逻辑上讲必定有该特征）。

　　王力军等[13]对实验的原理曾作如下描述：设气室长度为 L，室内为真空间光通过的时间为 L/c，室内为介质时光通过的时间为 L/v_g，故时间差为

$$\Delta t = \frac{L}{v_g} - \frac{L}{c} = (n_g - 1)\frac{L}{c} \tag{27}$$

如 $n_g < 1$，Δt 为负，物理表现为超前，故（$-\Delta t$）为光脉冲提前时间，并有

$$(-\Delta t) > \frac{L}{c} \tag{28}$$

好像光脉冲在未进入气室之前就离开了气室。

　　现在用他们的实验结果来验证上述原理。已知 $L = 6 \times 10^{-2}$m，$c \approx 3 \times 10^8$m/s，故 $L/c = 2 \times 10^{-10}$s $= 0.2$ns；实验测得（$-\Delta t$）$= 62$ns，故得 $n_g = -310$。现在，（$-\Delta t$）$\gg L/c$。王力军等在论文中说："这意味着通过原子气室传播的光脉冲峰在进入气室前就离开了气室而出现了，好像它还没有进入气室前就离开了气室。"这段话再次证明，NGV 特征是逻辑思维的判断，不是实验者亲眼看到的现象。

　　当然，WKD 实验所用脉冲的空间尺度很大[23]，给 NGV 特征的描述和理解带来麻烦。这个问题，从 Garrett 到王力军似乎都未考虑过。

5　关于"脉冲重组"假说

　　2011 年，曹庄琪、殷澄[4]在专著《一维波动力学新论》在第 154 页的文中指出："在早期的试验领域，Enders 和 Nimtz 的研究小组，Steinberg 的研究小组以及 Spielmann 的研究小组的实验结果，都与群延迟的定义相吻合，某些实验测得的隧穿时间甚至小于粒子以光速在真空中穿过相同的距离所需的时间。由于这些实验结果看似违背了因果律，'惊慌'的物理学家们提出'脉冲重组'的假说，认为在隧穿过程中透射波包并不是由入射波包转化的，而仅仅由最前端的部分组成。这种说法是有一定的依据并且在光学中也存在类似的现象，因为隧穿的势垒通常非常宽，透射的仅仅是入射脉冲的很小部分，并且实验证实波包的最前端能百分之百地透过势垒（因为此时势垒中的波函数还不曾建立），由此学者自然想到如果认为透射波包是由入射波包的最前端组成的，就可以化解了超光速现象与因果律之间的冲突。而'脉冲重组'说法的反对者也大有人在，可见仅仅围绕群延迟这一个时间概念就引发了'超光速''脉冲重组'等的

种种争论。到目前为止,关于隧穿时间的实验还主要针对群延迟的定义,用来验证其他时间定义的实验并不多。……综上所述,在近期内还不可能寄希望于那些发自实验领域的'光芒'能够穿透笼罩在理论领域上空的重重'混乱迷雾'。"

这段论述简明扼要;"脉冲重组"对应的词可能是 reshaping。一直以来,有一种观点强调出射脉冲是入射脉冲前沿造成的,不是其峰值所造成。这一说法最先也是来自 Garrett:"输入脉冲峰进入前就离开的输出脉冲峰是由输入脉冲前沿的分量们形成的,而非来自输入脉冲峰的分量们"(The output pulse which leaves before the entrance of the peak of the input pulse is formed from field components in the leading edge of the input pulse, and not from components at the input pulse peak)。……甚至到 2001 年这说法仍被人重复;互联网上有文章说,WKD 实验中出射光脉冲虽然是在入射脉冲峰进入媒质前出现的,但此前入射脉冲前沿早已进入媒质;故出射脉冲可看作是入射脉冲前沿与媒质相互作用产生的。2004 年陈徐宗[24]认为,当空间大尺度的输入脉冲,其前沿先穿过 cell 并被放大;当输入脉冲峰到达 cell 前端,先进入部分早已穿越其后端,正是它呈现波峰超前。他称之为"波前放大现象"的假说。但是这种说法在一些吸收媒质和无源的媒质例如波导和传输线中似乎就不成立了。……这些观点都可归结为,出射脉冲并非直接由入射脉冲而来,二者不是一个东西。

很明显,作为这一观点倡导者的 Garrett,就是一位"惊慌的物理学家"。他缺少洞穿自然的目光,未能在精神上抵达事物的本质。更深刻的理解要求思考什么是过去,什么是未来;而负时间、负速度又意味着什么。缺乏科学的哲学观,就提升不了对自然的观察。……例如 WKD 实验报告已给出了清晰的出射脉冲时域波形,由于巧妙的实验设计和实践它相对于入射脉冲而言失真很小,二者唯一的区别只是出射脉冲超前 62ns;这时如果有人说"在 WKD 实验中出射脉冲和入射脉冲不是一个东西",岂非胡言乱语?! ……实际上,曹书也不相信"脉冲重组"的假说,下面一段文字引自该书第 161 页:

"有关'脉冲重组'其实在逻辑上可以被很简单地否定。设想保持入射脉冲前端的形状不变,而将脉冲的后半部分无限延长,最后入射脉冲将转变为一个入射的连续波。而根据'脉冲重组'的说法,势垒仅仅允许入射脉冲中位于波包最前端的部分通过,而剩下部分都被反射;结果是透射脉冲在延长入射脉冲的前后都是一样的,显然这一点与实验事实不相符合。"

不仅如此,在这里笔者还要根据 Gehring[19]的实验而作论述。他使用掺铒光纤(EDOF)做 NGV 实验,不仅观测到负群速也就是超光速,还研究了脉冲在 EDOF 内的情况,发现在光纤内部脉冲峰也是先到达离出口较近的位置。所以不能说势垒内部没有波包峰出现,只是出现的时间比出口处要晚。因此,不能说出射波包与入射波包没有关系(我们这段话也是对脉冲重组假说的批评)。

但我们在学术观点上并非与曹书完全一致,例如,群速 v_g 与群时延 τ_g 之间的直接而简单的关系还有效否? 设脉冲以群速 v_g 通过长为 L 的空间距离,群时延为 τ_g;一般的理解是 $L = v_g \tau_g$。然而,现有一些理论把与群时延有关的事情弄得很复杂。由曹书的叙述,H. Winful 从不含时 Schrödinger 方程出发导出如下关系:

$$\tau_d = |T|^2 \tau_{gt} + |R|^2 \tau_{gr} + \tau_i \tag{29}$$

把受试物看成势垒,T、R 分别为传输系数和反射系数;τ_{gt} 为透射时间;τ_{gr} 为反射时间;τ_i 为入射波包和反射波包相互干涉引起的延迟时间(下标 i 代表 interference)。因此,Winful 认为群时延是"势垒储能从两端溢出(排空)的时间"。据说这一解释有利于说明 Hartman 效应,以避免超光速。我们认为这不是冷静的、常态的理论创新,仍然是"为了维护某个假说而创建的另一个假说"，也并没有实验根据。笔者仍然认为，群时延定义与相时间等价，而非与居留时间等价。我们不赞成把隧穿时间概念人为地复杂化；居留时间 τ_d 只是众多隧穿时间定义之一，未必就是最重要的定义。……无论如何，怎样看待"脉冲重组"假说仍然是需要再作研究的问题。

那么究竟怎样才能科学地表达 NGV 特征？根本点还在于充分认识超前波（advanced waves）并赋予它应有的地位。应当明确指出，负群速波是超前波。2002 年刘辽[25]评论说，WKD 实验是"直接显示超前场存在"。作为一位资深相对论学者，他还认为这类实验对旧有理论形成了冲击。他的这些观点与笔者是一致的。

在电磁理论中，在使用标量势 Φ 时可证：

$$\nabla^2 \Phi - \frac{1}{c^2} \frac{\partial^2 \Phi}{\partial t^2} = -\frac{\rho}{\varepsilon_0} \tag{30}$$

此即 D'Alembert 方程。若空间只有电荷源，点电荷 $q(t)$，这时只需根据式（30）求解。设由源到空间点的位置矢量为 r，可以证明下述解成立：

$$\Phi = \frac{1}{4\pi\varepsilon r} \left[q\left(t - \frac{r}{v} \right) + q\left(t + \frac{r}{v} \right) \right] \tag{31}$$

式中 $v = (\varepsilon\mu)^{-1/2}$；方括号内第一项表示在时间 t 空间点 (x,y,z) 处的情况取决于 t 之前，即 $\left(t - \frac{r}{v} \right)$ 时刻的源电荷大小，亦即空间点呈现滞后于源的现象，滞后时间恰为扰动以 v 传到该点的所需时间，称为滞后势（retarded potential）；第二项表示在时间 t 空间点 (x,y,z) 处的情况取决于 t 之后，即 $\left(t + \frac{r}{v} \right)$ 时刻的源电荷大小，即空间点呈现领先源的现象，称为超前势（advanced potential）。后者也是 Maxwell 方程的一个解，其存在具有合理性，即表示超前波必定存在。

Maxwell – D'Alembert 基础理论是严谨的，它告诉人们：自然规律并不像表面上看来那么简单。正是为了描写上述情况，笔者提出新词"电磁波负性运动"，认为不能把它看作"反常"，而是一种自然所固有的正常物理现象。近年来，大量负波速实验已使超前波（advanced waves）理论得到了证实。

必须指出，波向内传播的现象并非只在 LHM 条件下存在。对于一个辐射源，矢量电磁场的近场、中场动力学远比简单的理解（向外传播）更为复杂。在源的附近（near field region），可能有波形主体向内行进的现象。N. Budko[34]曾以实验观测结果展示了这种现象，他认为是负波形速度（negative waveform velocity），相关波形是 travel back in time。Budko 认为自己发现了发生在自由空间的、近区场的负速度；而这些情况与 LHM 是无关的。

负群速（NGV）具有生动的物理表现，并非一个简单的"方向判断"所能描述。把向 NGV 媒质入射的脉冲与从 NGV 媒质出来的脉冲相比较，出射脉冲时间上可超前于入射脉冲（入射者尚未到达，出射者即现身）。这种"超前现象"（advanced phenomenon）导致了对因果性的新解释。刘辽[11]认为，causality 的精髓在于"果不能影响因"，而非"因必在果之前"。我们认为，如把输出脉冲当作"果"，输入脉冲到达当作"因"，实验证明可以发生"果先于因"。一定要懂得以"因先于果"为核心的 causality 只是一种经验和信念，而不是一个必须绝对遵守的定律。

超前波的思想不可能不引起注意。最早的论述是 J. Wheeler 和 R. Feynman[26]（1945 年），半个世纪后又有 P. Davies[27]。对此我们已在不久前详述[28]。

必须指出,J. A. Wheeler,R. R. Feynman[26] 和 P. Davies[27] 论者均不知道后来会有许多 NGV 实验(即超前波实验)出现,因而他们在论述时谨慎小心,似乎超前波会被迟滞波抵消,因而仍然不必多作考虑。对此笔者在文献[28]中曾作批评。在今天我们已没有那么多顾虑了,对超前波的存在更加确信不疑,对 NGV 的认识也提高到新的境界。

6　扩展研究

现在讨论量子隧穿的扩展研究。一是利用光子带隙结构(Photonic Band – gap Structures, PBGS)推导能速与群速的关系[29];二是在 X 波[30] 条件下利用消失场研究超光速超前传播,同时又探讨 Goos – Hänchen 位移的影响。这里所述的科学进展具有重要性。

当光脉冲在 1D 的有限长 PBG 内传播,对群速 v_g 和能速 v_e 均可导出其解析表达式;G. D' Aguanno 等[29],证明其相互关系为

$$v_e = |T|^2 v_g \tag{32}$$

式中:T 为传输系数(transmission coefficient)。由于 $|T| \leq 1$,故在一般情况下 $v_e < v_g$;只有在 $|T| = 1$ 时才有 $v_e = v_g$。能速与群速的相关性是重要的,因为常有人贬低群速的价值,说它不代表能量传送的快慢。但事实并非如此,所导出的公式使人们可以从更广阔的角度思考一些物理现象,如超光速脉冲传播。由式(32)可知:

$$v_g = \frac{v_e}{|T|^2} \tag{32a}$$

故 v_g 的值总在比能速大的高位运行。如果假设可以进行比真空中光速还快的能量传送,即 $v_e > c$,那么必须满足

$$\frac{v_g}{c} > |T|^{-2} \tag{33}$$

因此必须使群速 v_g 加大到一定界限以上。这就表明一切有关使群速尽量大(甚至大到超光速)的理论研究与实验研究都是有意义的。

2002 年,A. M. Shaarawi 等[31] 发表的论文题为"在受阻反射条件下 X 波的超光速超前传播:消失场和 Goos – Hänchen 效应"。论文的核心内容是,当 X 波隧穿一个平板时可能产生超前传输,在入射脉冲峰到达前表面之前,出射脉冲已从平板后头出现;这是由于消失态传输。Goos – Hänchen 位移(GHS)对于这现象发生与否是有关系的。这与反常色散时的 NGV 现象相似,但现在(X 波隧穿的板)却是无色散的,其吸引人之处即在于此。论文最后说,一个 X 波的消失场的峰的反向运动纯属一种干涉效应。……笔者认为这里的几个要素:消失场、Goos – Hänchen 位移、X 波、超光速超前传播(superluminal advanced transmission)都是曾经被广泛地作单独研究的课题,现在却被理论分析联系在一起;这是对传统隧穿理论的扩展。

具体讲,该文主要研究经典脉冲 X 波的受阻全反射。X 波是一个三维的非色散的在自由空间中传播不扩展的局域脉冲,是由波矢限制在一个圆锥面内的多色平面波分量叠加而成。然后人们可以选择圆锥面谱的 X 波的顶角大于临界角。因此,X 波的平面波谱分量发生全内反射。按照这种方法,已证明在平板表面发生受阻全反射的 X 波的峰值会出现超光速传播。这种现象与电磁脉冲通过截止波导的传输和量子隧穿所预期的理论结果相类似;这些理论成果已被实验所证实。在本文中,通过选择入射的 X 波中的平面波分量以大于临界角的角度入

射到表面,在板子中产生消失场并且场的峰值以超光速的速度隧穿过板子而出现。此外,文章表明对于深度的势垒贯穿,传输场的峰值在入射峰值到达板子的前表面之前就已经出现在板子的后表面。……此即笔者所谓的"NGV 特征"。为了理解脉冲峰值超前传播,对在势垒区的消失场的行为进行了详细研究。深度势垒贯穿和浅度势垒贯穿的不同受到 GH 位移的影响。

上述的超光速效应通常被解释为:通过势垒区域传输的场在势垒后侧出现之前的重新形成(reshaping)的结果,但这是一个难以完全确定的问题。而且,非常特别的是该文用 GHS 解释 X 波的峰值的超前传播和超光速传播。此外,研究表明 X 波的超高速传输与消失场最大值的时间位置有关。沿着传播方向消失场的时间关系表明增幅增加到最大,直到增幅变为负值时开始衰减,经过最小值,并且最终衰减接近为零。对于在第二个媒质中的所有点,这种现象的一个重要特点是在入射脉冲峰值到达界面之前就已经得到消失场的最大值。理解这种现象对于解释隧穿的 X 波的峰值的超前传播至关重要。这种情况是因为半无限大空间中的消失场与深度势垒贯穿情况下平板中产生的场近似。因此,在沿着传播方向上所有点处,消失场的最大值的超前形成暗示着可以观测到一个通过薄板隧穿的脉冲具有相似现象的可能性(深度势垒贯穿)。在该文的图 2,作者清楚地展示了对于深度势垒贯穿传输脉冲峰值在入射峰到达界面前表面之前就出现在势垒后面了。而消失场振幅达到最大值的时间可以用来确定传输脉冲峰值何时出现在势垒区域,也可以用来确定何时发生超前传播。

Shaarawi 等对平板内消失场超前传播的本质作了探讨,并把负时间(negative times)理解为超前于入射波峰达到前表面的时间(入射脉冲峰到达前表面之前的时间),而消失场到达最大值的时间决定超前传播是否发生。在研究中也发现,在某种条件下有负位移,即消失场峰值看起来向后传播(the peak of the evanescent field appears to be moving backwards)。这就验证了作者在前面提到的观点,即电磁波负性运动包含两个方面:backward motion in space 和 backward motion in time;而且这些讨论总结合着超光速传播。通过消失态(evanescent states)的波的传输速度是非常快的。……不仅如此,论文提出了消失——反消失对"(evanescent pair)概念,讨论了 GH 位移与超前传输的关系,表明 GHS 对脉冲峰以超快速度通过势垒是至关重要的;而且指出"NGV 特征"与负位移(GHS < 0)的相关关系。然而为了说明本文与 SR 理论无矛盾,他认为出射峰是形成于 X 波展开场前端部分的内部(the transmitted peak is formed inside the leading portion of extended field structure of the X wave)。另外,在结论中认为峰值的超快传输不是一个虚构的效应,而是伴随着一个在峰值周围的可观测的能量传输。这个峰值是否能够携带信号则是一个有争议的问题。

7　经由左手传输线的负群速脉冲传播

2013 年,我们课题组在 NGV 实验上取得了进展,英文论文已向国外投稿[32],这里只叙述其主要内容。当电磁波经过色散媒质而传播,群速 v_g 为

$$v_g = \frac{c}{n + f\dfrac{dn}{df}} \tag{34}$$

式中:n 为媒质折射率。若发生反常色散,$\dfrac{dn}{df} < 0$;而当 dn/df 足够小:

$$\frac{\mathrm{d}n}{\mathrm{d}f} < -\frac{n}{f} \qquad (35)$$

则 $v_g < 0$，得到负群速（NGV）。在微波，为满足式（35）需要使用复杂的系统，实验将很不相同。为使实验易于成功，我们认为在 $\frac{\mathrm{d}n}{\mathrm{d}f} < 0$ 时，如使 $n < 0$，则较易获得 NGV。因此，采用左手传输线（LHTL）于实验设计中。

左手材料和左手传输线是现今研究的一大热点，有许多不同的结构实现左手材料和左手传输线。这里我们使用互补类 Ω 结构（Complementary Omega – Like Structures，COLS）构成微带左手传输线，如图 2 所示。我们先对这种传输线结构中的每个单元缝隙进行分析，这种结构与开口谐振环结构具有类似的特性。通过这种互补结构的缝隙/条带实现负介电常数/负磁导率。互补类 Ω 结构相当于在原有的传输线中并联上电感，是实现负磁导率的关键。互补类 Ω 结构间和微带线的作用相当于加入串联的电容，是实现负介电常数的关键。

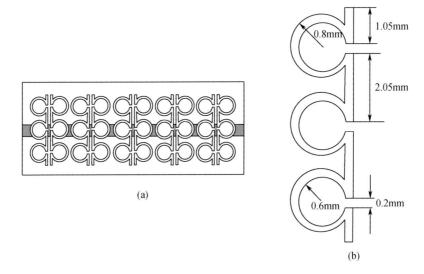

(a)

(b)

图 2　(a)COLS 结构左手传输线，介质板材料为 Teflon，$\varepsilon_r = 8.5$，长 60mm、宽 16.8mm、厚 1.27mm。COLS 单元间隔为 0.2mm，灰色部分为宽为 1.25mm 的微带线阻抗为 50Ω。(b)为 COLS 单元结构。

我们调整 COLS 结构中不同的参数，以获得反常色散，通过对 COLS 进行多次调整，发现当 COLS 结构的尺寸相对小时，反常色散现象相当强烈，此时群时延也就更超前。但是这时反常色散的频带会非常窄。然而当 COLS 的尺寸相对大时，反常色散的现象减弱，群时延超前减少，但此时反常色散的频带会变宽。

我们设计和制作的受试样品（sample）是用 1 块长 60mm、宽 16.8mm、厚 1.27mm 的双面敷铜箔电介质板，正面中间是 5 组 Ω 环结构，每组两条，每条各有 3 个 Ω 环；因此总共 30 个 Ω 环。反面是 1 个宽仅 1.25mm 的铜箔条，长 60mm，两头通向微型的镀金同轴座，总长 78mm。介质板材料为 Teflon，$\varepsilon_r = 8.5$，由于 COLS 的尺寸较小，可得较强的反常色散和较大的群时延，但频带较窄。微带线阻抗在中心频率 5.85GHz 处为 50Ω，因此微带线宽度是通过以上条件和介质的参数计算得出。

我们使用这个结构通过阻带找到反常色散的频带。通过 Agilent Technologies E5071C 网络分析仪观测传输线的阻带。传输系数约在 $f = 5.9$GHz 时为最小值（约 -50dB）；通过对阻带的测量和计算，可以计算电磁波经过此传输线的相移，以确定是否具有负群时延存在。因为群

时延为相移对频率的负导数

$$\tau_g = -\frac{d\Phi}{d\omega} \qquad (36)$$

由相移的计算结果可以看出在 5.8～6GHz 时相移对频率的负导数为负值,也就是说在这个频带具有负的群时延。

　　实验系统如图 3 所示。为进行实验需要数字式双踪示波器(Digital Oscilloscope, DSA70804 型)。微波源的信号分为两路:一路经隔离器后直通示波器 CH1;另一路经隔离器后经过 COLS 再通示波器 CH2。两路之间接测试线(test line)。使用 Agilent E8267D 信号发生器,产生具有阶跃脉冲包络的正弦信号。载波频率为 5.81～6GHz,脉冲宽度为 5μs。阶跃脉冲的使用是为了更加易于观测群时延,因为与脉冲宽度相比,群时延非常小。调幅信号首先被送入一个功分器,分解成两路相同的信号。在功分器的两个端口加入两个相同的隔离器,为了防止反射信号对源产生干扰,也防止两路信号间的串扰。这时在两个端口连接两条相同的测试线,其中一条直接与示波器相连,作为参考信号;另一条则接入测试样品。总之,这里并未使用 Gauss 脉冲,而用阶跃脉冲测群时延更为方便。

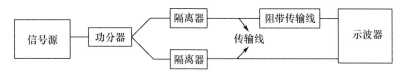

图 3　实验测试系统

　　在接入样品前我们要对两路信号的群时延进行测量,来确定两路信号所具有的微小的时间差,这个时间差经过测试为 0.24ns。由于群时延相对于脉冲宽度很小,为了便于观测应用示波器的实时解调功能观测信号包络。给出了载波频率为 5.94GHz 的阶跃脉冲波形图,图 4 中显示输出脉冲超前于输入脉冲,也就说在输入脉冲进入媒质之前输出脉冲就已经离开了媒质。

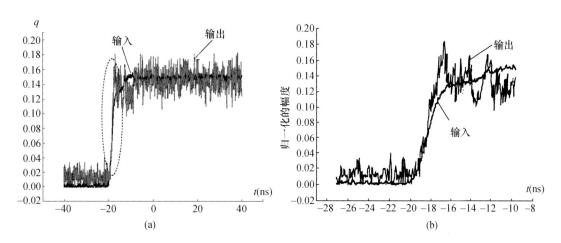

图 4　(a)在频率为 5.94GHz 时的波形图,输出波形超前于输入波形,输出波形有
失真并伴有噪声干扰。(b)图(a)中椭圆曲线的放大波形,明显地看出输出波形的超前。

　　由于示波器的先进性,波形的观察和群延时的测量都能精确地进行。实验测量到的 5.94GHz 时的实时波形图[32],如图 4 所示。在表 1 中给出载波频率从 5.81GHz 到 5.90GHz 时的负群延时,在各个频率都有一个数据范围,结果列于表 1。由表 1 可知,τ_g 的最大变化范围是 $(-1.54 \sim -0.108)$ns,取样品尺寸 $L = 60$mm,则可算出群速的最大变化范围是 $-0.13c \sim -1.85c$。

表 1　测量到的群时延 (τ_g)

频率/GHz	群延时/ns	频率/GHz	群延时/ns
5.81	$-0.259 \sim -0.977$	5.91	$-0.062 \sim -0.698$
5.82	$-0.264 \sim -0.267$	5.92	$-0.108 \sim -0.660$
5.83	$-0.285 \sim -1.097$	5.93	$-0.261 \sim -1.001$
5.84	$-0.520 \sim -1.540$	5.94	$-0.462 \sim -0.859$
5.85	$-0.241 \sim -1.120$	5.95	$-0.302 \sim -0.925$
5.86	$-0.730 \sim -1.370$	5.96	$-0.071 \sim -0.764$
5.87	$-0.127 \sim -0.998$	5.97	$-0.437 \sim -0.743$
5.88	$-0.285 \sim -0.840$	5.98	$-0.359 \sim -0.837$
5.89	$-0.316 \sim -0.932$	5.99	$-0.263 \sim -0.844$
5.90	$-0.239 \sim -0.631$	6.00	$-0.275 \sim -0.700$

8　结束语

从研究量子隧穿时间定义到开始探索脉冲传播的负时延和负波速,经历了 1932—1982 年的半个世纪的理论研究过程,其间有多位科学家(MacColl, Feynman, Wigner, Brillouin, Hartman, Garrett, Büttikar 等)作出了贡献。在今天我们仍应继承这些理论工作遗产,并根据自 1982 年 S. Chu 和 Wong[33] 首次测出负群速以来的实验研究进展,把理论探索推向新的高度。近年来众多 NGV 实验研究按照自身逻辑运行[34,37],与经典物理的正统观念有别,对旧的思想秩序形成冲击,影响至为深远。任何秉持客观态度的科学家,都必须面对事实纠正某些过时想法——近年来已有许多物理学家(包括研究相对论的专家)这样做了,令人欣喜。

回顾过去,一些物理学大师[如 Einstein[22](1907),Sommerfeld[38](1914),Brillouin[17](1914、1960)]都曾论述过负速度乃至负波速问题,但他们未能经历不断用实验测量 NGV 的历史进程,理论建树也就有限。今天我们可以在实验室中运用电子仪器的组合亲身经历和观测 NGV 现象,是非常幸运的。电磁波(电磁脉冲)可作超前运动(负性运动)的科学思想,既重要又令人感兴趣,必将吸引更多的科学家进行研究,产生更多更好的成绩。

必须指出,虽然近年来笔者著文较多,其中汇聚了若干研究成果,也有不少不同于前人的新见解。然而学无止境,生有涯而知无涯,尚未论及甚至无能力论及的题目甚多,现举一例——我们已知道电磁波、电磁脉冲可能有"负性运动"(或说可作超前运动),但它们是非实体物质。对于实体物质,如一艘宇宙飞船,或者一个人,这种运动状态可能发生否? 这样的讨论似将进入所谓"时间旅行"领域。

参 考 文 献

［1］ Condon E U, Morse P M. Quantum mechanics of collision processes I. Scattering of particles in a definite force field［J］. Rev Mod Phys, 1931(3)：43 – 88.

［2］ MacColl L A. Note on the transmission and reflection of wave packets by potential barriers［J］. Phys Rev, 1932, 40：621 – 626.

［3］ Hartman T E. Tunneling of a wave packet［J］. J Appl Phys, 1962, 33：3427 – 3433.

［4］ 曹庄琪、殷澄. 一维波动力学新论［M］. 上海：上海交通大学出版社,2012.

［5］ Steinberg A M, Kwait P G, Chiao R Y. Measurement of the single photon tunneling time［J］. Phys Rev Lett, 1993, 71(5)：708 – 711.

［6］ Winful H G. Tunneling time, the Hartman effect, and superluminality：A proposed resolution of an old paradox［J］. Phys. Rep. , 2006,436：1 – 69.

［7］ Wigner E P. Lower limit for the energy derivative of the scattering phase shift［J］. Phys Rev. , 1955, 98：145 – 147.

［8］ 顾本源. 量子力学中电子隧穿势垒的时间［J］. 北京石油化工学院学报,2002,10(4)：64 – 68.

［9］ Büttiker M. Landauer R. Traversal time for tunneling［J］. Phys Rev Lett, 1982, 49：1739 – 1743.

［10］ Büttiker M. Larmor precession and the traversal time for tunneling［J］. Phys Rev, 1983, B27：6178 – 6188.

［11］ Born M, Wolf E. Principle of optics［M］. Cambridge：Cambridge Univ. Press, Ist edition, 1959；7th edition, 2004.

［12］ Evenson K M, et al. Accurate frequency of molecular transitions used in laser stabilization：the 3.39μm transition in CH4 and the 9.33 and 10.18μm transition in CO2［J］. Appl Phys. Lett, 1973, 22：192 – 198.

［13］ Wang L J, Kuzmich A, Dogariu A. Gain – assisted superluminal light propagation［J］. Nature, 2000, 406：277 – 279.

［14］ 张元仲. 反常色散介质"超光速"现象研究的新进展［J］. 物理,2001,30(8)：456 – 460.

［15］ 黄志洵. "光障"挡不住人类前进的脚步［J］. 中国传媒大学学报(自然科学版),2013,20(3)：1 – 16.

［16］ 丁辉. 中国大百科全书·物理学. 2 版. 北京：中国大百科全书出版社,2009.

［17］ Brillouin L. Wave propagation and group velocity［M］. New York：Academic Press,1960.

［18］ Huang C G(黄超光), Zhang Y Z(张元仲). Poynting vector, energy density and energy velocity in anomalous dispersion medium［J］. arXiv. Physics/010400, VI［physics. genph］2 Apr 2001.

［19］ Gehring G M,et al. Observation of backward pulse propagation through a medium with a negative group velocity［J］. Science, 2006,312(12 May)：895 – 897.

［20］ 黄志洵. 电磁波负性运动与媒质负电磁参数［J］. 中国传媒大学学报(自然科学版),2013,20(4)：39 – 53.

［21］ Garrett C G,McCumber D E. Propagation of a Gaussian light pulse through an anomalous dispersion medium［J］. Phys. Rev. A, 1970,1(2)：305 – 313.

［22］ Einstein A. The relativity principle and it's conclusion［J］. Jahr. der Radioaktivität und Elektronik,1907,4：411 – 462.

［23］ 黄志洵. 超光速物理学研究的若干问题［J］. 中国传媒大学学报(自然科学版),2013,20(6)：1 – 19.

［24］ 陈徐宗,肖峰,李路明. 光脉冲在电磁感应介质中的超慢群速与负群速传播实验研究［J］. 北京广播学院学报(自然科学版)增刊,2004,11：19 – 26.

［25］ 刘辽. 试论王力军实验的意义［J］. 现代物理知识,2002,14(1)：27 – 29.

［26］ Wheeler J A,Feynman R R. Interaction with the absorber as the mechanism of radiation［J］. Rev. Mod. Phys. ,1945,17(2,3)：157 – 181.

［27］ Davies P. About time［M］. Boston：Havard Univ. Press,1998.

［28］ 黄志洵. 影响物理学发展的8个问题［J］. 前沿科学,2013,7(3)：59 – 85.

［29］ D'Aguanno G, et al. Group velocity, enegy velocity, and superluminal propagation in finite photonic band gap structures［J］. Phys Rev. E, 2001, 63：036610 1 – 5.

[30] 黄志洵. 论 Bessel 波束超光速现象[J]. 中国传媒大学学报(自然科学版),2013,20(5):6 - 14.

[31] Shaarawi A M, et al. Sapeluminal advanced transmission of X waves undergoing frustrated total internal reflection: The evanescent fields and the Goos – Hänchen effect[J]. Phys. Rev. E, 2002, 66: 046626 1 – 11.

[32] Jiang R(姜荣), Huang Z X(黄志洵), Miao J Y(缪京元), et al. Negative group velocity pulse propagation through a left – handad transmission line[J]. unpublished article, 2013.

[33] Chu S, Wong S. Linear pulse propagation in an absorbing medium[J]. Phys. Rev. Lett. , 1982,48(11):738 – 741.

[34] Budko N V. Observation of locally negative velocity of the electromagnetic field in free space[J]. Phys Rev Lett,2009,102: 020401,1 – 4.

[35] Zhang L. (张亮), et al. Superluminal propagation at negative group velocity in optical fibers based on Brillouin lasing oscillation [J]. Phys Rev Lett,2011,107(9):093903,1 – 5.

[36] Glasser R T. Stimulated generation of superluminal light pulses via four – wave mixing[J]. arXiv: 1204. 0810vl[quant. ph], 3 Apr, 2012,1 – 5.

[37] Carot A. Giant negative group time delay by microwave adaptors[J]. Euro Phys Lett,2012,98(June):64002, 1 – 4.

[38] Sommerfeld A. Uber die fortpfianzung des lichtes in dispergierenden medien[J]. Ann d Phys. 1914,44(1):177 – 182.

电磁波负性运动与媒质负电磁参数研究

黄志洵

(中国传媒大学信息工程学院,北京   100024)

摘要:用经典力学分析有质有形物体的运动时,速度是矢量,负速度表示反向运动。但对无质无形的波的运动而言,速度是标量,不能说负速度仅代表流向反了过来。该怎样理解这种现象的含意? 对负波速(NWV)而言,例如当脉冲通过特定媒质时具有负群速(NGV),数值为 $c/n_g(n_g<0)$,它不仅比脉冲通过真空时的速度(光速 c)快,而且快到进入媒质前就离开了媒质。由此本文提出了"电磁波负性运动"的概念,并将其与简单的"反向运动"相区别。我们必须接受 D'Alembert 方程的超前解,理解负速度概念。可以说,自然以她的真实和丰富给我们上了一课,今后她还将继续教导我们。

事物的二元性是世界的本质。在现代物理学中,电磁参数成为负值或电磁波作负性运动均常有发生。物理参数为正或为负的本身是自然界对称性机制之一,对其作研究是探索客观规律的一个新途径。

关键词:电磁波负性运动;超前波;负介电常数;负导磁率;左手材料

Study on the Theory of Negative Characteristic Electromagnetic Wave Motion and the Negative Electromagnetic Parameters

HUANG Zhi – Xun

(Communication University of China, Beijing   100024)

Abstract: When we use the classical – mechanics analyze the motion of substance, who has inherent mass and shape, the velocity is vector, then the negative velocity express backward direction. But when we discuss the motion of waves, who has not inherent mass and shape, the velocity is scalar, the negative velocity does not obey that rule, i. e. does not indicate only the direction of movement is flow backward. But what does that phenomenon mean? The negative wave velocity (NWV) means that, for example, a pulse propagates in special medium with a negative group velocity (NGV) of $c/n_g (n_g < 0)$, then it is not only faster than a pulse travelling in vacuum, but so

注:本文原载于《中国传媒大学学报(自然科学版)》,第 20 卷,第 4 期,2013 年 8 月,1～15 页。

quickly that if left the medium before it had even finished entering. In this paper, we establish the concept of "negative characteristic motion of electromagnetic waves", and we differentiate it from the meaning of "movement in backward direction". We must receive the advanced solution of D′Alembert equation, and understand the concept of negative wave velocity. The truthful and rich of Nature give a lesson for us, and she will still instruct us continually in the future.

The dualistic nature of matter is basic feature of the world; and the possibility of electromagnetic parameters in modern physics become negative value or negative characteristic motion of electromagnetic waves can exist everywhere. The positiveness and negativeness of physical parameters are one of symmetry in nature. Then, the study on this investigation area is the new way for research of objective laws.

Key words: electromagnetic wave negative characteristic motion; advanced waves; negative permittivity; negative permeativity; left – handed medium

1 引言

人类最先认识的物质形式是那些有质有形的实物,小到一粒砂子,大到一颗行星。I. Newton[1] 很好地解决了描述它们的方法,基本参数是质量(m)和动量($p = mv$)。后者当中包含速度 v,表明 Newton 对实物运动快慢的重视。波动是完全不同的另一种物质运动形式。电磁场和电磁波是无质无形的物态;虽然不能说对它们的认识与 Newton 力学完全无关(光压实验[2] 表示光束落到一物体表面时后者将受力,证明光有动量),但其规律很不一样。那么什么是光? J. Maxwell 说"光是电磁波的一种"。这是既正确又了不起的判断,但电磁波又是什么? 1905 年 A. Einstein 提出"光由大量光子组成"的假说[3],因此获得了 1921 年的 Nobel 物理奖;但他自己在晚年却说"虽经 50 年思考也不知光量子到底是什么"[4]。1925 年 Einstein 在巴西科学院演讲时未能回答听众提出的关于光的本质方面的问题[5],显示出这方面研究的艰难。1926—1927 年诞生了量子力学(Quantum Mechanics, QM),可谓柳暗花明;但同时出现的"波粒二象性"难题至今仍困扰着科学家们[6]。

作为波科学研究的一部分,本文既关注负电磁参数研究的理论与实验,也讨论电磁波的负性运动。这些规律尚未被物理学界列入"对称性和守恒量"表格,只在"手征对称性"(chiral symmetry)的概念中稍有联系。我们认为,物理参数的为正或负,电磁波的正性运动或负性运动,都是自然界的对称性机制之一。笔者提出的"负性运动"一词有深刻的内涵,它与简单化的"改变方向"并不全同。本文印证了下述观点:一代又一代科学家确实越来越深入到了怪异的层次。

2 Wheeler – Feynman 吸收者理论

1941 年 2 月美国 Princeton 大学物理系举行了一场学术报告会。它由 J. Wheeler 组织,报告人是他的学生 R. Feynman(23 岁),内容是"电动力学中的吸收者理论"(theory of absorbers in electro – dynamics)。参加者中包含一些访问学者、杰出的物理学家,如 E. Wigner, H. Russell, J. Neumann, W. Pauli,以及 A. Einstein。这是 Feynman 第一次学术演讲,其观点有人反对也有人赞成。……后来似乎是太平洋战争的爆发影响了论文的发表,因为直到 1945 年 Wheeler 和

Feynman[7]论文才出现在 *Rev. Mod. Phys.* 上面,题为"作为辐射机制的与吸收者相互作用"。"吸收者"一词对今天的读者是生疏的,其实它的意思是"接收者"(receiver),对电子学家来讲就是接收天线。它也可理解为"负载"(load),总之是可以吸收能量的东西。但 Wheeler 和 Feynman 是在粒子物理学层面思考的,与电子学家不同。

问题的提出是在 1939 年到 1940 年间,当时学者们正对电子理论存在的问题进行思考。Wheeler 有句名言:"在任何领域找出最奇怪的事,然后进行探索。"他的研究生 Feynman 针对"电子自作用能无限大"的发散困难就这样做了。如电子是点粒子(半径 $r \to 0$),电磁理论中的有关方程会导致无限大能量。关于这个问题,梁昌洪[8]有很好的推导阐述(见该书"札记一:静电场的自作用能")。Feynman 认为需要引入某种新的物理概念,他提出一个假设:电子不能对自己产生作用。他考虑了不同电荷间的相互作用,并构建出一种物理学、哲学理念,以解释那个最为普遍的现象——电磁辐射(光辐射)。Feynman 后来说[8]:"太阳中的原子一振动,8 分钟后我眼中的电子也因为一个直接的相互作用而开始振动。"他的早期想法则是在不出现电磁场的情况下(没有场作为媒介)发生电子间直接相互作用的可能性。

1940 年秋 Feynman 向 Wheeler 指出,空间中一个单独电子不会有辐射,只有同时有源和接收者时才会有辐射。他分析了只有两个粒子的情况,向 Wheeler 提问说:"这种一个影响另一个,而又反作用回来的力,是否能解释辐射阻尼(radiation resistance)?"Wheeler 则建议向这个双电子模型引入超前波(advanced waves)概念——过去这种 Maxwell 方程的解一直存在,只是不受重视。Feynman 把这概念发展为电子与周围的多个"吸收者"之间的关系,即把辐射阻尼看作是由吸收者们的电荷以超前波形式对源的反作用。现在他们的理论有了对称性,但必须用向内移动、在时间上倒转的波。只是出现新的困扰——其在发射之前即回到了源头。但他们取人们习惯的迟滞波(retarded waves),以适当方式与超前波彼此抵消,从而避免了令人不快的矛盾。前提是所有辐射都保证在宇宙某处、在某时间会被吸收。这证明他们尚未敢于单独使用超前波。

Feynman 注意到,在他之前早有人用"源和吸收者之间的作用"(an interaction between a source and an absorber)来解释电磁辐射。例如 H. Tetrode(见:Zeit. f. Phys., 1922, Vol. 10, 317)认为,若空间中的太阳是孤独的而没有别的能吸收辐射的物体,它将不再辐射。对于辐射机制而言,吸收者的存在是必不可少的要素。…… Feynman 的分析以下述假设为基础:①无电荷空间中一个被加速电荷不辐射能量;②对一个给定粒子的场作用仅由别的粒子造成;③这些场用半个推迟解与半个超前解之和来表示。他把所研究的课题称为"作用理论的超前效应"(advanced effects of the theory of action)。在论文的唯一图示中(图题是"一个不完全吸收体系的超前效应的例子"),总图被分成 8 个小图,配有以下说明:"①在源加速前的入射波;②这些入射波被吸收;③在加速时刻入射波会对源产生作用;④源受到作用是由于:碰撞粒子或其他的力或入射波;⑤源辐射出波;⑥一些辐射波被吸收;⑦持续向外的波永远离开;⑧向外的波除了符号的变化,看起来像是持续穿越空间的入射波"。……在这里,他所谓的入射波(incident waves)似乎不是外来的波,因为空间只有 1 个源;它像是返回到源的那个波,即产生反作用的波。

1965 年,Feynman 曾谈到他对时间(过去和未来)的看法:"我们能记忆过去,但不能记忆未来;我们能做些什么以影响未来,但不能做点事情来影响过去。……世界的全部现象看来是朝一个方向演进。但在物理定律里,过去和未来没有任何区别。引力定律、电磁学定律的时间均可逆转。"J. Gleick[9]评论说,Wheeler 和 Feynman 在 1945 年大胆提出一个"半是迟滞波、半是超前波的时间对称理论",亦即在企图揭示粒子相互作用机制时,为了避免陷入过去、未来的矛盾,必须运用向内运动的波(时间上倒转运动的波),以使理论对称。迟滞波和超前波会抵销,前提是辐射最终会被吸收(以上各处的着重号均为笔者所加)。

自 1945 年以后的几十年中,Feynman 有众多科学贡献(量子电动力学、图解法、路径积分、超流动性、弱相互作用),但他没有回到"吸收者理论"上来,甚至很少提起。粒子物理学界和电磁理论专家们似乎也未加重视。但在近年来,随着负波速研究的兴起和超材料(meta-materials)的发展,Wheeler 和 Feynman 在 20 世纪 40 年代的工作重新引起关注。

Wheeler-Feynman 的吸收者理论,与笔者曾详细论述的截止波导理论[10],似有相似之处。可以证明,两个交互作用的电抗性储存场可以产生一些有功功率,而单独一个场就不行。这种 interaction 表示大自然有某种奇妙的特性,正如单独一棵树木的存在,和把它放到有许多树的林中,情况是不同的!⋯⋯虽然过去的研究并未发现在简单的互感耦合交流电路中[11]有波的负性运动(或说超前波)的存在,但在截止波导理论中笔者曾发现相位常数为负($\beta < 0$)的现象,这实际上是一种超前波。而且近期的研究表明[12],天线近区场有类消失态(evanescent-state like)的情况和由此导致的超光速群速甚至负群速(NGV),这就是本文论述的"负性运动"了!以上联想给人以一种"恍然醒悟"的感觉。不过,我们不认同"用迟滞波与超前波抵消"这一作法(这是几十年前的思路,现在用不着)。

3 电磁波负性运动的存在性

1831 年,英国物理学家 M. Faraday 发现电磁感应现象;以后逐步提出磁力线、电力线的概念。德国数学家 F. E. Neumann 受到启发,在 1845 年和 1848 年发表的论文中,引进了矢量位势函数(vector potential funcition)$\boldsymbol{A}$,推导出感应电动势与 $\boldsymbol{A}$ 的关系为

$$e = -\oint_l \frac{\partial \boldsymbol{A}}{\partial t} \cdot \mathrm{d}l$$

J. Maxwell 于 1856 年给出

$$\oint_l \boldsymbol{A} \cdot \mathrm{d}l = \boldsymbol{\Phi}$$

$$\boldsymbol{E} = -\frac{\partial \boldsymbol{A}}{\partial t}$$

1865 年,Maxwell 提出的 20 个标量电磁场方程经后人总结为 4 个矢量方程:

$$\nabla \cdot \boldsymbol{D} = \rho \tag{1}$$

$$\nabla \cdot \boldsymbol{B} = 0 \tag{2}$$

$$\nabla \times \boldsymbol{H} = \boldsymbol{J} + \frac{\partial \boldsymbol{D}}{\partial t} \tag{3}$$

$$\nabla \times \boldsymbol{E} = -\frac{\partial \boldsymbol{B}}{\partial t} \tag{4}$$

但在这些微分方程式中 $\boldsymbol{A}$ 并未出现。

在时变电磁场理论中的电磁位(势)是非常有用的工具,且其意义已向量子理论扩展。据矢量运算公式之一(对任意矢量 $\boldsymbol{A}$)$\nabla \cdot \nabla \times \boldsymbol{A} = 0$,据式(2)可提出矢量位(势)的定义为

$$\boldsymbol{B} = \nabla \times \boldsymbol{A} \tag{5}$$

但多个 A 可确定同一个 B,即 A 不具有唯一性。据式(5)代入式(4),得

$$\nabla \times \left(E + \frac{\partial A}{\partial t} \right) = 0$$

但对任意标量 u,$\nabla \times \nabla u = 0$,故可假设一个标量 Φ,满足

$$E + \frac{\partial A}{\partial t} = - \nabla \Phi$$

故有

$$E = - \nabla \Phi - \frac{\partial A}{\partial t} \tag{6}$$

式(5)和式(6)是用位(势)函数表示电磁场。也可以认为电磁场由四维电磁位(势)描写 A_{μ} ($\mu = 1,2,3,4$),其中 A_1,A_2,A_3 组成空间矢量 A,而 $A_4 = \mathrm{j}\Phi$。依靠四维矢量 (A,Φ),两个三维矢量 (E,B) 被统一为一个场。也可以这样讲,原来求解 E、B(即 E、H)时所需的 6 个分量变为求解 A、Φ 的 4 个分量。实际上,由于后面要说到的 A 与 Φ 的联系(Lorentz 条件),求解电磁场只需 3 个标量函数就可以了。这是从逻辑上说明引入矢位(势)的优点。现在我们可以根据 A,Φ 而写出 Maxwell 方程组;规定算符 $\square$ 为

$$\square = \nabla^2 - \varepsilon_0 \mu_0 \frac{\partial^2}{\partial t^2} = \frac{\partial^2}{\partial x^2} + \frac{\partial^2}{\partial y^2} + \frac{\partial^2}{\partial z^2} - \frac{1}{c^2} \frac{\partial^2}{\partial t^2}$$

式中:c 为真空中光速。现在式(1)~式(4)可写作

$$\square \Phi = - \frac{\rho}{\varepsilon_0} \tag{1a}$$

$$\nabla \times A = H \tag{2a}$$

$$\square A = - \mu_0 J \tag{3a}$$

$$E + \frac{\partial A}{\partial t} = - \nabla \Phi \tag{4a}$$

由于式(5)和式(6)不能由给定的 E 和 H 完全确定 A 和 Φ,故 H. A. Lorentz 曾引入下述方程:

$$\nabla \cdot A + \frac{1}{c^2} \frac{\partial \Phi}{\partial t} = 0 \tag{7}$$

式(7)称为 Lorentz 规范(Lorentz guide),即 $\nabla \cdot A \neq 0$。

在满足 Lorentz 条件时可以证明:

$$\nabla^2 A - \frac{1}{c^2} \frac{\partial^2 A}{\partial t^2} = - \mu_0 J \tag{8}$$

$$\nabla^2 \Phi - \frac{1}{c^2} \frac{\partial^2 \Phi}{\partial t^2} = - \frac{\rho}{\varepsilon_0} \tag{9}$$

式(8)、式(9)统称为 D'A lembert 方程。这是 2 阶偏微分方程,求解比过去熟悉的(E 和 H 的)波方程方便。求得 A、Φ 后,代入式(2a)及式(4a)即可求解电场与磁场。另外,场如不随时间变化,D'A lembert 方程变为 Poisson 方程。

现考虑一种简单情况:空间只有电荷源,点电荷 $q(t)$;这时只需根据式(9)求解。设由源点到空间点的位置矢量为 r,可以证明下述解成立:

$$\Phi = \frac{1}{4\pi\varepsilon r} \left[q\left(t - \frac{r}{v} \right) + q\left(t + \frac{r}{v} \right) \right] \tag{10}$$

式中 $v = (\varepsilon\mu)^{-1/2}$，用波速 v 比用 c 普遍些。方括号内的两项具有不同的物理意义；第一项表示在时间 t 空间点 (x,y,z) 处的情况取决于 t 之前，即 $\left(t - \dfrac{r}{v}\right)$ 时刻的源电荷大小，亦即空间点呈现滞后于源的现象，滞后时间恰为扰动以 v 传到该点的所需时间。这叫滞后位或滞后势（retarded potential），是容易理解的。第二项表示在时间 t 空间点 (x,y,z) 处的情况取决于 t 之后，即 $\left(t + \dfrac{r}{v}\right)$ 时刻的源电荷大小，即空间点呈现领先源的现象，称为超前位或超前势（advanced potential）。过去的教科书都说后者无意义，D'A lembert 方程的解只有滞后位（势）。这样讲是不正确的。至少可以说，超前位（势）是不能随便舍弃的。

超前位（势）项是 Maxwell 方程的一个解，其存在具有合理性，即表示超前波必定存在。那么它表示负速度还是负时间？或者二者都是？从 $\left(t + \dfrac{r}{v}\right)$ 看，若 v 为负，括号内第 2 项就是一个负时间项，因此从本质上概括为负速度项是可以的。对于源辐射来说，有一种说法是"波在发射出来之前就被接收到了"；另一种说法是"波从外部向源会聚"。前者往往会认为与因果性（causality）矛盾，后者则无法说明波的来源。这也是过去认为"可以略去超前项"的原因。

Maxwell – D'A lembert 基础理论是严谨的，它告诉人们：自然规律并不像表面上看来那么简单。为了描写上述情况，笔者提出一个新词"电磁波负性运动"，英文可写作"negative characteristic motion of electromagnetic waves"。我们认为不能把它看作"反常"，而是一种自然所固有的正常物理现象。无论多么令人困惑，科学家都必须真实地反映客观世界的实情。更何况，近年来大量负波速实验已使超前波（advanced waves）理论得到了证实。

4 对"内向波"和"反向波"的讨论

2006 年，刘慈香等[13]给出一个数值计算例——设一根无限长导线（作为电流源）放在同样是无限长的左手材料 LHM 圆柱体的中心，用 FDTD 法计算的结果证明（用图形显示），在柱体内等相面不断向中心缩小，亦即相速 v_p 是指向中心的，称为"内向波"（inward waves），而柱体外等相面仍是不断向外扩大，相速 v_p 指向外。由于众所周知的事实，对 LHM 而言波矢 $\boldsymbol{k}$ 指向与 Poynting 矢 $\boldsymbol{S}$ 指向是相反的，故可推断上述结构中能量是由内向外传送。

文献[13]有一定参考价值，但我们认为存在 3 个问题。首先，波速仍被看成矢量；笔者已在多篇论文中作过分析讨论，认为在波科学研究中应采用与 Newton 经典力学有区别的观点和方法，"把波速看成标量"即为其中之一。我们没有说"波动理论与 Newton 力学完全无关"，传统的观点也是认为波矢 $\boldsymbol{k}$ 的方向即相速矢量 $\boldsymbol{v}_p$ 的方向。然而，负相速（NPV）即表示"等相位面反过来运动"的看法是存在问题的。在截止波导的理论与实验中都发现了负相位常数（$\gamma = \alpha + \mathrm{j}\beta, \beta < 0$）和负相速（$v_p < 0$），这并不能完全用"反向运动"来解释。在近年来大量出现负群速（NGV）实验的情况下，问题尤为突出。把波速度当作矢量而处理，实在是老旧的方法。其次，波向内传播的现象并非只在 LHM 条件下存在。对于一个辐射源，矢量电磁场的近场、中场动力学远比简单的理解（向外传播）更为复杂。在源的附近（near field region），可能有波形主体向内行进的现象。N. Budko[14]曾以实验观测结果展示了这种现象，他认为是负波形速度（negative waveform velocity），相关波形是 travel back in time。这些情况与 LHM 是无关的。由此上溯到 R. Feynman 和 J. Wheeler 的 1945 年论文，其时连 Veselago[15]论文都还没有写出，研

制 LHM 更无从谈起。但超前波(advanced waves)的思想已提出了,这是值得深思的。

再次,不能只考虑等相位面的运动和相速矢量的方向,必须把群速放在重要的位置上来思考。虽然从 1958 年到 2004 年都有人简单地把"反向波"(backward waves)归结为"相速与群速的矢量方向相反",但我们已指出把负速度一律当成"反方向的运动"并不恰当[16]。例如,负群速(NGV)具有生动的物理表现,并非一个简单的"方向判断"所能描述。比方说,把向 NGV 媒质入射的脉冲与从 NGV 媒质出来的脉冲相比较,出射脉冲时间上可超前于入射脉冲(入射者尚未到达,出射者即现身)。这种"超前现象"(advanced phenomenon)导致了对因果性(causality)的新解释。刘辽[17]认为,causality 的精髓在于"果不能影响因",而非"因必在果之前"。如把输出脉冲当作"果",输入脉冲到达当作"因",实验证明可以发生"果先于因"。一定要懂得以"因先于果"为核心的 causality 只是一种经验和信念,而不是一个必须绝对遵守的定律。

可以证明,当定义相折射率 $n = c/v_p$,群折射率 $n_g = c/v_g$,在引用 Rayleigh 公式时可证明有下述近似式成立[13]:

$$n_g \approx n + f\frac{\mathrm{d}n}{\mathrm{d}f} \tag{11}$$

这里 f 是入射电磁波的频率。由此可知,由于 LHM 导致 $n < 0$,n_g 是否为负取决于 $\mathrm{d}n/\mathrm{d}f$ 的符号。若 $\mathrm{d}n/\mathrm{d}f < 0$(反常色散),必有 $n_g < 0$;如能在这种条件下经过计算机编程而演示,会更有意义。如媒质为正常色散($\mathrm{d}n/\mathrm{d}f > 0$),$n_g$ 为负的条件为

$$\frac{f}{|n|}\frac{\mathrm{d}n}{\mathrm{d}f} < 1 \tag{12}$$

当然,即使不用 LHM,即 $n > 0$,也可能获得 $n_g < 0$——这条件就是反常色散($\mathrm{d}n/\mathrm{d}f < 0$)。

更重要之点在于,波的运动不同于人们习惯的质点运动,具有波科学的特征。经典力学的速度定义是 $v = \mathrm{d}r/\mathrm{d}t$(或 $\mathrm{d}z/\mathrm{d}t$),从方向性解释"负速度"合乎逻辑。在波动力学(Wave Mechanics, WM)中,波速(包括相速和群速)应视为标量而非矢量。这是因为波速可表示为波长和频率的乘积:

$$v = \lambda f \tag{13}$$

而波长 λ 和频率 f 都是标量。1972 年由美国标准局(NBS)完成的对真空中光速 c 的最精确测量[18],就是以高度复杂的技术用激光进行光频测量和光波长测量(针对甲烷 CH_4),从而得出

$$c = \lambda_{CH4} f_{CH4} = (299792456.2 \pm 1.1)\quad \mathrm{m/s} \tag{14}$$

经国际计量局修正后确定

$$c = 299792458\quad \mathrm{m/s} \tag{15}$$

并于 1983 年以此为准规定了新的米定义。由于定 c 为恒量,频率 f 保持为基本单位,根据 $\lambda = c/f$ 可以确定波长,因而长度成为导出单位,不再是基本单位。这件事雄辩地证明 c 不是矢量而是标量。最精确的波速测量值不是靠经典力学定义($\mathrm{d}r/\mathrm{d}t$ 或 $\mathrm{d}z/\mathrm{d}t$)而确定的,而是靠波参数(λ 和 f)而确定;这是有重要意义的。然而,传统理论中的习惯是难以改变的,例如,人们常取相速矢量为 v_p,并说它与波矢 k 方向一致;我们亦不能说其错误。

5　物质的负电磁特性

V. G. Veselago 是苏联科学院 Lebedev 物理研究所的科学家,1964 年他在俄文刊物《物理

科学成果》上刊出论文(见 Usp. Fiz. Nauk, vol 92, July 1964, 517 – 526), 译成英文的题目是 "*The electrodynamics of substances with simultaneously negative values of ε and μ*", 在美国出版于 1968 年。Veselago 的科学思想是[15]: 对于电磁波在物质中的传播而言, 介电常数 ε 和导磁率 μ 是基本的特性参数; 它们是物质色散方程中出现的表征物质电磁性能的仅有的两个量。对于各向同性媒质, 色散方程具有简单形式:

$$k^2 = \left(\frac{\omega}{c}\right)^2 n^2 \tag{16}$$

式中 n 满足

$$n^2 = \varepsilon_r \mu_r \tag{17}$$

忽略损耗时 n、ε_r、μ_r 均为实数。很明显, 若 ε_r、μ_r 同时为负, 这些关系式和方程不会有任何变化, 表示物质特性不受干扰。ε、μ 同时为负, 并不与现有的自然定律相冲突; 但它可能造成某些影响。在通常的物质 ($\varepsilon > 0$, $\mu > 0$), $\boldsymbol{E}$、$\boldsymbol{H}$、$\boldsymbol{k}$ 三者形成右手系(right – handed set); 在 $\varepsilon < 0$, $\mu < 0$ 情况, $\boldsymbol{E}$、$\boldsymbol{H}$、$\boldsymbol{k}$ 三者形成左手系(left – handed set)。对于 Poynting 矢 $\boldsymbol{S}$ 来说, 对于 RHM 它与 $\boldsymbol{k}$ 同方向, 对于 LHM 它与 $\boldsymbol{k}$ 反向。由于 $\boldsymbol{k}$ 的方向是相速 $\boldsymbol{v}_p$ 的方向, 显然, 在 LHM 当中相速方向与能流方向相反。另外, 在反常色散时由 LHM 可获得负群速(NGV)……Veselago 的以上论述今天来看也是正确的, 近年来的研究大体上都遵循他的理论, 使左手材料(也称超材料)的技术得到大发展。

假设用 ε 为横坐标 μ 为纵坐标, 构成一个坐标系。那么, 可以对划分出来的 4 个象限, 分析物质性态与电磁参数符号(正或负)的相互关系, 如表 1 所列。表中的象限 III 指明, $\varepsilon < 0$, $\mu < 0$(ε、μ 同时为负)属于"自然界不存在的情况"。那么是否有例外? 比如说, 2000 年 Wynne 等[19] 的实验, 给出了圆截止波导的等效折射率(n_{eff})为负的数据和曲线, 是否"大自然也有负折射"的例子? 我们认为不能这样看, 因为金属壁波导本身也是一种人工制造的器件(或称媒质); 故 Veselago 的论断并未受到破坏。

表 1 媒质电磁特性的 4 种情形

象限	介电常数 ε	导磁率 μ	相折射率 n	媒质实例	电磁状态	波矢与 Poynting 矢
I	>0	>0	>0	普通各向同性媒质, 自然界普遍存在	传输态	同向
II	<0	>0	>0	气态(电)等离子体; 固态(电)等离子体(指光频时的金属); 人工负介电常数媒质	消失态	/
III	<0	<0	<0	自然界没有这种媒质; 存在的是人工设计制作的左手材料(LHM)也称为超材料(meta materials)	传输态	反向
IV	>0	<0	>0	气态(磁)等离子体; 固态(磁)等离子体(指铁氧体); 人工负导磁率媒质	消失态	/

现在从能量角度进行讨论, 如所周知, 凡静电场不为零的空间都储存着电能, 它的推导是根据做功和守恒的原理, 得出电场储能为

$$w_e = \frac{1}{2}\int_v \boldsymbol{D} \cdot \boldsymbol{E} \mathrm{d}v$$

单位是 J;积分域 v 是有电场的空间。场中任一点的电场能量密度用 w_e 表示,显然有

$$w_e = \frac{1}{2}\boldsymbol{D} \cdot \boldsymbol{E}$$

单位是 J/m^3;如媒质为各向同性,$\boldsymbol{D}$ 与 $\boldsymbol{E}$ 方向一样($\boldsymbol{D} = \varepsilon\boldsymbol{E}$),故可得出

$$w_e = \frac{1}{2}\varepsilon E^2 \tag{18}$$

类似地,在恒流源产生磁场的理论中,凡磁场不为零的空间都储存着磁场能量:

$$w_m = \frac{1}{2}\int_v \boldsymbol{H} \cdot \boldsymbol{B} \mathrm{d}v$$

场中任一点的磁场能量密度为

$$w_m = \frac{1}{2}\boldsymbol{H} \cdot \boldsymbol{B}$$

在各向同性媒质中为

$$w_m = \frac{1}{2}\mu H^2 \tag{19}$$

单位也是 J/m^3。

当我们考虑时变电磁场时,应把电场能、磁场能相加,可写出总能量密度:

$$w = \frac{1}{2}\varepsilon E^2 + \frac{1}{2}\mu H^2 \tag{20}$$

在 Veselago 理论中,$\varepsilon < 0$ 和 $\mu < 0$ 的同时实现要求存在频率色散(frequency dispersion, FD)。如没有 FD,式(20)显示 $w < 0$,他认为不合理(不可能总能量密度为负)。在有 FD 时, 应当用下式代替:

$$w = \left[\frac{1}{2}\frac{\partial(\varepsilon\omega)}{\partial\omega}E^2 + \frac{\partial(\mu\omega)}{\partial\omega}H^2 \right] \tag{21}$$

如果 ε 与 ω 无关、μ 与 ω 无关(无色散),式(21)与式(20)相同。为保证 $w > 0$,要求

$$\frac{\partial(\varepsilon\omega)}{\partial\omega} > 0 \tag{22}$$

$$\frac{\partial(\mu\omega)}{\partial\omega} > 0 \tag{23}$$

这两个不等式即使不满足,也不表示 ε、μ 不能同时为负。总之,ε、μ 必与频率有关。因此 Veselago 的观点可归纳为:负折射媒质并不意味着负能量。

由 Maxwell 电磁场理论可知,电场与磁场虽可共处于同一空间,却是各自独立的。但在另一方面,时变电磁场的规律是:变化的电场会激发磁场,变化的磁场会激发电场,二者相互依存又相互转化,形成不可分的整体。因此,对于表 I 中第 II、III 象限的情况(单独的 $\varepsilon < 0$ 或单独的 $\mu < 0$),虽然由式(18)和式(19)可得负的电能或负的磁能,但总体情况却由式(20)决定; 亦即得不出总能量为负的结论。

以上的 Veselago 观点和我们的解释,对于说明"物质可以有 ε 为负、μ 为负同时出现的状态",是可以的。但存在一种对负能量(negative energy)作否定的意味,则是欠妥的。在量子力

学 Dirac 波方程中,负能量和负能态概念的运用不仅成功,而且导致了正电子的发现,又引导出现了整个反物质物理学。亦即对负能量的排斥是经典物理所特有的,在量子物理中则不存在这种限制。后者把负能看作比量子起伏(量子涨落)能量还低的物理状态,具体例子如 Casimir 真空。笔者曾指出[20],当在空无一物的空间平行放置两块非常靠近的金属板,改变了真空的结构——造成了两种真空,即板外的常态真空和板间的负能真空(vacuum of negative energy)。这时负能量表示空间区域的真空程度比空无一物还要空,从而单位体积的能量(能量密度)小于零。负能量概念是可以有的!

因此,作为经典物理学成果之一的 Veselago 理论,虽然近年来取得了很大的成功,但它仍然有待提高到量子物理学的层次。这将是未来的有兴味的研究工作。

6 怎样获得负介电常数

我们先看表 1 中第 II 象限的情况,即 $\varepsilon < 0, \mu > 0$ 的媒质。论述的次序是:气态(电)等离子体→固态(电)等离子体→获得负介电常数的人工方法(Pendry 法);其中所谓固态(电)等离子体实际上是金属。1999 年出版的笔者所著书《超光速研究——相对论、量子力学、电子学与信息理论的交汇点》[21],其中有一篇论文"波在电离气体中的截止现象和消失场特性"。该文很好地分析论述了电磁波通过等离子体时的截止现象和呈现出来的消失场特性,实际上是根据截止波导理论[10],结合气体等离子体的特点而进行研究。但该文忽略了分析和计算相对介电常数,并未对其"可能为负"提出证明。

所谓气态等离子体(gas plasma)是指这样的物质形态——一种不定形、可流动和扩散、密度较小的体系,包含中性粒子、正离子及大量电子,总体上呈现电中性。这是一种带电粒子均匀分布的电离气体,但其内部的极化作用和 Coulomb 力作用都表明它是与其他介质不同的媒质,是一种新的物质形态(第 4 态)。由于电子浓度(体密度)很大,在入射电磁波频率较低时(如 $f < 50$MHz)可视为导体。但正如笔者的论文[19]所指出的,在较高频域存在着电磁波不能通过的截止区(如 $f = 50$MHz ~ 500GHz),而在更高的频域(如 $f > 500$GHz)呈现电介质特性。因此,说"等离子体象导体",只在一定条件下正确。以上的频率分界数据是氢等离子体的情况,只是举例而已。

从表面上看,金属这种有固定形状的坚硬物质,与气态等离子体毫无共同之处。但金属的组成是晶格和自由电子气,而后者名称的由来可由下述事实看出:金属的电子浓度(n_e)比气态等离子体高出很多,甚至可达 8 个数量级。实际上,两者对某些物理参数[例如等离子振荡频率($\omega_p = 2\pi f_p$)]有相同的定义方式;两者都用复数介电常数(以及折射率)进行描述;如此等等。在许多科技领域中,对二者的理论都要借鉴参考。

在一定条件下,气态等离子体的相对介电常数(ε_r)可能为负。这里主要讨论 ε_r 的实部,可以写出:

$$\varepsilon_r' = 1 - \frac{\left(\dfrac{\omega_p}{\omega}\right)^2}{1 + \left(\dfrac{F_c}{\omega}\right)^2} \tag{24}$$

由此可得 $\varepsilon_r' < 0$ 的条件为

$$f < \frac{1}{2\pi}\sqrt{\omega_p^2 - F_c^2} \tag{25}$$

引用水银蒸汽等离子体的数据（$n_e = 7.5 \times 10^{10}\,cm^{-3}$，$f_p = 2.46 \times 10^9\,Hz$，$F_c = 9.4 \times 10^7\,Hz$），运算中可知 $(\omega_p^2 - F_c^2) = 2.4 \times 10^{20} - 8.8 \times 10^{15}$。因此式(25)右方第2项可以略去，得近似条件：

$$f < f_p \tag{26}$$

故只要入射电磁波频率低于等离子振荡频率，气态等离子体即呈现 $\varepsilon_r' < 0$。

但我们的注意力主要放在所谓"固态等离子体"（金属）方面。金属介电常数是一个经典物理学可以处理的宏观电磁问题。尽管如此，还是应当区分以下两种不同情况——大块金属与极薄（如纳米级）金属膜。它们的 ε 值是否有差别，以及差别的大小，是应当加以考虑的。一般的理论分析均指前者；金属相对介电常数算式为[22]

$$\varepsilon_r = 1 - \frac{\omega_p^2}{\omega^2 - j\omega b} = 1 - \frac{\omega_p^2}{\omega^2 - j\omega F_c} \tag{27}$$

式中：ω_p 为等离子振荡频率：

$$\omega_p = \sqrt{\frac{n_e e^2}{m_e \varepsilon_0}} \tag{28}$$

n_e 是单位体积内的电子数，m_e、e 分别为电子质量、电子电荷；ω_p 简称为等离子频率（plasma frequency）。公式(27)中的 b 是阻尼系数，本质上代表"电子动量转移的平均碰撞频率"，用符号 F_c 表示较好（$b = F_c$）。取 $\varepsilon_r = \varepsilon_r' - j\varepsilon_r''$，可得

$$\varepsilon_r' = 1 - \frac{\omega_p^2}{\omega^2 + F_c^2} \tag{29}$$

$$\varepsilon_r'' = \frac{\omega_p^2 F_c}{\omega(\omega^2 + F_c^2)} \tag{30}$$

我们曾指出[22]，铝的 $F_c = 1.94 \times 10^{13}\,Hz$，$f_p = 5.7 \times 10^{14}\,Hz$，前者在远红外区，后者在红外与可见光交界处。对于大块金属情况，在微波由于 ω 相对较低，就有 $f = 0 \sim F_c$ 区域的算式：

$$\varepsilon_r' \approx -\frac{\omega_p^2}{F_c^2} \tag{31}$$

因而"介电常数为负值"是能做到的；然而在 $\omega \ll F_c$ 时（微波即此）有

$$\varepsilon_r'' \approx \frac{\omega_p^2}{\omega F_c} \tag{32}$$

由于 ω_p 值很高，ω 值很小（相对而言），ε_r''很大。虚部的值非常大，故在微波得不到真正有意义的负介电常数。

当 $f > F_c$，金属相对介电常数实部为

$$\varepsilon_r' \approx 1 - \frac{\omega_p^2}{\omega^2} \tag{33}$$

当然这是近似公式，频率越高则越正确。若 $f < f_p$，则 $\varepsilon_r' < 0$（负介电常数）；但只要 $f > f_p$，它就成为正值（$\varepsilon_r' > 0$）。总之，用金属获得负介电常数的基本要求是入射波频率在 f_p 以下。

为了获得数量概念，并观察有关规律，我们搜集一些数据，列于表2。可见，在光频 ε_r' 为负

是有实际意义的,因为虚部较小。但在微波,虽然实部仍为负,但由于虚部的值远大于实部的绝对值,说它是"负介电常数"就没有什么意思了! 这就可以理解,为了产生表面等离子波(SPW)所需要的界面(一边为金属另一边为电介质),还是在光频进行实验较为稳妥,在微波进行操作(如在三棱镜底面镀金属膜),激发 SPW 的希望不大。……另外,由表 2 可以看出,大块金属的值与超薄(纳米级)金属膜的值相比较,薄膜时 $|\varepsilon'_r|$ 都减小;为何如此不太清楚。

表 2　金属的负介电常数

作　者	发表时间及研究方法	金属性质	波段	频率或波长	ε_r
L. Schulz[23]	1954 年 (实验和计算)	银(大块)	光频	$\lambda = 632.8\text{nm}$ 435.8nm	$-16.32 + j0.54$ $-5.19 + j0.28$
W. Chen 和 J. Chen[24]	1981 年 (实验和计算)	银(膜厚 47.5nm)	光频	$\lambda = 632.8\text{nm}$ 435.8nm	$-16.72 + j1.66$ $-5.25 + j0.32$
J. H. Weaver 和 H. P. Fredrikse[25]	2004 年 (实验和计算)	银(大块)	光频	$\lambda = 630\text{nm}$ 500nm	$-17.6 + j0.67$ $-9.4 + j0.37$
		金(大块)	光频	$\lambda = 630\text{nm}$	$-10.8 + j1.47$
姜荣、黄志洵[26]	2013 年 (实验和计算)	金(膜厚 64.29nm)	光频	$\lambda = 632.8\text{nm}$	$-4.55 + j0.23$
H. Went[27]	2001 年 (计算)	铝(大块)	微波	/	$-10^4 + j10^7$
黄志洵[22]	2011 年 (计算)	铝(大块)	微波	$f = 3\text{GHz}$ 30GHz	$-3.4 \times 10^4 + j3.5 \times 10^7$ $-3.4 \times 10^4 + j3.5 \times 10^6$

对金属薄膜介电常数的测量需作些解释。在 $f < f_p$ 范围内,当 TM 极化波以某个角度入射时透射达到最大,此时可利用表面等离子体(surface plasma)的谐振吸收现象测量金属膜介电常数的实部与虚部及膜厚。如 $\varepsilon = \varepsilon' + j\varepsilon''$ 满足下述条件:$\varepsilon' < -1$、$\varepsilon'' < |\varepsilon'|$,则非辐射的表面等离子波(SPW)可能出现在金属与空气之间的界面上。如为 TM 极化波,在一定的入射角反射可能大为减弱,这是因为 SPW 会吸收入射波的能量。改变入射角可找到反射值最小的位置,宽度与深度取决于介电常数及膜厚,故由测量谐振角可算出 ε。……利用玻璃三棱镜测 SPW 的方法是由 A. Otto 提出的,他在棱镜底面与金属膜层之间安排了空气层;但这不易掌握,成本也过高,故后来所用均为 E. Kretschmann[28] 的方法,该法是把金属膜镀在棱镜底面,避免了前者的缺点。表 2 中的两例纳米薄膜情况均用后一方法测量。

从表 2 可知,在微波获得有效的负参数的关键在于把 ε'' 的高值降下来,而式(32)表明为此必须大大降低 ω_p,使等离子频率 f_p 进入微波范围,例如比 10^{10} Hz 略小。办法是减小有效电子密度 n_e 或加大电子有效质量 m_e;具体方法是采用金属线阵,可使 f_p 下降约 5 个数量级。1996 年,J. B. Pendry[29] 的论文"金属微结构中的特低频率等离激子"完美地建立起这一方法;在空间中安排一些相互平行的细导线,线径 $d = 2r$,线间距为 a,而 $d \ll a$(见图 1);当入射波的波长 $\lambda \gg a$(例如,在微波 λ 为几十毫米,a 为几毫米),则形成等效介电常数可能为负的体系。

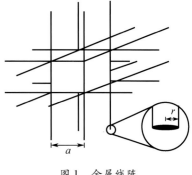

图 1　金属线阵

Pendry 的论述大致如下：金属中的 plasmon 现象最早见于 20 世纪 50 年代初的两篇论文〔D. Pines, Phys. Rev. , 1952, Vol. 85, 338; D. Bohm, Phys. Rev. , 1953, Vol. 92, 609〕，对金属中的电子振荡用等离子体频率描写：

$$\omega_p^2 = \frac{n_{eff}e^2}{\varepsilon_0 m_{eff}}$$ (28a)

式中：n 和 m 的下标 eff 表示"有效值"；对铝而言 $\omega_p = 15\text{ev}$，另一参数 $\gamma = 0.1\text{ev}$（γ 对应本文的 F_c）。用细导线阵组成的新媒质可使 ω_p 降低 6 个数量级，而线阵是周期性结构，它可看作图 1 中所绘的立方体点阵组成的。这一结构产生两方面的效果，首先是有效电子密度的下降是由于金属体积减小，由 a^2L 变成 $\pi r^2 L$（L 为金属纵向尺寸），因而有

$$n_{eff} = n_e \frac{\pi r^2}{a^2}$$ (34)

显然可得 $n_{eff} \ll n_e$。

　　另外，电子有效质量的加大是由于入射波电场方向与金属丝方向相同时后者的电感作用使电子运动减慢。经推导得到

$$m_{eff} = \frac{\mu_0 e^2 n_e}{2\pi} \ln \frac{a}{r}$$ (35)

对于铝线阵，取 $r = 10^{-6}\text{m}$，$a = 5 \times 10^{-3}\text{m}$，$n_e = 5.68 \times 10^{17} \text{m}^{-3}$；可算出

$$m_{eff} = 2.48 \times 10^{-26}\text{kg} = 2.72 \times 10^4 m_e$$

最终得到 $\omega_p = 8.2\text{GHz}$，进入微波范围。这样一来，本来处在光频区的 f_p 可降到微波频段。现在可用下式计算 F_c：

$$F_c = \frac{4\varepsilon_0 a^2 \omega_p^2}{\pi d^2 \sigma}$$ (36)

式中：σ 为金属的有限导电率；然后，可由前述公式获得线阵的介电常数，并获得 $\varepsilon_r < 0$。

　　虽然 Pendry 论文没有给出系统的计算数据，更未做实验，但后人对其思想作验证发展的论文很多。例如 2004 年的 Panoiu[30] 计算不仅是为了观察负参数（$-\varepsilon$、$-\mu$、$-n$）的数值规律，更是为了探索已有方法用到光频的可能性。他用传输矩阵法（Transfer Matrix Method, TMM）计算了直导线阵和 SRR 组合系统的有效介电常数（ε_r）和有效导磁率（μ_r），掌握了这些参数与频率的关系，他称为频率色散（frequency dispersion）。为了探索这种构建超材料的方法上限，他采用的是微米级的结构，对直导线阵而言取 $\omega_p = 7.5 \times 10^{15}\text{Hz}$，$F_c = (1 \sim 4) \times 10^{13}\text{Hz}$。图 2 显示 ε_r 的实部为负数，虚部为正数（但不大）。

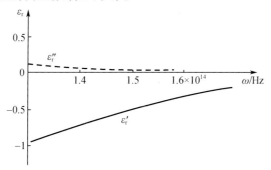

图 2　金属线阵在红外区的相对介电常数

7 怎样获得负导磁率

表1中第Ⅲ象限的情况是$\varepsilon > 0, \mu < 0$。在这里我们略去自然界是否存在这种媒质的讨论,而直接关注人工设计和制作的负导磁率媒质。1999 年 J. Pendry[31] 就可产生负导磁率的人工系统提出了 A、B、C 共 3 个方案,其中 B 称为 split ring cylinders array(开口环圆柱阵列),更确切的称呼是金属的开口环谐振腔(Split Ring Resonator, SRR),形状如图 3(a)所示;后来由于广泛采用印制电路板技术和真空镀膜技术,流传下来的方法是平面化的结构,如图 3(b)所示。作为基本单元的 SRR,由内环(inner core)和外环(outer ring)组成,而这两者都有缺口。两个金属平面环之间的间隔为 g,裂口宽度为 s,内芯直径为 $2r$,两个金属条的宽度均为 t。当入射波磁场方向与环的轴向具有相同方向,内外环间的电容及两环的自感构成谐振器,其电流将产生一个附加的感应磁场。……虽然不是一个 SRR 单元就能提供负导磁率,但 Pendry 的推导计算却是以单个 unit 为基础的。当有磁场与图 3(a)的圆柱平行,在开口环上感应的电流见图 4,而两环间有电容是重要的。细致地推导得到

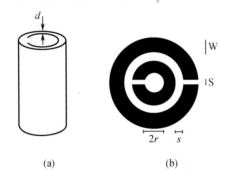

$$(a) \qquad\qquad (b)$$

图 3 产生负导磁率的 SRR 单元

$$\mu_{\text{eff}} = 1 - \frac{F\omega^2}{\omega^2 - \omega_0^2 + j\omega\Gamma} \tag{37}$$

式中:$F = \pi r^2/a^2$ 是填充系数;Γ、ω_0 分别为谐振宽度和谐振频率:

$$\Gamma = \frac{2\rho l}{\mu_0 r} \tag{38}$$

$$\omega_0 = \sqrt{\frac{3lc^2}{\pi r^3 \ln(2w/g)}} \tag{39}$$

式中:l 为板的间距;ρ 为电阻率;c 为光速。对于良导体(如铜、银),可取 $\rho \approx 0$,故有

$$\mu_{\text{eff}} \approx 1 - \frac{F\omega^2}{\omega^2 - \omega_0^2} \tag{40}$$

由式(40)可以证明,当

$$\omega_0 < \omega < \frac{\omega_0}{\sqrt{1-F}} \tag{41}$$

将有 $\mu_{\text{eff}} < 0$;令“磁等离子频率”(magnetic plasma frequency)为

$$\omega_{\text{mp}} = \frac{\omega_0}{\sqrt{1-F}} \tag{42}$$

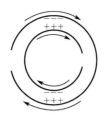

图 4　两环上感应的电流示意

故获得负导磁率条件为

$$\omega_0 < \omega < \omega_{mp} \tag{41a}$$

这种情况如图 5 所示。故可知,新结构只是在导磁率色散特性($\mu_{eff} \sim \omega$ 关系)中有一个负值的"窗口"。

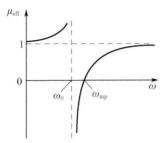

图 5　SRR 有效导磁率与频率的关系

　　J. Pendry 做平行线阵研究时(1996 年)[29],当然已有阵列的概念——他的研究决不是用单一导线所能完成预期功能(在微波 $\varepsilon_r < 0$ 的)。但从 1999 年论文[31]看,对 SRR 虽也有"多个单元形成阵列"的概念,似乎单个 SRR 即有预期功能(在微波的某个频域 $\mu_r < 0$)。D. Smith 等[32]在 2000 年的实验是在以上两文基础上形成的组合效应,即在微波的某个频域相折射率为负($n < 0$),从而开创了左手材料(LHM)亦即超材料研究的大门;而所用方法则为多层 SRR 阵列,看一下 Panoiu 的有关计算结果是有益的,他取 $r = 1\mu m$, $w = g = 0.33\mu m$, $s = 0.4\mu m$, $a = 5\mu m$;对于用多个 SRR 形成阵列而言,他用了多达 16 层的平板结构。图 6 是数值计算的结果,图中 μ_r' 即 μ_{eff}(实数),而 μ_r'' 表示有效导磁率的虚部。可以看出图 6 与图 5 有相似之处,在一定频域 $\mu_r' < 0$。图 7 表示多层 SRR 阵列;但即使只有一层,它也是 SRR 阵列(Pendry 称为"SRR in a plan array")。

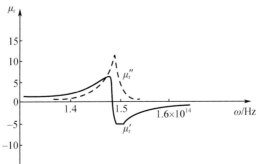

图 6　SRR 在红外区的相对导磁率

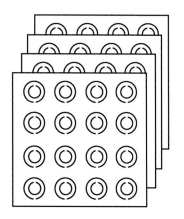

图 7　多层 SRR 阵列

必须注意 Pendry 计算(图 5)与 Panoiu 计算(图 6)的区别;Pendry 取 $r = 2 \times 10^{-3}\text{m} = 2\text{mm}$,
$\alpha = 5 \times 10^{-3}\text{m} = 5\text{mm}$, $d = 1 \times 10^{-4}\text{m} = 0.1\text{mm}$(注:他的 d 即图 3(b)中的 g);亦即在毫米级尺寸
下计算,结果呈现在微波($f_0 = 2.94\text{GHz}, f_{mp} = 4.17\text{GHz}$)。Paniu 是在微米级尺寸下计算,结果
呈现在光频。但两者在原理上并无不同。……可贵的是,1999 年 Pendry 还提出了具有 3D 对
称性的 SRR 单元的设计思想,如图 8 所示;这对以后的发展有重要意义。

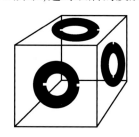

图 8　SRR 的 3D 对称性设计

有趣的是,有研究者发现 SRR 除了在某个频段呈现负导磁率特性,在更高频域可能出现
负介电常数特性;而两者难以在同一波段共生,因而不满足获得负折射率的要求。为此改
SRR 为 S 形结构[33],实现了两种现象在同一频域并存。这时金属线阵可以不要! 由此可知,
SRR 阵列经改进后就成为一种新型的人工超材料。

8　Ω 环结构

在粒子物理学中,自旋为 1/2 的粒子有两种独立的自旋状态,一种区分法称为手征
(chiral),两种状态即左旋和右旋。1992 年, M. Saadoun[34]讨论了电磁手征性(electromagnetic
chirality)和手征媒质(chiral media),建议了一种 Ω 形微结构(Ω – shaped microstructure),如图
9(a)所示,它是由单匝螺旋变形而得。多个单元可形成阵列。如图 9(b)所示,它可称为 Ω 媒
质(Ω medium),我们称为 Ω 环结构或 Ω 环阵列。一旦把它看成为一种物质或材料,就产生如
何应用的讨论,例如在矩形波导中沿 z 向作部分填充。

在基础的电工学中不乏手性规则,由于导线切割磁力线就会产生电动势,有所谓"发电机
右手定则"(大拇指指示导线运动方向时,4 指方向是电动势方向)。又如在自感线圈中,如 4

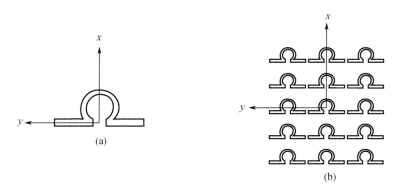

图 9　Ω 环结构的单元与阵列

指为线圈中电流方向,大拇指为磁场方向(N 极)。……因此,图 9(a)的结构和图 9(b)的阵列,自有其手征效应。而利用两个 Ω 形结构相对放置,可以去除其手征效应。

　　新材料设计都追求各向同性(isotropic),它表示电磁波无论从何方向入射,其性质都相同。Pendry 的两个方法(负 ε 和负 μ)显然不满足这一要求,因它们只有在传播方向与导线轴向或 SRR 轴向正交时才能得到($-\varepsilon$)和($-\mu$)。……如采用 Ω 形结构进行设计,暂不要求各向同性,可取图 10,此为单面的形状。另一面的形状相同但位置相反,图中未画出。2004 年 Huangfu 等[35]的设计即以此为基础,用双面的 3 个互相连接的 Ω 环。用 FR4 基板,它高 10mm,厚 0.4mm, $\varepsilon_r = 4.4$(当 $f = 10GHz$);类 Ω 结构印制在基板两面,按相反方向。环半径为 1.4mm,其他尺寸为 $a = 0.4mm$, $b = 1.5mm$, $c = 2.9mm$, $L = 4mm$。作为阵列, x 方向共 10 个单元, y 方向共 80 个板。估计总尺寸为 $4 \times 4 \times 4cm^3$,这比几年前某些文献制备的超材料小多了。另一个例子是,2010 年夏颂[36]用这种典型的 Ω 形 LHM 进行了研究,其环半径为 1.5mm 及 1.9mm,其他尺寸为 $a = 0.4mm$, $b = 2.8mm$, $c = 4.6mm$, $L = 5mm$;基板刻有 Ω 环的 PC 板厚 1mm,未刻的厚 2mm;基板材料为 FR24。每片有 10 个基本单元(每单元只有 2 个 Ω 环),共 8 片。整个 LHM 呈长方形,最大尺寸估计约为 6cm,但较窄小(宽度约 1.2cm)。

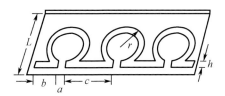

图 10　双面 3 环 Ω 形结构的正面

　　图 11 是 Ω 形结构的有效导磁率曲线示例(引自 L. Ran[37]),几何参数为 $L = 0.5mm$, $h = 0.5mm$, $r = 1.5mm$, $d = 0.1mm$。可以看出,只有在频率高于一定值时才得到负导磁率; $R_e\mu$ 的变化规律与图 6 相似。

　　如果要求各向同性,则可参照 2003 年 C. Simovski[38]的方法。图 12(a)是 Ω 粒子立方晶胞的几何结构。为了图形的清晰,只有一对 Ω 形理想导体粒子被展示在立方晶胞相对的 2 面。图 12(b)是多个立方晶胞(每面都有 6 个 Ω 环)形成的阵列。但该论文主要是理论分析,缺乏实验。实际的技术,比用多层结构困难得多。

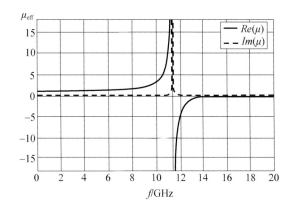

图 11　Ω 形结构有效导磁率示意

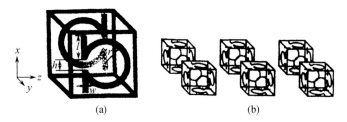

图 12　各向同性的 Ω 形结构示意

9　结束语

　　本文的一个重点是提出和研究波的负性运动。在 Newton 力学所处理的有形有质之物的运动中,速度是矢量,这时只有正向运动和负向运动(负速度即代表反向)。但对于无形无质的波,速度可以是标量,负速度不一定代表反向运动,而是另有含意,例如表达一种看来奇特的情况——"输出波形出现在输入波形到达之前";"发射出来之前即已接收";"波向源处集中";等等。正如说"一位叫 Birght 的姑娘今天离家出走,在昨天傍晚她到达了目的地";这种表面看来荒谬的事在波科学中却存在!为了理解它,必须认识到这只在"速度是标量而又为负值"的情况下才会发生,其次应当对 Causality 有更高明的认知。这些就是本文提出"电磁波的负性运动"概念的基础,显然它与波的"负向运动"不是一回事。

　　对电磁波负性运动概念,要承认其存在的合理性和在科学研究中的意义。关键在于正确认识 Maxwell－D′Alembert 方程的超前解,将其放在应有的合理位置上。与此相联系的是要理解和接受负速度。这时人们对自然界的认识将提高到一个新的层次。

　　对负电磁参数的讨论是本文的另一重点。必须指出,J. Pendry 的设计思想(1996 年、1999 年论文)功不可没,正是靠它们做出了最早的 LHM。然而近年来对 Pendry 方法(把两个功能系统组合在一起以获得 LHM)已逐渐放弃,改为设法在单一结构中同时产生(－ε)和(－μ),并造成一个左手频带(left－handed band)。在这种努力中,从造成负导磁率系统中发现产生负介电常数的可能性,成为一些科学家乐于从事的工作,由此又不断衍生出新的设计。这种趋势是令人感兴趣的!

参 考 文 献

[1] Newton I. Philosophiae naturalis principia mathematica[M]. London：Roy Soc，1687. 中译：牛顿. 自然哲学之数学原理 [M]. 王克迪，译. 西安：陕西人民出版社，2001.

[2] 郑华炽. Lebedev 的光压实验[J]. 物理通报，1956(3)：148－151.

[3] 黄志洵. 论单光子研究[J]. 中国传媒大学学报(自然科学版)，2009，16(2)：1－11.

[4] Einstein A. 50 年思考还不能回答光量子是什么[A]. 爱因斯坦文集(第2卷)[M]. 范岱年，赵中立，许良英，编译. 北京：商务印书馆，1977.

[5] 黄志洵. 超光速研究的理论与实验[M]. 北京：科学出版社，2005.

[6] 黄志洵. 光是什么[J]. 中国传媒大学学报(自然科学版)，2007，14(4)：1－9.

[7] Wheeler J A，Feynman R P. Interaction with the absorber as the mechanism of radiation[J]. Rev Mod Phys，1985，17(2,3)：157－181.

[8] 梁昌洪. 电磁理论前沿探索札记[M]. 北京：电子工业出版社，2012.

[9] Gleick J. Gennius：the life and science of Richard Feynman[M]. London：Newton Publ Co Ltd，1992.

[10] 黄志洵. 截止波导理论导论[M]. 北京：中国计量出版社，1991.

[11] 黄志洵. 消失场能量关系及 WKBJ 分析法[J]. 中国传媒大学学报(自然科学版)，2011，18(3)：1－17.

[12] 黄志洵. 自由空间中近区场的类消失态超光速现象[J]. 中国传媒大学学报(自然科学版)，2013，20(2)：40－51.

[13] 刘慈香，等. 异向介质中的内向波[J]. 中国科学院研究生院学报，2006，23(6)：815－820.

[14] Budko N V. Observation of locally negative velocity of the electromagnetic field in free space[J]. Phys Rev Lett，2009，102：020401 1－4.

[15] Veselago V G. The electrodynamics of substances with simultaneously negative values of permittivity and permeability[J]. Sov Phys Usp，1968，10(4)：509－514.

[16] 黄志洵. 负波速研究进展[J]. 前沿科学，2012，6(4)：46－66.

[17] 刘辽. 试论王力军实验的意义[J]. 现代物理知识，2002，14(1)：27－29.

[18] Evenson K M，et al. Accurate frequency of molecular transitions used in laser stabilization：the 3.39μm transition in CH4 and the 9.33 and 10.18μm transition in CO_2[J]. Appl Phys Lett，1973，22：192－198.

[19] Wynne K，et al. Tunneling of single cycle terahertz pulses through waveguides[J]. Opt Comm，2000，176：429－435.

[20] 黄志洵. 论 Casimir 效应中的超光速现象[J]. 中国传媒大学学报(自然科学版)，2012，19(2)：1－8.

[21] 黄志洵. 超光速研究——相对论、量子力学、电子学与信息理论的交汇点[M]. 北京：科学出版社，1999.

[22] 黄志洵. 金属电磁学理论的若干问题[J]. 中国传媒大学学报(自然科学版)，2011，18(4)：1－12.

[23] Schulz L G. The optical constants of silver，gold，copper and aluminm[J]. J Opt Soc Am，1954，44：357－362.

[24] Chen W P，Chen J M. Use of surface plasma waves for determination of the thickness and optical constants of thin metallic films[J]. J Opt Soc Am，1981，71(2)：189－191.

[25] Weaver J H，Frederikse. H P. Handbook of chemistry and physics[M]. New York：CRC Press，2004.

[26] Jiang R，Huang Z X，et al. Used surface plasma wave measure the thickness and the negative permittivity of nano－metal film[C]. 2013 Intern Conf on Energy Res and Power Eng，Zhengzhou China，May 24－25，2013.

[27] Went H E，Sambles J R. Resonantly coupled surface plasmon polaritons in the grooves of very deep highly blazed zeroorder metallic gratings at microwave frequencies[J]. App Phys Lett，2001，79(5)：575－577.

[28] Kretschmann E. The determination of the optical constants of metals by excitation of surface plasmons[J] Z Phys，1971，241：313－324.

[29] Pendry J B. Holden A J，et al. Extremely flow frequency plasmons in metallic mesostructures[J]. Phys Rev Lett，1996，76

(25): 4773 – 4776.

[30] Panoiu N C, Osgood R M. Numerical investigation of negative refractive index metamaterial at infrared and optical frequencies [J]. Opt Comm, 2003, 223:331 – 337.

[31] Pendry J B. Holden A J, et al. Magnetism from conductors and enhanced nonlinear phenomena[J]. IEEE Transactions on Microwave Theory and Techniques, 1999, 47(11): 2075.

[32] Smith D R, Padilla W J, et al. Composite medium with simultaneously negative permeability and permittivity[J]. Phys Rev Lett, 2000, 84 (18): 4184 – 4187.

[33] Chen H, Ran L, et al. Left – handed material only composed of S – shaped resonator[J]. Phys Rev E, 2004 , 70: 057605.

[34] Saadoum M, Engheta N. A reciprocal phase shifter using novel pseudochiral or Ω medium[J]. Microwave'Opt Tech Lett, 1992,5:184;又见:Simovski C,He S. Frequecy range and explicit expressions for negative permittivity and permeability for and isotropic medium formed by a lattice of perfectly conducting Ω particles[J]. Phys Lett, 2003, A311:254. Simovski C, He S. Phys. Lett. , 2003, A311: 254.

[35] Huangfu J, et al. Experimental confirmation of negative refractive index of a metamaterial composed of Ω – like metallic patterns [J]. Appl Phys Lett, 2004, 84 (9): 1537 – 1539.

[36] 夏颂. 左手材料微波电磁特性测试技术研究[D]. 西安:西安交通大学, 2010.

[37] Ran L, Huangfu H, et al. Experimental study on several left – handed metamaterials[J]. Prog Electro Res, 2005, 51: 249 – 279.

[38] Simovski C R, He S. Frequency range and explicit expressions for negative permittivity and permeability for an isotropic medium formed by a lattice of perfectly conducting Ω particles[J]. Phys Lett A, 2003, 311: 254 – 263.

超光速、引力波问题研究

- 无源媒质中电磁波的异常传播
- 超光速物理学研究的若干问题
- 突破声障与突破光障的比较研究
- 对引力波概念的理论质疑
- Did the American LIGO Really Find Out the Gravitational Waves? – Question the Concept of Gravitational Wave and 2017 Nobel Prize in Physics.

无源媒质中电磁波的异常传播

黄志洵

（中国传媒大学信息工程学院，北京　100024）

摘要：目前人们的研究兴趣是改变光脉冲的群速度，产生光停、慢光、快光（超光速的光）。按照物理理论，反常色散媒质中可能出现"快光"，而它就称为"快光媒质"。已有许多产生快光的实验，这就开辟了被称为"色散技术"的研究前景。例如，科学界对群速超过真空中光速 c 的信号传播感到好奇。而在另一方面，以群速 v_g 行进的短波脉冲、微波脉冲、光脉冲，如 v_g 比无限大还大，就称为负群速（NGV）传播。这时发生如下现象：输入脉冲峰到达被测物（DUT）之前，DUT 输出端已呈现脉冲峰的身影。这虽与直观经验不符，但都是实验发现。当某种材料中光的群速为负，这就是 NGV 媒质。虽然 NGV 时常出现在增益系统中，无源系统也不断发现 NGV 现象；后者可由同轴电缆、波导、微带线、光纤而构成。实验中如加大失配即可加大群时延，进而获得 NGV。若 n 为媒质有效折射率，则获得 NGV 的条件是 $\left| \dfrac{f}{n} \dfrac{dn}{df} \right| > 1$。

虽然许多实验证明了群速超光速现象存在，科学界仍感困惑。2001 年证明了关系式 $\bar{v}_e = |T|^2 v_g$（$\bar{v}_e$ 为平均能速，T 为系统传输系数），故当 v_g 很大（$v_g > c|T|^{-2}$）时能速将比光速大。有关研究带来了令人兴奋的可能性。

Brillouin 的信号速度定义存在问题，数学意义超越物理意义。我们的反驳是，最重要之点在于传播中不失真的波群（波包）。由此出发的理论分析证明，众多 NGV 研究者已观察到的超光速传播其实就是实现了超光速通信。……超光速群速传播和负群速波传播，这两者各有其用途。科学家们把这与多个领域（如光通信、光场压缩态、量子纠缠）相联系，并得出结论说，高效、低耗的快光的潜在应用是广阔的。

关键词：负群时延；负群速；无源媒质；快光

Abnormal EM – waves Propagation in Passive Media

HUANG Zhi – Xun

（Communication University of China，Beijing　100024）

Abstract： Recently，there has been interest in modifying the group velocity of optical pulses，

注：本文原载于《中国传媒大学学报》（自然科学版），第 20 卷，第 1 期，2013 年 2 月，4～20 页。

resulting in stopped, slow, and fast (superluminal) light. According to the physical theory, "fast light" appears in the anomalous dispersion medium, and then it's so called "fast light medium". There are many experimeuts to produce fast light, this situation opens up new perspectives for the so called "dispersion engineering". For example, signal propagating with a group velocity that exceeds the speed of light in vacuum(c) is intriguing for scientists. And then, the traveling of short wave pulses, microwave pulses and light pulses with group velocity v_g, whose values exceed infinity, so called Negative Group Velocity(NGV) propagation. Such circumstance occurs when the peak of a pulse traveling through DUT, exits before the peak of the input pulse has reached the beginning of DUT. This effect is counterintuitive, but it is a discovery under the experimental basis. When the group velocity of light in a material is negative, it is the NGV medium.

Although NGV are possible particularly in gain systems, there have been some experimental demonstrations of that phenomenon in passive systems, such as the coaxial cables, waveguides, micro-strip lines, and optical fibers, etc. If the experimental configuration used with a higher impedance mismatch, then it permitted larger group delays, and a corresponding NGV. If is the effective refraction index of the medium, we want $\left|\dfrac{f}{n}\dfrac{\mathrm{d}n}{\mathrm{d}f}\right| > 1$ to obtain the NGV.

Many experiments showed the group velocity can surpass the light speed c, but scientists have still lack the further understanding of the results. In 2001, scientists obtained the formula $\bar{v}_e = |T|^{-2}v_g$, where $\bar{v}_e$ is average energy velocity, T is transmission coeficient of the system. If we want $\bar{v}_e > c$, the condition is $v_g > c|T|^{-2}$. Hence it can be concluded that only v_g/c is very large, and the energy velocity can surpass c. This demonstration opens the door to interesting possibilities.

The definition of signal velocity by Brillouin, mathemalical meaning exceeds physical meaning. We argue that undistorted wave group(wave packet) propagation is the first consideration. According to this view, the theoretical analysis show that superluminal propagation (i. e. superluminal communication) was observed by authors of many NGV researchers. …… The superluminal group velocity wave propagation, the negative group velocity wave propagation—each of the two cases has its own use. Now, scientists do research works in these fields: such as optical communication, squeezed light and quantum entanglement. The conclusion tell us that, a hight efficiency and low-loss fast light scheme may explore potential applications.

Key words：negative group delay time; negative group velocity; passive medium; fast light

1　引言

众所周知,电磁波的相速是指等相位面的传播速度,用 v_p 表示。单色光的情况单纯,整个光波以同一速度传播,即 $v_p = \omega/k$(k 为波矢的大小),通常也写作 $v_p = \omega/\beta$(β 为相位常数)。但是一个时间上从 $-\infty$ 延伸到 $+\infty$ 的理想单色波决无实现的可能,实际的波都是已调波,即一个较低频率($\Omega = 2\pi F$)对较高频率($\omega = 2\pi f$)的载波进行调制。Fourier 分析表明可以把电磁脉冲(f 从短波到光频)展开为诸多不同频率的单色波的叠加。在 k(或 β)与 f 有关的色散媒质中,各单色波有各不相同的相速,即 $v_p(\omega)$;而整个已调波(电磁脉冲)的速度只能用群速($v_g = \mathrm{d}\omega/\mathrm{d}k$ 或 $\mathrm{d}\omega/\mathrm{d}\beta$)来表示。群速定义要求波群中的单色波处于一个窄频带中,亦即当一

组 ω、β 相近的波运动时呈现出仿佛共同的速度,即群速。因此通常认为相速的意义有限,群速是研究工作中的重要工具和手段。已调波包络也称波包(wave packet),其传播状况由媒质的色散关系决定。

在 20 世纪末到 21 世纪初的期间,人类对光的认识水平和操控能力得到提高和加强。1999 年 *Nature* 发表了在超冷原子气体中把光速减慢到 17m/s 的研究成果,2001 年 *Phys. Rev. Lett.* 刊发了光速为零(使光停下并储存起来)的文章。与此同时,关于快光(fast light,超光速的光)的文章大量涌现,主要包括两个方面:①对群速超光速($v_g > c$)的研究和实验;②对真空中光速 c 本身的探讨。此外有一个重要的动向,即通过实验在各种不同条件下得到了负群速(Negative Group Velocity, NGV)和负群时延(Negative Group Delay, NGD)。我们知道,1914 年诞生的 Sommerfeld – Brillouin 经典波速理论,最先指出当 v_g 比无限大还大时,就进入负群速区域;但在当时提不出相关的实验来说明。现在情况不同了,例如最近几年就出现了以下工作:2006 年 G. M. Gehring 等[1]用掺铒光纤放大器技术在增益系统条件下用反常色散获得 $v_g = -c/4000$;2007 年 Y. Xiang 等[2]针对 metamaterial 的隧穿由计算得到负 GHS 和负隧穿时间;2009 年 G. Monti 等[3]在微波用环腔耦合微带线分析和实验,得到负群速及负群时延;2010 年 H. Choi 等[4]用负群时延改进电路总体性能;2011 年张亮等[5]用 10m 长单模光纤做实验得到 $v_g = -0.151c$;2012 年 H. Y. Yao 等[6]在微波用 3 段矩形波导级联得到 $v_g = 5.29c$;2012 年 A. Carot 等[7]在微波用矩形波导、圆波导级联结构在实验中获得负群时延,$\tau_g = -2.2\mu s$,负群速 $v_g = -0.03c$;2012 年 R. T. Glasser 等[8]在光频实验,采用 4 波混频技术获得 $v_g = -c/880$;……以上搜集的情况肯定是不完全的,却是较重要的进展。

无源媒质(passive media)是相对于增益媒质(gain media)而言的,后者的典型例子是 WKD 实验[9]中所用的方法——采用一个玻璃小室充入铯气,由外加磁场和 2 个激光束使铯气成为原子气体、在 2 个增益线之间创造一个反常色散区。具体讲,这两个 pump 光束使原子气体处于粒子数反转状态,当探测光束(第 3 个激光束)通过小室时,铯原子会从 pump 光束中吸收光子而激发,随后又放出光子。这就使探测光束得到增强,就产生了增益效应(effect of gain);WKD 实验也就成了创立增益媒质的实验技术的典型事例。至于近年来采用光纤的 NGV 实验,如使用了放大器也是增益媒质,否则仍是无源媒质。实际上与增益系统相比,无源、无增益系统较易实现,波形失真也可尽量减小,故越来越多被采用;具体形式如同轴线、微带线、波导、光纤、双棱镜、玻璃平板、光子晶体、等离子体等都可用。

笔者不久前曾发表论文"负波速研究进展"[10],本文是该文的姊妹篇,进一步从理论和实验方面讨论了相关的发展和发现。两文的内容稍有重复,但主要部分完全不同。

2 波传播中负群时延的电路模拟

设有一理想的恒流源加到并联谐振回路(电阻 R_0、电感 L、电容 C 并联)两端,i_s 瞬时值为

$$i_s = I_s \cos \omega t$$

则回路电压为

$$u = U \cos(\omega t + \Phi)$$

式中

$$U = \frac{I_s}{\sqrt{\frac{1}{R_0^2} + \left(\omega C - \frac{1}{\omega L}\right)^2}}$$

$$\Phi = -\arctan\left[R_0\left(\omega C - \frac{1}{\omega L}\right)\right] \tag{1}$$

令 $\omega_0 = 1/\sqrt{LC}$，则 $\omega = \omega_0$ 时得到最大电压 $U_m = I_s R_0$，相位角 $\Phi = 0$，ω_0 称为谐振频率。图 1 是 Φ—ω 关系曲线；当 $\omega < \omega_0$ 时，$\Phi > 0$，回路为电感性；当 $\omega > \omega_0$ 时，$\Phi < 0$，回路为电容性。规定 $Q = R_0/\omega_0 L = R_0\omega_0 C$，则有

$$\Phi = -\arctan\left[Q\left(\frac{\omega}{\omega_0} - \frac{\omega_0}{\omega}\right)\right] \tag{2}$$

根据谐振回路的相频特性可讨论群时延，此时信号源可假定为调幅波：

$$i_s = I_s(1 + m\cos\Omega t)\cos(\omega_0 t)$$

而谐振回路仍只对 ω_0 谐振。可以证明，输入信号经过回路的作用，输出波形、谐振频率 ω_0、调制频率 Ω 均不变，但包络 $\cos\Omega t$ 的相位发生了滞后。表现在 $u \sim t$ 波形图上，对应的波峰右移时间间隔 τ。采用群时延定义

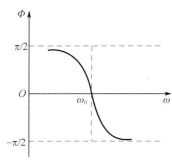

图 1　$\Phi - \omega$ 关系曲线

$$\tau(\omega) = \frac{\mathrm{d}\Phi}{\mathrm{d}\omega} \tag{3}$$

根据 $\Phi \sim \omega$ 公式，可得

$$\tau(\omega) = -\frac{2Q}{\omega_0}\left[1 + Q^2\frac{4(\omega - \omega_0)^2}{\omega_0^2}\right]^{-1} \tag{4}$$

由此知 $\tau(\omega_0) = -2Q/\omega_0$，它是相频特性曲线在 ω_0 点的斜率。进一步可证，调幅波通过谐振回路引起的包络延迟时间近似等于谐振回路在 ω_0 的群时延（τ）。另外，在实际工作中希望相频特性是常数，即在一个窄频带内群时延为常数（$\tau = \text{const.}$），则不产生相位失真。

以上讨论得出的 τ 为负值，这是由定义造成的，符合图 1 中 $\Phi \sim \omega$ 曲线的规律。但在实际上也可这样定义群时延：

$$\tau(\omega) = -\frac{\mathrm{d}\Phi}{\mathrm{d}\omega} \tag{5}$$

则不会产生概念上的矛盾——如果我们认定相移造成的时间滞后是正时延，在特殊情况下产生的时间超前为负时延，则如何定义 $\tau(\omega)$ 将不成为问题。另外，在英文中，与 group delay（群延迟）对应的词是 group advance（群超前），后者正是对上述特殊情况的确切表达，并成为世纪之交时科学家们争相研究的课题。

必须指出，虽然基本概念的讨论是在简谐信号（单色波 $e^{j\omega t}$ 或 $e^{-j\omega t}$）条件下进行的，其结果也适用于脉冲信号（它本为多个简谐信号的 Fourier 合成）。在频域的讨论中，取输入、输出电压为

$$u_i(t) = \int_{-\infty}^{\infty} U_i(\omega)\, e^{-j\omega t}\mathrm{d}\omega$$

$$u_o(t) = \int_{-\infty}^{\infty} U_o(\omega)\, e^{-j\omega t}\mathrm{d}\omega$$

频域的网络（无源电路或有源放大器）传递函数（transfer function）取为 $T(\omega)$ 时，就有以下线性

方程成立:

$$U_o(\omega) = T(\omega)U_i(\omega) = A(\omega)e^{j\phi(\omega)}U_i(\omega) \tag{6}$$

振幅 $A(\omega)$、相移 $\phi(\omega)$ 均为实函数。例如,设计一个带反馈回路的带通放大器电路[11](band-pass amplifier with feedback loop),如图 2 所示。这个电路的功能转为带阻滤波(band stop filter),并使图 1 形状的相移频率曲线改变,成为图 3 中的实线(图中的虚线代表开环增益系数,即 A)。由于曲线有极大点(a)和极小点(b),显然存在两个零时延($\tau_g = 0$,下标 g 代表 group 频率,即 ω_1、ω_2);当 $\omega_1 \leqslant \omega \leqslant \omega_2$,$\omega$ 增大时 Φ 增加,$d\Phi/d\omega > 0$,这时得到正群时延,是人们习惯的 group delay;但当 $\omega < \omega_1$ 及 $\omega > \omega_2$,$d\Phi/d\omega < 0$,得到负群时延,是 group advance。因此只用一套简单便宜的运算放大器(带谐振回路及反馈),就可模拟波传播中的负群时延状况。图 4 是与图 3 对应的 τ_g—ω 曲线形状,横坐标与图 3 的横坐标是完全对应的。在图 4 中清楚地显示,$\tau_g < 0$ 的频域为$(0 \sim \omega_1)$及$(\omega_2 \sim \infty)$。现在可写出反映网络的传输特性的方程:

$$u_o(t) = A(\omega_0)e^{j\phi(\omega_0)}u_i[t - \tau_g(\omega_0)] \tag{7}$$

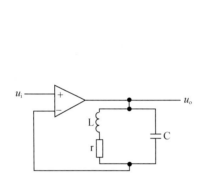

图 2　一种有源带阻滤波电路

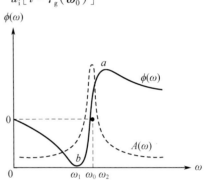

图 3　图 2 电路的 Φ—ω 曲线

从以上讨论可得到某些规律性的认识;首先,负群时延(为方便起见简称群超前)是发生在不具有放大作用的阻带(stop band);其次,输出波形显露在输入波形之前(the origin of output waveform before the input)。图 5 是波形示例,虚线显示输出波形超前于输入波形——这正是负时延、负群速的特征,亦即 group advance 的特征。也就是说,所设计的电路可使波形超前,从而在峰值和其他特性到达输入端之前就出现在输出端(amplifier can advance a waveform so that the peak and other features appear at the output before the corresponding features arrive at the input)。这是令人惊奇的现象。

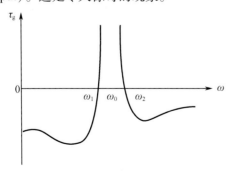

图 4　与图 3 对应的 τ_g—ω 曲线

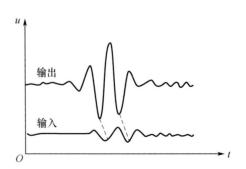

图 5　图 2 电路造成的输出波形超前

3　用同轴线级联电路模拟光子晶体

在固体物理学研究中人们常把电子和光子这两种本质上很不相同的粒子做比较,发现它们之间有许多相似的行为。自由电子的波函数是平面波,自由光子的波函数也是平面波(E 分量和 H 分量)。晶体中的电子和晶体中的光子,波函数都是 Bloch 波。由于人们希望能像控制电子那样控制光子,产生了光子晶体(Photonic Crystal, PC)的想法,在 1987 年提出了最初的设计。实际上,描写光子在周期性介质结构中运动的方程(Maxwell 波方程)与描写电子在周期性势场结构中运动的方程(Schrödinger 方程,SE)非常相似,因而在固体物理中适用的求解 SE 的方法都可用于 PC 的计算中。简单说,PC 是电介质材料周期性排列形成的人工结构,由于周期性,将产生光子能带和光子带隙(band gap)。理论和实验都证明了光子禁带(stop band)的存在,其中没有电磁波传播;这就影响了光与物质相互作用的方式。

然而后来出现了用电路结构以模拟 PC 的考虑,该结构必须有周期性,其结果是创造出通带(pass band)和阻带(stop band)。特别是,这种结构能提供"反常色散媒质"的特性。2002年,A. Hachè 等[12] 正是用他称为 coaxial photinic crystal(CPC)的结构,实现了较长距离上的群速超光速传播。CPC 被认为是光学 PC 的宏观模型,它是一种有诱惑力的替代品,这是因为它的宏观尺寸和附加的灵活性:电场的相位和幅度可以任意在整个系统的外部或是内部进行测量。尽管是一维的而且没有偏振效应,但是其特性还是可以用 Maxwell 方程组来进行描述,而一些线性和非线性指标也与曾经有过相关报道的光学光子晶体有相似之处。同轴光子晶体最为显著的一个特性就是其禁带区向低频方向的扩展。在光学光子晶体中,禁带是由于折射率的突变而带来的反射造成的;而在同轴线里,则是由于阻抗的不匹配造成的。当信号到达不同介质的分界处时,就会有一个相移和部分反射,二者的计算由以下两个公式得出

$$\rho = \frac{Z_i - Z_t}{Z_i + Z_t} \tag{8}$$

$$T = \frac{2Z_i}{Z_i + Z_t} \tag{9}$$

式中:Z_i、Z_t 分别为入射阻抗和传输阻抗。

故媒质中阻抗的周期性变化就会对某一波长的信号产生作用。由此而产生的结果是,随着频率的变化通过晶体的相位累计也随之快速地变化。这一点在禁带附近尤其显著,反常色散和超光速都会在这个区域产生。

实验中所用的同轴晶体由几个单元组成,每单元都有两个部分:特性阻抗为 50Ω 的 RG58/U 电缆和特性阻抗为 75Ω 的 RG59/U 电缆。每一部分都有相同的相速 $0.66c$ 和长度 5m。由于不匹配的缘故,在每个接头处都有 20% 的损耗,将 12 个这样的单元串接起来共 120m。传输的频谱,在 9MHz 和 11MHz 之间有一道很深的禁带,在这里传输系数模 $|T|$ 很小。使用等效折射率(effective index of refraction)概念,其实部为

$$n_r = \frac{c}{\omega} \frac{\phi}{L} \tag{10}$$

式中:L 为 PC 的总长度;ϕ 为总相移,并有

$$\phi = \arctan\left(\frac{\mathrm{Im}T}{\mathrm{Re}T}\right) + m\pi \tag{11}$$

式中:$m = 0, 1 \cdots$,由边界条件决定。

现在,传输系数 $|T|$、折射率 n(即 n_r)、群速 v_g 都是可计算的参量,它们与频率的关系见图 6 所示;虚线是 $|T|$,$f = 9 \sim 11 \text{MHz}$ 是禁带,$|T|$ 很小。用滤波器技术的语言,这是一种带阻滤波器。实线是 n,显示出只在阻带中才有反常色散特性。另一实线是 v_g/c,显示出只在阻带中才有群速超光速特性。

通过测量脉冲信号在同轴晶体中的传输时间就可以确定传播速度。同一个可编程信号发生器发出 Gauss 脉冲包络的正弦载波。载频在 $5 \sim 15 \text{MHz}$ 范围内变化,脉冲宽度为 $6 \sim 2 \mu s$,并调节带宽在 $0.15 \sim 0.45 \text{MHz}$ 保证在一个包络中有 30 个载波。实验结果与理论计算相符合,在禁带外 $v_g < c$,与相速接近;但在 $9 \sim 11 \text{MHz}$,v_g 迅速增大为 $(2 \sim 3.5)c$。实际上,在禁带大部分信号被反射回去,而这个区域是高色散性的。$v_g > c$ 可理解为脉冲信号的不同成分之间互相干

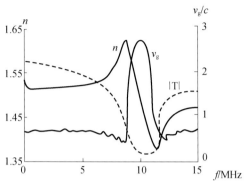

图 6 Hachè 电路的特性

涉所造成。实验以这样高的 v_g 传送超过百米距离,可以说为一些有趣的可能性打开了实验道路。

美国 *Appl. Phys. Lett.* 杂志在 2002 年 1 月发表 Hachè 文章后,9 月又发表 J. N. Munday 等[13]文章,再次报道相关实验。后者首先指出,不仅增益系统有负群速(NGV)现象,在无源系统中也有。过去的 M. W. Mitchell[11] 的工作,称为"带阻滤波器的禁带"(forbiden region of a bandstop filter),已由实验清楚地呈现出负群时延。Munday 实验采用 RG58(50Ω, $0.66c$)和 RG62(93Ω, $0.85c$)两种同轴电缆,使阻抗失配提高、群时延加大;电缆切割长度分别为 6.19m 和 7.97m,以获得所需周期性。这样,CPC 总长 $L = 119.5\text{m}$。测 v_g 的电路较简单,见图 7 所示;SG1 产生频率较低的正弦信号($f = 110\text{kHz}$),作为调幅(AM)包络;SG2 产生频率稍高($5 \sim 15\text{MHz}$)的已调信号,实际是 AM 波(调幅度 100%)。两路信号加到双踪数字示波器上,其中一路加有 CPC,信号通过是隧穿过程。这个实验以获得 NGV 为目标,比 Hachè 实验进了一步。观察到的现象是:脉冲峰通过 CPC 在时间上提前。

Munday 实验中的禁带为 $6.5 \sim 9.5\text{MHz}$,而在禁带边缘处的群速变化是生动有趣的——当 $f = 6.3\text{MHz}$(尚未进入禁带),$v_g = 0.77c$;当 $f = 6.5\text{MHz}$(已进入禁带),$v_g = 4c$;当 $f = 6.8\text{MHz}$(完全进入禁带),$v_g = -1.2c$。最后一种情况,隧穿脉冲(输出脉冲)比输入脉冲早到 $0.32 \pm 0.02 \mu s$(peak of tunneled pulse arrived $0.32 \pm 0.02 \mu s$ prior to the peak of input pulse entering CPC)。显然,在禁带中央 $n \sim f$ 曲线斜率最大将使负群速的出现更具有可能性。

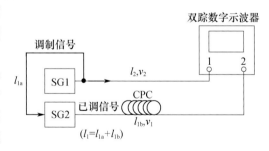

图 7 Munday 的实验电路

我们已在其他文章中给出实现群速超光速和负群速的条件[14],它们可概括为以下两个公式;为使 $v_g > c$,要求

$$\frac{\mathrm{d}n}{\mathrm{d}f} > \frac{n}{f} - \frac{1}{f} \qquad (12)$$

而为使 $v_g < 0$，要求 $\mathrm{d}n/\mathrm{d}f < -n/f$，即要求

$$\left|\frac{\mathrm{d}n}{\mathrm{d}f}\right| > \frac{n}{f} \qquad (13)$$

对比以上两式，显然后者要求更高，即 $|\mathrm{d}n/\mathrm{d}f|$ 应更大些。后一条件表示，为获得 NGV 要求

$$\left|\frac{f}{n}\frac{\mathrm{d}n}{\mathrm{d}f}\right| > 1 \qquad (13a)$$

按照以上原则可以计算 Hachè 实验的情况，因为其论文给出了 $n \sim f$ 曲线的数据。首先算出反常色散区 $|\mathrm{d}n/\mathrm{d}f| = 8.5 \times 10^{-8}\,\mathrm{Hz}^{-1}$，而 $|1-n|/f = 5 \times 10^{-8}\,\mathrm{Hz}^{-1}$，满足 $v_g > c$ 的条件，故实现了群速超光速。但是

$$\left|\frac{f}{n}\frac{\mathrm{d}n}{\mathrm{d}f}\right| = 0.57 < 1$$

因此不可能有 $v_g < 0$ 的结果。Munday 实验则不同，其 $n \sim f$ 曲线虽未给出，可以判断它更陡峭，达到了要求。

回过头来看 2000 年的 WKD 实验[9]，反常色散区的折射率变化为 1.8×10^{-6}，而频率变化为 $1.9\mathrm{MHz}$，故 $|\mathrm{d}n/\mathrm{d}f| = 9.5 \times 10^{-13}\,\mathrm{Hz}^{-1}$；这个值很小，但 f 很大（光频），故式(13a)可满足；故他们在实验中得到负群速，$v_g = -c/310$。具体计算如下：取 $\lambda = 852\mathrm{nm} = 8.52 \times 10^{-7}\,\mathrm{m}$，算出 $f \approx 3.5 \times 10^{14}\,\mathrm{Hz}$，故有

$$n_g \approx n + f\frac{\mathrm{d}n}{\mathrm{d}f} \approx f\frac{\mathrm{d}n}{\mathrm{d}f} = -3.5 \times 10^{14} \times 9.5 \times 10^{-13} \approx -328$$

这与 WKD 论文一致。另外，现在有

$$\left|\frac{f}{n}\frac{\mathrm{d}n}{\mathrm{d}f}\right| \approx \left|f\frac{\mathrm{d}n}{\mathrm{d}f}\right| = 328 \gg 1$$

充分满足实现 $v_g < 0$ 的条件。至于如此"充分"的原因，是由于增益系统的作用。

现介绍中国传媒大学在 2003 年进行的实验及其结果[15]。阻抗分别为 50Ω（RG-58A/U）和 75Ω（RG-59B/U）的同轴电缆相互串联组成混合电缆，由于二者的阻抗不匹配从而形成反常色散区。测量经过混合电缆的已调信号与未经混合电缆的基带信号之间的时间差，在已知两路信号所经过的路程长度的其中未经混合电缆的基带信号在传输电缆中传播速度的情况下，由公式计算出电信号在混合电缆中的传播速度。采用图 7，取 $l_1 = l_{1a} + l_{1b}$（$l_{1a} = 4\mathrm{m}, l_{1b} = 75\mathrm{m}$），令

$$\frac{l_1}{v_1} - \frac{l_2}{v_2} = \Delta t \qquad (14)$$

由此可得所要求的信号在混合电缆中的速度为

$$v = \frac{l_1}{\dfrac{l_2}{v_2} + \Delta t} \qquad (14a)$$

如 l_1、l_2 已知，测出 Δt 即可得 v_1；用数字式双踪示波器（HP54180A）可以实现测量 Δt。以上各式中：下标 1 表示经过混合电缆的已调信号所经过的路程长度和速度；下标 2 表示未经混合电缆的基带信号所经过的路程长度和速度，其中 $v_2 = 0.66c$。

实验步骤如下：

（1）将混合电缆通过转换头接好（共 15 段，75m），调节信号发生器 1（HFG813），使其发生频率为 200kHz 基带信号用以调制载波，调节信号发生器 2（HFG813），使其所发出的载波在 6～13MHz 之间变化。

（2）测量固有时间差。按照图 7 所示连线，将信号发生器 1 所产生的基带信号分为两路，一路直接进入示波器的一个输入端。另一路接入信号发生器 2，用以对载波进行调制；将信号发生器 2 产生的调制后的信号直接接入示波器的另一个输入端（不经过混合电缆）。在示波器上同时观察两路信号的波形，读出二者的时间差。这个时间差并不是我们所要求的，它的产生是由于两路信号所经过的路程不同，两次基带信号调制载波时也会产生一个触发时延，所以称为固有时间差 Δt_1，为 0.1515μs。

（3）重新连接，将信号发生器 2 产生的已调波通过混合电缆后再接入示波器，这时观察两路信号的时间差 Δt_2，将此时间差与步骤（2）中所得时间差相减，即可得到公式中所需的时间差 $\Delta t（\Delta t = \Delta t_2 - \Delta t_1）$。

（4）调节信号发生器 2，在 6～13MHz 范围内，每 200kHz 取一个采样点，分别在示波器上测得不同频率点（阻带内和阻带外）上基带信号与载波信号之间的时间差，将结果代入式（14a），从而得到所对应的频率点的电波在混合电缆中的传播速度。

（5）记录数据，再由 Matlab 仿真处理这些数据点，绘制数据曲线。

实验前先按传输线理论做仿真计算。设 n 段传输线级联，对应电压 u_n、电压 i_n，则连续性边界条件导致有以下两方程成立：

$$a_n e^{-jk_n z} + b_n e^{jk_n z} = a_{n+1} e^{-jk_{n+1} z} + b_{n+1} e^{jk_{n+1} z} \tag{15}$$

$$Z_n^{-1}(a_n e^{-jk_n z} - b_n e^{jk_n z}) = Z_{n+1}^{-1}(a_{n+1} e^{-jk_{n+1} z} - b_{n+1} e^{jk_{n+1} z}) \tag{16}$$

式中：z 为传输方向；a_n、b_n 为入射波、反射波振幅；k 为波数；Z 为特性阻抗；式中 n 不是折射率。

由此编程计算，可求出传输系数 T、反射系数 ρ、折射率 $n(n_r)$ 乃至群速 v_g 与频率的关系。取 $Z_1 = 50\Omega$，$Z_2 = 75\Omega$，$n = 12$；算出的 n（虚线）和 v_g/c（实线）如图 8 所示。实验结果是阻带内 $v_1 = (1.5 - 2.4)c$，是群速超光速。关于负群速，有一次观察到波包比参考波形超前（调制波落在载波后头）；但不很肯定。

众所周知，光子晶体（PC）是一种周期性结构。现在使用多段（每段长数米）的不同阻抗的同轴线互相级联（cascade），也形成一种周期结构。连接处的不连续性交替、重复出现，对波的传输幅度和相位产生重大影响，这时同轴线内已不是纯粹的 TEM 波了。反常色散曲线（$n \sim f$ 曲线）的陡峭程度与阻抗比值、短截电缆长度、截段的数目都有关系，改变这些因素可以提高曲线的陡峭度。从 Munday 实验和我们实验的情况看，同轴光子晶体（CPC）是可以获得负群速（NGV）的方法之一。

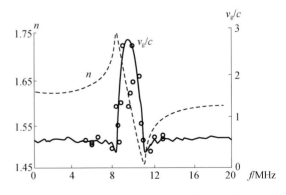

图 8　中国传媒大学研究组的计算和实验情况（○代表实验值）

现在我们再做核算：中国传媒大学研究组的 2003 年研究，$dn/df \approx -1.45 \times 10^{-7} Hz^{-1}$。如取 $n = 1.6$，$f = 9.5 \times 10^6 Hz$，则有

$$\left| \frac{f}{n} \frac{dn}{df} \right| = 0.86 < 1$$

故不会有 $v_g < 0$ 的结果。为了使这个比值大于 1,要求 $|dn/df| > 1.68 \times 10^{-7} \mathrm{Hz}^{-1}$,这比上述值只大 14%,应当可以做到。

图 9 给出数字示波器显示的传输波形:图 9(b)、图 9(c) 是阻带内的波形,与超光速群速相对应;图 9(a)、图 9(d) 是阻带外的波形,与亚光速群速相对应。

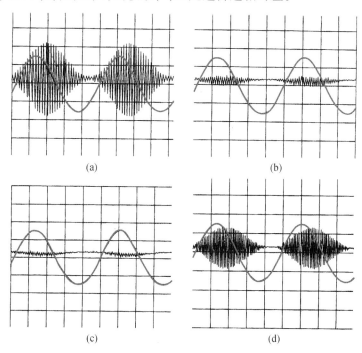

(a)　　　　　　　　　　(b)

(c)　　　　　　　　　　(d)

图 9　实验中的波形观测

2009 年周渭等[16]报道了用相同技术做 CPC 实验的结果,不仅获得了超光速群速而且获得了负群速。两种电缆仍为 50Ω 和 75Ω 各一,负群速的获得是靠增加线长。该文与 Munday 一样,没有计算机软件的仿真计算,而是在实验中测试了 6 种总长(55.8m、80.6m、105.4m、130.2m、155m、179.8m)的情况,在最后的总长为 179.8m 时出现了时间差为负的一个点,为 ($-1.45c$)。表 1 给出 4 个研究组(分属加拿大、美国、中国)的实验研究情况。

表 1　用级联同轴线模拟光子晶体的实验

作者及年份	主要实验结果 v_g		同轴电缆	
	超光速群速最大值	负群速	特性阻抗 Z_c	单节长度
Hachè 等[12] (2002 年)	3.5c (CPC 总长 120m)	—	50Ω, 75Ω	5m, 5m
Munday 等[13] (2002 年)	4c (CPC 总长 119.5m)	$-1.2c$ (同左)	50Ω, 93Ω	6.2m, 8m
黄志洵等[15] (2003 年)	2.4c (CPC 总长 75m)	—	50Ω, 75Ω	4m, 6m
周渭等[16] (2009 年)	2.196c (CPC 总长 105.4m)	$-1.45c$ (CPC 总长 179.8m)	50Ω, 75Ω	6.2m, 6.2m

4　用波导级联结构获得超光速群速及负群时延[6,7,17]

由于有可以用到微波的同轴线,而波导(waveguides)是天然地用于微波的传输线,从表面上看,二者相似。实际上,它们不相同:同轴线中是一种承载 TEM 波的无色散传输,场解满足 Laplace 方程,对应标量 Helmholtz 方程中本征值为零($h=0$)的情况,属于非本征值问题;波导则代表一种有截止特性的波动过程,是强色散性的器件(媒质),场解不满足 Laplace 方程,对应 $h \neq 0$ 的情况,是本征值问题。在技术实践中,一根波导可以是多模波导,也可以是单模波导;亦即选择波导尺寸可以使之仅传输一个模式。例如,对矩形波导而言,则传输主模 TE_{10} 的条件是:宽边尺寸 a 满足 $\lambda/2 < a < \lambda$,窄边尺寸 b 满足 $b < \lambda/2$,就可获得单模传播。从类比的意义上讲,传送 TE_{10} 模的矩形波导与传送 TEM 模的同轴线还真有些相似,虽然两者在本质上不同。

1985 年黄志洵[17]的论文"波导截止现象的量子类比",比欧美科学家早几年提出了"用量子隧道效应观察和研究波导",并建立了量子隧穿的等效电路(等效网络)模型。这体现了以 Maxwell 经典波电磁波方程与描写量子波动的 Schrödinger 波方程的相似性,消失态(evanescent state)既出现在金属壁波导(当 $f < f_c$ 时)之中,又出现在量子势垒(quantum potential barrier)之中;因而波导可被视为一个量子系统,构成势垒并在物理学实验中应用。近年来在实验室中进行的超光速实验,常见的原理:可以利用消失场(如在金属壁波导中或玻璃双三棱镜间隔中),也可以利用反常色散。德国的 G. Nimtz[18]研究组用截止波导做实验,早在 1992～1997 年就获得了群速超光速($4.7c$ 和 $4.3c$),就是利用消失场。笔者已从不同角度论述了用波导经由消失态获得 $v_g > c$ 和 $v_g < 0$ 的问题,用解析式的证明和数据的计算,此处不赘述。……令人感兴趣的是 2000 年 A. Pablo 等[19]的论文"消失模的传播速度",用计算机模拟计算后得出结论说:".in any case, the evanescent modes travel for some distance with faster – than – light speed, and at least in three sectors of experimental physics superluminal motions might have been already observed"。不过,作者们把信息速度(speed of information transfer)和信号速度(speed of signal)分开,只在 Sommerfeld – Brillouin 经典波速理论框架内讨论;认为虽然消失态信号(evanescent signals)以超光速群速的速度行进,但信息速度尚不能超光速。对此,本文后面将作深入分析。

2012 年出现的两篇论文(文献[6]和文献[7])引人注目地提出了在微波用波导进行实验的新方法,基本上不是利用消失模。是否可纳入反常色散的框架内而理解?现在还不好说。先看 Yao 和 Chang[6]的工作,所设计的结构是 3 段矩形波导互相级联,如图 10 所示;波导 I、Ⅲ 是相同的 WR282 波导,宽度 $a = 72.14$mm,高度 $b = 34.04$mm;据此我们查阅手册,知其主模 TE_{10} 的工作频率范围 f 为 2.6～3.95GHz,截止频率 $f_c = 2.078$GHz。波导 Ⅱ 的型号不变,宽度不变,故 f_c 和原来一样,但高度

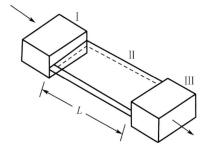

图 10　三段矩形波导互相级联

(人为地)减为 3mm,是很薄的结构。作者说,几何结构的改变在边界上引发了模式效应(model effect),即部分的基本工作模式(TE_{10})需转换为波导的高阶模(TE_{mn} 与 TM_{mn}),以共同满足结构变化后的金属边界条件。此模式转换过程会导致所操作的 TE_{10} 波的反射率增加,进而使整个系统形成类一维开口谐振腔(Fabry – Perot open cavity),而电磁波在这个谐振腔中多次反

射与互相破坏性干涉过程即被认为是造成群速超光速(实验测得 $v_g = 5.29c$)的基本原因。图 11 是实验系统的示意图。

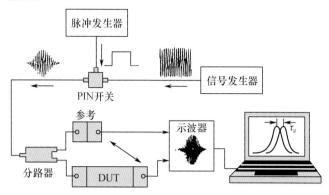

图 11　Yao 和 Chang 的实验系统示意图

2012 年 10 月下旬,笔者用电子邮件与台湾清华大学的姚欣佑(H. Y. Yao)讨论;首先表示我们对其论文很感兴趣,认为工作出色,但提出几个问题:①实验结果可否按反常色散解释?如果可以,为何论文未提及该效应?②三段矩形波导如直接相连,会出现两个小窗口,这就难于进行实验,令人费解;③波导Ⅱ高度只有 3mm,波导Ⅰ、Ⅲ高度却有 34mm,二者为何如此悬殊?……对此,姚欣佑回答说:"我们的实验没有在波导中填入吸收或增益性物质,故未按反常色散解释超光速现象;如用反常色散解释,可以把两口边界上几何不连续性造成的多次反射等效为电磁波包在一填充材料的波导内传播,并依色散关系而模拟,找出等效折射率 n_r,它是频率的函数,物理上包含了原来的模式转换及多次反射效应。由于发生超光速现象时,通常透射信号小而反射强,故等效材料会有由于高反射损耗导致的强吸收"。此外,姚欣佑介绍了实验中采取的技术措施。……对此,笔者提出:"我们仍然认为你们的实验可以用反常色散解释。理由是,三段波导阻抗不同,这种失配和相位上的变化,可能造成等效折射率 n 随频率 f 增大而下降。现在需要的是理论分析和计算机计算,建议你们试试。另外,你们为什么不进一步努力,争取用此结构测出负群速?当然,这要程度更大的反常色散"。对此,姚欣佑回答说:"用这种等效原理算出的折射率与系统长度有关,这会降低等效折射率的普遍性和实用价值;不管怎样我们会作计算。另外,我们也做负群速研究,预计在某些特殊几何结构的波导中应能观测到该现象,现正在设计实验。"

2012 年 A. Carot 等[7] 的论文,题为 Negative group velocity and spin – flip in microwave adaptors;adaptor 一词译为"适配器"不妥,在微波技术中有常见的波导—同轴转换器就是 adaptor,故译为"转换器"或"转接器"就可以了。因此 Carot 论文题目的中文应为"微波转换器中的负群速与自旋反转",从内容可知在这里 adaptor 有矩形波导/圆波导转换器、圆波导/矩形波导转换器两种;两种波导均为 $f_c = 6.5\text{GHz}$,而 adaptor 的工作频段为 8.2 ~ 12.4GHz。文章的摘要说,具有两个微波波导 adaptor 的类 Fabry – Perot 干涉仪作为反射器造成了一种无源介电媒质,由于极化位移产生了负群时延。通过其中一个 adaptor,极化矢量的旋转应变耦合出极大的负群速。在三段级联波导中,Ⅰ、Ⅲ 是矩形波导(TE_{10} 模),Ⅱ 是圆波导(TE_{11} 模,$L = 20\text{m}$)。文章叙述了螺旋极化的变化,以及由两个不同的圆波导模产生了负群速。……图 12 是 A. Carot 等[7] 给出的曲线,虚线是常规圆波导($v_g = 0.68c$)的 $\Phi \sim f$ 变化规律,实线是采取措施以后获得的 $\Phi \sim f$ 变化规律,相应的圆波导长 20m,相当于 667 个波长。在图中,反映负群时延和负群速的过程发生在 $f = 9.884$GHz 附近。图 13(a)显示以 48kHz 信号调制(调幅)微波 9.893GHz 时的时间延迟,虚线是在 20m 长波导输入端测得的波形,实线是产生 $\tau_g \approx -2\mu s$(相当于 $v_g/c = -0.03$)的快波波形。可以看出负群速的特征——快波最大值在进入波导之前就离开了它(the maxima of fast wave leaves the 20m waveguide before it has entered it)。应指出,这是在无源媒质(passive medium)中实现的。图 13(b)显示当一个脉冲信号通过时输出波形(实线)与输入波形(虚线)的比较,用意也是观察负群时延情况及波形失真的大小。

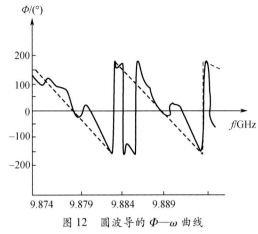

图 12　圆波导的 Φ—ω 曲线

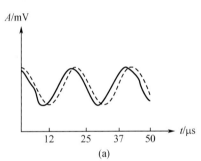

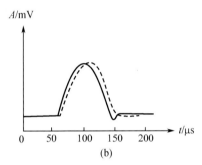

图 13　Carot 实验获得的时间超前

现在给出波导级联结构造成负群时延的初步理论分析。在图 10 的 I、II 相联端面,传输系数、反射系数、相角分别为 T_i、ρ_i、Φ_i,在 II、III 相联端面则为 T_0、ρ_0、Φ_0。考虑不连续性时,电磁脉冲入射后必然是有部分能量通过、部分能量被反射,故 I 的波函数可写作

$$\psi_I = E_i(e^{i\beta z} + \rho e^{-i\beta z}) \tag{17}$$

上述写法忽略了波导损耗;而在 III 处仅有传输的(透射的)分量:

$$\psi_{III} = TE_i e^{i\beta z} \tag{18}$$

式中:$T = |T|e^{i\phi t}$。

而反射系数 $\rho = |\rho|e^{i\phi}$,并且在无耗条件下有

$$|T|^2 + |\rho|^2 = 1 \tag{19}$$

而双口网络在波传输中发生的总相移(total phase)可写作

$$\phi = \beta L + \phi_t \tag{20}$$

由此造成的群时延为

$$\tau_g = \frac{d\phi}{d\omega} \tag{3a}$$

这与前面的论述,公式(3),概念上是一致的。H. G. Winful[20] 曾给出以下结果:

$$\tau_g = \frac{W}{P_{in}} + I_m \rho \left(\frac{1}{\omega} - \frac{1}{\beta} \frac{d\beta}{d\omega} \right) \tag{21}$$

式中:$W = W_e + W_m$ 为总的对时间平均的能量(W_e 为电能,W_m 为磁能);P_{in} 为对时间平均的入射功率,且 $P_{in} \propto \varepsilon_0 |E_i|^2$。

总之,τ_g 称为传输群时延(transmission group delay),以便与反射群时延(reflection group delay)相区别;后者的定义为

$$\tau_r = \frac{d\phi_r}{d\omega} \tag{22}$$

2012 年,H. Y. Yao 和 T. H. Chang[6] 推导出如下公式:

$$\tau_g = \left(\frac{1+\rho_0}{1-\rho_0}\right)\frac{L}{v_g} + \left(2\frac{d\phi_t}{d\omega} - \frac{2\rho_0}{1+\rho_0}\frac{d\phi_{r0}}{d\omega}\right) \tag{23}$$

式中:ϕ_{r0} 为 II 的输出端的 ϕ_r。

式(23)被 A. Carot 等[7]所引用,并指出当以下不等式成立:

$$\frac{2\rho_0}{1+\rho_0}\frac{d\phi_{r0}}{d\omega} > \left(\frac{1+\rho_0}{1-\rho_0}\right)\frac{L}{v_g} + 2\frac{d\phi_t}{d\omega} \tag{24}$$

则群时延为负。这只是理论上证明了这种可能性,具体的技术实现尚属困难之事。

Carot 等力图以量子理论为基础进行思考,他们回顾了 1936 年 R. A. Beth 的工作(Phys. Rev., 50, 115, 1936),实验为光子角动量即自旋的定量提供了证据;而光子自旋与光子电场的螺旋极化有关,这关系被用来反转在圆极化光束中所有光子的自旋经过 $2\hbar$(从 $-\hbar$ 到 $+\hbar$)。采用的结构是两个 adaptor 被圆波导(起 FP 干涉仪作用)分开。但负群时延现象仅在下述条件下发生:两个转换器的极化互不平行,角度 $0 < \alpha < \pi$ 时可观测到 NGV;圆波导可在 $0 \sim \pi/2$ 角度上旋转(实验中 L 选为 0.2m、5m、20m)。最大极化距离达 20m;作为对照,电视卫星通信技术中,极化保持在 35786km 恒定。概括起来,第一个(输入端的)adaptor 中的线极化 TE_{10} 模给出了模式及光子的态矢(state vector),并转换为右旋及左旋的圆极化 TE_{11} 模。……总之,此论文的原理比较令人费解。

笔者曾用电邮询问 A. Carot(博士生)的导师——德国的 G. Nimtz 教授,他说该文略加修改后将由 *Euro. Phys. Lett.* 发表,题目改为 *Giant negative group time delay by microwave adaptors*("微波转换器造成的巨大负群时延")。该文不再提自旋反转,因为 Nimtz 说"I don't see a spin-flip"。最新的结果是:with a circular waveguide and the adaptors tunneling 50m; the signal speed was 1700c! 但 Nimtz 承认说:"I don't really understand the cause of the strange and strong effet."

笔者的观点如下:2012 年出现的新的方法,本质上是利用波导的周期性相位变化的特性。我们知道,对波导也可建立分布参数等效电路[17]——根据波导的高通滤波器性质,对 TM 波导,串联电抗为零时发生截止;对 TE 波导,并联电纳为零时发生截止;对应的级联等效电路如图 14 所示,其中图(a)是 TM 波导的情况,图(b)是 TE 波导的情况。结合本文前述内容(第 2 节),很容易理解可由波导获得沿长度方向的相角(Φ)周期性变化以及 Φ 随频率的周期性变化。正确的理解是 Φ 随 Z/λ(或 l/λ)而变,因此 Φ 随波导长度变与 Φ 随信号频率变在概念上是一致的。此外,还要运用波导的不连续性(discontinuity)概念;根据波导理论[17],矩形波导(主模 TE_{10})特性阻抗的算式为

$$Z_c = \frac{b}{a}\frac{376.62}{\sqrt{1-\left(\frac{\lambda}{\lambda_c}\right)^2}} = \frac{b}{a}\frac{376.62}{\sqrt{1-\left(\frac{f_c}{f}\right)^2}} \quad (\Omega) \tag{25}$$

Z_c 与波长(λ)、频率(f)有关,表示其色散性质。取 $f_c/f = 0.7$,则有 $Z_c = 528b/a(\Omega)$;对于 Yao 的论文,波导 I、III 的 $Z_c = 249.2\Omega$,波导 II 的 $Z_c = 22.2\Omega$;这可作为进一步计算时的参考。

图 14　波导等效为多节级联电路

另一个思考方向是按照光子晶体(PC)来理解,也较简单易懂。总之要采用周期结构,并努力改变相频特性曲线的规律,从而获得负群时延和负群速。

需要说明的是,用波导作为 DUT 和用同轴线时一样,要靠测量时间差来确定群速 v_g。设 DUT 总长为 L,真空时波群通过 L 的时间为 L/c,非真空(真实媒质)时波群通过时间为 τ_g,二者之差表示媒质影响,$\Delta t = \tau_g - L/c$,故有

$$v_g = \frac{L}{\tau_g} = \frac{L}{\Delta t + \dfrac{L}{c}} \tag{14b}$$

式(14b)与式(14a)相似,如测出 Δt 即可得 v_g。另外,如 $\Delta t < 0$,则 $v_g < 0$(得到 NGV)。

5　使用微带线结构的可能性

前面所述及的技术发展已导致文献上出现了一个有趣的词语:负群速传输线(NGV transmission line)。因此,人们会设想采用其他传输线形式以获取负群速(NGV)和负群时延(NGD)。在微波,使用微带线(micro – strip line)会比使用波导更廉价和方便。图 15 是微带线的示意,其中显示了三个部分。理论与实验表明[21],当 $f \leqslant 4$GHz,准静态分析得出的特性阻抗公式是可用的;当导体条较窄($w/d \leqslant 1$),Z_c 公式为

$$Z_c = \frac{Z_{00}}{2\pi \sqrt{0.5(\varepsilon_r + 1)}} \left[\ln \frac{8d}{w} + \frac{1}{32} \left(\frac{w}{d} \right)^2 - \frac{1}{2} \frac{\varepsilon_r - 1}{\varepsilon_r + 1} \left(0.45 - \frac{0.24}{\varepsilon_r} \right) \right] \tag{26}$$

式中:Z_{00} 为真空中波阻抗($Z_{00} = 376.62\Omega \approx 377\Omega$)。

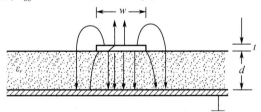

图 15　微带线示意

对于宽条($w/d > 1$),Z_c 公式为

$$Z_c = \frac{1}{\sqrt{\varepsilon_r}} \frac{Z_{00}}{\dfrac{w}{d} + \dfrac{1}{\pi} \left[2.77 + \dfrac{\varepsilon_r + 1}{2\varepsilon_r} \ln 4.27 \left(\dfrac{w}{d} + 0.94 \right) + 0.26 \dfrac{\varepsilon_r - 1}{\varepsilon_r^2} \right]} \tag{27}$$

另外,有的微波工程手册依据下式绘制特性阻抗与 w/d 的关系曲线,用 ε_r 作为可变参数从而绘出曲线族:

$$Z_{c} = \frac{d}{w} \frac{Z_{00}}{\sqrt{\varepsilon_{r}\left[1 + 1.735\varepsilon_{r}^{-0.0724}\left(\frac{w}{d}\right)^{-0.836}\right]}} \qquad (28)$$

这些公式和曲线为实验设计带来了方便。

　　那么是否可以用多段不同阻抗的微带线级联,经由失配创造出反常色散,从而得到 NGV?我们认为有可能成功,因为微带线与同轴线并无本质上的不同(都是双导体导波系统,频率不太高时均可传输 TEM 波)。不过,在实际中尚无人做过有关实验。……2009 年 G. Monti 和 L. Tarricone[3] 的工作,是针对超材料(metamaterials)的,也称左手材料(LHM)或负折射材料(NRI),故其中包含开口环形谐振器(Split Ring Resonator, SRR)。图 16 表示导体条与 SRR 耦合连接的情况,图 17 表示 SRR 数目对性能的影响(S_{21} 是复传输系数,用散射矩阵表示;ϕ_{21} 是 S_{21} 的相角);实线表示总共 6 个 SRR,虚线表示 12 个 SRR。文献[3]的工作证明当一个 Gauss 脉冲通过人为设计的传输线系统时,可以产生负群速及负群时延;而维持波形不变是可以做到的。

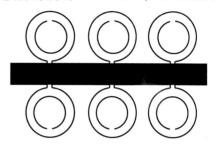

图 16　SRR 耦合的微带线示意

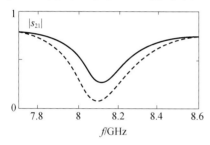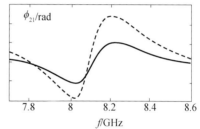

图 17　SRR 数量对性能参数的影响

　　那么能否不用 SRR 而简单地用不同阻抗的微带线级联? 根据用 CPC 做实验的经验,每段长约($\lambda_0/6 \sim \lambda_0/4$);在微波,若 $f_0 = 8.2\text{GHz}$($\lambda_0 = 3.7\text{cm}$),要求每段长为 6~8mm。但这种设计和实验尚无人做过。

6　实现超光速通信的可能性

　　1914 年由 A. Sommerfeld 和 L. Brillouin[22] 提出的经典电磁波波速理论为人们认识波的规律提供了一个重要的入口,即使在今天对其意义和价值不能完全否定。例如正是这个理论最早给出了 NGV 的定义,使人们认识到:以群速 v_g 行进的波群,如 v_g 比无限大还大就是负群速(NGV)传播。但 SB 理论并未使波速问题得到最终的解决,今天我们很容易指出它存在的若干问题。SB 理论的第一个错误是在 Brillouin 图的绘制中否定了负相速(NPV)存在的可能。2000 年 4 月,K. Wynne 等[23] 报道说,在近场太赫装置中产生了 120fs 的太赫脉冲,用以研究小尺寸金属圆波导(直径 50μm、长 40μm)的传播,实验测量频段为 0 ~ 3THz。由于是截止波导状态($f < f_c$),是利用消失态进行的实验,实验发现相速超光速,甚至相速为负值,故脉冲进入样品前就从样品输出端出现了。众所周知,在自然界的大多数条件下,电磁波行进一段距离 z 之后产生大小为 βz 的滞后相角。而我们现在知道,在消失波情况下却可能生产超前相角——

这就是负相位常数和负相速的物理意义[17]，虽然从表面上看这有违常理。

L. Brillouin 对群速的认识也有很大的片面性：例如，在 1960 年著作中不加批评地引述了 20 世纪早期的一个观点："Natually，the group velocity has a meaning only as it agrees with the signal velocity. The negative parts of group velocity have no physical meaning."（见：A. Schuster, Einführung in die theoretische optik. Leipzig, 1907）这种说法已被百年后的事实所驳倒——21 世纪最初 10 年当中不断有"群速超光速"和"负群速"实验成功的报道，负群速如无意义就不会有这么多科学家研究。负群速并非缺少物理意义，而是内涵非常丰富。

当然，近年来有的文献在谈到对物理现象的应用时流露出一种矛盾的心态。例如，WKD 实验[9]发表后美国 *Science News* 杂志将其评为"2000 年物理学 10 大新闻"之一，但研究者却一再声明"群速不是信息速度"，因此不违反因果性（Causality）。Hache实验[12]发表后，在接受媒体采访时他一方面说，目前科学家已不断在实验室中打破了相对论的速度极限，使光脉冲的传输速度超过了光速；现在实验获得了超光速电脉冲，证明光波的规律同样适用于电波；研究成果有助于提高计算机运行速度和远程通信速度。同时又说，能量传输速度并未超光速；而且信号传输速度越快失真越严重，因而从理论上讲尚无法以超光速传输有用信息。……这种矛盾的态度在最近有了改变，例如著名刊物 *Phys. Rev. Lett.* 在 2011 年刊出的张亮论文[5]，写出了前所未有的坚定的话语："Our experiments show that the group velocity of the signal pulse does exceed c, this scheme provides a simple platform for studying superluminal light physics, and provides a new way of opening up superluminal communications via optial fibers."可以说，随着时间的推移，科学家们对实现超光速通信的期望和信心都在增加。

信息能否以超光速传送当然是人们最关心的问题，以下我们做深入分析。"群速不是信息速度"的说法最早见于 Brillouin 的 1960 年著作，原话讲的不是信息速度而是信号速度，是为了声明"The signal velocity is always less than（or at most equal to）the velocity of light in vacuum"。信号速度定义的依据是："The arrival of the signal can be arbitrarily defined as the moment when the path of integration reaches the pole f_0"，亦即"信号到达时间可人为地定义为积分路径到达极点 $j\omega_0$ 的时间"。分析和计算的结果如图 18 所示，其中 v_s 是信号速度（为了比较用虚线绘出了群速 v_g）。总之 Brillouin 的结果是，在远离 ω_0 附近的区域 v_s 与 v_g 相同，ω_0 在附近 $v \neq v_g$；因为$c/v_g > 1$，所以 $v_s < c$。

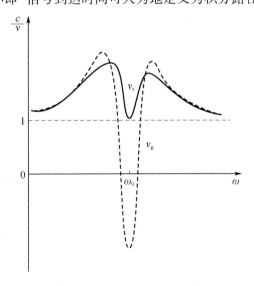

笔者认为这一分析存在问题：首先，定义是纯数学的而非物理的，与人们心目中的信号速度（信息传送的快慢）概念并不符合。事实上没有必要把定义抽象化、数学化；对照信息时代的实践，传送信息的方式是用已调波（modulated waves），即把有用信息用波包的方式（通常频率较低）调制在载波（通常频率较高）之上，并作整体性的输运。人们日常生活所用的收音机、电视机都是如此，因此根本问题在于整个波群的传输，而波包在传送过程中不发生失真才是基

图 18　Brillouin 图的部分示意

本的要求。这意味着调制信号(波包)的形状不随传播时间(t)和空间(z)而变。做到这一点才能保证信息的传输正常化,即不发生错误和缺失。群速在本质上是波包的相速;相对论学者也承认"在波包不变形(不失真)的条件下群速是信号速度"[24];况且我们也没有其他更好的定义来描写一个波群(如一个光脉冲)的运动速度。因此,矛盾聚焦到"波包不失真"这一点上。如做不到不失真,群速也缺乏清晰的物理意义。总之,没有必要寻找看似严谨却脱离实际的信号速度(或信息速度)定义,注意力要放在波形不变化上;如做得好,群速就是人们关注的信号速度。

因此我们再做一些基本的分析;首先,用 $e^{j(\omega t - kz)}$ 表示一个沿 z 向传播的行波,并把波矢的模值 k 按 Taylor 级数展开:

$$k(\omega) = k(\omega_0) + \frac{k'(\omega_0)}{1!}(\omega - \omega_0) + \frac{k''(\omega_0)}{2!}(\omega - \omega_0)^2 + \cdots \quad (29)$$

当 ω 与基值 ω_0 的差为小量,则可只取两项,故有

$$\omega t - kz = \omega t - k(\omega_0)z - k'(\omega_0) \cdot (\omega - \omega_0)z \quad (30)$$

因而

$$\exp[j(\omega t - kz)] = \exp\{j(\omega - \omega_0)[t - k'(\omega_0)z]\} \cdot \exp j[\omega_0 t - k(\omega_0)z] \quad (31)$$

等式右端后者为频率 ω_0 的载波,前者代表包络(波包)。取 $t - k'(\omega_0)z = \text{const}$,微分后可得包络的相速(即整个波群的速度,群速):

$$v_g = \frac{dz}{dt} = [k'(\omega_0)]^{-1} = \frac{dk}{d\omega}\bigg|_{\omega_0} \quad (32)$$

以上讨论的基础是 $(\omega - \omega_0)$ 为小量,即群速定义适用于中心频率 ω_0 附近的窄频带中。另外,$v_g = dz/dt$ 的使用表明速度基本定义的普适性,不能说"Newton 经典力学完全不适用于波科学"。

当波群从 $z = 0$ 处传输到 $z = l$ 处,中间过程无非是遭遇振幅衰减和相位变化。假设波群中各单色波处于 $\Delta\omega = \omega_1 - \omega_2$ 频域,则规定电场强度为 $E_z(z,t)$ 时就有

$$E_z(0,t) = \text{Re}\int_0^{\Delta\omega} E(\omega) e^{j\omega t} d\omega$$

$$E_z(l,t) = \text{Re}\int_0^{\Delta\omega} E(\omega) e^{j\omega t - \gamma l} d\omega$$

式中:γ 为传播常数:$\gamma(\omega) = \alpha(\omega) + j\beta(\omega)$。

现把频率写作 $\omega = \omega_0 + \delta\omega(\delta\omega \ll \omega_1, \delta\omega \ll \omega_2)$,在这个窄频带条件下把 $\alpha(\omega)$ 及 $\beta(\omega)$ Taylor 级数展开并忽略高阶项,即取

$$\alpha(\omega) \approx \alpha(\omega_0) \quad (33)$$

$$\beta(\omega) \approx \beta(\omega_0) + \frac{d\beta}{d\omega}\bigg|_{\omega_0} \cdot \delta\omega \quad (34)$$

这时就可写出

$$E_z(0,t) = \text{Re}\left[e^{j\omega_0 t}\int_{\omega_0 - \omega_1}^{\omega_2 - \omega_0} E(\omega_0 + \delta\omega) e^{j\delta\omega t} d(\delta\omega)\right] \quad (35)$$

$$E_z(l,t) = \text{Re}\left[e^{-\alpha_0 l} e^{j(\omega_0 t - \beta_0 l)}\int_{\omega_0 - \omega_1}^{\omega_2 - \omega_0} E(\omega_0 + \delta\omega) e^{j(\delta\omega t - \delta\omega \cdot \beta_1 l)} d(\delta\omega)\right] \quad (36)$$

式中

$$\alpha_0 = \alpha(\omega_0), \quad \beta_0 = \beta(\omega_0), \quad \beta_1 = \frac{d\beta}{d\omega}\bigg|_{\omega_0}$$

比较以上两式,虽然波幅衰减了 $e^{\alpha_0 l}$,载波相位滞后了 $\beta_0 l$ 弧度,波形(波函数)并未改变。故知在窄频带内衰减常数保持恒定和相位常数与 ω 保持线性就是波包不失真条件——它也是群速定义有意义的条件。从技术上讲它们是可以实现的。

式(34)即相频特性方程 $\beta(\omega)$,可写作:

$$\beta(\omega) \approx \left[\beta(\omega_0) - \omega_0 v_g\right] + v_g \omega \tag{37}$$

令 $\beta(\omega_0) - \omega_0 v_g = a$,则有

$$\beta(\omega) \approx a + v_g \omega \tag{37a}$$

可以看出,若 v_g 在频带 $\delta\omega$ 中不变(或说群折射率 n_g 在频带 $\delta\omega$ 中不变),则式(37a)为 β 与 ω 的线性方程,传播中波群(如光脉冲)的形状不会改变。WKD 实验结果的解释就包含这一概念。……也可以换个角度理解;根据式(3),$\tau = \dfrac{d\Phi}{d\omega}$,若 τ 为恒定值(与频率无关),则 $\Phi - \omega$ 关系为线性方程($\Phi \propto \omega$),这和前述概念是一样的。

至于群速与能量传播速度(能速 v_e)的关系,在这方面存在两种极端的看法。19 世纪后期,Lord Rayleigh 很重视群速,认为"群速代表能量速度",今天来看这观点并不全对亦不全错。然而近年来有相对论学者强调"群速不代表能量传送速度",以此贬低群速的意义,又否定群速为负的可能,是走向另一极端。至于 SB 理论,认为全频域均有 $v_e < c$,即能量不可能以比光速还快的速度传播。这一观点近年来已受到挑战,例如 2001 年 G. D. Aguanno[25] 用电磁理论和量子理论分析一种周期结构,推导出了平均能速与群速的关系式:

$$\bar{v}_e = |T|^2 v_g \tag{38}$$

式中:T 为系统传输系数。

令 $\bar{v}_e > c$,得

$$v_g > \frac{c}{|T|^2} \tag{39}$$

这表示只要群速足够大,能速超光速是可能的。这也说明提高群速是有意义的,亦即研究"群速超光速"问题是有意义的。在今天,群速仍具有基础性和重要性。

在国际上"群速超光速"实验虽有不少,其结果常常是 $v_g/c < 10$;这样的"小超光速"条件,能速一般是亚光速。假设 $|T| = 10^{-1} \sim 10^{-3}$,故 $|T|^{-2} = 10^2 \sim 10^6$,可见只有 v_g 是 c 的百倍乃至百万倍时,能速才可能是超光速的。这种"大超光速"似乎只发生在某些特定条件下,如引力传播速度[26-28]、挠场传播速度[29]、量子纠缠态传播速度[30]。

因此,可以得出以下几点结论:①群速是波群传输过程的最重要参数之一;既然信息是调制在载波之上的波包,绝不能说波群(如光脉冲)到达了信息却未到达。贬低群速的意义是错误的,简单化地讲"群速不是信息速度"是不妥的。②只要 v_g、n_g 在频带 $\Delta\omega$ 中不变化,信号传输不失真条件就得到满足,群速代表信号(以及信息)传送的快慢这一点就不成问题,群速自身定义也更具可靠性。③群速超光速的实验结果,如 v_g/c 足够大,能量传送速度亦可能超光速。④既然负群速比任何正群速(包括无限大速度)都大,从逻辑上讲凡是实现了负群速的实验结果都实现了信息速度超光速。

对于以上各点,最后一条或许会引起争议。其实这与"负温度"概念是相似的。在 2009 年出版的《大百科全书·物理学》[31] 中指出:"负温度状态比正温度状态更热;负温度比正温度要高。"既然如此,"负速度比任何正速度更快"也就不难理解了。重要之点在于要看到近年来对负群速及负群时延的实验研究已扩大到宽广的频域,低端可为短波及更低频率,高端可为

微波乃至光频。实验既可用增益媒质完成,又可仅靠无源媒质而实现。实验结果往往呈现出共同的规律,无论对超光速研究或物理学中的负参数探索都带来丰富的启迪。

7　结束语

对负群速及负群时延的研究已有漫长历史——如从 1914 年 A. Sommerfeld 和 L. Brillouin[22] 提出经典波速理论算起,至今已将近百年。如从 1907 年 A. Einstein[32] 发表否定负速度和超光速信号速度可能性的论文算起,则已超过百年。多年来人们从理论上和实验上做了许多新的研究,其结果不仅证明负群速和负群时延存在,确定了负群速是比超光速群速还要快的波速度。不仅如此,我们的分析表明超光速通信(即信息速度 $v_s > c$)不但可能,或许它是在某些负群速实验中已经实现的现实。

2012 年 9 月 19 日美国 *Time* 周刊网站称[33]:“NASA actually working on faster – than – light warp drive”(9 月 21 日中国《参考消息》报刊出时题为“NASA 着手研究超光速曲速引擎”)。这表示美国航天局已经安排专家在研究超光速宇宙航行的问题,证明笔者过去发表的观点是正确的。这就给了我们精神上的鼓舞和科学上的期望。

参 考 文 献

[1] Gehring G M, Observation of backward pulse propagation through a medium with a negative group velocity[J]. Science, 2006, 312(12): 895 – 897.

[2] Xiang Y. Photon tunneling in a frustrated total internal reflection structure with a lossy indefinite metamaterial barrier[J]. Appl Phys A, 2007, 87: 251 – 257.

[3] Monti G, Tarricone L. Negative group velocity in a split ring resonator – coupled microstrip line[J]. Prog EM Res, 2009, 94: 33 – 47.

[4] Choi H. Bandwidth enhancement of an analog feedback amplifier by employing a negative group delay circuit[J]. Prog EM Res, 2010, 105: 253 – 272.

[5] Zhang L. Superluminal propagation at negative group velocity in optical fibers based on Brillouin lasing oscillation[J]. Phys Rev Lett, 2011, 107: 1 – 5.

[6] Yao H Y, Chang T H. Experimental and theoretical studies of a broadband superluminality in Fabry – Perot interferometer[J]. Prog EM Res, 2012, 122: 1 – 13.

[7] Carot A, Aichmann H, Nimtz G. Negative group velocity and spin – flip in microwave adaptors[J]. Submitted 4 May 2012, http://arXiv: org/abs/1205. 1000. also: Giant negative group time delay by microwave adaptors[J]. Euro Phys Lett, 2012, 96(6):1 – 4.

[8] Glasser R T. Stimulated generation of superluminal light pulses via four – wave mixing [J]. arXiv: 1204. 0810vl [quant. ph], 3 Apr 2012, 1 – 5.

[9] Wang L J, Kuzmich A, Dogariu A. Gain – asisted superluminal light propagation[J]. Nature, 2000, 406: 277 – 279.

[10] 黄志洵. 负波速研究进展[J]. 前沿科学, 2012, 6(4):46 – 66.

[11] Mitchell M W, Chiao R Y. Causality and negative group delays in a simple bandpass amplifier[J]. Am Jour, 1998, 66: 14 – 19.

[12] Hachè A, Poirier L. Long range superluminal pulse propagation in coaxial photonic crystal[J]. Appl Phys Lett, 2002, 80(3):

518 – 520.

［13］ Munday J N, Robertson W M. Negative group velocity pulse tunneling through a coaxial photonic crystal［J］. Appl Phys Lett, 2002, 81(11): 2127 – 2129.

［14］ 黄志洵. 论电磁波传播中的负速度［J］. 中国传媒大学学报(自然科学版),2007,14(1): 1 – 11.

［15］ Huang Z X, Lu G Z, Guan J. Superluminal and negative group velocity in the electromagnetic wave propagation［J］. Eng Sci, 2003, 1(2): 35 – 39. 又见:Lu G Z, Huang Z X, Guan J. Study on the superluminal group velocity in a coaxial photonic crystal［J］. Eng Sci, 2004, 2(2): 67 – 69.

［16］ 周渭,李智奇. 电领域群速超光速的特性实验［J］. 北京石油化工学院学报,2009,17(3): 48 – 53.

［17］ 黄志洵. 波导截止现象的量子类比［J］. 电子科学学刊,1985,7(3):232 – 237. 又见:黄志洵. 截止波导理论导论［M］. 2 版. 北京:中国计量出版社,1991.

［18］ Enders A, Nimtz G. On superluminal barrier trasversal［J］. Jour Phys I France, 1992, (2): 1693 – 1698. 又见:Nimtz G Heitmann W. Superluminal photonic tunneling and quantum electronics［J］. Prog Quant Electr,1997,21(2): 81 – 108.

［19］ Pablo A. Propagation speed of evanescent modes［J］. Phys Rev E, 2000, 62(6): 8628 – 8635.

［20］ Winful H G. Group delay, stored energy, and the tunneling of evanescent electromagnetic waves［J］. Phys Rev E, 2003, 68: 1 – 9.

［21］ 黄志洵, 王晓金. 微波传输线理论与实用技术［M］. 北京:科学出版社,1996.

［22］ Sommerfeld A. Uber die fortpflanzung des lichtes in dispergierenden medien［J］. Ann d Phys 1914, 44(1): 177 – 182. 又见:Brillouin L. Uber die fortpflanzung des lichtes in dispergierenden medien［J］. Ann d Phys, 1914, 44(1): 203 – 208. also: Brillouin L. Wave propagation and group velocity［M］. New York: Academic Press, 1960.

［23］ Wynne K. Tunneling of single cycle terahertz pulse through waveguides［J］. Optics communication, 2000, 176: 429 – 435.

［24］ 张元仲. 反常色散介质"超光速"现象研究的新进展［J］. 物理,2001, 30(8):456 – 460.

［25］ Aguanno G D. Group velocity, energy velocity, and superluminal propagation in finite photonic band – gap structure［J］. Phys Rev E, 2001, 1 – 5.

［26］ Eddington A E. Space, time and gravitation［M］. Cambridge: Cambridge Univ Press, 1920.

［27］ Flandern T. The speed of gravity: what the experiments say［J］. Met Research Bulletin, 1997, 6(4): 1 – 10. 又见:Flandern T. The speed of gravity: what the experiments say［J］. Phys Lett 1998, A250: 1 – 11.

［28］ 黄志洵. 引力传播速度研究及有关科学问题［J］. 中国传媒大学学报(自然科学版),2007,14(3): 1 – 12.

［29］ 雷锦志,江兴流. 电化学异常现象与挠场理论［J］. 科技导报,2000, 6: 3 – 5.

［30］ Gisin N. Optical test of quantum nonlocality: from EPR – Bell tests towards experiments with moving observers［J］. Ann Phys, 2000, 9: 831 – 841. 又见:Salart D. Testing the speed of "spooky" action at a distance［J］. Nature, 2008, 454(Aug 14): 861 – 864.

［31］ 周光召. 中国大百科全书·物理学［M］. 北京:中国大百科全书出版社,2009.

［32］ Einstein A. The relativity principle and it's conclusion［J］. Jahr. Der Radioaktivit und Elektronik, 1907, 4: 411 – 462. (中译:关于相对性原理和由此得出的结论［A］. 范岱年,赵中立,许良英译. 爱因斯坦文集·第2卷［C］. 北京:商务印书馆,1983. 150 – 209).

［33］ NASA actually working on faster – than – light warp drive. http:// techland. time. com, 2012 – 09 – 19.

超光速物理学研究的若干问题

黄志洵

(中国传媒大学信息工程学院,北京　100024)

摘要：1905 年 Einstein 说"超光速没有存在的可能",他的理念其实只是假设或猜测。自从 1962—1967 年以来,超光速研究在多国(如美国、德国、意大利、中国)广泛开展。本文论述 1963—2019 年间超光速研究的成就和问题,其理论和实验是用经典物理或量子物理方法实施的。基于波粒二象性,科学家按照两条路线(粒子、电磁波)而展开研究。新学科"超光速物理学"的建立已成事实,其研究成果所展现的生动和丰富令人惊讶。

关键词：超光速物理;波粒二象性;量子物理;群速度;负波速

The Achievements and Problems of the Superluminal Light Physics

HUANG Zhi – Xun

(Communication University of China, Beijing　100024)

Abstract： In 1905, Einstein says "velocities greater than that of light have no possibility of existence." But this idea only may be hypothesized or guessed. Since the early work in year 1962 and 1967, the research on faster – than – light(superluminality) has been performed in several nations, such as in USA, Germany, Italy and China. In this paper, we discuss the achievements and problems of faster – than – light research in year 1963—2019, the methods of theoretical study and experiments are classical physics or quantum physics. Base on the particle – wave duality, the scientists worked along the road of the particles or the electromagnetic waves. Then, the newly subject of "Superluminal Light Physics" is an established fact. It is surprising that the research results presents vivid and rich.

Key words： superluminal light physics; particle – wave duality; quantum physics; group velocity; negative wave velocity

注:本文原载于《中国传媒大学学报(自然科学版)》,第 20 卷,第 6 期,2013 年 12 月,1～19 页;2019 年对本文作了补充。

1 引言

1905 年 A. Einstein[1] 提出狭义相对论(SR),其中给出的质量和能量公式表明,若动体速度 v 由小增大,那么在 $v = c$(c 为光速)时质量和能量为无限大。因此 Einstein 得出结论说:"velocities greater than that of light have no possibility of existence."1907 年,Einstein[2] 在讨论速度加法定理时提出负速度概念,把超光速可能性与负速度、负时间紧密联系在一起。在该文中 Einstein 先给出信号速度和信号传递时间表达式,而它们在一定条件下可能为负($v < 0$, $T < 0$);然后说"这将造成结果比原因先到达",因而超光速的不可能性"看来是足够充分地证实了"。1918 年,Einstein[3] 发表论文"论引力波",断言这种波存在并以光速 c 传播。上述 3 篇论文结合起来就形成了 Einstein 的"光速极限原理",即物质的运动和信号、能量的传递,甚至引力作用的传递,其速度都不可能超过光速。因此,在他的理论中 c 成为宇宙中可能有的最高速度。

1962 年,O. Bilaniuk 等[4] 最先论述超光速的可能性。从那时至今超光速研究论文大量涌现,终于形成了今天的"超光速物理"新学科。本文尝试给出其内容、方法和意义,并讨论它发展过程中的若干问题。我们突出论述使用量子理论和方法的超光速研究。

2 "快子"理论的提出

快子(tachyon)一词是 G. Feinberg[5] 建议的,字头 tachy 来源于希腊文 $\tau\alpha\chi\iota$,意为快速,"快子"指运动速度 $v > c$ 的粒子。习惯上把 $v < c$ 的粒子称为慢子(bradyon, brady 意为缓慢)。根据 Lorentz – Einstein 质量公式,运动粒子的质量为

$$m = \frac{m_0}{\sqrt{1 - \beta^2}} \tag{1}$$

式中:m_0 为粒子的静止质量;β 为粒子速度与光速之比,即 $\beta = v/c$。故粒子的能量和动量为

$$E = \frac{m_0 c^2}{\sqrt{1 - \beta^2}} \tag{2}$$

$$p = \frac{m_0 v}{\sqrt{1 - \beta^2}} \tag{3}$$

当 v 从低值($v < c$)增加时,m、E、p 均增大;当 $v = c$ 时,m、E、p 均为无限大。假设 $v > c$,m、E、p 变为虚数。无限大或虚数的质量、能量和动量均无意义,故 Einstein 判定"超光速不可能存在"。

Feinberg 表示不同意这些论点。首先,光子是以光速运行的($v = c$),而这速度并非靠加速获得,是本来固有的。其次,或许自然界有超光速粒子存在,它们很可能形成于宇宙大爆炸的过程中,其速度并非通过加速手段得到的。就是说,一个以亚光速运动($v < c$)的粒子可能无法通过加速而达到超光速,但快子可能具有虚数的静质量

$$m_0 = j\mu \tag{4}$$

式中:μ 为大于零的实数。这时,即使 $v > c$($\beta > 1$)也不会出现虚数的质量、能量和动量。因此,Feinberg 快子理论不与 SR 相冲突。Feinberg 说,他的理论是以量子场论、相对论性量子力学为

基础,快子对应的四维矢量是类空的(space – like)。

众所周知,物质的质能方程为

$$E = mc^2 \tag{5}$$

将式(1)、式(5)联立后可推出:

$$E^2 = p^2 c^2 + m_0^2 c^4 \tag{6}$$

这是亚光速($v < c$)粒子的相对论性方程;但如取

$$m = \frac{\mathrm{j} m_0}{\sqrt{1 - \beta^2}} \tag{7}$$

则可得超光速($v > c$)粒子的相对论性方程:

$$E^2 = p^2 c^2 - m_0^2 c^4 \tag{8}$$

式(6)可称为慢子方程,式(8)可称为快子方程。

后来的实验,或者找不到快子的踪迹(利用 β 源和加速器的实验),或者以为找到了但未被科学界承认(大气簇射的实验),因此到 20 世纪 70 年代后期物理界失去了兴趣。但直到今天仍不能完全放弃 Feinberg 快子概念,原因是一直有一种说法"中微子就是快子"($m_0^2 < 0$);而且在超弦理论中也出现快子。还有所谓快子宇宙学(tachyon cosmology)。所以,现在人们还是应该知道这个理论。

3　色散媒质中的光脉冲传播

基于波粒二象性,对速度问题的研究既可循粒子的方向进行,也可按波动的方向进行。后者甚至更为丰富生动,且有众多实验成果可供讨论。1914 年,A. Sommefeld 和他的学生 L. Brillouin 共同提出了经典波速理论[6]。Sommerfeld 指出,在远离反常色散区时,信号速度与群速相同;在反常色散区内,群速的情况复杂,可以小于光速($v_\mathrm{g} < c$)、大于光速($v_\mathrm{g} > c$),可以成为无限大($v_\mathrm{g} = \infty$),也可以为负值($v_\mathrm{g} < 0$)。与此同时,Brillouin 用鞍点积分法求解 Sommerfeld 的积分方程。经过复杂的演算和在复平面上的作图分析,他得到了一个曲线族,4 条曲线分别表示 c/v_p、c/v_g、c/v_e、c/v_s 与频率 ω 的关系,这里 v_e 代表能量传输速度,v_s 代表信号速度。所建立的图形被称为 Brillouin 图。1960 年,L. Brillouin[7]出版了一本书总结了二人的工作,今天我们称为经典波速理论(SB 理论)。

SB 理论研究信号速度时的方法是,取坐标轴 z 指向媒质内部,表面处($z = 0$,即输入端)突然出现(在 $t = 0$ 时)一个正弦信号。亦即媒质中本来没有波,现在突然来了一个 $f(t)$,是由阶跃函数调制的正弦波。Sommerfeld 采用这样的波是因为,一种从 $t = -\infty$ 开始并延伸到 $t = \infty$ 的正弦波在实际中并不存在。因此,他定义的信号速度是以理想阶跃函数的瞬态函数为基础,着眼于研究波前速度(front velocity)。也就是说,向色散媒质送一个正弦波,从瞬态过程研究信号的建立程序,即分析从 $f(0, 0)$ 到 $f(z, t)$ 的全过程。SB 理论认为,在信号到达(或说稳态信号建立)之前,有一个预现波(precursors 或 foreruners)阶段,振幅很小,波形畸变。这个分析方程很繁复,这里从略。问题在于用阶跃函数的分析与通常要讨论的问题(电磁脉冲波向色散媒质入射)并不符合。

1970 年,C. Garrett 等[8]分析了 Gauss 型光脉冲通过反常色散媒质的传播。他指出,锁模激光器(mode – locked laser)产生的脉冲非常接近 Gauss 脉冲,其前后沿平滑地随时间变化。

这篇论文重点不在研究信号速度,而关注脉冲通过具有正或负吸收线(absorption line)的媒质时的情况,包括保形性、最大振幅的瞬时轨迹是否遵循群速表达式(即使 $v_g > c$ 或 $v_g < 0$)。研究方法是公式推导和数值计算。结论是,对吸收媒质而言群速概念还是有意义的(the calculations confirm that the concept of group velocity has meaning for an absorptive medium)。因此这是 1960 年 Brillouin 的书[7]出版以来的一篇新论文。……以下是笔者对基本理论的回顾,用来与文献[8]对照。

介电媒质中电子的动力学方程为

$$m \frac{\mathrm{d}^2 x}{\mathrm{d}t^2} + m\gamma \frac{\mathrm{d}x}{\mathrm{d}t} + \eta x = eE_x \tag{9}$$

式中:m 为电子质量;γ 为阻尼系数;规定 χ 为极化率,并由于 $D_x = (\varepsilon_0 + \chi)E_x = \varepsilon E_x$,故有

$$\varepsilon_r = 1 + \frac{x}{\varepsilon_0} \tag{10}$$

可以证明

$$\chi = \frac{ne^2/m}{\omega_0^2 - \omega^2 + \mathrm{j}\omega\gamma} \tag{11}$$

式中:n 为电子浓度;规定等离子频率为

$$\omega_p = \sqrt{\frac{ne^2}{m\varepsilon_0}}$$

故有

$$\frac{x}{\varepsilon_0} = \frac{\omega_p^2}{\omega_0^2 - \omega^2 + \mathrm{j}\omega\gamma} \tag{12}$$

ω_0 是自由电子气振荡频率,也称特征频率($\omega_0 = \sqrt{\eta/m}$),或称原子线中心频率;现在得

$$\varepsilon_r = 1 + \frac{\omega_p^2}{\omega_0^2 - \omega^2 + \mathrm{j}\omega\gamma} \tag{13}$$

也可写作

$$n^2 = 1 + \frac{\omega_p^2}{\omega_0^2 - \omega^2 + \mathrm{j}\omega\gamma} \tag{14}$$

对于金属可取 $\omega_0 = 0$;一般按下式确定符号:

$$n = \sqrt{\varepsilon_r} = \sqrt{\varepsilon_r' + \mathrm{j}\varepsilon_r''} = n_r + \mathrm{j}n_i = n_r - \mathrm{j}|n_i| \tag{15}$$

而波数为

$$k = \frac{\omega}{c}n = \beta - \mathrm{j}\alpha \tag{16}$$

故衰减常数 α 和相位常数 β 为

$$\beta = \frac{\omega}{c}n_r \tag{17}$$

$$\alpha = \frac{\omega}{c}|n_i| \tag{18}$$

即折射率的实部大小决定相位常数的大小,而折射率虚部绝对值的大小决定衰减常数的大小。现在很容易写出波的相速表达式:

$$v_p = \frac{\omega}{\beta} = \frac{c}{n_r} \tag{19}$$

群速 $v_g = \mathrm{d}\omega/\mathrm{d}\beta$，则较复杂；由于 $\beta = \omega/v_p$，故有

$$\omega = \beta v_p \tag{20}$$

因而

$$v_g = \frac{\mathrm{d}\omega}{\mathrm{d}\beta} = v_p + \beta \frac{\mathrm{d}v_p}{\mathrm{d}\beta} \tag{21}$$

然而 $\beta = 2\pi/\lambda$，故得

$$v_g = v_p - \lambda \frac{\mathrm{d}v_p}{\mathrm{d}\lambda} \tag{21a}$$

正常色散时 $\mathrm{d}v_p/\mathrm{d}\lambda > 0$，$v_g < v_p$；反常色散时 $\mathrm{d}v_p/\mathrm{d}\lambda < 0$，$v_g > v_p$。若取 $\lambda f = c$，即 $\lambda = 2\pi c/\omega$，$\mathrm{d}\lambda$ 可改变为 $\mathrm{d}\omega$ 的关系。只要不假设"小物质密度"，$v_g \sim \omega$ 函数关系是复杂的解析式。……现在看 Garrett 的分析处理：设有一平面波场 $\boldsymbol{E}(\boldsymbol{r},t) = \boldsymbol{E}_0 f(z,t)$，$z$ 为传播方向，$z > 0$ 处充满线性色散媒质。由于色散，$f(t)$ 不是 $(z - ct)$ 的简单函数。其 Fourier 变换为

$$f(z,\omega) = \int_{-\infty}^{\infty} f(z,t)\,\mathrm{e}^{\mathrm{j}\omega t}\,\mathrm{d}t \tag{22}$$

而 Laplace 变换为

$$F(k,\omega) = \int_{0}^{\infty} f(z,\omega)\,\mathrm{e}^{-\mathrm{j}kz}\,\mathrm{d}z \tag{23}$$

如电磁脉冲的频率展开小于中心频率，则可解 Maxwell 方程而有

$$\left[\frac{\omega}{c} n(\omega) - k \right] F(k,\omega) = S(\omega) \tag{24}$$

$S(\omega)$ 是入射信号决定的源场，而 $n(\omega)$ 为 $n_\infty - \omega_0\omega_p/\omega_0(\omega - \omega_0 + \mathrm{j}\gamma)$，其中 $n_\infty \gg |\omega_p/\gamma|$；因而可得

$$f(z,\omega) = \mathrm{j}S(\omega)\,\mathrm{e}^{\mathrm{j}nz\omega/c} \tag{25}$$

群速为

$$v_g = \frac{c}{n_r(\omega) + \omega \dfrac{\mathrm{d}n_r}{\mathrm{d}\omega}} \tag{26}$$

式中：$n_r(\omega) = \mathrm{Re}[n(\omega)]$。式(26)也写成 $c/[n_\infty - \omega_0\omega_p/\gamma^2]$。因而，脉冲不仅可以比 c 快，而且可反向传送；有时在输入脉冲峰进入近端之前在媒质远端输出脉冲峰即出现了(not only can the pulse appear to travel faster than c, it can even appear to travel backwards; the output pulse peak can some times emerge from the far side of medium before the peak of the input pulse enters the near side)。

　　总之，Garrett 通过分析 Gauss 脉冲向固体介质板(假设其可能具有反常色散特性)入射，证明即使在强反常色散时(v_g 可大于光速 c 甚至为负)仍可用群速概念，而非必须用能速概念，并清晰地描绘了脉冲在上述情况下传播的物理特征。这种描绘 30 年后还在争论(例如，在 2000 年 WKD 实验出现后)，可以看出文献[8]的前瞻性。Garrett 对这种时间超前现象的解释是：在输入脉冲峰进入前就离开的输出脉冲是来自输入脉冲前沿的场分量，而非来自输入脉冲峰的分量(the output pulse which leaves before the entrance of the peak of input pulse is formed from field components in the leading edge of input pulse, not from components at input – pulse peak）。

这种被中国学者称为"脉冲重组"的见解，又被说成是"势垒仅允许入射脉冲最前端通过，其余部分都被反射"，亦即认为出射脉冲基本上不是由入射脉冲转化而成，故避免了承认超光速和因果律受破坏的困难。笔者认为为了否认超光速而做理论是肤浅的，Garrett 也不是这种"惊慌的物理学家"。

4 负群速实验初获成功

虽然 1907 年 Einstein 讨论了负速度和负时间，1914 年 Sommerfeld 和 Brillouin 讨论了负群速（NGV）；但一直到 1982 年都没有人做过实验。当群速由 0 逐步增大，一直到无限大（$v_g = 0 \sim \infty$），然后转为负群速（$v_g < 0$），因而负群速是比无限大群速"还要大"的速度；这样的表述是 SB 理论认同的。然而在实际上有没有 NGV？Sommerfeld、Brillouin 不知道，Garrett 其实也不知道。

1979 年，R. Ulbrich 等[9]利用半导体（GaAs）试样在光频进行实验，观察到光脉冲慢传播，群速 v_g 可由 $c/3.6$ 降为 $c/2000$。虽然这不是一个量子物理实验，但其实验技术有特色。试样厚度 3.7μm，面积 $200 \times 500 \mu m^2$，置于超低温条件下（1.3K）。图 1（a）是实验系统，中心频率 ω_0 的光脉冲被分为两路，探束（probe beam）通过试样，参考束（reference beam）先经过一个可调时延的设备（ATD）；两路脉冲信号之间有时间差 Δt，它们在 2 次谐波产生器（SHG）处会合，再进入光子计数系统（PCS）。调节中心载频 ω_0，可获得最小群速 v_g；在实验中观察到最大时延 $\tau_g = 35ps$。这样就有了测量 v_g 的方法。

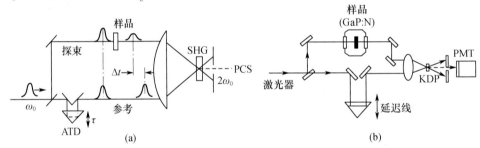

图 1 早期的群速测量实验系统

1982 年，S. Chu 等[10]发表论文"吸收媒质中的线性脉冲传播"，似为用实验证明 NGV 存在的第一人，是负速度在实验上取得突破。Chu 仿照 Ulbrich 的方法，实验系统如图 1（b）所示；试样为外延生长的 GaP/N，厚度为 76μm 或 9.5μm。令厚度为 L，则有

$$v_g = \frac{L}{\tau_g} \tag{27}$$

故测出 τ_g 即可算出 v_g，而试样从光路中接入和取出是实验步骤。显然，如测到了零时延（$\tau_g = 0$），就是测到了无限大群速（$v_g = \infty$）。Chu 的实验系统如图 1（b）所示，它与 1（a）相似。用载频 $\lambda = 534nm$ 的 ps 级激光脉冲通过处于超低温（1.7K）的固体试样（GaP/N），测到的结果是 $v_g = -10^8 cm/s = -0.01c$。图 2 是取 $L = 9.5\mu m$ 时的实验结果，可以看出三方面（$v_g > 0, v_g = \infty, v_g < 0$）都呈现出来了，而且过渡是平滑的。

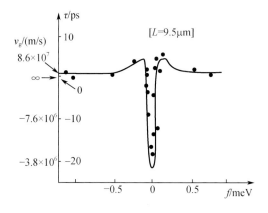

图 2   最早的 NGV 实验结果

Chu 得到的脉冲负速度表明,在脉冲峰进入试样前的瞬间它就从试样出现了(when the peak of the pulse emerges from the sample at an instant before the peak of the pulse enters the sample)。研究表明,对脉冲传播实验而言能速 v_e 不是可测参量。对上述现象 Chu 的解释是脉形重整(Reshaping),脉冲前沿比后续受到较小衰减。

5 近年来的超光速实验

20 世纪 80 年代后期起,不断有超光速自然观测结果或人为实验的报道。1987 年,K. Hirata 等[11]报道了该年 2 月 23 日发生的超新星 SN 1987A 爆发造成的中微子到达地球时的检测;同年,M. Longo[12]指出此次爆发产生的光子比中微子晚 3h 到达。这是中微子以超光速飞行的证明,可计算出 $v/c \approx 1 + 2 \times 10^{-9}$。在 80 年代这个测量最为重要。

20 世纪 90 年代在人类实验室中有几个有特色的实验。首先是光子隧穿势垒(tunnel the barrier by a photon),以美国 Berkeley 加州大学的 R. Y. Chiao 小组和奥地利维也纳大学的 F. Krausz 小组的工作最为著名。在他们的实验中,光子以飞秒(fs,即 10^{-15}s)级时间穿过厚为微米级的势垒。具体讲,1991 年,R. Y. Chiao 等建议用双光子源同时发送一对光子,让两个光子赛跑(其中一个要穿过势垒),看谁先到终点。1993 年,A. M. Steinberg、P. G. Kwait 和 R. Y. Chiao 发表"单个光子隧穿时间测量"一文[13],报告了实验结果,通过势垒时的光子隧穿速度 $v = (1.7 \pm 0.2)c$。……其次是用截止波导所做的微波超光速实验;德国的 G. Nimtz 小组(在微波)[14]、英国 K. Wynne 小组(在太赫)[15],都是这个路子,是利用消失态(evanescent state)造成超光速效应;前者获得微波脉冲的群速度 $v_g = 4.7c$(1992 年)和 $v_g = 4.34c$(1997 年),后者获得太赫脉冲的群时延 $\tau_g = -110$fs(这意味着负群速),这完成于 1999 年。实验中发现,脉冲在进入波导入口之前就出现在波导出口处了!这是负波速的典型现象。再次,实验发现在开放的自由空间在天线近区场(near field)超光速现象;1996 年意大利的 A. Ranfagni 和 D. Mugnai[16]在微波做研究,用双角锥喇叭开放空间实验,接收天线相对于发送天线平移 16cm 时,测出电磁波波速 1.25c,修正到空气中为 $v = 2c$。

仅在 2000 年就出现了 3 项独特的实验结果。首先,K. Wynne 等[17]用微波孔径(直径仅 50μm)的圆截止波导进行实验,发现了负相速($v_p < 0$)现象,这与笔者 1991 年提出的理论观念(在一定条件下截止波导相位常数可能为负,即 $\beta < 0$)[18]是一致的。其次,D. Mugnai[19]等在微波完成了一项超光速实验,这是所谓"Bessel – X 波超光速性"(superluminality of Bessel – X waves),其理论立足于美国 Rochester 大学的物理学家 J. Durnin[20]建议的方法,这是一种产生 Bessel 波束(或称 J_0 波束)的方法;Mugnai 等采用圆形辐射缝隙,最终获得了波速 $v = 1.053c$;即人为地使电磁波比光速快了 5.3%。再次,王力军等[21]用铯原子气体作为被试物(DUT),并使之处于反常色散状态,然后使激光脉冲通过它,结果获得了负群速(NGV),$v_g = -c/310$;这是一项独特的超光速实验,引起了较大反响。

所谓光子晶体(photonic crystal, PC),是电介质材料周期性排列形成的人工结构,由于周期性,将产生光子能带和光子带隙(band gap)。理论和实验都证明了光子禁带的存在,其中没有电磁波传播;这就影响了光与物质相互作用的方式。然而后来出现了用电路结构以模拟 PC 的考虑,该结构必须有周期性,其结果是创造出通带(pass band)和阻带(stop band)。特别是,这种结构能提供"反常色散媒质"的特性。2002 年,A. Hachè 等[22]用他称为 coaxial photinic crystal(CPC)的结构,实现了较长距离上的群速超光速传播。他得到阻带中的超光速群速,$v_g = (2 \sim 3.5)c$。同年,J. Munday[23]用此法获得 NGV,$v_g = -1.2c$。这一实验技术方法被我国研究人员所仿效[24, 25]。

最近几年有几个突出的实验,如表 1 所列。……以上我们是从 1982—2012 年的 30 年中挑选了实验例而作论述,其中 3 例是针对粒子(光子、中微子),而绝大多数针对的是电磁波、短波脉冲、微波脉冲、光脉冲。其中,负波速实验占总数的一半左右。实物粒子(如电子、质子、中子、原子)以超光速飞行的成功事例尚没有。

表 1 2006—2012 年的几个超光速实验

文献作者及 发表时间	实验原理、 方法和目标	实验结果数据及 观察到的现象	备注
G. Gehring 等[26] (2006)	使激光脉冲通过光纤,由于使用了增益系统(光纤放大器)并构建了反常色散,获得了负群速(NGV)类型的超光速状态	负群速 $v_g = -c/4000$,观察到脉冲峰进入光纤前就在输出端浮现	信号源波长 $\lambda = 1550\text{nm}$
D. Salart 等[27] (2008)	在光频进行 EPR-Bell 型检测研究,以期测出"spooky action at a distance"	反映纠缠态传送快慢的量子信息速度 $v_{qi} \geqslant 10^4 c$	纠缠双光子相距 18km
N. Budko 等[28] (2009)	研究天线(源)的近区场,认为实际上有用的波形并非以光速 c 传播	发现了近区场的负波速,一些波形显示对时间逆行	
T. Adam 等[29] (2011)	在意大利的处于地下的 Gran Sasso 实验室,测量来自约 730km 外的中微子的飞行速度。距离测量精度约 20cm,时间测量精度约 10ns	测得中微子速度 $v = 299799911\text{m/s}$,比真空中光速 c 大了 2.48×10^{-5}	实验中似乎存在某些问题
L. Zhang(张亮)等[30] (2011)	用 10m 长单模光纤做实验,在反常色散条件下获得快光(超光速的光)	获得负群速 $v_g = -c/6.636 = -0.15c$,观察到输入信号之前的时间超前量 221.2ns	信号源(激光)波长 $\lambda = 1550\text{nm}$
R. Glasser 等[31] (2012)	采用在铷气室中的 4 波混频(4WM)法激励产生超光速群速的光脉冲;反常色散是由某种不对称增益线和吸收线造成	在这种产生超光速脉冲的技术中,输入脉冲和产生的脉冲均与传输的负群速相关,其值为 $v_g = -c/880$;与真空中光速 c 传播相比较,时间超前 50ns;故观察到输入脉冲峰进入气室前出口处即浮现输出脉冲峰	pump 激光的连续波波长 $\lambda = 795\text{nm}$

（续）

文献作者及 发表时间	实验原理、 方法和目标	实验结果数据及 观察到的现象	备注
A. Carot 等[32] （2012）	2 段矩形波导（TE_{10}）中间插入一段圆波导（长 20m，TE_{11}），由于极化位移产生了负群时延	负时延 $\tau_g \approx -2\mu s$，相当于 $v_g/c = -0.03$；观察到快波最大值在进入波导前就离开了它；另一个结果是，把受试圆波导由 20m 加长到 50m，观察到 $v_g = 1700c$	在微波实验，波长 $\lambda \approx 3cm$

6　用量子光学方法研究超光速问题

　　近代量子光学（Quantum Optics，QO）是用量子理论和方法研究光学的学科，其中的一个课题是探索电磁感应吸收（Electromagnetically Induced Absorption，EIA）中由于媒质折射率随频率剧变而出现群速超光速乃至负群速的现象。所谓电磁感应媒质（Electromagnetic Induced Media）包含电磁感应透明（Electromagnetic Induced Transparency，EIT）和电磁感应吸收（EIA）两个方面。1997 年，S. Harris[33] 提出利用量子相干效应消除电磁波传播中媒质影响，即当光的频率与某一原子跃迁的谐振频率匹配时所出现的光的异常高的吸收。一旦媒质影响被消除，电磁波在媒质中的传播就如同在真空中传播，使原来透射率近乎为零的媒质成为透明，透明窗附近折射率接近于 1。图 3（a）是一个三能级原子系统，量子态 $|1\rangle$ 是基态，$|2\rangle$ 是亚稳态，$|3\rangle$ 和 $|4\rangle$ 是激发态的两个超精细能级；E_p 为探测光场，E_c 为另加的耦合光场（频率 ω_c 与 $|2\rangle$、$|3\rangle$ 态谐振）。由于量子相干效应，探测光与耦合光共同作用使原子的两个超精细能级 $|1\rangle$ 与 $|2\rangle$ 相互耦合，形成 $|1\rangle$ 与 $|2\rangle$ 的相干叠合。这使探测光偏离了原子的谐振频率；吸收减小，透射率大大提高（大于 60%）。由于这种量子相干效应只发生在探测光很小的频带内，宽度由耦合光强决定，因此在零失谐频率附近很窄范围内出现斜率极大的正常色散，导致光群速大大减小，1999 年 L. Hau 等[34] 实现了超慢光速传播。……另一方面，如把上述的正常色散媒质改为反常色散媒质，在色散曲线斜率大时就可能出现群速超光速甚至负群速。这种快光、慢光、光停的研究引起物理学家们很大兴趣。

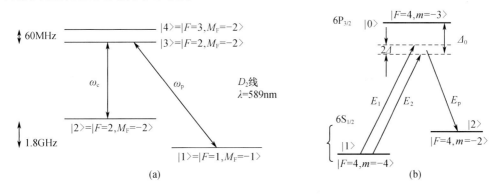

图 3　电磁感应媒质（EIM）的原子能级图实例

　　图 3（b）是 2000 年 WKD 实验[21] 的能级图，这也是三能级原子系统。原子在气态时，每个原子可有 3 种状况：激发态 $|0\rangle$、$|1\rangle$ 和 $|2\rangle$。王力军等首先由光泵作用制备出所有原子的基态

$|1\rangle$;采用两束强连续波 Raman 光束 E_1、E_2,使其通过原子媒质传播。E_1、E_2 的频率为 f_1、f_2,频差为小量 2Δ;两种场的调谐通过原子跃迁频率 f_1 实现(体现为较大的 Δ_0)。由于 E_1、E_2 辅助场的 Rabi 频率小于 Δ_0,因此大多数原子保持在 $|1\rangle$ 态。引入探束 E_p,会发生 Raman 跃迁,原子在吸收来自 E_1 和 E_2 场的 Raman 激励光子时会发射光子到 E_p 场,并造成由 $|1\rangle$ 到 $|2\rangle$ 的跃迁。由于探束场内有两种增益频率作用,增益值最大,探束场与跃迁场(E_1 或 E_2)发生谐振时均会引起最大增益作用。简言之,在两个增益线之间会出现反常色散区,如图 4 所示;图中横坐标是探束频率变量(Δf)。

在反常色散区中,光脉冲或是严重失真,或是严重被吸收,将使任何比光更快的假设难以用实验数据得到解释。接近跃迁频率的反常色散最强,但折射率 n 的快速变化使光脉冲失真得很厉害。WKD 采用增益双重态以绕开这个困难,即靠近的两个增益区之间有很强的反常色散,但却没有脉冲失真。这是实验设计的出色之处,通过两束频率相近的激光在气室中造成了增益双重态。专有一个激光探束测量铯气的 n 值以获取色散曲线,然后找到反常色散梯度变化最大的位置。获得的有效 $\Delta n = -1.8 \times 10^{-6}$。

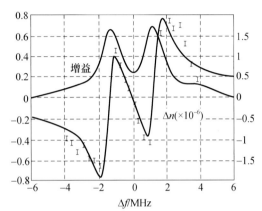

图 4 WKD 实验中折射率变量 Δn 和
增益 G 测量结果

图 5 是 WKD 实验结果,从 Cell 出来的脉冲(虚线)比向 Cell 进入的脉冲(实线)超前 62ns。设气室长度为 L,室内为真空时光通过的时间为 L/c,室内为介质时光通过的时间为 L/v_g,故时间差为

$$\Delta t = \frac{L}{v_g} - \frac{L}{c} = (n_g - 1)\frac{L}{c} \tag{28}$$

如 $n_g < 1$,Δt 为负,物理表现为超前,故 $(-\Delta t)$ 为光脉冲提前时间,并有

$$(-\Delta t) > \frac{L}{c} \tag{29}$$

好像光脉冲在未入气室之前就离开了气室。已知 $L = 6 \times 10^{-2}$ m,$c \approx 3 \times 10^8$ m/s,故 $L/c = 2 \times 10^{-10}$ s = 0.2ns;实验测得 $(-\Delta t) = 62$ns。故得 $n_g = -310$。现在,$(-\Delta t) \gg L/c$;王力军等在论文中说:"这意味着通过原子气室传播的光脉冲峰在进入气室前就离开气室而出现了……好像它还没有进入气室之前就离开了气室。"又说:"所观察到的超光速光脉冲传播与因果律无矛盾……这种逆反现象是光波本性的自然结果。"

有一个问题需要讨论——式(26)在文献中常见,但它是严格公式还是近似式?根据式(21a),可得

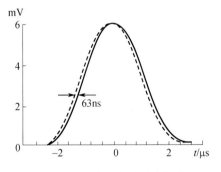

图 5 WKD 实验中的脉冲超前

$$n_{\mathrm{g}} = \frac{n}{1 - \frac{\lambda}{v_{\mathrm{p}}} \frac{\mathrm{d}v_{\mathrm{p}}}{\mathrm{d}\lambda}} \tag{30}$$

然而

$$\frac{\lambda}{v_{\mathrm{p}}} \frac{\mathrm{d}v_{\mathrm{p}}}{\mathrm{d}\lambda} = \frac{\lambda}{c/n} \frac{\mathrm{d}(c/n)}{\mathrm{d}\lambda} = n\lambda \frac{\mathrm{d}}{\mathrm{d}\lambda} (n^{-1}) = -\frac{\lambda}{n} \frac{\mathrm{d}n}{\mathrm{d}\lambda}$$

故得

$$n_{\mathrm{g}} = \frac{n}{1 + \frac{\lambda}{n} \frac{\mathrm{d}n}{\mathrm{d}\lambda}} \tag{30a}$$

由数学知,当 x 小时 $(1-x)^{-1} \approx 1+x$,故当 $\frac{\lambda}{n} \frac{\mathrm{d}n}{\mathrm{d}\lambda} \ll 1$,就有

$$n_{\mathrm{g}} \approx n \left(1 - \frac{\lambda}{n} \frac{\mathrm{d}n}{\mathrm{d}\lambda} \right) \tag{31}$$

取 $\lambda f = c$,可证明上述近似条件及 n_{g} 公式为

$$-\frac{f}{n} \frac{\mathrm{d}n}{\mathrm{d}f} \ll 1 \tag{32}$$

$$n_{\mathrm{g}} \approx n + f \frac{\mathrm{d}n}{\mathrm{d}f} \tag{33}$$

这样公式(26)是近似式。

如上述表述正确,WKD 实验就不能成立。取 $f = 3.48 \times 10^{14} \mathrm{Hz}$,$\Delta f = 1.9 \times 10^{6} \mathrm{Hz}$,$n \approx 1$,$\Delta n = -1.8 \times 10^{-6}$;可算出 $\left(-\frac{\lambda}{n} \frac{\mathrm{d}n}{\mathrm{d}\lambda} \right) = 330 \gg 1$,$n_{\mathrm{g}} = 3.02 \times 10^{-3}$,$v_{\mathrm{g}} = 331c$,没有 NGV! 只有式(26)是严格的,WKD 才正确;如是近似的,WKD 就错了。下面重作推导;根据式(17),$\beta = \omega n/c$,故有

$$\frac{\mathrm{d}\beta}{\mathrm{d}\omega} = \frac{n}{c} + \frac{\omega}{c} \frac{\mathrm{d}n}{\mathrm{d}\omega} = \frac{n + \omega \cdot \frac{\mathrm{d}n}{\mathrm{d}\omega}}{c}$$

所以群速为

$$v_{\mathrm{g}} = \left(\frac{\mathrm{d}\beta}{\mathrm{d}\omega} \right)^{-1} = \frac{c}{n + \omega \cdot \frac{\mathrm{d}n}{\mathrm{d}\omega}} \tag{26a}$$

所以群折射率为

$$n_{\mathrm{g}} = \frac{c}{v_{\mathrm{g}}} = n + \omega \cdot \frac{\mathrm{d}n}{\mathrm{d}\omega} = n + f \cdot \frac{\mathrm{d}n}{\mathrm{d}f} \tag{34}$$

经过以上推导可看出式(26)不需要近似条件,因而 WKD 实验是成立的。

与 WKD 类似的是陈徐宗小组的 EIA 实验[35];在耦合光和探测光作用下形成了 EIA 媒质,具有陡峭变化的反常色散曲线。受试物为 $L = 6\mathrm{cm}$ 的铯原子气体小室,进入光脉冲为 Gauss 型脉冲,宽度 $10\mu\mathrm{s}$。图 6 是实验结果,实线是作参考的输入光脉冲,虚线是从 Cell 出来的光脉冲。结果是输出脉冲峰超前 $0.9\mu\mathrm{s}$,这意味着入射脉冲尚未达到 Cell 前端,经过 Cell 的脉冲已从后端出来;或者说,当入射脉冲抵达 Cell 前端,经过 Cell 的脉冲已出来了相当 $0.9\mu\mathrm{s}$ 的距离。图 7 是示意,实际上 Cell 很薄($L = 6\mathrm{cm}$),与 $0.9 \times 10^{-6}\mathrm{s}$ 时段以 $c = 3 \times 10^{8}\mathrm{m/s}$ 走过的

距离(270m)不成比例。

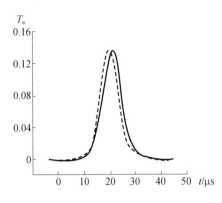

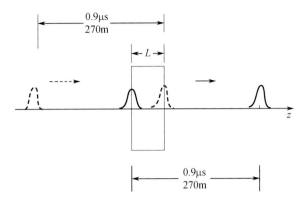

图 6 陈徐宗小组实验中的脉冲超前   图 7 对陈徐宗小组实验的说明(之一)

这种 NGV 现象引起很多争论,例如认为对 WKD 实验可用超前波(advanced waves)解释[36,37]。陈徐宗等[35] 提出另一种解释:10μs 宽的脉冲在空间的对应长度($c \cdot \Delta t$)约为3000m,尺度很大,与 Cell 的厚度(6cm)很不成比例。脉冲前沿先穿过 Cell 并被放大,当脉冲峰到达 Cell 前端,先进入的波前早已穿越 Cell 的后端,其被放大部分的峰已行进了 0.9μs 对应的270m,故这波前被放大的脉冲在测量上会呈现波峰超前 0.9μs;即把 NGV 现象解释为一种波前放大现象;图 8 是示意,虚线表示光脉冲在空间的包络。这与 Garrett、Chu 的观点相似。另外,WKD 实验中的脉冲空间尺寸也很大,如图 9(图中给出峰与 Cell 入口间距 18.6 m);这个形象与图 4 颇为不同。

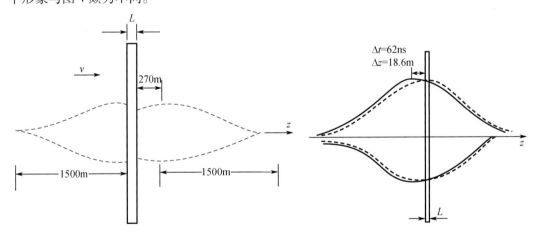

图 8 对陈徐宗小组实验的说明(之二)   图 9 对 WKD 实验的说明

最后介绍 2006 年徐天赋等[38] 用 4 能级原子系统实现光脉冲 NGV 超光速传播。能级图如图 10 所示,探测场(E_p)、耦合场(E_c)和微波场(E_L)分别激励相应的原子跃迁;$\Delta = \omega_{43}$,$\Delta_1 = \omega_p - \omega_{31}$。一般在考虑超精细能级时有强吸收,故用微波场控制探测场在媒质中的群速并使吸收为零。若间距 $\Delta \gg \gamma$(γ 为相应能级的弛豫速度),4 能级模型简化为 3 能级模型。计算表明由于负色散的可实现性,可获得 NGV,如图 11 所示;图中实线对应 $\Delta/\gamma = 0.64$,虚线对应 $\Delta/\gamma = 0.32$。4 能级系统特点为:反常色散小;微波场使弱场 E_p 产生反常色散成为可能,而改变场强可控制传播特性(从超慢的亚光速到超光速)。这项研究工作仅为理论计算,但可作为设计实验的参考。

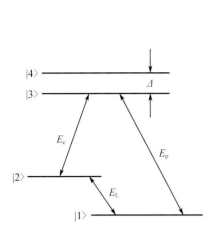

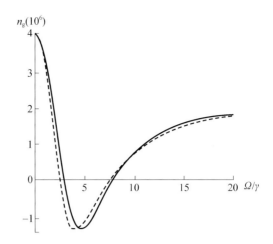

图 10　4 能级原子系统能级图　　　　　　图 11　4 能级系统可造成负群折射率

7　超光速光子隧穿

　　光的波动性在经典物理中广为人知,电磁波是既有能量又有动量的客体。与此形成对照,电子的物质波仅为几率波。但电磁波也是光子的几率波,宏观数量的光子将几率波体现为能量、动量分布。由于光子是 Boson,一个电磁波模式可能有宏观数量的光子。但电子是 Fermion,一个量子态上只有一个电子。在考虑量子隧穿(quantum tunneling)时,无疑使用光子具有更大的可能性。在 QM 中,人们熟悉微观粒子可以穿越势垒的理论,但并不清楚具体如何构建势垒。由于在一定条件下可能有"宏观量子现象",这为设计宏观器件势垒创造了条件。

　　实际上一些超光速实验可能在可见光或微波频段上进行。可见光($f = 4 \times 10^{14} \sim 7.5 \times 10^{14}\,\mathrm{Hz}$)的光子能量 $hf = 1.6 \sim 3\mathrm{eV}$,光子动质量 $m = hf/c^2 = 2.9 \times 10^{-33}\,\mathrm{g} \sim 5.4 \times 10^{-33}\,\mathrm{g}$;而微波($f = 3 \times 10^8 \sim 3 \times 10^{11}\,\mathrm{Hz}$)的光子能量 $1.2 \times 10^{-6} \sim 1.2 \times 10^{-2}\,\mathrm{eV}$,光子动质量 $2.2 \times 10^{-39}\,\mathrm{g} \sim 2.2 \times 10^{-35}\,\mathrm{g}$。可见微波光子的动量、动质量都小得多。……但早在 1985 年,笔者提出要适当考虑微波的粒子性[39],在此基础上,可以构建在微波设计势垒的方法和理论,即使用截止波导(Waveqnide Below Cutoff, WBCO)中的消失态。这种指数下降的电磁状态恰恰是量子势垒中几率波所具有的状态。可以证明,一个宽度 l,高度 U_0 的矩形势垒,对于入射粒子(质量 m、能量 E)将提供下述传输系数[40]:

$$T = Ae^{-\alpha l} \tag{35}$$

α 是等效衰减常数:

$$\alpha = \frac{4\pi \sqrt{2m(U_0 - E)}}{h} \tag{36}$$

式中:h 为 Planck 常数。在可见光频段,由于光子动质量较高,m 较大,故 α 较大,即下降迅速;因而垒厚较小(例如微米级)。反之,在微波 m 较小而 α 也较小,垒厚应较大(如厘米级)。

　　前已述及美国加州大学伯克利分校所做的 SKC 实验[13],这里讨论光频介电势垒的结构设计。它是在基片上搞多层涂复。作为基片的 $\mathrm{SiO_2}$,无耗时折射率 $n = 1.41$,有耗时 $n = 1.41 + \mathrm{j}0.0372$;$\mathrm{TiO_2}$ 材料,不论无耗、有耗,均有 $n = 2.22$。针对激光源频率 $f_0 = 5.37 \times 10^{15}\,\mathrm{Hz}$,做成 $\lambda/4$ 结构。

1996 年,T. Grunter[41],针对非色散性吸收媒质(多层介电平板结构)导出了量子光学的输入、输出关系。使用辐射的量子化理论,针对多层势垒采用频域中的多级复介电率进行描述,满足 Kramers – Kronig 关系式。分析表明,损耗会改变隧穿时间,而且折射率的小虚部会增大到一定程度,并算出了固体势垒的传输系数模的二次方与频率的关系(图 12);可见,11 层的势垒系统具有典型的带阻滤波器特性:层数过多,并不是好的选择。

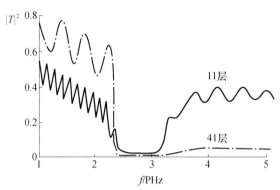

图 12　多层平面介电结构的传输常数与频率的关系

在微波,用金属壁波导作势垒是可以的,但应在其截止频率以下($\omega < \omega_c$)。1985 年,我们先对量子隧道效应建立等效传输线模型[39],然而等效传输线所代表的不是平行双线而是波导——某种在频域有截止现象的波动过程。定义与传输线上简谐电压、电流的工作频率相似的波频率作为等效波导的工作频率:

$$\omega = 2\pi \frac{E}{h} \tag{37}$$

相对应的波导截止频率为

$$\omega_c = 2\pi \frac{U_0}{h} \tag{38}$$

故可导出

$$\gamma = \mathrm{j}2\sqrt{\frac{\pi m}{h}}\sqrt{\omega - \omega_c} \tag{39}$$

在以上各式中 h 是 Planck 常数;然而在波导理论中,均匀柱波导的传播常数为

$$\gamma = \mathrm{j}\sqrt{k^2 - h^2}$$

式中:$k = \omega\sqrt{\varepsilon\mu}$ 是填充介质的波数;但在这里 h 是分离常数(本征值),不是 Planck 常数。据此可证

$$\gamma = \frac{\sqrt{\varepsilon_r\mu_r}}{c}\sqrt{\omega^2 - \omega_c^2} \tag{40}$$

现在我们将得到一个重要结论,即量子隧道效应可以和介入到信号传播路径中的截止波导相比拟。由式(37)可知,当 $\omega > \omega_c$,是波导传输模;当 $\omega \leqslant \omega_c$,是截止模。$\omega < \omega_c$,即 $E < U_0$,这时 γ 为实数($\gamma = \alpha$);而 $|\psi|^2$ 与 $\mathrm{e}^{-\alpha x}$ 成正比,即消失场。在截止频域,特性阻抗为纯电抗:

$$Z_0 = \frac{\mathrm{j}}{\gamma} \tag{41}$$

而根据已知的传播常数 γ 和特性阻抗 Z_0，就可求出分布参数链路中 Γ 形单节电路的串联阻抗 Z 和并联导纳 Y：

$$Z = \gamma Z_0 = \mathrm{j} = \mathrm{j}\omega\omega^{-1} \tag{42}$$

$$Y = \gamma I_0^{-1} = -\mathrm{j}\gamma^2 = \mathrm{j}\omega\frac{4\pi m}{h} + \frac{1}{\mathrm{j}\omega}\frac{4\pi m}{h}\omega_c\omega \tag{43}$$

式中：h 是 Planck 常数。

我们已证明了量子隧道效应（矩形势垒）可等效为 TE 波导，等效电路（单节）如图 13 所示。

在笔者的论文发表后，过了几年 G. Nimtz 团队公布了用截止波导所做的群速超光速实验[14]。虽然笔者早在 1991 年就预言截止波导可能有负群速[18]，但欧洲人并未在实验中发现这种现象[14,15]。1998 年，陈晓东、熊彩东[42] 用时域有限差分（FDTD）法对截止波导中的物理过程作数值分析，证明经过截止波导后输入波形强

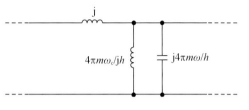

图 13　量子隧道效应为 TE 波导时的单节电路

烈失真，而频谱图中振幅最大处的频率明显增大。这种情况造成群速定义似乎不便使用，如果用的话计算结果 $v_g < c$。那么怎样解释截止波导中会有各种情况（$v_g < c, v_g > c, v_g < 0$）？我们认为一个系统有 3 种状态并不奇怪，因为在 WBCO 中相位常数的变化是复杂的，与模式、频率等多种因素有关。波导是一种复杂色散系统，我们在 1985 年即证明确实可用 QM 方法处理波导，把电磁场看作光子流，把波导看成矩形势垒。现在只需 4 个参数：入射波频率（ω）、波导截频（ω_c）、波导总长（l 或 L）以及光速 c；Planck 常数在运算时被消掉，所以在表面上看来像经典公式而不像量子公式。所以事实已证明 QM 的用途并不限于微观，也可以在宏观领域发挥作用。

8　超光速量子态信息速度

2001 年，艾小白[43] 问道："量子力学中非定（局）域长程关联是否瞬时作用？如不是，传递速度有多快，是否超光速的？这种超空间关联的物理本质是什么？"这问题提得好，想知道的人很多。近年来，瑞士科学家 N. Gisin 团队就是研究这个问题的。当前量子信息学研究正方兴未艾，其理论与实验早已证明了 Einstein 用来否定量子力学完备性的 EPR 思维恰好成了证明量子理论完备的新学科的起点。Heisenberg 不确定性原理表明，微观粒子的坐标和动量（或速度）不能同时有确定值。由于自然界的精确度方面的极限，从某种意义上讲因果律不再正确了（这是 Heisenberg 的原话）。Einstein 受经典物理影响太深，虽然在早期是该理论的叛逆者，但在 QM 出现后终于忍受不了新理论对描述自然过程的确定论和经典因果性的背叛（QM 符合统计意义上的因果性，并非彻底背叛因果性；Schrödinger 方程也是因果性的体现，但它确定 Ψ 的因果性，不同于经典状态的因果性），打出了 EPR 这一旗帜[44]。这篇文章的局域性原则与 SR 一致，坚持能量与信息以超光速传送的不可能性，坚持在类空的分离体系（Ⅰ 和 Ⅱ）之间存在超距作用的不可能性。用思维实验说明量子力学是违反局域性原则的，而这正是在 QM 中分离体系有超距作用的根本原因。EPR 论文中的二粒子体系的波函数是一个纠缠态。这是一种特殊形式的（但又是普遍存在的）量子态，除保有一般量子态的性质（如相干性、不可

能性)之外,还有其独特的个性——相关联的不可分性、非局域性等,因而日益引起人们的关注。1964 年,J. Bell[45] 讨论了二粒子的自旋纠缠态(单态),按照 EPR 局域性假设推导出它所满足的一个不等式,而 QM 不一定与该式相符。自 1982—2007 年,用处于纠缠态的孪生光子对做了许多实验[46,47],结果均支持量子力学而否定按 EPR 局域性原则导出的不等式;25 年来双光子的距离,由 15m→400m→25km→144km,十分令人吃惊。在量子纠缠态中,一个粒子可以瞬时地改变另一粒子的特性,而不管它们相距多远;那么所谓"瞬时"究竟有多快? 关于这个问题近年来已有了超光速实验研究成果。瑞士日内瓦大学教授 N. Gisin 多年来一直从 EPR - Bell 出发检测 QM 非局域性(quantum nonlocality from EPR - Bell tests);2008 年,该团队的 Salart 等[27] 将一对纠缠态光子分离,并通过两根光纤,分别从 Geneva 大学发送到两个村庄,光子间隔为 18km(大致呈东西向),而源精确地处在中间。地球的旋转使他们可以在 24h 周期中测试全部可能的假设性优越参考系。在一日的所有时间中,观察到高于由 Bell 不等式确定的阈值的双光子干涉条纹。由这些观测得出结论,所看到的非局域相关和过去实验显示的一样是真正非局域的。

A. D. Aczel[48] 曾指出,互相纠缠的粒子彼此相关,原因在于生成它们的时候就捆在一块了。例如某原子中电子突降两个能级,就会放出两个光子并永久地纠缠,不受距离限制,John Bell(以及别的物理学家)认为,纠缠态证明确有某种作用超光速,这与 SR 不符,也纠正了 Einstein 对实在性(reality)的狭隘理解。科学界现在知道,一对处于纠缠态的光子即使分开 144km,互相仍能"保持联系";而且这种"联系"的传递速度不是瞬时的($v_{qi} \neq \infty$),而是至少比光速大一万倍($v_{qi} \geq 10^4 c$)的超光速。这个成果发表在著名刊物 *Nature* 之上[27]! 在这里需要补充的是,科技部于 2017 年公布的"中国科学十大进展"中,名列第一的是"实现卫星与地面的千公里级量子纠缠和密钥分发",比 144km 超出很多。

9　信号速度超光速的可能性

1907 年,Einstein[2] 最早讨论了信号速度和负速度。他说:"从速度加法定理还可以进一步得出一个有意思的结论,即不可能有这样的作用,它可用来作任意的信号传递,而其传递速度大于真空中的光速。假如沿着 S(参照系)的 x 轴放一个长条物体,相对于它可以以速度 w 传递某种作用(从长条物体来判断),并且不仅在 x 轴上的点 $x=0$(点 A),而且在点 $x=\lambda$(点 B)上都有一个对 S 静止的观察者。在 A 点的观察者利用上面所说的作用发出的一个信号通过长条物体传给 B 点的观察者,而长条物体不是静止的,而是以速度 v($<c$)沿负的 x 方向运动。于是,信号将以速度 $\dfrac{w-v}{1-\dfrac{wv}{c^2}}$ 从 A 传递到 B。因此,传递所需时间为

$$T = l \frac{1 - \dfrac{wv}{c^2}}{w - v} \tag{44}$$

速度 v 可以取小于 c 的任何值。因此,如果像我们所假设的那样,$w > c$,那么总可以选择 v 使得 $T < 0$。这个结果表明,我们必须承认可能有这样一种传递机制:在利用这种机制时,结果竟比原因先到达。在我看来,虽然这种结局单从逻辑上考虑是可以接受的并且不包含矛盾,然而它同我们全部经验的特性是那么的格格不入,所以 $w > c$ 的假设的不可能性看来是足够充分地被证实了。"

在以上论证中，先假设 $w>c$，证明总可以选适当的 $v(v/c$ 不太小$)$，即可得负时间$(T<0)$；而且是把负时间(亦即负速度)等同于"果先于因"。既然人类经验不会有此情况，故不可能有 $w>c$。

但这是百年前的观点。现在有那么多负波速(NWV)实验，都是测到了"果先于因"，反推回去就是测到了超光速。这也是经验，是新的经验。那么 NWV 实验与 causality 的关系是什么？如只按时序解释因果律(因必先于果)，二者有矛盾。如按照新的理解(因果律的本质在于任何情况下果都不能影响因)，二者无矛盾。至于 NWV 实验与 SR 的关系，则可认为没有矛盾。

1914 年的 Sommefeld–Brillouin 波速理论存在许多问题[49]：①排除了出现负相速(因而负折射率)的可能，与目前已知的理论和实验研究结果不符；②虽指出了出现负群速的可能，但却不能阐明其物理机制和意义(Brillouin 甚至说负群速没有物理意义)；③研究信号速度的方式，理想的阶跃函数要求无限大带宽，在实际中无法实现，故使人怀疑定义方法及研究方法本身是否存在问题，亦即该理论并未构造出一个合理的信号速度定义；④回避了"波速是标量还是矢量"这样的问题，只讨论几个速度定义的大小，从不涉及它们的方向。⑤对波前速度缺乏严格的定义，也看不出它有多少用处。

Brillouin 认为反常色散时通过媒质的脉冲会严重失真从而使 v_g 失去意义，但近年来许多使用平滑脉冲的分析和实验证明上述判断并不正确。例如，Garrett 等[8]、Chu 等[10]、黄志洵[49]的论文都充分肯定群速的意义和价值。只要在指定频带中 v_g 不变化(脉冲不失真)，v_g 就是信号(或信息)传送的速度。由于

$$\beta(\omega) \approx \beta(\omega_0) + v_g(\omega - \omega_0) \tag{45}$$

式中：$\beta(\omega)$ 为系统的相位常数；如 v_g 恒定，$\beta(\omega)$ 与 ω 成正比，可以满足信号传送不失真的要求。

2003 年 10 月 18 日出版的 *New Scienst* 说[50]，一些研究人员声称，由于我们至今对信息的基础并不完全了解，因此"信息速度超光速"的可能性依然存在。假如 Feinberg 快子存在——它们可能在宇宙大爆炸过程中形成——，那么如果对快子做信息编码，就能实现信息超光速传送。此外，SKC 实验(一个以量子隧穿效应为基础的实验[13])中，光脉冲从势垒中出现时，像是一跃而出；如以脉冲到达检测器的时间来衡量，就会断言那个脉冲的速度是完整的(you would conclude that the velocity of the pulse as a whole)，即群速，它快于光速。G. Nimtz 在微波做过实验，得到 $v_g = 4.7c$。那么，信息能否编码到脉冲上并以群速传送？信息能否跑得比光还快？Nimtz 相信能，至今坚持他做的实验(用 Mozart 音乐调制微波脉冲并使之穿越截止波导[14])已做出了证明。Nimtz 说，为算出一个信号中的信息量，必须倾听整个信号，故测量信息速度的正确途径是测量整个脉冲的速度。故 G. Nimtz 实际上是认为信息以群速传送[51]。乔瑞宇(R. Y. Chiao)则认为，脉冲峰到达并不对应信息到达，重要的是知道信息到达的最早瞬间。Nimtz 与 Chiao 的争论已有多年。问题在于没有人能按照 Chiao 的(也是 SB 理论的)定义做实验——需要有瞬时接通的电脉冲或光脉冲，实际的脉冲均不满足这一要求。M. D. Stenner 等[52]把信息编码在光脉冲上的方法有特色(如使用了波形发生器以使光脉冲形状符合实验者的要求等)，但在反映信息的真正本质方面仍有缺失。因此 V. Jamieson 说[50]："信息能传播得比光快吗？这完全取决于你如何测定它(Can information travel faster than the speed of light? That all depends on how you measure it)。"这似乎是比光脉冲的运动更进一步的问题，故 V. Jamieson 又说："量子力学允许光脉冲打破宇宙速度极限而出现(quantum mechanics allows pulses of light to appear to break the cosmic speed limit)。"由于文献[50]是采访一些著名科学家后写成的,故其内容代表了国际科学界的观点。由此可知,对信息速度超光速的研究仍需进行。

虽然 SB 理论以及后来的一些研究者(如文献[52])认为,即使光脉冲的群速超光速,信息速度仍是亚光速;但其陈述中仍出现复杂的情况。例如,仅仅脉冲光束最前沿的一些光子速度超过光速是不够的,即前沿超光速光子不能传达信息,只有在光束的多数光子到达后脉冲才起作用。但在这种陈述中,研究人员认为确有光子速度已经超光速,这是值得注意的。……总之,信号速度是一个复杂困难的问题。

10 国内的超光速研究

国内学者对超光速问题展开充分而认真的研究,大致上是在近 30 年(1984—2013)。1984年谭暑生[53]提出标准时空论;该理论认为 SR 否定绝对空间、绝对运动和绝对参考系,从而否定了物质运动的绝对性;付出的代价是同时性成为相对,光速成为极限,还有局域性要求。标准时空论认为同时性是绝对的,并允许超光速运动存在而不违背因果律。他认为 SR 的基本概念是被实验所否定的。1985 年黄志洵[39]在中国科学院电子学研究所的刊物上发表论文,提出了对金属壁波导频域的截止现象的新观点,认为可用量子隧道效应描述;从而证明了截止波导可在科学实验中当作势垒而应用。该文建立了量子势垒隧道效应的等效电路模型,发展了消失态的量子理论。1986 年曹盛林等[54]讨论了河外射电源的超光速膨胀,相同内容的英文论文于 1988 年发表[55],认为一些射电源的超光速分离天文现象是遵从 Schwarzschild 场中径向类空测地线的真实运动,天体现象为超光速运动真实存在提供了证据。1986 年曹盛林等[56]在另一篇论文中作更广泛的论述,认为 Lorentz 变换仅适用于 $v < c$ 的情况;时序的相对性不能用来反对超光速运动的可能性;SR 无理由否定真实超光速运动存在;河外射电源的超光速膨胀可能是真实的超光速运动。

中国运载火箭技术研究院(Chinese Academy of Launch Vehicle Technology)的科学家林金,结合其作为导航专家的业务实践,于 1991—1992 年写了一个内部报告稿《航天导航定位理论基础——时间和空间理论的再思考》。他把火箭运动抽象为一个质点动力学模型,惯性导航奇妙之处在于质点可以自主测量所有运动参数;火箭自带推力,没有远距能量介入。火箭的动力学行为用以下的基本方程描写:

$$m_0 \frac{\mathrm{d}^2 x}{\mathrm{d}t^{*2}} = F \tag{46}$$

式中:x 为火箭在惯性系中的坐标;t^* 为箭载运动钟时间;m_0 为火箭的静止惯性质量;F 为火箭发动机推力。式(46)是总结航天经验的陈述,由此建立惯性导航原理。至于 Lorentz 变换中的因子 $(1 - v^2/c^2)^{1/2}$,只是两种时间定义间的转换因子;如用统一的共同时间则因子不出现,光速极限就不存在。况且纯惯性导航中电磁场不出现,光速不是其测速极限,$3 \times 10^5 \mathrm{km/s}$ 并非不可逾越。……另外,林金指出从某种意义上讲超光速与超声速无区别,也不存在因果关系颠倒。这些思想曾在香港的一次国际会议上报告[57]。

进入 21 世纪以来,中国学者提出了或改进了多个时空理论模型,例如:曹盛林[58]的 Finsler 时空;谭暑生[59]的标准时空;张操[60]的广义 Galilei 变换(GGT);倪光炯、艾小白[61]的中微子超光速运动方程;杨新铁[62]的空气动力学 Laval 管模拟;宋文淼[63]的实物与暗物分析;等等。它们全都摆脱了早期快子理论中的虚质量要求。2006 年,王智勇、熊彩东[64]由计算得到了虚宗量 Bessel 波的超光速群速;2011 年,王仲钺[65]讨论了全反射 Goos - Hänchen 位移中超光速能量传输;2012 年,任怀瑾等[66]在反常色散和非线性光学条件下对波相位传播作可控加速,从而实现超光速并产生 chrenkov 辐射,实验观测成果引人注目。2013 年,樊京等[67]报道了他们进行的新实验,发现磁力线传播速度 $v > 10c$。

相对论专家和理论物理学家也关注超光速研究。例如,2002 年刘辽[68]指出负速度表示推迟光脉冲成了超前光脉冲,它随距离增加而逆时传播,导致出射光脉冲超前于入射脉冲,挑战了因果律时序的绝对性,也冲击了相对论。长期以来人们把因果律只从时序上理解,已与实验不符。正确的理解应为:果(effect)不可能通过任何方式影响因(cause)。又如 2011 年中国科学院院士吴岳良[69]写了"从本质入手研究超光速可能性"文章。该文说科学研究的目标就要发现新现象、提出新理论,争取超越 Einstein 和前人的研究成果。他认为研究 Lorentz 对称性的破坏必须与粒子间相互作用的内禀对称性一起考虑,对中微子能否超光速问题才能深入认识。要超越 SR 就要研究其成立的条件,要有突破性的新想法。如超越四维时空、重新认识真空、引入新的特殊相互作用等。……鉴于吴院士是中国科学院理论物理研究所所长,这一表态是重要的。……也有理论物理学家对于说"以 WKD 实验为代表的负群速实验是超光速实验"持强烈反对态度[70],这与刘辽教授的观点(以及国内外的广泛评论)显然不同。

最后,对笔者近年来的研究工作加以说明。1979—1984 年间笔者在中国计量科学院(National Institute of Metrology, NIM)工作,曾参加"光频测量"课题组。光频测量与光速测量密切相关,由此笔者对光速测量和超光速问题产生了强烈兴趣。大约从 1996 年起开始做超光速研究,与此同时并未放松在电磁理论、微波理论方面的研究工作。所发表的论文见文献[71]~[81],其中包含许多自己的独立见解。例如,对超光速作了分类——物质运动的速度、能量传送的速度、广义的信息速度;前者又区分为宏观物体速度、微观粒子速度、非实体物质(波动和脉冲)速度。认为只有在细分条件下超光速研究才是清晰的和有意义的。又提出了"小超光速性"(small superluminality)和"大超光速性"(giant superluminality)的概念,认为现在无论是利用反常色散还是消失态进行实验的结果都是群速可以超光速,但超得不多。故可以把 $5c$ 以下的结果称之为小超光速实验。那么什么是大超光速性实验呢? 2008 年瑞士科学家通过实验和计算,纠缠态中两个光子之间相互影响的速度可以达到 $(10^4 \sim 10^7)c$;除此之外,引力传播和挠场传播也是大超光速。笔者的观点是,自然界的超光速既有大超光速,也有小超光速的(如河外射电源以几倍光速分离);人类实验室中完成的实验则是小超光速和负波速的。在自然界尚未发现天然负波速现象。……在对 Maxwell 方程的超前解、物理学中的负参数、现实中的 NWV 实验作综合考虑之后,我们提出"电磁波负性运动"(negative characteristic electromagnetic wave motion)概念,这与死守经典力学的速度定义方式从而简单地将负号视为"运动方向相反"是不同的。

实验方面,2003 年黄志洵、逯贵祯、关健[24]在短波完成了群速超光速实验,该实验用模拟光子晶体的同轴系统作为研究对象,获得了阻带中的群速超光速 $v = (1.5 \sim 2.4)c$。此为中国首例超光速实验,中国工程院的机关刊物《中国工程科学》曾进行报道。最近,姜荣、黄志洵[82]对负群速的研究有了新意——首先用传统的 CPC 技术在短波(9~11MHz)获得超光速群速,在 10MHz 时的最大值为 $v_g = 3.25c$;然后假设使用负介电常数填媒质充的同轴系统组成 CPC,获得 $v_g = (-5.04c) \sim (-5.23c)$;全部工作由电子计算机作复杂计算而完成。图14 是计算得到的 $v_g/c \sim f$ 关系曲线,可见有两个负峰。这个方法的思路是创新的,但做实验还有困难,要看将来的发展。……目前我们还在用别的方法进行 NWV 实验,成果将陆续发表。

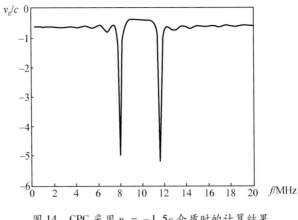

图 14 CPC 采用 $n_r = -1.5c$ 介质时的计算结果

11 关于动体的质速公式

最后我们不得不回到与本文第 2 节对应的内容上来,因为 SR 质速公式[本文的式(1)]一直严重阻碍着人们对超光速可能性的认同。根据该式,当速度 v 增高时质量 m 不断加大;当 $v = c$ 时 $m = \infty$,物质将不再有加速的可能。超光速研究者绝不会无视这一思想障碍,例如笔者就曾多次论述这个问题[83-85]。

式(1)是 H. Lorentz[86] 的研究成果(1904 年),意思是电子运动产生电磁场,对电子加速有抵抗作用。速度越大,产生的电磁场越强,对进一步加速的抵抗作用就越大。这等效于电子有一种质量(电磁质量),会随速度加大而增加。但 Lorentz 从未说过任何物质(物体)在运动时质量都会随速度加大而增加。他得到的是一对公式,分别表示纵质量(m_l)和横质量(m_t),公式(1)是纵质量公式。其实在 1903 年,M. Abraham[87] 也导出一对不同的公式,这说明电子质量公式可能有不同的表述。然而,实验数据并不能区分 Lorentz 公式和 Abraham 公式何者是正确的。

Lorentz 的推导有一系列假设:①电子只有电磁质量,没有其他质量(即没有真正的物质质量);②电子在运动方向上有尺寸缩小的效应;③电子静止时是圆球体;④电子静止时电荷均匀分布在球体表面;⑤电子运动速度低于光速。……类似地,1905 年 Einstein[1] 也给出一对公式,其纵质量公式与 Lorentz 一样,横质量公式与 Lorentz 不同。Einstein 并未导出公式(1)。有人说,1909 年 Lewis 和 Tolman 从力学观点出发,考虑两球的弹性碰撞,利用相对论的速度相加定理和动量守恒得到了质速公式,其推导不求助于电磁理论。并说在相对论中如要保持动量守恒,质速关系必须采取 $m = m_0 / \sqrt{1 - \beta^2}$。但这种推导有循环论证之嫌,即用相对论中的关系来证明相对论力学公式,难于令人信服。

重要的是,根据以色列希伯来大学(Hebrew University of Jerusalem, Israel)所收藏的档案,Einstein 曾于 1948 年 6 月 19 日写信给 Lincoln Barnett(为准确计引述英文原文)说[88]:

"It is not good to introduce the concept of the mass $m = \dfrac{m_0}{\sqrt{1 - \dfrac{v^2}{c^2}}}$ of a moving body for which no clear defination can be given. It is better to introduce no other mass concept than the 'rest mass' *m*. Instead of inotroducing *m* it is better to mention the expression for the momentum and energy of a body in motion. "

因此,可以认为 Einstein 对广泛写入物理教科书的质速公式和"相对论性质量"概念并未表现出兴趣,所以他在致 Barnett 信中说引入质速公式的概念 not good。至于 1989 年 L. Okun 的文章[88],虽然也说"there is only one mass,the Newtonian mass,which does not vary with velocity",但这只是一位拥护 SR 的物理学家意识到质速公式漏洞百出故提出一些修补的言论。一位相对论拥护者也说"质量不随速度变",这太有意思了。

有相对论学者的著作讲[89],SR 质速公式早已得到了实验证明。这指的是 Kaufmann 实验[90],和其他一些实验。但这些实验都只测到了电子荷质比(e/m)随速度的变化,并非质量 *m* 随速度的变化。况且,迄今从未有人提供中性物质粒子(如中子、原子)的质量随速度改变的实验证明。近年来国内有多位学者质疑 SR 质速公式的合理性,认为质量定义仍以 Newton 定义("物质的量")为好[91-93]。更有学者进行实验,例如,2009 年季灏[94]利用直线加速器产生的能量为 1.6MeV、6MeV、8MeV、10MeV、12MeV、15MeV 高速电子在束流引出线上轰击铅靶,用量热学法直接测量电子的能量,从而证明电子的质量与电子运动速度无关,实验结果跟 Newton 理论值十分接近。

根据以上情况,可以认为中性物质不随运动速度改变。利用 SR 质速公式而断言"不可能有超光速"是错误的。

12　把量子弱测量思想用于超光速研究

量子测量问题是准确理解量子物理的关键。对于微观粒子运动状态的有效测量,必将在可观测意义上使粒子原来的运动产生改变。例如,在双缝干涉试验中,如果测量粒子通过哪一个缝,便强调了波粒二象性的粒子特征,与粒子性互补的波动性就被排斥了,干涉条纹不再存在。这种由于测量或其他影响导致相干性消失的现象称为量子退相干(quantum decoherence)。当测量破坏了量子系统的相干叠加的态,在 Copenhagen 解释中,认为测量后被测量的系统塌缩到被测量的本征态上(波包塌缩)。

1988 年,Y. Aharonv 等[95]提出"量子弱测量"(quantum weak measurement)理论,主要思想是使测量时不会引起量子态塌缩。量子弱测量可以看成标准量子测量的推广,其测量的精确度是通过减弱测量对被测系统引起的干扰而实现的。Aharonov 等提出的理论作为广义的量子测量理论,可以认为是那些不断进行的学术争论的结果。弱测量理论的应用解决了标准测量理论无法解释的一系列问题,并且在量子力学的基本问题的理解上给出了比较清晰的图像。在量子弱测量的方案中,当单次进行测量时不会出现波包塌缩的情况,可以保留量子系统的相干叠加性,其代价是进行一次测量得到的关于系统的信息很小。1991 年,物理学家在光学方面验证了 Aharonov 的结论,首次测量了被测量系统的"弱值"。后来人们逐渐承认量子弱测量理论合理部分及其应用,并用弱测量技术探测了一般观测不到的小量。

有意思的是,弱测量(WM)概念被用在超光速研究之中。例如在 2004 年,瑞士日内瓦大学的 Gisin 团队发表了 N. Brunner 等的研究工作(PRL,Vol. 93,203902):在具有双折射的光纤里,用 WM 方法观测超光速和慢光现象。又如 2011 年 M. Berry 等的工作(J. Phys.,Vol. 44A,492001):用 WM 观念对中微子超光速实验给出了一种可能的解释。2012 年,玉素甫·吐拉克在其硕士论文中[96]进行了关于中微子振荡的量子退相干及其群速度的超光速问题的研究。这些工作似乎开辟了超光速研究的一个新方向,例如 Berry 等认为,系统的预选择和后选择都是 μ 中微子的味本征态,并且真空对于中微子相当于一种双折射介质。因此,当中微子在这种双折射的介质中振荡时,在演化过程中,两个质量本征态会分裂,导致两个波包群速度的不同,从而产生群速度的变化。

以上所述是早期的工作。可喜的是,中国的青年研究人员作出了成绩。2019 年 6 月,寇召飞[97]的论文"The primary exploration of application of quantum entanglement weak measurement in superluminal communication"在加拿大刊物上发表。论文的中心思想是:争取用量子纠缠 WM 技术实现超光速通信。文章指出:由于量子信道的纠缠特征性在量子通信方面没有很好的发挥。为了借助这种纠缠特征实现超光速量子通信,提出了一种测量量子信息改变量的方式,该方法能绕过量子通信中的经典信道部分。在具体实现过程中,通过结合量子弱测量的方法在不破坏纠缠状态下进行信息传递,从而实现超光速通信。对基本原理可简述如下:无论测量或是观察均会引起量子态的塌缩,使其失去量子态的各种属性,从而产生退相干。为了避免塌缩,可以使用 WM 方法。之所以能有效地抑制退相干的原因主要有以下两点:①执行前置量子弱测量的作用是先降低系统激发数所占的权重,以便在遭遇噪声环境时减少其影响;②执行反转测量的作用是使量子态与噪声环境作用以后重新恢复激发数的权重,可以使被破坏的初始态得到几率性恢复。……因此,提出了基于量子信息改变量的通信方式,即从传送完整的量子态改为只传送部分量子态,只要测量前一次传送和后一次传送的改变量即可。例如,若设第一次传送的状态为|0⟩,第二次传送的状态为|1⟩,则可判断为一次改变,记为 1;若第二次仍为|0⟩,则记为 0。由于量子态的纠缠性,在发送端进行一次前置弱测量,就会改变量子系统的状态。

具体的通信过程,可以分为通信部分和测量部分,它们是相互交织的。我们可以定义时隙 T,初始状态设为未知量 x,接收端先进行一次弱测量,记录下此时的状态 x',在 T 时间后发送端进行一次弱测量,此时只进行前置弱测量,即改变发送端量子态,接收端进行一次完整的弱测量,记录下此时的状态 x_1' 若在 T 时隙内在发送端不进行后置反馈测量,则 x' 一定与 x_1' 不同(此处可设定阈值),此 T 时隙即发送"1";若在 T 时隙内在发送端进行后置反馈测量,则不改变量子态,即 x' 与 x_1' 相同,此 T 时隙即发送"0"。由于发送一位编码需要两个时隙,因此时隙不可间断;且由于码字只与此时隙和上一时隙有关,因此此系统抗干扰能力强。时隙的大小可以决定系统的传输速率,在同一个传输系统中,时隙应设定为同一个数值,从而能够实现同步。

寇召飞认为,如他的方法可行,那么信息的超光速传输将会成为现实,对信息技术行业乃至太空探索都有绝对的重要性。但此法实行困难,尚待改进。

13　结束语

本文以大量研究实践证明超光速物理学已初步成型,其内容之丰富,涉及范围之广令人吃惊。这让我们想起一句名言:"理论是灰色的,而生活之树长青"。虽然其历史较短,发展尚不成熟,但它作为刚刚兴起、有好苗头的学科,其生命力和发展潜力显而易见。如果有人至今仍对做超光速研究的必要性有怀疑,下述两个情况(都发生在 2012 年)或许可以帮助他们打消疑虑——首先是美国航天局(NASA)组织了"Star - ship(星舰)百年研讨会",在会上讨论了所谓曲速推进(warp drive)的超光速宇航方案;其次是美国标准与技术研究院(NIST)发表研究论文"采用4波混频激励产生超光速光脉冲"。两个美国极其重要的科学机构对超光速研究都是鼓励的态度,这很说明问题! 我们希望有更多科学家参加进来,实现多学科的合作。

参 考 文 献

[1] Einstein A. Zur elektrodynamik bwegter korper[J]. Ann. der Phys. 1905,17(4):891 - 921. (中译:论动体的电动力学[A]// 爱因斯坦文集[M]. 范岱年,等译. 北京:商务印书馆,1983,83 - 115.)

[2] Einstein A. The relativity principle and it's conclusion[J]. Jahr. der Radioaktivität und Elektronik,1907,4:411 - 462. (中译: 关于相对性原理和由此得出的结论[A]. 范岱年,等译. 爱因斯坦文集[M]. 北京:商务印书馆,1983,150 - 209.)

[3] Einstein A. 论引力波[A]. 范岱年,等译,爱因斯坦文集[M]. 北京:商务印书馆,1983, 367 - 383.

[4] Bilanuik O M,Deshpande V K,Sudarshan E C. Meta relalivity[J]. Am. J. Phys,1962,30:718 - 722.

[5] Feinberg G. Possibility of faster than light particles[J]. Phys Rev,1967,159(5):1089 - 1105.

[6] Sommerfeld A. Uber die fortpflanzung des lichtes in dispergierenden medien[J]. Ann d Phys. ,1914,44(1):177 - 182. 又见: Brillouin L. Uber die fortpflanzung des lichtes in dispergierenden medien[J]. Ann d Phys, 1914,44(1):203 - 208.

[7] Brillouin L. Wave propagation and group velocity[M]. New York:Academic Press,1960.

[8] Garnett C,McCumber D. Propaguation of Gaussian light pulse through an anomalous dispersion medium[J]. Phys. Rev. A, 1970, 1(2): 305 - 313.

[9] Ulbrich R,Fehrenbach G. Polariton wave packet propagation in the excition resonance of a semiconductor[J]. Phys. Rev. Lett. , 1979,43(13):963 - 966.

[10] Chu S,Wong S. Linear pulse propagation in an absorbing medium[J]. Phys. Rev. Lett. ,1982,48(11):738 - 741.

[11] Hirata K, et al. Observation of a neutrino burst from the Supernova SN 1987 A[J]. Phys Rev Lett. , 1987,58(14): 1490 - 1493.

[12] Longo M J. Tests of relativity from SN 1987 A[J]. Phys Rev D,1987,36(10):3276 - 3277.

[13] Steinberg A M,Kuwiat P G,Chiao R Y. Measurement of the single photon tunneling time[J]. Phys. Rev. Lett. , 1993,71(5): 708 - 711.

[14] Enders A,Nimtz G. On Superluminal barrier traversal[J]. J. Phys. I France,1992(2):1693 - 1698. 又见:Nimtz G Heitmann W. Superluminal photonic tunneling and quantum electronics[J]. Prog. Quant Electr. , 1997,21(2):81 - 108.

[15] Wynne K,Jaroszynski D A. Superluminal terahertz pulses[J]. Optics Letters,1999,24(1):25 - 27.

[16] Ranfagni A,Mugnai D. Anomalous pulse delay in microwave propagation:A case of superluminal behavior. Phys. Rev. E. , 1996,54(5):5692 - 5696.

[17] Wynne K,et al. Tunneling of single cycle terahertz pulses through waveguides[J]. Opt. Commun. ,2000,176:429 - 435.

[18] 黄志洵. 截止波导理论导论[M]. 2 版. 北京:中国计量出版社,1991.

[19] Mugnai D,Ranfagni A,Ruggeri R. Observation of superluminal behaviors in wave propagation[J]. Phys. Rev. Lett. ,2000,84 (21):4830 - 4833.

[20] Durnin J,et al. Diffraction - free beams[J]. Phys. Rev. Lett. ,1987,58 (15):1499 - 1501. 又见:Durnin J. Exact solutions for nondifracting beams:the scalar theory [J]. J. Opt. Soc. Am. , 1987,4(4):651 - 654.

[21] Wang L J,Kuzmich A,Dogariu A. Gain - asisted superluminal light propagation[J]. Nature,2000,406:277 - 279.

[22] Haché A,Poirier L. Long range superluminal pulse propagation in coaxial photonic crystal[J]. Appl. Phys. Lett. ,2002,80 (3):518 - 520.

[23] Munday J N,Robertson W M. Negative group velocity pulse tunneling through a coaxial photinic crystal[J]. Appl. Phys. Lett. , 2002,81(11):2127 - 2129.

[24] Huang Z X (黄志洵),Lu G Z(逯贵祯),Guan J(关健). Superluminal and negative group velocity in the electromagnetic wave propagation[J]. Eng. Sci. ,2003,1(2):35 - 39. 又见:Lu G Z(逯贵祯),Huang Z X(黄志洵),Guan J(关健). Study On the

superluminal group velocity in a coaxial photonic crystal[J]. Eng. Sci. ,2004,2(2):67－69.

[25] 周渭,李智奇. 电领域群速超光速的特性实验[J]. 北京石油化工学院学报,2009,17(3):48－53.

[26] Gehring G M,et al. Observation of backward pulse propagation through a medium with a negative group velocity[J]. Science, 2006,312:895－897.

[27] Salart D,Baas A,Gisin N,et al. Testing the speed of"spooky action at a distance"[J]. Nature,2008,454(14):861－864.

[28] Budko N V. Observation of locally negative velocity of the electromagnetic field in free space[J]. Phys. Rev. Lett. ,2009,102: 020401 1－4.

[29] Adam T, et al. Measurement of the neutrino velocity with the OPERA detector in the CNGS beam[EB/OL]. http:// static. arXiv. Org/pdf / 1109. 4897. pdf.

[30] Zhang L(张亮),et al. Superluminal propagation at negative group velocity in optical fibers based on Brillouin lasing oscillation [J]. Phys. Rev. Lett. ,2011,107(9):093903 1－5.

[31] Glasser R T,et al. Stimulated generation of superluminal light pulses via four－wave mixing[J]. arXiv:1204. 0810vl[quant. ph],3(Apr)2012:1－5.

[32] Carot A,et al. Giant negative group time delay by microwave adaptors[J]. Euro. Phys. Lett. ,2012,98(June):64002 1－4.

[33] Harris S E. Electromagnetically induced transparency[J]. Phys Today,1997,50(7):36－42.

[34] Hau L V,Harris S E,Dutton Z,et al. Light speed reduction to 17meters per second in an ultracold atomic gas[J]. Nature,1999, 397:594－598.

[35] 陈徐宗,等. 光脉冲在电磁感应介质中的超慢群速与负群速传播实验研究[J]. 北京广播学院学报(自然科学版)增刊,2004,11:19－26.

[36] 黄志洵. 负波速研究进展[J]. 前沿科学,2012,6(1):46－66.

[37] 黄志洵. 电磁波速负性运动与媒质负电磁参数研究[J]. 中国传媒大学学报(自然科学版),2013,20(4):1－15.

[38] 徐天赋,苏雪梅. 四能级原子系统中光脉冲的亚光速和超光速传播[J]. 吉林大学学报(理学版),2006,44(4): 621－624.

[39] 黄志洵. 波导截止现象的量子类比[J]. 电子科学学刊,1985,7(3):232－237. 又见:黄志洵. 波导量子隧道效应与超光速微波的研究. 微波学报,1998,14(3):250－263.

[40] 黄志洵. 论量子超光速性[J]. 中国传媒大学学报(自然科学版),2012,19(3、4):1－16、1－17.

[41] Gruner T,Welsch D. Photon tunneling through absorbing dielectric barriers[J]. arXiv:quant－ph/9606008,1996,1(June) .

[42] Chen X(陈晓东),Xiong C(熊彩东). Electromagnetic simulation of the evanescent mode. Ann. Phys. (Leipzig),1998,7(7、8):631－638.

[43] 艾小白. 超光速运动的过去、现在和未来[J]. 自然杂志,2001,23(6):311－315.

[44] Einstein A. Podolsky B,Rosen N. Can quantum mechanical description of physical reality be considered complete[J]. Phys. Rev. , 1935,47:777－780.

[45] Bell S. On the Einstein－Podolsky－Rosen paradox[J]. Physics,1964,1:195－200.

[46] Aspect A,Grangier P,Roger G. Experiment realization of Einstein－Podolsky－Rosen－Bohm gedanken experiment, a new violation of Bell's inequalities[J]. Phys. Rev. Lett. , 1982,49:91－96.

[47] 黄志洵. 论单光子研究[J]. 中国传媒大学学报(自然科学版),2009,16(2):1－11.

[48] Aczel A. Entanglement[M]. Avalon Publ. Gr. , 2001. (中译:庄星来,译,纠缠态. 上海:上海科技文献出版社,2008.)

[49] 黄志洵. 电磁波经典波速理论及存在问题[J]. 北京广播学院学报(自然科学版),2004,11(2):1－11. 又见:黄志洵. 无源媒质中电磁波的异常传播[J]. 中国传媒大学学报(自然科学版),2013,20(1):4－20.

[50] Jamieson V. Speed freaks[J]. New Scientist,2003,44(18 oct.):42－45.

[51] Nimtz G. Superluminal signal velocity[J]. Ann. Phys. (Leipzig),1998,7(1、8):618－624.

[52] Stenner M D,Gauthier D J,Neifeld M A. The speed of information in a fast－light optical medium[J]. Nature,2003,425(16 Oct.):695－698.

[53] 谭暑生. 标准时空论[J]. 国防科技大学学报,1984(1):151－179,181－202.

[54] 曹盛林,等. Schwarzchild 场中的类空测地线及河外天体的超光速膨胀[J]. 科学通报,1986(22):1717－1720.

[55] Cao S L, et al. The spacelike curves in the Schwarzchild field and superluminal expansion of extragalactic objects[J]. Kexue Tongbao(Science Reports), 1988,33(11):921－923.

［56］曹盛林,等. 超光速运动及河外射电源的超光速膨胀[J]. 北京师范大学学报,1986(2):35－43.

［57］Lin J. Space time and motion measurement in space navigation and reexamination of space and time theory[C]. The second Fairbank conference on relativistic gravitational experiments in space & related theoretical topics, Hong Kong, Dec, 1993.

［58］曹盛林. 芬斯勒时空中的相对论与宇宙论[M]. 北京:北京师范大学出版社,2001. 又见:曹盛林. 狭义相对论与超光速运动[J]. 北京石油化工学院学报,2002,10(4):33－41.

［59］谭暑生. 从狭义相对论到标准时空论[M]. 长沙:湖南科学技术出版社,2007.

［60］张操. 物理时空探讨——修正的相对论[M]. 香港:华夏文化出版公司,2005.

［61］Ni G J(倪光炯). Let the new experiments tell the quantum theory[J]. 光子学报,2000,29(3):282－288. 又见:Ai X B(艾小白) Unified understanding of neutrino oscillation and negative mass－square of neutrino[J]. Nucl. Sci. Tech.,2001,12(4):276－283.

［62］杨新铁. 突破光障[A]. 第242次香山科学会议论文集[C]. 北京:前沿科学研究所,2004. 又见:杨新铁. 关于超光速粒子的加速器测量[J]. 北京石油化工学院学报,2006,14(4):63－69.

［63］宋文淼,阴和俊. 信息时代的物理世界——实物与暗物的数理逻辑[M]. 北京:中国科学院电子学研究所,2004.

［64］Wang Z Y(王智勇),Xiong C D(熊彩东). Superluminal behaviors of modified Bessel waves[J]. Chin. Phys. Lett.,2006,23(9):2422－2425.

［65］Wang Z Y(王仲钺). Superluminal energy transmission in the Goos－Hänchen shift of total reflection[J]. Opt. Comm.,2011,284:1747－1751.

［66］Ren H(任怀瑾),et al. Nonlinear Cherenkov radiation in an anomalous dispersion medium[J]. Phys. Rev. Lett.,2012,108(1 Jan.):223901 1－5.

［67］樊京,等. 自由空间磁力线速度测量实验[J]. 中国传媒大学学报(自然科学版),2013,20(2):64－67.

［68］刘辽. 试论王力军实验的意义[J]. 现代物理知识,2002,14(1):27－29.

［69］吴岳良. 从本质入手研究超光速可能性[J]. 前沿科学,2011,5(4):1.

［70］张元仲. 反常色散介质"超光速"现象研究的新进展[J]. 物理,2001,30(8):456－460.

［71］黄志洵. 超光速研究——相对论、量子力学、电子学与信息理论的交汇点[M]. 北京:科学出版社,1999.

［72］黄志洵. 超光速研究新进展[M]. 北京:国防工业出版社,2002.

［73］黄志洵. 超光速研究的理论与实验[M]. 北京:科学出版社,2005.

［74］黄志洵. 超光速研究及电子学探索[M]. 北京:国防工业出版社,2008.

［75］黄志洵. 超光速宇宙航行的可能性[J]. 前沿科学,2009,3(3):44－53.

［76］黄志洵. 超光速实验的一个新方案[J]. 前沿科学:2010,4(3):41－62.

［77］黄志洵. 论Casimir效应中的超光速现象[J]. 中国传媒大学学报(自然科学版),2012,19(2):1－8.

［78］黄志洵. 无源媒质中电磁波的异常传播[J]. 中国传媒大学学报(自然科学版),2013,20(1):4－20.

［79］黄志洵. 自由空间中近区场的类消失态超光速现象[J]. 中国传媒大学学报(自然科学版),2013,20(2):40－51.

［80］黄志洵. "光障"挡不住人类前进的脚步[J]. 中国传媒大学学报(自然科学版),2013,20(3):1－16.

［81］黄志洵. 论Bessel波束超光速现象[J]. 中国传媒大学学报(自然科学版),2013,20(4):1－8.

［82］姜荣,黄志洵. 用具有负介电常数的模拟光子晶体同轴系统获得负群速[J]. 中国传媒大学学报(自然科学版),2013,20(6):

［83］黄志洵. 论动体质量与运动速度的关系[J]. 中国传媒大学学报(自然科学版),2006,13(1):1－14.

［84］黄志洵. 对狭义相对论的研究和讨论[J]. 中国传媒大学学报(自然科学版),2009,16(1):1－7.

［85］黄志洵. 质量概念的意义[J]. 中国传媒大学学报(自然科学版),2010,17(2):1－18.

［86］Lorentz H A. Electromagnetic phenomana in a system moving with any velocity less than that of light[J]. Konin Akad. Weten.(Amsterdam),1904,6:809－831.

［87］Ahraham M. Prinzipien der dynamic des electrons[J]. Ann d Phys.,1903,10:105－179.

［88］Okun L. The concept of mass[J]. Phys Today,1989:31－36.

［89］张元仲. 狭义相对论实验基础[M]. 北京:科学出版社,1979.

［90］Kaufmann W. Die magnetische und elektrische ablenbarkeit der Bequerel－strahlen und die scheinbare masse der elektronen[J]. König. Gesel. der Wissens. zu Göttingen,Math. Phys. Klasse,1901(Nach.):143－155.

［91］郝建宇. 对狭义相对论质速关系式的否定[M]//郝建宇,等. 时空理论新探. 北京:地质出版社,2005.

［92］马青平. 相对论逻辑自洽性探疑［M］. 上海:上海科技文献出版社,2004.

［93］胡素辉. 质速关系的我见［J］. 格物,2006(1):6,7.

［94］季灏. 量热学法测量电子能量实验［J］. 中国科技成果,2009(1):34－35. 又见:范良藻. 高速运动的微观粒子的质量真会随速度增加而无限增加吗?［J］. 前沿科学,2009,3(4):84－87.

［95］Aharonov Y, et al. How the result of a measurement of a component of the spin of a spin－1/2 particle can turn out to be 100［J］. Phys. Rev. Lett. ,1988. 60(14):1351—1354.

［96］玉素甫·吐拉克. 量子弱测量理论及其应用［D］. 北京:中国科学院研究生院,2012.

［97］Kou Z F, Mao X R. The primary exploration of application of quantum entanglement weak measurement in Superluminal Communication［J］. Computing,performance and Communication Systems. 2019,3:1－4.

突破声障与突破光障的比较研究

黄志洵

(中国传媒大学信息工程学院,北京　100024)

摘要:本文把今日的光障问题与过去的声障问题作了比较,认为可压缩流体力学可用在超光速研究中,空气动力学发展对突破光障有参考作用。在超声速飞机问世前,当飞机速度接近声速将形成气体超大密度的激波,飞机将无法穿越它。但深入的理论分析和风洞实验使科学家获悉,即使 $v=c$(在这里 c 为声速),密度仅增大6倍,不是无限大;故工程师开始设计和建造超声速飞机。1947年10月14日,美国空军完成了人类首次超声速飞行。……我们相信对所谓光障也会是同样的情况。

在空气动力学中,按照线性理论,对缩口管道而言,密度变化很像狭义相对论(SR)公式, $\rho = \rho_0 / (1-\beta^2)^{1/2}$,在这里 $\beta = v/c$。故当 $\beta=1$,密度增到无限大;当 $\beta>1$,就出现虚密度。幸运的是实际上这都没有发生。由于瑞典工程师 Carl Laval 的新方法:把不断缩小的喷管后面加接一段截面逐步扩大的扩张管,发现只要压力够大,在扩张管那里竟出现了超声速流动。这就证明所谓无限大只存在于数学公式中。

量子力学(QM)为实现超光速带来了希望。过去的实验表明,通过量子隧穿可使光子有超光速行为。我们期待用圆锥状截止波导作为实验中的势垒,希望由此实现超光速,因为这是对 Laval 技术的模拟。本文建议用物质波粒子(如电子)通过势垒以实现超光速。当粒子能量减少,粒子速度反而加大。

有人说超光速会造成时间倒流或倒果为因,这种说法是错误的。在突破声障时,所有这类现象都不曾发生。

关键词:声障;光障;超光速;Laval 技术;量子势垒;圆锥截止波导;时间倒流

Comparison of Break the Sonic – barrier and Break the Light – barrier

HUANG Zhi – Xun

(Communication University of China, Beijing　100024)

Abstract: In this article, we compare the present light barrier problem with the past sonic bar-

---

注:本文原载于《中国传媒大学学报(自然科学版)》,第26卷,第4期,2019年8月,1~9页

rier problem. The results of the compressible fluid mechanics can be used to the faster – than – light research, and the developments of the aerodynamics will give good references to break through the light barrier. Before ultrasonic airplanes appeared, people through a shock wave with great density would pile up when an airplane flied at a speed close to sound, then the airplane could not fly passing through the shock waves. But, according to theoretical analysis and experiments, scientists has understood when $v = c$ (c is the sonic speed) the gas density will increase by no more than 6 times, not infinite. Then, engineers set out to design and make supersonic airplane. In 14 Oct. 1947, US Airforce succeeded in making the first supersonic flight. ...... We believe that the same prospect will occur to the so – called light barrier.

In the Aerodynamics, according the linear theory, for a decrease area pipe, density varies similar to the Special Relativity (SR): $\rho = \rho_0 / (1 - \beta^2)^{1/2}$. And then, if the β arrive 1, density grow to infinity. So if $\beta > 1$, it must introduce the imaginary density. Luckily these did not take place in practice. Because the Sweden engineer Carl Laval used a new method——who pull an increase section piper, after a decrease section piper. Then, when the source pressure exceeds the certain limit, behind throat is flow with supersonic speed. It is proved that the infinity is only exist in mathematics formula.

Quantum Mechanics(QM) brings hope to the realization of faster – than – light (superluminal). The previous experimental studies with single photon have revealed superluminal behavior in the quantum tunneling process. It is expected that when the conic WBCO is used as potential barrier in the experiment, we hope the superluminal phenomena can occur. As the simulation to the Laval technology, the paper suggests to conduct an experiment to show the situations when the matter wave particle (such as the electron) traveling through the potential barrier can be obtained faster – than – light. When the energy of particle decrease, the velocity of particle increase.

Somebody says that the superluminal makes the time is flow backwards, or it is take effect for cause. But this idea is wrong, in the situation of break the sonic – barrier, all the phenomena does not occur.

Key words: sonic – barrier; light barrier; faster than light(superluminal); Laval technology; quantum potential barrier; conic WBCO; backward in time.

1 引言

超光速研究的历史如从 G. Feinberg[1] 提出快子(tachyon)理论算起,至今已有52年。超光速研究的意义可从几方面说明。首先,现在的航天、宇航活动(太阳系内的飞行称为"航天" space flight,飞出太阳系的飞行称为"宇航"astronautic)中,宇宙之大使人们觉得光速(c)实在是太慢了。例如,2003年1月美国航天局(NASA)1972年发射的"先驱者 – 10"探测器后来飞出了太阳系,但与它联系的时间竟长达11h,传达指令和通信不能及时完成。相对论不仅认为物体的运动速度不能超光速,信号传播也不能超光速;但在量子理论中却无此限制。2008年8月14日 Nature 发表了瑞士科学家的实验结果,证明量子纠缠态的传播速度是超光速的,即 $v_G = 10^4 c \sim 10^7 c$[2];这是很重要的进展。其次,航天专家已开始思考人类以超光速作宇宙航行的可能性。2007年12月26日宋健院士在致谭暑生教授的信中写道[3]:"说'光速不能超过'

使航天人很不安。有人讲:'逛遍太阳系后我们无事可做了',怎么'宇航'? ……如果宇宙中没有其他传播速度大于 c 的相互作用,讲'尺缩、时长'也许成立。如果今后发现有,那么以 c 去推论宇宙属性就会动摇。……狭义相对论(SR)没有提出可信的理由禁止飞船越过光障。从逻辑推理看,尺缩、时长、质增都是视现象。"再次,2010 年 2 月美国国防部导弹防御局的飞机携带的高能激光器击落了一枚飞行中的弹道导弹,实现了以光速摧毁几百千米外的动态目标,是一个武器光速化的典型事例。这就使我们联想到未来出现超光速武器系统的可能性,虽然今天看来如同科幻小说。最后,超光速研究将促进波动力学和粒子物理学的发展,特别是可能导致新学科(近光速力学、超光速力学)的建立,从而开启新物理学的大门。

笔者对超光速问题作过多年研究,成果(论文)集中在 2014 年、2017 年出版的两本专著中[4,5]。本文重点讨论几个概念:①突破声障与突破光障的比较研究;②如何看待超光速现象中的时序问题(评"时间倒流");③对借鉴 Laval 方式以进行超光速实验的思考;④建议在实验中采用圆锥截止波导。

2 突破声障与突破光障的比较研究

我们先讨论人类使航空器突破声障带来的启示。众所周知,声波是微弱扰动波的一种。在不可压缩流体中,微弱扰动的传播速度是无限大;这是因为这种流体可视为刚体,扰动传播不需要时间。实际的气体是弹性介质,是可压缩流体,传播速度是有限值。为了便于作比较研究,规定声速为 c,决定 c 值的主要因素是空气的温度 T。例如,在海平面、$T = 288\text{K}$ 时,$c = 341\text{m/s}$;而在高空(距地表 10km)、$T = 223\text{K}$ 时,$c = 300\text{m/s}$。故声速不是常数,在不同高度并不相同。作为气流速度 v 与当地声速 c 的比值的 Mach 数($M = v/c$),相同的 M 值并不表示相同的 v 值。Mach 数的符号常用 Ma,为了方便本文采用 M。

所谓突破声障是指飞机实现超声速($M > 1$)飞行,这是在 1947 年 10 月 14 日,当时美国 X – 1 火箭动力研究机型达到速度 $v = 1078\text{km/h}$,对应 $M = 1.105$。1954 年 2 月 28 日,美国 F – 104 战斗机原型机试飞,达到声速的 2 倍($M = 2$)[6]。

真空中光速 $c = 299792458\text{m/s}$,约为 341m/s 的 8.8×10^5 倍。如此之大的差距,再加上真空中光速 c 是基本物理常数之一(声速却不是常数),把两个领域(声学、光学)的事情放到一起,似乎没有可比性。但波动力学的发展却告诉我们相反的结论。1759 年,L. Euler 首次得到了二维波方程,是对矩形或圆形鼓膜振动的分析;以 $f(x,y,z,t)$ 代表膜位移,c 是由膜材料和张力决定的常数,他得到

$$\frac{\partial^2 f}{\partial x^2} + \frac{\partial^2 f}{\partial y^2} = \frac{1}{c^2}\frac{\partial^2 f}{\partial t^2} \tag{1}$$

在他的论文("论声音的传播")中进一步分析得到了三维波方程

$$\nabla^2 f = a^2 \frac{\partial^2 f}{\partial t^2} \tag{2}$$

式中:f 为振动(力学振动或声学振动)变量。故从一开始波方程(wave equations)就是横跨力学、声学而发展的,对数学家而言声学和力学的边界是模糊的[7]。由于光的电磁波本质,声学与光学的关系可理解为声学与电磁学的关系。从 Maxwell 方程组出发得到的波方程为

$$\nabla^2 \psi = \frac{1}{v^2} \frac{\partial^2 \psi}{\partial t^2} \tag{3}$$

式中:ψ 为波函数,$v = 1/\sqrt{\varepsilon\mu}$,而 ε、μ 是波传播媒质的宏观参数。式(3)与式(2)的一致性说明,波动过程有统一的规律存在。因此,尽管声波的传播速度与光波的传播速度数值上相差巨大,但从数学上和物理上对突破声障和突破光障作比较研究仍是可能的和有意义的。

众所周知,静电场是无旋场,在体电荷密度为零的区域电位函数满足 Laplace 方程。在空气动力学中,研究流体运动时使用两个基本函数,即位(势)函数 ϕ 和流函数 ψ;当气流速度低时平面流动中视气流密度 ρ 为常量,并以 Laplace 方程描写二维流动[8]:

$$\frac{\partial^2 \phi}{\partial x^2} + \frac{\partial^2 \phi}{\partial y^2} = 0 \tag{4}$$

$$\frac{\partial^2 \psi}{\partial x^2} + \frac{\partial^2 \psi}{\partial y^2} = 0 \tag{5}$$

这是不可压的无旋流方程,它们是 2 阶的线性微分方程。如气流速度增大到一定程度,ρ 应视为变量;可压缩流体做平面无旋流动时的基本方程为

$$\left(1 - \frac{v_x^2}{c^2}\right)\frac{\partial^2 \phi}{\partial x^2} - 2\frac{v_x v_y}{c^2}\frac{\partial^2 \phi}{\partial x \partial y} + \left(1 - \frac{v_y^2}{c^2}\right)\frac{\partial^2 \phi}{\partial y^2} = 0 \tag{6}$$

$$\left(1 - \frac{v_x^2}{c^2}\right)\frac{\partial^2 \psi}{\partial x^2} - 2\frac{v_x v_y}{c^2}\frac{\partial^2 \psi}{\partial x \partial y} + \left(1 - \frac{v_y^2}{c^2}\right)\frac{\partial^2 \psi}{\partial y^2} = 0 \tag{7}$$

式中:c 为声速。显然,若 $c \to \infty$,方程退化为较简单的 Laplace 方程,此即不可压流体的情形。我们注意到,虽然出现了因子 $\left(1 - \frac{v^2}{c^2}\right)$,但并未出现"声速 c 不能超过"的情况。

理想流体的可压缩流有多种解法,其中之一是扰动线化法。参考直匀流的情况,规定来流的流速为 v_∞,声速为 c_∞,Mach 数为 M_∞;那么位(势)方程经处理和线性化后,在二维流动条件下可得

$$\left(1 - M_\infty^2\right)\frac{\partial^2 \phi}{\partial x^2} + \frac{\partial^2 \phi}{\partial y^2} = \frac{\partial^2 \phi}{\partial t^2} \tag{8}$$

线化过程中限定 $(1 - M_\infty)$ 不能太大,即不是高超声速流;也不能是跨声速流。我们注意到,在亚声速流场上,$M_\infty < 1$,$1 - M_\infty^2 > 0$,方程是椭圆型的;其性质与不可压流的 Laplace 方程基本一样。然而对超声速流场而言,$M_\infty > 1$,$1 - M_\infty^2 < 0$,方程成为双曲型的,情况有很大变化。总之,描写亚声速、超声速的运动方程是不同类型的。而对描写跨声速流动的运动方程而言,是混合型、非线性方程,求解析解十分困难。这样就出现了"计算流体力学",它与我们熟悉的"计算电磁学"十分相似,所用的方法(如有限元法、有限差分法)也是相同的。

所谓声障是指飞行器的速度曾长时间在亚声速($M < 1$)的水平上徘徊,以声速($M = 1$)飞行的企图遇到了实在的困难。早期的飞机速度慢,按不可压缩流体处理空气动力学问题便可满足要求。当 $M \geq 0.4$,可压缩效应渐显,接近声速($M \to 1$)时机头前空气密度急剧增大。当 $M = 1$,流体中的扰动相对于飞机已不传播,而是集中形成波面:机头与前面空气相遇时强烈压缩,密度剧增形成无形的墙(激波),造成的阻力称为波阻。它消耗发动机功率约 75%,带来很大困难。这时需要发展"近声速空气动力学"和"超声速空气动力学"。20 世纪 20 年代、30 年代都有关于跨声速流动的理论研究,决定性的进展却是在 40 年代。1945 年,美国科学家提出了后掠翼理论,对克服激波影响的效果是把飞机速度提高到近声速。克服声障的努力是科学

家、工程师、设计师协力进行的,从理论研究到超声速飞行成功,科学界与航空工程界联合攻关仅用了约 20 年时间。可以说是"还没有来得及争论不休",突破声障就成功了。

在空气动力学中,可压缩流体的速度势的波方程,经过线性化的形式为

$$(1 - \beta^2)\frac{\partial^2 \phi}{\partial x^2} + \frac{\partial^2 \phi}{\partial y^2} = \frac{\partial^2 \phi}{\partial t^2} \tag{9}$$

这里我们用符号 β 取代符号 M,是为了把相对论与空气动力学作比较。式(9)表示,从本质上讲波动力学的基本操作是对微分方程的辨识和求解。钱学森(1911—2009)和 T. von Kármán(1881—1963)一起,在 20 世纪 30 年代最早提出了高超声速流的概念,为飞机克服热障、声障提供了理论依据。他们的理论应用于高亚声速飞机的设计;实际上是在亚声速区域内把小扰动理论向非线性有所推进。虽然不能用于超声速问题的计算,但避免了奇点——在 $v = c$ 时不会出现无限大质量密度。这种虚拟气体的切线方法,实际上是一种非线性可压缩流的形式;它在今天仍有参考价值。

现在让我们来看奇点问题。前面所说的"当 $M = 1$ 时空气密度剧增形成激波",并没有说"当 $M = 1$ 时空气密度剧增到无限大"。杨新铁[9]指出:早期只研究了亚声速流动;按照小扰动理论,对于缩口管道流动,如把相对静止时的质量密度定为 ρ_0,那么相对速度为 β 时的质量密度就增长为

$$\rho = \frac{\rho_0}{\sqrt{1 - \beta^2}} \tag{10}$$

式(10)与狭义相对论(SR)的质速公式完全一样。……笔者现在重写相对论公式;在 SR 中,运动粒子的质量、能量和动量为

$$(m, E, p) = \frac{m_0}{\sqrt{1 - \beta^2}}, \frac{m_0 c^2}{\sqrt{1 - \beta^2}}, \frac{m_0 v}{\sqrt{1 - \beta^2}} \tag{11}$$

式中: $\beta = v/c$, v 是粒子速度, c 是光速。按照这些公式,只能允许 $\beta < 1$,而不能有 $\beta > 1$。而且,若 $\beta = 1$, m、E、p 都成为无限大,即奇点。公式(10)也显示出同样的规律。

总之,如果完全遵从式(10),在超声速时就会算出虚数质量密度。然而,后来的发展用事实证明了那个质量密度无限大只是数学上的无限大;搞工程的人只要不被那个数学式子挡住路,就可以产生超声速。宋健[10]指出,超声速飞机穿过声障时的气体密度只增大 6 倍(不存在无限大的事实)。

正是在非线性处理的前提下,超声速实验研究和相关理论选项及处理均为最优化,才造成了超声速运动(飞行)的成功。在这里,"奇点"的事不再提起。我们归纳出以下 3 个方程:

$$亚声速\ (v < c, \beta < 1, M < 1) \qquad \rho = \frac{\rho_0}{\sqrt{1 - \beta^2}}$$

$$超声速\ (v > c, \beta > 1, M > 1) \qquad \rho = \frac{\rho_0}{\sqrt{\beta^2 - 1}} \tag{12}$$

$$声\ \ 速\ (v = c, \beta = 1, M = 1) \qquad \rho = k\rho_0 \tag{13}$$

式中: β 为 Mach 数; k 为常数; ρ_0 为相对静止时的密度。现在整个事情得到了完美的诠释,超光速运动研究也必须走这条路。

在空气动力学中,动体在空气中运动如 v 接近于 c(c 为声波速度),会形成高密度激波,飞行器穿不过去。然而坚持不懈的理论分析和风洞实验,表明激波问题并非不可逾越的障碍。

工程师们便开始设计建造超声速飞机。1947 年 10 月 14 日,美国空军试飞超声速飞机成功,一举突破了声障。其实也没有遇到真正的奇点——$v = c$ 时,$\rho = 6\rho_0$[10];就是说气体密度增大 6 倍,不存在所谓的无限大。此即公式(12)的含义。

然而式(12)的规律需通过技术改进才能实现。在 19 世纪末,为了发展蒸汽涡轮机需要流速尽可能高的气流。人们依照传统缩小管道截面,以为可以获得超声速气流,结果都失败了。瑞典工程师 Carl Laval(1845—1913)用先收缩截面再扩大截面的方法获得了超声速气流,并以此为基础于 1889 年制成了蒸汽涡轮机。也就是说,在不断缩小的喷管后头接上一段截面扩大的管子,再做实验时发现在扩大部分出现的竟然是超声速流动。这就找到了使气流连续地从亚声速加速到超声速的方法,相应的技术称为 Laval 喷管。我们对此可作理论上的说明——对于线性描述有无限大奇点存在,转到非线性描述后就没有无限大奇点。而且,在转到超声速区域后,物理规律也变了——压力越低,密度越小,能量越少,速度反而不断增大。这时密度随相对速度变化的规律改变为式(12),因而即使 $\beta > 1$,也不出现虚数。

杨新铁[9]指出,出现奇点现象本质上是因为强非线性问题被当作小扰动线性方程求解问题;而物理学的 SR 与空气动力学中的可压缩性线化描述是一致的。为了借鉴空气动力学中的强非线性描述方式就得容许对 SR 添加一些高阶的非线性的修正。……对他的意见笔者有如下理解:空气动力学所处理的是复杂系统,在 20 世纪 40 年代其发展经历了从线性化处理到作为非线性系统而处理的阶段。今天如果我们希望实现超光速,就不能死守那些相对论公式。总之,把光障与过去的声障作比较研究是合理的,人类实现超声速飞行的过程已带给我们有益的启示。这虽不预示很快就将实现超光速飞行,但端正认识后将能较好地指导今后的一些实验。可以说,1947 年超声速飞机试飞成功突破了声障一事已成历史,而可压缩流力学似可用到超光速研究中来,即以空气动力学成就作为突破光障的参考。

有意思的是,假如声障至今还未突破,物理学家会不会认为仅为几百米每秒的声速是运动速度的上限?这样讲显得荒唐可笑,但从逻辑上讲并非不可能发生。

3 超光速现象与时间倒流

经典物理学中的因果性(causality)由于符合人类生活的日常经验而广为人知,有时被夸大地称为因果律(causal law)。然而量子力学(QM)认为不存在因果间的直接关系。经典物理学中奉为金科玉律的确定性因果律,对量子世界不再绝对正确,因为事件与时间并不一定保持连续性、和谐性的关系,而可能突然、间断地变化。故事件常常不可预测,几率思维取代了因果思维。事件的发生可以没有确定的原因,这种情况也使 Einstein 生气,他说"上帝不掷骰子"。但实际上大自然确实像在做掷骰子游戏,因为人们只能谈事件发生的可能性而非必然性。不能只相信人们日常生活中的经验。

1927 年 3 月,W. Heisenberg 提出了量子力学中著名的测不准关系式。它告诉人们,微观粒子的运行总有无法消除的不确定性,亦即在微观世界中事件的发生常常是没有原因的。实际上,正是量子理论对确定论提出了最大的挑战。从 1927 年 10 月开始,Einstein 表明了对测不准关系式的否定态度,并开始设计一些"思维实验"以证明该关系式的原理可以被超越。这个过程至少持续了 10 年,其中包括著名的 EPR 思想。……量子力学被绝大多数科学家接受了,Einstein 与此却格格不入。实际上,他的 SR 是确定论的,即与传统的经典因果性(classical causality)相一致。但物理学家们已认识到,完全的因果描述必须给出系统的一切初始条件(这常常做不到），否则根本不可能有正确完整的因果描述。这就是说，因果性也未必可靠。

对因果性会有不同的理解。一种常见的说法是："原因（cause）造成结果（effect），并且原因先于结果。"实际上，这是经典物理和 SR 对因果性的表达，亦即在相对论中才承认"原因先于结果"，并要求不予违反。但是，关于电磁波中的负波速实验表明[11,12]，输入脉冲还未到受试设备（Equipment Under Test，EUT）入口时，输出脉冲即在 exit 处出现——假设把输出脉冲当作"果"，而输入脉冲到达输入端口当作"因"，那么现在的情况便是"果先于因"。由此可见，在一般情况下被遵守的 SR 因果性并非总是正确的。

有的人用"违反因果性"批评超光速研究。有的相对论书籍夸大因果性的作用，但在讲"光速极限原理"时陷入逻辑矛盾，似乎从因果性出发即可判断"超光速不可能"。这样一来 SR 就不起作用了（即使没有 SR，超光速也不可能存在）。而且为速度给出极限的责任似乎不在 SR，而在因果性了。这种叙述方式带来了混乱。为了澄清概念，我们详论这个问题。

首先，笔者不否认超光速现象容易引起悖论，但这是在 SR 语境下以光联系和定义时空所造成的。国外有一首英文诗最为典型，该诗说：

"There was a young lady named Bright,
Whose speed was far faster – than – light;
She went out one day in a relative way,
And returned the previous night. "

——by Reginald Buller

以下是我的译文：

"有一位姑娘叫'明亮'，
她走路的速度远大于光；
有一天她自己出去逛，
回到家时已是昨天晚上。"

笔者认为，尽管这首诗是一种游戏之作（中国人称为打油诗），它却与 SR 一致，即认定超光速运动不可能存在的一个重要理由是：这会造成时间倒流。曹盛林[13]在其著作中深入分析了时序相对性与时间倒流的区别。我们都知道时间的进行是单向的、不可逆的；时间倒流不仅不可能，而且造成因果性的根本破坏。那么，超光速会不会造成时间倒流呢？

曹盛林[13]指出，时序相对性意味着，当 $v<c$ 时会有正时序，此时时序是绝对的。故可用时序的恒正条件来作因果性描述。但当 $v>c$ 时，v 和 c 同向传递时观测到的必然是逆时序，而这是用光观测信息传递时必然会出现的结果。这不构成因果性的破坏，而是在超光速条件下对因果关系的新表述。分析表明，当 $v>c$ 出现的 $(t_B-t_A)<0$ 绝不表示大于 c 的速度不可能出现，而仅仅表示光射线追不上作超光速运动的粒子。

因此，SR 实际上是利用只适用于亚光速的 Lorentz 变换（LT）来讨论超光速运动，必然会遇到矛盾。按照 SR，超光速运动时必然发生的时序相对性被说成时间倒流，从而把时序绝对性混同为物理学中的因果性条件。Einstein 也忘记了 LT 有适用范围。总之，驳倒"超光速会引起时间倒流"不是一件难事，这是笔者的看法。

因此我们认为，在不使用复杂数学的条件下可以轻松地驳倒"时间倒流"说，这里可把观点归结如下：时序（正序 $\Delta t>0$，逆序 $\Delta t<0$）有相对性——只有 $v<c$ 时序才有绝对意义，$v>c$ 时逆序可能有观测意义。另外，要把时序相对性与"时间倒流"相区别，而只要用光作为观测信息传递的方法来观测超光速运动，就会出现逆序。总之，亚光速运动条件下没有时序的相对变化。而且 SR 把 ds^2 当作不变量实际上只适用于亚光速系统，考虑超光速可能性时 ds^2 并非不变量。

那么在超光速条件下是否会有表面上看来奇怪的现象？笔者认为这是会有的；由于电磁场的本征速度（电磁波波速）就是光速，基于此的思维必定显得有些奇特。假设有一艘飞船以大于光速 c 的速度离开地球，从地面发出的光（或电磁波）信号都不会有回应，因为它追不上飞船。如果地面站用雷达监控，是看不见目标（即飞船）的。……宋健[10]指出，如有飞船以超光速（$v>c$）向地球飞来，晚发出的信号早收到。总之，用电磁波不能观测超光速运动。既然"看不见"不能成为"不存在"的证据，Einstein 所谓的"任何物体和作用均不能超越光速"就只是一种猜测，而非科学定律。宋健说，地面站无法用电磁波向以接近或超过光速 c 的飞船发出指令，因此未来的航天技术呼唤实验物理学家寻找传播速度大于 c 的信号源。

笔者认为，当飞船以超光速飞临，地面观测者会先收到后发出的光，这确是一种反时序现象。但应认识到时序的相对性；实际上，人们常常是以时序代替因果性。在这方面，中国科学家已有不同的分析和论述。谭暑生[3]认为在 SR 逻辑体系中超光速运动会破坏因果性，这是一个理论困难；为此 G. Sudarshan 提出"二次说明原理"，但不能解决所有问题。谭暑生重绘时空图，称为"超光速粒子的非因果性循环"，并指出历来的以因果性循环为基础的理论和方法不能用来处理超光速粒子带来的新现象。而重要的是实验，如确实发现超光速运动或超光速信号存在，则 SR 应当也必定会由与实验符合的时空理论所取代；"标准时空论"在这方面没有困难。……吴再丰[14]认为"超光速破坏因果性"的说法不能成立——用光观测超光速粒子运动必定会产生表面上奇怪的现象。飞机以超声速飞行早已实现，没有人因为声音逆向而大叫"因果性被破坏"，也没有人认为其声音"传到了过去"。关键在于要认清 SR 理论的局域性特征——其时空以光信号为观察视界，速度极限定为光速。既用光定义时间，又以光作为观测理论的基础；这才会有"超光速违反因果性"的结论。

在以上的分析中，看得出吴再丰的意见是重要的，因为他也是抓住了把突破声障与突破光障的比较研究的思想。既然时序问题在超声速实践中不成其为障碍，对超光速而言也不会发生问题。

4 古时发生过的事件能在今天复现影像吗

作为一个长期思考超光速问题的研究者，我常常被问到这样一个问题：既然在地球上发生过的历史事件是以光速向外传播其景像，那么即使是距今约 2000 年前的事件，传出去的距离也仅有大约 2000ly（ly 是光年）的距离，在宏大的宇宙中也不是一个大的数字。那么，假想某人以超光速离开地球向外飞行，经过一段时间后，他可以追上（甚至超过）那个还在传播中的图像。回望这种图像，人类就可以看到古时候发生过的事件的景像和过程，从而（比如说）了解到中国历史上的"楚汉相争"（项羽和刘邦的大战）是怎么打的。这不仅对历史学家，即使对一般人，也是非常有兴趣的。

这是可能的吗？笔者在此尝试作出回答。我认为目前存在两种相反的观点，先看第一种。

显然，提出的问题已包含"时间能否倒流"、"人能否回到过去"的意向。观看某个画面是人的有意识的活动；如果排除视频录像技术这个因素，一般讲人只有与造成画面（景像）的事件处在同一时空，这种"观看"才有可能进行。因此，如果你看到了很久以前楚汉相争的真实战争过程，就意味着你与该事件处在同一时空，亦即你回到了 2000 年前。因此，如果人不可能回到过去,那么一定不能看到早期事件的真实过程 。既然在古代没有现代的视频录像技术,那么当时发生过的任何事件早就坠入永恒的黑暗,亦即事件、景像都不复存在。所以再现和观看当时的景像(画面),是不可能的。

在这里必须提到著名的"祖父悖论"(grandfather paradox)——某人回到过去找到正在谈恋爱但尚未婚的祖父,并杀死了他;那么该人就不会出生。既然他不存在,又如何能"回到过去杀死祖父"呢?! ……这个悖论通常用来证明人不可能回到过去。

所谓时间旅行者(time traveller)如想前往未来也是有悖论的——某人预知在未来自己会发生车祸,遂提前采取措施(如届时待在家中)以资避免,故车祸没有发生。但既然什么事都没有,该人又如何肯定"某日自己会出车祸"呢?! ……上述这些观点实际上排除了"时间旅行"的可实现性。

第二种观点与第一种相反;它肯定"时间旅行"的可能性,并认为"祖父悖论"可以解释或避免。持这种观点的物理学家并不少,而且提出了"量子时间机器"(quantum time machine)的设计思想。先来看一下 1979 年问世的"量子后选择现象"(quantum post – selection effect),是美国物理学家 John Wheeler 提出的,也称"延迟选择实验"(delayed choice experiment),意思是说观测者的选择能影响光子的前期行为,亦即将发生的事件与已完成的事件相互作用。近年来已有欧洲人的实验证明后选择可在纳秒级别上影响光子特征,故认为后选择可改变历史(the post selection could change the entire history)。在此基础上,一些物理学家提出可以利用量子纠缠(quantum entangle)建立量子时间机器,特此观点的有 C. Bennett, B. Schumacher, S. Lloyd, A. Steinberg;(New Scientist,2010 年,No. 20,34 – 37)据说可以解决祖父悖论。……另外,2000 年 WKD 实验公布后(这是一个实现了负群速的超光速实验),2002 年刘辽教授发表文章(现代物理知识,2002 年,No. 1,27 – 29)认为该实验中出现了时间超前的光脉冲,这不仅是 Maxwell—d'Alembert 方程中超前解存在的证明,而且表示传统因果律(Causality)受到挑战,即在量子光学中可以发生果超前于因。也就是说,时序绝对性不可死守,在实验室中可以用某种方式实现"时间机器"。

那么,"回到过去"与超光速是什么关系? 实际上,有些文章是把这两者紧密联系,认为以超光速运动就是一种回到过去的基本方法。笔者不同意这种简单化的说法,因为它混淆了"时序相对性"与"时间倒流"的区别(见本文前一小节)。当然在超光速条件下会发生某些从表面上看奇怪的现象,例如当飞船以超光速飞临,地面观测者会先收到后发出的光。……至于说"超光速违反因果性",也有许多作者表示反对。总之,超光速运动的可能性,最终要取决于实验的判断,而不能用传统物理学中的因果律或"会不会造成时间倒流"来衡量。

回到主题;我们认为还是第一种观点较为合理。至于"时间机器"有无可能做出模拟(simulation),则是一个尚无最终结论的研究课题。

5　参照 Laval 喷管方式做超光速实验的建议

声波和光波当然有极大的差别,但当动体运动速度与它们的速度接近时所出现的奇点问题却非常相似,使我们逻辑地得出结论——既然超声速运动早已实现,超光速运动同样可以实现。这样一来,电磁理论专家、光学专家可以向空气动力学专家学习,航天界可以向航空界学习;这是典型的不同学科间的参照、渗透和跨越,是很有意义的。

虽然做超光速实验的情况尚不能令人满意,但它毕竟是一个开端[4,5]。迄今国内外的在实验室中完成的超光速实验,主要还是用光子、光脉冲、微波脉冲、短波脉冲完成的。光子、光脉冲、电脉冲这些东西均属"非实体物质";它们与实体物质(如一架飞机、一艘飞船)是不同的。尽管前者的超光速实验的成功仍有其意义,但这距离"超光速宇宙飞船"的设想,距离非常遥远。飞船当然是由中性物质粒子组成的,因此 2006 年笔者提出建议,应该研究中性粒子(中子、原子)以超光速飞行的可能性。但是,如何使不带电的粒子加速(且达到高速),即使是高能物理专家也茫无头绪。中子不带电,具有磁矩,穿透性强;物理学家早就构建了以中子散射技术为核心的中子科学平台。然而,全世界都没有中子加速器,因为传统的电磁场方法对中子不起加速作用。笔者向著名的加速器专家请教,得到的回答是"目前还没有能加速中子的加速器,故也无法提供有关参考书"。既然如此,还是要把电子作为受试对象。目前高能物理学所用的加速器,其中运行的是带负电荷的电子或带正电荷的质子。而且人们经常说,"当能量极大地提高时,电子或质子的速度可以非常接近光速 c,但不可能等于或大于 c。实际上,从未发现过有超光速粒子存在的迹象。而且,Einstein 的理论(SR)不允许出现这种粒子"。……这些耳熟能详的说法,在笔者看来是不值一驳的。既然带电粒子的加速只能依靠电磁场能量进行和完成,而电磁场的本征速度(电磁波波速)就是光速 c,那么目前全世界的加速器先天地都是亚光速加速器!正如一位短跑运动员在奔跑时携带了一个小球,球的速度永远不会超过这位运动员所能达到的极限速度。但如改变驱动小球运动的主体,进一步提高以及超过这个极限速度就是可实现的。……因此,如不对现有加速器作出改变,则不可能用它们去寻找和发现超光速粒子。

那么该怎样进行加速器的改进?航空界实现超声速时采用的 Laval 技术给我们以有益的启示。前已述及,用巧妙设计的 Laval 喷管可以获得超声速流,这既是意外的又是求之不得的。假设有一个圆锥状喷管,气流由大截面流向小截面,出口处流速提高,但实验发现出口处密度随之提高,几乎吸收了所有能量,流速超不过声速。Laval 用另一个圆锥状喷管,小截面处与原喷管出口相连,则形成一个"大截面→小截面→大截面"的连续系统,再做实验竟在扩大截面处(新的出口处)形成了超声速流!这时在出口处能量反而降低了,亦即超声流不是靠不断加大能量而获得的。现在的情况是:压力越小,密度越小,能量越少,速度反而提高。也就是说,式(10)不再有效,式(12)才适用。因此,在相对论中所谓的"奇点绕不过去",由于工程师的巧思和实践竟然绕过去了,c 值不再是极限速度。杨新铁[9]感叹说,事实证明原来公式中会出现的无限大只是数学上的东西,搞工程的人只要不被那个式子吓住,就能产生超声速。宋健院士也是这种看法[10]。这对搞超光速研究的人是很大的鼓舞。2006 年,杨新铁[15]又对超光速粒子的加速器测量问题提出了建议。

突破声障是早已成功了;那么突破光障该如何借鉴?2004 年,杨新铁[9]的论文中有这样一段话:"黄志洵教授多年前就提出利用量子隧道效应来实现超光速,并进行实验,正是让光波通过势垒减小能量。……可以理解为什么经过减质和消能之后速度反而会加快。这与 A. Sommerfeld 的理论正好相同。有趣的是,Sommerfeld 不仅是理论物理的先驱,也是流体力学的大师。"

对他的话有补充说明的必要。在早期的分析研究中笔者注意到两件事:一是大物理学家 A. Sommerfeld 并不否认存在超光速运动的可能性,只是在超光速区给粒子增加能量时速度会变慢,减少能量时速度反而加快。二是,在量子势垒(potential barrier)中存在的状态是指数式衰减的消失态(evanescent state),而美国 Berkeley 加州大学于 1993 年完成的超光速实验,研究人员使中性的光子通过量子势垒后加速到 $1.7c$[16],比光速快了 70%。那么是否可能设计特殊的势垒,并在实验中使中子或原子在通过时加速,是一个待研究的问题。这些情况都坚定了笔者的信念,即必须改进现有的针对电子的直线加速器,使其具有量子势垒的特征,利用消失态使电子在原始加速的基础上获得再加速,从而每取获得运动速度高于光速 c 的奇异电子(meta electron)。对于这个思路,笔者认为,它与 Laval 技术是一致的。

那么势垒应当如何构成? 1993 年的 SKC 实验[16],采用不同折射率的薄膜交叠而成,总厚度只有 $1\mu m$。之所以尺寸这么小,是因为激光波长本来就小。现在讨论的加速器应当使用波长大得多的微波,故可用截止波导(WBCO)作势垒,让带电粒子(电子或质子)由中空的金属壁圆波导中穿过。恰巧笔者过去的一个重要研究方向就是截止波导理论,专著《截止波导理论导论》[17]曾获国家优秀科技图书奖。在这里笔者提出可以考虑采用圆锥截止波导来做实验。假设用两段圆锥状波导,参照 Laval 技术方法互相连接,或许可以成为实验方案之一,用在超光速研究中。关于圆锥截止波导理论在文献[17]中有一专章,可供参考。

2011 年 11 月在北京的《科技日报》社召开了"超光速科学问题学术研讨会",有包括两位院士在内的 20 位学者参加。著名加速器专家裴元吉教授受邀与会,并提交了论文"超光速实验方案探讨"[18]。加速器专家开始关注超光速研究,这是一个好的开端。

6　进一步研究的思路和计划

西北工业大学航空学院杨新铁教授是空气动力学专家,他对超光速问题的研究执着持久。最新他发表一篇博文"超光速以后会怎样?"[19]现摘录部分内容:

"超光速以后会出现光激波,这个实验已在光纤晶体中做成功(用激光)。29 基地的乐嘉陵院士讲他看过这个实验。我想其结果与飞机超过声速时类似。这是对物理发展有很大影响的研究。早在 20 世纪 70 年代,中科院数学所的秦元勋就提出,超光速时 Lorentz 变换(LT)要变号——$\sqrt{1-M^2}$ 变成 $\sqrt{M^2-1}$,这里 $M=v/c$。

让人最难接受的是主流理论中当使 $v=c$ 时出现质量无限大,超光速时出现虚数。于是又有回到过去、穿越时空的说法。这被物理界当作不可逾越的法规。其实在连续介质力学发展中也遇到过这些问题,按照小扰动近似理论,声速点也是无限大;拿亚声速方程计算超声速,也有虚数产生。但力学家无人认为应做时空描述。……理想流体可压缩流动的算法本含有尺缩变换,但空气力学家称为压缩变换,本质上相同。飞机、导弹的设计用尺缩变换有 80 年了,但把它等同相对论的声音微弱。中国科技界有许多人(如航天界的多位老总)是自行组织起来做数理证明和实验验证。我们呼吁数学家、加速器设计专家联合起来,把双曲型方程用到实验中去。"

笔者认为杨新铁教授报道了重要的消息,即中国科学家发现了超光速造成的光激波并作了初步研究。这是比较研究的又一例证,因为在突破声障时人们就遇到过声激波的问题。我们猜测,相关研究或许可以借鉴对孤立波(solitary waves)和孤立子(soliton)的已有成果。

2019 年 3 月 13 日,笔者收到杨新铁教授发来的《超光速电子加速器探讨(讨论稿)》。这是一份由多位专家联名(裴元吉、杨新铁、黄志洵、陈长乐、李开泰、黄艾香、周渭)的研究计划书。在"项目的立项依据"中,它指出"到目前为止带电粒子动力学都是建立在光速为极限的条件下,即以狭义相对论动力学为基础。尽管目前所建造的加速器尚未发现与这一基础理论有矛盾之处,但是所有测试粒子运动参数的方法的理论也是以相对论为基础的,因此既便有矛盾也很难发现。为发现是否存在矛盾,裴元吉教授提出一种按照相对论兼容规律的实验方法也许可发现一些疑点。如若有新的发现,那可以深入开展研究就其原因。"

这份计划书提出了探索性实验方案,其中把 3 个加速管的最后一个(3 号加速管)改为一种经特殊设计的超光速加速管,使其中波的相速度大于光速。期望电子在这里向超光速方向加速(这个区的能量不是增加而是越少)。计划书提到了笔者的建议,即利用波导理论中的消失态。……此外,文件提出了一系列理论研究和计算的建议。

7　结束语

2010 年,北京师范大学刘显钢副教授在其著作《动体电动力学研究》中推出了一个近乎黑色幽默的词:蝙蝠力学[20]。该书 5.2 节的题目是"相对论伪力学",之所以这么称呼是因为其数学游戏成分大于物理实验基础。书中取 $\beta = v/u$,v 是动体速度而 u 是声速;对蝙蝠而言,假如它只有听觉这一感知方式,其惯性系的传播与响应速度即为 u,因而在蝙蝠们看来信号速度不变假设就成了"声速不变原理",而两个相互做匀速直线运动的蝙蝠间的时空变化也就满足 Lorentz 变换(LT),可以称为蝙蝠变换,只是这个 LT 中的 c 不是光速而是声速(u)。总之,按 SR 的方式推导出几个基本方程后,蝙蝠们相信在达到声速时动体质量成为无限大,而声速是宇宙中可能的最高速度……这是多么荒谬可笑! 可以说,目前仍然是 Newton 力学最有实验基础,最接近研究对象的本来面目。刘显钢的思想并不是新的;尽管如此,一位青年科学家用生动的比喻、深刻的分析再次阐述这一观点,仍然令人耳目一新。

很明显,在空气动力学和相对论力学这两个领域都会出现因子 $1/\sqrt{1-\beta^2}$。超声速飞行的成功证明,这个因子虽然存在但可使之不成为障碍,这个概念非常重要。从数学上看,变化是非线性的——线性描述有无穷大奇点,非线性描述无无穷大奇点。飞行器设计师们知道 β > 1 情况下应当采取双曲型变换来计算,他们就可以绕开原来那个带奇点的数学式,制造飞行器并进行实验。这是宝贵的经验。

笔者认为,1947 年 Einstein 还在世(他去世于 1955 年),如果当时他打破门户之见去了解空气动力学专家们的工作,知道超声速飞行成功的事实带来了诸多启示,很可能会纠正他自己的"超光速运动绝无可能"的简单化思维。然而很遗憾,SR 自诞生后就凝固化了,仍停留在初期的线性化阶段,而且理论物理学家至今拒绝作任何改变。20 世纪航空界的飞机设计师们却没有诸多的理论思想限制,很快就实现了超声速飞行。所以,科学家和工程师都不能在旧有理论框架下陷入教条式思维。理论必须与实际相结合,这是唯一正确的道路。Laval 技术今天仍给我们以有益的启示。……至于"时间倒流"之类的说法,完全是荒谬的,不可能以此来阻绝超光速研究的发展和进步。

本文强调指出,自然规律的普适性使不同学科之间产生联系并使相互借鉴成为可能。但是,我们做比较研究并不抹杀超光速研究自身的独特性,也不是说必须将其完全纳入空气动力学的框架。

参 考 文 献

[1] Feinberg G. Possibility of faster than light particles[J]. Phys. Rev. , 1967, 159(5):1089-1105.

[2] Salart D,Gisin N,et al. Testing the speed of "spooky action at a distance"[J]. Nature, 2008, 454(Aug. 14): 861 – 864.

[3] 谭暑生. 从狭义相对论到标准时空论[M]. 长沙:湖南科学技术出版社,2007.

[4] 黄志洵. 波科学与超光速物理[M]. 北京:国防工业出版社,2014.

[5] 黄志洵. 超光速物理问题研究[M]. 北京:国防工业出版社,2017.

[6] 顾涌芬,史超礼. 世界航空发展史[M]. 郑州:河南科学技术出版社,1998.

[7] 黄志洵. 波动力学的发展[J]. 中国传媒大学学报(自然科学版),2008,15(4): 1 – 16.

[8] 钱翼稷. 空气动力学[M]. 北京:北京航空航天大学出版社,2004.

[9] 杨新铁. 突破光障[A]. 第 242 次香山科学会议论文集[C]. 北京:前沿科学研究所,2004.

[10] 宋健. 航天、宇航和光障[A]. 第 242 次香山科学会议论文集[C]. 北京:前沿科学研究所,2004. 又见:宋健. 航天、宇航和光障[N]. 科技日报,2005 – 07 – 05.

[11] Wang L J, Kuzmich A, Dogariu A. Gain – asisted Superluminal light propagation[J]. Nature, 2000, 406:277 – 279.

[12] 黄志洵. 负波速研究进展[J]. 前沿科学, 2012,6(4):46 – 65.

[13] 曹盛林. 芬斯勒时空中的相对论及宇宙论[M]. 北京:北京师范大学出版社,2001. 又见:曹盛林. 爱因斯坦的相对论与超光速运动. 21 世纪 100 个科学难题[M]. 北京:科学出版社,2005.

[14] 吴再丰. 超光速粒子与因果律破坏的谬误[J]. 飞碟探索,2009(11):36 – 38.

[15] 杨新铁. 关于超光速粒子的加速器测量[J]. 北京石油化工学院学报,2006,14(4): 63 – 69.

[16] Steinberg A, Kwait P, Chiao R. Measurement of the single photon tunneling time[J]. Phys Rev Lett, 1993, 71(5): 708 – 711.

[17] 黄志洵. 截止波导理论导论[M]. 2 版. 北京:中国计量出版社,1991.

[18] 裴元吉. 超光速实验方案探讨[J]. 前沿科学,2017, 11(2):22 – 24.

[19] 杨新铁. http://blog. sciencenet. cn/home. php? mod = space & uid = 1354893 & do = blog & id = 1159272. 2019,1,26.

[20] 刘显钢,动体电动力学研究[M]. 北京:北京师范大学出版社,2010.

附：

光的传播真的不需要媒质吗?
——对"突破声障与突破光障的比较研究"一文的补充

黄志洵

(中国传媒大学信息工程学院,北京　100024)

拙作"突破声障与突破光障的比较研究"一文公布后,收到杨文麟研究员转来的一份意见,认为"声波需要可压缩介质才能传播,而光波不需要介质就能传播"。这位学术界的朋友认为这是一个本质的区别,方程的类似不能推演出物理机制的类似。笔者认为对此意见应当重视,经思考后写出这个 comment,既作为对拙作的补充,也是提出自己的回复。下面分几方面进行论述,我们的讨论就从"以太"开始。

1　光传播中的以太说

直到 19 世纪中叶,人们都认为没有"不要媒质也能传送的波动"。因此,既然光是波动,而且能在真空中传播(由太阳光可射到地球而证明),那么一定有一种光媒质存在。它可以是看不见的,但一定弥漫于宇宙之中,物理学家称之为 ether(以太)。因此从 19 世纪初,经过 19

世纪中期乃至后期,科学界都把研究以太作为大事来对待。为此贡献力量的不仅有 Fresnel,而且还有 Fizeau、Lorentz、Maxwell、Michelson 等,他们或提出理论,或进行实验测量。一般认为以太是绝对静止的,而地球相对以太的速度就是地球绕太阳公转速度。这个相对速度的测量会很困难,但并非不可能。

在参考了地球绕日公转速度后,人们得出下述看法,即光顺以太和逆以太运动时速度应不相同(确切说将有 2.15×10^{-4} 的差异)。但是,后来的 Michelson – Morley 实验却发现不了。A. Michelson(1852—1931)是美国物理学家,早年曾从事光速测量研究,后来转到研究以太是否存在。1881 年的实验,Michelson 没有发现以太存在。1885 年起,他与 E. Morley 合作研究;1887 年 7 月,两人联合做的极为精确的实验再次否定了以太存在。

科学史家的研究证明,Michelson 似乎对以太有某种偏爱;这就与流行的说法(他为了否定以太而做实验)大相径庭。实际上,1907 年他获得 Nobel 奖主要是因为他发明了构造巧妙、十分精密的干涉仪。1926—1928 年间,70 多岁的 Michelson 再次努力以实验寻找以太漂移,仍以否定告终。但是,他从未宣布过他放弃了以太。他对狭义相对论(SR)也持有一定程度的保留。联系到著名物理学家 J. Bell(1928—1990)在去世前的说法("不同意 Einstein 的世界观""想回到以太观念上来"),现在绝不能认为有关的研究已经完结和完满,只是今天它不叫以太而可叫做新以太。

2 如何理解新以太论

SR 时空观与 Galilei、Newton 以及 Lorentz 时空观的根本区别在于 SR 时空观的相对性。我们知道,现有的推导 Lorentz 变换(LT)的方法有多种;而写入大学教材的推导方式常常有个前提——不同参考系测得的光速相同。或者说,LT 是由相对性原理和光速不变原理导出的,由此出现了尺缩、时延现象。1904 年的 Lorentz 信奉以太论和绝对参考系,在此信念下导出的 LT 被 SR 继承和应用,而 SR 却不承认绝对参考系。

近年来,国内外多位科学家提出存在优先参考系(prefered frame),即认为有绝对坐标系(亦即优先的参考系)的形成,故 Lorentz – Poincart 时空观重新受到重视,也出现了进一步的理论。多年前科学刊物 *New Scientist* 所报道的"以太论高调复出",提醒我们不宜完全抛弃 SR 出现之前的科学成果。如果说现在有向 Galilei、Newton、Lorentz 回归的倾向,那也是在现代条件下的高层次回归,而不是简单的倒退回去。

Lorentz 物理思想重新受到重视是有原因的。1977 年 Smoot 等报告说,已测到地球相对于微波背景辐射(CMB)的速度为 390km/s;因而物理学大师 P. Dirac 说,从某种意义上讲 Lorentz 正确而 Einstein 是错的。美国物理学家 T. Flandem 于 1997—1998 年间发表引力传播速度(the speed of gravity)为 $v \geqslant (10^9 \sim 2 \times 10^{10})c$,同时他声称用 Lorentz 相对论(Lorentzian relativity)就能解释这些结果,而 SR 在超光速引力速度面前却无能为力。

关于存在绝对坐标系的见解已是大量存在;这与 1965 年发现微波背景辐射有关,也与 1982 年法国物理学家 A. Aspect 完成的量子力学(QM)实验有关。大家知道自 1935 年 Einstein 发表 EPR 论文之后,对新生的 QM 究竟如何看待引起很大争论。1965 年提出著名的不等式的 J. Bell 在 1985 年说,Bell 不等式是分析 EPR 推论的产物,而 Aspect 实验证明了 Einstein 的世界观站不住脚。这时提问者说,Bell 不等式以客观实在性和局域性(不可分性)为前提,后者表示没有超光速传递的信号。在 Aspect 实验成功后,必须抛弃二者之一,该怎么办呢? 这时

Bell 说,这是一种进退两难的处境,最简单的办法是回到 Einstein 之前,即回到 Lorentz 和 Poin-care,他们认为存在的以太是一种特惠的(优先的)参照系。可以想象这种参照系存在,在其中事物可以比光快。有许多问题,通过设想存在以太可容易地解决。在发表了这些惊人的观点后,Bell 重复说:"我想回到以太概念,因为 EPR 中有这种启示,即景象背后有某种东西比光快。实际上,给量子理论造成重重困难的正是 Einstein 的相对论"。Bell 的上述言论是他在1985 年向英国广播公司(BBC)发表的。几年后,中国学者谭暑生提出了标准时空论,该理论的两个假设之一就是存在一个绝对参考系(也称标准惯性系),这个以太绝对参考系就是真空背景场。物理学家艾小白也强调真空作为介质(新以太)的重要性,认为物理实在概念包括场、粒子和真空三种。

2007 年 *New Scientist* 以"以太理论高调复出,取代暗物质"为题作了报道,说 G. Starkman和 T. Zlosnik 等正以新的方式推动用以太解释"暗物质",后者的提出是由于银河系似乎包含比可见物质多很多的质量。他们认为以太是一个场,而不是一种物质。以太会形成一个绝对坐标系,从而与 SR 发生矛盾。

3　什么是"新以太"

如果我们认为 Lorentz 坚持以太论正确,而今天又不能简单地回到 19 世纪的思想,就必须回答一个问题:什么是新以太? 旧以太(经典物理中的以太)被认为是绝对静止的,这个 MM实验的前提并不恰当,"未发现绝对静止的以太"和"不存在以太"不是一回事;新以太应当能够担起绝对参考系的重任。

目前对"新以太"主要有 3 个选项:真空、引力场、微波背景辐射;我们认为把新以太定为真空最合适。不久前笔者发表了"Casimir 效应与量子真空"一文,强调只有从量子理论出发,才能深刻认识真空——实际上真空的本质就是量子的。在这个条件下,真空中光速 c 失去恒值性,它也不是速度的上限。作为新以太的真空在物理学中越发显示其重要性。

"真空是没有物质的全空的空间",是经典物理中的老旧说法。其实我们永远不能确定一个空间中是否真是"空"的,即使有人先行对它用真空泵抽到了工程书籍上所谓的"超高真空"。这是因为那里有大量不断产生又不断湮灭的光子,虽仅为短暂出现,但虚光子和普通光子一样可以产生物理作用。证据一直有,例如,2011 年西班牙科学家发现在已实现工程真空的环境中的旋转体(直径 100nm 的石墨粒子)会减速,表示真空也有摩擦。环境温度越高虚光子越多,减速作用就越显著。

现代物理学认为客观世界由各种量子场系统组成,亦即量子场是物质的基本存在形式。粒子的产生表示量子场激发,粒子的消失表示量子场退激。量子场系统能量最低的状态(基态)就是真空,它是没有任何粒子的情况。这种状态可以称之为"物理真空"(physical vacuum state)。它与"狄拉克真空"(vacuum of dirac)一致,后者指负能级全部填满的最低能量状态。

量子场论(QFT)认为真空态下的各量子场仍在运动,即基态时各模式仍在振荡,称为真空零点振荡。真空中不断有虚粒子产生、消失和互相转化,原因就在于各量子场之间的相互作用。2013 年 3 月 25 日美国"每日科学"网站报道说,法国、德国科学家各自提出了研究成果将发表在欧洲物理学杂志上,内容是说光速是真实的特性常数,而量子理论认为真空并非空无一物,而是忽隐忽现的粒子。这导致光速 c 不是固定不变,而是有起伏的值。因此,在今天物理学家开始有了正确认识。

　　然而当考虑粒子与真空的相互作用时,就出现了所谓真空极化的物理现象。例如,荷正电粒子会吸引真空中的虚电子,排斥真空中的虚的正电子。这样一来,虚粒子云的电荷分布方式就会被改变。这种情况与经典物理中的电介质极化有些类似。

4　进一步的讨论

　　以上我们是把真空看成一种特殊的介质(媒质),这个观点已被某些国外文献的独特研究所验证。把真空当作媒质,那么就可以研究它的折射率。1990 年,K. Scharnhorst 发表论文"双金属板之间的真空中光传播"。所分析的是 Casimir 效应结构——两块靠得很近的金属平板;这是把一定的边界条件强加到光子真空涨落上。Scharnhorst 用量子电动力学(QED)方法进行计算,得到垂直于板面方向的折射率 n_p 为(下标 p 代表 perpendicular);根据公式 $v_p = c/n_p$,算出相速比光速略大($v_p > c$)。在频率不高条件下讨论,可以忽略色散,群速等于相速,故群速比光速略大($v_g > c$)。显然,这项研究完全是把真空当作介质(媒质)来看待的。

　　因此很明显,"光波可经过真空传播"并不意味着"光的传播不需要介质(媒质)",而是说光传播要仰赖于"新以太",即具有量子特性的物理真空媒质。以上叙述表明,这种观点的提出,既有其原因,也有其理论基础和实验基础。由此可知,把突破声障与突破光障作比较研究的方法并不存在问题。

　　声波与光波有很大的区别;我们不但没有回避,而且强调了这种区别。但是,不能否认不同波动在本质上具有共同性。声波振动(波动)可以用波方程 $\nabla^2 f = a^2 \, \partial^2 f / \partial t^2$ 描写,电磁波(光波)可以用波方程 $\nabla^2 \psi = v^{-2} \partial^2 \psi / \partial t^2$ 描写,这种同一性绝非偶然发生,而是代表自然界的联系、统一的特点。笔者 认为这也是"本质"。……我们知道,许多数学家、物理学家都指出,流体力学(空气动力学)中可以写出(整理出)与 Maxwell 方程组在形式上完全一致的方程组。尽管数学方程的相似不代表物理机制相同,但作比较总是可以的。

参　考　文　献

[1] Michelson A,Morley E. On the relative motion of the earth and the luminiferous ether[J]. Am, Jour, Sci. , 1887, 34: 333 – 345.

[2] Lorentz H. La théorie électromagnétique de Maxwell et son application aux corps mouvants[J]. Archives Neerlandaises des Sci. Exact. et Naturelles, 1892, 25: 263 –552. 又见:Lorentz H. Versuch einer theorie der electrischen und optischen erscheinungen in betegten körpern[M]. Leiden: E Brill, 1895.

[3] Lorentz H. Electromagnetic phenomena in a system moving with any velocity less than that of light[J]. Proc. Sec. Sci. , Koninklijke Akademie van Wetenschappen (Amsterdam), 1904,6:809 – 831.

[4] Einstein A. Zur elektro – dynamik bewegter körper[J]. Ann d Phys, 1905, 17:891 – 921. (English translation: On the electrodynamics of moving bodies, reprinted in: Einstein's miraculous year[C]. Princeton: Princeton Univ Press, 1998) 中译:论动体的电动力学. 范岱年、赵中立、许良英译,爱因斯坦文集. 北京:商务印书馆,1983,83 – 115.

[5] Smoot C. Detection of anisotropy in cosmic blackbody radiation[J]. Phys. Rev. Lett. , 1977, 39: 898 – 902.

[6] Dirac P. Why we believe in Einstein theory, Symmetries in Science[M]. Princeton: Princeton Univ Press, 1980.

[7] Flandern T. The speed of gravity：what the experiments say[J]. Met Research Bulletin, 1997, 6(4)：1 – 10. 又见：The speed of gravity：what the experiments say[J]. Phys. Lett. , 1998, A250：1 – 11.

[8] Einstein A, Podolsky B, Rosen N. Can quantum mechanical description of physical reality be considered complete[J]. Phys. Rev. , 1935, 47：777 – 780.

[9] Brown J, Davies P. 原子中的幽灵[M]. 易必洁,译. 长沙:湖南科学技术出版社,1992.

[10] Bell J. On the problem of hidden variables in quantum mechanics[J]. Rev. Mod. Phys. , 1965, 38：447 – 452.

[11] Aspect A, Grangier P, Roger G. The experimental tests of realistic local theories via Bell's theorem[J]. Phys. Rev. Lett. , 1981, 47：460 – 465.

[12] 黄志洵 . Casimir 效应与量子真空[J]. 前沿科学,2017,11(2):4 – 21.

[13] Scharnhorst K. On propagation of light in the vacuum between plates[J]. Phys. Lett. B, 1990, 236(3):354 – 359. 又见：Barton G, Scharnhorst K. QED between parallel mirrors：light signals faster than light or amplified by the vacuum[J]. Phys. A：Math Gen, 1993, 26：2037 – 2046.

对引力波概念的理论质疑

黄志洵

（中国传媒大学信息工程学院，北京　100024）

摘要：2016 年 2 月 11 日美国激光干涉引力波天文台（LIGO）宣布，它于 2015 年 9 月 14 日探测到引力波，说这是两个黑洞合并造成的，收到的波形与广义相对论（GR）的预测一致。以后又有几次宣布，例如 2017 年 10 月 16 日说已第 5 次探测到引力波，而这是由于两个中子星的合并。2017 年 10 月 3 日 Nobel 奖委员会宣布，LIGO 的 3 位美国科学家获得当年的 Nobel 物理奖。然而一直有不同国家（德国、巴西、英国、丹麦、中国）的科学家提出质疑，认为 LIGO 不可能探测到引力波，甚至向 Nobel 奖委员会发电子邮件，详述他们的反对理由。

本文认为是基本的物理原理决定了引力波不能存在，从理论层面详述了该课题不可信的原因。Einstein 的引力场、引力波理论的公式推导，明显地有借鉴和模仿电磁场、电磁波理论的痕迹，因此我们可以遵循电磁理论的逻辑对前者提出批评。任何人如认定引力波存在，那么他要先证明引力场是旋量场。Newton 万有引力定律与 Coulomb 静电力定律的相似已证明引力场是静态场，而引力和静电力都以超光速传播的事实进一步证明了这点。引力场既然是静态的无旋场，是不会有引力波的。我们强调指出，认为"引力传播速度和引力波速度都是光速"的观点是完全错误的，不仅不符合事实，而且把引力相互作用和电磁相互作用混为一谈。"引力速度"与"引力波速度"是不同的概念。很久以前许多著名科学家就知道引力传播速度比光速大很多（$v_G \gg c$），他们普遍认为引力如以有限速度（光速 c）传播，绕日运动的行星由于扭矩作用将不稳定。相对论者坚持说"引力以光速传播"是为了替 SR 辩护，因为该理论认为超光速没有存在的可能，然而这已被事实所否定。

Einstein 引力场方程是 GR 理论的基本方程，但它的推导有假设和拼凑的作法。引力场的物理效果被认定由 Riemann 空间的度规张量体现，需要知道度规场分布的规律。但由于没有可作依据的实际观测知识，推导引力场方程就用猜测性的推理。尽管引力场方程被导出，但它非常复杂且有高度非线性，实际上不可解。然而，一个无法求解的方程是对人类无用的东西，因此 Einstein 通过弱场近似导出引力波。这是尽力模仿电磁理论的作法。但这并不合理，连 LIGO 也说在有剧烈天文现象发生时才迅速地有引力波产生，这可不是弱场，与理论前提相矛盾。总之，Einstein 引力场方程的非线性造成无波动解。

当前西方理论物理界乱象频生，黑洞的有无、暗能量和暗物质是否存在，都在无休止地争论。在本文中我们呼吁重建经典力学的时空观，提出"牛顿仍称百世师"。Newton 引力理论经过了漫长时间的考验，它对人类极为有用。因此，本文批评了 Minkowski 的时空一体化。此外，还批评了 LIGO 所采用的数值相对论方法。最终的结论是：引力波是一个无意义的概念，

注：本文原载于《前沿科学》，第 11 卷，第 4 期，2017 年 12 月，68－87 页。

缺乏物理实在性且造成误导。

关键词：引力场；引力波；Newton 万有引力定律；广义相对论；数值相对论方法

Query the Validity of the Statement on Gravitational Waves Concept

Huang Zhixun

（Communication University of China，Beijing　100024）

Abstract：On Feb. 11 2015，Laser Inteference Gravitational waves Observatory（LIGO）of USA says："In Sep. 14 2015 we observed gravitational waves from the merger of two black holes because the detected waveform matches the predications of General Relativity（GR）". After this，LIGO advertise one's own success in several times；for example，LIGO says："On Aug 17 2017 we observed the gravitational waves from a binary neutron star inspiral". On Oct. 3 2017 the Nobel Prize Committee announce in public that the Nobel prize of physics of 2017 issue to three scientists of LIGO. But，for all time in 2016 and 2017，scientists of several countries（such as Germany，Brazil，Great Bratain，Danmark and PRC）query the validity of this statement，maintain that LIGO experiments can't detect gravitational – waves. They transmit emails to the Nobel Prize Committee，provide a detailed report of their reasons.

In this article，we believe the fundamental physical principles decided that the gravitational – waves don't present in nature. And we detail the reasons by the theoretical frame on this subject also to be a problem. The theoretical derivations of Einstein's gravitational fields and waves are imitate the theory of electromagnetic fields and waves obviously，so we can criticize the erroneous concepts on gravitational fields and waves. Any persons if believes the gravitational waves exists in nature，they must give the proofs of that the gravitational fields are the curl fields. The Newton's inverse square law similar to the Coulomb's electrostatic law，it means that the gravitational fields are the static fields. The propagation speed of the gravitational fields is faster – than – light，and the electrostatic fields also this situation then we know that gravitational fields are the static field absolutely. Because the gravitational fields are not the curl fields，the gravitational wave don't be exist. Somebody says that the velocity of gravitational fields and the velocity of gravitational waves are all equal the light speed，but this is wrong. It is not the physical reality，and lump together of that two physical action. The "speed of gravity" and "speed of gravitational wave" are different concepts. Many years ago，several famous scientists were already known that the gravity propagation velocity much larger than the speed of light，i. e. $v_G \gg c$. They remarks that if gravity propagated with finite velocity c，the motion of planets around the Sun would become unstable，due to a torque acting on the planets. The relativitists try to defend Special Relativity（SR），because this theory says that "velocities greater than that of light have no possibility of existence."

The Einstein's gravitational field equation is the fundamental equation is GR theory，but the derivation of this formula used approximation and knock together. According to the physical effects embodies by the metric tensor Riemann's space, so he want obtained the regularity of the metric field distribution. But he was lacking in knowledges of practical observation, then he used guess and conjecture. The gravitational fields equation of Einstein is a very complex argument, and it has strongly nonlinearity, so it is non-solvable, i. e. it can't finding an answer. But a non-solvable equation is useless, it can't do anything for mankind, consider this situation, Einstein derived the gravitational wave by the weak-field condition. It was imitate the electromagnetic theory in practice, but it is not reasonable. According to the LIGO, when it happen acute astrophysics phenomana, gravitational waves produced suddenly. This situation are not weak field, the statement are in contradiction with the theoretical premise. After all, the non-linearity of Einstein's gravitational field equation cause the lack on wave solution.

Now, in the theoretical physic scientists of West, everything will be in a muddle. For example, the black holes are present or no, the dark energy and dark materials are present or no, are in endless debates. In this paper, we appeal reconstruct the time and space viewpoit of classical mechanics, and say that Issac Newton is our teacher perpetually. The gravity theory of Newton has stood a severe test in a long time, it is very useful for mankind. For this reason, we criticize the space-time integration theory of Minkowski; and we also criticize the Numerical Relativity Methos(NRM) of LIGO's study works. Finally, we conclude that the gravitational waves is a meaningless concept, without the physical reality, provides an error guide.

Key words: Gravitational Fields; Gravitational Waves; Newton's Gravity Law; General Relativity; Numerical Relativity Method

1 引言

引力是最早被认识的物理相互作用,目前它主要由 Newton[1] 经典理论和 Einstein[2] 的广义相对论(GR)描述。在狭义相对论(SR)[3] 和 GR 中空间和时间是一体化的,即二者组成 spacetime,译作"时空"或"空时"。GR 实际上不认为引力是一种力,而认为是弯曲时空的纯几何效应。在科学界,GR 也被称为几何动力学(geomtrodynamics)[4]。GR 还预言存在一种称为 gravitational waves(引力波)的波动,可以简写为 GW。有关 GW 的原始理论是 1918 年由 Einstein[5] 提出的论文"论引力波",其内容包括:用推迟势解引力场近似方程;引力场的能量分量;平面引力波;由力学体系发射的引力波;引力波对力学体系的作用等。文章说,引力波是横波,以光速传播。必须指出,所谓"弱场近似解"的分析就是来自这篇论文。1937 年 Einstein 和 Rosen[6] 发表论文,提出柱面引力波解,说这是引力场方程的第 1 个严格的辐射解。然而科学界不认同这篇论文:距离波源远区的引力波应为球面波;但据 1927 年的 Birkhoff 定理,真空球对称度规(引力场)一定是静态的,亦即真空中不可能存在严格的球对称引力波。故形成了悖论,使 Einstein 理论停留在平面引力波的层次。

Einstein 引力波理论的核心思想是:物质决定时空曲率,而变化的时空曲率造成引力辐射,它叠加在静态时空之上形成为动态时空曲率变化;而引力辐射功率是取决于运动物质的质量 4 极矩对时间的 3 次微商[7]。

西方科学界在几十年前就开始了对引力波的寻找和探测,一直没有进展[7]。近年来情况发生了变化[8-11]——2015 年 9 月 14 日,美国激光干涉引力波天文台(LIGO)的 2 个检测器几乎同时收到一个瞬态信号。据此 LIGO 团队宣布说:"我们已从两个黑洞的合并观测到引力波,因为检测到的波形与广义相对论的预测一致"。相关的论文发表在 Phys. Rev. Lett 2016 年 2 月 12 日出版的刊物上[8]。后来 LIGO 又不断发布探测到引力波的消息[9,10],前 4 次说是由双黑洞合并产生的,第 5 次(2017 年 10 月 16 日宣布)是由双中子星合并产生的[11]。2017 年 10 月 3 日的新闻报道说 LIGO 的 3 位科学家获得当年的 Nobel 物理奖[12]。

回顾过去,1887 年德国物理学家 H. Hertz 用实验证明了电磁波存在,从而证实了 J. Maxwell 的理论预言[13]。20 世纪中电磁波得到了广泛的应用,极大地改变了人类的生活。因此,处于 21 世纪的今天,如果能发现另一种全新的波动形式(如引力波),那是一件了不起的大事,应当热烈欢迎。但是,这种发现必须是可信和可靠的,要经得起实践的检验。然而很遗憾,目前的被大肆宣传的"美国 LIGO 发现引力波",并不能满足这些基本要求。尽管消息被媒体热炒,仍然有多国(中国、英国、德国、丹麦、巴西)的科学家提出了质疑。[14-25]人们有权以慎重态度对待任何科学发现,更不要说是获得了 Nobel 物理奖的"大发现":这是容易理解的。

尽管 2017 年的 Nobel 物理奖已颁发,我们却不认同这一决定的合理性,甚至不认为引力波可能存在。本文是在基础理论层面进行论述,对 LIGO 实验的技术层面则很少涉及,因为在国内外已发表了多篇相关论文。鉴于"引力波"和"GR 引力波"的两词的意思有区别,文中提到的"引力波"均为 GR 引力波,特此说明。

2 Newton 万有引力定律与 Coulomb 静电力定律的相似证明引力场是静态场

Einstein 的引力场理论和引力波理论有明显的模仿 Newton 引力场理论和经典电磁场理论的痕迹。既然如此,我们首先就要回顾后两者,看它们告诉我们什么。一个基本常识是,有场不一定就有波动,只有在交变场、旋量场(有旋场)的情况下才有波动,这是 Maxwell 方程组决定的,而该方程组已被长期的工程实践所证实。因此,有静电场而无"静电波"。任何人如说有引力波,那他首先要证明引力场是旋量场。既然 Einstein 的科学思想不但没有抛弃 Maxwell 电磁理论,而是高度重视该理论,那么我们的上述逻辑即无懈可击;难道不是吗?

英国数学家、物理学家 Newton 在科学上的伟大贡献是众所周知的。他在 1684 年完成了引力理论的主要部分并用以说明太阳系中的行星运动。他得出结论说:地球和月球之间的相互吸引力的大小与其相互距离的平方成反比。他对力学和天文学的主要贡献集中于他的著作里,该书名为 Pliloophiae Naturalis Principia Mathematica(《自然哲学之数学原理》),写作于 1685 年至 1686 年,Halley 于 1687 年将其出版[1]。该书既是一种标准的公理化体系,又是对从现实世界中提出的命题作论述、证明和求解。从某种意义上说,现代科学的历史就是从这部划时代的著作开始的。此书包含了丰富的科学工作成果。在"绪论"中定义了惯性、动量和力,提出了著名的三大运动定律。第 I 卷从叙述微积分定理开始:在该书第 11 节研究了两个物体按照引力互相吸引时的运动规律——此即"双体问题"。后面,Newton 又处理了三体运动(每一个吸引另外两个),但只得到近似的结果。

引力在中国也称为万有引力,英文是 gravity;它是 Newton 发现的。引力的本质是什么?Newton 没有回答,他只给出与引力有关的规律——万有引力定律(也称平方反比定律)。Newton 说:"迄今为止我还不能从现象中找出引力特性的原因,我也不构造假说"[33]。在 Newton 时代并没有"引力场"的说法,这是由于后来电磁学迅猛发展,电磁场(electromagnetic field)的存在已经证实,人们研究时就创造了 gravitational field 这个词。

Newton 万有引力的平方反比定律(Inversion Square Law, ISL)可陈述如下:任何两物体间存在一种相互吸引力,大小与两者质量乘积成正比,与两者距离的平方成反比。定律可写成矢量形式:

$$\boldsymbol{F}_{12} = -G\frac{m_1 m_2}{r^3}\boldsymbol{r} = -\boldsymbol{F}_{21} \tag{1}$$

式中:G 为引力常数;后人用引力势(potential of gravity)$\varPhi$ 这一参数来表达 Newton 引力理论,利用数学上的 Gauss 定理推导了引力势与引力源(物质)的质量密度 ρ 的关系,得出

$$\nabla^2 \varPhi = 4\pi G\rho \tag{2}$$

这是 Poisson 方程,故引力场为势场(potential field)。引用后来的(电磁学中的)方法,可以定义一个引力场强矢量 $\boldsymbol{g}$,它由位(势)函数 $\varPhi$ 所决定($\varPhi$ 是标量):

$$\boldsymbol{g} = -\nabla \varPhi \tag{3}$$

故可用下述矢量方程表达"引力场强决定于静态物质分布密度 ρ":

$$\nabla \cdot \boldsymbol{g} = 4\pi G\rho \tag{4}$$

又用下式表达引力场无旋性:

$$\nabla \times \boldsymbol{g} = 0 \tag{5}$$

因此也可这样得出 Newton 引力场方程(Newton's Gravitational Field Equation, NGFE):

$$\nabla \cdot (\nabla \varPhi) = \nabla^2 \varPhi = 4\pi G\rho \tag{2a}$$

这些矢量代数方法精确地表达了 Newton 的物理思想。

长期的和新近的研究都表明[26],Newton 的 ISL 非常精确。这是相对论学者也承认的,例如 2004 年刘辽和赵峥[2]说:"今天人们对人造卫星和宇宙火箭运行轨道的计算,仍然完全以这个 Newton 理论为基础"。2016 年笔者提出一个口号:"牛顿仍称百世师"——为什么这样说,本文还要叙述和发挥。

Newton 去世 9 年后,法国物理学家 Charles Coulomb(1736 – 1806)诞生。后来他研究两个荷电体之间的作用力,提出 Coulomb 静电力定律,这似乎是 Newton 的 ISL 在电学领域的体现。设两个电荷(q_1、q_2)相互作用,二者间距为 r,则 q_2 受 q_1 的力为 $\boldsymbol{F}_{12}$:

$$\boldsymbol{F}_{12} = K\frac{q_1 q_2}{r^3}\boldsymbol{r} \tag{6}$$

系数 $K = (4\pi\varepsilon_0)^{-1}$。在静电场中,电场强度矢量 $\boldsymbol{E}$ 由电位(势)函数 $\varPhi$ 决定:

$$\boldsymbol{E} = -\nabla \varPhi \tag{7}$$

然而电场强度的大小取决于静态电荷分布密度 ρ:

$$\nabla \cdot \boldsymbol{E} = \frac{\rho}{\varepsilon_0} \tag{8}$$

故有

$$\nabla \cdot (\nabla \varPhi) = \nabla^2 \varPhi = \frac{\rho}{\varepsilon_0} \tag{9}$$

这是 Coulomb 静电场方程(coulomb's electric field equation),和 NGFE 一样是势场的 2 阶偏微

分方程。对于静电场又有

$$\nabla \times E = 0 \tag{10}$$

因此静电场和 Newton 引力场一样是无旋场，这种场没有波动的产生。

因此，Newton 引力场方程和 Coulomb 静电场方程一样均为 Poisson 方程，只是在物质密度（或电荷密度）为零（$\rho = 0$）时，转化为 Laplace 方程：

$$\nabla^2 \Phi = 0 \tag{11}$$

这些经典物理内容是重要的、基本的，但并非不可改进。Neumann 和 Zeeliger 曾指出[2]，如对方程 $\nabla \cdot g = 4\pi G\rho$ 取面积分并使用 Gauss 定理，在宇宙中 ρ 均匀分布时，可证明 g 与 ρr 成正比。因此，对于无限宇宙而言（$r \to \infty$），引力场强会趋于无限大（$g \to \infty$）。这显然不对，因此，在 1905 年以前 Zeeliger 把 Newton 理论公式修改为 $\nabla^2 \Phi - k_0^2 \Phi = 4\pi G\rho$；但这个做法失败了，因为进一步计算导致 $F \propto \mathrm{e}^{-k_0 r}$，引力 F 成为短程力，这也与实际不符。

那么，我们为何仍然相信 Newton 引力理论是精确的？罗俊[26]指出，自 Newton 提出万有引力理论之后的 300 年，没有哪个理论在预言精度上可以与之相比。一直有人设计实验以检验 ISL，例如从 1976 年的实验到 2007 年的实验，ISL 都精确地成立！……所以笔者认为，ISL 既是理论的，也是实验的和经验的，其知识可靠而永久。但在场论和计算领域，即在数学起更大作用时，反而容易发生问题，即有更多的不确定性——这再次证明"数学不能代替物理"的道理。

3 引力和静电力均以超光速传播进一步证明引力场是静态场

2009 年出版的《中国大百科全书（物理学）》第二版中说[27]："Einstein 引力与 Newton 万有引力定律有一个重要区别：在 Newton 引力理论中，引力相互作用是瞬时超距作用；而在广义相对论中，引力相互作用是通过引力波以光速 c 传递"。这种说法似是而非，经不起推敲，有损"大百科全书"的声誉。

引力传播速度即引力场传播速度，这个问题不仅重要，而且是学术讨论的突破口，可以帮助人们认识引力这种物理作用。万有引力如何传播？Newton 认为不需要时间。后人称其为超距作用（action over a distance）[28]，并加以指责。然而，责备之词千篇一律，都说这种无限大速度比光速大，因而不可能存在。这是用 SR 指责 Newton，潜台词是 Einstein 绝对正确，远比 Newton 高明；人类必须跟着 Einstein 走，不能违反相对论中的原则。然而，大约 10 年前英国组织了一次对皇家学会（Royal Society）成员的意见征集，问他们"Newton 与 Einstein，谁更伟大？"结果是，62% 的科学家投 Newton 的票，投 Einstein 票的人少很多。那么为什么一定要用 SR 这个人为理论指责、否定 Newton 呢？特别是，近年来在自然界和人类实验室中发现的超光速现象多如牛毛[29,30]，批评超距作用的老调重弹已没有多少说服力了。

但我们并非认定引力场传播速度是无限大，其实 Newton 也未这样说过。他正确地判断：引力的传播非常快，肯定比光速快很多（$v_G \gg c$）。Newton 当时已经知道光速为有限值，太阳光射到地球约需时 8min。但太阳的引力作用于地球肯定比光速快得多，这才是 Newton 了解和相信的东西。……但到 20 世纪初，SR 理论问世后，Einstein 坚持说光速 c 是不可超越的；尽管有两位著名科学家（德国的 R. Lämmel[31]教授和英国的 Max Born 教授）曾当面告诉 Einstein："有的东西比光快，万有引力。"但 Einstein 也不接受——因为 SR 已出来了（1905 年），再后来 GR 也出来了（1915 年），Einstein 认为自己不能改口。结果是，他说引力场传播速度是光速，（1918 年提出的）引力波传播速度也是光速，场与波都不分了！更严重的是，这样一来就把他自己（以及相对论）置于了一种尴尬的境地；早在 Newton 时代的人，都能认识到"太阳对地球的引力作用传递绝不会像光那样'慢'（需时 8min）"；而到了 20 世纪，Einstein 反而认识不了。他似乎心中预想好一个结果，然后用分析推导引向这个结果，即不实事求是地搞拼凑。而现今的 GR 书籍，只不过是在重复错误的论点。

太阳光以光速行进，从太阳到地球要走 8.3min。那么太阳引力到达地球要多少时间？Einstein（和相对论）认为也要 8.3min，因为他确定引力以光速传播。这是多么荒唐！太阳引力作用于地球绝不会那么"慢"！⋯⋯1920 年 A. Eddington[32] 指出：如果太阳从现在位置 S 吸引木星，而木星从它的现处位置 J 吸引太阳，两引力处在同一直线上并且平衡；但如太阳从它先前的位置 S' 吸引木星，而木星从它先前的位置 J' 吸引太阳，两力的歧异产生力偶，趋向于增加系统的角动量，并且是累积的，将迅速引起运动周期的可感知变化，不符合引力作用速度是光速的观测。总之，如天体间的引力以光速传播，运行轨道是不稳定的。进一步，Eddington 根据对水星近日点进动的讨论断定引力速度 $v_G \gg c$；根据日蚀全盛时比日、月成直线时超前断定 $v_G \geqslant 20c$。

1998 年 T. Flandern[33] 指出，对太阳（S）—地球（E）体系而言，如果太阳产生的引力是以光速向外传播，那么当引力走过日地间距而到达地球时，后者已前移了与 8.3min 相应的距离。这样一来，太阳对地球的吸引同地球对太阳的吸引就不在同一条直线上了。这些错行力（misaligned forces）的效应是使得绕太阳运行的星体轨道半径增大，在 1200 年内地球对太阳的距离将加倍。但在实际上，地球轨道是稳定的；故可断定"引力传播速度远大于光速"。他的计算结果是 $v_G = (10^9 - 2 \times 10^{10})c$。2016 年 9 月 22 日，朱寅在 Research Gate 上发表文章，题为 "The speed of gravity：an observation on galaxy motions"，根据分析得出引力速度 $v_G > 25$ly/s（ly 是光年）。由于 1ly $= 9.5 \times 10^{12}$km，可以算出这相当 $v_G > 7.92 \times 10^8 c$。

近年来，开展了 Coulomb 场传播速度研究。例如 2014 年 R. Sangro[34] 指出：和引力场传播速度一样，Coulomb 力场传播速度远大于光速。这是不奇怪的，我们已指出引力场与静电场相似。这使我们相信引力场是静态场，不会有"引力波"。

4 Einstein 引力场方程推导中存在问题

GR 理论中最基本的方程是 Einstein 引力场方程，为行文方便我们称之为 EGFE（表示 Einstein's gravitational field equation）。它的形式是

$$R_{\mu\nu} - \frac{1}{2}g_{\mu\nu}R = \kappa T_{\mu\nu} \tag{12}$$

式中：$R_{\mu\nu}$ 为 Ricci 张量，即时空的 Ricci 曲率；$g_{\mu\nu}$ 为时空度规张量；R 为 Riemann 曲率标量；$T_{\mu\nu}$ 为物质源的能量动量张量；κ 为一个常数。这个方程的得出，首先是受奥地利物理学家 E. Mach（1838 – 1916）的影响，他认为物体的惯性是由宇宙的能量—动量决定的。因此，EGFE 等式的右边是能量—动量张量。至于等式的左边，是时空弯曲及其效果的体现，应与右边一样是一个对称 2 阶张量，Einstein 取为

$$G_{\mu\nu} = R_{\mu\nu} - \frac{R}{2}g_{\mu\nu} \tag{13}$$

后人称 $G_{\mu\nu}$ 为 Einstein 张量；所以 EGFE 实际上是

$$G_{\mu\nu} = \kappa T_{\mu\nu} \tag{13a}$$

即 Einstein 张量等于能量—动量张量，而用常数 κ 隔开两者，使其略有区别。等式左边体现了"引力使时空弯曲"，因为 $G_{\mu\nu}$ 实际上是一个时空曲率张量。

这样的方程的得出，并非经过严格的数学运算程序，而有明显的假设和拼凑的痕迹。对此，有的相对论学者直言不讳。例如，1972 年 S. Weinberg[35] 说："引力场方程肯定比电磁场方程复杂许多。由于电磁场本身不带电荷，Maxwell 方程是线性的。而引力场却带着能量和动量，必然对自身的场源有贡献，故引力场方程一定是非线性偏微分方程，非线性代表引力对自身的作用"。又说："（对弱场）可以用线性偏微分方程描写；一旦知道弱场方程的形式，就可以用使场变弱的坐标变换的逆变换找出一般的场方程。但由于缺乏这种知识，猜测性的作法就难免了。"（着重点为笔者所加）。1997 年，俞允强[36] 说："引力场的物理效果可通过 Riemann 空间的度规张量来体现；需要找到度规场分布的物理规律，即度规场（推广的引力势）所满足的微分方程。可是没有直接可依据的观测知识，所以做猜测性的推理。"（着重点为笔者所加）。

EGFE 的所谓"推导"，一开始就以 Newton 引力理论作为出发点。首先，由于 Newton 引力势的分布取决于静态物质密度分布，因此度规场应取决于物质的动量能量张量，由此设想写出第一个度规场方程。其次，由于 Newton 引力场方程（NGFE）是 2 阶线性偏微分方程，即 $\nabla^2 \Phi = 4\pi G \rho$，因此规定上述度规场方程最高只含 $g_{\mu\nu}$ 的 2 阶微商，且对 2 阶微商为线性。……尽管参考了 Newton，还有 Mach，如何表达"引力使时空弯曲"（或说"时空弯曲造成了引力"）仍是根本性的待决问题——只有找到度规场分布的真实规律，才能写出 EGFE 的左半部分。然而物理学实验从未提供过显示引力几何化的（只有 Riemann 几何才能表现的）知识和规律，Einstein 即大胆地决定：$G_{\mu\nu} = R_{\mu\nu} - R g_{\mu\nu}/2$，这就是前面所谓"猜测"和"拼凑"所指称的情况。虽然科学研究允许"大胆地假设"，但必须再做"小心的求证"。很遗憾，在后一方面 GR 却乏善可陈。

相对论书籍通常都说，可以证明在适当条件下可以把 EGFE 近似为 NGFE，即用"Newton 近似"来证明 Einstein 正确。在这里，所谓"适当条件下可以……"指的是一种把高度非线性方程作"线性近似"的操作。然而这是根本不够的；不久前王令隽在题为"广义相对论百年终评"的论文中说："由于在线性近似条件下 Einstein 引力场方程和 Newton 万有引力定律一致，人们通常以为这就证实了 Einstein 引力方程的正确。有些相对论者居然因此宣称，Newton 万有引力定律只是近似正确的理论，只有 Einstein 引力理论才是精确的理论。这是喧宾夺主。如果一个新的理论仅仅在某种特殊条件下与一个已经为实验证实的理论符合，只能说明新理论在此特定条件下正确，并不能证明它在一般情况下普遍正确。要证明 Einstein 的引力方程正确，必须证明它在一般情况下的正确性，必须证明在线性近似不适用的强场条件下 Newton 定律是错的而 Einstein 引力方程是正确的。可是我们没有这种证明。"（着重点为笔者所加）。

所谓线性场近似亦即弱场近似，无论求证"与 Newton 的一致性"，或是预言"存在引力波"，走的都是这条路。在引力场很弱时，所谓"时空"（spacetime）几乎是平坦的，这时可取

$$g_{\mu\nu} = \eta_{\mu\nu} + h_{\mu\nu} \tag{14}$$

式中：$\eta_{\mu\nu}$ 为 Minkowski 度规；$h_{\mu\nu}$ 为一个无限小张量（$|h_{\mu\nu}| \ll 1$）；故 $g_{\mu\nu} \approx \eta_{\mu\nu}$。除了弱场假设，还有稳态假设——略去所有的对时间的导数项；在这些条件下，硬是弄出一个与 NGFE 一样的

方程($\nabla^2\Phi = 4\pi G\rho$)。然而这当中是假设可取

$$\kappa = -\frac{8\pi G}{c^4} \tag{15}$$

其中 G 是 Newton 平方反比定律中的常数,c 是真空中光速。这也带有推测性规定的性质——κ 的大小并非任意,而是服从这里的需要。

因此,EGFE 整个推导过程有太多的假设和推测。经常是预先设想了结果,设定一些假设后通过数学手段趋近和达到这一结果。那么,怎样证明 GR 的原理和 EGFE 的正确性? 可以由实验来决定。但迄今并无直接的实验。教科书上说广义相对论有三个"经典检验":水星近日点的移动、引力使光线弯曲、引力红移。王令隽对此作了详细的情况介绍和分析,指出所谓三个经典检验没有一个站得住脚。1919 年的"引力使光线弯曲"的日全食实验根本是笑柄。引力透镜问题和光线弯曲是同样的问题。行星近日点的移动的 99% 可以用 Newton 理论解释;GR 的所谓修正不过 0.8%,应该远小于经典模型的误差范围,因此毫无意义。至于引力红移的实验检验,就连 Weinberg 等许多物理明星都感觉底气不足。至于最近的所谓宇宙暴涨的实验证据和引力波的实验证据,根本就经不起科学质疑,和 Eddington 实验一样,成了新的科学笑柄。

为了解释天文学、宇宙学现象,1917 年提出了所谓包含宇宙项的普遍化引力场方程:

$$G_{\mu\nu} + \lambda g_{\mu\nu} = -\kappa T_{\mu\nu} \tag{16}$$

等式左边第 2 项称为宇宙项,λ 称为宇宙常数。一些教科书(如俞允强[36])曾做了清楚的说明,Einstein 加入这个宇宙项是为了从方程可能获得稳定解,与他原有的"静止宇宙"理念相符合。但后来天文界传来"宇宙在膨胀"的可能迹象,这时 Einstein 说"可以令 $\lambda = 0$",即取消这一项。然而人们在讨论中发现取 $\lambda > 0$ 代表与过去万有引力性质(吸引力)相反的效果,即排斥力。由此产生了长期的、冗繁的争论。笔者认为 2017 年王令隽[37]对与宇宙学有关的情况分析得最透彻、深刻。他说:"Einstein 为什么要假设宇宙有限呢? 因为一旦承认宇宙无限,他的引力场方程就会得出整个宇宙空间的物质密度等于零的荒谬结论。这当然也就证明了广义相对论引力场方程的谬误。可是,Einstein 不愿意承认自己场方程的失败,于是就假设宇宙是有限的。这还不够,为了能够求解他的引力方程,他还必须将问题极大地简化,假设宇宙的物质分布是均匀的各向同性的。即使这样,还是有问题,因为任何有限的物体都会因为引力而收缩坍塌,于是他进一步提出了万有斥力假设,在他的引力场方程中加上一项宇宙项,以平衡万有引力。这种万有斥力必须与距离成正比,距离越远斥力越大。这是毫无隐讳的星象学。Einstein 终于抛弃了他的宇宙项因子,晚年已经不太从事宇宙学研究了。但是,他的一些关键假设,诸如宇宙有限,宇宙物质均匀分布且各向同性等,包括 Einstein 丢掉的宇宙学因子,全部被大爆炸宇宙学家们继承下来,成为现代宇宙学的基本架构。"

总之,Einstein 引力场理论不是令人放心的可靠理论,它根本无法取代 Newton 的理论。Newton 的经典引力理论是建立在 Kepler 实验定律所包含的无数实验观测结果之上的,经过了几百年科学实验和工程实践的检验,并且继续在科学和工程中接受广泛的检验,从来没有一个例子证明 Newton 万有引力定律的错误。相反,GR 从基本假设、理论框架、实验检验和实际应用都存在根本性的不自洽或者违背基本的物理事实。因此,说"广义相对论比 Newton 引力理论更精确"是不对的。Einstein 弯曲时空理论只在球对称引力场方程求解时有效,缺乏普遍意义。建立几何化引力理论不仅不可能,而且把物理作用(引力作用)几何化是把物理学引上了歧途。

多年前，Einstein 曾在一篇文章中写道："Newton 啊，请原谅我！……"他的这种自信是对 Einstein 理论的无数吹捧所造成的。但我们认为 Einstein 根本颠覆不了 Newton，这种"道歉"也就没有意义了。

5　Einstein 引力场方程的非线性造成无波动解

现在我们要讨论这个"引力波存在性"问题了。前已述及，经典引力理论与 GR 理论的差别首先是数学上的差别。Newton 引力理论中描述势场的是一个标量方程。Einstein 引力场方程是一个 2 阶张量方程，是一个包含 6 个独立微分方程的方程组；其复杂性非常大，其非线性非常强。早就有人指出，这个 EGFE 是"即使数学天才也无法求解"的。说穿了，是根本无用的。它能解释引力和宇宙吗？否；它能像 Newton 力学那样应用于人类生活吗？否。这样的"百无一用"理论，和数学家们一起玩玩当然可以，别人不管也不提意见；但事实却是百年来它已被放到了神坛上，这真让人匪夷所思。正如王令隽所说，物理学理论应该在能够描述物理现象的前提下越简单越好。Einstein 将引力理论弄得如此复杂，人们有理由期待这种复杂化会带来新的发现。期待将一个标量方程扩展为 2 阶张量方程以后，会发现几个此前物理学界不知道的新的物理规律。然而这种复杂化并没有带来新的内容。除了 $(0,0)$ 分量以外，Einstein 引力场张量方程中的其他分量的微分方程或导致时空度规的无穷大发散和时空翻转，或与 SR 的光速极限原理相悖，证明 GR 不具有转动不变性。

那么 Einstein 在给出引力场方程（1915 年）之后，为什么要提出"引力波"理论（1918 年）？在他那个时代，电磁场与电磁波的理论已十分成熟，应用前景广阔。这促使 Einstein 追求引力场、引力波理论的完整，虽然在应用方面并不明确。但是，EGFE 是一个非常复杂的 2 阶偏微分方程的方程组，是张量方程，而且有高度的非线性；亦即它是包含 6 个独立非线性偏微分方程的方程组，不仅没有解析解，甚至没有求解的方法。如把边界条件的复杂考虑进去，求解就更困难。关于有高度非线性的原因，通常认为是由于物质（源）的能量、动量与时空曲率的相互影响，使 EGFE 不仅是引力场方程也是物质（源）的运动方程。也可以这样理解：电磁场的 Maxwell 方程组是线性的，因为场与源（如电荷）是分开独立的；但引力场却带有能量、动量，必对自身场（源）有贡献，亦即引力对其自身的作用造成非线性。

把一个高度非线性的方程强行改变为线性是不合理的，然而 Einstein 就这样做了。否则，一个完全无解的方程就等于完全无用，这是他绝不会接受的。不仅如此，最好像电磁场理论导出电磁波那样，从中导出引力波来；所以就进行大量近似化处理，以求达到既定目标。我们已经说过，Einstein 的理论工作，无论在 SR 和 GR 中，都常给人以先有预期结果然后拼凑出结果的印象。马青平[38]亦早有此发现。

由于在 EGFE 中 $R_{\mu\nu}$ 是 $g_{\mu\nu}$ 及其 1 阶、2 阶微分的非线性函数，造成它不能有波动的周期解的事实。对此，相对论学者（如 S. Weinberg[35]）是很清楚的。但他担心由此导致"对引力的理解存在根本缺陷"，说穿了就是怕失去对 GR 的信任，因此又说"在电动力学中也有出现非线性的情况"。但在电磁场与电磁波理论中，由场论（Maxwell 方程组）在有旋场情况下是直接由场方程导出精确的波方程，不需要任何近似处理来线性化；对此，怎能用电动力学中也有某个非线性问题来替导出 GR 引力波的过程辩护？在电动力学中，从理论上得出"一定有电磁波存在"的结论，其过程与 GR 预言"有引力波存在"完全不一样。最早的波动理论来自 1760 年 L. Euler 提出的线性波方程：

$$\nabla^2 \Psi - a \frac{\partial^2 \Psi}{\partial t^2} = 0 \tag{17}$$

∇^2 是 Laplace 算子($\nabla^2 = \nabla \cdot \nabla = \partial^2/\partial x^2 + \partial^2/\partial y^2 + \partial^2/\partial z^2$), $\Psi = \Psi(x,y,z,t)$ 在当时称为振动变量(后来称为波函数)。这个表面上看来简单的方程,可以描写力学波动(如弦、膜振动造成的波),可以描写声学波动(例如管乐器中空气振动造成的波);而且后来证明还可以用于光学和电磁学。百年后(1860 年),H. Helmholtz 在处理管风琴内的声波时引入了简谐振动(简谐波)的概念,即令

$$\Psi(x,y,z,t) = \psi(x,y,z)\,\mathrm{e}^{j\omega t}$$

式中: ω 为角频率;代入 Euler 方程中去,可得标量 Helmholtz 方程:

$$\nabla^2 \psi + k^2 \psi = 0 \tag{18}$$

这是波方程可以有简谐波动解的直接证明。式中 $k^2 = \omega^2 \varepsilon\mu$,真空时 $k_0^2 = \omega^2 \varepsilon_0 \mu_0$;亦即 $k_0 = \omega/c, c = 1/\sqrt{\varepsilon_0\mu_0}$ 。用 Maxwell 方程组也可导出同样结果。

由电磁场理论推出"电磁波存在"的结果在理论上札实可信,因此很快发现了电磁波。引力波的提出完全不同。Einstein 在 1915 年提出 EGFE 时一心搞引力几何化,结果弄出一个强烈非线性的张量方程。到后来(1918 年)又认为既然有了引力场方程就一定要有引力辐射(gravitational radiation),否则无法形成像电动力学(电磁理论)那样完整的理论体系。可是 EGFE 已经摆在那里 3 年了,强烈的非线性已使无法求解(求出严格解)成为事实。而这个引力波,没有又不行(由 Maxwell 电磁场理论即顺利得到了电磁波);只好说"在弱场条件下求近似解"。我们知道,GR 用度规张量描述"弯曲时空",弧元的基本形式为

$$\mathrm{d}s^2 = g_{\mu\nu}(x)\,\mathrm{d}x_\mu \mathrm{d}x_\nu \tag{19}$$

而 GR 的通过引力场方程求度规张量 $g_{\mu\nu}$ 的具体形式。但非线性偏微分方程不可能有波动的周期解。也就是说,Einstein 如坚持引力场方程正确,就不会有引力波了。

然而正像相对论(SR、GR)中许多情形一样,明显的是预定结果在先,推导只是为获得该结果而实施的步骤。所谓近似处理,先将度规 $g_{\mu\nu}$ 写成:

$$g_{\mu\nu} = \eta_{\mu\nu} + h_{\mu\nu}$$

式中: $h_{\mu\nu}$ 是小量($|h_{\mu\nu}| \ll 1$);故度规接近于 Minkowski 度规 $\eta_{\mu\nu}$;由此可实现对 EGFE 的改写。但这时仍不能求出唯一解,故又假设取用一种谐和坐标;而且,把运动方程中出现 $g_{\mu\nu}$ 的乘积中的高阶项去掉。经过一系列处理,得到了最终目的:

$$\Box^2 h_{\mu\nu} = 0 \tag{20}$$

这个齐次方程与电动力学中的波方程一样,于是"有引力波"了,而且这个波居然"以光速传播"!这就是相对论"预言引力波存在"的理论真相。

然而问题是,GR 正是由于存在高阶修正项,才被认为比 NGFE 优越。如果没有高阶项,GR 就什么也不是了。因此,实际上整个作法是无视事实(严格按照 GR 运动方程就没有引力波),人为地炮制"有引力波"的理论结果。

一个初学 GR 理论的人,以为进门后会看到全新美景。结果呢,推导引力波方程是仿 Mach 和 Newton,推导引力场方程是仿从 Euler 到 Maxwell;连数学工具都是抄袭 Riemann 几何;Einstein 的"创新"究竟在哪里?

6　对 Minkowski 时空一体化的批评

相对论完全建立在对时空的独特理念之上,但这个 spacetime(译作"空时"或"时空")究竟是什么意思? 其实人们并不真的了解。教科书中是这样介绍"四维矢量"的[39]:狭义相对论(SR)创立 3 年后,Minkowski 提出四维矢量概念,即把三维空间加上时间作为一个整体。由于坐标变换中(变换参考系时)出现 $x^2 + y^2 + z^2 - (ct)^2$,这里 c 是光速;但是

$$x^2 + y^2 + z^2 - (ct)^2 = x^2 + y^2 + z^2 + (jct)^2 \tag{21}$$

因此就说 jct 可作为四维空间的一个分量。构成四维矢量后,$x^2 + y^2 + z^2 + (jct)^2$ 代表该矢量长度的平方;这时可以证明代表一点位置的四维矢量不随参考系变化而改变,又可证明 Maxwell 方程组在 Lorentz 变换(LT)下具有不变性,表达电荷守恒的方程也可以很简洁。这是由 Minkowski 建议、被 Einstein 采纳的时空一体化,他们称之为时空概念的四维性(four dimensionality),也叫四维矢量(4D vector)。1908 年 Minkowski 曾说:"从今以后空间、时间都将消失,只有二者的结合能保持独立的实体。"这种古怪的观点立即被 Einstein 接受和使用,1922 年 Einstein[40] 说,"在四维时空连续统(4D spacetime continuum)中表述自然定律会更令人满意,相对论在方法上的进步正是建立在这一基础上的"。Einstein 还说,"时空连续统是物理上的真实。"

笔者认为这种处理方式虽在数学表达上有某些好处,但恰恰违反了物理真实性(physical reality)。把空间矢量与时间矢量"相加",在实际上不可能,也没有意义。

任何实际的过程或现象都在一定时、空条件下发生;对此,虽可解释成"时、空有联系"或"时、空不能截然分开",但却不表示时、空之间真有一种强联系,或者像许多理论家所说,真的存在一种东西叫做"时空"或"空时"。老实说,我们怀疑一个正常人头脑中会出现"spacetime"的形象,因为现实中既有时间又有空间,但那是两个东西。……其实很多人早就对这个 spacetime 有怀疑,不知其为何物;但由于怕受嘲笑或受批评而不敢说出来,而且它已写在了所有的教科书之中。

所谓 spacetime 在计量学及国际单位制 SI 中是不存在的[41],也不具有可定义、可测量的特性。人为地以不同量纲的物理量来构造一个新的参量(所谓 4D 时空),从而把时间和空间这两个完全不同的物理学概念混为一谈,是缺乏合理性的作法。正确的科学理论必定要维护空间和时间的独立意义,并且不允许把导出量之一的光速凌驾于空间和时间概念之上。而且,为了掌握空间、时间的物理性质,实际上必须分别地研究它们……F. Fok[42] 指出,在"时空"中,过去、现在和未来同时存在。"时空"是一种凝固的结构,不会发展变化。我们自身的存在,从出生到死亡,在"时空"中都是永恒的。在这个结构中,没有时间的流逝,也没有现在的位置。……这种静止、凝固的"时空"概念不仅无价值,而且把物理学引上了歧途。

笔者认为有必要重温 Newton 建立的经典力学。其实 Newton 认为空间、时间是无须定义的。为了消除误解,他作了如下说明[1]:

"绝对空间的自身特性与一切外在事物无关,处处均匀,永不移动。相对空间是一些可以在绝对空间中运动的结构,或是对绝对空间的量度……绝对空间与相对空间在形状与大小上相同,但在数值上并不总是相同……

处所是空间的一小部分,为物体占据着,它可以是绝对的或相对的,随空间的性质而定……

与时间间隔的顺序不可互易一样,空间部分的次序也不可互易……所有事物置于时间中以列出顺序,置于空间中以排出位置。"

在参考文献[1]中,Newton 对时间作如下说明:"绝对的、真实的和数学的时间由其特性决定,自身均匀地流逝,与一切外在事物无关。相对的、表象的和普通的时间是可感知和外在的对运动之延续的量度,它常被用以代替真实的时间。如 1 小时、1 天、1 个月、1 年。"

Newton 对空间、时间的说明,要言不繁,今天来看也十分重要。但长期以来 Newton 的时空观被贬低,似乎不值一提。今天,为数不少的专家学者坚持以下观点,笔者以为是正确的——空间是连续的、无限的、三维的、各向同性的;时间是物质运动的持续和顺序的标志,时间是连续的、永恒的、单向的、均匀流逝无始无终的。空间、时间都不依赖于人们的意识而存在;而且,空间是空间,时间是时间;它们都是描述物质世界的基本量。……没有理由说这些观念错了,似乎也没有需要修改的地方。

在 GR 理论中,时、空成为一个统一的连续域,共同构成四维 Riemann 几何空间。Riemann 空间是可弯曲空间;Einstein 是假设物理空间有这种性质,才奠定了他的引力理论的基础。所以 GR 的空间弯曲来自数学(微分几何),其自身不具有物理实在性。当引力存在时,该 Riemann 空间的曲率不为零,就说"时空弯曲了";如果没有引力,曲率张量为零,就说"时空是平直的"。我们不明白,这究竟是搞数学还是搞物理?百年来,Einstein 的理论(和他本人)被抬高到神圣的地步,成为一种绝对不允许怀疑的教义,这难道不是中世纪式的思想禁锢?

2005 年,费保俊[43]指出 Einstein 不把引力看成一种力,而是把它融入时空背景,即引力几何化。加速运动可以看成是引力作用所致,但也可认为是时空弯曲所造成,而引力几何化是等效原理的必然推论。是引力导致时空流形的弯曲;但是,引力和时空结构究竟谁才是物理实在,他认为还要靠进一步的实验证明。笔者认为这些说法毫无意义——当然引力是物理实在;至于"时空结构",无人知道这是什么东西。一种理论如完全脱离了现实生活,它绝不可能是好理论。

"牛顿仍称百世师",这是笔者在 2016 年所写一首旧体诗的首句。在各种数理方程中,首要的是经典力学方程。它有 3 个互相等价的系统:Newton 体系,Lagrange 体系,Hamilton 体系。它们成为经典物理理论的基础,涉及特定的常微分方程和偏微分方程,多年来又发展了数值计算方法(如辛几何算法)。Hamilton 分析力学是 Newton 力学的飞跃。随便贬低 Newton 是无知的表现。可以说,Newton 杰出的物理思想与数学相结合就产生了精确的理论。现在的航天技术中,人们对卫星和火箭轨道的计算,仍然完全依靠 Newton 的理论。很明显,遵循 Newton 理论就不会承认"存在引力波"。王令隽先生说过一段有份量的话:"Newton 的万有引力经过了几百年科学实验和工程实践无以数计的检验。Newton 引力理论的预言导致了海王星和冥王星的发现,可见其理论预言的威力。航天科学家可以提前 3 年预算行星的位置,误差不到 1rad·s,这样的精度是惊人的。我们实在没有必要浪费笔墨在此列举 Newton 万有引力的实验检验问题,因为根本就不是问题。我们每天的饮食起居工作生活无时无刻不在检验着 Newton 万有引力的真实与正确,根本就不必要昂贵而复杂的设备来拼凑证据。相反,广义相对论的实验证据却真是个大问题。"

7 "数值相对论"方法的不可信性[16]

前面强调 EGFE 是一个高度非线性的 2 阶偏微分方程组,加之边界条件、初始条件复杂,本来是一个无法求解的数学难题,本身已不具备物理价值和意义。但人们企图用数值计算方法来克服困难,这就是 Pretorions 和 Baker 等提出的数值相对论方法(numerical relativity method),为叙述方便我们称之为 NRM。但这里有必要先谈及黑洞(black hole),这概念据说最早和 Laplace 有关,本质上却是 GR 的理论。这指的是一个特殊的"时空"区,引力为无限大,从而把物质和能量压缩到一个点(奇点),因而一切物质都将被"吸入"而无法逃脱。从根本上说黑洞概念反映的是 GR 的时空观和引力观,引力波与黑洞成为 GR 的两大预言。当然,有许多人认为所谓黑洞理论是无意义的无限大发散,而且直到 20 世纪末也没有观测到这种"天体",但"黑洞物理学"仍然蓬勃发展。2014 年,著名物理学家 Stephan Hawking 站出来说"黑洞根本不存在",而且这是自己一生中犯的最大错误(biggest blunder),但他的表态在西方物理界不起任何作用。美国 UC – Berkeley 的物理学家 R. Bousso 甚至说:"Hawking 的认错令人憎恨。"西方物理界的乱象早已不是新闻,黑洞问题是例证之一。2015 年,LIGO 说"探测到了双黑洞合并产生的引力波",这是企图一举证明黑洞理论、引力波理论都正确,当然 GR 也就一定正确。

所以,根子都在广义相对论——西方主流物理界认为 GR 是真理,黑洞存在及引力波存在都是理所当然之事。另有许多人认为(包括笔者)认为 GR 并不正确,而且是"以数学代替(合理的)物理学",没有黑洞也没有引力波。两种意见确实截然不同,而 Hawking 似乎徘徊于两者之间。……数值相对论方法,是企图用数值化技术,在先进电子计算机帮助下,证明 GR 推论的正确。也就是说,NMR 要为主流观点出力。例如,LIGO 怎样面对奇点和无限大发散?数值计算可以通过选择边界条件和初始条件(积分限)来避开发散区。这种边界条件和初始条件的选择非常随意。这里除了解决高度非线性的偏微分方程所须的诸多自由参数,还有指定边界条件和初始条件所须的自由参数。自由参数一多,可能的预言也就非常之多。有什么样的自由参数,就会产生出什么样的预言(波形),故整个数学模型就没有什么意义。总之,必须了解 NMR 在实际上是如何操作的。

LIGO 的引力波探测程序是这样的。首先按照 GR,两个黑洞碰撞合并过程会产生引力波。用数值相对论方法计算,根据不同的参数,可以得到一大堆引力波的理论波形。LIGO 把这些数据存储在波形库里,称为样版波形(template waveform),用来衡量其他数据的好坏,根据某一组数据与这一理论标准的差别来定义统计可信性参数。差别越大的可信度越差。如此定义的可信性自然就偏向所选定的理论模型。如果按照这样的定义,随便选择任何一组数据作为标准得到的统计结果都会偏向于那组数据。

假设在相差 0.7ms 的两个时刻,两台相距 2000km 的激光干涉仪上都出现一个形状相似的波形。LIGO 计算机系统就会自动地把这个两波形与数据库中的理论引力波形进行比较。如果波形库中恰好一个理论波形与激光干涉仪上出现的这两个波形类似,LIGO 就认为测量到引力波。根据这个理论波形的预设条件,LIGO 还推断说,在离地球多少亿光年的某个地方,有两个多少质量的两个黑洞碰撞。多少个太阳质量被转化成引力波传到地球,产生激光干涉仪上的这两个波形。但这样的统计可信性定义的方法显然是荒唐的,根本不足以证明干涉仪所收到的波形一定是他们推想的 13 亿光年以外的那个"双黑洞合并事件"。更不要说,黑洞是否真的存在还不知道;LIGO 拿不出别的天文观测实验结果作为旁证。LIGO 是把一些仅有数值模拟价值的东西当作真实物理过程。对宇宙中发生的事(或者根本未发生过的事),作"大胆推论"的作法令人吃惊。

总之,NMR 是用数值计算和拟合来模拟 Einstein 引力场方程所表现的物理过程。这个方法始于 20 世纪 60 年代,在 21 世纪初再次趋于活跃。然而程序崩溃的梦魇一直困扰着数值相对论。两个黑洞放在那里,别说要它们并合,就是让它们走两步,程序都会崩溃。后来研究者才发现,原来 Einstein 场方程存在大量非物理的形式解,这些解往往会导致指数增长,最终程序崩溃。于是程序在每次碰到这些非物理解时,就先杀掉它们,然后再顺着物理解走。虽然程序最后还是会崩溃,不过黑洞终于可以走上 10 个 Schwarzschild 半径了,但离走完一圈依然显得遥遥无期。在 GR 中时间和空间是一个整体,特别是在强引力场下,时空更显得紊乱。怎么去寻找信号的时空演化? 数值相对论使用 3 +1 的方法,把时空分割成三维空间切片和一维时间。数值相对论的目的是算引力波波形,但规范选择存在 4 个自由度,如何知道这确实是物理的变化引起? 是一个难题。

当用 NR 计算黑洞时,由于它的方程更多,变量更多,因此变量的耦合也更多。除了存在大量非物理解会导致程序崩溃外,还要面对物理量随时间的演化。时间和空间纠缠在一块,想要研究物理量随空间分布,坐标系会不断被黑洞吞噬。

可见,数值相对论存在太多的随意性。为了让计算机避开奇点能够运行,程序设计者不得不添加大量限制条件,对演算过程作太多的人为干预。为了计算海量的波形库,全球几十个研究机构许多台计算机日夜不停地运转。方程的非线性可能产生蝴蝶效应,一个小小的初始边界条件的改变会被不断地放大,从而导致巨大的误差,现在既然 LIGO 实验用 NRM 计算双黑洞合并过程,就有可能得到引力波能量相互矛盾的结果。对于非线性过程,由于蝴蝶效应无法避免,NRM 的有效性值得怀疑。

总之,LIGO 通过计算机的大量计算,建立一个具有海量信息的波形库。LIGO 干涉仪获得应变数据后,会与这个波形库中的各种波形进行对比,找到和干涉数据最匹配的波形。所谓的"13 亿光年远处两个黑洞的合并"只是计算机的模拟结果,不是真实的物理事件。

LIGO 采用数值相对论计算方法还有更严重的问题。由于两个 Einstein 黑洞的碰撞涉及奇点,带来许多不确定因素。计算过程需要不断地进行参数调整,以避开无穷大问题,否则计算无法进行。由于引力场方程的非线性,每次调整都使误差放大,结果最后面目全非,远远偏离运动方程的实际描述。因此,LIGO 计算机计算出来的波形已经不是引力波的波形,而是没有意义的东西。LIGO 在干涉仪上出现的波形与这种所谓的理论波形比较,得出发现引力波的结论。但这种比较是没有意义的,只能将观察到的波形判定为噪声。

LIGO 发现"双黑洞碰撞"的说法无法证实、十分可疑。从理论上讲,GR 认为存在奇异性黑洞,它实际是一个没有物质结构的时空奇点。在 GR 中无穷大到处出现,只能说明弯曲时空引力理论有问题。物理学上历来将出现无穷大的理论视为有问题的理论,而且问题一定出在基本概念上。奇怪的是到了 Einstein 这里,奇点的存在就变成合理的。众所周知,奇点在数学和物理上都没有意义。事实上,为了保证四维时空度规正定,在 Einstein 黑洞的视界内部,时空坐标还要互换。然而怎么互换,广义相对论从来都解释不了。事实上,天文学从来都没有观察到这种时空奇点的存在,自然界中也不可能存在这种东西。然而 LIGO 实验却认为测量到两个时空奇点碰撞产生的引力波,岂非咄咄怪事? 西方物理界确是乱象丛生,令人失望。

2017 年 10 月 16 日,LIGO 和欧洲的 Virgo 联合宣布"第 5 次探测到引力波",说这是 1.3 亿光年外的两个中子星发生了剧烈碰撞[11]。2s 后 NASA 的 Fermi 望远镜观测到 γ 射线爆发,而世界各地的天文望远镜看到了发红的余光。……但 LIGO 执行主任 D. Reitze 的说法是:是 NASA 先测到 γ 信号,仪器自动预警,LIGO 收到预警后 6min,才在自己仪器上找到 1 个信号,它比 NASA 的 γ 信号早 2s。这些说法互相矛盾——实际上如无 NASA 的预警就没有所谓"第 5 次引力波探测";况且 Virgo 根本没有探测到。再者,宇宙中几乎每天都发生 γ 暴,人类有记录的观测数以千计;为何过去 LIGO 发现不了,直到现在(在 NASA 提示下)才"发现"? 至此,LIGO 仍然不能令人信服,尽管媒体强烈鼓噪。

故本文的结论是:LIGO 实验并没有探测到引力波,所谓的"引力波发现"实际是一场计算机模拟和图像匹配的游戏。更直接地说,这是一个虚假的、与真实物理过程毫无关系的,但却忽悠了全世界的实验。是把计算机模拟当成真实物理存在,完全违背科学实证精神和物理学研究的基本原则。即使被授予 Nobel 物理奖,也无法证明整个事情的真实性。

8　讨论

这两年是媒体宣传"美国 LIGO 发现引力波"最热闹的两年,在知识界几乎人人皆知。国内有两种截然不同的反映,一种是支持和赞美[12,44],另一种则持反对态度[14-16,24,25]。分歧的根源在于对相对论的认识很不相同;过去人们的纷繁芜杂的观点,遇到引力波问题时便比较激烈地爆发开来。笔者长期研究波科学(wave sciences),虽然主要是在电磁波的层面,但对引力波问题也很关心。本文实际上是自己反复思考的总结,提供了一个反对理由的逻辑框架,写出来供大家参考。

表 1　2004—2017 年期间中国学者出版的 8 部著作

出版时间/年	作者	书名	出版单位	页数
2004	马青平[38]	相对论逻辑自洽性探疑	上海科技文献出版社	462
2007	谭暑生[45]	从狭义相对论到标准时空论	湖南科学技术出版社	454
2011	黄志洵[46]	现代物理学研究新进展	国防工业出版社	497
2013	Qing - Ping Ma[47] (马青平)	The Theory of Relativity	美国 NOVA 出版公司	503
2014	王令隽[48]	物理哲学文集(第 1 集)	香港东方文化出版社	235
2014	黄志洵[29]	波科学与超光速物理	国防工业出版社	437
2015	梅晓春[49]	第三时空理论与平直时空中的 引力和宇宙学	知识产权出版社	442
2017	黄志洵[30]	超光速物理问题研究	国防工业出版社	479

必须指出,近年来无论在国内或国外,把 Einstein 理论著作奉为"圣经"不许提反对意见的状况,已有很大改变。表 1 列出了 2004—2017 年期间中国学者(5 人)出版的 8 部专著,其内容的全部或大部是批评相对论的。这些书总共达 3509 页,考虑到有些内容与相对论无关,乘以系数 0.8 后约为 2800 页。它们不是无的放矢或哗众取宠,而是学者们心血的结晶,其中对相对论的逻辑性、实在性和可信性提出了严重的质疑。只有了解这些情况,才能认清如今在引力波问题上的分歧。当然表 1 是不完整的,也不包含大量的论文作品。不过我们可以看出,说中国科学家全都"紧跟西方人亦步亦趋"是不符合事实的。马青平的英文专著能在纽约出版,也说明西方科学界的"禁区"也越来越失效了。

笔者不是研究相对论和引力理论的专家;但由于做超光速研究,而文献早就报道了引力以超过光速很多倍的速度传播[32,33],对引力理论和引力速度测量产生兴趣,并在 2015 年写了 1 篇较长文章[50],对该领域作了较深刻的分析和总结。……此外,2014—2016 年笔者提出建设具有中国特色的基础科学[51,52],引起了广泛反响。文章[52]中有一个论断"今天的西方基础科学界或已乱象丛生",其中说:"近代自然科学是诞生于欧洲,直到现在欧美科学界仍是世界范围内基础科学的领跑者,而中国科学家又如此习惯于跟在西方人后面亦步亦趋;但是,曾经产生许多卓越科学思想和定理定律的西方科学界,似已在基础科学的若干门类(物理学、天文学、宇宙学等)中出现了乱象丛生的状况,在认识客观规律的困难越来越大时呈现了焦虑感、胡乱猜测,甚至不够诚实等现象。他们一会儿这么说,一会儿又那么说……那么,对于作为文明古国(也是大国)的中国来说,她的科学工作者难道不该抛弃旧有习惯作法,走一条独立思考之路吗?"然后列举了几个方面的事实作为例证:①对基本的物质构成丧失信心,沉迷于寻找所谓暗能量和暗物质;②荒唐的"大爆炸宇宙学";③连黑洞是否确实存在都不完全确定的"黑洞物理学";④寻找"引力波"陷入盲目性;⑤沉迷于寻找"超对称粒子"但毫无结果。关于①,文章说正确认识物质是科学家的第一要务,在这方面西方科学界曾经做得非常好——分子、原子、中子、质子、电子、正电子……这个人类认识史一路走来,可谓光辉夺目。很可惜,近年来他们似乎陷入迷茫,提出的认识物质的新理论似是而非,令全世界的科学工作者不知所措。一个时期以来,西方天文学家的研究,特别是哈勃太空望远镜(Hubble Space Telescope,HST)的观测,表明长久以来人们对明亮宇宙(即包含许多发光天体的宇宙)的注意,已让位给原来非常生疏的方面,即所谓暗物质(DM)和暗能量(DE)。然而,这二者都是看不见的。我的文章继续说:"按过去的老习惯,中国科学界跟了上去,申请立项、要求拨款等。但是,这种'紧跟'其实是盲目的。2010年6月英国一些科学家指出,以标准模型为基础的计算(它导致认为已知部分只占宇宙物质的4%)可能有致命缺陷,所谓'占宇宙构成96%的暗物质和暗能量'可能并不存在,这都肇因于计算宇宙方法的错误。"

在这篇发表于2016年8月的文章中[52],对美国LIGO宣布"探测到引力波"提出了批评。文章说,LIGO的宣布是由于"收到了一个信号"——两台探测仪(相距3000km)都收到,但时差7.1ms。这不像是真正令人完全相信、十分放心的科学发现方式,因为你无法确认它真的是由"引力波"造成的,它也可能来自别的原因。目前的"发现"离当年(1887年)Hertz发现电磁波的实验还有很大差距,关键之点在于,LIGO是采用数值相对论方法,即数学建模。现在是把收到的一个信号(only one signal)与庞大数据库中的大量波形资料作比对,根本未作客观而实在的天文学观测和物理学实验。这样的结果怎能令人信服? 数据是偶然性的,不可能重复,却要人们相信"在13亿年前两个黑洞碰撞、合并、产生了引力波";还是先找找旁证再说吧!

那么,根本问题出在哪里? 黑洞、虫洞、奇点、引力波……这些东西均来自广义相对论,即GR的时空弯曲理论。然而,2014年出版的书 *interstellar*(即《星际穿越》)中[53],作者K. Thorne承认"空间与时间的混合与直觉相悖";又说"人类对时空弯曲不甚了解,也几乎没有相关实验和观测数据"。这就足够说明问题了——一贯支持相对论并以其作为指导思想的美国CIT教授Kip Thorne(最早提出LIGO项目建议的人,也是2017年Nobel物理奖获得者之一),也认为时空一体化和时空弯曲都存在问题。"引力波"的整个思路太像是对电磁学发展(其最重要的事件是发现电磁波)的模仿,"寻找引力子"则更像是一个天方夜谭式的故事。

以上写于大约两年前的文字,今天读之仍觉得无须修改,因为它们简单扼要、击中要害;故将其收录于这篇文章中。我们必须承认,GR理论存在问题。为什么量子力学自问世以来,反对的意见不多,应用的领域却日广;而相对论自问世以来,反对之声不绝于耳,其应用则远不及Newton经典力学? 这不禁使人深思。

参 考 文 献

[1] Newton I. Philosophiae naturalis principia mathematica. London：Roy Soc,1687. 中译：王克迪,译,自然哲学之数学原理. 西安：陕西人民出版社,2001.

[2] 刘辽,赵峥,广义相对论. 2 版,北京：高等教育出版社,2004.

[3] Einstein A. Zur elektrodynamik bewegter Korper. Ann. d Phys. 1905, 17（7）：891－895. 中译：论动体的电动力学. 范岱年,赵中立,许良英,译,爱因斯坦文集. 北京：商务印书馆,1983,83－115.

[4] Kiefer C. Quantum gravity. Oxford：Oxford University Press, 2004,2007,2012.

[5] Einstein A. 论引力波. 爱因斯坦文集. 范岱年,等译. 北京：商务印书馆,1983,367－383.

[6] Einstein A. Rosen N. On gravicational waves. Franklin Inst, 1937, 223：43.

[7] Weber J. Evidence for discovery of gravitational radiation. Phys Rev Lett, 1969, 22：1320－1324. 又见：胡恩科. 引力波探测. 21 世纪 100 个科学难题. 长春：吉林人民出版社,1998;22－28.

[8] Abbott B P, et al. Observation of gravitational wave from a 22－solar mass binary black bole coalcs－cence. Phys Rev Lett, 2016,116：241103 1－14.

[9] Abbott B P, et al. Observation of gravitational wave from a binary black hole merger. Phys Rev Lett, 2016, 116：06112 1－16.

[10] Abbott B P, et al. GW170814：A three－detector observation of gravitational waves from a binary black hole coalescence. Phys. Rev. Lett. , 2017, 119：141101, 1－16.

[11] Abbott B P, et al. GW170817：Observation of gravitational waves from a binary neutron star inspiral. Phys. Rev. Lett. , 2017, 119：161101, 1－18.

[12] 高鹤. 诺奖算个啥,电磁对应体才是我想要的. 科技日报,2017－10－19.

[13] 黄志洵. 科海浪花集. 北京：中国计量出版社,1988.

[14] 黄志洵,姜荣. 试评 LIGO 引力波实验. 中国传媒大学学报(自然科学版),2016,23(3)：1－11.

[15] 黄志洵. 再评 LIGO 引力波实验. 中国传媒大学学报(自然科学版),2016,23(5)：8－13.

[16] 梅晓春,俞平. LIGO 真的探测到引力波了吗. 前沿科学,2016,10(1)：79－89.

[17] Ulianov P Y. Light fields are also affected by gravitational waves, presenting strong evidence that LIGO did not detect gravitational waves in the GW150914 event. Global Jour Phys, 2016, 4(2)：404－420.

[18] Mei X. Huang Z, Ulianov P. Yu P. LIGO experiments cannot detect gravitational waves by using laser Michelson interferometers. Jour Mod Phys, 2016（7）：1749－1761.

[19] 梅晓春,黄志洵,P Ulianov,等. LIGO 实验采用迈克逊干涉仪不可能探测到引力波. 中国传媒大学学报(自然科学版),2016, 23(5)：1－7.

[20] Ulianov P, Mei X, Yu P. Was LIGO's gravitational wave detection a false alarm. Jour Mod Phys, 2016（7）：1845－1865.

[21] Engelhardt W. Open letter to the Nobel Coremittee for Physics DOL：10. 13140/RG 2. 1. 4872. 8567, Dataset June 2016, Retrieved 24 Sep 2016.

[22] 黄志洵,对 LIGO 所谓"第三次观测到引力波"的看法. 前沿科学,2017, 2,76－78.

[23] Creswell J, Hausegger S, Jackson A, et al. On the time lags of the LIGO signals, abnormal correlation in the LIGO data. Jour. of Cosmology and Astroparticle Phys. , 2017, August, 1－5.

[24] Mei X C(梅晓春), Huang Z X(黄志洵), Ulianov P, et al. The latest and stronger proofs to reveal the fraudulence of LIGO's experiments to detect gravitational waves. A letter to Nobel Prize Committee, Oct. 1, 2017, 1－32.

[25] 梅晓春,黄志洵,胡素辉,等. 评 LIGO 发现引力波实验和 2017 年诺贝尔物理奖. 科技文摘报,2017－10－20(34～35). http://www. zgkjxww. com/qyfx/ 1508916503. html.

[26] 罗俊. 牛顿平方反比定律及其实验检验. 见：10000 个科学难题(物理学). 北京：科学出版社,2009.

[27] 周光召,等. 中国大百科全书(物理学). 北京：中国大百科全书出版社,2009.

［28］耿天明. 对超距作用的再思考. 第 242 次香山科学会议论文集. 北京前沿科学研究所,2004.

［29］黄志洵. 波科学与超光速物理. 北京:国防工业出版社,2014.

［30］黄志洵. 超光速物理问题研究. 北京:国防工业出版社,2017.

［31］Lämmel R. Minutes of the meeting of 16 Jan. 1911. 戈革译,爱因斯坦全集:第 3 卷［C］. 长沙:湖南科学技术出版社,2002.

［32］Eddington A. Space, time and gravitation. Cambridge:Cambridge Univ Press, 1920.

［33］Flandern T. The speed of gravity:what the experiments say. Phys Lett, 1998, A250:1 – 11.

［34］Sangro R, et al. Measuring propagation speed of Coulomb fields. arXiv:1211, 2913, v2［gr – qc］, 10 Nov 2014.

［35］Weinberg S. Gravitation and cosmology. New York:John Wiley, 1972. 中译本:邹振隆、张历宁,译. 引力论和宇宙论. 北京:科学出版社,1980.

［36］俞允强. 广义相对论引论. 2 版. 北京:北京大学出版社,1997.

［37］王令隽. 对中国物理界建议书. 前沿科学,2017,11(2),51 – 75.

［38］马青平. 相对论逻辑自洽性探疑. 上海:上海科技文献出版社,2004.

［39］谢处方,饶克谨. 电磁场与电磁波. 2 版. 北京:高等教育出版社,1987.

［40］Einstein A. The meaning of relativity. Princeton:Princeton University Press, 1922. 中译本:相对论的意义. 上海:上海科技教育出版社,2001.

［41］鲁绍曾. 现代计量学概论. 北京:中国计量出版社,1987.

［42］Fok F. The real time. New Scientist, 2013(14 oct):15 – 16.

［43］费保俊. 相对论与非欧几何. 北京:科学出版社. 2005.

［44］赵峥,刘文彪,张轩中. 引力波与广义相对论. 大学物理,2016,35(10):1 – 10.

［45］谭暑生. 从狭义相对论到标准时空论. 长沙:湖南科学技术出版社,2007.

［46］黄志洵. 现代物理学研究新进展. 北京:国防工业出版社,2011.

［47］Ma Q P. The theory of relativity. New York:NOVA publisher, 2013.

［48］王令隽. 物理哲学文集(第 1 卷). 香港:东方文化出版社,2014.

［49］梅晓春. 第三时空理论与平直时空中的引力和宇宙学. 北京:知识产权出版社,2015.

［50］黄志洵. 引力理论和引力速度测量,中国传媒大学学报(自然科学版),2015,22(6):1 – 20.

［51］黄志洵. 建设具有中国特色的自然科学. 中国传媒大学学报(自然科学版),2014,21(6):1 – 12. 又见:黄志洵,建设具有中国特色的基础科学. 前沿科学,2015,9(1):51 – 65.

［52］黄志洵. 再论建设具有中国特色的基础科学. 中国传媒大学学报(自然科学版),2016,23(4):1 – 14.

［53］Thorne K. The science of interstellar. New York:Cheers Publishing, 2014. 中译:星际穿越. 苟利军,等译. 浙江人民出版社,2015.

［54］王令隽. 广义相对论百年终评. 现代物理,2016,6(4):99 – 123.

Did the American LIGO Really Find Out the Gravitational Waves? – Question the Concept of Gravitational Wave and 2017 Nobel Prize in Physics

Zhixun Huang[1] **Rong Jiang**[2]

(1 Beijing 100024, College of Information Engineering in Communication University of China; 2 Hangzhou 310018, Communications University of Zhejiang)

On September 14, 2015, two detectors of the American Laser Interferometric Gravitational Wave Observatory (LIGO) received a transient signal almost simultaneously; according to this, the LIGO team announced: "We have observed the gravitational wave from the merger of two black holes. Because the detected waveform is consistent with the prediction of general relativity". The related paper was published in the Phys. Rev. Lett on February 12, 2016. After that, LIGO continued to release the news that gravitational waves were detected. The first four times LIGO said that gravitational waves were generated by the merger of double black holes. The fifth times (announced on October 16, 2017) LIGO said that gravitational waves were produced by the merger of double neutron stars. On October 3, 2017, the Nobel Committee announced that three American scientists from LIGO won the Nobel Physics Award of the year.

Looking back, in 1887 the German physicist H. Hertz proved the existence of electromagnetic waves by experiments, thus confirming the theoretical prediction of J. Maxwell. The widespread use of electromagnetic waves in the 20th century has dramatically changed human life. Therefore, in the 21st century, if another new form of volatility (such as gravitational waves) is discovered, it is a great event and should be warmly welcomed. However, this discovery must be credible and reliable and must stand the test of practice. Unfortunately, the "American LIGO Discovery Gravitational Wave", which has been widely publicized, cannot meet these basic requirements. Despite the news being spurred by the media, scientists from many countries (China, Britain, Germany, Denmark, Brazil) have raised questions. However, the Nobel Committee will not reply.

On November 3, 2018, a paper "Wave goodbye? Doubts are being raised about 2015's break-

---

注:2018 年 11 月 3 日,英国刊物 *New Scientist* 发表文章,对美国 LIGO"于 2015 年发现引力波"一事表示怀疑。12 月 4 日宋健院士致函本书作者,指出早在 2017 年就有 3 位中国科学家(梅晓春、黄志洵、胡素辉)联合著文,对"LIGO 发现引力波"提出质疑。2019 年 2 月 3 日黄志洵、姜荣提出一篇较短更精炼的中文论文:"美国 LIGO 真的发现了引力波吗? ——质疑引力波概念及 2017 年度 Nobel 物理奖"(见 Sci. Net. ,http://blog. sciencenet. cn/blog – 1354893 – 1160629. html);3 月 13 日完成了中译英工作。现将两者收入本书,先刊印英文稿,再附上中文稿,以供参考。中文稿已有数千人阅读,只有个别人提出不同意见。

through garavitational waves discovery" was published in the British scientific journal *New Scientist*. In the paper, a team at the Bohr Institute of Physics in Copenhagen, Denmark, after studying the effects of noise concluded that "the decisions made during the LIGO analysis are opaque at best and probably wrong." On December 4, in a short letter written to Professor Zhixun Huang academician Jian Song pointed out that the gravitational wave discovered by LIGO in 2016 was questioned in a paper in *New Scientist*, and the content of this paper coincides with the content of a comment written by three Chinese scientists (Xiaochun Mei, Zhixun Huang, Suhui Hu) in October 2017. It is obvious that the skeptics are not just three of you... Academician Jian Song is one of the leaders of the national science and technology community, the director of the State Science and Technology Commission, and the president of the Chinese Academy of Engineering. His concern about the gravitational wave problem indicates that this matter is also very important for Chinese scientists.

We believe that one of the most powerfully questioned LIGO paper to date is "Abnormal corrections in the LIGO data" by Hao Liu and the Danish team (Journal of Cosmology and Astroparticle Physics, Vol. 2017, Aug. 2017). However, there is still a lack of work on the basic theoretical level; we attempt to make up for this shortcoming, but try to avoid mathematical analysis and formula listing in the narrative.

1   The problems with the Einstein gravitational field equation

Our discussion begins with the basic equation of general relativity (GR), the Einstein Gravitational Field Equation (EGFE), which is written as $G_{\mu\nu} = \kappa T_{\mu\nu}$, where $T_{\mu\nu}$ is the energy momentum tensor of the material source, and κ is a constant. $G_{\mu\nu}$ is the Einstein tensor ($G_{\mu\nu} = R_{\mu\nu} - Rg_{\mu\nu}/2$). But the EGFE has obvious assumptions and patchwork traces. Although Einstein referred to Newton and Mach, how to express "gravitation makes time and space bend" (or "space – time bending causes gravity") is still a fundamental problem to be solved. Only by finding the true law of the distribution of the gauge field the left half of the EGFE can be written. However, physics experiments have never provided knowledge and laws that show gravitational geometry (only Riemann geometry can be expressed), and Einstein boldly decides $G_{\mu\nu} = R_{\mu\nu} - Rg_{\mu\nu}/2$, which is guessing and patchwork. Since the Einstein gravitational field equation is consistent with Newton's law of universal gravitation under linear approximation, it is generally assumed that this confirms the correctness of the Einstein gravitational equation. But this is wrong. To prove that EGFE is correct, it must be proved to be correct under normal circumstances, and it must be proved that Newton's law is wrong and the Einstein gravitational equation is correct under the strong field condition where linear approximation is not applicable. But there is actually no such proof.

The linear field approximation is the weak field approximation. Whether it is to prove "consistency with Newton" or to predict "the existence of gravitational waves" is to use a linear field approximation. When the gravitational field is very weak, the "space – time" is almost flat. In this case, $g_{\mu\nu} = \eta_{\mu\nu} + h_{\mu\nu}$, where $\eta_{\mu\nu}$ is the Minkowski metric and $h_{\mu\nu}$ is an infinitesimal tensor ($|h_{\mu\nu}| \ll 1$), so $g_{\mu\nu} \approx \eta_{\mu\nu}$. In addition to the weak field assumptions, there is also a steady state assumption that all derivative terms for time are omitted. Under these conditions, it is hard to create an equation

($\nabla^2 \Phi = 4\pi G\rho$) similar to the Newton gravitational field equation(NGFE). However, it is assumed that $\kappa = -8\pi G/c^4$, where G is a constant in Newton's inverse square law and c is the speed of light in vacuum. This also carries the nature of speculative regulation that the size of κ is not arbitrary, but is subject to the needs here.

Therefore, there are too many assumptions and speculations in the entire derivation process of EGFE. Pre − conceived of results and setting some assumptions are often made to approach and achieve this result by mathematical means. In short, Einstein's gravitational field theory is not a re-assuring and reliable theory, so it can't replace Newton's theory. Newton's classical gravitational theory is based on the numerous experimental observations contained in Kepler's experimental law, has been tested for hundreds of years in scientific experiments and engineering practice, and has been extensively tested in science and engineering. There is never an example to prove that Newton's law of gravity is wrong. On the contrary, GR has fundamentally not self − consistent or violates basic physical facts from basic assumptions, theoretical frameworks, experimental tests, and practical applications. Therefore, it is wrong to say that general relativity is more precise than Newton's theory of gravity. Einstein's bending space − time theory is only effective when the spherical symmetry gravitational field equation is solved, and it lacks universal significance. It is not only impossible to establish geometric gravitational theory, but the geometrical effect of physical action (gravity) is a straying physics. Therefore, in 2016, Huang Zhixun wrote in a poem: "Isaac Newton has yet been a master through the centuries. "

2 Einstein gravitational field equations is impossible to solve and useless

In Newton's theory of gravity, the potential field is described using a scalar equation. The Einstein gravitational field equation is a second − order tensor equation, which is a system of equations containing six independent differential equations. Its complexity is very large and its nonlinearity is very strong. It has long been pointed out that this EGFE cannot be solved by mathematical genius. To put it bluntly, EGFE is simply useless. Einstein made the theory of gravity so complicated, and people have reason to expect that this complication will bring new discoveries. There is reason to expect that after expanding a scalar equation to a second − order tensor equation, new physics laws that were previously unknown to the physics community will be discovered. However, this complication has not brought new content. In addition to the (0,0) component, the differential equations of other components in the Einstein gravitational field tensor equation lead to infinite divergence of the space − time metric and spatiotemporal inversion , which is also contrary to the principle of the speed limit of light of SR.

In summary, EGFE is a system of equations containing six independent nonlinear partial differential equations, not only without analytical solutions, or even methods for solving them. If the complexity of the boundary conditions is taken into account, the solution is more difficult. The reason for the high degree of nonlinearity is generally considered to be due to the interaction of the energy, momentum and space − time curvature of matter (source) , so that EGFE is not only the gravitational field equation but also the motion equation of matter (source). It can also be understood that the Maxwell equations of the electromagnetic field are linear because the field and the source (such as charge) are separate and independent. But the gravitational field has energy and momentum, which must contribute to the field (source), and the effect of gravity on itself is nonlinear. It is unreasonable to force a highly nonlinear equation to be linear, but Einstein does. Otherwise, a completely unsolved equation is completely useless, which he will never accept. Not only that, it is better to derive the gravitational wave from the EGFE as the electromagnetic field derived electromagnetic wave, therefore, a large number of approximations are performed to achieve the intended goal.

3 The Einstein gravitational field equation hasn't periodic solutions of fluctuations

In 1918, Einstein published a paper on "gravitational waves". The core content is to use the retarded potential to find an approximate solution for EGFE. Strong nonlinearity has made it impossible to find a rigorous solution, so there is no gravitational wave if the inherent value of EGFE is adhered to. The approximation process under weak field conditions is $g_{\mu\nu} = \eta_{\mu\nu} + h_{\mu\nu} \approx \eta_{\mu\nu}$, However, the unique solution cannot be obtained at this time. So it is assumed that a harmonic coordinate is used, and the higher order term in the product of $g_{\mu\nu}$ in the equation of motion is removed. After a series of processing, the final target $h_{\mu\nu} = 0$ is obtained. This homogeneous equation is the same as the wave equation in electrodynamics, so there is "gravitational wave", and this wave actually "transmits at the speed of light". It is surprising to imitate the theory of electromagnetic waves to this extent. In short, the whole idea of "gravitational waves" is the imitation of the development of electromagnetics (the most important event is the discovery of electromagnetic waves). The electromagnetic wave corresponds to the photon, and then the gravitational wave also corresponds to a kind of particle called graviton. In the basic interactions of various physics, electromagnetic interactions are completely independent of gravitational interactions, however, with Einstein doing this, the two seem to be extremely similar or even equivalent. This is completely contrary to the methodology based on independent innovation in scientific research. Many physicists say that finding the graviton is an impossible task.

Moreover, GR is considered to be superior to NGFE due to the existence of high – order corrections term. If there are no high – order terms, GR is nothing. Therefore, in fact, the whole practice is to ignore the facts (there is no gravitational wave in strict accordance with the GR equation of motion), and the theoretical results of "gravitational waves" are artificially concocted.

4 Criticism of time and space integration

The theory of relativity is based entirely on the unique concept of space – time , but what does this space – time mean? In fact, people do not really understand space – time. This is the textbook that introduces the "four – dimensional vector": Three years after the creation of the special theory of relativity (SR), Minkowski proposed the concept of a four – dimensional vector, which adds time to the three – dimensional space as a whole. Since $x^2 + y^2 + z^2 - (ct)^2$ appears in the coordinate transformation (when transforming the reference system), where c is the speed of light; but $x^2 + y^2 + z^2 - (ct)^2 = x^2 + y^2 + z^2 + (jct)^2$, so it is said that jct can be used as a component of the 4 – dimensional space. After constituting the 4 – dimensional vector, $x^2 + y^2 + z^2 + (jct)^2$ represents the square of the length of the vector. At this time, it can be proved that the 4 – dimensional vector representing the position of one point does not change with the change of the reference frame. In 1908, Minkowski once said: "From now on, space and time will disappear. Only the combination of time and space can maintain an independent entity. " This quirky view was immediately accepted and used by Einstein.

We believe that this treatment has certain advantages in mathematical expression, but it violates physical reality. Adding a space vector to a time vector is virtually impossible and meaningless! Fundamentally speaking, time and space should not be mixed up together. We believe that space is continuous, infinite, three – dimensional, and isotropic. Time is the sign of the continuity and sequence of material movement, and time is continuous, eternal, one – way, and uniform, without beginning or end. Space and time do not depend on people's consciousness, moreover, space is space, time is time; they are the basic quantities that describe the material world. Space – time does not exist in metrology and SI system, and space – time does not have measurable characteristics. It is a lack of rationality to artificially construct a new parameter with different dimensions of physical quantity (called 4D space – time), thus confusing the two completely different physics concepts of time and space.

Interestingly, in the book *Interstellar* published in 2014, author K. Thorne admitted that the mixture of space and time is inconsistent with intuition, and also said that humans do not understand the curvature of space – time, and there is almost no relevant experimental and observational data. This is enough to explain the problem. Kip Thorne, a CIT professor who has consistently supported the theory of relativity and used it as a guiding ideology, was one of the first recipients of the LIGO project proposal and one of the winners of the Nobel Physics Award in 2017. He also believes that both space – time integration and space – time bending have problems. This is worth pondering.

5　The numerical relativity method adopted by LIGO is not credible

It is emphasized that EGFE is a highly nonlinear second – order partial differential equations. In addition, the boundary conditions and initial conditions are complex. It is a mathematical problem that cannot be solved. It has no physical value and meaning. However, people tried to overcome the difficulties by numerical calculation. In the 1960s, a Numerical Method of Relativity was proposed, which was abbreviated as NMR. Numerical calculation and fitting were used to simulate the physical process of EGFE. A prominent problem with this approach is that EGFE has a large number of non – physical formal solutions that tend to cause exponential growth and eventually crash the program.

According to GR, gravitational waves are generated by the collision of two black holes. According to different parameters, the theoretical waveform of a large number of gravitational waves can be obtained by numerical relativity method. LIGO stores this data in a waveform library called a template waveform to measure the quality of other data. The statistical credibility parameters are defined according to the difference between a certain set of data and the theoretical standard, and the greater the difference, the worse the credibility. The credibility thus defined is naturally biased towards the chosen theoretical model.

It is assumed that at two moments of 0.7 ms difference, a waveform of similar shape appears on two laser interferometers separated by 2000 km. The LIGO computer system automatically compares these two waveforms to the theoretical gravitational waveforms in the database. If exactly one theoretical waveform in the waveform library is similar to the two waveforms appearing on the laser interferometer, LIGO considers that the gravitational wave to be measured. According to the pre – set conditions of this theoretical waveform, LIGO also infers that there are two mass – quality black hole collisions somewhere in the billions of light years from the Earth.

However, the nightmare of the program crash has been plaguing NMR. Two black holes are placed there, not to mention merging them, even if letting them go two – step programs will collapse. This NMR method is simply not enough to prove that the waveform received by the interferometer must be the double black hole merger event that they envisioned 1.3 billion light years ago. Not to mention that it is not known whether the black hole really exists. In January 2014, British physicist Stephan Hawking said that black holes are not available, and black hole theory is the biggest mistake I made in my life. LIGO can't take other astronomical observations as a circumstantial evidence, but treats something that only has numerical simulation value as a real physical process. It is surprising to make bold inferences about what happened in the universe (or something that has never happened before).

In fact, the laser interferometer is surrounded by a lot of noise. It is entirely possible that two noises with no causal correlation but similar waveforms appear on both interferometers. In an paper published in September 2017 by J. Creswell of the Bohr Institute in Copenhagen, Denmark, it's pointed out that many noise waveforms were found in the LIGO database, which is very similar to the gravitational waveforms. Eight noise waveforms similar to gravitational waves appear in In 24 seconds, so it can be seen that noise waveforms appear very frequently. A similar phenomenon was found in Chinese experts' research. In fact, dozens of such similar waveforms were found from the data provided by LIGO within a few minutes before and after the GW150914 gravitational wave burst. This explains why LIGO can find the signal of gravitational wave bursts so frequently. Double black hole merger is a more violent astronomical phenomenon than supernova explosion. How double black hole merger occur once in a few months, may n't it?

6　Gravitational propagation velocity is superluminal speed rather than speed of light

The sunlight travels at the speed of light, and it takes 8.3 minutes from the sun to the earth. How long does it take for the solar gravitation to reach the earth? Einstein thinks it is also 8.3 min, because he determines that gravity is transmitted at the speed of light. How absurd this is! The gravitational force of the sun on the earth will never be so slow. In the Newton era, it was known that the speed of light was finite, and it took about 8 minutes for the sunlight to reach the Earth. But the gravitational force of the sun on the earth is definitely much faster than the speed of light. This is what Newton knows and believes, but Newton did not say that gravity is spreading at infinite speed. In fact, two famous scientists (Professor R. Lämmel of Germany and Professor Max Born of the U-nited Kingdom) told Einstein in person long ago that some things are faster than light, such as gravi-ty. But Einstein did not accept it, because the SR had been published (1905), and later GR was published (1915), and Einstein could not change it. As a result, he said that the gravitational field propagation velocity is the speed of light, and the gravitational wave propagation velocity is also the speed of light, and the field and the wave are not divided. In fact, if the gravitational force genera-ted by the sun propagates outward at the speed of light, then when gravity reaches the earth, the earth has moved forward by a distance corresponding to 8.3 min. In this way, the sun's attraction to the earth is not on the same line as the earth's attraction to the sun. The effect of these Misaligned Forces is to increase the orbital radius of the stars orbiting the sun, and the distance between the Earth and the Sun will double in 1200 years. But in reality, the Earth's orbit is stable, so it can be concluded that the gravitational velocity is much faster than the speed of light. In 1998, T. Flandern pointed out that the speed of gravitational propagation is $v_G = (10^9 \sim 2 \times 10^{10})c$.

The similarity between Newton's law of universal gravitation and Coulomb's law of electrostatic force also proves that the gravitational field is a static field, and the fact that both gravitational and electrostatic forces propagate at superluminal speed further illustrates this point. Since the gravita-tional field is a static and non-curl field, gravitational waves do not exist. We believe that the idea is completely wrong, which the gravitational propagation velocity and the gravitational wave velocity are both speeds of light. It is not only does not conform to the facts, but also confuses the gravita-tional interaction with the electromagnetic interaction. "Gravitational velocity" and "gravitational wave velocity" are different concepts. A long time ago, many famous scientists knew that gravita-tional propagating speed was much faster than the speed of light ($v_G \gg c$). They generally believed that if gravitational force propagates at a finite speed (speed of light c), the planets moving around the sun will be unstable due to torque. The relativists insist that gravity is transmitted at the speed of light in order to defend SR, because the theory holds that there is no possibility of superluminal speed, but this has been denied by the facts.

7 Conclusion

In this paper, it is considered that the basic physical principle determines that gravitational waves cannot exist, and the reason why the proposition is not credible is discussed from the theoreti-cal level. The Einstein gravitational field equation is the basic equation of the GR theory, but its derivation has assumptions and patchwork. The physical effect of the gravitational field is reflected by the metric tensor of the Riemann space, and it is necessary to know the law of the distribution of the metric field. However, since there is no practical observational knowledge that can be relied up-on, the gravitational field equation is derived using speculative reasoning. Although the gravitational field equation is derived, it is practically unsolvable because it is very complex and highly nonlinear. However, an equation that cannot be solved is something that is useless to humans, so Einstein derives gravitational waves by weak field approximation. This is an attempt to imitate the theory of electromagnetics, but this is not reasonable. Even LIGO said that gravitational waves are generated quickly when there is a dramatic astronomical phenomenon. Such gravitational field is not a "weak field", which contradicts the theoretical premise. In short, the nonlinearity of the Einstein gravitational field equation results in a non − harmonic solution.

In this paper, Minkowski's space − time integration is criticized. Furthermore, the numerical relativity method adopted by LIGO was criticized. The final conclusion is that gravitational waves are a meaningless concept, lack physical reality, and misleading. As for the issuance of the 2017 Nobel Physics Award, we believe it is wrong.

In the writing, this paper refers to the discussion of the Professor of LingjunWang and the Professor of Xiaochun Mei. We would like to express my gratitude!

References

[1] Abbott B P, et al. Observation of gravitational wave from a 22 − solar mass binary black hole coalescence. Phys Rev Lett, 2016,116: 241103,1 − 14.

[2] Abbott B P, et al. Observation of gravitational wave from a binary black hole merger. Phys Rev Lett, 2016,116: 06112,1 − 16.

[3] Abbott B P, et al. GW170814: A three − detector observation of gravitational waves from a binary black hole coalescence. Phys. Rev. Lett. , 2017, 119: 141101, 1 − 16.

[4] Abbott B P, et al. GW170817: Observation of gravitational waves from a binary neutron star inspiral. Phys. Rev. Lett. , 2017, 119: 161101, 1 − 18.

[5] Engelhardt W. Open letter to the Nobel Committee for Physics DOL:10. 13140/RG 2. 1. 4872. 8567, Dataset June 2016, Retrieved 24 Sep 2016.

[6] Ulianov P Y. Light fields are also affected by gravitational waves, presenting strong evidence that LIGO did not detect gravitational waves in the GW150914 event. Global Jour Phys, 2016, 4(2): 404 − 420.

[7] Mei X C, Huang Z X , Ulianov P, Yu P. LIGO experiments cannot detect gravitational waves by using laser Michelson interferometers. Jour Mod Phys, 2016 (7): 1749 − 1761.

[8] Creswell J, Hausegger S, Jackson A, et al. On the time lags of the LIGO signals, abnormal correlation in the LIGO data. Jour. of Cosmology and Astroparticle Phys. , 2017, August 1 − 5.

[9] Mei X C, Huang Z X , Ulianov P, et al. The latest and stronger proofs to reveal the fraudulence of LIGO's experiments to detect gravitational waves. A letter to Nobel Prize Committee, Oct. 1, 2017, 1 − 32.

[10] Xiaochun Mei, Zhixun Huang, Suhui Hu, et al. Comment on LIGO's discovery of gravitational wave experiments and the 2017 Nobel Prize in Physics and Technology Digest, 20, Oct. 2 017,34 − 35,http://www. zgkjxww. com/qyfx/1508916503. html.

[11] Wang L J. One hundred years of General Relativity − a critical view. Physics Essays, 28(4), 2015.

[12] Flandern T. The speed of gravity: what the experiments say. Phys Lett, 1998, A250: 1 − 11.

[13] Sangro R , et al. Measuring propagation speed of Coulomb fields arXiv: 1211, 2913, v2[gr − qc], 10 Nov 2014.

[14] Thorne K. The science of interstellar. New York: Cheers Publishing, 2014.

[15] Huang Z X. Wave Sciences and Superluminal Light Physics. Beijing, China:National Defense Industry Press,2014.

[16] Huang Z X. Study on the Superluminal Light Physics. Beijing, China:National Defense Industry Press,2017.

美国 LIGO 真的发现了引力波吗?

——质疑引力波理论概念及 2017 年度 Nobel 物理奖

黄志洵[1]　姜荣[2]

(1　中国传媒大学信息工程学院，北京　100024；2　浙江传媒学院，杭州　310018)

2015 年 9 月 14 日，美国激光干涉引力波天文台(LIGO)的两个检测器几乎同时收到一个瞬态信号。据此 LIGO 团队宣布说:"我们已从两个黑洞的合并观测到引力波，因为检测到的波形与广义相对论的预测一致。"相关的论文发表在 2016 年 2 月 12 日出版的刊物 *Phys. Rev. Lett* 上。后来 LiGO 又不断发布探测到引力波的消息，前 4 次说是由双黑洞合并产生的，第 5 次(2017 年 10 月 16 日宣布)是由双中子星合并产生的。2017 年 10 月 3 日 Nobel 委员会宣布，LIGO 的 3 位美国科学家获得当年的 Nobel 物理奖。

回顾过去，1887 年德国物理学家 H. Hertz 用实验证明了电磁波存在，从而证实了 J. Maxwell 的理论预言。20 世纪中电磁波得到了广泛的应用，极大地改变了人类的生活。因此，处于 21 世纪的今天，如果能发现另一种全新的波动形式(如引力波)，那是一件了不起的大事，应当热烈欢迎。但是，这种发现必须是可信和可靠的，要经得起实践的检验。然而很遗憾，目前被大肆宣传的"美国 LIGO 发现引力波"，并不能满足这些基本要求。尽管消息被媒体热炒，仍然有多国(中国、英国、德国、丹麦、巴西)的科学家提出了质疑。然而 Nobel 委员会一律不予回复。

英国科学刊物 *New Scientist* 于 2018 年 11 月 3 日出版的一期上，刊登了一篇文章"Wave goodbye? Doubts are being raised about 2015′s breakthrough garavitational waves discovery"(与波再见? 关于 2015 年的突破性发现，怀疑升高)。文章说，丹麦 Copenhagen 的玻尔物理研究所(Niels Bohr Institute)的一个团队对噪声影响等作研究的结论是:"the decisions made during the LIGO analysis are opaque at best and probably wrong."(根据 LIGO 分析而作的判断，往最好说也是愚笨的，甚至可能是错误的)。12 月 4 日，宋健院士给黄志洵教授写了一封短信，指出 *New Scientist* 文章质疑 LIGO 2016 年发现的引力波;但在 2017 年 10 月 3 位中国科学家(梅晓春、黄志洵、胡素辉)合写的一篇评论，内容与此文大多重合。可见质疑者并非仅你们三人。……宋健院士是国家科技界领导之一，曾任国家科委主任、中国工程院院长，他对引力波问题的关注表示这件事对中国科学家而言也是非常重要的。

我们认为，迄今为止最有力的质疑文章之一是 Hao Liu 及丹麦团队的"Abnormal corrections in the LIGO data"(Journal of Cosmology and Astroparticle Physics, Vol. 2017, Aug. 2017)。但是，目前仍缺少在基础理论层面作论述的著作;我们企图弥补这一缺陷，但在叙述时尽量避免数学分析和公式罗列。

1 Einstein 引力场方程存在的问题

我们的讨论从广义相对论(GR)的基本方程开始,即 Einstein 引力场方程(Einstein Gravitational Field Equation,EGFE),它写作 $G_{\mu\nu} = \kappa T_{\mu\nu}$,式中 $T_{\mu\nu}$ 是物质源的能量动量张量,κ 是一个常数,$G_{\mu\nu}$ 为 Einstein 张量($G_{\mu\nu} = R_{\mu\nu} - Rg_{\mu\nu}/2$)。但 EGFE 的得出有明显的假设和拼凑的痕迹。尽管参考了 Newton,还有 Mach,如何表达"引力使时空弯曲"(或说"时空弯曲造成了引力")仍是根本性的待决问题——只有找到度规场分布的真实规律,才能写出 EGFE 的左半部分。然而物理学实验从未提供过显示引力几何化的(只有 Riemann 几何才能表现的)知识和规律,Einstein 即大胆地决定 $G_{\mu\nu} = R_{\mu\nu} - Rg_{\mu\nu}/2$,这就是猜测和拼凑。由于在线性近似条件下 Einstein 引力场方程和 Newton 万有引力定律一致,人们通常以为这就证实了 Einstein 引力方程的正确。但这是错误的,要证明 EGFE 正确,必须证明它在一般情况下的正确性,必须证明在线性近似不适用的强场条件下 Newton 定律是错的而 Einstein 引力方程是正确的。但在实际上没有这种证明。

所谓线性场近似亦即弱场近似,无论求证"与 Newton 的一致性",或是预言"存在引力波",走的都是这条路。在引力场很弱时,所谓"时空"(Spacetime)几乎是平坦的,这时可取 $g_{\mu\nu} = \eta_{\mu\nu} + h_{\mu\nu}$,式中 $\eta_{\mu\nu}$ 是 Minkowski 度规,$h_{\mu\nu}$ 是一个无限小张量($|h_{\mu\nu}| << 1$);故 $g_{\mu\nu} \approx \eta_{\mu\nu}$。除了弱场假设,还有稳态假设——略去所有的对时间的导数项。在这些条件下,硬是弄出一个与 Newton 引力场方程(NGFE)一样的方程($\nabla^2 \Phi = 4\pi G\rho$)。然而,这当中是假设可取 $\kappa = -8\pi G/c^4$,其中 G 是 Newton 平方反比定律中的常数,c 是真空中光速。这也带有推测性规定的性质——κ 的大小并非任意,而是服从这里的需要。

因此,EGFE 整个推导过程有太多的假设和推测。经常是预先设想了结果,设定一些假设后通过数学手段趋近和达到这一结果。总之,Einstein 引力场理论不是令人放心的可靠理论,它无法取代 Newton 的理论。Newton 的经典引力理论是建立在 Kepler 实验定律所包含的无数实验观测结果之上的,经过了几百年科学实验和工程实践的检验,并且继续在科学和工程中接受广泛的检验,从来没有一个例子证明 Newton 万有引力定律的错误。相反,GR 从基本假设、理论框架、实验检验和实际应用都存在根本性的不自洽或者违背基本的物理事实。因此,说"广义相对论比 Newton 引力理论更精确"是不对的。Einstein 弯曲时空理论只在球对称引力场方程求解时有效,缺乏普遍意义。建立几何化引力理论不仅不可能,而且把物理作用(引力作用)几何化是把物理学引上了歧途。因此,2016 年黄志洵曾在一首诗中写道:"牛顿仍称百世师。"

2 Einstein 引力场方程是不可能求解和无用的

Newton 引力理论中描述势场的是一个标量方程。Einstein 引力场方程是一个 2 阶张量方程,是一个包含 6 个独立微分方程的方程组;其复杂性非常大,其非线性非常强。早就有人指出,这个 EGFE 是"即使数学天才也无法求解"的。说穿了,是根本无用的。Einstein 将引力理论弄得如此复杂,人们有理由期待这种复杂化会带来新的发现。期待将一个标量方程扩展为 2 阶张量方程以后,会发现此前物理学界不知道的新的物理规律。然而,这种复杂化并没有带来新的内容。除了 (0,0) 分量以外,Einstein 引力场张量方程中的其他分量的微分方程或导致时空度规的无穷大发散和时空翻转,也与 SR 的光速极限原理相悖。

　　总之,EGFE 是包含 6 个独立非线性偏微分方程的方程组,不仅没有解析解,甚至没有求解的方法。如把边界条件的复杂考虑进去,求解就更困难。关于有高度非线性的原因,通常认为是由于物质(源)的能量、动量与时空曲率的相互影响,使 EGFE 不仅是引力场方程也是物质(源)的运动方程。也可以这样理解:电磁场的 Maxwell 方程组是线性的,因为场与源(如电荷)是分开独立的;但引力场却带有能量、动量,必对自身场(源)有贡献,亦即引力对其自身的作用造成非线性。把一个高度非线性的方程强行改变为线性是不合理的,然而 Einstein 就这样做了;否则,一个完全无解的方程就等于完全无用,这是他绝不会接受的。不仅如此,最好像电磁场理论导出电磁波那样,从中导出引力波来;所以就进行大量近似化处理,以求达到既定目标。

3　Einstein 引力场方程没有波动的周期解

　　1918 年 Einstein 发表论文"论引力波",核心内容是用推迟势求 EGFE 近似解。强烈的非线性已使求出严格解成为不可能,故如坚持 EGFE 的固有价值就不会有引力波。所谓弱场条件下的近似处理是取 $g_{\mu\nu} = \eta_{\mu\nu} + h_{\mu\nu} \approx \eta_{\mu\nu}$;但这时仍不能求出唯一解,故又假设使用一种谐和坐标;而且,把运动方程中出现 $g_{\mu\nu}$ 的乘积中的高阶项去掉。经过一系列处理,得到了最终目标 $\Box^2 h_{\mu\nu} = 0$。这个齐次方程与电动力学中的波方程一样,于是"有引力波"了,而且这个波居然"以光速传播"。对电磁波理论模仿到这个程度,令人吃惊。总之,"引力波"的整个思路是对电磁学发展(其最重要的事件是发现电磁波)的模仿。然后,你电磁波不是与光子(photon)对应吗,那么我引力波也对应一种粒子叫引力子(graviton)。在各种物理学基本相互作用中,电磁相互作用本来完全独立于引力相互作用;然而让 Einstein 这么一搞,二者似乎极其相似甚至等同了。这完全违背了科学研究中以独立创新为基础的方法论。许多物理学家说:"寻找引力子是不可能完成的任务。"

　　况且,GR 正是由于存在高阶修正项,才被认为比 NGFE 优越。如果没有高阶项,GR 就什么也不是了。因此,实际上整个作法是无视事实(严格按照 GR 运动方程就没有引力波),人为地炮制"有引力波"的理论结果。

4　对时空一体化的批评

　　相对论完全建立在对时空的独特理念之上,但这个 spacetime(译作"空时"或"时空")究竟是什么意思? 其实人们并不真的了解。教科书中是这样介绍"四维矢量"的:狭义相对论(SR)创立 3 年后,Minkowski 提出四维矢量概念,即把三维空间加上时间作为一个整体。由于坐标变换中(变换参考系时)出现 $x^2 + y^2 + z^2 - (ct)^2$,这里 c 是光速;但是

$$x^2 + y^2 + z^2 - (ct)^2 = x^2 + y^2 + z^2 + (\mathrm{j}ct)^2$$

因此就说 $\mathrm{j}ct$ 可作为四维空间的一个分量。构成四维矢量后,$x^2 + y^2 + z^2 + (\mathrm{j}ct)^2$ 代表该矢量长度的平方;这时可以证明代表一点位置的四维矢量不随参考系变化而改变。1908 年 Minkowski 曾说:"从今以后空间、时间都将消失,只有二者的结合能保持独立的实体。"这种古怪的观点立即被 Einstein 接受和使用。

　　我们认为这种处理方式虽在数学表达上有某些好处,但恰恰违反了物理真实性(physical

reality）。把空间矢量与时间矢量"相加"，在实际上不可能，也没有意义！从根本上讲不应把时间和空间混为一谈。我们认为，空间是连续的、无限的、三维的、各向同性的；时间是物质运动的持续和顺序的标志，时间是连续的、永恒的、单向的、均匀流逝无始无终的。空间、时间都不依赖于人们的意识而存在；而且，空间是空间，时间是时间；它们都是描述物质世界的基本量。所谓 spacetime 在计量学及国际单位制 S1 中是不存在的，也不具有可测量的特性。人为地以不同量纲的物理量来构造一个新的参量（所谓四维时空），从而把时间和空间这两个完全不同的物理学概念混为一谈，是缺乏合理性的作法。

有趣的是，2014 年出版的书 *Interstellar*（《星际穿越》）中，作者 K. Thorne 承认"空间与时间的混合与直觉相悖"；又说"人类对时空弯曲不甚了解，也几乎没有相关实验和观测数据"。这就足够说明问题了——一贯支持相对论并以其作为指导思想的美国 CIT 教授 Kip Thorne（最早提出 LIGO 项目建议的人，也是 2017 年 Nobel 物理奖获得者之一），也认为时空一体化和时空弯曲都存在问题。这值得我们深思。

5 LICO 采用的数值相对论方法不可信

前面强调 EGFE 足一个高度非线性的 2 阶偏微分方程组，加之边界条件、初始条件复杂，本来是一个无法求解的数学难题，本身己不具备物理价值和意义。但人们企图用数值计算方法来克服困难——20 世纪 60 年代有人提出数值相对论方法（numerical method of relativity），简记为 NMR，是用数值计算和拟合来模拟 EGFE 所表现的物理过程。这个方法的一个突出问题是，EGFE 存在大量非物理的形式解，这些解往往会导致指数增长，最终使程序崩溃。

按照 GR，两个黑洞碰撞合并过程会产生引力波。用数值相对论方法计算，根据不同的参数，可以得到一大堆引力波的理论波形。LIGO 把这些数据存储在波形库里，称为样版波形（template waveform），用来衡量其他数据的好坏。根据某一组数据与这一理论标准的差别来定义统计可信度参数，差别越大的可信度越差。如此定义的可信度自然就偏向所选定的理论模型。

假设在相差 0.7ms 的两个时刻，两台相距 2000km 的激光干涉仪上都出现一个形状相似的波形。LIGO 计算机系统就自动地把这两个波形与数据库中的理论引力波形进行比较。如果波形库中恰好一个理论波形与激光干涉仪上出现的这两个波形类似，LIGO 就认为测量到引力波。根据这个理论波形的预设条件，LIGO 还推断说，在离地球多少亿光年的某个地方，有两个多少质量的黑洞碰撞。

然而程序崩溃的梦魇一直困扰着 NMR；两个黑洞放在那里，别说要它们合并，就是让它们走两步，程序都会崩溃。这种 NMR 方法根本不足以证明干涉仪所收到的波形一定是他们推想的 13 亿光年以外的那个"双黑洞合并事件"。更不要说，黑洞是否真的存在还不知道。2014 年 1 月英国物理学家 Stephan. Hawking 说："黑洞是没有的，黑洞理论是我一生中所犯的最大错误。"LIGO 拿不出别的天文观测实验结果作为旁证，是把一些仅有数值模拟价值的东西当作真实物理过程。对宇宙中发生的事（或者根本未发生过的事），作"大胆推论"的作法令人吃惊。

实际上激光干涉仪处于大量噪声的包围中。两个没有因果关联，但波形相似的噪声同时出现在两个干涉仪上是完全可能的。丹麦哥本哈根 Bohr 研究所的 J. Creswell 等于 2017 年 9 月发表的文章，指出他们在 LIGO 的数据库中找到许多噪声波形，与所谓的引力波形非常相似——8 个与引力波相似的噪声波形出现在 24s 的时间内,可见其出现的频率很高。在中国专家的研究中也发现类似的现象,事实上,在 GW150914 引力波爆发的前后几分钟内,就从 LI-GO 提供的数据中找到几十个这种类似的波形。这就解释了为什么 LIGO 能够如此频繁地"发现"引力波爆发信号。双黑洞合并是比超新星爆发更为剧烈的天文现象,怎么可能几个月来一次?

6　引力传播速度是超光速而非光速

太阳光以光速行进,从太阳到地球要走 8.3min。那么太阳引力到达地球要多少时间? Einstein 认为也是 8.3min,因为他确定引力以光速传播。这是多么荒唐! 太阳引力作用于地球绝不会那么"慢"。在 Newton 时代,人们已经知道光速为有限值,太阳光射到地球约需 8min。但太阳的引力作用于地球肯定比光速快得多,这才是 Newton 了解和相信的东西;不过 Newton 并未说过引力以无限大速度传播。……其实,很早就有两位著名科学家(德国的 R. Lämmel 教授和英国的 Max Born 教授)曾当面告诉 Einstein:"有的东西比光快,万有引力。"但 Einstein 不接受——因为 SR 已出来了(1905 年),后来 GR 也出来了(1915 年),Einstein 不能改口。结果是,他说引力场传播速度是光速,引力波传播速度也是光速,场与波都不分了。实际上,如果太阳产生的引力是以光速向外传播,那么当引力走过日地间距而到达地球时,后者已前移了与 8.3min 相应的距离。这样一来,太阳对地球的吸引同地球对太阳的吸引就不在同一条直线上了。这些错行力(misaligned forces)的效应是使得绕太阳运行的星体轨道半径增大,在 1200 年内地球对太阳的距离将加倍。但在实际上,地球轨道是稳定的;故可断定"引力传播速度远大于光速"。1998 年,T. Flandern 指出,引力传播速度 $v_G = (10^9 \sim 2 \times 10^{10})c$。

Newton 万有引力定律与 Coulomb 静电力定律的相似也证明引力场是静态场,而引力和静电力都以超光速传播的事实进一步说明了这点。引力场既然是静态的无旋场,是不会有引力波的。我们认为:"引力传播速度和引力波速度都是光速"的观点是完全错误的,不仅不符合事实,而且把引力相互作用和电磁相互作用混为一谈。"引力速度"与"引力波速度"是不同的概念。很久以前许多著名科学家就知道引力传播速度比光速大很多($v_G \gg c$),他们普遍认为引力如以有限速度(光速 c)传播,绕日运动的行星由于扭矩作用将不稳定。相对论者坚持说"引力以光速传播"是为了替 SR 辩护,因为该理论认为超光速没有存在的可能,然而这已被事实所否定。

7　结论

本文认为是基本的物理原理决定了引力波不能存在,从理论层面论述了该命题不可信的原因。Einstein 引力场方程是 GR 理论的基本方程,但它的推导有假设和拼凑的作法。引力场的物理效果被认定由 Riemann 空间的度规张量体现,需要知道度规场分布的规律。但由于没有可作依据的实际观测知识,推导引力场方程就用猜测性的推理。尽管引力场方程被导出,但它非常复杂且有高度非线性,实际上不可解。然而,一个无法求解的方程是对人类无用的东西,因此 Einstein 通过弱场近似导出引力波。这是尽力模仿电磁理论的作法,但这并不合理,连 LIGO 也说在有剧烈天文现象发生时才迅速地有引力波产生;这可不是"弱场",与理论前提相矛盾。总之,Einstein 引力场方程的非线性造成无波动解。

本文批评了 Minkowski 的时空一体化。此外，还批评了 LIGO 所采用的数值相对论方法。最终的结论是：引力波是一个无意义的概念，缺乏物理实在性且造成误导。至于 2017 年 Nobel 物理奖的颁发，我们认为是错误的。

本文在写作时参考了王令隽教授、梅晓春研究员的有关论述，谨致谢意！

参 考 文 献

［1］ Abbott B P, et al. Observation of gravitational wave from a 22 – solar mass binary black hole coalcscence. Phys Rev Lett,2016, 116:241103 1 – 14.

［2］ Abbott B P, et al. Observation of gravitational wave from a binary black hole merger. Phys Rev Lett,2016,116:06112 1 – 16.

［3］ Abbott B P, et al. GW170814：A three – detector observation of gravitational waves froma a binary black hole coalescence. Phys. Rev. Lett. ,2017,119:141101 ,1 – 16.

［4］ Abbott B P, et al. GW170817:Observation of gravitational waves from a binary neutron star inspiral. Phys. Rev. Lett. ,2017,119: 161101 ,1 – 18.

［5］ Engelhardt W. Open letter to the Nobel Committee for Physics DOL:10. 13140/RG 2. 1. 4872. 8567 ,Dataset June 2016 ,Retrieved 24 Sep 2016.

［6］ Ulianov P Y. Light fields are also affected by gravitational waves,presenting strong evidence that LIGO did not detect gravitational waves in the GW150914 event. Global Jour Phys,2016,4(2):404 – 420.

［7］ Mei X C(梅晓春),Huang Z X(黄志洵),Ulianov P,Yu P(俞平). LIGO experiments cannot detect gravitational waves by using laser Michelson interferometers. Jour Mod Phys, 2016 (7):1749 – 1761.

［8］ Creswell J,Hausegger S,Jackson A,et al. On the time lags of the LIGO signals,abnormal correlation in the LIGO data. Jour. of Cosmology and Astroparticle Phys. ,2017,August 1 – 5.

［9］ Mei X C(梅晓春),Huang Z X(黄志洵),Ulianov P,et al. The latest and stronger proofs to reveal the fraudulence of LIGO's experiments to detect gravitational waves. A letter to Nobel Prize Committee,Oct. 1 ,2017 ,1 – 32.

［10］ 梅晓春,黄志洵,胡素辉,等. 评 LIGO 发现引力波实验和 2017 年诺贝尔物理奖科技文摘报,2017 – 10 – 20(34 ~ 35). http://www. zgkjxww. com/qyfx/1508916503. html.

［11］ Wang L J(王令隽). One hundred years of General Relativity – a critical view. Physics Essays,28(4) ,2015.

［12］ Flandem T. The speed of gravity:what the experiments say,Phys Lett,1998,A250:1 – 11.

［13］ Sangro R,et al. Measuring propagation speed of Coulomb fields arXiv:1211,2913,v2[gr – qc],10 Nov 2014.

［14］ Thorne K. The science of interstellar. New York:Cheers Publishing,2014.

［15］ 黄志洵. 波科学与超光速物理. 北京:国防工业出版社,2014.

［16］ 黄志洵. 超光速物理问题研究.北京:国防工业出版社,2017.

量子理论和量子信息学

- Casimir 效应与量子真空
- "相对论性量子力学"是否真的存在
- 试论量子通信的物理基础
- 试评量子通信技术的发展及安全性问题
- 单光子技术理论与应用的若干问题

Casimir 效应与量子真空

黄志洵

（中国传媒大学信息工程学院，北京　100024）

摘要：荷兰物理学家 Hendrik Casimir 于 1948 年提出存在一种 Casimir 力——当计算两个互相平行的不带电导体板之间的能量时，电磁真空边界环境造成两板互相吸引。在经典物理中对两板的作用力不会发生，因此这纯粹是一种量子效应。Casimir 效应为"量子真空是一种物理实在"提供了直接的显示和证明。按照量子力学（QM）中的零点能（ZPE）理论，两平行金属板中场的每个模式对每块板都产生一定的压强；这种已由实验证明其存在的力使两板靠近。基本原因在于：虽然 ZPE 不能直接计算和测量，但置入两板前后的能量差值却可由计算和测量而确定，即得到 Casimir 能 E_c。

Casimir 效应使真空能（或者说真空电磁场）的存在成为可观察的效应。在这里"真空"一词是指物理真空，而非工程技术的真空。可以认为真空中放置双板后改变了真空的结构，故有两种真空：板外的常态真空或自由真空，板间的负能真空，后者的折射率小于 1($n < 1$)。对于与板垂直的电磁波传播而言，真空中的光速并不相同，变化量($\Delta c/c$)约为 $1.6 \times 10^{-60} d^{-4}$，故当 $d = 10^{-9}$m 时，$\Delta c = 10^{-24} c$。因此量子电动力学双环效应，会使电磁波的相速和群速大于真空中光速 c。虽然超光速的量很小，但却提升了对原理的兴趣。

从 1948 年至今，70 年后 Casimir 力仍然令人惊奇。Casimir 效应的普遍性使其获得了广泛应用，本文从理论和实验方面的论述提供了对现象的深刻理解。

关键词：Casimir 力；量子真空；负能真空；零点能；超光速

The Casimir Effect and Quantum Vacuum

HUANG Zhi – Xun

（Communication University of China，Beijing　100024）

Abstract：The Casimir force was predicted in 1948 by Dutch physicist Hendrik Casimir，he realized that when calculating the energy between two parallel uncharged conducting plates，the at-

注：本文原载于《前沿科学》，第 11 卷，第 2 期，2017 年 6 月，4～21 页。

traction each other resulting from the modification of electromagnetic vacuum by the boundaries. But there is no force acting between neutral plates in classical physics, so it is a purely quantum effect. The Casimir effect being a direct manifestation of physical reality, i. e. the quantum vacuum.

According to the theory of zero – point energy(ZPE) in Quantum Mechanics(QM), when we consider two parrallel uncharged conducting plates, each mode of field contributes to a pressure on the plate and other, this experimentally confirmed small forces drawing the plates together. The principle based on that, although ZPE can't be compute and test directly, but the energy difference of put – in and get – out the parallel plates are capable to compute and test, so we can obtain the Casimir energy E_c.

The Casimir effect is one observable of the existence of the vacuum energy, i.e. the existence of vacuum electromagnetic field. The meaning of this word "vacuum" is physical – vacuum, not technology vacuum. Then, we say that the change in the vacuum structure enforced by the plates. There are two kinds of vacuum, one is usual vacua or free vacua(outside the plates). Another is the negative energy vacua(inside the plates), and the refraction index less than 1($n < 1$). That cause a change in the light speed for electromagnetic waves propagating perpendicular to the plates: $\Delta c/c \approx 1.6 \times 10^{-60} d^{-4}$, and d is the plate distance. When $d = 10^{-9}$ m(1nm), $\Delta c = 10^{-24} c$. Then, a two – loop QED effect cause the phase and group velocities of an electromagnetic wave to slightly exceed c. Though the difference are very small, that raise interesting matters of principle.

Since 1948, the Casimir forces still surprising after 70 years. The Casimir effect is very general and finds applications in various situation of physics. The theoretical and experimental results described here provide a deeper understanding of the phenomenon.

Key words: Casimir force; quantum vacuum; negative energy vacua; zero – point energy (ZPE); faster than light

1　引言

1948 年,荷兰物理学家 Hendrik Casimir 发现的一个物理现象被后人称为 Casimir 效应[1-5];长期以来受到广泛重视和研究[6-10]。这是由于它为"量子真空(quantum vacuum)是物理实在"提供了直接显示和证明。演示 Casimir 效应的基本方式是取两块中性(不带电荷)的金属板,互相平行放置,而它们二者会互相吸引。这两块板子形成一种电磁边界环境,但在经典物理中,没有产生相互吸引的电动力学理由,实际上不会发生。因此,Casimir 效应是一种量子现象(quantum effect)。在量子场论(QFT)中,有所谓零点能量(ZPE),代表一种真空态的无限大能量;Casimir 最先提出了一种方法,针对这无限大真空能造成一种有限的结果,即 Casimir 力;而它又可以溯源到著名的 van der Waals 力。

实际上,Casimir 的理论工作正是由研究 van der Waals 力开始的,是 N. Bohr 建议他思考 ZPE 的影响。有趣的是,直到 1997 年才真正用实验测出了 Casimir 力的大小,在此后的 20 年中又引发了研究和应用 Casimir 效应的热潮。从科学创新角度看,给人们带来了重要的启示和教益。

2　现代物理学的真空观

物质总是以各种不同的形式,独立于我们意识之外而存在;即使是截然不同的物质形式,必定都是合理的。真空是一种客观实在,是物质的一种形态。从广义的角度看,真空是宇宙中最广大而普遍的存在;从狭义的工程角度看,真空是由于人类生活在大气层底部(那里压强最高)而产生的某种追求的结果。这种追求的实质是:在一个小容器里用真空泵设备获得局部的、缺少空气的环境,以及用传感手段来测量这种环境。这就是工程真空的实践。

对于物理真空(physical vacuum),英国物理学家 Dirac 于 1928 年提出了下述观点:真空是负能级被一切电子占据的态;或者说,在真空中充满处在负能级上的电子。过去,人们只把真空看成全空的空间区域。Dirac 采用一个新概念,即真空是一个具有最低可能能量的空间区域;只能用两种方法得到非真空态:一是把一个电子填到正能态上;二是在负能态的分布中产生一个空穴。这空穴实际上意味着与电子质量相同的粒子,但应带正电荷。他的理论开始时没有多少人重视,但在 1932 年正电子被发现了。正是 Dirac 使物理真空的理念开始建立起来。

在 1974 年出现了这样的看法:假如存在一个极强的力场,储存在力场中的能量可以在真空中产生粒子。例如,10^6Gs 以上的强磁场作用于真空时,会产生一种具有光子性质,但存在静止质量的粒子——重光子。它的寿命很短,将衰变为电子——正电子对。

种种迹象表明真空的本质不是简单的问题。Nobel 奖获得者李政道博士在 1979 年说:"真空是实在的东西,是具有 Lorentz 不变性的一种介质。它的物理性质,可以通过基本粒子的相互作用表现出来。"

因此,从现代物理学的真空观出发,不应再把真空称为"没有任何物质的空间"。从逻辑上讲,这样的空间并不存在。真空(物理真空)的确切定义是:量子场系统的最低能量状态(基态),而量子场是物质存在的基本形式;物质粒子无非是真空激发态的产物,基态即没有任何实粒子的状态。但真空中有虚粒子(virtual particles)的产生、消失和转化,反映量子场中各模式在基态仍不断地振荡(零点真空振荡)。物理真空的复杂性可由以下研究课题看出:真空凝聚、真空极化、真空对称性破缺、真空相变等。也有人提出,要从两个大方向去深入探讨:一是真空本身的性质;二是真空与粒子相互作用的性质。

回过来看工程真空。在这里,真空的工程学定义是:"气体压强小于 1atm 的稀薄气体状态。"真空度的高低主要是用压强单位来表示的:压强越低,真空度越高。毫米汞柱由汞柱高度来表示压强的单位,即以长度表示气体压强,其根据源于 Torricelli 在 1644 年的水银气压计实验。这个单位曾被工业界长久地使用过。从实践的角度看,有一根刻度尺就可以测压是非常方便的。但毫米汞柱不是一个确定性很好的单位。汞的品种、纯度、温度等因素均影响它的密度值,从而影响到定义。Torr 是为纪念 Torricelli 而采用的单位,它的大小与毫米汞柱相仿(Torr 比 mmHg 小 7×10^{-6})。在国际单位制 SI 中,压强单位是帕[斯卡](Pascal,符号 Pa),其大小为 $1Pa = 1N/m^2 = 1kg/(m \cdot s^2)$;然而 $1atm = 101325Pa$,故 $1Torr = 1atm/760 = 133.332Pa$。尽管如此,在许多科学实验室中人们仍然在使用 Torr 这个单位。1953—1970 年,人类获得真空的能力即已达到 $10^{-8} \sim 10^{-13}$Torr,这称为超高真空(UHV)。20 世纪末,这一能力提高到 $p \leqslant 10^{-14}$Torr,这称为极高真空(EHV)。

物理学家谈论 ZPE 时所说的真空,当然是物理真空,而非工程真空。Casimir 效应是表示在一定条件下 ZPE 将发生改变从而造成可观察后果。然而,笔者认为工程真空状况(实验环境中的空气压强)对实验有影响,即测量 Casimir 力应在工程真空环境中进行,甚至应保证有 UHV 条件。但从文献上看过去的实验者并没有这样做,这令人难以理解。无论如何,现有实验仍有很大的改进空间。

3　零点能理论基础[11-13]

真空有能量吗? 这个问题并不容易回答。我们知道,"真空"的工程学定义是"真空是气体压强小于 1atm(101325Pa)的稀薄气体状态"。然而,长期以来在哲学和科学上对真空的理解却是:真空是空无一物的空间(或状态),即把"真空"与"没有物质"相等同。20 世纪的科学发展使人们认识到,不存在"完全没有物质"的情况。既然物质与能量相联系,"真空能量为 0"也就不再是合理的了。这就是对"真空具有能量"这一观点的通俗说明。

然而在人们习惯使用的词汇中,能量来自能源,具有可输出、可应用的特性。正是在这种理解下,人们使用"电能"、"风能"、"太阳能"、"核能"等词语。如果提出"真空能"一词与它们并列,从表面上看非常可疑。因此,对"真空能"的看法,科学界是不一致的。有一种观点认为,ZPE 根本不能利用,因为它代表最低的量子态,不是一种"取得出来的能量"。另一种观点则提出"向真空要能量"的口号,并认为美国 Los Alamos 实验室于 1997 测出的就是零点能 ZPE,认为至少它是可测量的。

让我们回顾量子力学(QM)与统计力学结合阐述的基本理论。单个能量子(光子)的能量为

$$E = \hbar\omega = hf \tag{1}$$

式中 $\hbar = h/2\pi, h$ 是 Planck 函数。长久的实验都证明,以光电效应为基础制成的光电接收器,总是只收到以上式定量的能量或其倍数;试图"分裂光子"的仪器都不能成功,即"部分的光子"不存在。结论是清楚的——单色波的光子不可能分裂为频率相同而各自只带有原光子的一部分的两个光子,亦即能量为 $hf/2$ 的光子不存在(不可能把 1 个光子分裂为两个光子并使之带有原能量的 1/2)。

但是,QM 告诉我们一些别的情况。作为"测不准原理"的结果,不可能让一个微观粒子静止地处于势能最低点。可以用 Fourier 分析的观点把量子场看成不同频率谐振子的叠加,因此量子场即使处在基态(即物理真空)条件下也有能量。亦即在最低能态(基态)时任一频率谐振子的能量为 $hf/2$,它虽然不能输出但它确实是能量。用量子电动力学(QED)做电磁场量子化工作,首先是引入矢量势作为正则坐标,进而导出正则动量,然后把正则坐标和动量变为算符,最终给出单模电磁场的 Hamilton 算符。这样,电磁场转变为光子场,电磁场状态用光子数态(Hamilton 算符的本征态)表示。

使用 Coulomb 规范,矢位 A 满足波方程:

$$\nabla^2 A = \frac{1}{c^2}\frac{\partial A}{\partial t^2}$$

经过正则动量而求出 Hamilton 量,即

$$H = \int \frac{1}{2}(\varepsilon_0 E^2 - \mu_0 H^2)\, dV$$

积分号内的 H 为磁场强度。现在用正交模函数展开,得

$$A = \sum_{i=1}^{2} \sum_{k} \sqrt{\frac{\hbar}{2\varepsilon_0 \omega_k}} \left[a_{ki} \boldsymbol{U}_{ki}(r) e^{-j\omega_k t} + a_{ki}^* \boldsymbol{U}_{ki}^*(r) e^{j\omega_k t} \right] \tag{2}$$

式中:i 为 2 个偏振方向;k 为波矢量,波数 $k_0 = \omega \sqrt{\varepsilon_0 \mu_0} = \omega/c$,故有

$$\omega = ck_0 \tag{3}$$

然而波矢 $\boldsymbol{k}$ 的电磁波量子的动量(矢量)为

$$\boldsymbol{p} = \hbar \boldsymbol{k}$$

大小为

$$p = \hbar k_0 = \frac{hf}{c}$$

该量子的能量(标量)为 $E = \hbar\omega = hf$。

现在可由 $\prod = \varepsilon_0 A$ 求出广义动量,并变成算符,故有

$$A = \sum_{ki} \sqrt{\frac{\hbar}{2\varepsilon_0 \omega_k}} \left[\hat{a}_{ki} \boldsymbol{U}_{ki}(r) e^{-j\omega_k t} + \hat{a}_{ki}^+ \boldsymbol{U}_{ki}^*(r) e^{j\omega_k t} \right] \tag{4}$$

$$\prod = \sum_{ki} (-j) \sqrt{\frac{\hbar \varepsilon_0 \omega_k}{2}} \left[\hat{a}_{ki} \boldsymbol{U}_{ki}(r) e^{-j\omega_k t} - \hat{a}_{ki}^+ \boldsymbol{U}_{ki}^*(r) e^{j\omega_k t} \right] \tag{5}$$

经过量子化处理后,Hamilton 算符为

$$\hat{H} = \sum_{ki} \hbar\omega_k \left[\hat{a}_{ki}^+ \hat{a}_{ki} + \frac{1}{2} \right]$$

式中:$\hat{a}_{ki}^+$ 为光子的产生算符;$\hat{a}_{ki}$ 为光子的消灭算符。更简便的写法为

$$\hat{H} = \sum_{k} \hbar\omega_k \left[\hat{a}_{ki}^+ \hat{a}_{ki} + \frac{1}{2} \right] \tag{6}$$

对易关系为

$$\lfloor \hat{a}_k \cdot \hat{a}_{k'}^+ \rfloor = \delta_{kk'}$$

表征光子场的光子数态为

$$\hat{H} | n_k \rangle = \hbar\omega_k \left[n_k + \frac{1}{2} \right] \Big|_{n_k} \tag{7}$$

光子数算符(k 模式)为

$$\hat{n} = \hat{a}_k^+ \cdot \hat{a}_k$$

以上各式中 $|n_k\rangle$ 代表 n_k 个光子的状态,而其光场平均值为 0。

用谐振子量子化方法可得出与式(7)相同的结论。总体来讲,量子化之后的电磁场是用光子数算符的本征态 $|n_k\rangle$ 来描述的,它代表含有 n_k 个 k 模光子的态。用较简单的下式表示,即对单模电磁场有

$$\hat{H} = \hbar\omega \left[n + \frac{1}{2} \right] \tag{8}$$

式中:n 为光子数目。由此可知,k 模电磁场的能量不是 $n\hbar\omega$,而多出 1 项。当空间不存在光子时($n=0$),k 模的能量不为零,而是 $\hbar\omega/2$,此即 ZPE。它的发现正是电磁场量子化理论本身的成就。现在,真空在量子理论中被视为基态,记为 $|0\rangle$。可求出基态能量为

$$\langle 0 | H | 0 \rangle = \frac{1}{2} \sum_k \hbar\omega_k \tag{9}$$

实际上是说 ZPE 量为

$$E_0 = \frac{1}{2}hf \tag{10}$$

式(8)中,当 $n = 0$(没有光子的真空),仍有 1 项最小能量 E_0 存在。故 1 个量子系统在没有量子时仍有 1 份最小能量,其值恰为 1 个量子所携带能量的 1/2,即 ZPE。必须注意到这样的特点:ZPE 与温度无关;ZPE 与 n(量子系统的状况)无关;ZPE 与系统的自发发射作用的一致性(ZPE 引起自发发射)。$hf/2$ 只代表每个存在的模式具有相当于半个量子能量的辐射密度,却不表示可以存在"半个量子"或"半个光子"。

现在再看统计力学与 QM 相结合时的谐振子分析。如果温度降到 $T = 0$K(热力学零度),微观粒子也不可能没有任何运动。否则,其动量、位置可同时精确地确定,从而违反 Heisenberg 测不准关系式。实际上,当 $T = 0$K 时,微观粒子还存在振动。这个现象可由统计力学方法对多个谐振子的平均能量进行计算和阐述,结果得到

$$\bar{E} = \frac{hf}{e^{hf/kT} - 1} + \frac{1}{2}hf \tag{11}$$

式(11)就是 Planck 黑体辐射公式。它是统计力学与量子理论相结合的成果,也是量子噪声理论、受激辐射理论的基础。$\bar{E}$ 的单位是 J 或 W·s,也可以是 W/Hz。用电子学术语来说,是频谱功率密度,即单位带宽的功率。式(11)右端第 1 项是一个振荡模在频率 f 下的平均能量,第 2 项是 ZPE。这是因为取 $T = 0$K 时,第 1 项为 0,只剩下第 2 项。

总之,任何温度高于绝对零度而处于平衡温度 T 的物质,其振动(振荡)方式导致的平均能量,或者说热起伏、热辐射的功率谱密度,就是由式(11)右边第 1 项来表示的。第 2 项与温度 T 无关,即使 $T = 0$K 它仍存在,说明在绝对零度时仍有 1 项能量。令

$$p(f) = \frac{hf/kT}{e^{hf/kT} - 1} \tag{12}$$

则有

$$\bar{E} = kT\left[p(f) + \frac{1}{2}\frac{hf}{kT}\right] \tag{13}$$

故 $\bar{E}$ 取决于 hf 与 kT 之比。实际上这个比值体现了量子效应与经典效应之比,比值越大即量子效应越大(不能忽略)。笔者计算了 $p(f)$ 的值与 hf/kT 的关系(表 1)。实际上 $hf/kT > 0$,故总是 $p(f) < 1$;问题是比 1 小的程度如何。显然,频率越高、温度越低,$p(f)$ 越小。

表 1　$p(f)$ 与 hf/kT 的关系数据

hf/kT	0	0.1	0.2	0.5	1	2	3	4
$p(f)$	1	0.9506	0.9033	0.7708	0.5820	0.3130	0.1572	0.075

以上是对零点能(ZPE)的基本认识,但还需要更宏观的讨论。

4　关于真空能[14-16]

我们已经知道由电磁场量子化可以证明单模电磁场时 Hamilton 算符为 $\hat{H} = \hbar\omega\left[n + \frac{1}{2}\right]$;因而空间没有光子($n = 0$)时模式能量不是零,而是 $E_0 = hf/2$。这些在当初是由 P. Dirac 证明的,成为 QM 的基本知识。

现在的关键在于如何认识真空的本质;人们可以用高级的设备(分子泵、离子泵等)把某

个空间抽气到差不多是空无一物,但却没有办法把物理相互作用从该空间排除掉。因此,真空是"没有物质的态"并不错,但由于有物理相互作用,真空有能量涨落,它是由在很短时间内发生的虚激发过程而引起的。如果时间足够长,到平均值为0时就无法从外界观察到它的存在;这种能量涨落可理解为虚物质。总之,没有具体物质的真空,根据测不准原理必然有相互作用引起的能量涨落。从这个意义上说,真空是一种物理媒质或复杂系统,这是量子理论的重要成果之一。

必须指出,真空涨落不能因取走其能量而使之停止作用,因为它们本没有能量。有时候,在某处可能有从别处借来的正能量,结果该处出现负能量,而负能区又迅速从正能区吸收能量,因而还原到0或维持某些正能。真空涨落正是靠这种持续不断的能量借还过程所激励和驱动的。在电磁场与电磁波领域以及激光技术领域,真空涨落有实验基础,并曾用一个术语"自发发射"(spontaneous emission)来称呼它们。

假设真空能密度为 ρ_0,如按 ZPE 公式对一切频率作积分,ρ_0 将为无限大。即使对一切频率积分不合理,ρ_0 肯定也非常大(J. Wheeler 估计 ρ_0 可达 10^{35}J/m^3)。假设宇宙中真空有能量,就成为一种引力源,会产生引力场。因此,在大尺度上的宇宙学研究与在小尺度上的量子场论研究联系在一起。多年前,天文学家说发现宇宙加速扩展。现成的一种解释是用 Einstein 的宇宙常数。的确,真空能会产生斥力,但有多大呢? 量子场论认为,随机的能量起伏恒定地产生短寿命的虚粒子。然而,真空能太巨大了,施加的斥力比知道的大了 10^{120} 倍。有的粒子具有负能量,因而可省却过量部分,只留下极少的能量残余,恰可解释看到的加速。

但对"真空能"的看法,科学界是不一致的。有一种观点认为,零点能根本不能利用,因为它代表最低的量子态,不是一种"取得出来"的能量。另一种观点则提出"向真空要能量"的口号,并认为美国 Los Alamos 实验室于 1998 年通过对 Casimir 力的测量得出的 10 ~ 15J 能量就是零点能或真空能。然而,报道比较混乱,有人又把该测量结果说成是存在"负能量"(negative energy)的证明。

如所周知,Newton 的万有引力(简称引力)场方程取 Poisson 方程的形式,即引力势的 2 阶线性偏微分方程:

$$\nabla^2 \Phi = 4\pi G\rho \tag{14}$$

式中:ρ 为物质密度,代表产生引力场的源。1915 年 Einstein 提出引力场方程[1]

$$R_{\mu\nu} - \frac{1}{2}R_{\mu\nu}^g - \lambda g_{\mu\nu} = -8\pi G T_{\mu\nu} \tag{15}$$

这里,T 是引力源的动量—能量张量,$g_{\mu\nu}$ 是时空度规,$R_{\mu\nu}$ 是由度规及其微商组成的张量。$\lambda g_{\mu\nu}$ 为宇宙学项,λ 被称为宇宙学常数。近年来,λ 又被称为排斥因子。20 世纪的科学发展一直延续到 21 世纪初,许多事情都与 λ 有关。

从纯数学角度看,取 $\lambda = 0$ 方便于方程的求解。故 Einstein 场方程也写作

$$R_{\mu\nu} - \frac{1}{2}g_{\mu\nu}R = -\kappa T_{\mu\nu} \tag{16}$$

式中:g 为度规张量;R 为曲率张量;κ 是与 Newton 引力常数成正比的系数

$$\kappa = \frac{8\pi G}{c^2} \tag{17}$$

1921 年 Einstein 在美国 Princeton 大学讲学时即取式(16)而演讲的。

1917 年,天文学界发现多数旋涡星云都以巨大的速度相对银河系而退走。但恰在这个时

期,Einstein 发现只有取 $\lambda = 0$,在物理意义的解释上才能使宇宙学项相当于斥力场,从而可与引力场相平衡,获得他心中的静止宇宙。

实际上,真空能产生的作用是斥力,这与称 λ 为"排斥因子"一致。从数学上可以证明这一点,也只有通过广义相对论(GR)的方程式使我们可以看得更清楚。GR 理论给出均匀各向同性宇宙的动力学方程为

$$\ddot{R} = -\frac{4\pi}{3}G(\rho - 2\rho_{eff}R) \tag{18}$$

式中:ρ 为是宇宙平均密度;ρ_{eff} 为考虑了宇宙学常数和真空能密度时的有效宇宙密度;ρ_{eff} 定义为

$$\rho_{eff} = \rho_0 + \frac{1}{8\pi}\frac{\lambda}{G} \tag{19}$$

这些数学式为宇宙学基础理论提供了研究的入口。式(18)右边括号内第 2 项前的负号,表示 ρ_{eff} 起的作用是与 ρ 相反的,即斥力;而斥力的来源,可从式(19)得知:首先是正宇宙学常数($\lambda > 0$),其次是真空能密度($\rho_0 > 0$)。

以上只是概略而言。真正的宇宙学研究(它将确定 λ、ρ、ρ_0、ρ_{eff})是非常复杂的。在这些问题的讨论中,科学家们有非常多的困惑和待解决的问题。而且,若 GR 不正确,则上述讨论无效。必须声明,我们虽然介绍了 Einstein 的有关理论,并不表示笔者同意他的观点。

真空能问题在科学界尚无定论。然而,科学家们已提出了许多建议,做了各种努力。1984年,R. Forword 建议利用带电荷薄膜导体内聚现象从真空中提取电能。20 世纪前期,Cartan 和 Myshkin 分别独立地提出,自然界存在一种长程相互作用场——挠场(torsion field)。后来这一思想被广泛研究[17];又与 ZPE 相结合,认为挠场的能源就是真空 ZPE。挠场被认为是物体自旋造成的,是真空被自旋横向极化(spin transverse polarization)而引起的扰动。1997 年,A. Akimov 和 G. Shipov[18]在论述挠场的文章中提出,通过对物理真空的涡旋扰动,有可能从真空中取出能量。有趣的是,根据 D. Dubrovsky 的研究,认为挠场的传播速度是超光速的($v \geqslant 10^9 c$)。2000 年有报道说,有人在电解实验中找到了挠场存在的证据。2001 年初,在英国召开了关于"场推进技术"的国际会议,议题之一是"利用 ZPE 推动宇宙飞船的可能性"。这种飞船如实现,可在宇宙中长期自由飞行而无须携带燃料。此设想是基于对真空的理解(物理真空是无比巨大的能量起伏的海洋),认为只要实现动态 Casimir 效应与挠场的相干,就可以在空间任何地方提取能量。研究者们认为,21 世纪可能是 ZPE 成功实现的世纪[19]。

中国科学家的研究表明,引入挠场理论,并对物理真空进行深入研究,将有助于对电化学过程中的异常放热和核现象的理解[20-23]。在电解过程中,电极尖端或微凸起处存在不断出现的微气泡,气泡的产生、长大和坍塌过程就是空腔边界的动态过程,在谐振条件下会产生动态 Casimir 效应而吸收 ZPE。在电解过程中观察到的超常放热主要不是由于核反应放热,而是通过提取 ZPE 而放热。也就是过热的出现,是通过涡旋等离子体产生的挠场与真空 ZPE 相干以及动态 Casimir 效应两种机制而发生的。

5　双平行金属板的 Casimir 力[24, 25]

Casimir 是一位荷兰物理学家,是什么原因导致他有了著名的发现? 事情要从 van der Waals 力说起。J. D. van der Waals(1837—1923)也是荷兰物理学家,1910 年因导出气体和液

体的状态方程而获 Nobel 物理奖。他的贡献是多方面的,其中包括极化分子间的吸引力,后人称为 van der Waals 力。然而直到这位科学家去世,量子力学(QM)尚未出现。20 世纪 30 年代已有了量子力学,F. London 用 QM 推导无电偶极矩的原子间(或分子间)的吸力,解释了非极化原子间(或分子间)产生吸力的原因是零点起伏(zero-point fluctuations),亦即最子场的零点涨落(zero-point fluctuations of quantum fields)。到 40 年代,荷兰 Philips 研究所(Philips Laboratories)的科学家 H. Casimir(1909—2000)和他的同事作了进一步的研究,其成果收在 1948 年、1949 年发表的 3 篇论文之中。最早,Philips 研究所遵循 London 的路线开展研究,例如两个相互作用的原子可看成两个振荡器,间距为 d,这时简并的自然频率 ω_0 分解为 $\omega_\pm = \omega_0 \sqrt{1 \pm k}$,这里 k 是振子耦合强度,与 d^{-3} 成正比。如果一份 ZPE($\hbar\omega/2$)分配到各个频率上,则可得互作用能量

$$E \propto \frac{\hbar\omega_0}{d^6} \tag{20}$$

但 Philips 研究所的 T. Overbeek 在实验中发现了一些问题,认为 London 在计算中假设电磁相互作用是瞬时发生欠妥。如考虑光速(电磁作用速度)的有限性,在大距离上 van der Walls 势要修正。Overbeek 找到 Casimir,以及 D. Polder,他们遂投身于这一问题的研究。首先分析一个较简单的体系——单原子处在理想导电壁做成的电磁腔中,计算原子与最靠近的腔壁之间的相互作用,弄清它与距离的关系。经过对腔内场的量子电动力学(QED)处理,他们得到的结论是:原子被腔壁所吸引。这个力后来被称为 Casimir-Polder 力[1],相关能量为

$$E_c = -\frac{3}{8\pi} \frac{\hbar c \alpha}{d^4} \tag{21}$$

式中:α 为静电极化率;Casimir 和 Polder 又去计算两原子之间的吸引能量,如两原子相同就有

$$E_c = \frac{23}{4\pi} \frac{\hbar c \alpha^2}{d^7} \tag{22}$$

后来 Casimir 曾讲过这样一段话:"我在一次散步时向 Bohr 提及我的成果;他说这很好,是有新意的工作。我告诉他,我对大距离时作用公式特别简单感到困惑;他指出这或与 ZPE 有关。这就是当时的全部情况,但对我是一条新路。"

Casimir 重新演算,对腔体的每个模式分配一份 ZPE($\hbar\omega/2$),又使用了众所周知的腔模频率的微扰公式:

$$\frac{\delta\omega}{\omega} = -2\pi\alpha \frac{|E_0(x_0, y_0, z_0)|^2}{\int |E_0(x, y, z)|^2 \mathrm{d}V} \tag{23}$$

这里 (x_0, y_0, z_0) 是腔内粒子的位置,而积分在腔全部体积上进行。现在能量由腔中所有模式的总和决定,而吸引能(energy of attraction)可由取两个粒子与壁间隔的能量差而得到。Casimir 的方法,可以说是把量子电动力学问题简化为经典电磁学问题。Casimir 终于得到腔壁之间的力,它由腔的零点场(zero-point field)造成。

以上是导致 Casimir 发现的理论背景,但还未描画出具体的成功之路。Casimir 科学思想的关键点在于,当计算两块未充电(无电荷)的导体板之间的能量时,仅计算某些特定的虚光子(virtual photons)。每个模式都对板子贡献一份压强,而外部的无限多模式比内部的无限多模式的压强要大一些,这就造成有一种力量使两板靠近。而对这种力的实验证明就成为真空电磁场(vacuum electromagnetic field)存在的证据,从而增进了人们对真空的理解。现在我们

关注的东西称为量子真空(quantum vacuum),Casimir 的工作实际上是揭示出 ZPE 可能有可观察效应。

设想两块金属平板平行放置,间距为 d(图1);从电磁场理论出发的分析认为,对每个确定的波数(k),电磁波的驻波分布存在两种横极化模式,TE 和 TM。从导波理论的角度看,这是一种平行板波导结构,可能存在 TEM 模和一系列 TE_{mn} 和 TM_{mn} 高阶模。下标 m、n 称为模式指数(index of modes),一般可理解为分立(离散)的,但不排除在某种情况下出现连续变化的模式指数,除非取该指数为零。

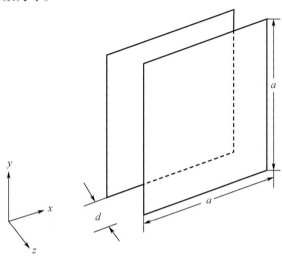

图1　Casimir 力的示意图

在 Casimir 的问题中,情况有所不同:他是要讨论由边界的存在与否引起的 ZPE 变化这种宏观量子现象,因此要把平行板不存在(自由空间)的情况与板子存在(边界存在)的情况进行对比。平行于板面的波矢($k_{//}$)在有板和无板情况下不会有区别;但垂直于板面的波矢($k_{\perp}$)在有板时模式指数是分立的(n 为离散的正整数),在无板时是连续的(n 连续变化)。一维的分析较易进行,这时取坐标方法为:x、y 轴贴近板子之一的表面,z 轴与板面垂直(在 $z = d$ 处安放另一金属板)。这时波矢 $\boldsymbol{k}$ 与材料表面垂直,其大小为

$$\boldsymbol{k} = \frac{n\pi}{d} \tag{24}$$

设同一空间分别有两种情况:无板(无腔体)的自由空间,ZPE 能量为 E_{fr}(下标 fr 为 free 的前两个字母);有板(有腔体)的空间,能量为 E_{cav}(下标 cav 为 cavity 的前三个字母)。两种情况的能量差值为

$$\Delta E = E_c = E_{cav} - E_{fr} \tag{25}$$

下标 c 代表 Casimir,亦即这差值体现一种专有能量 Casimir 能,即 E_c。若 $E_c \neq 0$,即表示置入腔体(如两块金属板)之后 ZPE 发生了变化。若 $E_c < 0$,则可知 $E_{cav} < E_{fr}$,就是说置入腔体后 ZPE 变小了。如 E_c(绝对值)与腔壁间距(d)有关,则可判断有作用力的发生,此即 Casimir 力的产生原因。在经典物理理论(如 Maxwell 电磁场理论)中,既没有 ZPE 的概念,也不会有 Casimir 力的产生。所以这个能量和这个力都是量子场论(Quantum Field Theory)的产物,如能用实验证明之,就可以反过来表示有关理论的正确性。

2000 年,R. London[26]提供了一个简单明快的推导,下面遵循他的思路进行阐述。首先定

义真空态 $|101\rangle$ 是在任何模式均无光子的态,即对一切 k 和 λ 均有 $n_{k\lambda}=0$,这里 n 是表征光子场的光子数态。这定义意味着对一切 k 和 λ 湮灭算符(destruction operator) $\hat{a}_{k\lambda}|101\rangle=0$。但在使电磁场量子化时可证明辐射 Hamilton 量为

$$\hat{H}_{\mathrm{r}} = \sum_k \sum_\lambda \hbar\omega_k \left[\hat{a}_{k\lambda}^+ \hat{a}_{k\lambda} + \frac{1}{2} \right] \tag{26}$$

式中:下标 r 代表 radiation。引入上述真空定义,能量本征值方程为

$$\frac{1}{2} \sum_k \sum_\lambda \hbar\omega_k |10\rangle = E_0 |10\rangle$$

因而得到真空能

$$E_0 = \frac{1}{2} \sum_k \sum_\lambda \hbar\omega_k = \sum_k \hbar\omega_k \tag{27}$$

在这里已对两种极化(TE 和 TM)求和。

考虑空间有一维系统(平行的双导体板),其存在仅引起分立模式。边界条件要求模式群密度 $k=n\pi/d$,故可写出腔能量(指 ZPE)为

$$E_{\mathrm{cav}} = \sum_k \hbar ck = \frac{\pi\hbar c}{d} \sum_{n=1}^\infty n \tag{28}$$

式中:c 为光速。在同一空间却没有板子时,分立的 n 应用连续变量取代:

$$E_{\mathrm{fr}} = \frac{\pi\hbar c}{d} \int_0^\infty n\,dn \tag{29}$$

故有

$$E_c = \frac{\pi\hbar c}{d} \left[\sum_{n=1}^\infty n - \int_0^\infty n\,dn \right] \tag{30}$$

引用 Euler – Maclaurin 求和公式后得到

$$E_c = -\frac{\pi\hbar c}{12d} \tag{31}$$

求出两板间吸引力为

$$F_c = \frac{\partial E_c}{\partial d} = -\frac{\pi\hbar c}{12d^2} \tag{32}$$

上述推导计算看起来平淡无奇,但它是(在简单的一维情况下)最先显示在无限的真空能(电磁真空)中如何出现有限的(少量的)改变,是过去物理学界不知道的。所以有的科学文献说这是一个迷人的成果(a fascinating result)。

然而实际世界是三维的,分析中必须包含波矢不与板垂直的那些模。假设有个矩形立方腔体,板长均为 a,板距为 d,而且 $d \ll a$,这时在 x、y 方向的求和用积分取代,演算式如下:

$$E_c = -\frac{\hbar ca^2}{\pi^2} \left\{ \sum_n \int_0^\infty \mathrm{d}k_x \int_0^\infty \sqrt{k_x^2 + k_y^2 + \frac{n^2\pi^2}{d^2}}\,\mathrm{d}k_y - \right.$$
$$\left. \frac{d}{\pi} \int_0^\infty \mathrm{d}k_x \int_0^\infty \mathrm{d}k_y \int_0^\infty \sqrt{k_x^2 + k_y^2 + \frac{n^2\pi^2}{d^2}}\,\mathrm{d}k_z \right\} \tag{33}$$

这时在 Euler – Maclaurin 求和公式中用三阶导数,最终得到

$$E_c = -\frac{\pi^2 \hbar ca^2}{720d^3} \tag{34}$$

因而有

$$F_c = \frac{\partial E_c}{\partial d} = -\frac{\pi^2 \hbar c a^2}{240 d^4} \tag{35}$$

此即 Casimir 力公式;可见 $F_c \propto a^2$(板面积越大力越大),而且 $F_c \propto d^{-4}$(间距越小力越大)。前者的原因可理解为板面积越大则内外光子数差别越发显著,后者的原因可理解为 d 越小则板间允许的模数越小(光子越少),造成力变大。……注意 Casimir 力与 Newton 万有引力的不同,后者的规律是 $F_c \propto d^{-2}$,且力的大小与两板质量乘积成正比($F_c \propto m^2$)。但对 Casimir 力而言,F_c 与金属板质量毫无关系。

由于现在是正方形导体板,面积为 a^2,故压强(单位面积的力)为

$$P = \frac{F_c}{a^2} = -\frac{\pi^2 \hbar c}{240 d^4} \tag{36}$$

取 F_c 的量纲为 dyne,a 的量纲为 cm,d 的量纲为 μm 时,式(36)为

$$P = -\frac{0.013}{d^4} \quad \text{dyne/cm}^2 \tag{37}$$

取 $d = 1\mu$m,板面积为 $a^2 = 1\text{cm}^2$,则求出 $F_c = -1.3 \times 10^{-2}$dyne $= -1.3 \times 10^{-7}$N,是很小的力,大约相当于一个直径 0.5mm 的水珠所受的重力。这种力很小,但若把 d 大大减小则可能很可观(必须注意到当 $d \to 0$ 时,$|F_c| \to \infty$)。实际上,若 $d = 10$nm,$P \approx 1$atm;故在纳米世界中这个力不可忽视,或许比 Newton 引力的重要性大得多。另外,当 $d = 1\mu$m,两板间的 Coulomb 力将大于 Casimir 力(其时两板间电压为 17mV),这个数字比较可使人们对 Casimir 力的大小有个概念。公式推导时假设材料在一切频率上均为理想反射,即板电导率为无限大,对实际材料公式需要修正。

Casimir 公式如今已成为物理学史的内容之一。但在 20 世纪 40 年代末,当 Casimir 告知著名的 W. Pauli"两块导体板间存在吸引"时,后者认为是"一派胡言"。但在 Casimir 坚持下,Pauli 最终接受了这个结果。

在物理学中,Casimir 效应(或说 Casimi 力)乍看起来有点令人匪夷所思——一对置于真空中的金属导体板(互相平行),它们之间竟会有仿佛"互相吸引力"的作用,但又不是万有引力。这个力是微小的,但比万有引力却大得多;其存在可由测量而得到证明,不过两板的间距很小时(微米级乃至纳米级)才有可测效应,当然在技术上非常困难。

量子化的电磁场是一个有无限多个谐振子的量子系统,基态存在零点振动和相应的 ZPE,而所有模式的零点振动是量子电磁场的真空涨落——虽平均值为零但均方值不为零。故量子理论认为真空有能量,总体上的大小为 $\frac{1}{2} \sum_i \hbar \omega_i$。由于自由度数 i(即振动模数 i)是无限大,ω 上限也是无限大,这个真空能是发散的而且不能观测。尽管如此,我们却可以计算和测量真空能的变化——置入两块互相平行的金属平板,构成一个开腔(open cavity),使场的边界条件发生改变,因而谐振子频率改变,造成真空态能量改变。虽然置入腔后的 ZPE 仍为发散亦不能观测,但它置入前后能量的差值却可以计算和观测。这就是 Casimir 能,记为 E_c;相应的作用在金属平板上的力即 Casimir 力,记为 F_c。现在,E_c 等于板间真空的 ZPE 与两板不存在时的 ZPE 之间的差值:

$$E_c = \left[\sum \frac{1}{2} \hbar \omega_i \right]_{\text{有板}} - \left[\sum \frac{1}{2} \hbar \omega_i \right]_{\text{无板}} \tag{38}$$

我们这样表述可得到更清晰的物理概念。

值得注意的是,上述推导给出的 E_c、F_c 的表达式都有一个负号;其物理意义是什么? 有一种看法认为,Casimlr 能是负能,二导体板间的 Casimir 力是互相吸引。"负能量"可理解为"板间的虚空比真空还空",必定产生内向力使板子靠近。正因为如此,1997 年 Lamoreaaux 的测量结果被认为是"测出了负能量";但这个问题存在争论。

6 理论研究进展

Casimir 效应是一种宏观量子现象,是从量子场论出发而演绎出来的,从经典物理的眼光看无法理解。但这并不表示经典的 Maxwell 场论(以及连带的数学方法)失去了意义。当然主要分析方法是依靠 QFT 和 QED。现在给出理论研究的一些情况和进展。

Casimir 的文章,主要的两篇难以找到(Proc. K. Ned. Akad. Wet. , 1948, Vol. 51, 793; J. Chim. Phys. ,1949, Vol. 46,407)。较易检索的是他和 Polder 合著的文章,题为"延迟对 London – van der Waals 力的影响"[1]。该文首先分析了一个中性原子与一块理想导电平板之间的相互作用,然后分析了两个中性原子之间的相互作用,都是用量子电动力学(QED)处理延迟对相互作用能量的影响。这篇文章没有引用 ZPE 概念。

1956 年,E. Lifshitz 提出了自己的理论(J. Exp. Theor. Phys. , Vol. 2,73):使用涨落耗散理论(fluctuation – dissipation theorem),他推导了关于自由能和色散作用力(dispersion interaction)的普遍公式。他的涨落电磁场(fluctuating electromagnetic field)是对 Casimir 理论的经典式模拟。后来又有多位作者使用了 Lifshitz 的方法。此外,他还支持了一项研究介电材料间吸引力的实验(Sci. Am. ,July 1960,47),促进了科学界的重视。

Lifschitz 只用 van der Waals 力也导出了 Casimir 公式;而后来 R. Jaffe 认为,解释 Casimir 力无须使用真空起伏涨落。van der Waals 力是指两静止中性球状原子间由于瞬时电偶极矩(由于瞬间的正、负电荷中心不重合)而造成的作用力。它在 0K 时本应为 0,但因存在零点振动而不是 0。就 Casimir 效应而言,该物理现象可由 ZPE 或 van der Waals 力造成。1993 年,C. Sukenik 等人用空腔做实验,板间距离可在 $0.5 \sim 8 \mu m$ 调节,用钠原子束通过置于真空中的空腔。实验表明它与量子电动力学(QED)计算相符,而非 van der waals 力。

2006 年,M. Bordag[27] 用量子场论(QFT)中的路径积分给出 E_c 的 Green 函数表达式,这种处理方法是把板间的 Casimir 能看成无质量标量场所造成的,实际上是把经典场论和 QFT 结合起来了。2010 年邱为钢[28]指出,双平板的边界条件共有 4 类:(D, D)、(D, N)、(N,D)和(N, N),这里 D 表示 Dirichlet 第一类边界条件,N 表示 Neumann 第二类边界条件。由(D, D)和(N, N)共同作用产生负能($E_c < 0$),是引力作用;由(D, N)和(N, D)共同作用产生正能($E_c > 0$),是斥力作用。这是数学与物理相结合的论述方式;是从对称性出发的。2007 年,曾然等[8]推导计算了负折射材料板间的 Casimir 作用力,讨论了负折射材料色散关系对 Casimir 效应的影响。

2009 年,M. Bordag 等[29]在英国牛津大学出版社推出了 *Advanced in the Casimir Effect* 一书,达 745 页,是研究 Casimir 效应的力作。全书分为 3 个部分:Ⅰ. 理想边界 Casimir 效应的物理数学基础;Ⅱ. 实体间的 Casimir 力;Ⅲ. Casimir 力测量及其在基础物理学和纳米技术中的应用。书末的参考文献约 700 篇,其中 Casimir 写的论文 5 篇,为了读者的方便我们列于本文参考文献中。这本由 4 人合著的书是迄今在理论研究方面水平最高、成果最多的书,具有里程碑式的意义。

2007 年,在美国耶鲁大学任教授的 S. Lamoreaux 发表了一篇回顾性文章,题为"Casimir 力:60 年后仍令人惊奇"[30]。文章说,最早的关于量子涨落和力之间的联系的惊人概念现已遍及物理学各领域,而实验家和理论家在 Casimir 力问题中同样发现了挑战性。在文章中,谈到了与精细结构常数、电子结构、黑洞理论等方面有关的应用。……2008 年是 Casimir 力这一理论发现 60 周年,其他一些文章着重指出其在理论物理方面的贡献。

7　Casimir 效应造成独特的负能真空及超光速现象

过去已有理论工作深刻地揭示了 Casimir 效应造成了量子真空的本性,并导致发生了超光速现象;这些工作的独特性需要专门进行论述。

1990 年,德国的 K. Scharnhorst[31] 和英国的 G. Barton 各在同一刊物上发表文章,声称发现了 Casimir 效应中的超光速现象(Scharnhorst, Phys. Lett., B236, 1990, 354; Barton, Phys. Lett., B237, 1990, 559);这是 1990 年上半年的事。同年 7 月,美国的 S. Ben - Menahem[32] 在同一杂志上发表了题为"双导体板之间的因果性"的论文,对前述两人的工作进行评论。这些文章都是高水平的,例如利用了量子电动力学(QED)概念和 Feynman 图进行分析。由于 Scharnhorst 的工作,笔者得出其思想和成果是:真空中放置双板后改变了真空的结构,故有两种真空:板外的常态真空或自由真空,板间的负能真空。对于与板垂直的电磁波传播而言,真空中的光速并不相同,变化量($\Delta c/c$)约为 $1.6 \times 10^{-60} d^{-4}$,故当 $d = 10^{-9}$m 时 $\Delta c = 10^{-24} c$。因此,由于量子电动力学双环效应,Scharnhorst 断定这会使电磁波的相速和群速大于真空中光速 c。虽然超光速的量很小,但却提升了对原理的兴趣。

这个 Casimir 效应既已被实验所证明,我们就得承认上述"两种真空"的说法是正确的。既如此,"板内和板外的光速可能不一样"就是合乎逻辑的了。因此,正是边界条件的改变影响了真空,从而影响了电磁波的传播速度。换言之,光的传播是取决于真空的结构,而"真空有结构"正是量子物理学的基本观点。正是由于 Casimir 效应,我们才得以区分以下两者:①常态真空(usual vacua)也称自由真空(free vacua);②有板时的板间真空(vacuum between the plates);后者的特征是 vacuum energy density reduced,故笔者认为也可称为负能真空(negative energy vacua),这是发生超光速现象的物理基础。

Scharnhorst 先在垂直于板面方向上计算折射率:

$$n_p = \sqrt{\varepsilon_{11} \mu_{11}} \tag{39}$$

式中:$\varepsilon_{11}, \mu_{11}$ 为介电常数张量分量和导磁率张量分量;n 的下标 p 代表 perpendicular。最终导出

$$n_p = 1 - \frac{11}{2^6 45^2} \frac{e^4}{(md)^4} \tag{40}$$

式中:d 为两块理想导电平板的间距;m 为质量。规定 c_0 为常态真空(自由真空)中的光速,则有

$$c = \left\{ 1 + \frac{11}{2^6 45^2} \frac{e^4}{(md)^4} \right\} c_0 \tag{41}$$

式中:c 为在板间真空条件下在板面垂直方向上的光速,c 与 c_0 不同是由于真空的结构性改变(change in the vacuum structure),这改变是由置入双板造成的。结果是 $c > c_0$。这里 $c_0 = 299792458$m/s,c 大于 c_0 即超光速。进一步的计算给出:

$$\frac{\Delta c}{c} = \frac{c - c_0}{c} = 1.6 \times 10^{-60} d^{-4} \tag{42}$$

取 $d = 1\,\mu m$，$\Delta c/c = 1.6 \times 10^{-36}$，是非常小的；但即便如此也与狭义相对论（SR）不一致——无论超过光速的量多么微小，均为 SR 理论所不容。可以尝试再次减小 d——对于 1nm 间隙（$d = 1nm$），增量 $\Delta c = 10^{-24} c$。这个数值也非常小，但在某些情况下有重要性。总之，Scharnhorst 并未计算"光子在两块金属板之间的飞行速度"，而是计算两板间波垂直传播时的波速，发现相速比光速略大（$v_p > c$）。在频率不高条件下讨论，可以忽略色散，群速等于相速，故群速比光速略大（$v_g > c$）。

1993 年，G. Barton 和 K. Scharnhorst[33] 称两块金属平板为"平行双反射镜"（parallel mirrors），重新解释有关问题。论文题目"平行双反射镜之间的量子电动力学：光信号比 c 快，或由真空所放大"（"QED between parallel mirrors：light signals faster than c，or amplified by the vacuum"）；文章的摘要说："由于量子化场的散射，在两个平行双反射镜之间垂直穿行的频率为 ω 的光，所经历的真空是折射率为 $n(\omega)$ 的色散媒质。我们早先的低频结果表示 $n(0) < 1$，是结合了 Kramers–Kroning 色散关系和经典的 Sommerfeld–Brillouin 论据，以宣示两者之中任一情况：①$n(\infty) < 1$，因而信号速度 $c/n(\infty) > c$；②n 的虚部为负，反射镜间的真空不足以像一种正常无源媒质那样对光探测作出响应。"因此很明显，两作者关注的是真空的性质；他们认为在 Casimir 效应的物理情况和条件下，真空的折射率不再等于 1，而可能比 1 小。当然这仍是 QFT 的观点，与经典物理学不同。另外，应当注意 Scharnhorst 的"群速超光速"有两个条件：一是专指垂直于板面的波；二是频率不太高（$\omega \ll m_e$）。

为什么在 Casimir 效应赖以发生的两块金属板之间会发生电磁波速比 c 大的现象？从概念上讲，在两个平行板反射镜（距离 d）之间，考虑绝对温度为零时的 Maxwell 电磁场，板子假设在任何频率均为理想导体。板子外边界条件为 $E_{11} = 0$，$B_\perp = 0$。若场是量子化的，其真空结构不同于无边界空间中的情况。特别是，场分量平方、能量密度不同——后者较低，一如 Casimir 效应所证明了的。

众所周知，即使没有反射镜，Dirac 的电子/质子场的零点振动深刻改变真空性质，这是 QED 相对于经典物理的区别。例如，它们向 Maxwell 方程引入非线性，随之发生了光散射。这些非线性结合反射镜感应改变了零点 Maxwell 场，造成反射镜之间的与镜垂直的光速可能超过 c；两个反射镜之间，相对于无界空间，平面波探测传播是改变了（由探测场的 Fermi 子感应耦合到量子化 Maxwell 场的零点振荡）。当 $\omega \ll m_e$，对 Maxwell 方程的非线性修正可归结为 Euler–Heisenberg 有效 Laplace 量密度：

$$\Delta L = \frac{1}{2^3 3^2 5 \pi^2} \frac{e^4}{m^4} \{ (E^2 - B^2) + 7(E \cdot B)^2 \} \tag{43}$$

由此出发的研究表明，对于反射镜间的垂直传播而言，有效折射率变为

$$n = 1 + \Delta n \tag{44}$$

式中

$$\Delta n = \frac{11 \pi^2}{2^3 3^4 5^2} \frac{e^4}{(md)^4} \tag{45}$$

而与反射镜平行的传播的折射率仍为 1，与无界空间相同。

现在有

$$\frac{1}{n} = \frac{1}{1 + \Delta n} \approx 1 - \Delta n \tag{46}$$

故相速为

$$v_p = \frac{\omega}{k} = c\,\frac{1}{n} = c(1 - \Delta n) = c(1 + |\Delta n|) \tag{47}$$

群速为(在无色散时)

$$v_g = \frac{\mathrm{d}\omega}{\mathrm{d}k} = v_p = c(1 + |\Delta n|) \tag{48}$$

对于实际测量而言,Δn 是太小的;它其实就是

$$|\Delta n| = \frac{\Delta c}{c} \tag{49}$$

考虑到 $n = \sqrt{\varepsilon\mu}$,故有

$$\Delta n = \frac{1}{2}(\Delta\varepsilon + \Delta\mu) \tag{50}$$

$\Delta\varepsilon$、$\Delta\mu$ 或可理解为介电常数、导磁率随位置的变化。

1998 年,Scharnhorst[34] 就有关论题发表了他最后一篇论文。值得注意的是他提出了"修正的量子电动力学真空"(modified QED vacua)这个词组,其意义和笔者对本节中"两种真空"的论述是一致的。

8　实验研究进展

说到实验,它是使人们接受新理论的唯一手段。由于 Casimir 力是微弱的力,做实验的困难很大。最先对平行板吸引力的理论预期做实验验证的人是 M. Sparnaay(Physica Amsterdam,1958,Vol. 24,751),虽然误差较大(不确定度达 100%),仍被广泛引用。这个实验今天仍令人感兴趣。首先它是测量导体板间的 Casimir 力;其次它使用了弹簧,并巧妙地构造一个电容器——力的变化体现为电容量的变化,而后者是可以测出的。这再次证明,科学研究中的实验设计是非常需要创新的工作。1973 年以后各种实验逐步展开。从 1994 年开始,美国的 S. Lamoreaux开始做 Casimir 力的实验研究,并努力改进精度,实验范围为 $d = 0.6 \sim 6\mu m$。实际上这是以足够精度验证 Casimir 力的开端,成果发表于 1997 年[35],距离 Casimir 论文问世已有半个世纪。Lamoreaux 是测量一个镀金圆球透镜(gold - coated spherical lens)与一块导体板之间的 Casimir 力,板子与扭力天平相连;Casimir 力使之扭转,在间距 $d \approx 1\mu m$ 时,测量精度 5% ~10%,结果相当于 $E_c = (10 \sim 15)$ J。早期的理论总算得到了较好的证明(虽然不是两块导体板,而是一块导体板与一个镀金表面之间)。1998 年,U. Mohideen 和 A. Roy[36] 在 $d = 0.1 \sim 0.9\mu m$ 的情况下更精确地测量了 Casimir 力,他们用镀铝材料的平板和小球,后者直径 $200\mu m \pm 4\mu m$。测量中使用了激光技术,实验结果是以 1% 的精度验证了 Casimir 理论。我们知道 Casimir 本人直到 2000 年(91 岁)才去世,1997 年、1998 年时已是高龄,此时才听到精确测量 Casimir 力成功,肯定会有一种复杂的心情。

Mohideen 实验具有重要意义,他测量的结果是:$F_c = -(160 \sim 2)$ pN,亦即 F_c 的绝对值从 1.6×10^{-10} N 到 2×10^{-12} N,是非常小的;这是两个铝表面之间的情况。力量如此之小,测力的困难可想而知;更何况表面趋肤深度(skin depth)和表面粗糙度(surface roughness)的影响不可忽略,必须体现在对数据的修正中。图 2 是这个测量实例(转引自 Klimchitskaya 等[10]),d 表示两个铝(Al)表面的间距,纵坐标 F_c 是以 10^{-12} N 为单位;虚线是理想金属表面(无趋肤效

应、理想光滑)的计算,实线是实际金属表面(有趋肤效应、非理想光滑)的计算,小圆圈是测量结果。可见,F_c 是非常微小(故难于检测)的力,但它确实是存在的。

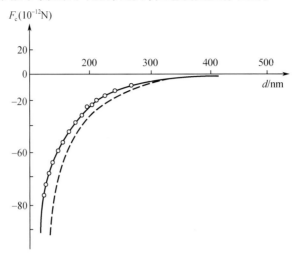

图 2 Casimir 力测量结果示意

文献[37]是另一个测量实例;这类文章还有很多,详细介绍有关的研究工作是不可能的。俄国圣彼得堡西北技术大学(North - West Tech. Univ. , St. Petersburg)的 G. Klimchitskaya[10] 于 2009 年发表了一篇长文"实际材料之间的 Casimir 力:实验和理论",文末的参考文献多达 340 篇。可以看出近年来的研究越来越深入、细致。另外,在这个领域中国科学家已有理论工作发表,但好像尚无人进行过实验,这可能是由于做实验的困难太大。

9   结束语

Casimir 效应也可看成是 QED 的一个支柱。由前述内容可知,推导 Casimir 力时使用了 ZPE 概念,故对 Casimir 力(F_c)的实验证明也就是对 ZPE 理论的实验证明。这个工作后来又引发了对"真空是否真的具有能量"的大讨论,概念上又辐射到对虚光子和负能量(negative energy)的认识。真可谓是"牵一发而动全身"!对基础科学问题在认识上的提高与深化,一定会引发在应用科学方面的进步,例如,在纳米技术中已经提出对 Casimir 效应要考虑。

本文的重点在于提高对量子真空本质的认识。过去说"真空不空"已是对经典物理的批评和颠覆,现在说有比常态物理真空"更空"的负能真空显得加倍奇怪。但这些理论均有严格的论证;而 Casimir 效应可以创造折射率小于 1($n<1$)的环境并导致超光速现象的出现,这是"量子超光速性"(quantum superluminality)[38]的表象之一。……这些基础科学进展,一定会开辟新的应用领域。总之,不是 Casimir 结构造成了量子真空,而是这一结构用巧妙方式使量子真空"现身",成为可感知的物理实在;这是真正的科学成就!

不过,未弄清楚的事情还很多。例如人们在问,ZPE 是一种物理实在还是一种辅助分析手段? 它是不是一种可以在实际中提取应用的能量? 人类真的可以从真空获取能源吗? 对此存在很大的分歧和争论。又如,尽管 Lamoreaux 小组的实验结果符合 ZPE 的预期,但 Jaffe 仍认为,Casimir 效应并不提供 ZPE 的量度,因而无法测量真空中的能量。而 S. Catroll 则说,真空起伏涨落是实在的,正是 Casimir 效应使之显示。总之,科学界对 Casimir 效应仍有较大分歧,而且有关讨论还涉及量子引力问题。……未来的研究,道路还很漫长。

最后必须指出,有一个问题回避不了——如何看待一些研究者的说法"用经典物理也能推导(解释)Casimir 效应"?笔者不认同这种说法,因为无论如何在经典电动力学中都不会有"平行金属板间的(微弱的)吸引力";否则,大科学家 Wolfgang Pauli(1900—1958)也不会在开始时讲"Casimir 论文是胡说八道"(但后来改变了看法)。一些理论推导不会使我们认为"经典物理有效故不劳量子物理参与",我们坚定地认为量子理论才是理解 Casimir 效应的最有说服力的途径!

参 考 文 献

[1] Casimir H, Polder D. The influence of retardation on the London – van der Waals forces[J]. Phys Rev,1948,73(4):360 – 372.

[2] Casimir H. On the attraction between two perfectly conducting plates[J]. Proc. k. Ned. Akad. Wet. , 1948,B51:793 – 795.

[3] Casimir H. Introductory remarks on quantum electrodynamics[J]. Physica, 1953, 19: 846 – 849.

[4] Casimir H, Ubbink J. The skin effect at high frequencies[J]. Philips Tech. Rev. , 1967, 28: 300 – 315.

[5] Casimir H. Some remarks on the history of the so called Casimir effect. Bordag(ed). The Casimir Effect 50 Years Later[M]. Singapore:World Sci. , 1999.

[6] Ford L. Casimir force between a directric sphere and a wall[J]. Phys Rev A,1998,58(6):4279 – 4286.

[7] Dodonov V. Dynamical Casimir effect in a nondegenerate cavity with losses and detuning [J]. Phys Rev, 1998, A58: 4147 – 4150.

[8] 曾然,等. 负折射率材料对 Casimir 效应的影响[J]. 物理学报,2007,56(11):6446 – 6450.

[9] 黄志洵. 论零点振动能与 Casimir 力[J]. 中国工程科学,2008,10(5):63 – 69.

[10] Klimchitskaya G. The casimir force between real materials:experiment and theory[J]. Rev Mod Phys,2009, 81:1827 – 1885.

[11] 黄志洵. 量子噪声理论若干问题[J]. 电子测量与仪器学报,1987,1(3):1 – 10.

[12] Puthoff H. Source of vacuum electromagnetic zero point energy[J]. Phys Rev A,1989,40:4857 – 4862.

[13] 葛墨林. ZPE 与卡斯米尔——玻德勒效应[C]. 量子力学新进展(第一辑),2000:232 – 248.

[14] Cole D, Puthoff H. Extracting energy and heat from the vacuum[J]. Phys Rev E, 1993,48:1562 – 1567.

[15] Pinto F. Engine cycle of an optically controlled vacuum energy transducer[J]. Phys Rev B,1993,60:14740 – 14752.

[16] 俞允强. 广义相对论引论[M]. 2 版. 北京:北京大学出版社,1997.

[17] Hehl F. General relativity with spin and torsion:foundations and prospects[J]. Rev. Mod. Phys,1976,3:393.

[18] Akimov A,shipov G. Torsion field and experimental manifestations[J]. J. New Eenergy,1997,2(2):67 – 81.

[19] Reed D. Excitation and extraction of vacuum energy via EM torsion field coupling theoretical model[J]. J. New Energy,1998, 3(2/3): 130 – 140.

[20] Jiang X, Lei J. Han L. Dynamic Casimir effect in an electrochemical system[J]. J New Energy,1999,3(4):47 – 49.

[21] Jiang X, Lei J. Han L. Torsion field and tapping the zero point energy in an electrochemical system[J]. J New Energy,1999, 4(2):93 – 95.

[22] 雷锦志,江兴流. 卡西米尔效应与提取 ZPE[J]. 科技导报,1999,4:10 – 12.

[23] 雷锦志,江兴流. 电化学异常现象与挠场理论[J]. 科技导报,2000,6:3 – 5.

[24] 倪光炯,陈苏卿. 高等量子力学[M]. 上海:复旦大学出版社,2000.

[25] Larrimore L. Vacuum fluctuations and the Casimir force[J]. Physics,2002,115:1 – 4

[26] London R. The quantum theory of light[M]. New York:Oxford University Press,2000.

[27] Bordag M. The Casimir offect for a sphere and a cylinder in front of plane and corrections to the proximity force theorem[J]. Phys Rev D,2006,73:125018.

[28] 邱为钢. 卡西米尔效应的格林函数计算方法[J]. 大学物理,2010,29(3):33－34.

[29] Bordag M,et al. Advanced in the Casimir effect[M]. New York:Oxford Univ. Press,2009.

[30] Lamoreaux S. Casimir forces:still surprising after 60 years[J]. Physics Today,2007,(Feb.):40－45.

[31] Scharnhorst K. On propagation of light in the vacuum between plates[J]. Phys Lett,B,1990,236(3):354－359.

[32] Ben Menahem S. Causality between conducting plates[J]. Phys Lett,B,1990,250:133,1－13.

[33] Barton G,Scharnhorst K. QED between parallel mirrors:light signals faster than light,or amplified by the vacuum[J]. J Phys A:Math Gen,1993,26:2037－2046.

[34] Scharnhorst K. The velocities of light in modified QED vacua[J]. Ann. d. Phys. ,1998,7:700～709.

[35] Lamoreaux S. Demonstration of the Casimir in the 0.6 to 6μm range[J]. Phys Rev Lett,1997,78:5－8.

[36] Mohideen U,Roy A. Precision measurement of the Casimir force from 0.1 to 0.9μm[J]. Phys Rev Lett,1998,81:4549－52.

[37] Harris B. Precision measurement of the Casimir force using gold surfaces[J]. Phys,Rev,A,2000,62:05 21 09,1－5.

[38] 黄志洵. 论量子超光速性[J]. 中国传媒大学学报(自然科学版),2012,19(3):1－17;19(4):1－17.

附:各种自然力与距离的关系

1687 年出版了 I. Newton 的著作 *Philosophle Naturalis Principia Mathematica*(《自然哲学之数学原理》),提出了万有引力定律,即 $F = Gm_1m_2/r^2$,式中 G 为引力常数。这也称为反平方定律(Inverse Square Law,ISL)。1785 年 C. Coulomb 证明了静电力定律,即 $F = kq_1q_2/r^2$;此定律的研究和确立是受万有引力定律的影响。显然,静电力定律也是 ISL。

必须指出,许多自然现象都服从平方反比关系。例如在光学中,同一光通量通过同样的球面,球面积 S 与半径 r 的平方成正比,即 $S = 4\pi r^2$;故光强与半径平方成反比。但我们不能据此就认为 Newton 定律和 Coulomb 定律来得容易,因为这两者都有充分的实验证明。例如对于Newton 定律,在大尺度上是用天文观测和卫星技术,确认该定律的正确性。在小尺度时在实验室中做精密测量,直到 $r = 55\mu m$ 都未发现相对于 ISL 的偏离。

但自然现象并非都是 ISL;本文指出 Casimir 力 $F_c \propto d^{-4}$,规律与上述两者是不同的。这种力的存在已有实验证明,这已是 20 世纪的事情。

总之,这 3 种自然力都是随距离减小而增大。……问题是,当 $r\rightarrow0$(或 $d\rightarrow0$),这些力会增大到惊人的巨值(接近无限大)吗?这是不可能的。一方面,这证明了数学公式与物理实在之间的差别;另一方面,也向未来的科学家提出了令人感兴趣的研究任务——确定这些定律的实际可应用范围。

"相对论性量子力学"是否真的存在

◆黄志洵[1]　姜荣[2]

(1 中国传媒大学信息工程学院,北京　100024;2 浙江传媒学院,杭州　310018)

摘要:"相对论和量子力学是互相对立的",这句话曾出现在联合国教科文组织的《世界科学发展报告》之中;许多著名物理学家对此也有类似的阐述。然而有一种流行的看法认为:在早期已有 P. Dirac 创建了相对论性量子力学,并且它优于 E. Schrödinger 提出的非相对论性量子波动力学。许多人认为 Schrödinger 方程(SE)只能在低速($v \ll c$)条件下使用,而 Dirac 方程(DE)才是无此限制的方程,因而更加精确。也有人认为,量子场论(QFT)已经实现了狭义相对论(SR)与量子力学(QM)的融合。

本文认为上述观点似是而非,实际上是错误的。SE 在分析处理光纤方面的成功,证明它能用于由光子扮演主要角色的物理过程,而光子却不是什么低速粒子。计算数据已证明 SE 的高精确性和应用上的广泛性。至于 DE,它的推导虽非像 SE 那样直接从 Newton 力学出发,但也不是真正使用了 SR 的时空观和世界观。DE 推导源于有关质量的两个方程——质能关系式和质速关系式,但它们均可由相对论力学出现前的经典物理推出;并且在事实上质能关系式在 1900 年即由 H. Poincarè 提出,质速关系式在 1904 年由 H. Lorentz 提出。因此,实际上 DE 的推导并非从相对论出发。既然 DE 与 SR 并无必然的联系,说它"代表 SR 与 QM 的结合"即不可接受。其实 SE 与 DE 只是两个不同的波方程,各有特点,都可应用;但两者的关系并非互不相容。

本文指出 Dirac 的科学思想有其发展变化过程,晚年时他反复强调"要使相对论和量子力学一致存在真正的困难",而包括量子电动力学在内的 QFT 的成功"极为有限",根本不足以描述自然界。S. Weinberg 其实早就看到理论物理学有大问题,例如对 Lorentz 变换不变性的要求根本不是 QM 能够满足的。可以说,几十年前使 Dirac"伤透脑筋"的问题(无法使相对论与量子理论融合一致)今天仍然存在,而这是理论物理学陷入迷茫的重要原因之一。

关键词:狭义相对论;量子力学;Dirac 方程;Dirac 晚年思想;量子场论

注:本文原载于《前沿科学》,第 11 卷,第 4 期,2017 年 12 月,12~38 页。

Does the"Relativity Quantum Mechanics" Really Exist

Huang Zhixun[1]　**Jiang Rong**[2]

(1 Communication University of China, Beijing　100024;

2 Zhejiang University of Media and Communication, Hangzhou 310018)

Abstract:"Relativity and quantum mechanics are opposed to each other," which appeared in the《World Science Development Report》of the United Nations Educational, Scientific and Cultural Organization(UNESCO); and many well – known physicists have similarly described this. However, there is a popular view that P. Dirac has created Relativistic Quantum Mechanics at an early stage and that it is superior to Non – Relativistic Quantum Wave Mechanics proposed by E. Schrödinger. Many people think that the Schrödinger equation (SE) can only be used in low – speed ($v \ll c$) conditions, and Dirac equation (DE) is an infinite equation, and therefore more accurate. It has also been suggested that quantum field theory (QFT) has achieved the integration of special relativity (SR) and quantum mechanics (QM).

In this paper it's argued that the above point of view is paradoxical and is actually wrong. The success of the SE in analyzing and processing optical fibers proves that it can be used as a physical process for photons to play a major role,whereas photons are not low – speed particles. The calculated data prove that the SE has high accuracy and the wide range of applications. As for the DE, its derivation does not proceed directly from Newtonian mechanics as the SE, But it is not really used the space – time view and world view of SR. DE derives from the two equations related to quality— the formula of mass – energy relation and the formula of mass – velocity relation, but they can be introduced by the classical physics before the Mechanics of Relativity; and in fact the formula of mass – energy relation was proposed by H. Poincarè in 1900, and the formula of mass – velocity relation was proposed by H. Lorentz in 1904; therefore, the derivation of the DE is not starting from the Relativity. Since the DE and the SR do not necessarily contact, it is unacceptable that "it represents the combination of SR and QM". In fact, SE and DE is only two different wave equation, each has its own characteristics, can be applied; but the relationship between the two is not mutually exclusive.

In this paper, it is pointed out that Dirac's scientific thought has its development and change process. In his later years, he repeatedly stressed that "it is really difficult to make Relativity and Quantum Mechanics consistent", and the success of including quantum electrodynamics (QED) is extremely limited, and it is not enough to describe nature. In fact, S. Weinberg has long been a big problem in theoretical physics; for example, QM is not able to meet the requirements of the invariance of Lorentz – transformation. It can be said that the problem that made Dirac's brainbreaking (relativity can not be integrated with quantum theory) a few decades ago still exists today, and it is one of the important reasons for the theoretical physics into a confused.

Key words：Special Relativity（SR）；Quantum Mechanics（QM）；Dirac's Wave Equation；Scientific Thoughts of Dirac in his later years；Quantum Field Theory（QFT）

1 "相对论与量子力学能否相容"问题已不能回避

1998 年联合国教科文组织曾发表《世界科学发展报告》，前言部分题为"科学的未来是什么"，其中有一段话说："相对论和量子力学理论是 20 世纪的两大学术成就，遗憾的是这两个理论迄今为止被证明是互相对立的。这是一个严重的障碍。"两种科学思想的分歧竟写入了联合国的文件，是很少见的。这里所指并不是 Einstein 和正统量子力学代表人物 N. Bohr 的著名的论战，而是指两大思想体系直到 20 世纪末仍然不能协调。

2000 年 5 月 19—21 日，中国科学院电子学研究所在北京举行现代电磁理论、量子理论与超光速问题研讨会。会议文集的"前言"是吕保维院士写的，他指出[1]：相对论和量子力学是 20 世纪物理学的两大学术成就，但是在整个 20 世纪里，这两大科学理论之间却没有最终找到哲学观念上的协调性。这说明自然界的复杂性是没有穷尽的，人们在探索自然规律的时候，在获得了某一范围内的真理的时候，这些真理总是有带有一定的相对性。当研究的对象超越了一定范围的时候，这些相对真理总是需要修正，被新的理论所代替。"

我们赞同以上这些说法；实际上，笔者认为，1905 年 Einstein[2] 提出的狭义相对论（SR），与后来出现的量子力学（QM），在自然观、世界观方面有根本上的不同[3]。这二者互相完全不能协调，更不要说互相结合了……但是，许多人并不这样看。例如著名物理学家 S. Weinberg 曾说："量子场论（QFT）是唯一可以使量子力学与相对论相容的理论。"持类似观点的甚至包括提出量子化的电子波方程的 P. Dirac[4]，1933 年，他在领取 Nobel 物理奖仪式上发表演说，其中讲："量子力学能描述基本粒子的运动；但只有在粒子速度很小时，普通量子力学才适用。"他认为自己的工作是使量子力学服从相对论的要求，而自己对电子和正电子的理论处理是成功的。……不过，Dirac 说这话时只有 31 岁。虽然工作成绩使他获得了 Nobel 奖，但总的说来阅历尚浅，思考也欠深入。后来他的观点有变化，本文将在后面叙述这种变化。

近年来，有关话题又被专家学者所提起。例如，2017 年美国田纳西大学终身教授王令隽说[5]，Weinberg 的说法（以及类似说法）像是中国古代故事"拉郎配"。他尖锐地指出："使量子场论走入死胡同的正是相对论。"

众所周知，1935 年 A. Einstein[6] 发表 EPR 论文，意在给 QM 致命一击。发明相对论的人对 QM 如此反感，终生不变；而且，他甚至是在 1933 年（为量子力学颁 Nobel 奖之年）之后，很短时间内站出来批驳 QM！……面对此情此景，许多人却还在说"SR 可以（或已经）与 QM 相结合"，笔者觉得十分滑稽，令人失笑。Einstein 本人一生从未说过这种话，为什么人们要强加于他？

1948 年（即 Einstein 69 岁时），这位老人在《辩证法》杂志上发表一篇文章，题为"量子力学与实在"。在该文中，Einstein 为自己对量子力学的排斥进行了辩护，但还是承认了其对当代物理学发展的重要意义。文章说："下面我将扼要并且粗浅地说明，为什么我认为量子力学方法是根本不能令人满意的。不过我要立即声明，我并不想否认这个理论是标志着物理知识中的一个重大的进步，在某种意义上甚至决定性的进步。我设想这个理论很可能成为以后一种理论的一部分，就像几何光学现在合并在波动光学里面一样：相互关系仍然保持着，但其基础将被一个更广泛的基础所加深或代替。"这与其说是"认错",不如说是既固执己见又适度承认"QM"的挽回面子的最终声明。

2 非相对论量子波方程(Schrödinger 波动力学)的提出

在本文的开头,笔者以最大的敬意来论述 Schrödinger 波动力学。因为正是由于 Erwin Schrödinger 在 1926 年发表的研究工作,才有了能描写微观世界的波方程,才建立了量子力学和原子物理学。Schrödinger 为研究电子、原子和分子提供了基本的方法,对物理学发展起了巨大作用。……由于电子是 de Broglie 物质波的始原,Schrödinger 认为对电子运动而言应能找到一个波方程,就像电磁波方程决定着光的传播那样。在 N. Bohr 的原子理论中,电子轨道的分立能量值是假设的;但在 Schrödinger 理论中,它们是由量子波方程 SE 确定的。Schrödinger 本人以及后来许多人把这个量子波动力学应用到各种光学问题上(如解释光与电子的碰撞、研究原子在电磁场中的性质、研究光的衍射等)都很成功,也为处理与光谱有关的问题提供了很好的方法。……1933 年 Schrödinger 获得了 Nobel 物理学奖。

然而,这个非常有名而且已在科学实践中证明是非常有用的 SE,推导时竟然是从 Newton 力学出发,而不是从相对论力学(SR)出发。这就令人好奇——1933 年正是 Einstein 的威望达到高峰、声名传遍世界之时,那么 Schrödinger 如何在授奖仪式上演讲? 特别是,当时还有 P. Dirac 获奖,而后者正是"从相对论出发"提出了新的波方程并已被实践证明其正确性。对 Schrödinger 而言这是令人尴尬的时刻;查阅历史文献[4],他的办法是作了题为"波动力学基本思想"的演讲,即论述从传统力学向新力学如何过渡,把力学与光学作联系和比较。Schrödinger 很清楚,SE 正确地描写了微观世界的规律,建立了"粒子与波动"的联系,自己并没有做错什么。但他也不能说"相对论有问题,所以我弃之不用"——在当时这样讲是不可想象的!

因此,我们有必要回顾 SE 的推导过程。1926 年初,E. Schrödinger 发表系列论文"*Quantisation as a problem of proper values*"("本征值问题的量子化")的第 I 篇(简称《论文 I》),立意是考虑简单的(非相对论性和未受扰动)的微观系统,例如氢原子,以便发现量子规则的真正本质。这时他提出函数 Ψ,它是单值而连续可微的实函数,并由 Hamilton – Jacobi 微分方程中的 S 所定义:

$$S = K \lg \Psi$$

尝试用变分问题取代量子化条件,该问题有分立的本征值谱(对应 Balmer 项)和连续的本征值谱(对应双曲线轨道)。在考虑单电子的情形时得出下述方程

$$\nabla^2 \Psi + \frac{2m}{\hbar^2}\left(E + \frac{e^2}{r} \right) \Psi = 0 \tag{1}$$

后人称式(1)为"定态的非相对论性波方程",Schrödinger 自己称为"变分问题的 Euler 型微分方程",并说它对每个正值都有解。然后,Schrödinger 导出一个条件,即他论文中的式(15),并由此得出氢原子中对应 Balmer 项的 Bohr 能级。从"论文 I"来看,近年来有两个说法:一种说法,Schrödinger 方程不是推导的,而是假设出来的;另一说法,Schrödinger 方程的连续性与量子效应的离散性相矛盾。笔者认为,只要重读"论文 I",就知道两种批评都不能成立。Hamilton 方程和变分法是经典力学中常用的,现在被 Schrödinger 用来构造新的动力学方程,其结果与有关氢原子的假说和实验事实相符。式(1)被称为不含时的氢原子波方程,量子化是它的自

然结果,而不是像 Bohr 那样需要人为地规定量子化条件。

德国刊物 Annalen der Physik 收到"论文Ⅰ"的时间是 1926 年 1 月 27 日。2 月 23 日收到 Schrödinger 的"论文Ⅱ",该文先论述力学与光学之间的 Hamilton 类似,指出 Hamilton 理论与波传播之间的内在联系。可以证明,Hamilton 变分原理对应于在位形空间中波传播的 Fermat 原理。在"论文Ⅱ"中 Schrödinger 追求一种"波动力学",即力学的波动表述。因此他作了重新推导,并使用了经典波方程与 de Broglie 关系式的结合,从而得

$$\text{div grad}\,\Psi + \frac{8\pi^2}{h^2}(E-U)\,\Psi = 0 \tag{2}$$

然后 Schrödinger 应用方程求解了从线性谐振子到双原子分子的各种情况,得到了与实验相符的能量本征值。

1926 年 6 月 23 日 E. Schrödinger[7] 提交了第Ⅳ篇论文,发表在 *Ann. d. Physik* 第 81 卷第 4 期上。这篇长文提出了一个与时间有关的方程,标志着波动力学思维的成熟和量子力学的诞生。这种将波和粒子的分析融为一体的论述极为出色。若波函数、势函数的一般表达为 $\Psi(\boldsymbol{r},t)$、$U(\boldsymbol{r},t)$,此时有含时 Schrödinger 波方程:

$$j\hbar\,\frac{\partial\Psi}{\partial t} = \frac{\hbar^2}{2m}\,\nabla^2\Psi + U\Psi \tag{3}$$

令 $\hat{H} = \dfrac{\hbar^2}{2m}\,\nabla^2 + U$,故有

$$j\hbar\,\frac{\partial\Psi}{\partial t} = \hat{H}\Psi \tag{3a}$$

这是时间 t 的一次、空间坐标的二次微分方程,故在 Lorentz 变换下无协变性,不满足相对论要求,是非相对论性方程。换言之,满足相对论要求的方程中,时间、空间坐标的微分次数必定是一样的。对 Ψ 而言这是线性、齐次方程。线性是指,若 Ψ_1、Ψ_2 为方程的解,则 $(c_1\Psi_1 + c_2\Psi_2)$ 也是解,即满足叠加原理。

另外,假如波函数是定态的,即 $\Psi(\boldsymbol{r})$;势场是恒定的,即 $U(\boldsymbol{r})$,那么与时间无关的定态 Schrödinger 方程可写作:

$$E\Psi = \hat{H}\Psi \tag{4}$$

式中:E 为系统的能量;式(4)与前述的某些电磁波的波方程相似。

可以把 de Broglie 的工作和 Schrödinger 的工作联系起来考察。Schrödinger 的"论文Ⅱ"曾说他从 de Broglie 电子相波定理(principle on phase waves of electron)得到很大的启发,认为该原理不仅起因于相对论,实际上对经典力学中每个保守系统均属有效。这里我们用简单的推导说明二者物理思想的一致。从电磁波波方程式 $\nabla^2\Psi = \dfrac{1}{v^2}\,\dfrac{\partial^2\Psi}{\partial t^2}$ 出发,并取

$$\Psi(x,y,z,t) = \psi(x,y,z)\,e^{j\omega t}$$

则可证明

$$\nabla^2\psi + \left(\frac{\omega}{v}\right)^2\psi = 0 \tag{5}$$

也可写作

$$\nabla^2\psi + \left(\frac{2\pi}{\lambda}\right)^2\psi = 0 \tag{5a}$$

至此尚未越出经典电磁理论的范围;但如取 λ 为 de Broglie 波长,即把 $\lambda = h/mv$ 代入式 (5a),得

$$\nabla^2 \psi + \frac{m^2 v^2}{\hbar^2} \psi = 0 \tag{6}$$

这个方程用以描述微观粒子的运动及相伴随的波动,但在力场中运动的粒子的总能量是动能与势能的和:

$$E = \frac{1}{2} mv^2 + U \tag{7}$$

则得

$$\nabla^2 \psi + \frac{2m}{\hbar^2} (E - U) \psi = 0 \tag{8}$$

故在 Helmholtz 标量波方程基础上引入 de Broglie 波概念即可得 Schrödinger 方程。后面我们还会看到从 SE 可"通达"于 Helmholtz 方程的事实,对把 SE 的应用扩展到高速粒子(光子)时所具有的意义看得更清楚。

为什么推导 SE 时从 Newton 力学出发而不从相对论力学出发? Schrödinger 本人曾作解释——虽然"在寻找波方程时被迫放弃相对论"使他感到"有点不好意思,但引入相对论的困难越来越大了,甚至大得惊人"为什么从相对论出发就根本不行? Schrödinger 没有细说,后人也不深究;这恐怕是由于 Einstein 的威望"大得惊人"所致。

Schrödinger 方程是否"对低速现象才有效"? 有的物理学著作(如 E. Wichmann[8])断言, Schrödinger 方程以一些严格的近似作为基础,其中之一便是"假设所有有关速度都足够小", 或者说是"假设所有实物粒子都以较小的速度运动"。这样理解 Schrödinger 方程的非相对论性质,笔者认为并不正确;Schrödinger 原始论文中没有这些话。

经典力学(Classical Dynamics)也常被称为 Newton 力学(Newtonian Dynamics),它的粒子动能方程是众所周知的:

$$E_k = \frac{1}{2} mv^2 = \frac{1}{2} m_0 v^2 = \frac{p^2}{2m} = \frac{p^2}{2m_0} \tag{9}$$

上述写法表明在 Newton 力学中质量不随速度变,运动质量(m)与静止质量(m_0)没有区别。 在 SR 中,粒子动能为

$$E_k = \sqrt{p^2 c^2 + m_0^2 c^4} - m_0 c^2 \tag{10}$$

式中:动量 $p = mv$,而 $m = m_0 \left(1 - \frac{v^2}{c^2} \right)^{-1/2}$。计算表明,在取同样的 p 值时,Newton 力学的 E_k 计算值要大于 SR 力学的 E_k 计算值。所以,两套理论从根本上不一样。

我们都知道,当处理光子通过 potential barrier 的问题时,或在处理光纤中的现象时, Schrödinger 方程都有用和有效。因此,认为" Schrödinger 方程是在低速假定下导出"(并只能在低速下应用)是错误的,不能说" Schrödinger 方程只适用于低速粒子",光子可不是低速粒子。

由于 Schrödinger 方程与标量电磁波方程的相似,在分析非均匀光波导(渐变折射率光纤)时可以成功地应用 Wentzel - Kramers - Brillouin 建立的求解一维 Schrödinger 方程的方法,即把波函数按 $\hbar$ 的幂级数展开变成电磁场分量按 k_0^{-1} 的幂级数展开,而这时的介电常数和折射率分布相当于 QM 中的势函数 U。这样的进展沟通了微观和宏观,彰显了 Schrödinger 方程在应用上的普遍性。

3　用非相对论量子波方程(SE)计算高速问题早已成功

　　1933 年,P. Dirac[4]在 Nobel 物理奖获奖词"电子和正电子的理论"中说:"目前可以用普通量子力学描写任何(微观)粒子的运动,但只有粒子速度很小时它才适用。当粒子速度可与光速相比时,它就失效了。"在这里,Dirac 显然是指方程 SE 的"局限性"。Dirac 又说:"(现在)没有能适用于任意粒子的、适用于高速的相对论性量子力学;于是,若使量子力学服从相对论的要求,人们就要对粒子性质作限制。……(目前)对电子和正电子的(理论)处理是成功的。"

　　尽管 Dirac 的 1933 年演讲实际上把 SR 与 QM 定为"主体"与"从属"的关系,Einstein[6]仍在两年后发表 EPR 论文,对 QM 口诛笔伐。现在大家都知道是 Einstein 错了,但一些说法仍在流行——SE 因非相对论性质而受歧视和贬低;不恰当地使用和传播"从属相对论性量子力学"这个词语;等等。笔者对这类似是而非的说法一直持不同意见,并决心弄个水落石出。研究方法是试把 SE 用到高速情况,即光子的运动。对于光纤工作状态的分析,已有理论工作的范例——从经典电磁理论开始,逐步引入 SE[9-14]。笔者的贡献是,在此基础上继续作深入的计算,得到一些定量结果,证明用非相对论的 Schrödinger 方程处理高速问题不仅可行,而且非常成功。

　　在光纤中,从几何光学观点看,入射光束由于不断在芯子与包层的界面上全反射,而呈锯齿状路线前进,此即阶梯式折射率光纤(step－index fiber)。但更好方法是采用使芯子里折射率非均匀的工艺,渐变折射率光纤(graded index fiber)的优点是可减小色散及损耗。现在光通信中所用的多模光纤绝大多数都是缓变折射率弱导光纤。媒质的介电常数(ε)或折射率(n)如渐变(缓变),电磁波波方程是否有变化? 在取 $n \approx \sqrt{\varepsilon_r}$ 时,由 Maxwell 方程组中的公式 $\nabla \cdot \boldsymbol{D} = 0$(已知空间无电荷源),可以证明

$$\nabla \cdot \boldsymbol{E} = -\boldsymbol{E} \cdot \frac{\nabla n^2}{n^2} \tag{11}$$

如 n 是渐变的,$\nabla n^2 \neq 0$,则 $\nabla \cdot \boldsymbol{E} \neq 0$,即不能由 $\nabla \cdot \boldsymbol{D} = 0$ 断定 $\nabla \cdot \boldsymbol{E} = 0$。进一步的推导,从 Maxwell 旋度定律出发

$$\left[\nabla \times \boldsymbol{E} = -\mu \frac{\partial \boldsymbol{H}}{\partial t}, \ \nabla \times \boldsymbol{H} = \varepsilon \frac{\partial \boldsymbol{E}}{\partial t} \right],$$ 可以证明

$$\nabla^2 \boldsymbol{E} - n^2 \mu_0 \varepsilon_0 \frac{\partial^2 \boldsymbol{E}}{\partial t^2} + \nabla \left[\boldsymbol{E} \cdot \frac{\nabla n^2}{n^2} \right] = 0 \tag{12}$$

故比自由空间波方程多出一项。但如 n 变化缓慢,在一个波长范围内变化很小,也可取 $\nabla n = 0$,这时回到自由空间波方程。

　　设圆柱状光纤沿 z 轴安放(图 1),芯子折射率、介电常数最大值分别为 n_1、ε_1,折射率、介电常数分布函数为 $n(r)$、$\varepsilon(r)$。对缓变折射率光纤而言,芯子中的光束不是锯齿状前进,而是呈弧形波状前进。对光纤作波分析的出发点是由 Maxwell 方程组导出的波方程,如空间不含电荷、电流($\rho = 0$,$\sigma = 0$),对单色波 $e^{j\omega t}$ 可写出:

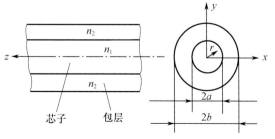

图 1　圆柱状光纤示意

$$\nabla^2 \Psi + k^2 \Psi = 0$$

式中:$k^2 = \omega^2 \varepsilon \mu$,而 Ψ 为 E 或 H。上式是齐次 Helmholtz 方程。分析时通常可以建立起用纵向场(E_z、H_z)表示横向场(E_r、H_r、E_φ、H_φ)的公式,故可只讨论标量方程:

$$\nabla^2 \psi + k^2 \psi = 0 \tag{13}$$

式中:ψ 为 E_z 或 H_z。在简谐波条件下又可推出:

$$\nabla_t^2 \psi(r,\phi) + h^2 \psi(r,\phi) = 0 \tag{14}$$

式中:$h^2 = \gamma^2 + k^2$,γ 是传播常数,而 $\nabla_t^2 = \dfrac{\partial^2}{\partial r^2} + \dfrac{1}{r}\dfrac{\partial}{\partial r} + \dfrac{1}{r^2}\dfrac{\partial^2}{\partial \phi^2}$。另外,分析时取 $\mu = \mu_0$,而 $\varepsilon(r)$ 为

$$\varepsilon(r) = \varepsilon_1 \left[1 - f(r) \right]$$

式中:函数 $f(r) > 0$。故有

$$\omega^2 \varepsilon(r) \mu_0 = \omega^2 \varepsilon_0 \mu_0 n^2 = k_0^2 n^2(r) \tag{15}$$

式中:$k_0^2 = \omega^2 \varepsilon_0 \mu_0$;而 $n^2 = \varepsilon \mu / \varepsilon_0 \mu_0$。现在可写出光纤的标量波方程:

$$\frac{d^2 R(r)}{dr^2} + \frac{1}{r}\frac{dR(r)}{dr} + \left[k_0^2 n^2(r) - \beta^2 - \frac{m^2}{r^2} \right] R(r) = 0 \tag{16}$$

式中:m 是 Bessel 函数的阶,而函数 $R(r)$ 的意义为

$$E(\text{或} H) = R(r) e^{j(\omega t - \beta z - m\phi)} \tag{17}$$

故 β 为相位常数。令 $F(r) = \sqrt{r} R(r)$,则波方程变为

$$\frac{d^2 F(r)}{dr^2} + \left[E - U(r) \right] F(r) = 0 \tag{18}$$

式中

$$E = k_0^2 n_0^2 - \beta^2$$

$$U(r) = k_0^2 n_0^2 - k_0^2 n^2(r) + \frac{m^2 - 1/4}{r^2} \tag{19}$$

为了计算函数 $U(r)$,选取单模光纤 SMF-28;芯子半径 $a = 30\mu m$;包层半径 62.5μm;芯子最大折射率 $n_0 = 1.45213$,包层折射率 $n_2 = 1.44692$;工作波长 $\lambda = 1.55\mu m$。抛物线型折射率分布也称平方律分布,即

$$n_1^2(r) = n_0^2 \left[1 - 2\Delta \left(\frac{r}{a} \right)^2 \right] \tag{20}$$

式中 $\Delta = (n_1 - n_2)/n_1$。故有

$$n_1(r) = n_0 \sqrt{1 - 2\Delta \left(\frac{r}{a} \right)^2} \approx n_0 \left[1 - \Delta \left(\frac{r}{a} \right)^2 \right] \tag{21}$$

式(21)满足 $r < a$。图 2 是实例,即 SMF-28 的情况;$r > a$ 时,$n = n_2$。

方程(18)与量子力学中的 Schrödinger 方程形式上相同,$F(r)$ 相当于波函数,E 相当于粒子能量,$U(r)$ 相当于势垒的势能。因此,QM 中的方法可用在光纤的分析中。为作进一步的分析,应对 $U(r)$ 的规律作些研究。理论上,$U(r)$ 函数图形如图 3 所示。但在实际上,计算所得曲线稍有不同。WKB 法主要是针对多模光纤的分析较为有效,但在这里却是用单模光纤计算的。无论如何,计算曲线给我们一种更为直观的了解。

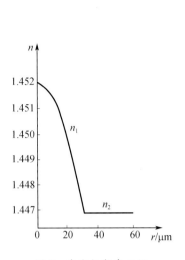

图 2　渐变折射率示例

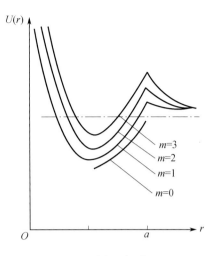

图 3　$U(r)$ 函数图形

　　计算的图形如图 4 和图 5 所示,涵盖了 $m=1$,2,5 这样几个值。它们大体上符合理论曲线的外形,据此可以讨论对光纤的 QM 化解释。规定 $U(a)$、$U(\infty)$ 分别为 $r=a$ 及 $r\to\infty$ 时的势能,并在 E 取值为不同大小时进行讨论。图 6 是使 E 由小到大而进行分析,给出斜线的区域(r_1-r_2)是出现振荡解(也称为驻波解)的标识。

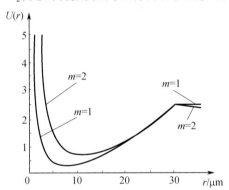

图 4　$m=1$,2 时的 $U(r)$ 算例

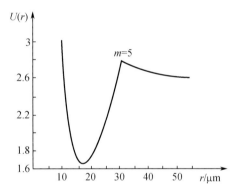

图 5　$m=5$ 时的 $U(r)$ 算例

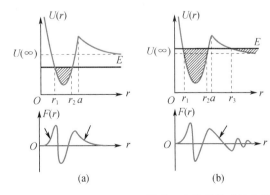

图 6　不同 E 值时的分析

(a) 传导模;(b) 泄漏模;(c) 辐射模。

图 6(a)是 $E < U(\infty)$ 情况,在 $r_1 \sim r_2$ 区间,$U < E$,这类似矩形势垒外面的情况,是驻波解。在 $r > r_2$ 时,$U > E$,这类似矩形势垒内部的情况,是指数下降解,即

$$F(r) = e^{-\alpha r}$$

因此可以肯定包层内是消失场。总之,绝大多数电磁能量集中在芯子里,而芯子是传输线状态(导波模式)。这种情况对应于量子力学里粒子能量取分立值的状态,即本征值离散谱;这是我们在波导理论中所熟悉的。由于 E 是量子化的分立值,β 也是离散的分立值,并满足条件 $k_0 n_a < \beta < k_0 n_0$。总的说来,这种情况是光纤传输时的正常状态,即在 $r > a$ 区域势垒无限厚,光子能量不足,断然不可能超越势垒,而被封在势阱之中。故电磁能量被封在芯子之内并沿 z 方向传播,这是导模(guided modes),消失态在这里起协助封闭的作用。如果没有这层贴着界面的包层消失场、光的传输会被界面上和附近的微粒所散射,造成能量损失,传输衰减加大。

图 6(b)是 $U(\infty) < E < U(a)$ 情况,可以看出势垒壁变薄,而另一个斜线区域的出现被认为是光子通过隧道效应(tunnelling effect)而渗漏过去的结果,故称为渗漏模(leaky modes);而在 $r_2 \sim r_3$ 的中间区域,是指数衰减场。总之,包层内和包层外,都有向外的电磁波分量,但外泄能量很小。因为它仿佛是通过 $r_2 \sim r_3$ 的势垒渗漏出去的,故称为隧道渗漏模或漏波。部分能量通过消失场区域而向外辐射,这是非常有趣的。从光纤传输(导模)的角度看,传输损耗增大了。

图 6(c)是 $E > U(a)$ 情况,当 $r > r_1$ 时,全为驻波解。由于 E 越过势垒上方,没有隧道效应。势垒不再存在,光子成为自由光子。能量仿佛由 r 向的等效传输线跑掉了,称为辐射模。这对应于介质波导理论中的截止状态(向外辐射)的情形,是光纤应用中最需防止的状况。这种情况对应量子力学里粒子能量取任意值的状态,即本征值连续谱。这是传统的金属壁波导所没有的。

以上是定性的说明。特别注意图 6 中的 3 个小箭头,那是消失态的标志。表 1 列出两种光波导的物理状态及条件,而在转折点处 WKB 近似解法不能用。

表 1 光波导的物理状态

物理状态	平板光波导	渐变折射率光纤
导波,振荡解	$k_0^2 n^2(x) > \beta^2$	$k_0^2 n^2(x) - \dfrac{m^2}{r^2} > \beta^2$
消失波,衰减解	$k_0^2 n^2(x) < \beta^2$	$k_0^2 n^2(x) - \dfrac{m^2}{r^2} < \beta^2$
转折点	$k_0 n(x) = \beta$	$\left[k_0^2 n^2(r) - \dfrac{m^2}{r^2} \right]^{1/2} = \beta$

这些内容充分说明,非相对论量子波方程 SE 用在高速是不成问题的,而且在工程技术上深具意义。这是因为光纤中的光子以光速 c 运动;而 SR 认为不可能有超光速,c 就是它的最高速度了。Dirac 说"普通量子力学用来描写低速粒子"是错误的。当然他指的是 SE,而不是他自己的方程。所幸,他在晚年时看法有变化,对 Einstein 的理论思想也有所批评。我们并未减少对 Dirac 的尊敬。

4 所谓"相对论性量子波方程"的两个类型

现在看物理学文献中所谓的"相对论性量子波方程",实例是 Klein – Gordon 方程和 Dirac 方程。根据 SR 的能量—动量方程:

$$E^2 = c^2 p^2 + m_0^2 c^4 \tag{22}$$

作算符化处理$(E_k \to j\hbar \frac{\partial}{\partial t}, p \to -j\hbar \nabla)$,可得

$$\frac{1}{c^2} \frac{\partial^2 \Psi}{\partial t^2} = \nabla^2 \Psi - \frac{m_0^2 c^2}{\hbar^2} \Psi \tag{23}$$

亦即

$$-\hbar^2 \frac{\partial^2 \Psi}{\partial t^2} = (-\hbar^2 c^2 \nabla^2 + m_0^2 c^4) \Psi \tag{23a}$$

这是 O. Klein 和 W. Gordon 于 1926 年导出的"相对论性量子波方程",与 Schrödinger 方程的出现是在同一时期。KG 方程对时间(t)和空间(x,y,z)均为二次求导数,而 Schrödinger 方程对时间是一次求导数,这是重要的区别。量子力学书籍都谈到,KG 方程存在两个理论自洽性方面的困难:一是存在负能量 $E = -\sqrt{c^2 p^2 + m_0^2 c^2}$ 不好解释;二是由 KG 方程导出连续性方程后可以证明,几率不是正定的。这两者(负能问题及负几率密度问题)一直尖锐地存在着。

1928 年,P. Dirac 提出另一个量子波方程,被认为克服了负几率困难。这是因为 Dirac 方程也是对时间一次求导数的:

$$j\hbar \frac{\partial \Psi}{\partial t} = \hat{H} \Psi \tag{24}$$

式中:$\hat{H}$ 为 Hamilton 算符,且有

$$\hat{H} = -j\hbar c \alpha \cdot \nabla + \beta m c^2 \tag{25}$$

其中

$$\alpha = \begin{bmatrix} 0 & \sigma \\ \sigma & 0 \end{bmatrix}, \beta = \begin{bmatrix} 1 & 0 \\ 0 & -1 \end{bmatrix} \tag{26}$$

Dirac 说他是"让 QM 服从 SR 的要求",这点与 Klein－Gordon 一样。不同之处在于,Dirac 巧妙地处理了负能解问题,得出了"存在正电子"的预言,并被后人以实验证实。

为了方便,这里列出一维情况下两类方程的写法:

$$\frac{1}{c^2} \frac{\partial^2 \Psi}{\partial t^2} = \frac{\partial^2 \Psi}{\partial z^2} - \frac{m_0^2 c^2}{\hbar^2} \Psi \quad (\text{Klein－Gordon}) \tag{27}$$

$$j\hbar \frac{\partial \Psi}{\partial t} = \left(-j\hbar c \alpha \frac{\partial}{\partial z} + \beta m c^2 \right) \Psi \quad (\text{Dirac}) \tag{28}$$

以及在处理氢原子中电子的运动时两类方程的写法:

$$\left(E + \frac{e^2}{r} \right)^2 \Psi = (-\hbar^2 c^2 \nabla^2 + m_0^2 c^4) \Psi \quad (\text{Klein－Gordon}) \tag{29}$$

$$E\Psi = \left(c\alpha \cdot p + \beta m c^2 - \frac{e^2}{r} \right) \Psi \quad (\text{Dirac}) \tag{30}$$

1959 年,Nobel 物理奖获得者 E. Segrè 曾指出,非相对论性量子力学(NRQM)到 1927 年已相当完善,是经典力学的雄伟壮观的推广。但是,相对论性量子力学(RQM)却进展甚小——Dirac 理论只限于自旋 1/2 粒子,难于用到别的自旋;即使对 1/2 自旋粒子,在一预先给定的电磁场中,也存在许多问题。笔者认为,不能断言"SR 与 QM 已经融合一致";Einstein 从未喜欢过 QM,1935 年的 EPR 论文就是要给 QM 以沉重打击。可以说相对论理论体系与量子力学理

论体系的分歧是深刻的、根本性的。概括起来,SR 的物理思想是高速性(当速度趋近光速时的重大修正),局域性(传播速度小于光速和空间局域),和确定性(对经典因果律的继承和"上帝不掷骰子")。这些思想不仅反映在相对论(SR 和 GR)里,也存在于 EPR 论文和 Einstein 一系列口头陈述中。然而,QM 对这些并不认同,例如不为速度规定上限,空间非局域性,不认同相对论局域因果律,等等。1985 年,S. Weinberg 说:"在我们要求的对称性中有一个似乎与量子力学几乎不相容,那就是 Lorentz 不变性。"实际上,迄今的所谓相对论性量子场论,是在局域描述外衣下的空间非局域理论。自 20 世纪 60 年代 J. Bell 理论提出[15],到 80 年代 Aspect 小组的系列实验[16],促使多数物理学家认为 Einstein 局域性实在论不正确。

5 Dirac 方程推导与相对论基本无关

一些物理学家说,SR 与 QM 的融合早已在 QFT 中解决,典型例子就是 Dirac 方程的推导及应用上的成功,甚至 Dirac 本人(在年青时)也这么认为。我们的观点是,上述说法不仅错误,而且多年来造成了误导。以下的论述是基于 1933 年的 Dirac 演说[4],让我们来看看,推导时到底用了相对论的什么内容。

首先把公式(22)改写为

$$\frac{E^2}{c^2} - p^2 - m_0^2 c^2 = 0 \tag{31}$$

现把 E、p 理解为算符,并企图提出一个量子波方程;这只要把式(31)对波函数 Ψ 作用:

$$\left(\frac{E^2}{c^2} - p^2 - m_0^2 c^2\right)\Psi = 0 \tag{32}$$

但 QM 一般要求波方程对 E 或 $\partial/\partial t$ 为线性,故这个方程不合适。Dirac 改用 E 的某个线性方程取代它,故提出

$$\left(\frac{E}{c} - \alpha p - \beta m_0 c\right)\Psi = 0 \tag{33}$$

这对应关系式 $E - c\alpha p - \beta m_0 c^2 = 0$,而这方程是线性的。必须指出,式(33)包含新变数 α 和 β,它们是能作用于 Ψ 的算符。Dirac 假设它们满足下述条件:

$$\alpha_i^2 = 1$$

$$\alpha_i \alpha_j + \alpha_j \alpha_i = 0$$

在这里 $i \neq j$,$i j = 0, 1, 2, 3, \cdots\cdots$;并且各 α 可与 p、E 对易。现在,α 是为使相对论性波方程而引入的新变数,由它可导出电子的自旋。以光速 c 乘式(33),得

$$(E - \alpha \cdot pc - \beta m_0 c^2)\Psi = 0 \tag{33a}$$

作算符化处理($p \to j\hbar\nabla, E \to j\hbar\,\partial/\partial t$),得到

$$\left(j\hbar\frac{\partial}{\partial t} + j\hbar c\alpha \cdot \nabla - \beta m_0 c^2\right)\Psi = 0 \tag{34}$$

这是 Dirac 电子波方程,更一般写法为

$$j\hbar\frac{\partial\Psi}{\partial t} = (-j\hbar c\alpha \cdot \nabla + \beta m_0 c^2)\Psi \tag{34a}$$

式中 α、β 为算符,Ψ 为竖行矩阵;然后展开为 4 个标量方程,设 ψ_i 为平面波,并有

$$\psi_i = A_i \exp[\,j(\boldsymbol{p}\cdot\boldsymbol{r}-Et)/\hbar\,] \quad (i=1,2,3,4) \tag{35}$$

则可得由 4 个代数方程组成的联立方程组。由此寻找非零解的条件,在此过程中得

$$E = \pm c\sqrt{p^2 + m_0 c^2} = \begin{cases} E_+ \\ E_- \end{cases} \tag{36}$$

Dirac 认为负能量(E_-)不能舍去。对于负能态电子,他用存在正电子(positron)来解释;这在 1932 年由实验证实。

很显然,Dirac 方程取得了成功;但它是否证明"实现了 SR 与 QM 相结合"却值得研究。Dirac 生于 1902 年,1984 年逝世;在 1933 年他只有 31 岁。前已指出,他在晚年时思想有变化,对 QFT 和 QED 的"成就"不仅不再宣扬,而认为"出现许多无限大"表明这些理论尚有问题。晚年 Dirac 甚至对 Einstein 的科学思想有所批评,这是不容易的。

所谓"推导 Dirac 方程从 SR 出发",指的是使用了本文中的式(31),以便与 Dirac 一致。然而,无论写成哪种形式,它都来源于质能方程和质速方程:

$$E = mc^2 \tag{37}$$

$$m = \frac{m_0}{\sqrt{1-\dfrac{v^2}{c^2}}} \tag{38}$$

人们一般认为上述两式都是 SR 的著名公式(其中的 $E=mc^2$ 甚至成为 Einstein 的标志性符号),因此 Dirac 方程的推导是"从 SR 出发"并无疑义。但对此说法笔者却不认同。为了证明本文的观点(Dirac 方程的推导并非从相对论出发),以下细述理由。

首先,SR 在本质是一个时空理论;众所周知,SR 的基础是两个公设和一个变换[2]。第一公设说"物理定律在一切惯性系中都相同",即在一切惯性系中不但力学定律同样成立,电磁定律、光学定律、原子定律等也同样成立。第二公设说"光在真空中总有确定的速度,与观察者或光源的运动无关,也与光的进行方向和颜色无关",这被 Einstein 称为 L 原理。为了消除以上两个公设在表面上的显著矛盾(运动的相对性和光传播的绝对性),SR 认定"L 原理对所有惯性系都成立";或者说,不同惯性系之间的坐标变换必须是 Lorentz 变换(LT)。SR 还有 4 个推论(运动的尺变短、运动的钟变慢、光子静质量为零、物质不可能以超光速运动)。另外,SR 采用变换式(LT)作为分析的基础,Einstein 认为 LT 不仅赋予 Maxwell 方程以不变性,而且是理解时间与空间的关键,即用 LT 把时、空联系起来。

还应指出,SR 时空观与 Galilei、Maxwell 以及 Lorentz 时空观的根本区别在于 SR 时空观的相对性。我们知道,现有的推导 LT 的方法有多种;而写入大学教材的推导方式常常有个前提——不同参考系测得的光速相同。或者说,LT 是由相对性原理和光速不变原理导出的。由于 LT,出现了尺缩、时延现象,因而同一事件在不同参考系中会观测到不同的结果。

然而,Dirac 推导电子波方程时,与 SR 上述基本思想(亦即时空观)并没有关系。这样的情况怎能说 Dirac 方程是"从相对论力学出发并与 QM 相结合"? 实际上,早年的推导者(Dirac 本人)只是自以为遵循了 SR 的思路。

其次,式(37)和式(38)只是在表面上隶属于相对性理论体系,这两者都可以根据经典物理而推导出来。尽管它们是 Dirac 方程的源头,却不能证明方程的相对论性质。对于这个问题,下面是较详尽的分析;论述的中心在于究竟如何看待物质(物体)的质量。1687 年,I. Newton[17] 在其著作中写道(定义Ⅰ):"物质的量是物质的度量,可由其密度和体积共同求

出……质量指的就是这个量,它正比于重量。"定义Ⅱ说"运动的量是运动的度量,可由速度和物质的量共同求出。"(这就是人们熟悉的动量定义 $p = mv$)定义Ⅲ说,"惯性或惯性力是物质固有的力,是一种起抵抗作用的力。"在尔后的章节"运动的公理或定律"中,定律Ⅱ说,"运动的变化正比于外力"——这个说法意味着 $\boldsymbol{F} = m\boldsymbol{a}$;加速度 $\boldsymbol{a} = \dfrac{d\boldsymbol{v}}{dt}$ 被 Newton 称为"运动的变化"。但 Newton 的第Ⅱ运动定律($\boldsymbol{F} = m\boldsymbol{a}$)的形式,是在 1736 年由 L. Euler 完成的。

源于 Newton 的质量定义有两个:"物质的量"和"惯性质量"。后者的确定方法为:施一力于物体并求出加速度,然后算出

$$m = \frac{F}{a} \tag{39}$$

对给定的物体比例系数 m 是常数,它告诉人们使该物体加速的难易程度——要产生一定的加速度,惯性质量 m 越大则需力越大;质量代表物体的惯性。有一种看法认为,在比较同一物质时,"物质含量多少"的质量定义是好的;但在比较不同种类的物质(物体)时,则从一切物质都有的惯性出发而定义则更为恰当。值得注意的是,这种表述与普遍存在的引力没有关系。

与质量定义紧密相连的事情是需要有对力的确切定义。在 Newton 力学中,作用在粒子上的力 F 可定义为在该力影响下粒子动量的变化率:

$$\boldsymbol{F} = \frac{d\boldsymbol{p}}{dt} = \frac{d}{dt}m\boldsymbol{v} = m\frac{d\boldsymbol{v}}{dt} + \boldsymbol{v}\frac{dm}{dt} \tag{40}$$

但 Newton 力学认为惯性质量 m 与运动速度无关,事实上与别的因素都无关,故式(40)右边第 2 项为零,故可得

$$\boldsymbol{F} = m\frac{d\boldsymbol{v}}{dt} = m\boldsymbol{a} \tag{39a}$$

在 SR 中,仍然用动量变化率作为力的定义,但不认为惯性质量 m 是常量,因而得不到式(39a)。可见,SR 并不认为力等于质量和加速度的乘积。

19 世纪末,电磁学和电动力学的发展和电子的发现,导致了电磁质量概念的产生。1889 年,O. Heaviside[18] 提出电磁场具有惯性,点电荷运动时由于产生电磁场导致的能量增加,如令其等于 $mv^2/2$ 则可算出质量的增加。1903 年,M. Abraham[19] 假设电子是荷电的刚性球,分别导出其纵质量 m_1 和横质量 m_t(m_1 定义为运动方向上动量的时间导数与加速度之比, m_t 是与运动方向垂直的方向上该两者之比)。这些都是电磁质量,与速度有关。Abraham 认为电子没有力学质量(与速度无关的质量),其质量完全是电磁性的。1904 年,Lorentz[20] 认为这一观点正确并导出电子的质量公式为

横质量
$$m_t = \frac{m_0}{\sqrt{1 - \dfrac{v^2}{c^2}}} \tag{41}$$

纵质量
$$m_1 = \frac{m_0}{\left(\sqrt{1 - \dfrac{v^2}{c^2}}\right)^3} \tag{42}$$

式中: m_0 被称为静止质量(rest mass)。因此"质量随速度变"这一概念是产生于对荷电粒子运动的研究。

　　依照 Lorentz 把电子质量区分为"横的"和"纵的"这一方式,1905 年 Einstein[2] 也这样做了。他先写出描写电子运动的 2 阶常微分方程,并对其推导作了说明:①作用在电子上的力,是从与电子同速运动的坐标系中考查的(例如用静止于该系上的秤称量出);②加速度是在静系 K 中进行量度;③力等于质量与加速度的乘积。这时得到

横质量
$$m_t = \frac{m_0}{1 - \left(\dfrac{v}{c}\right)^2} \tag{43}$$

纵质量
$$m_1 = \frac{m_0}{\left(\sqrt{1 - \left(\dfrac{v}{c}\right)^2}\right)^3} \tag{44}$$

但 Einstein 在论文中并无"静止质量"的术语出现。该文补充说,使用力和加速度的其他定义会导致另外的质量公式。

　　1905 年,Einstein 推导了电子动能公式。他假设静电场中的电子在静电力作用下缓慢加速(故无辐射的能量损失),从静电场取得的能量体现为电子动能的增加。电子的运动遵循以下方程:

$$m \frac{\mathrm{d}^2 x}{\mathrm{d}t^2} = eF_x$$

式中:m 为电子质量;F_x 为静电力;E_k 为动能,且有

$$E_k = \int eF_x \mathrm{d}x = m \int_0^v \gamma^3 v \mathrm{d}v = mc^2 \left\{ \frac{1}{\sqrt{1 - \dfrac{v^2}{c^2}}} - 1 \right\}$$

其中 $\gamma = \left(1 - \dfrac{v^2}{c^2}\right)^{-1/2}$。

　　从上下文来看,Einstein 在这里用 m 表示的质量应为电子开始运动前的质量,即后人所谓"静止质量",故上式应写作

$$E_k = \frac{m_0 c^2}{\sqrt{1 - \dfrac{v^2}{c^2}}} - m_0 c^2 \tag{45}$$

故通常认为 SR 质速公式是式(35),即 Lorentz 横质量公式(39)。现在有

$$E_k = mc^2 - m_0 c^2 = E - E_0 \tag{46}$$

等式右端首项是总能(E),次项是静能(E_0)。

　　现在来看 SR 给物理学概念带来的影响。假设一物体被力 $\boldsymbol{F}$ 所加速,而在 SR 框架内下式也有效:

$$\boldsymbol{F} = \frac{\mathrm{d}p}{\mathrm{d}t}$$

如果从两个基本方程 $\left(E^2 - p^2 c^2 = m_0^2 c^4, \boldsymbol{p} = \boldsymbol{v}\dfrac{E}{c^2}\right)$ 出发,对有质物体容易证明

$$\boldsymbol{p} = \gamma m_0 \boldsymbol{v}$$

$$E = \gamma m_0 c^2$$

把 p 代入公式 F，规定加速度 $a = \dfrac{\mathrm{d}v}{\mathrm{d}t}$，则可得

$$a = \frac{F - (F \cdot \beta)\beta}{\gamma m_0} \tag{47}$$

式中 $\beta = v/c$。故在一般情况下矢量 a 与矢量 F 并不平行也不成正比，与 Newton 力学不同。如果 SR 理论正确，人们就不能坚持 a 与 F 成正比的关系式。奇怪的是，1905 年 Einstein 在推导质速关系时又说"力等于质量与加速度的乘积"。可见，Einstein 常常自相矛盾，马青平[21] 指出 SR 中的多处逻辑错误是有道理的。

总起来看，虽然质量的定义多种多样，但"质量是物质的量"这一 Newton 定义仍保持其生命力。相对论力学造成了重新定义质量的局面，而这又造成动量、力、能量等的概念的重新定义。在 SR 中，单粒子的动力学以下式为基础：

$$F = \frac{\mathrm{d}}{\mathrm{d}t}\left\{ \frac{m_0 v}{\sqrt{1 - \dfrac{v^2}{c^2}}} \right\} \tag{48}$$

不过，对于相对论给 Newton 力学带来的变化，仍有许多人（包括笔者）持不同意见。

以下的讨论，将把质能公式和质速公式联系起来思考。人们普遍认为 $E = mc^2$ 是 SR 理论的核心内容之一，这个公式不仅是相对论，也是 Einstein 本人的标志性符号。甚至有许多人认为，若不是 Einstein 提出了这个既简单又重要的质能方程，连原子弹都不会有。……然而，这些看法都错了！

Jules Henri Poincarè(1854—1912) 是法国著名科学家；他才华横溢，在数学、物理学、天文学方面都有杰出的建树。在 SR 提出之前 5 年（即 1900 年），H. Poincarè[22] 发表论文"Lorentz 理论和反应原理"，出发点是 Maxwell 电磁理论，实际上是对一个光脉冲或是一个波列进行计算。这其实是任何人都能进行的推导：假设电磁场动量为 p，光脉冲的"质量"为 m（笔者注：在 1900 年尚无光子概念），那么 $p = mv$，这里 v 是电磁场在空间的传播速度。这个速度当时已知道是光速，故 $p = mc$。对电磁场的研究侧重于电磁能量的流动，认为电磁辐射的冲量是 Poynting 矢量的大小与光速平方之比，即 S/c^2。设质量为 m 的物体吸收的电磁能为 E，那么由动量守恒可证明物体动量的增加来自电磁能冲量。设静止"物体"吸收电磁能之后获得了速度 v，那么就有

$$mv = \frac{S}{c^2} \tag{49}$$

取 $S = Ec$，则有 $mv = Ec/c^2$，故如这个"物体"就是电磁能自己（$v = c$），即得

$$m = \frac{E}{c^2}$$

这里 m 代表电磁辐射的惯性（质量）。上述推导表明，Poincarè 以简捷明快的方式和已有经典物理学知识，便捷地导出公式 $E = mc^2$；因此把该式称为"Poincarè 公式"更为恰当。……其实，Einstein 自己也说，质能互等式可以用 SR 提出之前的已知原理推导出来。因此，质能公式与相对论没有直接关系。

1905 年，Einstein[22] 发表论文"Does the inertia of a body depend upon its energy content?"（物体的惯性同它所含能量有关吗？）首先引起我们注意的是他在题目中所用的词是"惯性"而不是"质量"。不能说此文没有意义，但也必须指出几十年来有众多的研究者指出该文是一个

糟糕的推导;甚至给人以这样的印象——Einstein 是先知道结果($E=mc^2$),然后拼凑出一个推导并发表了它。该文在开头说:"假设有一组平面光波,参照于坐标系(x,y,z),设波面法线与 z 轴交角 φ;而又有另一坐标系(ξ,η,ζ)相对于(x,y,z)做匀速平行移动,其坐标原点沿 z 的运动速度是 v;那么该光线在新坐标系中的能量为

$$E' = E\frac{1-\frac{v}{c}\cos\varphi}{\sqrt{1-\frac{v^2}{c^2}}} \tag{50}$$

这里 c 表示光速,我们将在下面使用这一结果"。

这是奇怪的,已在另一篇文章"论动体的电动力学"[22]中提出光速不变原理的 Einstein,认为仅仅由于人为地选择了不同坐标系光的能量就会由 E 变为 E',而且没有给出任何证明。他接着说,为考察此系统的能量关系,设在(x,y,z)有一静物,其能量对(x,y,z)为 E_0,对(ξ,η,ζ)为 H_0。现在假设该物是发光体,发出平面光波方向与 z 轴交角 φ,能量为 $L/2$,该物在反向发出等量的光。同时。该物对(x,y,z)为静止。考虑同一物体参照相对运动的两坐标系的能量的差值 Δ,对另一坐标系而言 Δ 与物体的动能之间的差别只是一个常数。用 K 表示动能,最终他得到

$$K_0 - K_1 = L\left\{\frac{1}{\sqrt{1-\frac{v^2}{c^2}}}-1\right\} \tag{51}$$

略去高阶小量,得

$$K_0 - K_1 \approx \frac{L}{2c^2}v^2$$

用现代习惯的符号,可写作

$$\Delta E_k \approx \frac{E}{2c^2}v^2 \tag{52}$$

这里 E_k 为动能,ΔE_k 为动能变量,E 为物体放出的总能量。现在,Einstein 接着说道:"假如物体以辐射形式放出能量 E,那么它的质量就要减少 E/c^2"。以上所述即为 $E=mc^2$ 公式的 Einstein(1905 年)推导。

在上述推导中,Einstein 是作了 Taylor 级数展开并取近似值的处理,即

$$\frac{1}{\sqrt{1-\frac{v^2}{c^2}}}-1 \approx \frac{1}{2}\frac{v^2}{c^2} \tag{53}$$

那么在取 $v=0$ 时就有

$$K_0 - K_1 = 0 \tag{54}$$

这样,发光前的能量和发光后的能量就相同了,即物体可以"不断地发光而不损失能量",这显然不对。逻辑上说不通的地方不只这一例。

H. Ives[24]在 1952 年批评 Einstein 的 1905 年推导,认为它不仅不严谨,甚至隐含了一个前提条件 $E=(m_0-m_1)c^2$,这里 m_0、m_1 分别为物体在辐射前后的质量。也就是说,需要证明的结论已隐含在前提之中。2004 年,马青平[21]提出批评,认为 Einstein 所研究的是伴随能量发射

和吸收的不同参数系的观测差值,并未涉及静止能量,即未能计算出静止质量到底等于多少能量。马青平用计算(取 $v = 0.8c$)来证明自己的观点;他认为 Einstein 的 1905 年论文有错误,得不出普适方程 $E = mc^2$;该文所研究的是伴随能量发射和吸收的不同参照系的观测差值,并未涉及静止质量到底相当多少能量。有趣的是,物体未运动时运动造成质增 $\Delta m = \Delta E/c^2$,一旦开始运动就有 $\Delta m > \Delta E/c^2$。Einstein 的推导给人印象是:$E = mc^2$ 的设定在先,推导在后。而这根源在于 Einstein 之前已有人提出质量与能量的互变可能性,以及基本上提出了 $E = mc^2$。2002 年 M. Pavlovic[25] 提出,$E = mc^2$ 是由电子动能方程普遍化的结果,而非相对论的产物。事实上,可以从经典物理导出该式。

1946 年 Einstein 又发表了两篇文章[26,27],1 月在纽约的 *Technican Journal* 杂志上,题为“质能互等式的初步推导”;4 月在 Science, Illustrated 上,题为“$E = mc^2$”。前一文章给出了质能关系式的另一推导,并声明推导时只利用了 3 个物理定律(动量守恒、辐射压表达式、光行差表达式),因而基本上与相对论无关。2002 年,M. Pavlovic 对这个推导提出批评,认为它既不符合经典物理,又不符合相对论。Pavlovic[25] 认为,无论 $E = mc^2$ 或是 $m = \dfrac{m_0}{\sqrt{1 - \dfrac{v^2}{c^2}}}$,都可以用经典物理学推导出来,他给出了自己的推导。

Einstein 的后一文章是发表在纽约的《科学画刊》上,题目全称为“$E = mc^2$,我们时代最紧迫的问题”。该文用一个单摆来作说明质能互换,其中没有数学推导。文章强调能量守恒,说该原理始终是正确的。至于质量守恒原理,“几十年前物理学家还接受此原理,但在狭义相对论面前它却证明是不正确的”。Einstein 说,能量守恒原理先前吞并了热量守恒,现在又吞并了质量守恒,从而独占了物理学领域。现在“我们用公式 $E = mc^2$ 表示质量和能量的互等性质(虽然有点不太确切),其中 E 为蕴含在静止物体中的能量,m 为其质量”。

但是笔者对 Einstein 的论述有不同观点。翻遍物理学史书,在经典力学中有动量守恒和能量守恒,并无质量守恒之说。Newton 的质量定义只是说质量是物质的含量,这个定义当然排除了它作随意改变(例如随运动速度变,甚至随坐标系的选取而有不同数值)的可能,但这并不是什么质量守恒定律。况且 Einstein 的说法自相矛盾,他经常强调能量和质量的类同性,把二者几乎看成一回事,那么既然 SR 认为能量仍然守恒,又为什么质量就突然不守恒了呢?他的一些说法可能会造成混乱。

本文的重点在于认证笔者的下述想法:用 Dirac 方程的推导说明“SR 与 QM 已经结合”(或说“已成功地使 QM 服从了 SR 的要求”),这既不符合事实又很荒唐。推导 Dirac 方程时的起点是质能方程和质速方程;但对质能方程 $E = mc^2$ 而言,早在相对论问世之前就有多位科学家提出了该式(或提出了类似的公式),可开列如下:

O. Heaviside[18]——在 1889 年、1902 年;

H. Poincarè[22]——在 1900 年;

O. de Protto[28]——在 1903 年;

F. Hasenöhrl[28]——在 1904 年。

因此,不仅 Einstein 不具有发明权,而且该式完全不是“相对论的成果”。

关于质速方程,我们再看看 Einstein 在晚年时的说法。根据以色列希伯来大学(Hebrew University of Jerusalem, Israel)所收藏的档案,Einstein 曾于 1948 年 6 月 19 日写信给 Lincoln Barnett,内容如下[30](为准确计先引述英文原文):

"It is not good to introduce the concept of the mass $m = m_0 \Big/ \sqrt{1 - \dfrac{v^2}{c^2}}$ of a moving body for which no clear defination can be given. It is better to introduce no other mass concept than the 'rest mass' m_0. Instead of inotroducing, m it is better to mention the expression for the momentum and energy of a body in motion."

下面是笔者的译文：

"对于动体，引入质量 $m = m_0 \Big/ \sqrt{1 - \dfrac{v^2}{c^2}}$ 的概念是不好的，因为对它不能给出清楚的定义。更可取的是限用'静止质量'm_0。对于运动中的物体，如用动量表示和能量表示来代替引入 m，就更好。"

因此，可以认为 Einstein 对广泛写入物理教科书的质速公式和"相对论性质量"概念在晚年持否定态度。但由于 Einstein 已明确指出了"质量和能量在本质上是类同的"，所以当"能量趋于无限大"时人们也会理解为"质量趋于无限大"。因此他在致 Barnett 信中虽然说引入质速公式的概念 not good，意思并不是要像 Newton 那样把动体质量看作常量。我们不能忘记 Einstein 是相对论力学的创始人。至于 1989 年 L. Okun 的文章[31]，虽然也说"there is only one mass, the Newtonian mass, which does not vary with velocity"，但这只是一位拥护 SR 的物理学家意识到质速公式漏洞百出，故提出一些对相对论力学作修补的言论。一位拥护相对论的物理学家也说"质量不随速度变"，这太有意思了。

我们注意到，1905 年至 1948 年的漫长时间段，Einstein 从未像大量印刷出版的物理学书籍那样对质速公式 $m = m_0 \Big/ \sqrt{1 - \dfrac{v^2}{c^2}}$ 表示肯定和喜爱。1905 年在"论动体的电动力学"论文中，虽然在第 10 节（"缓慢加速的电子的动力学"）中给出了纵质量、横质量与 v/c 的关系的表达式，但 Einstein 未能导出 $m = m_0 \Big/ \sqrt{1 - \dfrac{v^2}{c^2}}$。此后他对这个质速公式的态度一直含混不清，直到 1948 年才在致 Lincoln Barnett 的信（原信用德文写成）中对公式 $m = m_0 \Big/ \sqrt{1 - \dfrac{v^2}{c^2}}$ 表态，而且说它是"not good"。此外，虽然一些物理学书籍对 1909 年 Lewis 和 Tolman 的"两球碰撞推导"津津乐道，Einstein 在其一生（1909 年以后的岁月）中却从未提起过这个推导，这也值得注意。对于中性粒子或物体，认为质量与速度有关，当然有人会提出 Lewis 和 Tolman 对质速关系的推导作为证据（G. N. Lewis and R. C. Tolman, Phil. May. ,1909,18：510）。在 W. Rosser[32] 的书中的"附录三，运动物体的质量——另一种推导"中，给出了完全弹性的两个粒子迎头碰撞时的数学分析，推导时假设二粒子的总动量和总质量在碰撞过程中都守恒，而结果得出了质速公式。这内容应和 Lewis – Tolman 的推导一致，但其中有这样几句话："既然相对论力学方程应与狭义相对论一致，于是出现在方程（A3.2）中的所有速度都必须按照狭义相对论的速度变换式来变换。因此……"这样做明显地是用 SR 的方程（速度相加公式）来证明 SR 的预设关系式（质速方程），是逻辑循环地自己证明自己，因而缺少说服力。而且，从 Lewis 和 Tolman 开始这类碰撞推导总要用 SR 的（来自电磁理论的）速度变换式，因此对中性粒子或物体而言在有直接实验证实之前我们不会认为其质量与速度有关，故笔者仍然相信中性粒子和中性物体的运动（在宏观时）所遵循的仍是 Newton 运动定律。

6 量子场论的发展和问题

顾名思义,QFT 是在量子层面分析和认识场的运行的理论[33,34],通常认为是 QM 达不到的高度。实际上,QFT 是在 QM 的基础上建立起来的——场是具有连续无穷维自由度的系统,把它实现量子化就得到 QFT。众所周知,虽然在初等量子力学中已实现了单个电子运动的量子化,但仍用经典方式描述电磁场。1927 年 P. Dirac 提出,可把电磁场按 Fourier 级数方式分解为众多模式,每个模的波矢为 k,频率 $\omega = kc$,并把场看成许多谐振子组成的系统,而其能量是离散的(即量子性的):

$$E = \sum_k \left(n_k + \frac{1}{2} \right) \hbar\omega \tag{55}$$

式中:$n_k = 0, 1, 2, \cdots$,其物理意义是激发态时的光子数;而 $n = 0$ 代表基态,光子数为零。这样一种描述方式解决了电磁场、电磁波和光子的关系,被认为是波粒二象性的妥善说明。

1928 年,E. Jordan 和 E. Wigner 提出了电子场的量子化方案;1929 年,W. Heisenberg 和 W. Pauli 建立了 QFT 的普遍形式。该理论认为对于每种微观粒子都相应地有一种场,场的激发态代表粒子出现,而所有场都为基态时便是物理真空。而描写电子场与电磁场相互作用的理论就是量子电动力学(QED),故 QED 只是 QFT 中的一个部分。很明显,当光子数非常大时,由量子化电磁场转化为经典电磁场;但对量子化电子场而言却没有这样的经典极限。

场的量子化是 QM 的推广,把有限自由度力学体系的量子化推广到无穷维自由度的力学体系。在 QFT 的语境中,场的能量 E 和动量 p 都是算符;E 的表达式即式(55),其中 n 是场量子(光子)数算符。动量 p 的表达式为

$$p = \sum \left(n + \frac{1}{2} \right) \hbar k \tag{56}$$

因此,场的能量、动量即光子能量、动量的总和。

电磁场量子化之后得到了场量子(光子)的图像,电子场量子化后也得到场量子(电子、正电子)的图像。二者的区别在于,前者采用对易关系,即光子数算符的本征值取 $0, 1, 2, \cdots$ 的值;而电子要服从 Pauli 不相容原理(在一个态上的光子数只能是 0 或 1),故其算符之间要取非对易关系。

所谓二次量子化,是指把兼容了粒子和波的波函数 Ψ 视为场,而加以量子化。1928 年 Jordan 和 Wigner 提出,可以把原来描写单电子运动的波函数看作电子场并实行量子化,适用于非相对论性多电子系统。众所周知,经典场的量子化步骤,是把 Hamilton 正则方程中的参数算符化,使之成为 QM 运动方程;再引入对易关系 $[z,p] = j\hbar$,完成单粒子量子化。对于全同多粒子体系,波函数 $\Psi(z)$ 改为湮灭算符 $\hat{\Psi}(z,t)$,共轭函数 $\Psi^*(z)$ 改为产生算符 $\hat{\Psi}^*(z,t)$,令它们满足对易关系,使单粒子 Schrödinger 方程成为湮灭算符 $\hat{\Psi}(z,t)$ 的运动方程。这样做的物理意义是:在时间 t、位置 z 产生(或湮灭)一个粒子。最后得到

$$j\hbar \frac{\partial \hat{\Psi}(z,t)}{\partial t} = \left[\frac{\hbar^2}{2m} \nabla^2 - U(z) \right] \hat{\Psi}(z,t) \tag{57}$$

因此,二次量子化是理论物理学家提出的处理全同粒子系统的特殊方法。

作为 QFT 的一项内容的 QED 在 40 年代取得进展。简言之,新的 QED 由朝永、Schwinger、Feynman 三人建立起来。1950 年,QED 成功地解释了 W. Lamb 用微波波谱学方法发现的矛盾,即氢原子的精细能级 $2s_{1/2}$ 比 $2p_{1/2}$ 高出 1057. 2MHz;到这时,QED 完全确立了作为一门学科的应有威望;1965 年的 Nobel 物理奖就授予上述三人。20 世纪 80 年代中期,Feynman[34] 对光子、电子这两种粒子用 QED 观点作了深刻的阐述。他用时空图进行描述。人们称它们为 Feynman 图;其次是反复以电子磁矩值的演变说明 QED 能作精确计算的特性——理论值为 1.00115965246,实验值为 1.00115965221;另外,强调 QED 研究中必须高度重视振幅结构,在该书结束时 Feynman 说,QED 是“好理论”的最佳榜样。

不过,虽然由于 R. Feynman、J. Schwinger、朝永振一郎,以及 F. Dyson 等的努力,QED 获得了巨大进展;但此理论中有一重新归一化(renormalization,重整化)步骤,实际是将若干无限大结果舍去,以得到有限值的微小的修正项。这就引起了争议,因为这样处理无限大结果的理论是不能令人满意的理论。可见,Feynman 的说法是太夸大了。

另一个问题是,经典 QED 理论主要仍是针对着原子结构和粒子物理的。虽然 QED 理论体系涉及面很广(例如,从原子核到核外电子到一般光子),电磁场与微波技术专家会觉得不太切合自己的需要。他们的工作大多是独立进行的,即没有与粒子物理学、量子力学、QED 理论相联系。这样做也并非行不通,人们已经取得了各种成果。实际上,在宏观电磁场问题中所处理的电荷场实即 QED 中电子场的宏观极限形式,是标量无旋场;在宏观电磁场问题中所处理的电流产生的场,在交变情况下是电磁波场,它实即 QED 中光量子场的宏观极限形式,是一个旋量场。这样,前者可归结为非齐次的无旋场算子的算子方程,后者可归结为旋量场算子的本征方程。笔者的观点是,宏观电动力学研究应与量子电子学相结合,以证明电磁场的算子理论是 QED 的宏观极限形式。

另外,广义上的 QFT 并非仅研究电磁相互作用,即不仅针对电子场和光子场。1979 年,三位物理学家(S. Weinberg、A. Salam、S. Glashow)共同获得 Nobel 物理奖,原因是“对基本粒子间弱相互作用和电磁作用统一的理论贡献。”在其中,Weinberg 于 1967 年提出了统一电磁作用和弱作用的量子场论,用一个严格成立的对称原理把二者联系起来;这是一种规范理论。……在 Weinberg 等人获奖后 20 年(即 1999 年),荷兰物理学家 G. t' Hooft 和 M. Veltman 共获 Nobel 物理学奖,原因是“很好地解释了弱电作用的量子结构”。这是一种弱电非 Abel 规范理论,被认为对粒子物理学的进步有重要意义。实际上,Veltman 被认为是 QFT 的奠基人之一,他把弱核力与 QED 结合在一起。至于 t' Hooft,他不仅参与了弱核力研究,并发展量子色动力学和量子引力论。

回顾 QFT 走过的路,可以说是成绩和问题并存。不久前王令隽[5]指出,既然 QFT 以相对论协变性和规范协变性为基础,整个理论就种下了悖论的基因,造成无法解决的“无穷大发散”,也就是 QFT 的重整化问题。这个问题困扰 QFT 几十年,至今无法解决。经典数理方程一般不服从 Lorentz 协变性,重要的 Schrödinger 方程(SE)就是不符合 Lorentz 协变性的很好例子。实际上,QFT 的一些结果就是对规范协变性的违反,例如,弱相互作用中宇称不守恒;又如,在弱电统一“标准模型”中规范协变性容不得任何粒子有质量,然而事实上它们都带有质量。

7 论 Dirac 晚年的科学思想

Paul Dirac(1902-1984)是一位有巨大贡献的物理学家。他于 1925 年提出非对易代数,为 QM 做好了数学准备。1926 年,发现用反对称波函数表示全同粒子系统的量子统计法。1927 年,提出把电磁场量子化的思想;然而最早的方程只针对单电子,对多电子系统而言需将波函数 Ψ 视为场变量而作量子化,称为 second quantization(二次量子化),这时的 Ψ 兼容了粒子和波。1928 年,Dirac 提出了在 SE 之后的另一个量子波方程,认为它满足相对论要求;在他的理论中,电子的自旋是一个结果而非假设。他把波方程分为两个较简单的方程,每个方程都能独立地给出解。但有一组解要求一种正电子(质量及带电荷大小与原来负电子相同)存在,开始时给他带来巨大困难。然而随后发现了正电子,这引起了轰动。Dirac 理论也解释了负能量和物理真空,这在今天仍有重要意义。

20 世纪 50 年代末,Dirac 解决了约束体系的量子化方法。经典力学中常见约束体系,但进行量子化却很难。Dirac 等用推广的 Hamilton 方法给予解决,以后约束动力学问题日益受重视。……到 60 年代和 70 年代,Dirac 又论述了 QFT 的现状。1964 年,Dirac[35] 在纽约 Yeshiva 大学演讲,一开始就说迄今只能对几种简单场及其相互间的简单作用,建立起 QFT;但这不足以描述自然界,因而 QFT 成功极为有限。现在的方法,是从经典作用量出发。将其积分取为 Lorentz 不变量,并由之得出 Lagrange 量,再过渡到 Hamilton 量,再由一定规则得出 QFT。但这样做是否保证 QFT 与 SR 协调一致仍有问题,仍要考虑如何保证量子理论的相对论性。对所谓"相对论性量子力学",必须满足若干条件,然而为满足它们却需要碰运气。例如,在曲面上不可能建立相对论性量子理论,而在平面上也许有可能。……Dirac 说,即使达到了关于相对论性量子理论的自洽性要求,仍有一些十分令人畏惧的困难。这是因为在场的情形下有无限多个自由度,求解方程时未知量波函数 Ψ 包含无限多个变量,微扰法会陷入困境,面临发散积分。此外,还有一些其他困难。

1978 年 P. Dirac[35] 出版了一本小书 *Diretions in physics*,内含 5 篇文章,是他在 1975 年(73 岁时)在澳大利亚、新西兰讲学的讲稿汇集;它对了解这位大师的科学思想及演变深具价值。书中说,1927 年的 Solvy 会议(顶尖物理学家的讨论会),年青的 Dirac 也参加了。在会议间歇时著名的 N. Bohr 走过来问 Dirac"现在研究什么?"Dirac 说,"正在寻找一个满足相对论要求的电子理论。"这时 Bohr 说,该问题已由 Klein 解决了(指 Klein-Gordon 方程)。Dirac 想说自己对 KG 方程不满意;但会议重新开始,Bohr 就走开了。……几个月后,Dirac 提出了他的量子波方程,用来描写电子的运动;1978 年 Dirac 演讲时把它写作

$$\left\{ j\hbar \left(\frac{1}{c} \frac{\partial}{\partial t} + \alpha_1 \frac{\partial}{\partial z_1} + \alpha_2 \frac{\partial}{\partial z_2} + \alpha_3 \frac{\partial}{\partial z_3} \right) + \alpha_m mc \right\} \Psi = 0 \tag{58}$$

并指出波函数 Ψ 含有 4 个分量,而不像 KG 方程那样 Ψ 只有 1 个分量;在式(58)中,α_i 是作用在 4 个分量上的矩阵。而且它是一阶偏导数($\partial/\partial t$),而不像 KG 方程那样用二阶偏导数($\partial^2/\partial t^2$)……

Dirac 说:"要使量子力学与相对论一致存在真正的困难,这使我伤透了脑筋。"这是因为由 Schrödinger 方程(SE)得出的 $|\Psi|^2$ 表明几率恒为正,但所谓相对论性波方程(KG 方程)得出的几率并不总是正的。这件事使晚年 Dirac 深感困惑,并且说:"这件事似乎未给其他物理学家带来烦恼,我不清楚原因是什么。"

QFT 和 QED 的短板是著名的发散问题,根源在于这是一种点粒子场论。梁昌洪[36]在对经典场(静电场)的自作用能问题作论述时指出,早在 1940 年 R. Feynman 就注意到"电子自作用能无限大"给电磁场理论造成了突出的问题[37],而这是由于描述电子的模型是点粒子。这就是说,点电荷的自作用存在发散困难。如把电子看成没有结构的点,它产生的场对本身作用引起的电磁质量就是无限大。对此笔者尝试作简单推导如下:根据 Coulomb 力公式 $F = \frac{Kq_1q_2}{r^2}$,电子自作用力为

$$F_e = K\frac{e^2}{r^2} \tag{59}$$

若取电子自作用能 $E_e = F_e r$,则有

$$E_e = Ke^2/r \tag{60}$$

又取 $E_e = m_0 c^2$,则电子质量为

$$m_e = Kr^{-1} \tag{61}$$

K 是由 e、c 决定的常数。因此,如取电子为点粒子($r=0$),质量和自作用能为无限大。

Dirac 在关于 QED 的演讲中谈到重整化,他首先论述的正是这个电子质量问题。电子质量当然不会是无限大,不过电子与场相互作用的这个质量会有变化,Dirac 指出,无法对"无限大质量"赋予什么意义;虽然对由 Coulomb 场围绕的点电子(电荷集中于一点)来说,如对这个场积分就会得到无限大能量。如用完整的电子理论(笔者注:指 Dirac 自己的电子、正电子理论,即空穴理论),也会得出无限大。人们在"去掉无限大项"的情况下继续计算,得到的结果(如 Lamb shift 和反常磁矩)都与观测相符;因此就说"QED 是个好理论,不必为它操心了"。Dirac 对此极为不满,因为所谓"好理论"是在忽略一些无限大时获得的——这既武断也不合理。Dirac 说,合理的数学允许忽略小量,却不允许略去无限大(只是因为你不想要它)。

更多的问题在于:后来人们用所谓"截断技巧"进行计算,既不出现无限大,又能得出同样的 Lamb shift 和反常磁矩;但这是引入了非相对论条件,从而破坏了相对论不变性。Dirac 说,这是以破坏理论的相对论性质为代价而取得的 QED 合理性,但这样做比之于"略去无限大的量"还是好些。他强调指出"我不同意当前许多物理学家所谓'好理论'的观点;我不接受违反数学规则的做法。……我认为需要某些真正的大变革。"这些是一位严谨治学的老科学家掷地有声的语言;而且从中看出,Dirac 对"违反相对论"的治学途径也不是很反对了。至于前述的多数物理学家对相对论与量子力学的矛盾漠然置之,笔者认为这是由于他们未认识到 SR 与 QM 在自然观、世界观方面有根本的不同。

20 世纪 70 年代中期,Dirac 呼吁在物理学领域实行"某些真正的大变革",40 年后的今天也未在西方科学界发生;以致我们仍然看到理论物理方面乱象频生,确实令人遗憾。

以上情况表明 Dirac 在晚年的观点有了变化。他在 31 岁时的 Nobel 讲演词,流露出的是欣慰和得意——认为自己解决了 Schrödinger 没有做、Klein 和 Gordon 没做好的问题,即"在相对论指导下导出微观粒子波方程"。但到了后来,虽然在 1964 年(62 岁)时仍有"SR 主导、QM 是从属"的意味,但已明确地指出,"建立相对论性量子力学"有不可克服的困难。在 1978 年(76 岁)时他却表现出强烈的困惑和不满:从根本上不再着迷于"相对论与量子力学的一致和协调";不再认为 QED 是好理论;呼吁物理学界的"真正的大变革"。杰出科学家 Dirac 这种

"与时俱进、永不停步"的态度,鼓舞和教育了今天的科学工作者。

大家知道,H. Lorentz 于 1904 年发表的相对性思想是在以太存在性之下得出的。1905 年 Einstein 发表了 SR 论文,其中有一个公设——光速不变性原理,由此认为不需要以太,亦即用不着一个优先的参考系。近来的讨论总包含下述问题:Einstein 的狭义相对论(SR)和改进的 Lorentz 理论(MOL),哪个更好地描述自然界? 这两者的主要区别在于,SR 认为所有惯性系都是平权、等效的,而 MOL 认为存在优先的参考系。多年来的众多研究讨论显示,SR 存在逻辑上的不自洽。那么晚年 Dirac 怎样看待 SR? 有迹象表明,他在 78 岁时已认识到这种不自洽——当他获悉实验家已测到地球相对于微波背景辐射(CMB)的速度为 390km/s;这时这位大师 Dirac[38] 说,从某种意义上讲 Lorentz 正确而 Einstein 是错的。虽然笔者不敢肯定说 Dirac 已"抛弃了相对论",但他已不像年轻时(在 1933 年)那样信奉相对论是不争的事实!

8   SE 和 DE 哪个更精确

并不是所有物理学家对理论界的矛盾和问题漠不关心。2007 年,量子力学家张永德[39] 说:非相对论量子力学的背景是 Newton 时空观,而 QFT 的背景是 Minkowski 时空几何;因乎此,相对论(SR 和 GR)与量子理论之间的不融洽并无改善的迹象。

现在我们重写力学中的两个动能方程:

Newton 力学

$$E_k = \frac{1}{2}mv^2 = \frac{p^2}{2m}$$

狭义相对论(SR)

$$E_k = \sqrt{p^2c^2 + m_0^2c^4} - m_0c^2$$

因此可以定量地绘出二者的 $E_k \sim p$ 曲线,如图 7 所示。两者相比较还是有共同点——当 p 增加时 E_k 都是逐渐增大,只是经典力学时 E_k 随 p 增大得很快,相对论力学时 E_k 随 p 增加较慢;但两者的规律是相似的。如果 p 较小,二者的计算值甚至较为接近。

怎样解释图 7 所具有的相似性? 前已述及,两个基本方程(质能方程和质速方程)其实均可由经典物理导出,因此相对论的"烙印"并不显著。当然,二者的区别也很明显。在相同的动量条件下,经典力学的计算所得粒子(或物体)动能比相对论力学的计算结果要大。为了弄清楚当粒子为电子时实际情况更靠近哪条曲线,上海学者进行了实验研究[40]。采用放射性元素锶—钇(^{90}Sr—^{90}Y)作为源,发出的 β 射线(电子束流)以接近光速 c 的速度进入一个真空室,在均匀磁场作用下做圆周运动,然后被能量

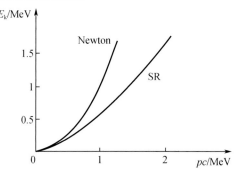

图 7   Newton 力学与狭义相对论(SR)的
动量—动能关系比较

探测器接收。β 粒子的动能用该探测器测量;动量测量是根据测出的电子运动半径 R,用 $p = eBR$ 算出动量。2006 年初,季灏先生在朱永强副教授协助下在复旦大学做实验。他们使用了 5 个磁场强度值(400Gs,622Gs,633Gs,668Gs,820Gs),结果发现,实验数据与相对论预期值符合得并不好,却与经典理论符合较好;这项研究是很有意思的。

显然,这种对比研究可延伸到非相对论量子波方程(SE)和所谓相对论量子波方程(Dirac

方程、DE)之间的比较。2007 年,胡金牛与申虹[41]的文章"氢原子和奇异原子的相对论效应"一文深具启发性。他们把非相对论的 Schrödinger 方程(SE)与所谓相对论的 Dirac 方程(DE)以及 Klein - Gordon 方程(KE)的计算结果与实验值作比较,其结果列于该文的表 2 和表 4 中。本文转引他们的数据,相应的编号为表 2 和表 3。

表 2　氢原子基态能量

	E/eV	$(E_{th} - E_{exp})/E_{exp}$
实验值	13.5984337	—
Schrödinger 理论	13.5982865	-1.082×10^{-5}
KG 理论	13.6065981	6.004×10^{-4}
Dirac 理论	13.6058735	5.471×10^{-4}
约化 Dirac 理论	13.5984675	2.486×10^{-6}

表 3　氢原子双光子跃迁

	$f(2s \to 1s)/kHz$	$(f_{th} - f_{exp})/f_{exp}$
实验值	$2466061413187.34 \pm 0.84$	—
Schrödinger 理论	2466038467562.22	-9.305×10^{-6}
KG 理论	2467564914626.32	6.097×10^{-4}
Dirac 理论	2467411604252.30	5.475×10^{-4}
约化 Dirac 理论	2466068541339.36	2.891×10^{-6}

　　由(本文的)表 2 和表 3 可见,两种情况下 SE 都是精度最高的;至于 DE,只有在约化处理后才达到和超过 SE 的精度水平。对 SE 的肯定其实也就是对 Newton 力学的肯定,因为 SE 的推导就是由它出发的。……前已述及,Schrödinger 曾说他推导 SE 时未从相对论出发,为此感到"不好意思"。我们现在可以说,这种心态没有必要;因为 SE 与 DE 的不同简单说只是两个波方程的不同,它们并不代表"相对论"与"非相对论"两大阵营。它们都可以用,使用范围和特点可能不同,如此而已。但二者之间并非互不相容的关系。

9　讨论

　　从本文内容可以看得很清楚,QFT 先天不足、身陷逻辑矛盾。所谓重整化是对 QFT 自身存在问题的补救措施,这问题在于微扰计算不合理地出现无限大发散。许多人对这种操作产生"信心"的原因是在 QFT 计算中使用重整化后得到与实验符合的结果,因而后来就推广到其他领域(把弱相互作用和电磁相互作用相统一的努力)。不过人们承认重整化方法的局限性,它不能解决微扰近似本身固有的问题(如微扰级数收敛);量子引力理论中的重整化也不成功。Dirac 的批评是完全正确的。

　　1905 年出现的狭义相对论(SR),是在传统的物理学背景上问世的。这个背景的特点是"老、旧"——1905 年对电子仅有初步了解,对原子的存在和结构方式的了解很肤浅;至于量子力学和微观粒子物理学,都是很久以后才有的东西。1915 年,Einstein 提出广义相对论(GR)。由于英国天文学家 A. Eddington 率领日蚀观测队在南美洲的实验验证了光线在引力场中弯曲,GR 被认为获得了证明,使 Einstein 成为轰动人物。但 1921 年 Einstein 获 Nobel 物理奖也不是因为相对论,而是为了提出光子学说并"发现光电效应定律";当时 Nobel 委员会的秘书特别说明,颁奖原因不包含有关相对论的研究工作。对 Eddington 观测结果后来也有许多质疑。

QFT 的提出和成型是 1927 年以后的事,经历了数十年,其时物理界已普遍接受相对论作为指导性理论。一直以来人们认为 QM 和 QFT 都应遵循相对论要求,这种看法直到 1982 年(Aspect 实验成功)才发生改变——著名物理学家 J. Bell(以及其他人)在 1985 年公开批评 Einstein 的观点,强力支持 QM,又建议物理思想应该"回到 Einstein 之前"。但这时已有了成型的基本粒子物理学,它对于一些根本性问题——例如微观粒子的相互作用是否真正具有 Lorentz 变换(LT)不变性,没有再作研究。然而,还是有中国科学家作了思考,用严肃认真的分析和计算,说明 LT 变换不变性在粒子物理作用过程中可能并不存在,从而连带指出 QFT 有根本性问题。2014 年,梅晓春[42]的英文论文在 *Jour. Mod. Phys.* 杂志发表,该文证明微观粒子相互作用理论在多方面不满足 LT 的要求——基本粒子相互作用的跃迁几率没有 LT 不变性;光子与其他粒子相互作用的跃迁几率没有 LT 不变性;旋量场传播函数没有 LT 不变性;QFT 计算相互作用的跃迁几率的微扰论运动方程没有 LT 不变性;束缚态粒子相互作用过程一般没有 LT 不对称;QFT 高阶微扰重整化过程没有 LT 对称性。结论是:在微观粒子相互作用领域 SR 相对性原理不成立。认为既然微观物理学没有相对性,物理界已失去坚持相对性原理的理由。

正如本文所指出的,当今人们习惯上把物理理论分成两大领域:非相对论性量子力学(NRQM)和相对论性量子场论(RQFT);前者指 Schrödinger 方程(SE),后者指 Klein – Gordon 方程(KE)、Dirac 方程(DE)和量子电动力学(QED)等内容。QFT 就建筑在其运动方程和相互作用 Hamilton 量的形式在 LT 下保持不变性的上面。如果文献[42]在数学分析上正确,那么基本粒子物理学的理论基础就会发生问题,而所谓"相对论性量子场论"的说法不再有意义。……其实早在 1985 年 Weinberg 就已意识到这里存在大问题,那就是对 LT 不变性的要求根本不是量子场论会满足的。另外,正是无法使相对论和量子力学一致这一点,使 Dirac 大师"伤透了脑筋"。今天的物理界不能再采取驼鸟政策(视而不见或假装不知道),而应深刻思考理论物理学陷入迷茫的真正原因。

10　结束语

一直以来物理界流行的说法是:QM 只能处理低速问题,只有相对论力学才能处理高速问题。因此,由于 Schrödinger 方程(SE)是非相对论的,它就只能用在低速场合;而 Dirac 方程由于其推导出发点满足相对论要求,可以用在高速场合。甚至说,正是 Dirac 方程实现了 SR 与 QM 的融和,而该方程是 QFT 中唯一能使 SR 与协调的理论。这类说法不仅散见于各种文献,而且有时也出现在教科书中。

本文认为上述说法似是而非,没有弄清事情的来龙去脉,应当在深入分析的基础上加以纠正。Paul Dirac 在 1928 年提出量子波方程时只有 26 岁。1970 年以后国际上发展了一门全新的科学技术——光导纤维(optial fiber);到 20 世纪 80 年代初,光纤的理论和技术应用已臻成熟,而这时 Dirac 已是晚年。他不知道所谓"相对论性量子波方程"的 SE,已用来处理缓变折射率光纤并取得成功。光纤的运转是以光子运动为基础,而光子不是低速粒子。实际上,在这之前已有各方面的 SE 用于处理与光学有关问题的成功例子,故 SE"只能用在低速情况"的说法已不能成立。

但是,我们无法肯定 Dirac 在晚年会认为自己早年推导他的著名方程时,所抱持的观点

(理论的起点)其实并不真正是 relativistic(相对论性)的。即使在今天,为得出这一结论也需要作仔细分析,并查证物理学的早期历史。由本文内容可知,推导 Dirac 方程出发点是使用所谓"SR 能量—动量方程",而该方程可溯源到两个基本的物理学公式(质能方程 $E = mc^2$ 和质速方程 $m = m_0 (1 - v^2/c^2)^{-1/2}$。关键问题是这两个公式都不是相对论力学的产物,它们在 1905 年 Einstein 提出 SR 之前就已出现,二者都可由经典物理导出。不仅如此,对这两者之一(质速方程)至今还有争论,特别是中性粒子(物质)可能并无这样的关系。在这种情况下,有什么理由再说"Dirac 方程代表着相对论性量子力学的建立"? 实际上,深入的分析已证明 SR 与 QM 是对立的理论体系,Einstein 本人确实是"终生不渝"地反对量子力学。这样一来,Weinberg 所谓"能使量子力学与相对论相容的唯一理论是 QFT",也就成了空话。王令隽把这说成中国古代故事中的"拉郎配",实在是生动的比喻。

　　关于 QFT,我们并不否认它所取得的成绩。但从中外物理学家们指出的问题来看,QFT 先天不足、后天失调,并非十分美好。可以由对 QFT 的评价看出,P. Dirac 比 R. Feynman 更实事求是、直言不讳。至于说"该如何矫正 QFT",笔者不敢妄言;但我们和王令隽先生一样,寄希望于理论物理方面有"中华学派"的出现。中国科学家完全跟在西方人身后亦步亦趋的时期将会结束,中国在某些领域(高铁技术、量子通信)已是全球领袖;在基础物理学方面也一定会取得更大的成就。

参 考 文 献

[1] 现代电磁理论、量子理论与超光速问题研讨会大会报告. 北京:2000 - 05 - 19.

[2] Einstein A. Zur elektrodynamik bewegter Körper. Ann. d Phys, 1905, 17:891 - 921. (English translation:On the electrodynamics of moving bodies, reprinted in:Einstein's miraculous year. Princeton:Princeton Univ Press,1998;) 中译:论动体的电动力学. 范岱年,赵中立,许良英译,爱因斯坦文集. 北京:商务印书馆,1983, 83 - 115.

[3] 黄志洵. 影响物理学发展的8个问题. 前沿科学,2013, 7(3):59 - 85.

[4] 范岱年. 薛定谔讲演录导读. 见:Schrödinger,薛定谔讲演. 北京:北京大学出版社,2007.

[5] 王令隽. 致中国物理学界建议书. 前沿科学,2017,11(2):51 - 75.

[6] Einstein A, Podolsky B, Rosen N. Can quantum mechanical description of physical reality be considered complete. Phys Rev, 1935 ,47 :777 - 780.

[7] Schrödinger E. Quantisation as a problem of proper values. Annalen der Physik, 1926, 79(4):1 - 9;81(4):1 - 12.

[8] Wichmann E. Quantum physics. New York:Mc Graw Hill, 1971.

[9] 叶培大,吴彝尊. 光波导技术基本理论. 北京:人民邮电出版社,1981.

[10] 周树同. 光纤理论与测量. 上海:复旦大学出版社,1988.

[11] 关柳,余守宪. 渐变折射率波导传播特性的微扰计算. 通信学报,1991,12(5):64 - 69.

[12] 张近苇. 渐变型光纤的本征值方程. 光纤与电缆及其应用技术,1992 (2):6 - 12.

[13] 大越孝敬. 光学纤维基础. 东京:东京大学工学部,1977.

[14] 黄志洵. 论消失态. 中国传媒大学学报(自然科学版),2008,15(3):1 - 9.

[15] Bell J S. On the Einstein - Podolsky - Rosen paradox. Physics, 1964, 1:195 - 200.

[16] Aspect A. Grangier P, Roger G. The cxperimental tests of realistic local theories via Bell's theorem. Phys Rev Lett, 1981, 47:460 - 465.

[17] Newton I. 自然哲学之数学原理. 王克迪,译. 西安:陕西人民出版社,2001.

[18] Heaviside O. On the electromagnetic effects due to the motion of electrification through a dielectric. Phil. Mag. , 1889, 27: 324 – 339；又见：Heaviside O. The waste of energy from a moving electron. Nature, 1902, 67: 6 – 8.

[19] Abraham M. Prinzipien der dynamic des electrons. Ann d Phys. , 1903 , 10: 105 – 179.

[20] Lorentz H A. Electromagnetic phenomana in a system moving with any velocity less than that of light. Konin. Akad. Weten. (Amsterdan), 1904 , 6 : 809 – 831.

[21] 马青平. 相对论逻辑自洽性探疑. 上海：上海科技文献出版社,2004.

[22] Poincarè H. La thèorie de Lorentz et le principe de la reaction. Archiv. Neèrland. Des Sci. Exa. et Natur. , Ser 2. 1900, 5: 252 – 278.

[23] Einstein A. Does the inertia of a body dpend upon its energy content? . Ann. d. Phys. , 1905, 18: 639 – 641.

[24] Ives H. Derivation of the mass – energy relation. Jour Opt. Soc. Amer. , 1952, 42: 540 – 543.

[25] Pavlovic M. Einstein's theory of relativity – reality or illusion? http://users. Net. gu/ – mrp/, 2002.

[26] Einstein A. An elementary derivation of the equivalence of mass and energy. Tech. Jour. , 1946, 5: 16 – 17.

[27] Einstein A. $E = mc^2$, the most urgent problem. Science, 1946, I: 16.

[28] Bartocci U. Albert Einstein e Olinto de Protto: la vera storia della formula piu famosa del mondo. Andromeda 1999, Bologna; 又见：The Einstein—de Protto case. http: //www. dipmat. Unipg. it/ – bartocci/st/de protto. htm.

[29] Hasenöhrl F. Zur theorie der strahlung in bewegten Körpern. Ann. d. Phys. , Ser. 4, 1904, 15: 344 – 370.

[30] Einstein A. A letter of 19 June 1948 to L. Barnett. Phys. Today, 1990, 30: 13.

[31] Okun L. The concept of mass. Phys. Today, 1989 : 31 – 36.

[32] Rosser W. 相对论导论. 岳曾元,关德相,译. 北京：科学出版社,1980.

[33] Clegg B. 30 second quantum theory. Labuan Malaysia: IVY Press, 2014. 中译：崔向前、刘沛,译. 30 秒探索量子场论. 北京：机械工业出版社,2016.

[34] Feynman R. QED – The strange theory of light and matter. Los Angelos：A. Mautner Memorial Lecture, 1984.

[35] Dirac P. Lectures on Quantum Mechanics. Yeshiva Univ. Press, 1964; 又见：Dirac P. Directions in Physics. New York：Johy Wiley, 1978.

[36] 梁昌洪. 电磁理论前沿探索札记. 北京：电子工业出版社,2012.

[37] Wheeler J, Feynman R. Interaction with the absorber as the mechanism of radiation. Rev Mod. Phys. , 1985, 17(2/3): 157 – 181.

[38] Dirac P. Why we believe in Einstein theory. Symmetries in Science. Princeton：Princeton Univ Press, 1980.

[39] 张永德. 量子理论与定域因果律相容吗? 北京：科学出版社,2007.

[40] 季灏. 关于电子 Lorentz 力和能量测量的实验. 中国工程科学, 2006, 8(10): 60 – 65.

[41] 胡金牛,申虹. 氢原子和奇异原子的相对论效应//柯善哲,等. 量子力学朝花夕拾. 北京：科学出版社, 2007.

[42] 梅晓春. 微观粒子相互作用理论没有 Lorentz 变换不变性的证明. Jour. Mod. Phys. , 2014 (5): 599 – 616.

试论量子通信的物理基础

黄志洵

(中国传媒大学信息工程学院,北京　100024)

摘要: 众所周知,W. Heisenberg 荣获 1932 年 Nobel 物理学奖是由于他提出了矩阵力学和不确定性原理,这对量子力学(QM)的建立非常重要。但是,A. Einstein 对 QM 持反对态度;这在 1926 年开始显露,而在 1935 年达到顶点,其时他与 B. Podolsky、N. Rosen 发表了 EPR 论文。此文中的局域性原则与他的狭义相对论(SR)对应;对于一个分离系统(Ⅰ和Ⅱ)而言,二者之间不可能存在超距效应。N. Bohr 对 EPR 论文作了反驳,指出不确定性原理对Ⅰ和Ⅱ的影响——当测量Ⅰ时Ⅱ会有反应,这与它们之间的距离无关。当然,上述讨论均是针对微观粒子的。

1951 年,D. Bohm 把 EPR 思维实验作现代意义的陈述,称为 Bohm 自旋相关方案或自旋双值粒子系统。实际上 Bohm 启动了量子纠缠态研究。在此基础上,1965 年 J. Bell 提出考虑了隐变量问题的不等式;而在 1982 年,A. Aspect 用高精度实验证明,结果与 Bell 不等式不符却与 QM 一致;这引起了科学界的震动。1985 年,物理学家 J. Brown 和 P. Davies 在英国广播公司(BBC)组织了一次对著名科学家的访谈。在采访 J. Bell 时他说,该不等式是分析 EPR 思维所产生的,这个思维说在 EPR 论文条件下不应存在超距作用,但那些条件却导致了 QM 所预期的奇特的相关性。Aspect 实验结果是在预料之中的——QM 从未错过,即使条件苛刻也不会错。这些实验无疑证明了 Einstein 的观念站不住脚。……特别是在 2008 年,D. Salart 等用处于纠缠态的相距18km 的 2 个光子完成的实验证明其相互作用的速度比光速大 1 万倍以上,为 $10^4 c \sim 10^7 c$;可以说此实验对有关 EPR 的长期争论作了结论。在后来数十年中,Bell 型实验常盛不衰,互相纠缠的光子间隔由 Aspect 时的 15m 逐步加大到 2007 年时的 144km,而在 2017 年由中国量子卫星扩展到 1200km,十分惊人。

作为 QM 的一种应用,量子通信(QC)是量子信息学(QIT)的一个重要分支。以光纤为基础提出了若干 QC 实施方案,如量子密钥分配(QKD)、诱骗态(DS)、量子安全直接通信(QSDC),以及超级纠缠态(HES)等;信息传播可依靠单光子和纠缠。然而问题是 QC 并非绝对安全,故 QC 的重要性和意义尚需在实用中进一步求证。

现在,以量子纠缠态为基础的 QIT 研究是有优势的;所有研究工作都建基于与 QM 非局域性一致而与 EPR 论文不符的基础上。EPR 论文发表 83 了,但它仍吸引人们注意并从反面促进了科学发展。无论 QM 的 Copenhagen 诠释有无问题,QM 都是 QC 的可信的物理基础。

关键词: 量子力学的 Copenhagen 诠释;量子非局域性;量子纠缠态;量子通信

注:本文原载于《中国传媒大学学报(自然科学版)》,第 25 卷,第 5 期,2018 年 10 月,1 ~ 16 页。

Discussions on the Physical Basis of Quantum Communication

HUANG Zhi – Xun

(Communication University of China, Beijing   100024)

Abstract：It's well known that W. Heisenberg won the Nobel Prize of physics in 1932 because he proposed the principle of matrix mechanics and uncertainty principle, which is very importance to the establishment of Quantum Mechanics(QM). But A. Einstein held an opposite attitude towards QM, which first appeared in 1926 and reached the top in 1935 when he, together with B. Podolsky and N. Rosen published the EPR paper. The locality principle in this paper corresponds to his special relativity(SR), there is impossibility of the existence of ultra – space effect between separate system Ⅰ and Ⅱ. N. Bohr refuted the EPR paper and pointed out the effect of the uncertainty principle on Ⅰ and Ⅱ, when measuring system Ⅰ, Ⅱ will react, regardless of the distance between them. Of course, these discussions are limited to the field of microscopic particles.

D. Bohm made statements upon the EPR idea experiment in modern way in 1951, which is named Bohm spin correlation scheme or spin two value particle system. As a matter of fact, Bohm made a groundbreaking start in quantum entangle state research. Based here, J. Bell proposed the inequality theory considered hidden variable principle in 1965. And in 1982, A. Aspect did high accurate experiment that the result is inconsistent with Bell inequality but consistent with QM, this experiment was a hit to scientific world. In 1985, physicists J. Brown and P. Davies organized interviews and records with many renowned scientists for BBC. In the interview John Bell confided that his inequality was the outcome of EPR thinking, which denied ultra – space effect under EPR thesis conditions resulted in quite peculiar correlations that QM predicted. The results of Aspect's experiments are expected that QM has never been wrong now and will not in the future despite of strict requirements. Undoubtedly, the experiments proved that Einstein's ideas are untenable. Especially in 2008, D. Salart et. al. performed a experiment using entangle photons at 18km apart. In conclusion, the speed of the influence of quantum entanglement is 10,000 times faster than the speed of light, i. e. $10^4 c \sim 10^7 c$. Anyway, this experiment was the summation of discussions about the EPR paper for long time. In last several decades , the Bell type experiments were continue working, the distance of entangled photons from 15m by Aspect grew to 144km in 2007, and in 2017 it reached 1200km by the quantum communication satellite of PRC, it was astonishing achievements.

As an application of QM, the quantum communication(QC) is an important branch of the quantum information technology(QIT). Several QC protocols have been studied based on optical fiber such as the quantum key distribution(QKD), decoy state(DS), quantum secure direct communication(QSDC), and the hyper – entangled state(HES), etc. The information spread on utilizing the single photons and entanglements. But it has a problem——we believe that the security of QC may be not safety absolutely. So the importance and meaning of QC must further proves in the practical application.

Now the research on quantum information technology, which bases on entangle state of quantum, is ascendant. All the research is based on the agreement with the non – locality of QM but not EPR paper. The EPR thesis has been published for 83 years, however, it still attracts people's attention and promotes development of science from the opposite side. Whatever the Copenhagen interpretation exist some mistakes, the QM is the reliable physical basis of QC absolutely.

Key words: Copenhagen interpretation of quantum mechanics; quantum non – locality; quantum entangled state; quantum communication(QC)

1　引言

从正面报道看,中国的量子通信(Quantum Communication,QC)研究已取得很大成就,在世界上居领跑地位。量子通信卫星的发射和运作是标志性事件, *Science*、*Nature* 杂志中有关论文也有很多是中国作者写的。不久前科技部主持了一个评比(选出"2017 年中国科学十大进展"),名列第一的是"实现星地千公里级量子纠缠和密钥分发及隐形传态"。在对成果的陈述中,提到"实现了空间大尺度上的量子力学非局域性检验","实现了千公里级量子密钥分发和星地量子隐形传态","突破了抗强度涨落诱骗态量子光源","突破了空间长寿命低噪声单光子检测"等[1]。……然而,对于 QC 国内一直有反对的声音,包括物理学家、通信专家、密码学家;他们有的反对 QC 的物理基础,有的不赞成量子密钥,也有人反对说"QC 绝对保密、安全"。本文仅就 QC 的发展引发的物理学基础问题作些讨论,供有关方面参考。

对信息传送的保密是通信技术发展中的一个基本问题,其重要性不言而喻。常规通信有自己的整套方法——如何在信息发送端加入密码(编码),如何在接收端把信号复原(解码);以及如何让发、收两头的操作者知道同一个密钥,而且它是需要定期更换的。当前对 QC 的正面介绍和宣传,都说它有绝对保密性(或说"绝对安全"、"不可窃听"),是否真的如此? 军界、银行界等潜在用户都很关心。这个问题在国内有很大的争论,而且这种争论发展到对量子力学(Quantum Mechanics, QM)的认识上的分歧。这些分歧涉及微观粒子的性质,以及用 QM 所作描述是否完备;如何看待 QM 的正统诠释(Copenhagen 诠释);Heisenberg 测不准关系式的正确性和意义;量子纠缠态的存在性以及由此造成的纠缠粒子相关性和非局域性;量子不可克隆原理(Wootters 定理)的正确性和意义;等等。鉴于这些论题的重要性,我们作简要的讨论。

2　Bohr 对量子理论创立的贡献和学术观点[2,3]

Niels Bohr(1885 – 1962)是 QM 的创始人之一,是后来被称为 Copenhagen 学派的领军人物。他于 1916 年任 Copenhagen 大学教授,1920 年任该校理论物理研究所所长。1922 年,Bohr 因"研究原子结构及原子辐射机理的卓越贡献"而获 Nobel 奖。1912 年他假设在原子中电子的轨道动量是量子化的,提出了原子的定态假设和频率法则,成功解释了氢原子光谱。Bohr 认为,原子中的绕核作轨道运动的电子,只有在从一个轨道(2)跃迁到另一轨道(1),才会有光辐射,其能量变化被 Planck 常数(*h*)除,就得到光辐射的频率:

$$f_{21} = \frac{E_2 - E_1}{h} \qquad\qquad (1)$$

式(1)称为 Bohr 频率条件;Bohr 的理论对氢原子完全正确,但对多电子原子而言理论与实验不符。Bohr 的早期工作不仅彰显了早期的量子论思想,也是启发后来人们的研究(这种研究导致 QM 出现)的重要因素。Bohr 说,物理实验的根本点是用经典物理概念描述观察结果,这造成了量子理论的佯谬——我们一边建立与经典不同的定律,同时又在观察和测量时使用经典物理的概念。对此,笔者的理解是:人们在讨论微观粒子在力场中的运动时,毫不犹豫地使用诸如位置、速度、质量、动量、角动量等词汇和概念,但这些都是经典物理,在研究微观世界时能否使用并未提出证明。另外,非常明显的事实是:"粒子""波动"都是从经典物理学中借用的概念。

Bohr 认为这是研究新物理学(量子物理)时遇到的困难之一。他说:"我们缺乏语言[2]。"另外,在经典物理范畴,做实验时可忽略测量工具(仪器)与被测客体之间的相互作用,但在量子物理中就不行。由于该二者形成为一个完整部分,这就"迫使我们放弃因果描述",因为确定论(definity)描述的逻辑基础已不存在。他说,不得不放弃因果性这个理想观念,改用统计定律来描写自然。Bohr 提醒人们注意——在量子物理的发展中不断有大量奇迹出现。

事件(客体)必须被观察到才能被知道,但观察改变了事件(客体),这在认识论上造成了真正的麻烦。对于 QM 中原子客体的状况,未受观察的干扰时因果性(因果律)有效;但对处于某状态的客体做观察(测量)时,状态收缩到某一本征态。这是状态的不连续突变,QM 不能描述其过程;是无确定性因果律可循的事情了。QM 的几率性质凸显;Copenhagen 学派认为,QM 在客观实在性方面不再遵守传统的(客体在一定时空中行动的)因果性。Bohr 说,正是 Heisenberg 奠定了一个合理的 QM 基础。尽管放弃了轨道图景,却保留了 Hamilton 正则运动方程,其对易规则为

$$qp - pq = j\hbar \qquad\qquad (2)$$

式中:$\hbar$ 为归一化 Planck 常数。这是定量地表述对应原理。而且,必须指出 QM 中有一套专有的符号算子和计算规则。依靠几率函数,可把主、客观联系起来。

再看互补原理(complementarity principle)。1927 年 W. Heisenberg 提出测不准关系式,半年后 Bohr 提出了互补性思想。Bohr 认为,对微观粒子而言,既然同时测量位置和动量是互相排斥的,证明人们只能在互补的意义去获取对客体的认识,亦即位置和动量是一对互补的可观察量。与此类似,微观粒子在某些实验中表现为粒子,而在另一些实验中表现为"波动",这种粒子性和波动性也是互补的——没有一个实验可同时显示这两种特性。因此,波粒二象性是互补性,是微观世界特有的现象。

1929 年 9 月,Bohr 在学术演讲中公布了他的互补原理,认为量子过程总显示出一种既互斥又互补的特性。典型例子是波粒二象性——光子理论用到了频率和波长,但这二者只有在波动图像中才有意义。粒子是空间局域的,而波则展布于广大空间。波和粒子的形象和特性仿佛互相排斥,但作为量子过程的完整描写却是二者缺一不可。又如在 QM 中,时空描述与因果性是矛盾的,但实际上并不能彻底抛弃其中之一。具体讲,粒子碰撞是遵循能量守恒与动量守恒的因果事件,波传播却是一种时空事件。量子过程是怎样的呢?问题在于做实验时操作者必定引入了一个因素(测量或干扰),从而排除了二象性的某一方面,只显示另一方面(粒子或波)。这个因素是由于量子过程的基本性质(互斥又互补)而发生的。Bohr 说,正是 Heisenberg 的测不准关系式从数量上描绘和表达了这种因素,因而可以把测不准关系式看成互补原

理的一个结果(Bohr,Nature,1928,121:580)。

这个说法被 Heisenberg 接受了,即互补原理澄清了不确定性原理的起源。此外 Heisenberg 还认为,互补原理是对 QM 体系的 Copenhagen 诠释的很好总结。他们二人由分歧达到一致;互补性和不确定性成为 QM 形式体系的基本构成。……在我们后人(如笔者)看来,Bohr 不仅有兼容精神,而且似乎体现了一种辩证观。因此,我们不同意给 Copenhagen 诠释扣上"唯心主义"帽子。实际上,Bohr 的位于 Copenhagen 的理论物理研究所,在很长时期都被看成是量子物理学的一盏明灯。

3　Born 波函数几率诠释和 Heisenberg 测不准关系式[2,4-8]

Max Born(1882 - 1970)是德国人,曾在德国、英国的大学任教。1954 年,他因为 QM 研究(特别是提出波函数统计解释)而获 Nobel 奖。Born 的论文发表于 1926 年 6 月、10 月,这个理论认为微观粒子的状态主要用波函数 $\Psi(r,t)$ 描述,t 时刻在空间 r 处的体元 $d\tau$ 内找到粒子的几率为 $|\Psi(r,t)|^2 d\tau$,即出现粒子的几率密度为 $|\Psi(\bar{r},t)|^2$。简言之,在计算散射过程时 Born 认识到:发现微观粒子的几率正比于波函数模值的平方,故描写微观粒子的波为几率波。Born 的波函数统计解释既可用于大量粒子的单次行为,也可用于单个粒子的多次重复性行为。Born 的理论得到无数实验的支持,也很好地体现了微观粒子的波粒二象性。

1926 年上半年,E. Schrödinger 提出了非相对论的量子波动力学。1953 年,Born 曾回忆说:"当 Schrödinger 波动力学出现时,我立刻感到它需要一个非确定论的解释。我估计 $|\Psi|^2$ 是几率密度,但过了一些时候才找出物理根据。显然,回到确定论已不可能。"又说:"按照 Schrödinger 方程不可能为粒子明确所处位置,因为它是一群界限模糊的波。"

Born 认识到,全新的 QM 不允许用确定论解释。测不准关系也强调了这一点。这并不是说在自然界的某个方面没有了因果关系,而是不能定量地计算这一关系,……笔者顺便指出,P. Dirac 也有类似的论述——因果只适于不受干扰的体系(这种体系通常用微分方程表述);然而在微观条件下,不可能在观察(测量)时不严重地干扰客体,这时不能指望发现期待中的因果联系。

Born 的科学工作与 Heisenberg 有密切关系。Born 比 Heisenberg 大 19 岁,后者曾任前者的研究助手。旧量子论中的量子条件由 N. Bohr 和 A. Sommerfeld 所奠定,对于粒子的运动可定义动量 p 和位置 q。在普通数学中乘法服从交换律——$p \cdot q = q \cdot p$;然而 1925 年 7 月提出了突破性的对量子条件的新表述,这时的量子乘法不服从交换律——$p \cdot q \neq q \cdot p$,这称非对易性。Heisenberg 提出了奇异的量子乘法规则,它来自两个量子跃迁振幅的乘积。Born 意识到这可能是创造新力学(QM)的钥匙,而这不过是两个矩阵相乘的情况。Born 帮助创建了 QM 矩阵力学的基本关系,而且绝对是量子化的;下式实际上与式(2)相同:

$$[p] \cdot [q] - [q] \cdot [p] = \frac{h}{j2\pi}[I] \tag{3}$$

式中:[ ]表示矩阵,而[I]为单位矩阵。在 Planck 常数为零($h=0$),即非量子化条件下,$p \cdot q = q \cdot p$,回到人们熟悉的情况。Born 因为这个贡献,1970 年去世时式(3)被刻在他的墓碑上。

Werner Heisenberg(1901 - 1976)是德国物理学家,1923 年获博士学位后即应 M. Born 的邀请到 Gottingen 大学任教,后又赴丹麦在 Copenhagen 大学进修。应当说,他从 Bohr 和 Born 的指导中学习了许多。1927 年 Heisenberg 提出矩阵力学,用以解释氢原子光谱,发现奇特的双线现象并作了阐明。1927 年 3 月他寄出的论文题为"量子理论的运动学和力学的内容",其中包含一个最有吸引力的原理——不确定性原理(indeterminacy principle),也称测不准关系式,发表在 *Zeitschrift für Physik*,Vol. 43,1927,172 - 198,该文撼动了因果性(或因果律),至今仍是一个有争论的问题。

Heisenberg 的不确定性原理的英文也可写作 uncertainty principle,我们看看他自己怎么说。1933 年 Heisenberg 在接受 Nobel 奖的获奖词中说,在研究原子现象时,测量对系统干扰的无法验证的部分妨碍着经典特性的精确确定,但准许 QM 的应用。分析表明,确定粒子位置的精确度和同时确定其动量的精确度,二者之间存在着一个关系:

$$\Delta p \cdot \Delta q \geqslant \frac{h}{4\pi} \tag{4}$$

式中:Δp、Δq 为测量该二者时的误差;h 为 Planck 常数。在这里,p、q 是正则共轭变量。由于测不准关系式规定了这些精确度的范围,故没有完全无歧义的原子的直观图像。Heisenberg 强调说,QM 的规律是统计性的。测不准关系式提供了这样一个范例,即在 QM 中对一个变量的精确了解排斥对另一个变量的精确了解。因此,他高度评价 Bohr 的互补原理——同一物理过程的不同方面之间的互补关系正是 QM 整体上的特点。

对微观粒子而言,测量动量或坐标的任何实验,必然导致对其共轭变量信息的不确定性,故无法同时获知粒子的坐标和动量。测不准关系式表明:坐标的不确定性越小,则动量的不确定性就越大,反之亦然。因此,同时精测粒子的坐标和速度是不可能的。或者说,具有确定速度的粒子也不会有确切的空间位置。由此出发进一步可以证明,在空间任一位置找到自由粒子的几率都相同,故自由粒子的位置坐标是完全不确定的。……而且,这种测量结果的不准量之间的反比关系,对例如能量与时间之类的其他共轭变量也成立,Heisenberg 说,由于自然界本身存在这样一种精确度界限,因果律不再正确。Nobel 委员会在当时对 Heisenberg 的工作给予了高度评价。他们指出,新理论(QM)大大改变了人们对由原子、分子构成的微观世界的认识;特别是,在这里 QM 必须放弃对因果关系的要求,而且承认物理定律表示的是某个事件出现的几率。

4　量子力学的 Copenhagen 诠释品评[2-9]

物理学史书籍告诉我们,所谓 QM 的 Copenhagen 诠释(Copenhagen Interpretation,CI)主要包含三个方面:Max Born 波函数几率解释;Werner Heisenberg 的测不准关系式;Niel Bohr 的互补原理。对此,历史上著名的 Bohr - Einstein 论战,发生在 1927 年 10 月召开的第 5 届 Solvy 会议上,而在后来的第 6 届 Solvy 会议上达到高潮。……这方面的事情为什么现在又要提起?因为当代量子通信技术的发展引发了争论,以致在国内有物理学家旧事重提,认为 QM 的 Copenhagen 诠释"即使在今天来看也是有问题的,Einstein 并不为错"。一些学者逻辑地由此得出结论说:"量子通信是根本缺乏物理基础的东西。"既然地基都不行,盖的房子肯定有问题。这样一来,讨论和思考就把人们又带回到 1927 年那个时期。

有一种说法认为,Einstein 不是反对 QM,而是反对 QM 的 Copenhagen 诠释;我们不同意这种说法。因为这个对 QM 的 Copenhagen 诠释主要来自 Bohr、Born 和 Heisenberg 三人,而他们的理论正是 QM 的主要内容。在笔者看来,反对 QM 与反对 QM 的 Copenhagen 诠释在本质上是一回事。下面就来看 Einstein 对这三人理论的反对意见。

因果性一词的英文是 causality,因果律一词的英文是 causal law。相对论专家喜欢用因果律一词,暗示其为绝对不能违反的定律。然而物理学中并没有这样的定律,因果性与对称性一样只是一种信念(conviction)。它的含意为:①任何事物均有发生的原因(cause);②任何原因都会造成某种结果(effect);③原因必定先于结果。利用人们的日常经验的易接受性,一些人不仅把它引入自然科学研究之中,并将其置于神圣的位置和高度。

与此相联系的是确定性,英文为 definity 或 certainty。这也是一种信念,认为大自然在本质上是可预测的,一切事件都由一个在先的原因所决定,并遵循一定规律。问题仅仅在于找到那个规律及掌握初始状态,则由现在可以精确地推出未来。1814 年 P. Laplace 说:"世界的未来可以由其过去决定;只要掌握世界在任一给定时刻的状态(用数学表示),就能预测未来。"这是确定论因果性的典型观点。到了 20 世纪,持这种观点的典型人物首推 Einstein。1920 年 1 月 20 日 Einstein 致信 M. Born 说:"关于因果性问题使我很伤脑筋;光的量子吸收和发射是否有朝一日可在完全因果性的意义下去理解,还是要留下统计性尾巴……要放弃完全的因果性,我将非常难受。"1924 年 4 月 29 日,Einstein 在致 M. Born 的信中写道:"在有比迄今更有力的反对严格因果性证据之前,我不会放弃……我不能容忍下述想法:受光照射的一个电子会由其自由意志来选择跳开时间和方向……不错,我要给量子以明确形式的尝试一再失败了,但我不想长久放弃希望。"1924 年在致 M. Born 的信中 Einstein 又说:"量子力学理论有很大贡献,但并不使我们更接近上帝的奥秘。无论如何,我相信他不是在掷骰子。"……他的话传播很广,但并不正确;"上帝"(自然界)不仅掷骰子,而且常常掷在人们意想不到的地方。

1927 年 3 月,W. Heisenberg 提出了测不准关系式。它告诉人们,微观粒子的运行总有无法消除的不确定性,亦即在微观世界中事件的发生常常是没有原因的。实际上,正是量子理论对确定论提出了最大的挑战。从 1927 年 10 月开始,Einstein 表明了对测不准关系式的否定态度,设计一些"思维实验"以证明该关系式的原理可以被超越,并与 Bohr 辩论。这个过程至少持续了 10 年,其中包括著名的 EPR 论文。总之,测不准关系式直接导致了不可预测性,量子世界挣脱了因果链的严密束缚。英国物理学家 P. Davies 说:"根据量子理论,没有因的情况下也可能有果。"中国著名量子力学家张永德说,量子理论(QT)反对 Einstein 的客观实在论,因为它对事物的看法是简单、机械论的,背离态叠加原理和波粒二象性。此外,为 QM 所不容的是 Lorentz 变换不变性的理论基础——相对论性局域因果性。

在 QM 提出前的科学发展其实已由随机性、几率性、混沌性研究预示了确定性的终结。19 世纪末 J. H. Poincarè 发现,一些微分方程(如 Hamilton 方程类型)的可解性及解值敏感地依赖于其初始条件——后者的微小变化可以导致解值巨变或无解。这一发现使"可预测性"不成为规律,在哲学上与 Laplace 相对立。因此 Poincarè 走向了非确定论,该理论认为系统的状态中任意小的不确定因素可能会逐步变大致使未来不可预测。Poincarè 的一个贡献是对三体问题进行研究,从而在天体轨道的分析中发现了新的概念——混沌(chaos)。和以前的科学家一样,他解方程组、求定量解没有成功,但在定性研究方面开辟了新天地。他提出假想的 n 维空间——相空间概念,在相空间中每个点都代表系统的一个状态。分析结论是:渐近解有无数周期不同的序列,也有无数非周期序列——后者即混沌,它对初始条件或状态是敏感依赖的。他喜欢说的一句话是:"预测是不可能的。"

著名化学家 I. Prigogine 是 1977 年 Nobel 化学奖获奖者,他于 1969 年发表的 *Exploring Complexity* 认为自然界本质上是随机、不可逆、不断演化和非线性的,这才是真实的世界[10],这与 Einstein 的自然观、世界观不同。……当然,根本点在于 QM 揭示了量子世界中微观粒子的运行,与确定论因果性相悖。在 QM 中微观粒子行为通常不可预测;如把粒子到达某处当作一个事件,它就可说是无原因的。无论 Einstein 或者后人都把因果性绝对化了。实际上,在 QM 提出之前人们也已认识到正确完整的因果描述常常做不到,必须接受事件的发生可以无确定原因。

虽然大多数物理学家都肯定 M. Born 和 W. Heisenberg 的成就,但在 Einstein 那里,这二人的工作都招致反感——他认为 Born 和 Heisenberg 的工作都"脱离了正常的道路"。他相信客观世界是确定性的。例如,通过云室能清晰地看见径迹,就不应该不考虑其轨道。总之,Einstein 在 1927 年 10 月的第 5 届 Solvy 会议上明确说:"不接受确定性原理。"他还反对把 QM 看作单个过程的完备理论,因为它可能出现超距作用。Einstein 说,他不把 de Broglie – Schrödinger 波看成单个粒子,而是当作分布在空间的粒子系综。实际上,Einstein 是把波动看成大量粒子的平均行为。1934 年 3 月 22 日,Einstein 在致函 Born 时再次表示反对几率诠释。

1948 年,Einstein 在《辩证法》杂志上发表的文章"量子力学与实在",可以看作是他在晚年的表态。虽然他承认 QM 是"标志物理知识的重大进步,甚至是决定性的进步",但又坚持说"量子力学方法根本不能令人满意"。这种态度矛盾的声明一方面是由于 QM 的深刻性和应用的广泛性已使他无法再否定其意义,但又不甘心承认自己在学术见解上错了。因此,笔者不认为 Einstein 在晚年改变了反对 QM 的态度。但有人至今还说相对论(SR、GR)可以与 QM 相结合,这岂不荒谬可笑? ……在 Einstein 发表上述文章的 20 多年后,两位大师级的物理学家的评论发人深省——已到晚年的 P. Driac 说:"要使相对论和量子力学一致起来是存在真正的困难。"S. Weinberg 则说:"理论物理学有大问题,例如对 Lorentz 不变性的要求根本不是 QM 能够满足的。"应当说,这二人的表述非常清楚正确。

QM 出现的 1926—1927 年,距狭义相对论(SR)的提出间隔了 21 ~ 22 年,距广义相对论(GR)的提出间隔是 11 ~ 12 年。可以说,相对论一方面成就了 Einstein 的巨大威望,同时又使他趋于保守;这是令人遗憾的。

5　讨论

科学界中的"学派",是指在一个理论框架下逐步聚集了一群人,他们在基本观点上一致,但又有各自的贡献。不同学派间会有竞争和对立,但其交流、辩论是健康的。QM 的 Copenhagen 学派的形成有一个过程。1912 年春,N. Bohr 到英国物理学家 D. Rutherford 处工作,同年回到 Copenhagen 后不断思考氢原子线光谱的实验规律;1913 年,Bohr 提出原子中电子绕核公转的量子化轨道运动理论,又提出两个新概念——光辐射或吸收是原子中发生量子跃迁的结果及电子公转时的角动量量子化,证明 Bohr 是一位十分出色的创新型科学家。1916 年,Bohr 任 Copenhagen 大学理论物理教授;1920 年,他创建理论物理研究所,欧洲多国学者来所工作。1922 年 W. Paul、1924 年 W. Heisenberg 进入该所是标志性事件,他们都是著名的 A. Sommerfeld 的学生。此外,来到 Bohr 这里做研究的还有 P. Driac、P. Ehrenfest、L. Brillouin、L. Landau、G. Gamov 等,众所周知,他们都在后来做出过重大贡献。当然,根本点在于 Bohr 领导下的人们(特别是 Heisenberg 和 M. Born 等)提出了新的理论系统——QM,其独特的数学表达方式和物理思维方式与经典物理截然不同,其正确性逐步被证明;这才使 Copenhagen 学派名声大噪,有许多仰慕者和追随者。

Copenhagen 学派的领军人物是 N. Bohr,反对派的领军人物是 A. Einstein。当 QM 问世时,Einstein 已 47 岁,是一位饮誉世界的科学家——因为他的相对论(1905 年的 SR 和 1915 年的 GR),也因为他用光子学说解释了光电效应而获 Nobel 物理奖。Einstein 在推导光子的理论表述时是用经典物理(在 1905 年根本没有 QM),他却能参考 Planck 量子论完成了对光子的推导,是革命性的工作。但在 QM 出现后他却坚持反对;直到 1955 年去世,态度未变。

为把讨论引向深入,我们列表说明以 Bohr 为代表的 Copenhagen 学派的观点与以 Einstein 为代表的反对派观点的主要分歧所在,如表 1 所列。……现在有人说"Einstein 不是反对 QM, 而是反对 Copenhagen 解释",这句话值得推敲。为明确起见,笔者提出一个表达式:

$$QM \approx CI + SE + DE \tag{5}$$

式中:QM 代表构成量子力学的全部内容;CI 代表 Copenhagen 诠释的主要内容(Bohr、Heisenberg、Born);SE 代表 Schrödinger 量子波方程;DE 代表 Driac 量子波方程。SE、DE 都是 QM 的重要组成部分,但却不是"诠释"的内容。按照这个表达式(虽然是不精确的描述),反对 CI 不等同于反对 QM。尽管如此,笔者仍然认为 Einstein 所反对的正是 QM 的某些核心思想,那么怎能说他"不反对 QM"?

表 1　量子力学大辩论

	Copenhagen 学派观点	反对派观点
主要人物	N. Bohr, W. Heisenberg, W. Pauli, M. Born, P. Jordan, P. Driac, E. Wigner, C. Weizsäcker, G. Gamov	A. Einstein, E. Schrödinger, B. Podolsky, N. Rosen 等
波函数	认为波函数反映微观粒子在时空的几率分布及演化,实际上精确描写了单个体系(如粒子)的状态	"波函数能精确描写单个体系的状态",反对几率性、统计性解释("上帝不掷骰子")
测不准关系式 (不确定性原理)	认为微观粒子运行有无法消除的不确定性,测不准关系式的规律不仅重要而且造成了与因果关系相悖的不可预测性	否定测不准关系式,认为光的量子发射和吸收有朝一日可在完全因果性的基础上理解
QM 完备性	认为 QM 是完备的、正确的;而 QM 是一个统计理论,故只能决定可能出现结果的几率;不存在什么隐变量。认为搞隐变量无济于事,因为这些所谓隐变量不会在描述真实过程时出现。实际上,任何局域性的隐变量理论都不能导出 QM 的全部统计性预言	认为 QM 不完备,可能还有更深刻的物理规律——例如可能存在还未发现的隐变量,可以决定个别体系的规律。如发现隐变量,仍存在因果性。总之,自然界必定有确定论式的描述,应继续努力追求更好(但现在未知)的理论
波粒二象性及互补原理	认为一切微观粒子(无论有质量与否)均有波粒二象性,有时表现为粒子(有确定轨道),有时表现为波(能产生干涉条纹);这取决于观测者的实验方法。但不可能同时观测到二者。实际上,根本点是既互斥又互补的量子关系,任何实验都将导致对其共轭变量的不确定性;故互补原理与测不准关系式一致	作为光子学说的提出者,Einstein 早就认识到光既是波动又是粒子是一种矛盾现象。但他不认同不确定性原理,也就无法接受 Bohr 的互补性理论,该理论把测不准关系式看成为互补原理的一个例证和结果。……不过,Einstein 在其相对论和其他理论陈述中没有关于波粒二象性的直接内容,人们对他就此的看法不甚清楚
量子纠缠态	EPR 论文出来后 Bohr 立即作了反驳;认为 QM 具有首尾一致的数学表述形式,指责 QM 不备说服力不强。所谓"实在性判据"并不严格。认为分离体系(Ⅰ和Ⅱ)的相互作用的存在是可能的	1935 年发表 EPR 论文,该文第一部分认为 QM 假设波函数确定包含了对体系的物理实在的完备描述。第二部分意在证明,这一假设和实在性判据一起将导致矛盾。总起来否定 QM 的完备性,否认体系分开为两部分时还会有相互作用

另外,表 1 呈现了有趣的情况——1926 年上半年 E. Schrödinger 从经典力学出发导出了 SE,而他却不支持"诠释",站到了 Einstein 一边。1928 年 Driac 从相对论力学出发(至少从表面上看是从 SR 出发)导出了新的量子波方程(DE),他却成为 Copenhagen 学派的一员。众所周知,1926 年上半年 E. Schrödinger 创造了 QM 的波动力学,即 QWM[11-14];其核心是描述微观粒子体系运动变化规律的 QM 基本运动方程——Schrödinger 方程(SE)。M. Planck 认为该方

程奠定了量子力学的基础,如同 Newton、Lagrange 和 Hamilton 创立的方程在经典力学(CM)中的作用一样。Einstein 的说法稍有不同,他相信 Schrödinger 关于量子条件的公式表述"取得了决定性进展",但 Heisenberg 和 Born 的路子则"出了毛病"。Einstein 为什么比较喜欢 Schrödinger 的工作而总对 Heisenberg 的工作抱有反感?可能是因为他认为前者的理论并非完全抛弃确定性的,与后者对确定性的决绝态度不同。当然由此也可知道,Newton 的经典力学和 Einstein 的相对论力学,都是确定性的理论。

Schrödinger 量子波方程的推导是从 Newton 经典力学出发的,称为非相对论性量子波方程。这个方程独特和出色之处在于:它把核外电子轨道或分立能级当作波方程的本征值;但 SE 有经典物理的痕迹,当我们写出

$$j\hbar \frac{\partial \psi}{\partial t} = -\frac{\hbar^2}{2m} \nabla^2 \psi + U\psi \tag{6}$$

会立即注意到这里有粒子质量 m,这绝对是经典物理的参数和概念。而且,这个方程给人以下述印象:经典物理中任何过程都在一定时空中发生并连续地发展的概念,是被保留下来了。尽管推导 SE 时没有从 SR 出发,但这个方程(至少从表面来看),并不反对相对论性的自然观。

SE 是 QM 的核心理论之一,重要性相当于经典物理中的 Newton 运动方程。它对自然现象有预言能力,应用广泛。但 Schrödinger 把全部热情放在波动上;按照 de Broglie 和 Schrödinger 的思想,运动粒子速度与波包的群速相同,故他们的理论暗示波包和粒子是一回事。这样看待微观粒子与相应波动的关系夸大了波的地位,是错误的。我们从非相对论性自由粒子出发作简单推导,可以证明,de Broglie 波的色散方程($\omega \sim k$ 方程)为

$$\omega = \frac{\hbar}{2m}k^2 \tag{7}$$

式中:$\hbar = h/2\pi$,$k = 2\pi/\lambda$。故可求群速

$$v_g = \frac{d\omega}{dk} = \frac{\hbar k}{m} = \frac{p}{m} = v \tag{8}$$

故群速与粒子速度相等。由式(8)出发计算群速 v_g 对波数 k 的导数:

$$\frac{dv_g}{dk} = \frac{\hbar}{m} \neq 0 \tag{9}$$

故 v_g 与 k 有关,说明波包在传输过程中会扩散(发胖)。但粒子在传输过程中却是稳定的,故科学界拒绝了他们的观念。有人还开玩笑说:"Schrödinger 方程比 Schrödinger 更聪明。"

正是 Bohr 指出波传输过程中波包会"发胖",而粒子却有无可置疑的稳定性,故简单地把粒子看成波包说不通。尽管如此,Schrödinger 却不接受 CI 的"波粒二象性"和"波函数坍缩"。据说,是 Einstein 鼓励他设计一个思维实验来反驳 CI。在 1935 年的文章中(Naturwissenchaften, 1935, Vol. 23, 807、823、844),Schrödinger 提出了所谓"Schrödinger 猫态"的悖论——假设有这样一种装置,用原子的衰变来触发小锤,将装有毒气的小瓶砸破,小瓶释放毒气把猫毒死。其中,原子的衰变是随机的量子事件。问题是,原子的衰变是多种状态的叠加,称为叠加态,这意味着猫同时处于死与活的状态。一旦进行测量,量子叠加态就会被破坏。也就是说,一旦我们打开盒子查看结果,猫就只会处于一种状态,即要么活着,要么死了。但这并不意味着打开盒子之前猫就已经处于这种状态——在观测前,猫处于"生死叠加"状态,是荒唐的。一个同时处于两种状态的量子系统决定了猫的生死。这个实验表明,量子理论和人们的直觉相违背。Schrödinger 猫佯谬对 Copenhagen 学派是一个打击,因为猫不可能是"既死又

活"的[15]。

但是 Schrödinger 设想的思维实验有一个前提:波函数可描写宏观物体(包括生物体),而这一点却缺乏证明。然而这个"猫佯谬"的讨论并非没有价值,它与同年(1935 年)发表的 EPR 论文有内在的联系。EPR 讨论的复合体系(二粒子体系)的不可分离状态其实就是纠缠态(entangled state),而这个词语正好出现在 Schrödinger 论文中,故纠缠态问题也称为 Schrödinger 猫佯谬。Schrödinger 使用纠缠态一词是为了描写复合体系的不能表示为直积形式的叠加态,并用思维实验说明:波函数几率诠释如用于宏观世界会得出荒谬的结论。

虽然 Bohr 的互补原理应用广泛而不限于光的波粒二象性[2,8],但人们习惯于从这个二象性问题来看待互补原理。"诠释"认为,无论有质量粒子或无质量粒子都有波粒二象性;它们有时呈现为粒子(有确定路径,但不产生干涉条纹),有时呈现为波(无确定路径,但产生干涉条纹)。这取决于实验者如何观测,但不可能同时观察到两种属性,即不会掌握粒子路径的同时又出现干涉条纹。N. Bohr 的互补原理大致上也是此意。然而在 2014 年情况有了变化——波粒二象性研究的最新进展已证明[16],在同一干涉仪装置内安装两套好的测量装置(路径信息和干涉条纹探测器),分别完成不同功能,互不干扰,以正确方式协同作用,则可能同时观测粒子性和波动性。这就表示"绝不会同时观测到两种属性"的传统观念可能会被打破。中国科学院物理所李志远研究员一直做"微观粒子波粒二象性及互补原理违背可能性"的研究。……不过,笔者认为即使互补原理不完备也无损于把 QM 作为 QC 的物理基础。

6　量子纠缠态存在性问题[17]

设有一个复合系统(Ⅰ 和 Ⅱ),Ⅰ 的一组力学量完全集的共同本征态为 $|n\rangle_{\rm I}$,相应地,Ⅱ 的一组力学量完全集的共同本征态为 $|m\rangle_{\rm II}$,n、m 分别表示量子数。若复合系统量子态 $|\Psi\rangle_{\rm I\,II} = |n\rangle_{\rm I} \otimes |m\rangle_{\rm II}$,则为可分离态;若不等,为不可分离态(或纠缠态),写作

$$|\Psi\rangle_{\rm I\,II} = \sum_{xm} C_{xm} |n\rangle_{\rm I} \otimes |m\rangle_{\rm II} \qquad (10)$$

这里 Ⅰ 和 Ⅱ 有纠缠的量子态,表示对 Ⅰ 的测量与对 Ⅱ 的测量相关,不管 Ⅰ、Ⅱ 之间距离多远。这是由于复合体系量子态的叠加所造成的。这种量子纠缠态是量子信息学的物理基础之一。

纠缠态的事情起源于 1935 年的 EPR 论文[18]。这篇文章的局域性原则与狭义相对论一致,坚持能量与信息以超光速传送的不可能性,坚持在类空的分离体系(Ⅰ 和 Ⅱ)之间存在超距作用的不可能性。用思维实验说明 QM 是违反局域性原则的,而这正是在 QM 中分离体系有超距作用的根本原因。

1927 年,Heisenberg 不确定性原理的出现使 Einstein 震惊,但他认为 EPR 论文可以驳倒该原理并证明 QM 不完善。EPR 中的两个体系(Ⅰ 和 Ⅱ)的讨论中似乎表示"既测知位置又知道速度"是可以办到的,因为 Ⅰ 的速度即 Ⅱ 的速度。文章发表后,Bohr 起而反驳[19]。Bohr 的意思是 EPR 论文中的设定可以被驳回——不确定性既影响 Ⅰ 又影响 Ⅱ,在测量 Ⅰ 时 Ⅱ 立即受影响从而使结果与 Newton 定律一致。这种作用会即时发生,即使 Ⅰ、Ⅱ 相距很遥远……

俄罗斯的 V. Fock 院士说[20]:"在量子理论发展初期曾为它作了许多工作的 Einstein,对近代的量子力学却采取了否定态度,这是特别令人惊异的。……EPR 思维中的两个子系统之间没有直接的力的相互作用,一个也能影响另一个,Einstein 认为不可理解,从而认为量子力学不完备。"Fock 认为,量子力学中 Pauli 原理的相互作用(影响)是一个非力的例子。具有共同波

函数的两个粒子可能发生相互作用,即纠缠。当然,Fock 院士所说的相互作用(影响),现在通常称为"量子相关"。

根本之点还是 J. Bell 在 1965 年提出了著名的不等式(Bell 不等式)作为判据[21]。Bell 的分析建筑在 Bohm 的自旋相关方案(自旋双值粒子体系)及隐变量(用 λ 表示)理论的基础上。Bell 论文的出发点(假定)共三个,即自旋双态系统(spin two state system)、理想相关(perfect correlation)和局域性条件(locality condition)。由于 Bell 不等式提供了实验研究的可能,从 1973 年起掀起了实验热潮——不仅为了检查 QM 的正确性,也逐步揭示了量子纠缠(quantum entanglement)现象的存在。1982 年,法国物理学家 A. Aspect[22,23] 的实验最为精确,其结果与 QM 相符,而且是与 QM 预言非常好的相符。这绝非偶然,而对 QM 专家来讲也并不意外。值得注意的是,Aspect 实验是动态的而非静态的,即实验装置在粒子飞行过程中随时间改变;这是 J. Bell 的希望,因为这样一来局域性条件就变成 Einstein 因果性(任何信号都不能超光速)的直接结果了。实测的结果,Bell 参数 $S = 0.101 \pm 0.020$,与 QM 计算结果($S = 0.112$)十分接近,而与 Bell 不等式的规定数据($-1 \leqslant S \leqslant 0$)相差很远。

在 Aspect 实验以后,不断有新的实验出来,证明 QM 正确而量子非局域性(quantum non-locality)存在。双粒子源的产生在技术上得到解决,其飞出去以后仍能保持相关(即纠缠)的距离也在增加。例如,1998 年 G. Weihs 等在空间距离 400m 的条件下(Aspect 实验仅为 15m),用波长 702nm 的双光子进行实验,结果也是违反不等式而完全支持 QM。……这类"Bell 型实验"提供的双粒子(双光子)纠缠距离一再突破,于 2007 年达到 144km 之远,令人吃惊。近年来中国科学家的实验达到千公里级。对这些实验,法国物理学家 B. d'Espagnat 评论说:"局域性实在论几乎肯定有错误";"只能通过放弃 Einstein 可分性假设来解释对 Bell 不等式的违反"。他还认为,虽然 J. Bell 在推导不等式时有 3 个前提,但局域实在性假设是最基本的。……笔者认为,其实 N. Bohr 早就阐明了"不可分性"原则,即在量子领域中可分性失效——系统的两个子系统即使分开也不是完全独立的存在,测量一个必定影响另一个。

在欧洲核子研究中心工作的 John Bell,1985 年在接受媒体采访时,先说明 Bell 不等式是分析 EPR 推论的产物,该推论说在 EPR 文章条件下不应存在超距作用;但那些条件导致 QM 预示的非常奇特的相关性。由于 QM 是一个极有成就的科学分支(很难相信它可能是错的),故 Aspect 实验的结果是在预料之中的。"QM 从未错过,现在知道了即使在非常苛刻的条件下它也不会错","肯定地讲,该实验证明了 Einstein 的世界观站不住脚"。……这时提问者说,Bell 不等式以客观实在性和局域性(不可分性)为前提,后者表示没有超光速传递的信号。在 Aspect 实验成功后,必须抛弃二者之一,该怎么办呢? 这时 Bell 说,这是一种进退两难的处境,最简单的办法是回到 Einstein 之前,即 Lorentz 和 Poincarè,他们认为存在的以太是一种特惠的参照系(prefered frame)。可以想象这种参照系存在,在其中事物比光快。有许多问题,通过设想存在以太可容易地解决。Einstein 除掉以太只是使理论更简练。在发表了这些惊世骇俗的观点后,Bell 重复说:"我想回到以太概念,因为 EPR 中有这种启示,即景象背后有某种东西比光快。"但这种以太在观察水平上显示不出来。……"实际上,给量子理论造成重重困难的正是 Einstein 的相对论"。

然后是英国著名物理学家 David Bohm,他曾在 1951 年以现代形式对 EPR 思维作了表述。在提问时,主持人把"局域性"(locality)直接定义为"宇宙的不同区域不能互相传送超光速信号的观念"。而 Bohm 则说,(由于 Aspect 实验)他完全准备好了"放弃局域性",但并未放弃相对论,而是把它看成更广泛的某种学说的近似。Bohm 明确表示,他"接受超光速信号的概念";只要做现有类型的实验,相对论就仍有效,但在更深层次可能发现有某种超光速的东西。对于 Einstein,Bohm 认为有些事情是按他预料那样发生的,但是"Einstein 不可能在每件事上都正确"。另外,Bohm 主张用"相关"一词描写那种联系,用"信号"一词就不合适,因为这个词包含了信息传递的含意。

以上两人之中,Bohm 采取如下态度:批评 Einstein 的物理观、哲学观,但不放弃相对论。Bell 却明显表示了与 Einstein 的相对论决裂的意思。可惜 J. Bell 去世太早(1990 年),来不及看到在他去世后的 20 多年中各国开展的超光速研究[25]。……在今天,实验家 A. Aspect 仍然健在并发出自己的声音;2012 年,他曾讲述 38 年前(1974 年)第一次看到 Bell 论文时的激动心情[26]。Bell 论文与 1935 年的 EPR 论文直接相关,但它先是发表在一份不出名的刊物上,几乎不为人所知。在那个没有互联网的时代,优秀论文的传播是靠复印机,Aspect 拿到的正是Bell 论文的复印件。他说:"我沉浸在 Bell 带给我的震撼中,我决定将自己的博士论文聚焦于对 Bell 不等式的实验检验。……通过实验可以精确检查两种相互冲突的理论(QM 和 Einstein的局域性实在论)到底谁对。Einstein 的 local realism 包含两个原则——系统存在物理实在,而局域性假设来自相对论。最终我的实验证明量子力学正确,并迫使大多数物理学家放弃了Einstein 竭力维护的局域性实在论。"

Aspect 说,非局域性明显违背相对论,很奇特。一系列基于光子对(pair of photons)的实验尽管看起来不可思议,但却验证了量子理论的有效性。N. Gisin 已利用日内瓦的电信光纤网展示了相距数十公里的量子纠缠性质存在,让人们颇感意外。Aspect 认为,Gisin 的一些实验已证实了遥远物体间能发生纠缠(笔者注:"物体"应理解为微观客体),而且也是把量子纠缠应用于量子密码学的首批科学家之一。……总之,Aspect 直到现在仍希望非局域性物理实在能与相对论"共存"。是否真能做到,那就另当别论了[27]。

在西方科学界,Einstein 的相对论被置于神圣的地位。虽然也有一些著名物理学家(如H. Dingle, L. Essen, M. Pavlovic, T. Flandern, J. Maguejo 等)对这个理论体系本身或其结果提出批评,甚至物理学大师 Paul Dirac 也在晚年与 Einstein 的理论拉开了距离[27]。但在主流的科学共同体中,相对论仍然如同《圣经》,绝对不能违反。因此,虽然 Aspect 也说自己"不认为有什么不可触碰、无法更改的物理理论,它们都可能被适应性更广的理论所取代";但是,在是否可能存在超光速的问题上,老年的 Aspect 与中年时的他在认识上没有区别。或许他不清楚在世界各国已蓬勃开展超光速研究的现实;但不管怎么说,直到 2012 年 Aspect 实际上仍然不能面对"Einstein 的理论和观念存在问题"的事实。

量子纠缠是真实存在的物理现象。尽管其本质尚未完全弄清楚[28,29],但展开应用性实验研究是必要的和正确的。瑞士日内瓦大学 N. Gisin 教授的团队,多年前就测出纠缠态传播速度为 $(10^4 \sim 10^7)c$[30],即不是无限大而有确定速度(超光速);这与引力传播速度、静电力场传播速度很像,是有限但很大的(超光速的)速度[25]。实验摆在那里,怎么能说纠缠态不存在?当然,有的物理学家坚守 Einstein 的局域性实在论物理观,那是他们的自由,但他们也应看到在全世界展开了蓬勃的量子信息学(QIT)研究,应当多了解实验物理学家做了些什么。

7　关于 Wootters 定理

量子信息学时代似乎突然来到人们身边,我们真的能像使用智能手机那样应用 QC 方式吗？许多人在问这个问题。既然"物理学家不懂通信、通信专家不懂量子物理"的情况大量存在，从事 QC 实验研究的人们就应当对自己的工作成果和国际上的动向作实事求是的说明，绝不能利用公众的无知作夸大宣传乃至误导。特别是不能宣传一种"量子神学"，使自己和别人都落入唯心主义的泥潭。例如，什么是"量子隐形传态"（原文为 quantum teleportation）？在说明和宣传时应当慎之又慎。简言之，QC 必须以实践的结果来说明自身的存在性和意义，立论的根本点当然还是其安全、保密的实际效果，并拿出最关心通信保密的业界（如军方、银行业）已接受 QC 并取得良好效果的例子来，才能证明自己。很遗憾，目前似乎尚无这方面的消息。

QC 为何保密性好？最通俗的解释是这样的——Heisenberg 不确定性原理（测不准关系式）造成下述情况，即当窃听者不知道发送方编码基时，无法准确测量获得量子态的信息；另外，量子态不可克隆原理（Wootters 定理）使窃听者不能复制一份量子态以在得知编码基后作测量，故窃听造成误码。这时通信双方知道被窃听了，随即停止通信。

在以上陈述中未提纠缠；实际的量子通信系统多种多样，似乎直到 2004 年才用上纠缠光子于 QC 技术之中。故纠缠似非保密通信的必要条件。……总之，QC 的研究者认为，是 Heisenberg 测不准原理和 Wootters 量子不可克隆定理保证了 BB84 协议的"无条件安全性"。假设窃听者从量子信道截获光子并作测量，而这种窃听行为会干扰量子态，从而使发、收端的操作者知觉有人窃听，便停止通信。但窃听者也可不作测量，而是复制出同样的（带有密码信息的）东西。然而 1982 年 W. Wootters[31] 提出了"量子态不可克隆定理"，从而否定了该作法的可能性；这就维护了量子加密的权威性，被认为是不可破解的。这里引用中国科学院的一份文件的话——"量子密钥分发采用处于叠加态的单光子来确保相互远离的双方间的无条件安全性"[32]。

2013 年，西安电子科技大学裴昌幸等[33] 出版了一本研究生教材《量子通信》，该书对 Wootters 定理的陈述为："在量子力学中，不存在实现对一个未知量子态的精确复制这样一个物理过程，使得每个复制态与初始量子态完全相同。"并且说，利用状态空间的线性性质，可以简单证明在量子信息中非常著名的单量子态不可克隆定理。书中提出了两种证明方法：

① 设有输入量子态 $|\psi\rangle$ 和 $|\phi\rangle$，初始状态为标准纯态 $|s\rangle$。

由 $U(|\psi\rangle|s\rangle)=|\psi\rangle|\psi\rangle$，$U(|\phi\rangle|s\rangle)=|\phi\rangle|\phi\rangle$，得

$$U[\alpha(|\psi\rangle+\beta|\phi\rangle)|s\rangle]=(\alpha|\psi\rangle+\beta|\phi\rangle)(\alpha|\psi\rangle+\beta|\phi\rangle)$$
$$=\alpha^2|\psi\rangle|\psi\rangle+\beta\alpha|\phi\rangle|\psi\rangle+\alpha\beta|\psi\rangle|\phi\rangle+\beta^2|\phi\rangle|\phi\rangle \tag{11}$$

另外，又有

$$U[\alpha(|\psi\rangle+\beta|\phi\rangle)|s\rangle]=\alpha U(|\psi\rangle|s\rangle)+\beta U(|\phi\rangle|s\rangle)$$
$$=\alpha|\psi\rangle|\psi\rangle+\beta|\phi\rangle|\phi\rangle \tag{12}$$

二者矛盾。所以量子态不可克隆。

② 有两个量子系统：A 为待克隆的量子态，初始态为 $|\psi\rangle$；B 表示初始时处于标准纯态 $|s\rangle$。克隆由 A、B 复合系统上一个幺正算子 U 描述，即 $U(|\psi\rangle\otimes|s\rangle)=U(|\psi\rangle\otimes|\psi\rangle)$ 对 $\forall|\psi\rangle$ 成立。则对 $|\phi\rangle\neq|\psi\rangle$ 也有

$$U(|\phi\rangle\otimes|s\rangle)=U(|\phi\rangle\otimes|\phi\rangle)$$

取内积，且 $U^+U=I$，对于纯态 $|s\rangle$，有 $[\langle s|s\rangle]=I$，则

$$(|\phi\rangle\otimes\langle s|)U^+U(|\psi\rangle\otimes|s\rangle)=(|\phi\rangle\otimes|\phi\rangle)(|\psi\rangle\otimes|\psi\rangle)$$

$$< = >\langle\varphi|\psi\rangle\langle s|s\rangle=\langle\varphi|\psi\rangle\langle\varphi|\psi\rangle$$
$$< = >\langle\varphi|\psi\rangle=(\langle\varphi|\psi\rangle)^2 \tag{13}$$

可见，$\langle\varphi|\psi\rangle=0$ 或者$\langle\varphi|\psi\rangle=1$，即两个态相正交或相等。

以上推导表明：成功率为1的量子克隆机只能克隆一对相互正交的量子态。即如果克隆过程可表示成一幺正演化，则幺正性要求两个态可以被相同的物理过程克隆，当且仅当它们相互正交，亦即非正交态不可克隆。

然而，2018 年梅晓春、李小坚[34] 给出了"量子态不可克隆定理不成立"的证明。文章说，在证明"量子态不可克隆定理"的原始论文中，Wootters 首先假设任意一个量子态都是可以克隆的，然后定义了一个量子态克隆算符，推导出了另外一个量子态可以克隆的两个条件。一个是正交条件，另一个是非正交条件，即这两个量子态的乘积的积分等于零或等于1。满足这两个条件的量子态都是可以克隆的，不满足才不可克隆。因此根本就不存在量子态不可克隆的问题，而是什么样的量子态可以克隆的问题。研究还发现，对于一般的量子体系，可以有无穷多的量子态满足这两个条件，所谓的量子态不可克隆的说法是错误的。

此外，Wootters 定义的量子态克隆算符有严重问题。将这个算符作用于一个被克隆的波函数，结果不变。将它作用于标准的纯态波函数，却可以将它变成被克隆的波函数。这样的结果显然自相矛盾，由于纯态波函数也是波函数，因此量子克隆算符在数学上不成立。

梅、李文章共有 23 个编号公式；如梅、李文章的推导分析正确，"用量子通信可以无条件地获得绝对保密"的说法即不成立。不过，有人认为梅、李文章中说"激光器可以大量克隆光子"是不对的，因为激光器虽利用受激辐射工作，但不可避免会自发发射，故不能说一定能克隆。他们认为量子态不可克隆是早有定论的。……对此事笔者另有看法——即使 Wootters 定理无懈可击，QC 也不可能"绝对保密"；否则，也不用（自 2004 年开始）采用诱骗态来构建 QC 系统了。

8 结束语

QM 从提出至今，已有 92 年的历史。现在，它已成为现代物理学的基础与核心，其巨大影响还在不断地扩展。一系列的相关实验，诸如关于 Bell 不等式的判别实验，关于波粒二象性的新实验，关于量子隧穿呈现出来的超光速性实验，以及近年来关于量子纠缠态传播速度的实验，关于 QC 的各种实验，等等；均已超越了哲学思辨式的探讨，显示出一系列全新的非经典物理现象，引起了人们的极大关注。近年来，不仅有众多科学工作者在从事 QM 基础理论与量子信息学（Quantum Information Technology，QIT）理论与实验的研究，论述 QM 的新著作也还在不断出版；这是非常可喜的。

与此同时，也引发出一些争论，甚至是激烈的争论；这本属正常。但是，有的文章却在缺乏事实依据的情况下企图否定 QM 这一理论体系，至今不承认 QM 这一伟大理论，在物理概念上也造成了一些混乱。1965 年，R. Feynman 曾说过一句名言："I can safely say that nobody understand Quantum Mechanics"，这话或许说明学习和理解 QM 的困难。但如不抱门户之见（甚至是太深的门户之见），对 QM 的基本理论还是能有确实的把握和正确的理解的。QIT 的进展和成就，也是有目共睹、不容否认的；这是绝大多数物理学家的看法。QM 是一个成功的理论，Einstein 的态度不太妥当,这些都是明显的事实。即使它不十分完备,也足够做 QIT(包括量子通信 QC)的物理基础。至于宣传说 QC 绝对安全保密,我们不能同意!

笔者强调指出 QM 发展到今天,其理论博大精深,其应用既广泛又卓有成效。只有承认这两点,才能开展冷静客观的讨论。至于对 Copenhagen 诠释的看法,1992 年 C. Cassidy[7] 说,QM 的 Copenhagen 诠释"从根本上改变了我们对自然的理解,标志着物理学的一次深刻变化。而且,后来也没有出现别的理论能像该诠释那样对微观现象如此深刻的认识和广泛的应用。"笔者同意这样的说法。这样讲并不意味着"诠释"没有任何问题,也不代表不允许人们对它作批评。正如中国物理学家卢鹤绂[35]所说:"量子力学数学形式自 1925 年至 1927 年建立以来,尽管不时有所精炼和推广,它经受得起理论上和实验上的考验,在 30 年代就已定型,直至今日仍牢牢确立而无变动。但其物理解释,在数学定律背后的物理实在究若何,则长久以来一直争论不休,仍无定论。"大师级人物 de Broglie 也说过这样的话[20]:"今天的物理学家几乎一致同意 Bohr、Heisenberg 的解释,因为该解释似乎是唯一能符合全部已知事实的。"这些冷静客观的评论,应当能使现在的人们清醒。

不过,也要看到有人为了否定 QC,仍在基础理论层面做文章。有的说法似是而非,例如关于 QM 非局域性的来源,有的文章一方面说这来源是"QM 方程没有彻底满足相对论所致",但接着又说连 Klein – Gordon 方程和 Dirac 方程也是非局域的,而这两个方程是公认的相对论性方程。这样讲是自相矛盾的,而且与 Einstein 责难"QM 是非局域的"原意不符。Einstein 从未谈及非局域性是指方程的,从第 5 次 Solvay 会议(1927)上的发言到 EPR 论文(1935),都是阐述 QM 描述方式所导致的非局域性。看来,有的作者本想追随 Einstein,却未弄懂后者的原意。

QM 的方程是局域性的,描述方式是非局域的,这是 QM 基本原理的必然结果。构成 QM 框架的原理有好几条,不是一个方程所能代替的。例如,纠缠态的存在即由于下述原理:①波函数 Ψ 完全描述粒子状态及其统计解释;②Ψ 满足态叠加原理(这是波动性的体现和要求)及测量假设;③全同性原理(全同粒子不可区分性,要求其体系波函数必须对称或反对称)。上述要求缺一不可,但与它满足哪个 QM 方程无关。

至于有的文章所说的"非局域性另一来源是出自 Fourier 展开",也是不正确的。QM 只是拿 Fourier 展开一用而已。显然,它把该数学定理误认为是 QM 的态叠加原理或测量假设了。数学定理的展开各项不一定代表量子态,而物理原理的各项必须是量子态。将二者混为一谈是错误的。

另外,有人使用"Dirac 故事",以制造"QM 快要完蛋"的气氛。然而,QM 中所有力学量都用算符定义,角动量亦然($\hat{L} = \hat{r} \times \hat{p}$);而 Dirac 在其书中也是如此。所谓的"Dirac 故事",并不说明"QM 问题严重"或"Dirac 无能"。……此外,我们强调指出,"波长 λ 是个空间范围,不是局域的",乃是常识。

※　　　※　　　※

致谢:在撰写本文时,笔者得到一些专家学者的帮助——清华大学冯正和教授,中国科学院物理所李志远研究员,首都师范大学耿天明教授,以及在福建工作的物理学家梅晓春先生。对他们的热情支持,谨致谢意!

参 考 文 献

［1］王向斌．引领世界量子通信技术前沿研究［J］．前沿科学，2018(1)：14．

［2］卢鹤绂．哥本哈根学派量子论考释［M］．上海：复旦大学出版社，1984．

［3］Bohr N．Atomic physics and the description of nature［M］．Cambridge：Cambridge University Press，1934．

［4］Born M．Natural philosophy of cause and chance［M］．Oxford：Oxford Univ Press，1949．

［5］Heisenberg W．Ueber die grundprinzipien der quantenmechanik［J］．Forschungen und Forschritte，1927，3：83．

［6］Heisenberg W．The principles of quantum theory［M］．Chicago：Univ of Chicago Press，1930．

［7］Cassidy D．Uncertainty：the life and science of Werner Heisenberg［M］．New York：Commercial Press，1992．（中译本：戈革译．海森伯传［M］．北京：商务印书馆，2002．）

［8］王自华，桂起权．海森伯传［M］．长春：长春出版社，1999．

［9］Born M．Einstein A．The Born – Einstein Letters［M］．New York：Palgrave Macmillan，2005．（中译本：范岱年译．玻恩——爱因斯坦书信集［M］．上海：上海科技教育出版社，2010．）

［10］Prigogine I．Is future given？［M］．New York：World Scientific Co Ltd，2003．（中译本：曾国屏译．未来是定数吗？［M］上海：上海科技教育出版社，2005．）

［11］Schrödinger E．Quantisation as a problem of proper values［J］．Ann d Phys，1926(4)：1 – 9．

［12］Schrödinger E．Collected papers on wave mechanics［M］．London：Blackie & Son，1928．

［13］范岱年，胡新和，译．薛定谔讲演录［M］．北京：北京大学出版社，2007．

［14］黄志洵．波动力学的发展［J］．中国传媒大学学报（自然科学版），2008，15：(4)：1 – 16．

［15］Clegg B，et．al．30 Second quantum theory［M］．New York：IVY Press，2014．（中译本：刘沛译．30秒探索量子理论［M］．北京：机械工业出版社，2017．）

［16］Li Z Y（李志远）．Elementary analysis of interferometers for wave – particle duality test and the prospect of going beyond the complementarity principle［J］．Chin Phys B，2014，23(11)：110309 1 – 13．

［17］周光召，等．中国大百科全书（物理学）［M］．北京：中国大百科全书出版社，2009．

［18］Einstein A，Podolsky B，Rosen N．Can quantum mechanical description of physical reality be considered complete［J］．Phys Rev 1935，47：777 – 780．

［19］Bohr N．量子力学和物理实在［A］．戈革，尼耳斯·玻尔集（第7卷）C．北京：科学出版社，1988，231．

［20］赵中立，许良英（编）．纪念爱因斯坦译文集［M］．上海：上海科技出版社，1979．

［21］Bell J．On the problem of hidden variables in quantum mechanics［J］．Rev Mod Phys，1965，38：447 – 452．

［22］Aspect A，Grangier P，Roger G．The experimental tests of realistic local theories via Bell's theorem［J］．Phys Rev Lett，1981，47：460 – 465．

［23］Aspect A，Grangier P，Roger G．Experiment realization of Einstein – Podolsky – Rosen – Bohm gedanken experiment，a new violation of Bell's inequalities［J］．Phys Rev Lett，1982，49：91 – 96．

［24］Brown J，Davies P（易必洁译）．原子中的幽灵［M］．长沙：湖南科技出版社，1992．

［25］黄志洵．超光速研究的理论与实验［M］．北京：科学出版社，2005．（又见：黄志洵．波科学与超光速物理［M］．北京：国防工业出版社，2014；又见：黄志洵．超光速物理问题研究［M］．北京：国防工业出版社，2017．）

［26］Gisin N．L'impensable hasard，non – localitè，tèlèportation et autres merveilles quantiques［M］．Genevai：Odile jacob，2012．（中译本：周荣庭（译）．跨越时空的骰子——量子通信、量子密码背后的原理［M］．上海：上海科技教育出版社，2016）．

［27］黄志洵，姜荣．"相对论性量子力学"是否真的存在［J］．前沿科学，2017，11(4)：12 – 38．

［28］Aczel A．Entanglement［M］．New York：Avalon Pub Group，2001．（中译本：庄星来（译）．纠缠态［M］．上海：上海科技文献出版社，2008．）

[29] 黄志洵. 以量子非局域性为基础的超光速通信[J]. 前沿科学,2016,10(1):57-78.

[30] Salart D, et al. Testing the speed of "spoky action at a distance"[J]. Nature, 2008,454: 861-864.

[31] Wootters W. Zurek W. A single quantum can not be cloned[J]. Nature, 1982, 299: 802-803.

[32] 黄志洵. 量子通信研究的若干问题[J]. 中国传媒大学学报(自然科学版),2018,25:(2):1-11.

[33] 裴昌幸,等. 量子通信[M]. 西安:西安电子科技出版社,2013.

[34] 梅晓春,李小坚. 量子态不可克隆定理不成立——量子通信的物理学基础不存在[BE/OL]中国科技新闻网,http://www.zgkjxww.com/zjpl/1521440679.html.

[35] 卢鹤绂. 再释量子力学的哥本哈根正统理论[J]. 自然科学年鉴,1989,2*1-2*7.

附:摘自《玻恩——爱因斯坦书信集》的几段话

[说明] 本文的参考文献[9],是一本在 2005 年出版的书 *The Born - Einstein Letters* (1916-1955), *Friendship、Politics and Physics in Uncertain Times*,2010 年上海科技教育出版社推出了中译本。它收集了 A. Einstein 写的 46 封信和 M. Born 写的 51 封信,时间跨度有 40 年。这本书反映出他们二人之间既有深厚友谊(Born 比 Einstein 小 3 岁),又在基本科学信念上存在明显分歧,而双方的表达都很直率。我们作极少量摘录,供大家在思考 QM 的完备性和统计性,以及量子纠缠态存在性问题时,作为参考。(着重点为笔者所加。)

① 摘自"信 71",Einstein 写道:

"下学期你的临时合作者 Infeld 将到 Princeton 我们这儿,我期待着与他进行讨论。我与一位年轻的合作者一起得到了一个有意思的结论:引力波并不存在,虽然在一级近似的情况下曾假设它们是肯定存在的。这表明非线性的广义相对论场方程能够告诉我们比我们迄今为止所相信的东西更多的东西,或不如说,更多地限制了我们。要是它不是这么难找到严格的解答该多好。我仍然不相信量子理论的统计方法是最终的答案,但目前只有我持这种观点。"

对此,Born 评论说:

"在信的最后,Einstein 再次拒绝了统计的量子理论,但承认在这一点上他是孤立的。当时我相当确信我在这个问题上是对的。那时所有的理论物理学家事实上都按统计概念工作,对 N. Bohr 及其学派来说更是如此,Bohr 学派对于概念的澄清作了重要的贡献。"

② 摘自"信 88"(1948 年 4 月 5 日),Einstein 写道:

"我寄给你一篇短文,按照 Pauli 的建议,我已把它寄到瑞士发表。我恳求你克服你长期以来在这方面的厌恶情绪来读一读这篇短文,就像你是一位刚从火星来到这儿的客人,还没有形成自己的任何见解。我这样要求你不是因为我幻想自己能影响你的见解,而是因为我认为这篇短文比你知道的我的任何别的文章更有助于你理解我的主要动机。不过,它倾向于表达消极的方面,而不是像我用相对论性群来表示一个启发性的极限原理时所具有的那种信心。不管怎样,我将以极大的兴趣来听取你的反论证。"

Einstein 的短文题为"量子力学和实在",该文没有任何数学分析,而是用思辨的方式,在隐晦地批评测不准关系式后,提出以下观点:物理观念是由诸如物体、场这些东西而建立的,是与知觉主体无关的真实存在。在空间中彼此远离的客体保持其独立性;例如两个客体(A、B),作用于 A 的外界对 B 无直接影响,这是 principle of contiguity。然而,QM 的诠释与此原理不相容。对一个物理系统 S 而言(S 由两个局域子系统 S_1、S_2 组成),它们早先可能处于相互作用之中。在作用结束后,在用波函数 ψ 描写体系时,在分析中可以看到,不能既坚持 QM 原理,又坚持空间中两个分离部分的独立存在。Einstein 说,他坚持空间中不同部分的物理实在的独立存在，认为 QM 是对物理实在的不完备描述。也就是说，量子力学方法从根本上不能令人满意。

Einstein 的短文其实与 EPR 论文类似，并无太多新意。只是在 1935 年是和 N. Bohr 辩论，而现在(1948 年)是和 M. Born 辩论。Born 于 5 月 9 日的回信很长，其中说：“在我看来，你的‘空间上分离的客体 A 和 B 的相互独立性’公理，并不像你所理解的那样令人信服。它没有考虑到相干性这样的事实。空间上远离的客体如有一个共同起源就不一定相互独立。”

Born 这些话，对今天的接受(相信)量子纠缠态的人们来讲，会觉得亲切。但后来 Born 编书时所写的评论更清晰有力，他说：

“Einstein 和我的意见分歧的根源就是这个公理：在不同位置 A 和 B 发生的事件是彼此独立的，其意义就是，一次对 B 上的事态的观测，不能告诉我们任何有关于 A 的事态的东西。我反对这个假设的论据取自光学，是基于相干性概念。当一束光被反射、双折射等等所分裂，这两束光就取不同的路径，人们可以通过在点 A 的观测推导出在遥远的点 B 的一束光的状态。奇怪的是 Einstein 不承认对他的公理的这个反对意见是有效的，虽然他曾经是首批认识到 de Broglie 关于波动力学的工作意义的理论家之一，并曾引导我们注意它。……Einstein 宣称任何可以导致这样的结论的理论都是不完备的。因此，在他的心目中，光学理论也必须被认为是不完备的。他期待创造一种更深刻的理论，它能摆脱这种不完备状态。迄今为止，他的希望还没有实现，物理学家有充分的理由相信这是不可能的。”

试评量子通信技术的发展及安全性问题

黄志洵

（中国传媒大学信息工程学院,北京　100024）

摘要: 虽然近年来有许多报道讲述了中国在发展量子通信方面的巨大成绩,但在科学家当中这仍是一个争议不休的话题。重要之点在下述三个方面——它在科学原理上是否可信,在工程实施上是否可行,在实践中是否可用。因此,我们讨论了量子通信的发展概况及工作模式,探讨了单光子序列的运用,分析了所谓"绝对安全"的可能性问题。

本文肯定了发展这一学科的意义和成就,认为把量子纠缠当作一种资源加以利用是高明之举。但是,我们反对说量子通信无条件安全。此外,使用卫星时能否在白天进行稳定持续的通信,仍然令人怀疑。当科学家在重要工程中使用单光子序列时,能否胜任也是问题。未来需要对实用性作进一步的查核。

关键词: 量子密钥分发;量子安全直接通信;量子纠缠态;诱骗态;单光子序列;量子通信安全性

Discussions on the Development and Security of Quantum Communication Technology

HUANG Zhi – Xun

（Communication University of China, Beijing　100024）

Abstract: Although the story tells about the achievements on development of quantum communication by PRC in many recent reports, but it is still an endless debate in scientists. The basic importance of the quantum communication is contain three situations——it has much faith in scientific principle or not, it is workable in technology or not, it is reliable in practice or not. For this reason, we discuss the recent advances and the fundamental working modes of quantum communication, and we study the application of single photon series, and also analyze the possibility of socalled "absolutely security."

注:本文原载于《中国传媒大学学报(自然科学版)》,第 25 卷,第 6 期,2018 年 12 月,1 ~ 13 页。

In this paper, we affirm the great significance and achievements of this subject, and we think that the scientists regarded the quantum entanglement as the resources is a brillant idea. But we are against the argument that the quantum communication is absolutely security. In other words. we don't know the possibility of satellite communication on daytimes is stable and sustained or not. And when scientists use the single photon series on the important engineering area, we don't know it could be fully competant or not. In the future times, the further examine of pragmatic feature must engage in practice.

Key words：quantum key distribution(QKD); quantum secure direct communication(QSDC); quantum entanglement; decoy state; single photons series; security of quantum communication

1　引言

量子通信(Quantum Communication, QC)是否在科学原理上可信、在工程技术上可行、在实践中可用？这已成为科技界专家乃至广大公众关心和热议的问题。多年来，笔者作为微波工程教授和"电磁场与微波技术"专业方向的博士生导师，关切的范围早已超越微波而进入光的领域，并密切注视量子理论与应用技术的发展。量子信息学(Quantum Information Technology, QIT)的3个主要研究方向(量子通信、量子雷达、量子计算)，我对前两者都有浓厚兴趣，也写过文章表达自己的观点[1-3]。2018年6月6日《科技日报》在头版发表文章指出，中国科学发展的短板是缺乏质疑；号召有关领域的专家能站出来，(对QC)提出质疑或回应质疑。因此笔者再写此文，将一己之见贡献给读者。

众所周知，要谈QC就要谈纠缠态(quantum entangled state)，而这概念发源于1935年的EPR论文[4]。正是在该文中Einstein仔细叙述了他基于相对论理念而提出的局域实在论(theory of local reality)，实际上也表达了他对量子力学(Quantum Mechanics, QM)的不满。EPR论文强调物质和客观世界独立于任何科学测量而存在，而且物质实体之间的相互影响都是在时空局域的，不可能有超距作用的物理现象发生，不可能超过光速。……然而，QC技术后来竟然在EPR思想相反的物理基础(即QM)上发展起来，其进展堪称蓬勃。那么，人们自然会问：是EPR正确还是QM正确？QC的可信度如何？对于这些问题，笔者在文献[3]中已有清晰的陈述。简言之，该文肯定了自己对QM的信任，认为它作为QC的物理基础没有问题；承认研究QC的必要性，但反对说它"无条件安全"。对于愿意研读本文的读者，建议把文献[3]找来先行阅读。

2　现代通信技术的安全性要求

安全、保密是对现代通信系统的基本要求，对于一些特殊行业和部门(如军队、公安、银行系统)甚至是最重要的要求。回顾电信技术的发展史，1926年G. Vernam[5]发表"用于保密有线和无线电报通信的密码电报系统"一文，奠定了传统电信系统保证信息安全(防窃听)的基础。它在发送端采用一串与报文等长的随机数实现加密，而在接收端用相同的随机数实现解密。这种只用一次的随机数称为密钥。这个方法曾用过多年，后被RSA协议所取代。1978年R. Rivest, A. Shamir和L. Adleman[6]发表论文"获得数字化签约及公钥密码系统的一个方法"，此即RSA协议。特点是接收者除公钥外还有一个私钥；虽然发送者仍用公钥加密后发送，但接收者必须同时使用私钥才能解密，这就形成了一种较好的密码学制度和方法。后来大量应用 RSA 协议的公钥密码制度,其安全性依靠一个假设——一个大数的质因数分解不仅极为困难,甚至被许多人理解为"不可能"。具体讲,公钥加密算法的基础是素数分解。当一个数很大时,把它分解为素数会很困难,要把某数 n 分解为素数,最直接的方法是筛法,即把 n 被从 1 到 $\sqrt{n}$ 的数去除一下。RSA 协议目前密钥的典型长度是 1024 位二进制数,朴素筛法就要大约 2^{512} 次运算! 可见,通常情况下依赖 RSA 并无不妥——除非量子计算机永远搞不出来。

　　然而,近年来量子计算(quantum computation)的发展造成了新的局面。在量子状态下,微粒可进入叠加态,意思是说可同时处于 0、1 两种状态下。因此量子计算机的可计算数为 2^N(N 是量子比特的位数)。也就是说,如用量子叠加态处理信息,量子比特数为 N 的存储器可存储 2^N 个数,或者说 1 次量子运算即可处理高达 2^N 个输入数字。1994 年 P. Shor[7] 提出了在量子计算机上实现素数分解的有效算法,可在几分之一秒内实现 1000 位数的因式分解。因此 RSA 体系的 1024 位密钥在今后会被量子计算机破解,这只是时间早晚的问题。正是在这种背景下,QC 发展起来。……笔者认为,它指的不是仅靠量子技术的帮助下在通信装备上所作的改进,而是基于一种全新的原理。因此,不是可以随便就说某国(或某单位、某人)实现了 QC。另外,它必须是保密性极好、安全性极高的通信方式,否则就没有存在的价值。因此,我们其实只应认同词组 quantum secure communication(QSC),即量子保密通信。只是为了省事,才简称其为 quantum communication(QC),也就是量子通信。其根本目标是为了应对几年后目前的密码技术可能被量子计算机攻破的形势。另外,传统算法是可以被数学家破解的,甚至用不着量子计算机。中国数学家王小云于 2004 年在国际上宣布破解了几个密码算法,受到 R. Rivest 的祝贺。

3　量子通信的定义及几个主要方法

　　虽然关于 QC 的正面宣传材料非常多,有关文献(论文、书)也不少,但笔者感觉对于"什么是 QC"这样的基本问题,似乎仍然缺少严格定义,从而造成了人们的疑问。例如有一种说法是:所谓"量子通信工程"主要是基于光子偏振态的量子密钥分发,搞的是量子加密而非QC。那么到底什么是 QC?

表 1　QC 的 3 种基本方式

开始时间	名称	通信方法的原理	安全保障方法	常用方案
1984 年	量子密钥分发(QKD)	在收发方之间建立量子信道以传输密钥,作安全性检查。如确认已安全分发密钥,则用经典通道传送用量子密钥加密后的信息;故收发双方对密钥是共享的	用基于单光子的方案来说明:把多个单光子一个一个地发送,在大量单光子完成 QKD 后抽选结果作比对以检查有无窃听;如无,把所传随机数作密钥;如有,放弃所传数据	基于单光子的BB84 协议;如改用纠缠对,则为E91 协议和BM92协议
2002 年	量子安全直接通信(QSDC)	通信双方以量子态为信息载体,使用量子信道直接传输信息,故无须产生量子密钥。由于传输的是信息本身,故提出了比 QKD 更高的要求,例如对量子数据作块状传输。这种通信方式无加密解密过程,也不需要额外的经典信道	用单光子方案说明:接收方先向发送方传送一个单光子序列,它们随机地处于 4 个量子态之一;发送者收到后随机地选部分光子作测量,把结果告知接收方以评估安全	例如,基于单光子的 DL04 协议;如用纠缠对,如高效协议

（续）

开始时间	名称	通信方法的原理	安全保障方法	常用方案
1993 年	量子隐形传态通信（QCUQT）	预置一个 EPR 纠缠光子对，分发给发送方和接收方；在发送方将有信息光子与光子对之一进行 Bell 态测量，把结果发给接收方。接收方据之作相应的酉变换，以恢复发送方的信息；另外，收发方共有 1 条经典信道。最终使未知量子态信息转移到接收方的纠缠光子上，实现量子态远程传送	对此方式是否属于量子安全直接通信是有误解的，这是由于误认为纠缠本身已完成了安全分发。实际上，无论在自由空间或光纤中分发，都受限于传输中的衰减和噪声。可以采用纠缠纯化技术来改进。总之这并不比 QKD 能更好地达到量子通信的目标	虽然自 1997 年以来不断有量子隐形传态的实验报道，但至今似乎尚缺乏明确的适用性协议

　　许多材料的叙述都把 QC 归结为两个要点：一是利用量子态加载信息；二是使用 QM 原理保障通信安全（防止窃密）。这样说显得过于简单，我们挑选 QC 的主要方式作具体分析。表 1 是笔者选出的 3 种方式；2017 年杨璐等[8] 的论文显示，表 1 中的量子隐形传态通信（QCUQT）虽列为一种方式，但它并不比量子密钥分发（QKD）更有优势。在笔者的印象中，虽然量子隐形传态（quantum teleportation）在科学实验领域常常耸人听闻，但并不是一种较成熟的公共通信方式（仍处在设计和讨论实现方案阶段）。因此，以后我们略去不谈。

　　量子密钥分发（QKD）既是最早的，也是最常用的 QC 通信方式。表 1 中已给出了 QKD 通信方法的原理，以及其保障安全的方法。对此可以作更通俗的解释——假设 Alice（发送方）要与 Bob（接收方）通信，Alice 发出一个一个的光子，依靠光子极化状态以加载密钥信息。假设 Eve 企图窃听，这是一定会被发现的，复制和测量都会被察觉。一方面，Heisenberg 不确定性原理造成 Eve 在不知 Alice 编码基情况下无法准确测量获得量子态的信息；另一方面，Wootters 量子态不可克隆定理使 Eve 不能复制 1 份量子态在得知编码基后作测量，故 Eve 必有明显的误码。总之，Alice 和 Bob 都会知道通信被窃听；这时即废掉原有密钥，双方另用新密钥。……由于仍然需要使用经典通道传送信息，这种 QKD 确实是一种量子加密技术，不像是 QC。

　　但还有另一种方式：量子安全直接通信（QSDC）。从表 1 所述情况看，它才是真正的 QC，因为它根本不用经典信道。因此必须承认真正的 QC 是存在的，而 QSDC 无论从学理上或实际应用上看都有特别重要的意义。只是由于通常用 QKD 作为 QC 的代表，引起质疑是不奇怪的。

4　量子通信发展过程简述

　　QC 对光子特性的利用，从极化（偏振）、相位、自旋方向下手均可，即有多个自由度可资利用。1984 年 C. Bennett 和 G. Brassard[9] 提出利用光子偏振态以传送信息的量子密钥分发方案（BB84 协议），成为 QC 发展的开端。因此，所谓 QC，至今只有 34 年历史。为什么说它是 QC 的开端？因为它是利用量子态来协商临时密钥，把密码以密钥形式分配给收发方。BB84 采用 4 个量子态作为信息载体，它们分属 2 组共轭基，每组内的两个态互相正交。发送者先随机选择一串二进制 bit（如 1001110101），再随机选择转化为光子偏振态时的基（垂直的或斜的）；接收者对收到的每个光子随机测量其偏振态并转换为二进制 bit；收发端协商后保存的结果，进行协商后得到安全密钥（如 1101）。1989 年 Bennett 小组用实验实现了在自由空间的 QKD，虽然传输距离只有 32cm，传输速率只有 10 b/s，但这是世界上最早的量子信息传输实验。因此，BB84 是有历史意义的。但是很显然，BB84 中没有应用纠缠态概念。

1991 年，英国牛津大学的 A. Ekert[10] 发表论文"Quantum cryptography on Bell's theory"，最先按照 EPR 光子对的纠缠性质构建 bit 串，形成真正的量子比特串。这个量子密钥分发协议被称为 E91 协议，它比 BB84 协议前进了一步。

通常在 QC 文献中会提出 BB84 是"无条件安全"，其理由可转述如下：在收发方采用单光子的状态作为信息载体来建立密钥。由于窃听者不能分割和复制单光子，只能截取单光子后测量其状态，然后根据测量结果发送一个相同状态的光子给接收方，以期窃听不被觉察。但测量会对光子的状态产生扰动，其发送给接收方的光子的状态与原始状态不同，故发送方和接收方可探测到窃听行为，因而保证了 QKD 的无条件安全。……然而对 BB84 的安全性一直存在质疑，例如它要求使用理想的单光子源；但这种源并不存在，可能用超弱激光脉冲来代替。这种脉冲中包含的光子数如大于 1，就会构成安全隐患。总之，单光子源非理想对 BB84 的价值影响较大，说它"无条件安全"是靠不住的。

表 2 给出我们搜集整理的 1991—2005 年间的 QC 实验情况，可以看出在 11 例中只有 2 例是在自由空间进行实验的。表 1 说明西方科学界对进行 QC 实验很积极，中国其实只是跟进。到 2005 年，在国际上已有 3 个国家的研究组声称可将 QC 距离用 QKD 方式达到百公里级通信距离。

表 2 主要是使用 BB84 协议的。前已述及，由于没有理想单光子源，而弱相干光源造成多光子状况，因而有 Brassard 自己指出的"分离光子数攻击"——Eve 从多光子中截取 1 个以窃取密钥。计算表明在距离超过 10km 时已是非安全的，所谓百公里级 QC 没有多大意义了。

表 2　1991—2005 年间的 QC 实验

国别/年份	实验者	实验性质	意义及性能	传输距离、速率	所用方案
美国（1991）	IBM 公司 Bennett 小组	在自由空间完成的 QC 实验	最早的 QKD 演示实验	32cm，10 b/s	BB84
英国（1993）	国防部小组	在光纤系统中完成的相位编码 QKD 实验	最早的使用光纤的量子信息传输	10km	BB84
瑞士（1993）	日内瓦大学 N. Gisin 小组	在光纤系统中完成的光子偏振编码 QKD 实验	最先实现低误码率（仅 0.54%）	1.1km	BB84
瑞士（1995）	同上	在日内瓦湖底铺设光缆并完成 QKD 实验	误码率 3.4%	23km	
美国（2000）	Los Alamos 国家实验室小组	在自由空间完成的 QKD 实验	使 QC 向实用化前进一步	1.6km	
中国（2000）	中科院物理所 吴令安小组	在 1995 年完成我国最早 QKD 实验基础上，用单模光纤实现国内最早的 QC	对 QC 是否可行作了实验验证	1.1km	
瑞士（2002）	日内瓦大学 N. Gisin 小组	在光纤用 PPS 完成的 QKD 实验	误码率 5.6%	67km，160b/s	

（续）

国别/年份	实验者	实验性质	意义及性能	传输距离、速率	所用方案
中国 （2003）	华东师范大学 曾和平小组	在光纤中完成了 QKD 实验	在国内最先实现远距离 QKD 量子通信	50km	
英国 （2004）	剑桥 Shields 小组	在光纤中实现远距离 QKD 实验	误码率8.9%	122km	
日本 （2004）	NEC 公司的 研究组	同上	实现日本的最远距离 QC	150km	
中国 （2005）	中国科技大学 郭光灿小组	同上	在北京与天津之间实现 远距离 QC	125km	

QC 实验中都是用激光作强力衰减后而获得近似单光子源,而这种极弱光源的光子数仍服从 Poisson 分布,这就造成了被窃听的隐患。由于实际上没有真正的单光子源,Alice 处可能存在多光子。Eve 可以监测所有脉冲的光子数,从多个光子中留下 1 个保存起来,其余光子仍到达 Bob 处。Eve 一方面监听 Alice 与 Bob 的通信,然后测量所保存的光子,并形成光子数目分割(PNS)攻击。……解决之道,或是研制理想单光子源(这非常难),或是构思设计新方法。

QC 的固有弱点是它依赖于激光。激光被调到超低超度时还会有别的现象——意外地复制光子。第一个光子可被加密,但第二个不能。因此,在 BB84、E91 阶段就急于说"绝对安全",很不合适。

2002—2005 年间出现了诱骗态 QKD[11-14]——利用信道的随机性,产生一个只有收发双方知道的密码;为了防止窃听,在发射时再插入一些诱骗码。使 Alice 有一个信号源 S 和一个诱骗源 S′,信号源的平均光子数 $N<1$,大多数时间发送单光子;诱骗源的平均光子数 $N \geqslant 1$,大多数时间发送多光子。诱骗源的光子极化也是随机选择的,所以窃听者无法区分诱骗源和信号源。Alice 从信号源 S 发送脉冲执行 BB84 协议,但是以几率 α 随机地用诱骗源 S′来代替信号源。在 PNS 攻击中,由于 Eve 将含有多个光子的脉冲传送给 Bob,所以,多光子脉冲的通过率比单光子脉冲高。Alice 可以随机地故意用多光子脉冲(诱骗态)代替部分信号脉冲。由于窃听者无法区分哪些是诱骗态,因此诱骗态的通过率和信号多光子脉冲的通过率是一致的,这样就可以通过测量诱骗态的通过率来判断 PNS 攻击是否存在。

自 2004—2005 年以后,各国研究者纷纷采用诱骗态原理建立 QC 系统,利用相干激光光源就可以得到和理想单光子源几乎一样的安全性和效率。因此,笔者认为 2005 年才是有实用意义的 QC 技术的起始(元)年,故真正的发展迄今只有 13 年。表 3 是 2004 年以后的几个国家的 QC 实验实例,其中有 2006 年美国 Los Alamos 实验室的工作,使用了诱骗态方法,采用相位编码,但增加了模式控制以随机产生信号脉冲、诱骗脉冲、空脉冲;通信距离 107km。2007—2009 年间国内也有多个实验报道,例如 2007 年清华大学与中科大联合团队用光纤系统实现诱骗态量子密钥分发,采用极化编码,通信距离 102km。因此,到 2006—2007 年,百公里级 QC 实验的成功较为可信了。

表 3　2004 年以后的几个国外 QC 实验实例

国别 (年份)	实验单位	实验性质	意义及性能	传输距离	传输速率	所用方案
奥地利 (2004)	维也纳大学 Zeilinger 小组[15]	在光纤中用纠缠光子实现 QKD 的实验(光子波长 810nm)	采用了诱骗态	1.5km		BB84
美国 (2006)	Los Alamos 国家实验室小组	在光纤中用诱骗态完成的量子通信实验(相位编码)	为保证安全采用了诱骗态	107km		
奥地利、 德国(2007)	R. Ursin 小组[16]	在自由空间完成的 QKD 实验*	保持了多年的"最远纠缠型量子通信"纪录	144km		
奥地利 (2009)	维也纳大学 Zeilinger 小组	在光纤中用纠缠光子实现 QKD 实验(光子波长 1550nm)	误码率8%	50km	550b/s	B92
美国 (2009)	Conning 公司小组	在低损光纤系统中完成的远距量子传输	远距离 QKD 实验	250km		
英国 (2010)	剑桥 Shields 小组	在光纤系统中完成的 QKD 实验	实现高速传输	50km	1Mb/s	

　　总之,基本的 QKD 技术可分为两大类:①基于单光子的制备—测量(prepare – measurement)类型;②基于量子纠缠类型。在表 3 中,有 * 标记者为类型②,其余均为类型①。

　　在研究诱骗态技术的同时,另一项技术——量子安全直接通信(Quantum Secure Direct Communication, QSDC)发展起来,时在 2003—2007 年[17-20]。在这个方案中,接收者收到传输的所有量子态后可直接读出保密信息;由于量子数据以块状传输,发送者、接收者可做抽样分析,以此判断安全性。这种直接的信息传输没有加密、解密过程,我们已在表 1 中简述其原理。虽然应用纠缠光子对可实现 QSDC,但也可以依靠单光子。对前一种情况,直接用纠缠态作信息的安全传输,不是生成密钥。它依靠光子对承载信息,还要有量子存储器,实现比较困难,因此一直未有实验。2017 年 10 月,清华大学研究团队发表"长距离 QSDC 实验"论文[21],报道了实现的较长距离(现时 0.5km、预期几十千米)的首个光纤实验,用于信息编码的双极化纠缠的量子态精确度(Quantum State Fidelity)为 91% 及 88%。用基于光纤的光通信波段量子光源,并利用光纤做量子存储器,第一次对这个协议进行了原理论证。光纤传输距离达到 500m,说"长距离"是针对以前基于单光子的 QSDC 实验而讲的。这在国际上是最先实现光纤传输的 QSDC 实验。但这只是以实验实现 Bell 态的区分,从而论证了系统的编解码功能,没有对 Bell 态进行动态调控。论文中量子态的 fidelity 是指 Bell 态传输后保持在特定态的可信度,即 Bell 态测量的成功几率。90% 左右是这类 Bell 态测量的一般水平;当然若从通信角度,它对应的误码率太大。因此,这只是个论证性实验。笔者认为此实验很重要,是在使用纠缠光子对的条件下验证了 QSDC 协议的可行性。

　　现在把本节内容作一小结。量子通信有两大类型:①基于单光子的制备—测量型的 QC 系统。这又分为用自由空间作量子信道的(1989 年美国 IBM 公司的最早系统,传输距离只有 0.32m)和用光纤做量子信道的(1993 年英国国防部的系统即此)两种。②基于纠缠型的 QC 系统。也分为用自由空间作量子信道的(2007 年奥地利、德国的 QKD 传输距离达 144km)和用光纤做量子信道的(2009 年奥地利的系统即此)。量子信道完成量子态的传播,实际应用较多的是光纤量子信道。……对于 QC 实验,目前较成功的也是两类:(a)同时使用纠缠态和诱骗态的 QKD 系统;(b)同时使用纠缠态和诱骗态的 QSDC 系统。相信它们能较好地在实际中应用。是否"无条件安全"？仍然不能那么说。

5　使用卫星的量子通信

上节内容主要讲使用光纤的 QC 技术,但对光纤量子信道有更多的问题需要考虑。突出的事情是光纤对量子信号的损耗的作用,以及光纤色散等效应的影响,会造成信号消失、量子比特消相干,从而限制了量子通信距离。由于单量子态不能放大,用光纤传输时通信距离受损耗限制,现在最高纪录是 400km。因此,基于卫星平台的自由空间量子信道似乎更好,这也被称为大气信道。

中国研究人员决心走使用卫星之路,其基本考虑有两点[22]:①在同样距离下光子在光纤中的损耗远高于自由空间的损耗。光子在自由空间的损耗主要来自光斑的发散、大气对光子的吸收和散射,远小于光纤;②受到地面条件限制,很多地方无法铺设量子通信的专用光纤,因此要建设广域量子通信网络,必需依赖卫星的中转。2011 年"量子科学实验卫星"课题在中科院立项,参加者有多个科研单位(表4);这是需要许多科技工作者参加才能完成的任务。

表4　量子科学实验卫星研制分工(2011—2016 年)

单位	科研(建设)任务	包含内容
上海微小卫星工程中心	小型卫星	重约 640kg;设计寿命 2 年;运行高度约 500km
中国科技大学	量子纠缠源 量子实验控制与处理机	量子隐形传态接收、分析装置
中国科技大学 中科院上海技术物理所	量子密钥通信机 量子纠缠发射机	诱骗态 QKD 光源
中科院国家天文台 中科院光电技术研究院	量子通信地面站	在中国各地建 5 个地面站

"墨子号"2016 年 8 月 16 日发射升空,它有星载诱骗态量子光源。它的预定任务是,在高精度捕获、跟踪、瞄准系统的辅助下建立地面与卫星之间超远距离的量子信道,实现卫星地面之间的诱骗态量子密钥分发,开展"无条件安全"的星地量子保密通信实验。其量子密钥初始码产生率约为 10kb/s。

2018 年 3 月出版的《前沿科学》杂志说,在 2017 年底科技部主持了一个评比(选出"2017 年中国科学十大进展"),名列第一的是"实现星地千公里级量子纠缠和密钥分发及隐形传态"。在对成果的陈述中,提到"实现了空间大尺度上的量子力学非局域性检验","实现了千公里级量子密钥分发和星地量子隐形传态","突破了抗强度涨落诱骗态量子光源","突破了空间长寿命低噪声单光子检测"等。这样的成果陈述似乎未强调"无条件安全"。

那么真实情况究竟如何？中科大团队有一段话是这样的:"星地之间大部分路程接近真空,光子的损耗率要比在地面光纤中小得多,理论上将是构建实用化全球量子保密通信网络最可行方案。但潘建伟也曾吐露难处:'有时候想,也许我们的项目将会崩溃,从不工作。卫星飞得那么快($v \approx 8$km/s),还会遇到大气湍流等问题——单光子光束会受到严重影响。此外,必须克服来自太阳光、月球和城市光的噪声影响,这是比我们的单光子强得多的背景噪声。"研究团队每晚只有 5min 的时间窗口,此时卫星轨道高度大约 500km,其信号能够同时被两个地面站接收。在卫星发射伊始，就已经能够实现每秒进行一次量子纠缠。潘还说，目前主要的挑战是，如何在白天（光量子非常多的情况下）分辨并接收量子卫星的信号，以实现量子通信"（以上引文中着重点为笔者所加）。

从这些话我们看出以下几点：①对卫星通信而言，两个单光子组成的光子对，基本上只能在黑暗的夜晚执行 QC 任务；②即使在夜晚能工作的时间也很短，例如只有 5min；③量子纠缠并非任何时刻都能实现，而要取决于人员的操作；④由于背景噪声的干扰，单光子光束的工作在白天会有很大困难……

情况既然如此，笔者觉得问题就大了。通信必须先有可靠性，即收发方作稳定持续的信息交换；然后才考虑安全性，即这种信息交换会不会被人窃听。如保证不了可靠地通信，讨论安全与否就没有意义。我们不知道后来是怎样解决的，看到的只是正面报道。例如，在卫星发射1 年后中国科学院的科学家们说："一年里我们在构建'量子网络'之路上迈出了三大步：实现了从卫星到地面 1200km 距离的量子密钥分发；从地面到卫星的量子隐形传态；以及进行量子保密视频通话的第一组实验。得益于此，我们将通信质量提高到光纤通信的 20 倍。"中国科学院称，"墨子号"已第一次用于实际通信。中国科学院院长白春礼与奥地利科学院院长Zeilinger 进行了世界首次洲际量子保密视频通话。这次通话使用的量子密钥先通过京沪干线北京控制中心与"墨子号"卫星河北兴隆地面站连接，然后通过"墨子号"进入奥地利地面站。京沪干线是一条连接北京、上海并贯穿济南和合肥的量子通信骨干网络。拥有量子通信地面站的维也纳和格拉茨之间也有类似的网络。这些网络和"墨子号"帮助在北京和维也纳之间建立了连接，从而实现两位科学家的量子保密视频通话。

另外，在 2018 年春季有新闻报道说："2017 年 9 月 29 日世界首条量子保密通信干线（京沪干线）开通。同日，它与"墨子号"卫星链接，形成了洲际量子保密通信线路。"2018 年 1 月有报道说：研究人员对照片进行量子加密后，将它们成功地在北京和维也纳之间进行了传输，传输距离达到 7600km；接下来，两座城市的研究人员又举行了历时 75min 的视频会议，也是通过量子密钥进行加密。传统的密码系统是利用两个极大的质数相乘产生的积来加密，这会花费很多时间并耗费太多计算机处理能力。量子系统是通过将数据交流仅限于两方——发送方和接收方，而采用了更简单的方法，纠缠光子被发送到两个事先用特定偏振态进行编码的站点。卫星利用测量偏振态创造安全密钥，站点可利用安全密钥加密或解密数据。这在技术上是不可破解的，因为使用者可以很快察觉到第三方的出现：任何窃听者不改变它，甚至是不摧毁它就无法看到这些光子。也就是说，量子力学的原理使得传输在不被发送者或接收者发现的情况下被截获是不可能的。

这样的报道可能是过于乐观了；潘建伟是"墨子号"卫星项目的首席科学家，我们仍然想知道他怎么说。在 2016 年的某次采访中，有关文章说[23]："'墨子号'量子通信卫星作为天地一体化的空间中转站，承担着发射和传输光信号的重要任务。如何保证距离地球表面数百千米的光信号能够顺利被地面光学天线接收，潘建伟形象化地解释道，这其中涉及的关键性实验技术的难度就好比是'针尖对麦芒'一样。他说，由于卫星发射的光信号是极其微弱的单光子级别，在由空间向地面传输的过程中会受到许多因素的干扰，比如星光、灯光等都将成为干扰信号传输的背景噪声。此外，卫星的运动速度很快，地面的光学天线必须时刻紧跟卫星的节奏才有可能实现信号的准确接收。所以，在'墨子号'量子通信卫星的设计过程中，不仅要克服各种噪声的干扰保证信号源的稳定，同时还要实现与地面光学天线的准确对接。尽管是如同针尖对麦芒般苛刻的实验条件，但是在我国科学家的不懈努力下，如此困难的技术难题也依然得到了解决。"

在 2016 年潘建伟先生撰写的文章中则说[24]："当然,若要实现高效的全球化量子通信,还要进一步跨越一系列难关。由于单颗卫星无法直接覆盖全球,实现全球化量子通信还需要卫星组网,这就不可避免地有星地通道暴露在太阳光的强烈背景下。量子通信的传输载体是单光子,能量是非常微弱的,而太阳光含有大量的光子,每次探测能进入到探测器内部的大概有 10^{18} 个光子。这相当于要从 10^{18} 个光子捕捉到其中想要的那一个,技术难度可想而知。这需要选择在太阳辐射相对较弱的波段进行量子通信,同时还要发展对应波长的频率转换技术和高效的单光子探测技术等。另外,卫星组网还需要发展卫星之间的量子通信,由于卫星间的距离往往比较远,还需进一步提升跟瞄的精度。"

这些说法比较具体明确,但尚不能消除笔者对于"使用卫星的 QC 技术能否保证持续稳定的通信"的怀疑。例如,要从 10^{18} 个光子中捕捉到其中想要的那一个,不是技术难度大,而是根本不可能。即使把这个数字降为 10^8 个,实际上仍是不可能。

6　量子通信与单光子技术

光子是一种非常特殊的微观粒子[25-29]。由于在 QC 中使用单光子技术,整个情况更为复杂。众所周知光子不是一个物质粒子,在本质上是能量子。这来源于光子的原始定义[25],其基础是 Planck 的量子理论(1900 年)和 Einstein 用光子假说对光电效应所做解释(1905 年)。对这个能量子怎么看?物理学家们一直都十分为难,Einstein 本人甚至说"历经 50 年思考"也不能使自己明白光子到底是什么[26]。必须承认光子不是经典的东西,例如,它决非一个圆形的刚性球。虽然人类很容易在脑海中这样想象光子,但它是错误的。实际上,没有人能给出光子的具体形象。

但光子并非只存在于数学方程式中,许多实验已证明其真实性,并且在科学实验中已广泛使用光子。然而又没有办法真实地掌握和掌控光子本身,因而只好通过光脉冲(即在时间轴上实际显示其强度和宽度的光信号),来体现对光子的掌控。

这种作法带来了新的困难——对光脉冲与光子关系的把握。通常,1 个光脉冲中包含有多个(或很多个)光子。那么可否把事情简单化——使 1 个光脉冲就包含(或说代表)1 个光子?从理论上讲不是没有可能,实际上却极其困难;人们就把这种情况称为理想单光子源(perfect source of single photon),并成为实际运用(如量子通信 QC)时追求的目标。很显然,技术应用中的源都是近似单光子源;这时 1 个光脉冲可能包含多个光子(多光子脉冲),极端情况下也可能没有光子(空脉冲),这是实验者都要努力避免的情况。

QC 中诱骗态的提出正是因为单光子源非理想所造成,由此可看出:要讨论 QC 的安全性,就必须考虑源的质量。有一个有用的概念——可预报单光子源,大意是说先产生相关联的双光子(这在技术上比较成熟),然后由对 1 路光子的探测预报另一路单光子的存在。这方面的理论研究表明,其安全通信距离可能接近于用理想单光子源时的水平。此外,研究也证明诱骗态 QKD 的使用使系统的性能提高。有文献甚至说,在没有理想单光子源条件下,采用诱骗态 QKD 可实现绝对安全通信,其距离相当于采用理想单光子源时的情况。……另外,为了可预报单光子源的研究,清华大学于 2003 年制成了最早的微结构光纤(MSF)[30],并利用其本征双折射效应直接产生偏振纠缠双光子,在此基础上可以开发可预报单光子源,在保证单光子输出的基础上有效地避免空脉冲。

　　总之,可预报单光子源与弱相干光这两种光源的诱骗态量子密钥分发都可以更好地估计出单光子的通过率和错误率,所以都可以提高安全通信距离。但这些都是技术层面的问题;我们更关心的是,在 QC 技术中尤其是在使用卫星的情况下,究竟能否成功地运用单光子? 为了使认识深刻化,仍然先以光纤系统作为讨论的基础。

　　对单光子而言,可以依靠偏振或相位或频率的改变来携带量子信息;也就是对单光子作量子编码(quantum encoding)。因而信道中传播的是量子态的变化。这并不意味着仅有 1 个光子(onle one photon),因为那样的信息比特能量水平非常低。对这个问题笔者曾与李志远研究员讨论,他用 E - mail 回复说:

　　"量子通信特指量子保密通信,即量子密钥通过量子通道传输,而信息通过普通信道(如光纤)传输。量子密钥由一系列单光子构成,对其量子态比如水平和垂直偏振进行合适的调制,形成量子密钥。如果在传输的过程中遭到窃听,其密钥串的状态(即某个单量子的状态)一定会发生改变,可以被检测出来。

　　现在来看量子通信的实际技术瓶颈,先对比经典的光纤通信。数字信息是由一个个的比特组成,每个比特在光纤通信系统里面由一个激光脉冲代表,由半导体激光器(通常为面垂直发射激光器 VESEL)阵列发射,经过主动调制(构建脉冲激光器)或者被动调制(对连续激光经过调制)的方式耦合进入光纤。对于一个 PJ 的 $1.55\mu m$ 激光脉冲而言,其包含 10^8 个光子;而对于一个 fJ 的激光脉冲而言,其包含 10^5 个光子。这么高能量水平的信息比特,很容易在光纤传输(存在低水平但是不为零的损耗)中保持其信息的完整性。另外,激光脉冲被高性能光电探测器(如Ⅲ - Ⅴ族半导体)接收变成光电流脉冲信号(即光信息比特转换为电信息比特)后,虽然现有的光电探测器接收效率远低于 100% 的水平,加上探测器自身的散粒噪声和热噪声等,但是激光脉冲比特的能量水平保证其在光电转换过程中维持极高的信噪比,从而保持信息的完整性和可靠性。

　　再看量子通信。由于携带信息的是经过量子编码的单光子,其能量是普通光纤通信的信息比特的 10^{-5} 水平;但在传输信道以及半导体光电探测器方面和光纤通信共用技术平台,单光子通信不可能保持信息传输及转换的完整性,通俗地说,发送方的信息比特串(01011011…,)是不可能(或者说概率极低)在接收方变成(01011011…)的。虽然量子通信研究人员没有很清楚地公布其编码方式,我估计要很多单光子在一起才构成一个信息比特。

　　从以上简单对比可以看出,所谓的量子通信或者单光子通信在实际上存在巨大的技术困难。要想达到理想的单光子量子比特的编码、传输和接收完整性和可靠性,现有的技术能力是完全做不到的。至于其他的衍生品,如量子雷达,物理上讲也是不可能的。当然,如果信息比特是由许多单光子(如一万个光子)构成的,那么就是偷换概念了。"

　　李志远先生的分析非常精辟,并且深入浅出、通俗易懂。2017 年中国科学院曾发布一个新闻稿,其中有一段话说:"传统公钥加密通常依赖特定数学函数的求解难度。相比之下,量子密钥分发采用处于叠加态的单光子来确保相互远离的各方之间的无条件安全。"中文表达语"单光子"容易引起误会(以为只有 1 个光子),如用英文表达(single photons)就很清楚——原来是多个单光子,在 QKD 中一个一个地发送(见表1)。不过我们不清楚究竟要用多少个单光子(李志远也不清楚,10^4 个是举例而言)。至于信道的依托,为了持续稳定的通信,应当是光纤系统较为可靠。卫星系统能否在白天通信? 令人怀疑。

7　挖掘单光子应用潜力的研究进展

前述内容使我们认识到在 QC 的发展中研究和运用单光子技术的重要性。实际上,谁都不可能在没有学会产生和操控单光子时奢谈掌握了 QC 技术。本节介绍两个研究方向——弥补光子丢失的探索和超级纠缠态的理论与实验,其意义是进一步彰显单光子研究对提高 QIT 能力的积极作用,是光子的应用潜力不断被挖掘出来的见证。

2018 年 1 月 5 日英国《每日邮报》报道说,澳大利亚 Grifes 大学量子动力学研究中心的研究人员把重点放在解决下述问题上——在光子传输过程中通过吸收或分发而丢失光子,则可能威胁到通信系统的安全性。随着量子信道的长度增加,顺利通过通信连接的光子越来越少,因为不存在完全透明的物质,吸收和分发会对其造成影响。这对于现有量子非局域性验证技术来说是一个问题。每丢失一个光子,就使窃听者通过模拟量子纠缠攻破网络安全设置变得更容易。解决的办法是,挑选在高损耗信道幸存的光子,将它们通过量子隐形传送传输到另一个"干净的"量子信道。为了完成量子隐形传送,研究人员额外增加了成对的高质量光子。必须高效率发送和探测这些高质量光子,使其能够弥补光子丢失。在工作中,研究人员使用了与美国国家标准与技术研究所联合开发的光子源和探测技术。

1997 年,P. Kwait[31] 提出超级纠缠态(Hyper – Entangled State,HES)的概念。当一个光子对在超过单自由度(one degree of freedom)上呈现纠缠时,就发生了超级纠缠现象,而超纠缠光子对(hyper – entangled photon pairs)可携带更多信息。

我们知道,实际的单光子通信利用了光的特性——偏振(极化)作用,即随着其电场的空间变化,单个光子在某一时刻必须有两种极化状态之一(0 或 1)。简单的光学设备就能"读出"单个光子的这种极化属性,因此,在最通常的情况下,一个光子可以编码入 1 bit 信息。不过,科学家可以利用非线性的量子纠缠态来实现量子密集编码,增加单个光子携带的内容,从而实现单光子携带 1.585bit。

2005—2008 年,美国科学家 J. Barreiro 等[32, 33]打破单光子携带信息量纪录。Barreiro 等采用新方法——两个光子不仅拥有自旋纠缠,而且被赋予了轨道角动量,这让它以螺旋状轨迹运动。虽然该过程并没有额外编码什么信息(携带信息的依然是极化方向),但这一光子"扭曲"能够让接受端梳理出密集编码方式中的 4 种状态。结果每个光子携带了 1.63bit,增加了 3%。增量虽不大,但从理论上说,最大可能的信息量是单光子携带 2bit,故还可提高。

清华大学黄翊东团队近年来在 hyper entanglement 方面开展了研究[34]。众所周知,纠缠光子对是 QIT 技术(包括量子通信、量子雷达、量子计算)的重要信号源。文献[35]说,可以用一定方法造成超级纠缠光子对,例如使用硅微环腔(silicon micro – ring cavity),以及 4 波混频(four wave mixing)法,就可以产生这样的光子对。文献[35]则从理论和实验上进一步阐述;这些工作都是使用光纤的。

8　量子通信是否能做到"无条件安全"

现在我们要面对最困难也最有分歧的问题了——QC 技术是否真的"无条件安全"? 尽管有许多质疑,但 QC 业界人士至今并不改口。例如 2018 年邓富国等[35]在论文中说:"量子通信将更早地全面进入人类生活,提供绝对安全的机密通信方式。"早在 2013 年,国内《量子通信》一书就说"量子通信技术具有的高速、超大容量和无条件安全使其具有无与伦比的发展潜力和应用前景"[36]（以上引文中的着重点均为笔者所加）。如果在 2013 年说"无条件安全""无与伦比"尚情有可原，到 2018 年仍说"绝对安全"就很值得商榷了。

2018 年 6 月 8 日出现的文章"质疑量子通信，对弥补'中国科学精神短板'是好事"，其中有一段话引起笔者注意："一位著名院士在两会上说，经过 10 ~ 15 年的时间，量子通信工程将走进千家万户。他同时又在许多场合表示过量子通信'无条件安全'。这些话合在一起不符合常识，因为任何国家都不会允许一种'无条件保密'的技术进入千家万户，这显然会被反政府、恐怖分子利用，构成对国家安全的挑战。公众甚至媒体对这样的说法感到疑惑是正常的。"对此笔者有如下理解和想象——假设有一伙恐怖份子阴谋作个大案，他们分散各处通过通信制定计划协调行动；由于使用了"绝对安全"的 QC 技术，公安人员虽有线索但却不能监听到真正有用的信息，以致阴谋得逞。这样一来，先进的 QC 技术竟成了坏人的帮凶。

我们必须单独考虑"无条件安全"的可能性问题。通常的正面宣传是这样说：量子不可复制的特性，是量子通信安全性的根本来源。窃听者如果想拦截量子信号，就要对其进行测量，而这将破坏携带密钥信息的量子态，从而被发现。因此这种不可窃听不可复制的信息传输方式，可以保证信息传输的绝对安全。这是唯一一种从物理上保证信息安全的方式，和过去以计算复杂性为基础的传统密码通信相比要高明得多。

另一种说法则为：在量子通信过程中，量子被测量时会发生状态的突变，通信双方一旦发现状态有变就会停止通信，因此窃听确实会阻挠通信。但这并不等于量子通信没有用。首先，这种敌对的阻挠是一次性的；其次，跟安全但可能被阻挠的量子通信比较的对象，应该是畅通但可能泄密的传统通信。与通信被阻断相比，泄密更不可取。尤其是在安全性因素压倒一切的特殊需求中，量子通信的地位无可替代。

这两种说法大同小异，但这只是"你搞窃听我们会知道，就暂不通信了"；而不是"你根本窃听不了我们持续不断的通信。"这两者显然是不同的。……如前所述，诱骗态的发明和使用本身就是对"无条件安全"说法的否定。另外，理想化单光子源也根本做不出来。所谓"QC 从原理上天然地无法窃听"的说法，其实与 QC 技术发展的实践并不相符。笔者认为，我们现在只能从下述观点中两者择一：

——承认 QC 在构成原理上有天然优势；但认定在技术上无法保证绝对的反窃听，因而不追求无条件安全；但认为可做改进可能性的努力（此为较乐观的看法）。

——认为无论从原理上讲，或从技术上讲，QC 都不可能是绝对安全的；故其相对于传统通信的优势尚待证明。对它的工程开发，可能成功，也可能失败（此为较悲观的看法）。

那么，在涉及通信安全问题上，量子通信科学家目前的动向是什么？2018 年邓富国等[35]的论文可以给出回答，该文论述了 QC 如何做光量子态避错传输及容错传输的问题。文章说，通常将可能对量子系统造成扰动的外界因素统称为噪声，噪声造成量子态出错（error）。为减少或消除错误，人们提出了一些有效的对抗噪声的方法。处理噪声影响首先要确定出错位置，发现错误；随后对于不能或不易纠正的错误采用避错方式抛弃出错样本，对于可以纠正的错误进行纠正修复。此外还有一类方法可以通过设计使错误自动抵消，实现容错通信。文章还论述了有代表性的对抗噪声的理论方案。论文没有说已对方案进行实验，给人的印象是 QC 业界科学家实际上认为通信安全问题并未解决，还有很长的路要走。……因此，对于 QC 的"天然安全性"的说辞，媒体和科学期刊都不要再重复了！

还应指出，中国的研究团队已诚实地承认，"墨子号"卫星同地球之间的联系仍非绝对安全。正如他们的论文所说,缺陷在于卫星本身。只有通信方相信没有怀有恶意的航天员秘密闯入卫星,从源头读量子密钥,这个系统才没有问题。

9　结束语

在物理学的多个学科中,量子力学(QM)被认为是最难懂的。长期以来 QM 被看成象牙塔中的学问,现在突然来到了广大公众身边。对于 QC,人们在脑海中大致形成了如下的层次:首先认为我们已习惯于享受方便快捷的通信,主要使用光纤系统和卫星系统;但传统通信的保密性不够好,因此科学界又献出了新技术——量子通信(QC)。这个 QC 仍要利用过去的工具(光纤和卫星),但它的新颖之处在于用量子方法实施通信,从而受到量子力学和物理定律的保护。因而现在人类有了理想的通信方式,大家只要和过去一样等着享用就可以了。

这种看法是天真的;但是,有的国际名刊也这样说,只是多用了一些专业性词语。2018 年 1 月 19 日出版的 *Phys. Rev. Lett.* 刊登论文,重点叙述了中国在量子加密技术方面的突破。文章说,从历史上看,密码技术的每次进步都已经被破解技术的进步所打败。量子密钥分发终结了这场战斗;就像现代计算机中用以打开加密文件的密码一样,量子密钥也是一些长字符串,但它们被编码在量子粒子的物理状态中。这意味着它们不仅受到计算机极限的保护,同时还受到物理学定律的保护。现在,量子密钥可以通过卫星传输,对相隔万里的城市间发送的信息进行加密。

这种说法似是而非,掩盖了真实情况下的逻辑矛盾。首先,*PRL* 刊物所讲的只是量子加密,但什么是量子通信? 它没有说。其次,*PRL* 当然知道诱骗态的发明和使用,那么一种"天然保密"的通信方式为何要这么麻烦,岂非多此一举? 再次,用卫星传输电磁波是很方便的,已成功运用了很多年;但现在是用卫星传送单光子串序列(series of single photons);正如本文所述,能否在白天进行持续稳定通信都还不敢肯定(这是 QC 的短板之一),怎么就这么方便地联络"相隔万里的城市"了? 考虑问题时的简单化、理想化令人吃惊,而且发生在像 *PRL* 这样的名刊上。

笔者这样说并非否定发展 QC 的辛劳与成绩。从本文内容可以看出,QC 的发展经历了漫长的过程。经过多国科学家的巨大努力,才达到今天的研究规模。QM 经过 90 年的锤炼,虽然不能说它完全没有问题,但其基本物理思想是正确的;它终于走出象牙塔而与信息科学相结合,是一件大好事。把量子纠缠态当作一种资源加以利用,也是极聪明的一着好棋。总之,QC 有可靠的物理基础,多国科学家献身于此无可指责。然而,说量子通信无条件安全则与事实不符。

回顾 QC 技术的整体发展并作深入思考后,笔者得出的结论如下:

(1) 量子通信是量子力学与传统通信相结合的产物,是独特的、非常值得研究的新通信方式;但其安全性、保密性究竟如何,还有待实验证明和应用考核。任何技术均不能说自己能保证无条件的通信安全,QC 也不例外。

(2) 在现时不能丢掉传统密码技术;不仅不能抛弃,还应继续深入研究,持续为用户提供安全保障。未来或许由传统密码技术和量子加密技术共同担负保障通信安全。

(3) 对传统通信系统和量子通信系统,应从各方面作全面比较,看两者的通信距离、通信速率、误码率,以及经济性、适用性等方面的情况,才能令人信服。又例如传统密码系统可以保证信道安全,但不能保证信源安全;而量子加密也不能解决信源安全的问题。

（4）使用卫星的 QC 技术能否保证持续稳定的通信（特别在白天）？仍是一个令人担心的问题，至今尚缺乏清晰的理解。单光子产生技术和在科学实验中的运用都是真实的，不必怀疑；但它能否在重要的工程技术中担任可靠的角色，不能肯定。

（5）对量子加密开展研究是正确的、必要的。

※　　　※　　　※

致谢：在撰写本文过程中，笔者曾与几位专家（清华大学冯正和教授及张巍研究员、中科院物理所李志远研究员）讨论，获得有益的启发，谨此致谢！

参 考 文 献

[1] 黄志洵. 从传统雷达到量子雷达[J]. 前沿科学,2017,11(1):4−21.

[2] 黄志洵. 量子通信的若干问题[J]. 中国传媒大学学报(自然科学版),2018,25(2):1−11.

[3] 黄志洵. 试论量子通信的物理基础[J]. 中国传媒大学学报(自然科学版),25(5):1−16. (又见:http://blog. science net. cn/blog−1354893−1123726. html.)

[4] Einstein A, Podolsky B, Rosen N. Can quantum mechanical description of physical reality be considered complete? [J]. Phys Rev, 1935, 47: 777−780.

[5] Vernam G. Cipher printing telegraph systems for secret wire and radio telegraphic communications[J]. J Amer Inst Elec Eng, 1926, 45: 109−115.

[6] Rivest R,Shamir A, Adleman L. A method for obtaining digital signatures and public key cryptosystems[J]. Commu ACM, 1978, 21: 121−126.

[7] Shor P. Algorithms for quantum computation: discrete logarithms and factoring Ⅱ[J]. Proceedings of the 35th Symposium on Foundations of Computer Science. (edited by S Goldwasser,IEEE Computer Society, Los Alamitos, California.), 1994: 124−134.

[8] 杨璐,等. 基于量子隐形传态的量子保密通信方案[J]. 物理学报,2017, 66(23): 230303 1−11.

[9] Bennett C, Brassard G. Quantum cryptography: Public key distribution and coin tossing[A]. Proceedings of the IEEE International Conference on Computers, Systems, and Signal Processing[C]. Bangalore: IEEE,1984: 175−179.

[10] Ekert A. Quantum cryptography based on Bell's theorem[J]. Phys Rev Lett, 1991, 67: 661−663.

[11] Beige A, et al. Secure communication with a publicly known key[M]. Acta Phys A, 2002, 101: 357.

[12] Hwang W Y. Quantum key distribution with high loss: toward global secure communication[J]. Phys Rev Lett, 2003, 91: 057901.

[13] Wang X B. Beating the photon number splitting attack in practical quantum cryptography[J]. Phys Rev Lett, 2005, 94(23): 230503.

[14] Lo H K, et al. Decoy state quantum key distribution[J]. Phys Rev Lett, 2005, 94(23): 230504.

[15] Poppe A, Zeilinger A, et al. Practical quantum key distribution with polarization−entangled photons[J]. Optics Expres, 2004, 12(16): 3856−3860.

[16] Ursin R, et al. Entanglement based quantum communication over 144km[J]. Nature, Phys, 2007, 3: 481−486.

[17] Deng F G, et al. Two step quantum secure direct communication protocol using the EPR pair block[J]. Phys Rev A, 2003, 68: 042317.

[18] Deng F G, Long G L. secure direct communication with a quantum one time pad[J]. Phys Rev A, 2004, 69: 052319.

[19] Lucamarini M, Mancini S. Secure deterministic communication without entanglement[J]. Phys Rev Lett, 2005, 94: 140501.

[20] Deng F G,et al. Economical quantum secure direct communication network with single photons[J]. Chin Phys,2007, 16

（12）：3553 – 3559.

[21] Zhu F，Zhang W，Sheng Y，et al. Experimental long distance quantum secure direct communication[J]. Sci Bull，2017，62：1519 – 1524.

[22] 彭承志，潘建伟. 量子科学实验卫星墨子号[J]. 中国科学院院刊，2016，31（9）：1096 – 1104.

[23] 世界首颗量子卫星开启量子通信新时代[J]. 中国科技奖励，2016（8）：76 – 77.

[24] 潘建伟. 量子通信技术前沿进展[J]. 保密科学技术，2016（11）：25 – 26.

[25] Einstein A. 爱因斯坦奇迹年——改变物理等面貌的 5 篇论文[M]. 范岱年，许良英，译. 上海：上海科技教育出版社，2001.

[26] Einstein A. 50 年思考还不能回答光量子是什么[A]. 爱因斯坦文集（第 2 卷）[C]. 北京：商务印书馆，1977，485 – 486.

[27] Chown M. Einstein's Rio requiem[J]. New Scientist，2004，（Mar 6）：50 – 51.

[28] 黄志洵. 论单光子研究[J]. 中国传媒大学学报（自然科学版），2009，16（2）：1 – 11.

[29] 黄志洵. 光子是什么[J]. 前沿科学，2016，10（3）：75 – 96.

[30] 黄翊东. 纳结构电子器件研究进展[A]. 现代基础科学发展论坛年会报告[R]. 北京，2010.

[31] Kwait P. Hyper – entangled state[J]. J Mod Opt，1997，44（11，12）：2173 – 2184.

[32] Barreiro J，et al. Generation of hyperentangled photon pairs[J]. Phys Rev Lett，2005，95（26）：260501.

[33] Barreiro J，et al. Beating the channel capacity limit for linear photonic superdense coding[J]. Nat Phys，2008，4：282 – 286.

[34] Suo J，et al. Generation of hyper – entanglement on polarization and energy – time based on a silicon micro – ring cavity[J]. Opt Exp，2015，23（4）：3985 – 3995.

[35] 邓富国，等. 基于光量子态及容错传输的量子通信[J]. 物理学报，2018，67（13）：130301，1 – 15.

[36] 裴昌幸，等. 量子通信[M]. 西安：西安电子科技大学出版社，2013.

附：历史上最伟大的科学发现之一：Bell 不等式简介

黄志洵

在漫长的时间里，科学家一直对似乎违背物理学经典定律的"量子纠缠"现象百思不得其解。该现象似乎表明，亚原子粒子对能够以一种超越时间和空间的方式隐秘地联系在一起。"量子纠缠"描述的是一个亚原子粒子的状态如何影响另一个亚原子粒子的状态，不管它们相距多么遥远。这冒犯了 Einstein，因为在空间的两个点之间以比光速更快的速度传递信息被认为是不可能的。1936 年，Einstein、Podolsky、Rosen 三人的合写论文体现了 Einstein 的局域性思想，是在他 56 岁时最大限度地运用其智慧给量子力学以他所希望的沉重打击。1927 年，Heisenberg 不确定性原理的出现使 Einstein 震惊，但他认为：EPR 论文可以驳倒该原理并证明量子力学（QM）不完善。EPR 论文中的"两个体系"（Ⅰ和Ⅱ）的讨论中似乎表示"既测知位置又知道速度"是可以办到的，因为Ⅰ的速度即Ⅱ的速度。文章发表后，Bohr 起而反驳。Bohr 的意思是 EPR 论文中的设定可以被驳回——不确定性影响Ⅰ又影响Ⅱ，在测量Ⅰ时Ⅱ立即受影响从而结果与 Newton 定律一致。这种作用会即时发生，即使Ⅰ、Ⅱ相距很远。

20 世纪 60 年代中期，欧洲核子研究中心（CERN）的 J. Bell 发表两篇论文，提出一个与量子力学相容的隐变量模型，认为"任何局域变量理论均不能重现量子力学全部统计性预言"，提出了两粒子分别沿时空不同方向做自旋投影时一些相关函数之间应满足的不等式（Bell's unequality）。Bell 原来是坚定地支持 Einstein、相信物理实在性和局域性的。他认为是某种隐变量（hiden variables）造成了 QM 中神秘的超距作用。实际上可以构造一个理论上的不等式（粒子观测结果必定遵循该式），从而证实 EPR 论文所说的 QM 不完备性。Bell 的分析建筑在

Bohm 的自旋相关方案及隐变量理论的基础上。我们现在免去数学分析,仅强调指出:Bell 不等式与 QM 不一致。Bell 定理是说,一个隐变量理论不能重现 QM 的全部预言。……但情况究竟如何,必须由实验来确定。突破是由于法国物理学家 Alain Aspect 的精确实验。Aspect 领导完成的实验以高精度证明结果大大违反 Bell 不等式,而与量子力学的预言极为一致。Bell 不等式被精确实验证明不成立,意味着 EPR 论文错了,而 QM 是正确的。这件事对物理界如同地震,从而打开了量子信息学研究的大门。John Bell 的名字进入了科学史,他的不等式被誉为"人类历史上最伟大的科学发现之一"。Bell 的原意是要以更深刻的理论来呼应 EPR,事态却走向了反面。Einstein 用来否定量子力学完备性的 EPR 思维,反而成了证明量子理论完备性的科学思想。对粒子 I 量子态的测量已证明会影响一定距离外的粒子 II 的量子态,而"EPR 光子对""Bell 基"等已成为大家熟悉的名词。实验证明非局域性是量子力学的基本特征——实验结果违背 Bell 不等式就表明非局域性存在。例如,假如有一个双粒子系统,每个粒子为双态,共有 4 个量子态(是 Bell 算符的本征态),构成 Hilbert 空间的完备正交基,叫 Bell 基。量子态的可传输性和计算性,为量子信息学和量子计算机的发展奠定了基础。

那么到今天,Bell 不等式的意义何在呢? 可以认为它是一种鉴别纠缠态存在与否的判据。也就是说,由于自 1964 年以来,Bell 不等式已经得到广泛验证,成为一种重要手段,用以识别可通过离散测量来描述的纠缠。例如,测量一个量子粒子的自旋方向,然后确定这一测量结果是否与另一个粒子的自旋相关。如果一个系统违反了这个不等式,那么纠缠就存在。总之,Bell 不等式是否得到遵守,成为一种标志性的查验方法。

遗憾的是,在 1990 年 J. Bell 就去世了,没有来得及看到此后在各国都展开了的超光速研究和其他发展。

参 考 文 献

[1] Einstein A,Podolsky B,Rosen N. Can quantum mechanical description of physical be considered complete? [J]. Phys Rev. , 1935,47:777 - 780.

[2] Bell J. On the Einstein - Podolsky - Rosen paradox[J]. Physics,1964,1:195 - 200.

[3] Bell J. On the problem of hidden variables in quantum mechanics[J]. Rev. Mod. Phys. ,1965,38:447 - 452.

[4] Aspect A, Grangier P, Roger G. Experiment realization of Einstein - Podolsky - Rosen - Bohm gedanken experiment, a new violation of Bell's inequalities[J]. Phys. Rev. Lett. ,1982,49:91 - 96.

单光子技术理论与应用的若干问题

黄志洵

（中国传媒大学信息工程学院，北京　100024）

摘要：为什么存在光子？经典物理给出了推导，但解释不了光子的本质和奇异特性。量子理论表明光子是一种非局域性粒子，并与通常的微观粒子有重大区别。然而任何理论都不能提供光子的具体形象，这就在单光子定义上发生困难。光子可由光脉冲获取，其中的光子数服从 Poisson 分布。另外，也可以从光功率出发而定义单光子，光子实际上是一种最弱光源。

本文论述了单光子理论与实验的进展，给出历史评论和对某些矛盾悖论的探讨。例如，光子是能量子，具有物质属性，但却给不出光子的尺寸和体积；狭义相对论实际上赋予光子点粒子形象。又如，量子力学（如 Schrödinger 方程）用波函数 $\Psi(r,t)$ 描写电子，空间定位为几率性分布，$|\Psi|^2$ 是几率密度；但对光子却无法定义一个自洽的波函数，也不能写出相应的波方程。而且众所周知，经典 Maxwell 波方程并不能满意地描写光子。

本文认为"光子无静质量"假说造成了理论自洽性的缺失。对有质（量）光子，可用 1936 年提出的 Proca 方程组取代 Maxwell 方程组。我们推导了新的电磁波和光子的波方程，称为 Proca 波方程（PWE）。在 PWE 中有包含粒子质量参数（m）的项，这与 Schrödinger 波方程、Dirac 波方程一致。这使理论关系改善，而有质（量）光子与点粒子划清了界限。

量子信息学的迅猛发展迫使科学家考虑少数（如 1 万个或更少）光子的行为特点。最近测量光动量成功，使得可能用实验确定 1 个激光束中包含的光子数。量子保密通信要求理想单光子源（PSPS），其中 1 个光脉冲仅有 1 个光子。然而迄今并未制成这种源，所用均为近似 PSPS，故通信不会绝对安全。由于白天的光干扰，卫星量子通信及量子雷达难以工作得好。如用微波频段会有好效果，但微波单光子能量极小，实现起来非常难。

关键词：单光子；光子静质量；Proca 波方程；量子通信；量子雷达

Several Problems on the Theory and Application of Single Photon Technology

HUANG Zhi－Xun

（Communication University of China，Beijing　100024）

Abstract：Why the photon exists，the theoretical derivation is derived by the classical physics，

注：本文原载于《中国传媒大学学报（自然科学版）》，第 26 卷，第 2 期，2019 年，1～18 页。

but it can't explain the essences and the odd characters of the photon. Quantum theory shows that the photon is a non – localizable particle, and there have the important differences between the photons and the common micrographic particles. But any theory can't give the concrete shape of the photon, this situation made difficulties in understanding the definition of single photon. The photon can be obtained by the signal of light pulse, and the number of photons obeys the Poisson's equation. Another method used as defining the single photon is to compute the power of light. Actually, the photon is the weakest light source.

This paper is devoted to a survey of developments on theoretical and experimental study of the single photon technology. The historical notes and the exploration of some paradoxes of this subject are discussed. For example, the definition of photon is the particle of energy, which has the character of matter, but we can't give the size and the volume of the photon. In fact, the Special Relativity define the photon is the image of dot – particle. In addition, Quantum Mechanics (such as the Schrödinger equation) prescribes that, the localization of an electron described by the wave function $\Psi(r,t)$ is probability distributed in space, $|\Psi|^2$ is the probability density. But we can't define a consistent wave function for the photon case. Then, we also can't write down a wave equation for the photon. Everyone knows that the classical Maxwell's wave equation can't satisfying describe the photon.

The hypothesis of photon's zero rest mass create an in – consistently theoretical situation. For the photon with mass, the Maxwell equations can be replaced by Proca equations invented in 1936. In this paper, we derive the new wave equation for the electro – magnetic waves and the photon, and we call it the Proca's Wave Equation (PWE). One item of the PWE contains the mass parameter (m) of the particle, which keep consistent with the Schrödinger wave equation and the Dirac wave equation. Then the theoretical relations get some improvements. Moreover, the photon with mass draws a clear line at the dot – particle.

The rapid development of Quantum Information Technology compelled scientists to consider the characteristic of a small number (such as ten thousand or smaller quantity) of the photon. Recently, the successful measurement of the light momentum give a way could confirm the photon's number in a laser light beam by experiment. The quantum security communication need the perfect single photon source (PSPS) which gives the situation that one pulse has one photon only. But the perfect single photon source is not discovered. Actually, the single photon source found in lab is the approximate solution of PSPS, the absolute security does not exist. Due to interference of the light in daytime, the satellite quantum communication and the quantum radar can't operate well.

If we employ the microwave frequency band, the quantum radar or quantum communication will work well. However, the energy of single microwave photon is very small, the application of technology is very difficult.

Key words：single photon；rest mass of photon；Proca's wave equation；quantum communication；quantum radar

1　引言

1905 年 A. Einstein[1]提出光由光子组成的假说,百年后它已是量子信息学(Quantum Information Technology, QIT)研究中不可缺少的粒子。迄今对光子的研究是成绩与问题并存。值得注意的是,Einstein 在 1951 年(72 岁时)给老朋友 Besso 的信上说[2]:"整整 50 年自觉思考没有使我更接近于解答'光量子是什么'这个问题。"的确,光子的理论和本质性的认识至今尚未解决好[3],而单光子在 QIT 中的应用却已铺开。在这种情况下,我们对单光子的理论及应用再作讨论是必要的。

多年来,笔者对光子的有关问题怀有强烈的兴趣,写过一些文章作为讨论[4-8]。2018 年,笔者又发表了两篇 QIT 方面的文章:"试论量子通信的物理基础"[9],"试评量子通信技术的发展及安全性问题"[10]。本文在以上两文的基础上写成,论述单光子理论与应用的进展和存在的若干问题。

2　光子是经典性微观粒子还是量子性微观粒子

光子不是宏观物质粒子而是微观粒子。所谓经典性微观粒子是指:用经典物理原理即可推导出基本方程并作解释,用经典物理方法即可进行基本实验的微观粒子,以与不能这样做的纯量子性粒子相区别。那么光子是哪一种? 至今仍然不甚清晰。

1905 年,A. Einstein[1]发表了论文"关于光的产生和转化的一个试探性观点",提出了光由"彼此独立的能量子所组成"的假说,认为每个能量子的能量为 $R\beta f/N$,称为光量子(quantum of light),后人把这种能量子称为光子(photon)。Einstein 说,用连续空间函数来运算的光的波动理论,在描述纯粹的光学现象时,已被证明是卓越的,似乎很难用任何别的理论来替换。可是光学观测都同时间平均值有关,而不是同瞬时值有关。尽管衍射、反射、折射、色散等理论完全为实验所证实,但仍可以设想,当人们把用连续空间函数进行运算的光的理论应用到光的产生和转化的现象上去时,这个理论会和经验相矛盾。因此 Einstein 假设,从点光源发射出来的光束的能量在传播中不是连续分布在空间之中,而是由有限个数的、局限在空间各点的能量子所组成。这些能量子能够运动,但不能再分割,而只能整个地被吸收或产生出来。

Einstein 的光子与 Planck 的量子有所不同。1900 年 M. Planck 的工作只是使构成黑体壁的振子的振动能量子化,或者说他的能量子只是一种为导出辐射公式所用的计算工具。Einstein 则把光量子当成一种物理实在,是电磁辐射和光的基础。Einstein 的出发点是黑体辐射理论面临的困难,以及 Planck 对基本量子的确定。从 Wien 的黑体辐射定律出发,有

$$\rho = \alpha f^3 e^{-\beta f/T}$$

式中:f 为频率;T 为热力学温度。在 $hf \gg kT$ 时上式充分有效。由上式得

$$\frac{1}{T} = -\frac{1}{\beta f}\ln\frac{\rho}{\alpha f^3} \tag{1}$$

假设能量为 E 的辐射的频率介于 f 到 $(f+df)$ 之间,占有体积 V,则可导出能量不变时辐射的熵随体积变化的关系:

$$S - S_0 = \frac{E}{\beta f}\ln\frac{V}{V_0}$$

式中：S、S_0 为辐射占有体积为 V、V_0 时的熵；故单色辐射的熵随体积而变化。上式又可写成

$$S - S_0 = -\frac{R}{N}\ln\left[\left(\frac{V}{V_0}\right)^{NE/R\beta F}\right] \tag{2}$$

式中：R 为气体常数；N 为 1mol 的分子数。引用 Boltzman 原理（该原理说一个体系的熵是其状态的几率函数）：

$$S - S_0 = -\frac{R}{N}\ln p \tag{3}$$

最终导出某瞬时全部辐射能集中在体积 V_0 的部分（V）中的几率为

$$p = \left(\frac{V}{V_0}\right)^{NE/R\beta F} \tag{4}$$

并得出结论，能量密度小的单色辐射像是由一些互不相关的、大小为 $R\beta f/N$ 的能量子所组成的。故 Einstein 说："不但入射光，而且产生出来的光（指场致发光造成的另一频率的光——笔者注）都由大小为 $R\beta f/N$ 的能量子所组成。"

用这些观点，Einstein 成功解释了光电效应、光致发光、紫外线致气体电离效应。Einstein 光量子的能量为

$$E = \frac{R\beta}{N}f \tag{5}$$

对比 Planck 于 1900 年导演辐射公式时提出的能量子：

$$E = hf \tag{6}$$

如果两个理论吻合一致，就有

$$h = \frac{R\beta}{N} \tag{7}$$

式中：$\beta = 4.866 \times 10^{-11}$（据 Einstein[1]）；$N$ 是 Avogadro 数（现习惯写作 N_A），而当代的精确值（标准值）是 $N_A = 6.02214199 \times 10^{23}$。上述推导过程参照了气体分子运动论，在那里 R/N 为一普适常数。

光子的特性由对应光波的频率 f 所决定，看起来是一件奇怪的事情。然而这个理论出色之处正在于此，它使用 Maxwell 理论解释不了的光电效应得到了完全的阐释——当光照射金属表面时，逸出的光电子的动能、速度仅与光频有关，而与光强无关。

上述分析处理是从经典物理出发而完成的，但却无懈可击。这证明经典物理是人类智慧在一定历史阶段的积累，不容轻视。1921 年的 Nobel 物理奖颁发给 Einstein，也是对经典物理的奖励。1923 年，A. Compton 在实验中发现 X 射线散射后波长变长，他的解释是：能量为 hf、动量为 hf/c 的 X 射线光子与一个自由电子发生了弹性碰撞；而且，在这种单次碰撞中微观粒子保持能量守恒及动量守恒。1927 年，A. Compton 因其实验发现的效应获 Nobel 物理奖，而能量、动量守恒定律都来自经典物理。

经由两个 Nobel 奖的表彰，Einstein 有理由为提出光子学说感到自豪。然而发生在 1925 年的一件事改变了他的想法。2004 年科学史家 M. Chown[11] 的文章说，今天没有多少人知道 Einstein 对巴西的访问；那次旅行是 1925 年 3 月 5 日从汉堡（Hamburg）出发的，做 3 个月的南美之行。当时，巴西科学家们齐聚在里约热内卢（Rio Janeiro），期待着听 Einstein 讲相对论。但他本人却另有想法；对 Einstein 而言，相对论只是 19 世纪经典物理学的扩展，而在他一生中的革命性成果却是光子概念，这才是他要讲的东西。报告结束后，听众中有人提问说："波伸

展在整个空间,而粒子却是分立的实体,如何统一这两者?" Einstein 不知道,因而回答不了。由于 Einstein 使用经典物理学,这是不可能做到的。在 Einstein 巴西演讲的一个月后,德国的 W. Heisenberg 发明了一种新的物理学,即量子力学。Einstein 看不到(不能看到又不想看到)的要点是,光子不是一个经典的东西。1925 年 5 月 7 日 Einstein 在巴西科学院作报告的那个夜晚,标志着 Einstein 作为前沿科学家生涯的终结。直到去世,Einstein 都不接受量子力学,该理论用不确定性取代确定性。Einstein 在里约热内卢的演讲表示他仍绝望地希冀他于 1905 年放出的"妖怪"(光子),还可用老的经典物理去驯服。

　　Chown 说的这件事是 Einstein 在巴西科学院演讲结束后回答提问时遭遇尴尬,因为情况确实如此——无论当时或以后 Einstein 都写不出一个能统一说明光的波粒二象性的方程。以后的事态发展是量子力学(QM)于 1926 年至 1927 年间横空出世;按照新的理论,交变电磁场、电磁波可以被量子化,从而在波与粒子之间建立一条通道。在量子理论中,光子是量子化电磁场的元激发粒子(photon is the elementary excitation particle of the quantum electromagnetic field);因此首先要对电磁场作量子化处理[12]。

　　我们先在 Coulomb 规范下把矢势 $\boldsymbol{A}$ 作为正则坐标,进而导出正则动量,再用正则量子化方法对场进行量子化。在经典电磁理论中取

$$\boldsymbol{B} = \nabla \times \boldsymbol{A} \tag{8}$$

$$\boldsymbol{E} = -\frac{\partial \boldsymbol{A}}{\partial t} \tag{9}$$

在 Coulomb 规范下有:

$$\nabla \cdot \boldsymbol{A} = 0$$

$$\nabla^2 \boldsymbol{A} = \frac{1}{c^2}\frac{\partial^2 \boldsymbol{A}}{\partial t^2}$$

写出 Lagrange 密度:

$$L = \frac{1}{2}\varepsilon_0 E^2 + \frac{1}{2}\mu_0 H^2$$

体系的 Hamilton 量是 L 对 $\partial \boldsymbol{A}/\partial t$ 求偏导数,故可证明:

$$\widehat{H} = \int \frac{1}{2}(\varepsilon_0 E^2 + \mu_0 H^2)\mathrm{d}V \tag{10}$$

注意积分号内的 H 为磁场强度;现在用正交模函数展开,得

$$\boldsymbol{A} = \sum_{i=1}^{2}\sum_{k}\sqrt{\frac{\hbar}{2\varepsilon_0\omega_k}}[a_{ki}\boldsymbol{U}_{ki}(r)\mathrm{e}^{-\mathrm{j}\omega_k t} + a_{ki}^*\boldsymbol{U}_{ki}^*(r)\mathrm{e}^{\mathrm{j}\omega_k t}] \tag{11}$$

式中:i 为两个偏振方向;k 为波矢。现在可由 $\boldsymbol{\varPi} = \varepsilon_0\boldsymbol{A}$ 求出广义动量,并变成算符,故有

$$\boldsymbol{A} = \sum_{ki}\sqrt{\frac{\hbar}{2\varepsilon_0\omega_k}}[a_{ki}^-\boldsymbol{U}_{ki}(r)\mathrm{e}^{-\mathrm{j}\omega_k t} + a_{ki}^+\boldsymbol{U}_{ki}^*(r)\mathrm{e}^{\mathrm{j}\omega_k t}] \tag{12}$$

$$\boldsymbol{\varPi} = \sum_{ki}(-j)\sqrt{\frac{\hbar\varepsilon_0\omega_k}{2}}[a_{ki}^-\boldsymbol{U}_{ki}(r)\mathrm{e}^{-\mathrm{j}\omega_k t} + a_{ki}^+\boldsymbol{U}_{ki}^*(r)\mathrm{e}^{\mathrm{j}\omega_k t}] \tag{13}$$

经过量子化处理,Hamilton 算符为

$$\widehat{H} = \sum_{ki}\hbar\omega_k\left[\widehat{a}_{ki}^+\widehat{a}_{ki} + \frac{1}{2}\right] \tag{14}$$

式中：$\hat{a}_{ki}^{+}$ 为光子的产生算符；$\hat{a}_{ki}$ 为光子的湮灭算符。量子化后电磁场成为光子场,并有对易关系 $\lfloor \hat{a}_k \cdot \hat{a}_{k'}^{+} \rfloor = \delta_{kk'}$。

经过量子化后的光子场可以用光子数表示；光子无确定位置,但有确定动量和偏振方向。表示光子数态的写法是 $|n_k\rangle$,对应 Hamilton 算符的本征态,故有

$$\hat{H}|n_k\rangle = \hbar\omega_k\left[n_k + \frac{1}{2}\right]|n_k\rangle \tag{15}$$

光子数算符(k 模式)为

$$\hat{n} = \hat{a}_k^{+} \cdot \hat{a}_k \tag{16}$$

以上各式中 $|n_k\rangle$ 代表 n_k 个光子的状态,而其光场平均值为零(如电场测量平均值为零),但光强的平均值不为零。

以上分析只考虑了电磁场振幅而未考虑相位,可以引入光子相位算符并作分析。这里从略。总之,态 $|n_k\rangle$ 是光子数,是确定的;但光子数与相位是一对测不准量,故相位是不确定的。

总之,量子化之后的电磁场用光子数算符的本征态 $|n_k\rangle$ 描述,它代表含有 n_k 个 k 模光子的态。可用较简单的公式表示,即在交变电磁场(频率 ω_k)产生的电磁波取 k 模式时能量的量子化形式为

$$E_k = \hbar\omega_k\left[n + \frac{1}{2}\right] = \hbar c\boldsymbol{k}\left(n + \frac{1}{2}\right) \tag{17}$$

由此可知,k 模电磁波的能量不是 $n\hbar\omega$,而多出一项。当空间不存在光子时($n=0$),模的能量不为零,而是 $\hbar\omega/2$。这称零点能(zero energy),它的发现是电磁场量子化理论的成就。现在,真空在量子理论中看作基态,记为 $|0\rangle$。可求出基态能量为

$$\langle 0|H|0\rangle = \frac{1}{2}\sum_k \hbar\omega_k \tag{18}$$

实际上是说零点能量为

$$E_0 = \frac{1}{2}hf$$

这与其他方法推导零点能的结果一致。

因此,量子化后电磁波可看成光子流,其中单光子能量为 $\hbar\omega = \hbar ck$,动量 $\boldsymbol{p} = \hbar\boldsymbol{k}$；波矢 $\boldsymbol{k}$ 仍为描写量子波动的基本参数,而且振幅叠加原理仍然适用。量子化步骤导致出现了别开生面的结果——零点能,它可以用来解释光辐射的自发辐射,并研究真空能问题。

现在,光辐射场是占据一定空间的大量光子的集合,而其中的光子分别处于一定数目的、可区分的量子状态之内。每个状态内的平均光子数称为光子简并度,它表示到底有多少性质全同的光子共处于一个量子状态内。自然光的简并度很小,如太阳光为 10^{-2} 级；而激光的光子简并度可高达 10^{20}。

用量子理论描写光并不降低 Maxwell 方程组(ME)的价值,因为量子系统的量子数足够大时其行为就接近经典力学(CM)和 ME 的描述。理论上也可考虑经典与量子互相结合,例如,把 ME 与 Schrödinger 方程(SE)联合求解,以处理电磁源和物质系统同时存在的情形；当然这在数学上困难很大。

那么,单光子是经典性微观粒子还是量子性微观粒子？这个问题难以回答。尽管 Compton 实验证明了光子和电子一样都是物质实体,具有正实数的动质量,又证明了在微观粒子的单个碰撞事件中动量守恒、能量守恒；但光子却不是一个弹子球,不能主要依靠经典物理学去

处理。例如,如果企盼"测出光子直径",恐怕难有结果。按照熟悉的宏观概念去看待光子是徒劳的。从本质上讲光子属于量子世界,在这个世界里粒子和波的区别变得模糊,"大小"的概念似乎不再有意义。人们用数学来描述光子的表现,但却无法把光子形象化为常规的图像。

3　光子是不是点粒子

在现有理论中,光子是确实存在的、可感知的粒子。例如,1955 年 Stacy[13] 在其生物物理学著作中说,通常进入人眼(瞳孔)并能造成视觉的光子数为 54 ~ 148 个。假设是 100 个光子,那么能量相当于 3.2×10^{-10} erg,这是整个眼的敏感度。考虑到一些复杂的反射、吸收过程,可算出,在绝对阈值时光感物吸收的光子数仅为 5 ~ 14 个,说明人眼的构造高超,敏感度惊人。实际上,只需单光子即能激活一个圆柱细胞,但在 5 ~ 14 个圆柱细胞同时被激活才能引起光感。但这些估计是在能量水平上进行的;这里有必要讨论光子能量以及其另一重要参数——光子动质量。

前面给出了认识光子的基本方程;联立 $E = hf$ 和 $E = mc^2$ 两式,可得

$$m = \frac{hf}{c^2} \tag{19}$$

故 Einstein 理论认为光子动质量仅取决于频率 f;而在传播方向上,光子的动量为

$$p = mc = \frac{hf}{c} \tag{20}$$

这种质量、动量推导使光子形象粒子化了。由于 c 很大,故除非 f 很大,否则 m 和 p 都很小。至于光子能量,可用下式计算:

$$E = hf = \frac{hc}{\lambda} \tag{21}$$

式中:f、λ 分别为光子对应的波动频率和波长。因此可以算出光子的动质量和能量,如表 1 所列。可见,在从微波到 X 射线的广大波段,光子质量都比电子质量小(电子静质量 $m_0 = 9.109534 \times 10^{-28}$ g)。表 1 中光子能量用电子伏(eV)作为单位,而 $1 \text{eV} = 1.60217733 \times 10^{-19}$ J,故在可见光谱的中点($\lambda = 5 \times 10^{-5}$ cm),可算出 $E = 2.48$ eV。可见单光子的能量很小。需要说明的是,处在微波(microwaves)与可见光(visible light)之间的区域现在通常称为太赫波(tera waves),频率 $f = 100 \text{GHz} \sim 30 \text{THz}(1 \text{THz} = 10^{12} \text{Hz})$,而 1THz 对应的光子能量为 4.1×10^{-3} eV。

表 1　光子的动质量与能量

波段	频率 f/Hz	波长 λ/mm	光子能量 hf/eV	光子动质量 $m = hf/c^2$/g
微波	$3 \times 10^8 \sim 3 \times 10^{12}$	$10^3 \sim 10^{-1}$	$1.2 \times 10^{-6} \sim 1.2 \times 10^{-2}$	$2.2 \times 10^{-39} \sim 2.2 \times 10^{-35}$
红外光	$8.8 \times 10^{11} \sim 4.3 \times 10^{14}$	$3.4 \times 10^{-1} \sim 7 \times 10^{-4}$	$3.6 \times 10^{-3} \sim 1.7$	$6.5 \times 10^{-36} \sim 3.2 \times 10^{-33}$
可见光	$4 \times 10^{14} \sim 7.5 \times 10^{14}$	$7.6 \times 10^{-4} \sim 4 \times 10^{-4}$	$1.6 \sim 3$	$2.9 \times 10^{-33} \sim 5.4 \times 10^{-33}$
紫外光	$7.5 \times 10^{14} \sim 3 \times 10^{16}$	$4 \times 10^{-4} \sim 10^{-5}$	$3 \sim 120$	$5.4 \times 10^{-33} \sim 2.2 \times 10^{-31}$
X 射线	$3 \times 10^{16} \sim 3 \times 10^{20}$	$10^{-5} \sim 10^{-9}$	$1.2 \times 10^2 \sim 1.2 \times 10^6$	$2.2 \times 10^{-31} \sim 2.2 \times 10^{-27}$
γ 射线	$> 3 \times 10^{19}$	$< 10^{-8}$	$> 1.2 \times 10^5$	$> 2.2 \times 10^{-28}$

但现有理论非常不令人满意,因为它把光子描写成既无形状、体积,又无静止质量的奇怪粒子。同样是微观粒子,为什么人们可以指出电子的尺寸和确定的静质量,对光子却说不出来? 任何物质实体都会占据一定空间(即使很小),光子却似乎可以在无自身大小情况下而分

布在空间区域之内;这样的理论怎能令人满意?!

在狭义相对论(SR)中有运动体长度缩短公式[14]:

$$l = l_0 \sqrt{1 - \left(\frac{v}{c}\right)^2} \tag{22}$$

式中:v 为运动速度;l_0 为静止时物体沿运动方向的长度;c 为光速。对光子而言 $v = c$,故 $l = 0$。因此,Einstein 光子无体积(尺缩到零,成为一个点)。光子作为一种有动质量、动量、能量的粒子,却无体积,这一观点意味着光子成为点粒子;这无论如何不会是好理论。物理学的发展史曾提供把电子当作点粒子时的教训。众所周知,量子场论(QFT)和量子电动力学(QED)被人们认为是很有成就的学科;然而 QFT 和 QED 的短板是著名的发散问题,根源在于这是一种点粒子场论。梁昌洪[15] 在对经典场(静电场)的自作用能问题作论述时指出,早在 1940 年 R. Feynman 就注意到"电子自作用能无限大"给电磁场理论造成了突出的问题,而这是由于描述电子的模型是点粒子。这就是说,点电荷的自作用存在发散困难。如把电子看成没有结构的点,它产生的场对本身作用引起的电磁质量就是无限大。……1964 年 P. Dirac[16] 关于 QED 的演讲中谈到重整化,他首先论述的正是这个电子质量问题。电子质量当然不会是无限大,不过电子与场相互作用的这个质量会有变化;Dirac 指出,无法对"无限大质量"赋于什么意义。人们在"去掉无限大项"的情况下继续计算,得到的结果(如 Lamb shift 和反常磁矩)都与观测相符。因此就说"QED 是个好理论,不必为它操心了。Dirac 对此极为不满,因为所谓"好理论"是在忽略一些无限大时获得的——这既武断也不合理。Dirac 说,合理的数学允许忽略小量,却不允许略去无限大(只是因为你不想要它)。……总之,Dirac 认为 QFT 的成功"极为有限"。

实际上电子不是点粒子,著名实验物理学家丁肇中曾长期关注电子的尺寸测量问题,不久前他给出的数据仍为电子半径 $r \leqslant 10^{-17} cm$。那么电子是否呈圆球状? 丁先生未说。……光子与电子不同,后者有确定的静质量而前者没有(主流的物理界观点认为没有);另外,电子带电荷而光子不带电荷。尽管如此,规定光子是点粒子也会发生问题,只是暂时未对此作深入分析。……关于量子场论存在的问题可参考王令隽[17]的论述。

4　光子和电子的比较

把光子和电子作全面比较,是很有意思的。它们都是微观粒子,都有极广泛的应用;电子学(electronics)、光子学(photonics)都是著名的庞大学科。然而,这两种粒子的特性却很不相同。为了讨论的方便,我们给出两个表——表 2 是光子和电子研究情况及理论思想的比较,表3 是电子学与光子学两大学科的比较。

表 2　光子和电子研究情况及理论思想的比较

	电子	光子
定义	是带有电荷(其值为 e)的微观粒子	是不带电荷的特殊的微观粒子
性质	是费米子(fermion),每个量子态上至多只能有一个粒子;自旋为 $\hbar/2$ 的奇数倍	是玻色子(Boson),在每个量子态上的粒子数不受限制;自旋为 $\hbar$
大小	2000 年丁肇中说,由高能物理实验得到轻子(电子、μ 子、τ 子)的半径 $r < 10^{-17} cm$	迄今没有任何关于体积和尺寸的实验观测数据

（续）

	电子	光子
静质量	静质量 $m_0 = 9.10938188 \times 10^{-28}$ g	静质量上限 $m_0 \approx 10^{-52}$ g（传统理论取 $m_0 = 0$；新理论认为可能 $m_0 \neq 0$）
对应波	对应的波动为几率波,遵守 Schrödinger 波方程(SE)或 Dirac 波方程(DE);与 Maxwell 电磁波方程无对应关系	通常认为对应的波动为电磁波;但如认定光子是微观粒子的一种,则它应当有几率波性质——然而现时并没有光子的几率波方程;与此相联系,难于为光子定义波函数
波方程	电子的波方程就是 SE;电子的波函数就是 SE 中的波函数 $\Psi(r,t)$——它是几率性波函数	有一种看法认为自由态光子的波函数就是电磁平面波函数;与此相应,认为 Maxwell 电磁波方程就是自由态光子的波方程。但这仅为一种简单化的看法,并未提供呈现光子物理形象的动力学。光子波方程的问题仍需研究
SE 功能	SE 完全可以说明电子的微观粒子性质	仅从 SE 尚不能说明光子是与电子类似的微观粒子
应用	早在 20 世纪 20 年代,SE 即很好地用于处理原子、分子中的电子运动;40 年代又很好地用来分析微波有源器件的电子束。实际上,SE 可用于各种微观粒子(如电子、质子、中子、原子等)的分析,其意义相当于 Newton 力学在宏观世界中的地位	20 世纪 20 年代起 SE 即用于处理一系列光学问题,证明 SE 可能适用于光子。80 年代时用 SE 处理缓变折射率光纤成功,则充分地证明 SE 可用于有光子参与的物理现象。至此,"SE 只能适用于低速($v \ll c$)场合"的说法已被实践所否定。……但是,关于 SE 对光子是否适用的问题仍有争议

光子和电子突出的区别是,电子有确定的静质量(而且有精确的测量值),而光子的静质量被认为是零。在狭义相对论(SR)中,任何以光速 c 运动的物体,其静质量必须为零[18]。因此光子的 $m_0 = 0$ 是逻辑推理的结果,而不是由实验所决定的。实际上,科学界对光子静质量的测量从未停止[18-22]。有的科学家(如美国物理学家 R. Lakes)甚至以此作为毕生的研究方向。

表 3　电子学与光子学两大学科的比较

	电子学	光子学
定义	研究电子理论及其应用的学科	研究光子理论及其应用的学科
频区和信息容量	微波最高频率 3×10^{12} Hz,信息容量小	可见光最高频率 7.5×10^{14} Hz,信息容量大
粒子速度	电子以较慢速度运行;但作为荷(负)电粒子,可以用电场使之加速	光子以高速(光速 c)运行;不是荷电粒子,不能用电磁场使之加速
脉冲宽度	一般在纳秒量级	可为飞秒甚至阿秒量级
粒子群性质	多个电子之间相互有作用力(coulomb 力),并行性差	多个光子之间互相无力的作用,并行性好
纠缠态	从理论上讲两个电子之间也可以形成纠缠对,但在实际上缺乏产生机制,几乎从不这样做	两光子之间形成纠缠对,既易于实现又在实际中很常见,应用也很广泛
信息学用途	经多年发展,形成了庞大的传统通信和雷达工程技术学科,承担着多方面的重要任务	量子信息学开始发展;量子通信及量子雷达技术都在积极研发中

表 2 及表 3 说明,光子与电子的不同远多于它们的相似。现在,有必要就波方程及波函数方面深入讨论。先写出经典的 Maxwell 波方程[23]:

$$\left(\nabla^2 - \varepsilon\mu \frac{\partial^2}{\partial t^2} \right) \Psi(r,t) = 0 \tag{23}$$

式中:波函数 Ψ 为电场强度 $E(r,t)$ 或磁场强度 $H(r,t)$,是矢量函数;ε、μ 分别为电磁波通过的媒质的介电常数及导磁率。这是在 1865 年导出的波方程,我们称之为 ME。现在再写出量子的 Schrödinger 波方程[24,25]:

$$\left(\frac{\hbar^2}{2m} \nabla^2 + j\hbar \frac{\partial}{\partial t} - U \right) \Psi(r,t) = 0 \tag{24}$$

式中:Ψ 为几率波的波函数;m 为粒子质量;U 为势能函数;$\hbar = h/2\pi$(h 是 Planck 常数)。这是在 1926 年导出的波方程,我们称之为 SE。最后写出量子的 Dirac 波方程[25]:

$$\left(j\hbar \frac{\partial}{\partial t} + j\hbar c\alpha \cdot \nabla - \beta m_0 c^2 \right) \Psi(r,t) = 0 \tag{25}$$

这是在 1928 年导出的波方程,我们称之为 DE。

量子力学家张永德[26]认为,首先,DE 作为单电子波函数方程,只计及外部电磁场作用,未考虑电子自身的电磁作用,故仍是近似方程。其次,它不能推广应用于光子,因为 Dirac 假设粒子位置是可观察量。对光子此假设不成立,无法对光子问题定位描述。光子没有真正意义上的坐标表象;虽然有时对光子强行引入包含力学变量的准波函数描述,其实它没有一个通常的波函数物理解释(模平方是几率密度)。但光子可以有动量表象的描述,这对实际目的已足够。……实际上他是说无法为光子定义一个自洽的波函数,也没有光子的几率波性波方程(电子则有)。

电子的对应波是几率波,故电子的波方程就是 SE;电子的波函数就是 SE 中的 $\Psi(r,t)$,是几率性波函数。因此,SE 完全代表和说明了电子的性质。但对光子而言事情就不那么简单;有一种看法认为,Maxwell 波方程就是自由态光子的波方程,理由是:光子的对应波动只能是电磁波。然而说这两者"完全等同"是不妥的,因为正是因为 Maxwell 电磁波动理论无法解释光电效应,Einstein 才提出光量子理论并完美地诠释了光电效应。虽然光子的几率性和光子流的统计性,都使它带有几率波性质。然而现在并没有专属的光子几率波方程,也就难于为光子定义波函数。因此 M. Lanzagorta[27]说:"the photon cannot be localized also implies that we cannot define a consistent wave function for the photon"(光子不能被局域化也意味着我们不能为它定义一个自洽的波函数)。

Lanzagorta 还说:"the photon is a non - localizable particle";又说:"the photon cannot be localized",这些话的意思与张永德所述一致。进一步,Lanzagorta 指出光子与一般微观粒子(如电子)的区别。这是因为在数学上无法用满足 Einstein 狭义相对论(SR)的局域性几率分布来建立连续性方程(it is a mathematically impossible to build a continuity equation using localization probability distributions that satisfy Einstein's special relativity);既然无法建立连续性方程,所以无法为光子写出波方程(it is impossible to write down a wave equation for the photon)。可见,研究光子比研究电子更困难。

5 光子静质量与 Proca 波方程

光子(photon)和中微子(neutrino)是两种至今仍然令人产生神秘感的粒子。它们是否有非零(但微小)的静止质量,一直是引起争论的课题[18-22]。传统的物理理论如 Maxwell 电磁理论和狭义相对论(SR),认为光子没有静止质量,即 $m_0 = 0$。因此,光子被称为"无质(量)粒子",以区别于像电子这样的"有质(量)粒子"——后者也被称为物质粒子。

尽管测量光子静质量的努力从未停止,而且像量子电动力学(OED)这样的理论也作了光子静质量不为零的假设[22];人们仍然认定光子是无质粒子。现在看来,这或许不仅是认识光子的障碍,而且还是造成基本物理理论自洽性缺失的原因之一。

粒子物理学通常假设 Lorentz – Einstein 质速公式为真[15]:

$$m = \frac{m_0}{\sqrt{1 - v^2/c^2}} \tag{26}$$

式中:v 为粒子速度;c 为光速;m_0 为 $v = 0$ 时的静止质量(rest mass)。物理学教科书从未说过式(26)不适用于光子,因此人们不妨一试。取 $m_0 = 0$,$v = c$,则有 $m = 0/0$;m 成为任意大小,是不可接受的。问题只能出在以下三方面:①质速公式不对;②光子静质量不是零;③光子运动速度不是光速 c。显然这三者任何一个成立都与狭义相对论(SR)不符。实际上,Einstein 用自己的理论(SR)却解释不了自己发现的粒子(光子)。

基础物理理论的尴尬还有下述内容:作为量子力学(QM)的重要组成部分的 Schrödinger 量子波方程(记为 SWE 或 SE)和 Dirac 量子波方程(记为 DWE 或 DE),其中都有粒子质量 m,而 Maxwell 波方程(记为 MWE)中却没有质量。当然,在 Maxwell 的时代(1865 年)没有波粒二象性(wave – particle duality)概念;但我们现在有,那么怎么办?SE、DE 是非常成功地描写了电子运动的波方程。对照以下情况:电子是有静质量的微观粒子;SE、DE 在方程表达式中都有质量参数 m。这两点具有内在逻辑的一致性,也是对波粒二象性这一根本性物理现象的极好诠释。……但 MWE 中没有质量参数 m,这是否说明 Maxwell 方程组不够精确,需要修正?……此外,自 1970 年光纤(Optical Fiber)问世后,用 SE 作阐述取得成功[28]。这说明 SE 可用于分析光子参与物理过程的现象,但这里有一个问题:SE 中的 m 是什么呢?……最后,微观粒子的波动性取决于其统计性,波函数所代表的只是几率波。这原理对电子而言正确;对光子则出现悖论——虽然光子是电磁场、波量子化的结果,而电磁波却不是几率波。这样一来,"波函数模平方是几率密度"不适用于光子。那么光子还是微观粒子么?如果是,怎样体现其统计性质?

必须指出,如果取光子为有静质量(但非常小)的粒子,上述悖论均迎刃而解,理论体系的自洽性就大为改善。现在有许多物理学家不相信光子 $m_0 = 0$,例如,美国 Wisconsin 大学教授 R. Lakes 一直从事测量光子静质量的研究,他曾坚定地说:"the photon is massive!"现今早已不是 Maxwell 的时代了,ME 和 MWE 会有变化,这一点并不令人吃惊。

1936 年,A. Proca[29]提出新的电磁场方程组是合乎逻辑的结果。当然,Proca 假设对光子而言静质量 $m_0 \neq 0$。本节即论述这个问题;并且,我们将推导光子专属的波方程。

设空间媒质参数为 ε、μ,有电荷源 ρ(电荷体密度),又有电流源 $\boldsymbol{J}$(传导电荷流密度矢量)。已知关系式 $\boldsymbol{D} = \varepsilon\boldsymbol{E}$,$\boldsymbol{B} = \mu\boldsymbol{H}$,$\boldsymbol{J} = \rho\boldsymbol{v}$,其中 $\boldsymbol{E}$、$\boldsymbol{H}$ 为电场强度矢量、磁场强度矢量,$\boldsymbol{v}$ 为电荷速度矢量;经典 Maxwell 方程组(ME)为

$$\nabla \cdot \boldsymbol{D} = \rho \tag{27}$$

$$\nabla \cdot \boldsymbol{B} = 0 \tag{28}$$

$$\nabla \times \boldsymbol{H} = \boldsymbol{J} + \frac{\partial \boldsymbol{D}}{\partial t} \tag{29}$$

$$\nabla \times \boldsymbol{E} = -\frac{\partial \boldsymbol{B}}{\partial t} \tag{30}$$

电磁场书籍会给出推导经典 Maxwell 电磁波方程(MWE)的过程;从旋度方程 $\nabla \times E = -\dfrac{\partial B}{\partial t}$ 出发,在推导中也汇入其他方程的作用,可导出用电场强度 E 表示的经典电磁波方程:

$$\nabla^2 E - \varepsilon\mu\,\frac{\partial^2 E}{\partial t^2} = \nabla\left(\frac{\rho}{\varepsilon}\right) + \mu\,\frac{\partial}{\partial t}(\rho v) \tag{31}$$

另外,从 $\nabla \times H = J + \partial D / \partial t$ 出发,可导出用电磁场强度 H 表示的经典电磁波方程:

$$\nabla^2 H - \varepsilon\mu\,\frac{\partial^2 E}{\partial t^2} = -\nabla \times (\rho v) \tag{32}$$

可见,这两个方程的构成并不一样,不具有对称形态。只有在空间无源($\rho = 0$)时,二者才有形式上对称,从而可用波函数 $\Psi(r,t)$ 统一表示 E 和 H,得到一个简化的式子 $(\nabla^2 - \varepsilon\mu\,\partial^2/\partial t^2)\Psi(r,t) = 0$,即式(23)。

用类似方法可从 Proca 方程组的两个旋度方程出发而作推导;先写出 Proca 场方程组:

$$\nabla \cdot D = \rho - \kappa^2 \varepsilon \Phi \tag{33}$$

$$\nabla \cdot B = 0 \tag{34}$$

$$\nabla \times H = J + \frac{\partial D}{\partial t} - \frac{\kappa^2}{\mu} A \tag{35}$$

$$\nabla \times E = -\frac{\partial B}{\partial t} \tag{36}$$

式中:A 为磁矢势;Φ 为电标势;系数 κ 为

$$\kappa = \frac{c}{\hbar} m_0 \tag{37}$$

因此,相对于 ME,4 个方程中有两个变了,与 m_0 有关;另两个则无变化。现在,ME 成为 Proca 方程组(PE)在 $m_0 = 0$ 时的特例。由于基本场方程引进了质量,推导出的波方程也将与 m 有关,使物理理论中的某些不合理现象得到解决。用类似方法(见"附1")可导出用电场强度 E 表示的 Proca 波方程:

$$\nabla^2 E - \varepsilon\mu\,\frac{\partial^2 E}{\partial t^2} = \nabla\left(\frac{\rho}{\varepsilon}\right) + \mu\,\frac{\partial}{\partial t}(\rho v) - \kappa^2\frac{\partial A}{\partial t} \tag{38}$$

以及用磁场强度 H 表示的 Proca 波方程:

$$\nabla^2 H - \varepsilon\mu\,\frac{\partial^2 H}{\partial t^2} = -\nabla \times (\rho v) + \kappa^2 H \tag{39}$$

如果 $m_0 = 0(\kappa = 0)$,那么 Proca 波方程回到 Maxwell 波方程。对于无源自由空间($\rho = 0$),就有

$$\nabla^2 E - \varepsilon\mu\,\frac{\partial^2 E}{\partial t^2} = -\kappa^2\frac{\partial A}{\partial t} \tag{40}$$

$$\nabla^2 H - \varepsilon\mu\,\frac{\partial^2 H}{\partial t^2} = \kappa^2 H \tag{41}$$

这是本文的重要结果。可见,两式在简化后仍为不对称形态,用 $\Psi(r,t)$ 作统一的波函数表达就有困难。

总之,笔者认为 Proca 理论对研究单光子有用,扩大了思路。虽然光子和电子很不一样;但如光子也是有静质量(即使非常小)粒子,就会像电子那样带有几率波特性。这一点我们从 1933 年 Nobel 物理奖授予者致词时所讲的话得到验证,他说:"引进光量子以后,量子力学必

须放弃因果关系的要求。……物理定律所表示的是某个事件出现的几率——我们的感官和仪器不完善,我们只能感觉到平均值,因此我们的物理定律所涉及的是几率。"……既如此,笔者认为追求"光子几率波方程"并不为错——但这样的方程过去并没有。如承认光子波动具有统计性,那么它与经典波动(如力学波、声波)确实不一样,似乎也不等同于电磁波。

由于 Proca 本人未作波方程推导,我们弥补了这一缺陷,给出了 PWE;但提供的两个方程未有有统一的形式,如何在实践中应用也仍待研究。至于采用 Proca 理论后的其他影响,见文献[8,30]。这里仅着重指出,Proca 波的相速(v_p)和群速(v_g)均与角频率(ω)有关,呈现出真空中电磁波的色散效应:

$$v_p = \frac{c}{\sqrt{1 - \left(\frac{\omega_c}{\omega}\right)^2}} \tag{42}$$

$$v_g = c \sqrt{1 - \left(\frac{\omega_c}{\omega}\right)^2} \tag{43}$$

式中:c 为真空中光速,而 ω_c 为特征角频率:

$$\omega_c = \kappa c = \frac{m_0 c^2}{\hbar} \tag{44}$$

显然,当 $\omega = \omega_c$ 时,$v_p = \infty$,$v_g = 0$;当 $\omega > \omega_c$ 时,v_p 为大于光速的有限值,v_g 为小于光速的有限值。所以,在 Proca 语境中,即使在自由空间(真空)条件下,波速也不是光速,差异大小取决于频率。当然差别是很小的,这是因为实际上 ω/ω_c 值很大。当 $\omega/\omega_c = 10$,$v_p = 1.005c$,$v_g = 0.995c$,相速、群速与 c 的差别只有 0.5%。实际上 $\omega/\omega_c \gg 10$(如为 $10^6 \sim 10^{10}$),故相速、群速与光速差别非常小。尽管如此,这与传统理论(真空中 $v_p = v_g = c$)根本不同。……顺便指出,前些年对中微子(Neutrino)的研究,既有说其静止质量不为零的论文,也有说中微子以超光速飞行的论文;对照光子的情况(Proca 理论)是很有意思的。

为了对微观粒子建立静质量的数量概念,这里提供一些数据——电子静质量 $m_e = 9.10938188 \times 10^{-28}$ g,这是 1998 年国际推荐值(见:沈乃澂,基本物理常数 1998 年国际推荐值. 中国计量出版社,2004);然而,光子静质量上限的一个值 2×10^{-50} g[19],另一个值是 1.2×10^{-51} g[20-22]。可见,光子静质量即使不为零,也比电子小很多:对照表 1 中的光子动质量数据,光子静质量也非常小。但 $m_0 \neq 0$ 对基础理论的影响却很大。

6　光子数方程与光子数测量

经典光学(Classical Optics,CO)也承认光子并在论述中提及这种粒子,但从不考虑光子的数量问题。这是因为一束光(自然光或激光)中包含的光子数极大,谈论一万个光子如同提及大海中的一滴水,实在没有意义。量子光学(Quantum Optics,QO)则不同,它的思考细化到一两个光子的行为。近年来量子信息学(QIT)的发展更彰显了考虑单光子、双光子问题的意义。例如,量子雷达(QR)理论中出现了"单光子 QR"和使用纠缠态的"双光子 QR"的概念。尽管它们在实际上尚未真正实现,但其想象力的新颖和大胆非常令人吃惊。又如,量子通信(QC)技术中使用了单光子串(单光子系列 series of single photons),也应用纠缠态,据说均已成功[9];这也让人们有难以置信之感。

　　在 QM 中有所谓多体理论,例如考虑多电子时写出严格的量子场方程,然后再设法求解。多光子问题也是多体理论问题。总之,多粒子量子理论比单粒子量子理论更复杂、严格,因而也更高级。但这并不表示在单粒子时人们就很容易掌握。实际上,庞大粒子数的功能装备(如发射电磁波的经典雷达)更便于实现;而只用 1 个(或 2 个)粒子就能工作的装备(如单光子量子雷达)的成功不仅极其困难,或者竟是不可能。

　　那么 1 个波束(微波波束或激光束)中究竟有多少个光子? 迄今为止尚无人测量过。这或许可以计算或估计。例如有说法是 10^{18} 个光子,但我们不清楚其根据是什么。现在本文推导与光子数(n)有关的方程;前已给出单光子的动量为

$$p = \frac{hf}{c}$$

不失一般性,对电磁波量子可写作

$$p = hk$$

矢量写法为

$$\boldsymbol{p} = h\boldsymbol{k} \tag{45}$$

式中:$\boldsymbol{p}$ 为光子动量矢量;$\boldsymbol{k}$ 为波矢。

　　一束光的光子数如为 n,则光子动量方程应写作

$$\boldsymbol{p} = nh\boldsymbol{k} \tag{46}$$

由此可得光子数方程:

$$n = \frac{p}{hk} \tag{46a}$$

在频率($\omega = 2\pi f$)为已知时,k 的大小是确定的。然而,式(46a)中 p 已不是单光子的动量,而是光束的动量。最近国外有报道说,加拿大科学家提出了测量光动量的新技术(见英国《每日邮报》2018 年 8 月 21 日报道),所指为光束的宏观动量,对我们的论题极有帮助。看看对这项新成果的介绍——"新技术首次测量光动量"。报道说,长期以来,科学家们一直怀疑光可能具有动量——结合质量和速度来衡量的一种特性。但光子据称是没有质量的。它们的动量如何对物质施加作用力,这在很大程度上仍是一个谜。德国天文学家 J. Kepler 于 1619 年首次提出,来自太阳光的压力可能决定了彗星尾巴的位置。彗星的尾巴总是指向远离太阳的方向。200 多年后,J. Maxwell 预测,辐射压力是由光的电磁场中的动量产生的。但从那时起,科学家们一直难以解释这种现象是如何出现的。

　　现在,加拿大不列颠哥伦比亚大学的科学家说:"我们之前一直没有确定这种动量是如何转化为力或运动的。由于光携带的动量非常小,因此我们所拥有的设备的敏感度一直不足以解决这个问题。"然而,一项新技术终于可以帮助解决这个有 150 年历史的难题了,它使用声学传感器来"聆听"穿过一面镜子的激光脉冲的弹性波。具体讲,研究团队制作了一面配备声学传感器和隔热层的镜子,以减少干扰和背景噪声。然后,他们向镜子表面发射激光脉冲,并使用声学传感器来探测运动的弹性波。研究人员指出,观察这种效果很像是观察池塘里的涟漪。他们说:"我们不能直接测量光子的动量,因此,我们的方法是通过'聆听'穿过镜子的弹性波来探测它对镜子的影响。我们能够由这些波的特征追踪到光脉冲本身的动量,这为最终界定和模拟光动量如何存在于材料内部打开了大门。"

　　笔者认为,这项新成果实际上是设计了一种新装置来测量光子之间微弱的相互作用。这

就为我们正在考虑的"如何测量一束光中的光子数目"这一课题提供了一条新的途径。而且，说每个光子都无质量但大量光子组成的光束却有动量，逻辑上说不通。尽管光束的宏观动量应是光子的动质量所造成，这项科学成果仍会敦促我们思考光子静质量的有无问题。

7　如何用实验技术掌控单光子

单光子是非常奇怪的粒子。迄今我们只能用一些抽象的物理参数（频率、功率、动质量、极化等）来描写光子，却无法使之具象化。光子什么样（是圆的、方的）？我们说不出来。光子有没有体积（即几何尺寸）？我们不知道。在通常情况下光子存在时间很短，这种飘忽不定的性质使它更难掌握。目前是依靠对脉冲的观察来间接了解光子，而这方法不是没有问题的。人们经常重复以下话语以掩饰自己的无知——光子不是刚性球，不是经典的东西；原始定义是一个能量子，只有量子理论才能对它作虽不理想但较好的说明，强调指出光子的非局域性（non - localized）。近 20 年来，单光子技术（single photon technology）有了很大发展，包括单光子的产生、检测和应用，都彰显了科学家们的智慧和努力。尽管如此，目前仍然没有理想的单光子源，QIT 技术中常用的是近似单光子源。……可以说，目前的状况是理论认识的贫乏与应用技术的扩展并存。

单光子是一种最弱光源，具有最小的发光量。但我们又不能简单地说光子能量"小"，例如，X 射线光子的能量比微波光子的能量大 10^8 倍。为了有一种概括的了解，可以按可见光频率来了解光子能量的大致水平。单个光子的能量是 $1.6 \sim 3\text{eV}$，这是按可见光的频率算出的。按 2eV 考虑，就有

$$2\text{eV} \approx 3.2 \times 10^{-19}\text{J} = 3.2 \times 10^{-12}\text{erg}$$

这样就出现了一个问题：我们如把光束的功率逐渐减小，达到 10^{-16}W 的水平，是否就能说"已获得了单光子"？……实际上，有的研究人员就是按此思路做实验的——2008 年张兴华、赵宝升等[31]实现了紫外单光子成像，现在根据他们的实践介绍单光子实验技术。单色光的光功率可用下式表示：

$$P = KE \tag{47}$$

式中：E 为一个光子的能量；K 为单位时间内通过单位截面的光子数。显然，测量出 K 值是关键。当 P 不断减小，弱到以单光子发射时，只有用单光子计数模式，才能掌握单光子信息。当入射光功率减小到 10^{-16}W，光电探测器上的光电子脉冲呈不连续随机分布，此时光源为单光子发射。……虽然有人不相信这样即可得到单光子，但称之为近似单光子源还是可以的。

2007 年 3 月 14 日法新社从巴黎发出电讯称，法国科学家发明了捕捉光子的装置，并且上百次成功地追踪到光子从产生到消失的过程，最长的达 0.5s。在过去，虽然发现光子不难，但难以捕捉到光子——捕获时也就破坏了它。新的技术由法国科学研究所的 Bruxell 研究组完成，一个仅为 2.7cm 长的装置可捕捉一个光子并监控它从产生到消失的全过程。他们让一束铷原子穿过捕获光子的盒子，光子的电场会轻微改变原子的能量水平，但这不足以使原子从电场中吸收能量。当一个原子穿过光子的电场时，会使绕原子核运行的电子略微迟缓，而这一推迟时间可以使用现代原子钟技术测量，即把电子的轨道视为"钟摆"以测量出准确时间。

我们不怀疑这个实验的真实性，但仅看这个简略报道会让人产生许多问题。首先，实验者

"捕捉到 1 个光子"是用什么来判定的？其次,单光子存在(也可称为"存活")的时间最长只有半秒,说明它不是一种"产生了就呆得住"的东西——既如此,人们还怎能利用它来做工作(甚至承担某些重要的工程任务)呢？……实际上,判断单光子的获得是依靠光脉冲信号(甚至是由光脉冲转变而成的电子脉冲信号)。我们从未看到过这样的报道,即在某个实验中科学家获得了粒子形态的单光子。根本点在于,光子没有可视的具体形象。

2004 年 M. Keller 等[32]发表文章,题为"在离子阱腔系统中用受控波形连续产生单光子"。实验的方法是:在光学腔体中使单离子被强烈局域化,以此为基础构建了单光子源,所用离子为 $^{40}Ca^+$。实验系统使用了双镜片 TEM_{00} 模腔、阱电极、声光调制器、雪崩光电二极管、分束器等。论文用脉冲波形代表单光子形象——这其实是唯一可行的办法,因为任何人也无法把 1 粒光子活灵活现地摆在人们面前。

重要的是光脉冲与光子数的关系,一个脉冲不一定代表一个光子。例如,前述方法(把激光束经过强衰减后得到弱相干光)的这类光源中含有大量空脉冲和比例可观的多光子脉冲。然而 QC 技术中常用衰减的相干光脉冲作为近似的单光子源。由于相干光脉冲中光子数满足 Poison 分布,光脉冲存在一定的多光子几率,这使得对量子线路实施窃听成为可能,影响量子密钥分配过程的安全性。若要减小光脉冲中多光子几率,就必须将每个脉冲平均光子数水平降得很低(1% ~ 10%),使脉冲序列中有大量空脉冲(脉冲中光子数为零)出现。因此,这种近似的单光子源效率很低,严重制约量子密钥的生成速度和系统噪声特性[33]。

检测光子难度很大。1998 年,美国 Stanford 大学的科学家 B. Cabrera 用很薄的钨膜作为传感器,并使之冷却到超低温($8 \times 10^{-2} K$),从而成为超导体。当钨膜收到单光子,温度会略为升高,电阻略为增大,从而可以测量出来单光子的能量及到达时间。2003 年,美国标准与技术研究院(NIST)在技术上略有改变,用钨丝作传感器,成功地探测到单光子。

另一个例子是利用超导纳米线探测单光子。有一种技术是硅雪崩光电二极管单光子探测器(SPAD),但性能差,对光子能量承受力低。2001 年,莫斯科师范大学 Goltsman 小组发明了利用超导线(纳米级)探测单光子的技术[34],称为 SSPD。当 1 个光子打到纳米线上,由于热点效应可快速产生 1 个电脉冲。这一技术暗计数率低($R < 10^{-2} s^{-1}$),灵敏度高(小于单光子水平),以及有其他优点,故受到广泛重视。这一技术被航天界所采用;地球上层空间的碎片数量极多,大小尺寸不一,是航天界非常头疼的问题。自 2007 年起上述俄罗斯研究团队已开始用 SSPD 取得了激光测距的成果,虽然距离只在数百米量级。中国科学院云南天文台目前已有激光测距系统;最新的研究表明[35],使用 SSPD 技术有望使该系统实现空间碎片激光测距,对米级大小的碎片探测距离可达 800km 以上。

8 单光子技术应用于量子信息学及存在问题

虽然进行 QC 的信息载体从理论上说可以用各种微观粒子(如光子、电子、原子),实际上,使用最多的是光子。这是因为光子的退相干容易控制,而且有利用传统光纤通信技术时的方便。QC 技术中的源主要是单光子源和纠缠双光子源,这两者又有密切的联系。1984 年,C. Bennett 和 G. Brassard 提出了用光子偏振态传送信息的量子密钥分发方案(BB84 协议);1989 年,C. Bennett 又领导完成最早的量子密钥分发(Quantum Key Distribution,QKD)实验;1991 年,A. Ekert 提出了基于量子纠缠的 QKD 方法(E91 协议);这些成为 QC 的第一批基础性工作。由于进入 21 世纪以来的进步,QC 已成为十分重要的学科,单光子源研发变得更突出了。

单光子源发射器件是实现量子密码通信的核心器件之一。由于目前缺乏理想的单光子发射器件，量子密钥通信的实验演示都采用激光衰减光源模拟单光子发射。衰减激光在实验上的困难不仅在于要搭建复杂光路系统，而且单光子产生效率很低，不能消除多光子的存在，无法避免受到多光子攻击的可能性。由于存在光子数分离攻击，最大安全通信距离都受到极大限制。因而，远距离量子密钥分发的实验结果原则上都有安全漏洞。如何得到一种稳定、高效、可靠的单光子源，已经成为量子通信和量子密码实用化的一个瓶颈。

2001 年，E. Moreau 等[36]的论文报道以量子点（quantum dots）为基础的固态单光子源。同年，英国剑桥大学发明了由电流驱动的单光子源。这是一种新型的发光二极管，以称为量子点的电子群为基础，但它要求超低温条件，因而不实用。

2002 年 10 月，C. Santori 等[37]报道说，他们已解决了从小块固体物质中弄出几乎完全相同的一个个单光子的难题。我们知道，最简单的光量子计算也要求每个光子和其他所有光子都相同。这里所谓"相同"是指光子们一起达到同样的量子态，几乎无法区分彼此——在一般情形下做到这一点并不容易。Santori 等在砷化镓和砷化铟交错排列形成的 5mm 高的小柱上嵌入只有几纳米大小的点状砷化铟。当用激光照射小柱时，从点状砷化铟中激发出一个电子并放出一个光子。由于砷化铟的上下两层起"镜子"的作用，而电子在镜面间来回反射，发射的光子和下个光子都极为相似。

半导体量子点结构是一种典型的三维受限结构，体现类"原子"二能级体系特征，是制备单光子发射器件的理想选择之一。近年来，欧盟、美国、日本、中国等多个研究组开展了单光子发射器件研究并有所进展。

QC 技术如何抗杂散光的干扰是一个突出问题，特别在用卫星实现 QC 操作时。对此，笔者表达了很大的疑虑[9]。

传统雷达（Classical Radar，CR）经过近 80 年的发展已成为庞大、成熟的工程学科，拥有许多研究所和工厂，广泛应用于军事和民事领域。近年来兴起的量子雷达（Quantum Radar，QR）企图用少量光子做原本用电磁波完成的工作。QR 比 CR 实现起来困难得多[27, 38-41]，那么为什么要舍易求难？据说 QR 有许多优点，甚至能探测军用隐身飞机。不过我们还未看到 QR 被研制出来并投入实战的报道。

从表面上看，QR 与 QC 相比，前者没有保密（防窃听）要求，对单光子源没有太严格的限制。但 QR 发射的是多个单光子脉冲形成的阵列，不是依靠 1 个光子（only one photon）就可以工作的。而且，没有证据表明研发 QR 技术比研发 QC 技术更容易，因为雷达有其自身的一些苛刻要求，如探测距离、分辨率、对隐身的目标的可视性等。近来国外雷达界有一些动向——2014 年，意大利开发出完全基于光子的全数字相干雷达（PHODIR）；2018 年，媒体报道俄罗斯为第 6 代战机研发光子雷达，用微波的 X 波段，是无线电波成像。我们不能肯定它们是 QR，但可以看出这类研究的军事意义。

2012 年，M. Lanzagorta 指出[27]："These systems rely on quantum states of light（photons）sustained on an entangled superposition. One half of these states is send towards the target and the other remains in the receiver."（系统依赖于纠缠叠加的光（光子们）的量子态；一半光子被发送至目标，而另一半仍然留在接收机内。）在这段文字中，光子是多数词而非单数词，故 QR 是制备出许多对双光子，孤立地看每对都处于纠缠态；而在雷达工作时，射向目标的为一个又一个单光子脉冲形成的系列，这样收到散射回波的可能性就大一些，尽管在实际上是否回得来还很难说。

这样的 QR 概念与 CR 非常不同。在 CR 中因为是海量的光子而不谈论光子数目,只谈波束的功率和能量水平;而 QR 则是一种用少量光子完成雷达功能的装置。Lanzagorta 在文献[27]5.1.3 节中说:"quantum radar transmitter sends a single photon pulse towards a target, the target reflects the photon which is detected by the receiver"。这话的前句为"量子雷达发射机发送一个单光子脉冲射向目标";但在另一处又说"with low number photon pulses"(使用较少数目的光子脉冲);这是相互矛盾的说法。

总之,设计 QR 的一个基本问题是采用单光子发射还是采用多光子发射。另一个关键问题是运用纠缠态还是不运用纠缠态。真正的 QR 技术应为在微波的采用纠缠态的单光子雷达技术,困难之大无法形容,是对人类智慧的极大挑战。对于距离雷达站几百千米的目标,即使是量子散射,单个光子发射后回到雷达的几率非常小。因此,从概念和理论到制成 QR 样机,有很长的路要走。如使用纠缠光子对,据说雷达的分辨率和探测距离都会有较大提高。有一种看法认为,只有使用纠缠光子的技术才能充分保证量子雷达的优越性。对这一点,目前尚缺少实验证明。

很明显,如用微波作为工作频段,亦即设计"微波单光子雷达",自然光源造成的干扰就可以避免。但是"微波光子"的能量、动质量都远小于"可见光光子",所谓"微波光子雷达"的工程实现极为困难。

2018 年 5 月 10 日美国刊物《国家利益》刊登一篇文章,题目是"量子雷达可以让 F-22、F-35 和歼-20 无法隐身吗?"文章说,量子雷达通过利用晶体把一个光子分成两个纠缠光子,然后发射其中的一个光子,观察对其伙伴产生的相应效果。如果被发射的微粒撞到一架隐形战斗机,对该光子的影响就会在未被发射的伙伴光子上显现。那么显示"脉冲信号"的光子就会与未受影响的光子区分开来,构成一种雷达图像。这种武器不容易受到许多用于回避无线电波反射技术的影响,也不受干扰和其他电子战手段的影响。……不过这类说法都仅为一种概念,是否真如此还有待证明。

6 月 15 日香港《南华早报》说:中国电子科技集团公司(CETC)两年前宣布,其科学家已经测试了有效范围为 100km 的量子雷达,理论上这种量子雷达能够侦测远距离的隐形战机。近日这家公司在南京举办的一个行业展会上表示,这项技术的新一代产品能探测高空飞行物(指弹道导弹、低轨卫星),使用单光子探测技术;但又说"还在实验验证阶段"。

对于这些报道笔者是存疑的。一个基本问题仍然是,在白天空中有海量杂散光子,对 QR 发射的单光子脉冲阵列形成强干扰,那么 QR 是否能工作? ……就有关 QR 的一些基本问题,笔者曾与专家讨论(参见附 2)。

9 尚待研究的单光子现象

在光子学说的提出者 A. Einstein 于 1955 年去世后,光子的理论和应用均有很大进展,63 年来成绩斐然。但在基础研究的层面仍有许多问题有待深入,这里仅举数例。

光子的非经典性可由量子力学中全同粒子不可分辨性原理出发而看出。全同性原理导致两个同类粒子交换后波函数不变,有这种对称性的粒子是 Bose 子,如光子和介子,自旋为整数值,不必满足 Pauli 不相容原理。这些都是经典物理学不曾考虑过的问题。总之,波动性、粒子性其实都来自经典物理观念,但现在不能再用经典物理来研究光子。例如,虽然辐射场可用简谐子来描写波动图像,但它属于量子化了的波动而非经典的波动。总之,对光子的一些奇怪现象(如同态光子干涉、单光子同时通过双缝、量子后选择等),用传统的经典性、确定性(determinism)都无法解释。

1958 年,P. Dirac[42]在其著作 *Quantum Mechanics* 中提出了"光子自干涉"的论断,认为单光子只有自己发生干涉,从来不会发生不同光子间的干涉。但实验表明不同激光器发出的光子可以相干,这也说成是"光子自干涉"就说不通了。为克服这一困难,应将"光子自干涉"理解为包括同态光子干涉在内。光子即使来自不同的激光器,只要进入同一量子状态,就是不可区分的全同粒子,就能发生相干。实验表明正是如此,20 世纪 60 年代 L. Mandel 领导的弱光干涉实验对此做了许多研究。

首先,应当对单光子从产生到消失的全过程作监测,笔者只知道一个实验例子。前已述及,2007 年 3 月 14 日法新社从巴黎发出电讯称[43]:法国科学家发明了捕捉光子的装置,并且上百次成功地追踪到光子从产生到消失的过程。这实验生动有趣但也令人困惑——既然光子不是一个弹子球,"捕捉 1 个光子"是什么意思? 如果说是"抓"到了 1 个光脉冲(人们只能经过它感知光子),但光脉冲有 3 种可能,对光子的直观感受和认知仍未解决。其次,单光子存在时间只有半秒,那么人们又是如何能在 QC 中应用单光子呢?

最后,我们注意到这样的论文,它把讨论的内容核定在"有几万个光子"的情境中。例如,2008 年 F. De Martini 等[44]说,创造了一种单光子与多光子(有 3.5×10^4 个)系统相互纠缠的体系,实现了微观与宏观纠缠(两者相隔一个远距离)。实验中的宏观系统是用单光子量子比特(qubit)经光学参数放大器放大后得到的,故微观 qubit 和包含许多光子的宏观 qubit 之间相互关联且纠缠。……此文非常有创意,但也存在疑问——为什么实验者知道宏观系统中正好有 35000 个光子? 显然这是估计的数据,因为如是计算或测量值就可能是(比如说)29937 个或 30015 个,而不可能正好 35000 个。尽管如此,这种谈论"几万个光子"的论文仍然引起我们的注意;因为这是过去所不会有的。

对于单光子技术理论与应用的进一步发展,我们拭目以待。

参 考 文 献

[1] 范岱年、许良英译. 爱因斯坦奇迹年——改变物理等面貌的 5 篇论文[M]. 上海:上海科技教育出版社,2001.

[2] Speziali P. Albert Einstein – Michele Besso Correspondence 1903 – 1955[M]. Paris: Hermann, 1972. 又见:Einstein A. 50 年思考还不能回答光量子是什么//爱因斯坦文集. 第 2 卷. 范岱年、赵中立,许良英,译. 北京:商务印书馆,1977.

[3] 佘卫龙. 光的本性问题//10000 个科学难题[M]. 北京:科学出版社,2009.

[4] 黄志洵. 波粒二象性理论的若干问题[J]. 中国工程科学,2002,4(1):54 – 63.

[5] 黄志洵. 论单光子研究[J]. 中国传媒大学学报(自然科学版),2007,14(4):1 – 9.

[6] 黄志洵. 光是什么[J]. 中国传媒大学学报(自然科学版),2009,16(2):1 – 11.

[7] 黄志洵. 波粒二象性理论与波速问题探讨[J]. 中国传媒大学学报(自然科学版),2014,21(5):9 – 24.

[8] 黄志洵. 光是什么[J]. 前沿科学,2016,10(3):75 – 96.

[9] 黄志洵. 试论量子通信的物理基础[J]. 中国传媒大学学报(自然科学版),2018,25(5):1 – 12.

[10] 黄志洵. 试评量子通信技术的发展及安全性问题[J]. 中国传媒大学学报(自然科学版),2018,25(6):1 – 12.

[11] Chown M. Einstein's Rio requiem[J]. New Scientist, 2004(Mar 6): 50 – 51.

［12］杨伯君. 量子光学基础［M］. 北京:北京邮电大学出版社,1996.

［13］Stacy R. Essentials of biological and medical physics［M］. New York:Mc Graw Hills, 1955.

［14］Einstein A. Zur elektrodynamik bewegter Körper［J］. Ann. d Phys, 1905, 17:891 – 921. (English translation: On the electro-dynamics of moving: bodies, reprinted in:Einstein's miraculous year. Princeton: Princeton Univ Press, 1998;)中译:论动体的电动力学. 范岱年、赵中立、许良英,译,爱因斯坦文集. 北京:商务印书馆,1983, 83 – 115. 又见:黄志洵. 运动体尺缩时延研究进展［J］. 前沿科学,2017, 11(3):33 – 50.

［15］梁昌洪. 电磁理论前沿探索札记［M］. 北京:电子工业出版社,2012.

［16］Dirac P. Lectures on quantum mechanics［M］. Yeshiva Univ. Press, 1964. 又见: Dirac P. Directions in physics［M］. New York:Johy Wilev, 1978.

［17］王令隽. 致中国物理学界建议书［J］. 前沿科学,2017,11(2):51 – 75.

［18］张元仲. 狭义相对论实验基础［M］. 北京:科学出版社,1979(初版),1994(重印).

［19］Lakes R. Experimental limits on the photon mass and cosmic magnetic vector potential［J］. Phys Rev Lett, 1998, 80(9): 1826 – 1829.

［20］Luo J, et al. New experimental limit on the photon rest mass with rotating torsion balance［J］. Phys Rev Lett, 2003, 90: 081801.

［21］赵路. 光子到底有多重［N］. 科学时报,2003 – 2 – 28.

［22］罗俊. 光子有静止质量吗? //10000 个科学难题(物理学卷)［M］. 北京:科学出版社,2009.

［23］Maxwell J. A dynamic theory of electromagnetic fields［J］. Phil. Trans. , 1865(155): 459 – 612.

［24］Schrödinger E. Quantisation as a problem of proper values［J］. Ann d Phys, 1926, 79(4),80(4),81(4).

［25］Schrödinger E. 薛定谔讲演录［M］. 北京:北京大学出版社,2007.

［26］张永德. 高等量子力学(上)［M］. 北京:北京大学出版社,2009.

［27］Lanzagorta M. Quantum radar［M］. New York:Morgan & Claypool pub. ,2012. 中译本:周万幸,等译,量子雷达. 北京:电子工业出版社,2013.

［28］黄志洵,姜荣. "相对论性量子力学"是否真的存在［J］. 前沿科学,2017, 11(4):12 – 38.

［29］Proca A. Sur la thèorie ondulatoire des èlectrons positifs et nègatifs［J］. Jour. de Phys. Rad. Ser. , 1936, 7: 347 – 353.

［30］黄志洵. Proca 方程组电磁理论的若干问题［J］. 中国工程科学,2005,7(3):2 – 11.

［31］张兴华、赵宝升,等. 紫外单光子成像系统的研究［J］. 物理学报,57(7):4238 – 4243.

［32］Keller M. Continuous generation of single photon with controlled waveform in an iontrap cavity system［J］. Nature, 2004, 431: 1075 – 1078.

［33］黄翊东. 纳结构电子器件研究进展［R］. 现代基础科学发展论坛年会报告,北京:2010.

［34］Goltsman,et al. Picosecond superconducting single – photon optical detector［J］. Appl Phys Lett, 2001,79(6):705 – 707.

［35］薛莉,等. 基于超导探测器的激光测距系统作用距离分析［J］. 光学学报,2016,36(3):0304001 1 – 9.

［36］Moreau E. Single mode solid – state single photon source based on isolated quantum dots in pillar microcavities［J］. Appl Rev Lett. , 2001, 79: 2865 – 2867.

［37］Santori C. Indistinguishable photons from a single photon device［J］. Nature, 2002,419: 594 – 597.

［38］Sapiro J. Quantum pulse compression Laser radar［J］. Proc. SPIE, 2007,6603: 660306.

［39］Smith J. Quantum entangled radar theory and correction method for the effects of the atmosphere on entanglement［J］. Proc. SPIE quant. Inform. &comput. Ⅶ confer. , 2009. DOI: 10, 1117/12. 819918.

［40］肖怀铁,等. 量子雷达及其探测性能综述［J］. 国防科技大学学报,2014,36(6): 140 – 145.

［41］黄志洵,姜荣. 从传统雷达到量子雷达［J］. 前沿科学,2017, 11(1):4 – 21.

［42］Dirac P. The principles of quantum mechanics(4 ed.)［M］. Oxford:Oxford Univ. Press,1958. 中译本:凌东波译. 狄拉克量子力学原理. 北京:电子工业出版社,2013.

［43］卢苏燕. 法科学家成功追踪光子活动［N］. 科学时报,2007 – 03 – 15. 又见:Editoril. Speed of light computing, one photon at a time［N］. New Scientist, 2007, (July 21): 28.

［44］De Martini F. Entanglement test on a microscopic – macroscopic system［J］. Phys Rev Lett. , 2008, 100(27 Jun): 253601 1 – 4.

附1　Proca 波方程(PWE)的推导

现在我们推导 Proca 波方程(PWE);先写出 Proca 方程组:

$$\nabla \cdot \boldsymbol{D} = \rho - \kappa^2 \varepsilon \Phi \qquad ①$$

$$\nabla \cdot \boldsymbol{B} = 0 \qquad ②$$

$$\nabla \times \boldsymbol{H} = \boldsymbol{J} + \frac{\partial \boldsymbol{D}}{\partial t} - \frac{\kappa^2}{\mu} \boldsymbol{A} \qquad ③$$

$$\nabla \times \boldsymbol{E} = -\frac{\partial \boldsymbol{B}}{\partial t} \qquad ④$$

对式④两边取旋度,可得

$$\nabla \times \nabla \times \boldsymbol{E} = -\nabla \times \frac{\partial \boldsymbol{B}}{\partial t} = -\mu \frac{\partial}{\partial t} (\nabla \times \boldsymbol{H})$$

把式③代入,有

$$\nabla \times \nabla \times \boldsymbol{E} = -\mu \frac{\partial}{\partial t} \Big[\rho \boldsymbol{v} + \varepsilon \frac{\partial \boldsymbol{E}}{\partial t} - \frac{\kappa^2}{\mu} \boldsymbol{A} \Big]$$

也就是

$$\nabla \nabla \cdot \boldsymbol{E} - \nabla^2 \boldsymbol{E} = -\varepsilon\mu \frac{\partial^2 \boldsymbol{E}}{\partial t^2} - \mu \frac{\partial}{\partial t} (\rho \boldsymbol{v}) + \kappa^2 \frac{\partial \boldsymbol{A}}{\partial t}$$

亦即

$$\nabla^2 \boldsymbol{E} - \varepsilon\mu \frac{\partial^2 \boldsymbol{E}}{\partial t^2} = \nabla \nabla \cdot \boldsymbol{E} + \mu \frac{\partial}{\partial t} (\rho \boldsymbol{v}) - \kappa^2 \frac{\partial \boldsymbol{A}}{\partial t}$$

由式①有 $\nabla \cdot \boldsymbol{E} = \rho/\varepsilon - \kappa^2 \Phi$,代入后得

$$\nabla^2 \boldsymbol{E} - \varepsilon\mu \frac{\partial^2 \boldsymbol{E}}{\partial t^2} = \nabla \Big(\frac{\rho}{\varepsilon} \Big) + \mu \frac{\partial}{\partial t} (\rho \boldsymbol{v}) - \kappa^2 \frac{\partial \boldsymbol{A}}{\partial t} \qquad ⑤$$

这是用电场强度 $\boldsymbol{E}$ 表示的 Proca 电磁波方程(PWE),其中 $\boldsymbol{A}$ 满足 $\boldsymbol{B} = \nabla \times \boldsymbol{A}$;对于自由空间($\rho = 0$)就有

$$\nabla^2 \boldsymbol{E} - \varepsilon\mu \frac{\partial^2 \boldsymbol{E}}{\partial t^2} + \kappa^2 \frac{\partial \boldsymbol{A}}{\partial t} = 0 \qquad ⑥$$

等式左方比经典电磁波方程多了一项。

现在推导用磁场强度 $\boldsymbol{H}$ 表示的 Proca 电磁波方程;由式③出发,两边取旋度:

$$\nabla \times \nabla \times \boldsymbol{H} = \nabla \times \boldsymbol{J} + \nabla \times \frac{\partial \boldsymbol{D}}{\partial t} - \frac{\kappa^2}{\mu} (\nabla \times \boldsymbol{A})$$

然而

$$\nabla \times \frac{\partial \boldsymbol{D}}{\partial t} = \varepsilon \frac{\partial}{\partial t} (\nabla \times \boldsymbol{E})$$

把式④代入

$$\nabla \times \frac{\partial \boldsymbol{D}}{\partial t} = -\varepsilon\mu \frac{\partial^2 \boldsymbol{H}}{\partial t^2}$$

故得

$$\nabla \times \nabla \times \boldsymbol{H} = \nabla \times \boldsymbol{J} + \nabla \times \frac{\partial \boldsymbol{D}}{\partial t} - \frac{\kappa^2}{\mu}(\nabla \times \boldsymbol{A})$$

也就是

$$\nabla \nabla \cdot \boldsymbol{H} - \nabla^2 \boldsymbol{H} = -\varepsilon\mu \frac{\partial^2 \boldsymbol{H}}{\partial t^2} + \nabla \times (\rho\boldsymbol{v}) - \frac{\kappa^2}{\mu}\boldsymbol{B}$$

亦即

$$\nabla^2 \boldsymbol{H} - \varepsilon\mu \frac{\partial^2 \boldsymbol{H}}{\partial t^2} = \nabla \nabla \cdot \boldsymbol{H} - \nabla \times (\rho\boldsymbol{v}) + \frac{\kappa^2}{\mu}\boldsymbol{B}$$

由式②,得到

$$\nabla^2 \boldsymbol{H} - \varepsilon\mu \frac{\partial^2 \boldsymbol{H}}{\partial t^2} = -\nabla \times (\rho\boldsymbol{v}) + \frac{\kappa^2}{\mu}\boldsymbol{B} \qquad ⑦$$

这是用磁场强度 $\boldsymbol{H}$ 表示的 Proca 电磁波方程;对于自由空间($\rho = 0$)得

$$\nabla^2 \boldsymbol{H} - \varepsilon\mu \frac{\partial^2 \boldsymbol{H}}{\partial t^2} - \frac{\kappa^2}{\mu}\boldsymbol{B} = 0 \qquad ⑧$$

亦即

$$\nabla^2 \boldsymbol{H} - \varepsilon\mu \frac{\partial^2 \boldsymbol{H}}{\partial t^2} - \frac{\kappa^2}{\mu}(\nabla \times \boldsymbol{A}) = 0 \qquad ⑧a$$

这个 PWE 也是比经典电磁波方程在等式左端多了一项。式⑥及式⑧a组成完整的 PWE,但从表面上看二者不能合为统一的表达形式。总的讲 PWE 的解与 κ 有关(也就是与光子静质量 m_0 有关)。

附2 关于量子雷达的简短通信

[说明] 不久前笔者曾与中国电子科技集团 39 所副总工程师吴养曹研究员通信,其中关于量子雷达的内容列出供参考。

[信 A]黄志洵致吴养曹

养曹先生:

您好!

此信主要谈我对量子雷达(QR)的几点看法;我认为 QR 的思路是新颖的,设想和概念都很美好。但实践起来恐怕困难重重,因此很是怀疑。首先,QR 如仅发射 1 个光子(only one photon),发出去就不知去向(丢失)了,这样的"单光子雷达"(SPQR)没有可能性。故发射的应为"一个接一个"的单光子串,即"a series of photons"——我想这一点可成为共识。

但这在白天(day times)也无法工作,因空中是杂散光(形成干扰光)的光子海洋;这种单光子串进去之后恐怕到不了目标。……当然,有一个好办法是不用可见光频段,而用微波频段。但微波光子的能量远小于光频光子,要做出微波的 SPQR 极为困难。

根据以上认识,我认为 SPQR 无实现之可能。现有宣传都是夸大的,也是不负责任的。不知您同意否?

黄志洵

2018 年 10 月 29 日

［信 B］吴养曹致黄志洵

黄老师,您好!

关于量子雷达,目前我的理解如下:

(1) 单光子探测雷达,发射经典电磁波,接收采用单光子探测器,目前已经工程实现,取得比以前更好的结果。此种雷达是否为量子雷达本身有分歧,我的认识是可算是也可以不算是。

(2) 发射经典电磁波,接收在单光子探测基础上,利用光子分布、多光子可分辨探测器探测、光子聚束特性等,进行量子信号处理,可以称之为接收量子雷达。性能是否比经典雷达性能好,有待进一步探讨。

(3) 发射单光子,或者纠缠光子,光子数有限,远距离传播后返回光子数概率太小,很难实用(先不考虑干扰光)。我认为好多量子雷达研究者为物理学家而非雷达专家,空间衰减(扩散)问题可能没引起注意。而如何克服这一问题是实现量子纠缠雷达的首要问题。目前有学者采样单光子和多光子纠缠,特别是单光子和另一波束纠缠,该波束射向目标,返回部分光子。但该部分返回光子还和原来另一个闲置光子纠缠否? 需要进一步研究。即使结论为否,是否还有其他办法,需要进一步研究。

(4) 关于微波量子雷达,单光子探测已经实现。理论上光学量子雷达能实现的微波量子雷达也可实现。但微波频段热噪声高,噪声极易产生,且背景噪声高,因而达到目前光学频段取得的成果还有较长的路要走。

总之,量子雷达的研究困难比想象的要多要大,但是说一定不可实现的结论现在下还有点早。

以上是我对目前量子雷达的初步认识,是否正确,还请黄老师批评指正。

吴养曹

2018 年 11 月 1 日

附3　关于单光子的轨道角动量

关于光子的轨道角动量,吴养曹副总师提出了以下三个问题。当一个光子通过一个无源器件,由没有轨道角动量变为有轨道角动量,那么,①根据动量守恒,光子获得的动量来自哪里? ②光子获得轨道角动量后,光子的速度会不会变? ③如光子轨道角动量来自无源器件,根据动量守恒,器件会产生一个反向动量;它虽然很小,但可特别设计,使其在空间飞行器中控制该飞行器的旋转?

对这些问题,本书作者请华南理工大学物理与光电学院副院长李志远教授回答。他说:①光子通过一个无源器件,由没有轨道角动量变为有轨道角动量,在单光子意义上,一定发生了动量交换。但是,一个光子的动量交换情况如何是无法定量计算和确定的,而对于光束的动量交换,经典光学可以精确计算。处理一个光子的动量交换,只能利用量子力学,但是,量子力学只能给出几率的计算,因此实质上最后等价于经典光学的计算结果。光束的动量交换,意味着要做系综平均,也就是很多光子的平均。②光子获得轨道角动量后,其传播方向发生变化,但是光子速度不变。而一个具有轨道角动量的光束,是由很多不同传播方向的光子组合形成的。③光子轨道角动量来自无源器件,根据动量守恒,器件确实会产生一个反向动量。它虽然很小,但可特别设计,使其在空间飞行器中控制该飞行器的旋转。当然,最后能够使得空间飞行器飞行状态发生改变的,一定不是单个光子,而是很多很多光子。这又回到了光刀和光镊等经典光学的理解范畴。如果想设计具体的飞行器旋转,最好在经典光学的范畴里面做计算和设计。

附　　　录

对 3 名中国科学工作者的短文"变了味的 2017 年 Nobel 物理奖"的说明

2017 年 10 月 3 日 Nobel 奖委员会宣布,将当年的物理学奖授予 3 位美国物理学家(R. Weiss,B. Barish,K. Thorne),以表彰他们在领导美国激光干涉仪引力波天文台(LIGO)实现"人类发现引力波"的突出贡献。但在此前后都有多国的科学家提出批评和反对。3 名中国科学工作者很快写出文章"变了味的 2017 年 Nobel 物理奖",又于 10 月 20 日在《科技文摘》报上刊登更详尽的论文"评 LIGO 发现引力波实验和 2017 年 Nobel 物理奖"……2018 年 11 月 3 日,英国科学刊物 *New Scientist* 刊登了一篇新的质疑文章,介绍了丹麦 Bohr 物理研究所团队的观点,它与梅、黄、胡文章的内容颇为一致。此事引起宋健院士的注意,遂于 12 月 4 日致函黄志洵(参看本书"前言")。故本书的附录列出该文,以供参考。为节省篇幅,略去 7 个图表。需作进一步了解的读者,请查阅中国科技新闻网主办的《科技文摘》报。

黄志洵
2018 年 12 月 28 日

变了味的 2017 年 Nobel 物理奖

梅晓春　黄志洵　胡素辉

2017 年 Nobel 物理奖 10 月 3 日公布,美国激光干涉引力波天文台(LIGO)所谓的发现引力波实验的 3 个设计者获奖。这是一个影响巨大而又令人困惑的项目,对它的争议似乎已经尘埃落定。国内物理学界某位先生甚至欢呼:"百年的现代物理学,今天终于做了一个了断!"

用一个权威的物理学奖来了断一个科学时代,这位先生是不是高看 Nobel 奖了? 这说法与罗马教廷用基督教教义裁定太阳绕地球转、试图了断 Galileo 时代有何两样? Nobel 奖屡屡犯错,这是众所周知的。Nobel 和平奖和文学奖带有强烈的意识形态色彩,一直为人诟病。Nobel 科学奖也未必能做到客观公正,也会授予不该得奖的人和不该得奖的项目。

2017 年 Nobel 物理奖再次犯错,授给一个莫须有的引力波发现。我们可以负责任地说,LIGO 实验从来没有在天文观测上发现任何与引力波爆发有关的物理学现象,他们是用数学计算模型来代替物理现实。LIGO 所谓的引力波发现实际上只是一场计算机模拟和图像匹配游戏,与真实的天文和天体物理学发现完全无关。更通俗地说,就是两台巨大的游戏机玩的一场游戏得了奖。

LIGO 实验的荒唐之处首先在于,它违背了许多物理学的基本原理,我们在这里仅举两个例子。

(1) 按照 LIGO 的估计,引力波使激光干涉仪两臂之间的距离发生了 10^{-18} m 的改变,这比原子核的半径还要小 1000 倍。LIGO 的团队经常以此为荣,对世界自夸他们的实验具有前所未有的高精度。然而至今为止除了 LIGO 团队,没有任何物理学家敢说能够测量到如此小的距离变化。事实上,10^{-18} m 距离的改变已经到了超微观领域,量子力学的测不准原理使这种精度的测量成为不可能。

按照量子力学的测不准公式 $\Delta p \cdot \Delta x \geqslant \hbar/2$,如果粒子位置的改变 $\Delta x \approx 10^{-18}$ m,动量的改变则为 $\Delta p = m\Delta V \approx 10^{-16}$。质子的质量为 $m \approx 10^{-27}$ kg,速度的改变则为 $\Delta V \approx 10^{11}$ m/s,大约是光速的 300 倍。即使按狭义相对论计算,质子的速度也几乎达到光速。因此,如果 LIGO 能够测量到 10^{-18} m 的距离改变,就意味着在引力波的作用下,LIGO 实验激光干涉仪的两个反射镜中的所有原子在 0.1s 的时间内以光速震荡几十次,整个系统早就崩溃了。

(2) 广义相对论中用来计算引力波使空间距离发生改变的公式,是针对真空中的两个自由粒子而言的。LIGO 实验的激光干涉仪用钢管固定在地面上,受电磁相互作用力的作用,不是自由粒子。电磁力比引力大 10^{40} 倍,引力波不可能克服电磁力,使钢管的长度发生改变。事实上在地球表面,由于存在电磁相互作用的影响,广义相对论关于的引力波的所有公式都不能用,LIGO 实验所有的关键数据的计算都是错的。

问题还不仅仅如此,为了使测量与理论计算能够一致,LIGO 团队还采用偷梁换柱的方法,改变理论引力波的曲线形状。在对理论曲线进行模糊化处理后,只取其中不到 1/20 的结尾部分与观察数据比较。他们发现的所谓引力波的波形实际上都是噪声,这种噪声波形在 LIGO 实验数据中大量存在。而 LIGO 团队则有意隐瞒,说 26 万年才可能在两个激光干涉仪上同时出现一次。他们实际上只是挑选出几个满足一定条件的噪声波形,加以修饰和包装,然后宣布发现引力波。

对于 LIGO 实验的虚假性问题,两年来包括我们在内世界上有许多人不断地提出质疑。然而 LIGO 团队不但置之不理,还不断地发表发现引力波的假新闻。他们是明知故犯,实际上已经涉嫌造假。不仅是个别人造假,而是集体造假,是整个科学系统在造假,说明西方现代物理学已经走到穷途末路。但他们操纵舆论,却能大获成功,引力波项目获 Nobel 奖,说明西方物理学评价体系出现严重问题。他们抛弃了自 Newton 时代以来的优良传统,已经从实证科学走向玄学。

任何人看完本文以下分析都会明白,LIGO 实验实际上是在计算机世界中玩虚拟,与真实的引力波暴发现象没有任何关系。事实上任何一个受过科学训练的人,都不能把计算机模拟过程当成真实发生的事情。然而 LIGO 就是依靠这套把戏,不但把全世界的物理学家和媒体都骗了,还把 2017 年 Nobel 奖给弄到手。

对于 LIGO 这种荒唐的造假行为,国内物理学界要有清醒的头脑。我们应当坚持科学实证的基本原则,不能与他们一起走错误之路。LIGO 实验获 Nobel 奖这件事给我们的启示是,以 Einstein 相对论为基础的现代物理学体系不但已经陷入泥潭,而且是越陷越深不可自拔。现代物理学需要重新选择方向,这也给中国基础物理学的一次崛起机会,我们应当走中国人自己的科学道路。

以下我们从实验数据处理方面,详细地谈谈 LIGO 实验存在的问题,揭示其在高深理论和高端技术包装下隐藏的欺骗性。LIOG 实验在理论方面存在的问题,可以参见本文后附的参考文献。

LIGO 的引力波探测程序是这样的。首先按照广义相对论,两个黑洞碰撞合并过程会产生引力波。用数值相对论方法计算,根据不同的参数,可以得到一大堆引力波的理论波形。LIGO 把这些数据存储在波形库里,称为模版波形。同时在两个相距 2000km 的地方建立了两台激光干涉仪,光从一台仪器传播到另外一台大约需要 0.7ms 的时间。LIGO 假设引力波以光速传播,因此两个激光器接收到引力波的时间差是 0.7ms。

激光干涉仪不断接收到外部传来的噪声和各种信号,产生各种各样的波形。为了消除噪声,LIGO 将接收到的各种混合波用两种滤波器处理。带通滤波器把引力波频率以外的噪声去掉,带阻滤波器把仪器产生的噪声去掉。LIGO 认为剩下的波形中就包含了引力波信号,同时也掺杂了与引力波频率相同的噪声。

假设在相差 0.7ms 的两个时刻,两台激光干涉仪上都出现一个形状相似的波形,比如图 1 中第一行左右边的两个波形。LIGO 计算机系统就会自动地把这两个波形与数据库中的理论引力波形进行比较。如果波形库中恰好一个理论波形与激光干涉仪上出现的这两个波形类似,如图 1 中第二行的波形,LIGO 就认为测量到引力波。

根据这个理论波形的预设条件,LIGO 还可以推断出,在离地球多少亿光年的某个地方,有两个多少质量的黑洞碰撞;多少个太阳质量被转化成引力波传到地球,产生激光干涉仪上的这两个波形。

LIGO 的成员其实深知他们的逻辑站不住脚,因为激光干涉仪处于大量噪声的包围中。两个没有因果关联,但波形相似的噪声同时出现在两个干涉仪上,这是完全可能的。为了能够自圆其说,LIGO 用某种数学方法计算,得到的结果是,对于 2017 年 9 月 12 日的所谓引力波事件(WG170912),两个波形相似的噪声同时出现在两个干涉仪上的概率是 26 万年一次,因此只能将 WG170912 判断为引力波爆发事件。

然而情况真的如此吗?丹麦哥本哈根 Bohr 研究所的 J. Creswell 等 2017 年 9 月在《宇宙学和天文粒子物理学杂志》上发表了一篇文章,指出他们在 LIGO 的数据库中找到许多噪声波形,与所谓的引力波形非常相似(见图 2)。从图的时间上看,8 个与引力波相似的噪声波形出现在 24s 的时间内,可见其出现的频率是非常高的。

在我们的研究中也发现类似的现象,图 2 ~ 图 5 是我们在 LIGO 的干涉仪接收数据中找到的与 GW150914 事件引力波形相似的图形,它们出现在 LIGO 宣布的 GW150914 引力波暴发的前 0.5 ~ 0.9s。

事实上,在 GW150914 引力波爆发的前后几分钟内,我们就从 LIGO 提供的数据中找到几十个这种类似的波形。因此这种波形的出现是一个 LIGO 型干涉仪的一个系统性的问题,与所谓的引力波完全无关。它们绝非是 LIGO 认为的、26 万年才能在两个干涉仪上同时出现一次,而是可以相当频繁地同时出现的。

这就解释了为什么 LIGO 能够如此频繁地"发现"引力波爆发信号。人类历史 3000 多年以来,有记录的超新星爆发事件才十来次,平均每 300 年一次。双黑洞合并是更为剧烈的天文现象,按理说应该比超新星爆发稀少得多才对,怎么可能几个月来一次呢?

问题还不仅于此,图 1 中第二行实际上不是理论引力波的实际波形,而是被 LIGO 偷梁换柱改造后的理论波形。根据 LIGO 发表的文章,按照数值相对论的计算,理论引力波的波形实际上用图 6 中的第一行红色曲线来表示。这是一个很有规则的图形,它与图 1 的第二行完全不一样,曲线的震荡时间至少在 3s 以上而不是 0.1s,它根本不可能被包含在图 1 第一行的曲线中。如果将图 6 与观察数据比较,就根本不可能得出发现引力波的结论。

于是到了最关键的一步;为了解决这个问题,LIGO 将图 6 的理论波形也用带通和带阻滤波器处理,将它变成图 7 的图形。图中绿线是未经滤波器处理的原始图形,红线则是经过滤波器处理后的图形,在 LIGO 的论文中被称数值相对论匹配波形(matched NR waveform),右图是左图的放大。

显而易见,经过滤波器处理后的引力波曲线大大变形,根本不能代表原来的理论引力波。同时还产生了一个更原则的问题:引力波理论曲线中既不包含环境噪声,也不包含仪器噪声,为什么要用滤波器来处理呢? LIGO 实验者无法回答这个问题。

除此之外,从图中可以看出,仅在大约 0.1s 的时间窗口内,红线与绿线有某些相似性,在其他时间内,二者是完全不同的。在整个大于 3s 的引力波事件窗口中,0.1s 只占不到 1/20。然而就凭这不到 1/20 的时间窗口的相似性,LIGO 宣布发现引力波。完全不顾在大部分时间中波形的不同,以及被滤波器处理后的数值相对论引力波曲线根本不能代表原始的引力波。

LIGO 实验组显然知道这种做法是错误的,因此在他们发表的文章和对媒体的宣传中,从不讨论和提起使用了滤波器造成的后果。他们不公布通过带通和带阻滤波器过滤前后的图形对比,忽略了大部分时间内测量波形与理论计算波形不一致的问题,使其他人无从知晓理论与实验曲线在什么程度上符合。

LIGO 的引力波观察实际上还忽略了滤波器的适用性问题。LIGO 实验的激光干涉仪的臂长是 4×10^3 m,通过钢管固定在地表上,不是处于恒温环境状态。钢管温度每秒改变 0.01℃ 引起的长度变化是 10^{-6} m 的量级,比引力波引起的长度改变大 10^{12} 倍。

因此 LIGO 实验的背景噪声非常大,相比之下即使有引力波,其信号也完全被淹没。在这种意义上,LIGO 对引力波的探测根本就没有意义。对于引力波测量,带通滤波器和带阻滤波器是失效的。不管采用什么样的滤波器,按照目前的技术水平,都无法从如此高的背景噪声中,将如此微弱的引力波信号有效提取出来。

LIGO 实验还存在非常多的问题,在此无法一一列举,尤其是理论和计算方面的问题,有兴趣的读者可以参考以下文章。

参 考 文 献

[1] 梅晓春,俞平. LIGO 真的探测到引力波了吗?[J] 前沿科学,2016,10(1):79-89.

[2] Mei X,Yu P. Did LIGO really detect gravitational waves?[J] Jour. Mod. Phys. ,2016(7):1098-1104.

[3] Mei Xiaochun,Huang Zhixun,Policarpo Ulianov,et al. LIGO Experiments Can Not Detect Gravitational Waves by Using Laser Michelson Interferometers[J]. Journal of Modern Physics,2016,7,1749-1761.

[4] 梅晓春,黄志洵,Policarpo Ulianov,等. LIGO 实验采用迈克尔逊干涉仪不可能探测到引力波——引力波存在时光的波长和速度同时改变导致 LIGO 实验的致命错误[J]. 中国传媒大学学报(自然科学版),2016,23(5):1-13.

[5] 黄志洵. 再评 LIGO 引力波实验[EB/OL]. http://blog. sciencenet. cn/home. php? mod = space&uid = 1354893&do =

blog&view = me&from = space.

［6］Ulianov P Y. Light fields are also affected by gravitational waves, presenting strong evidence that LIGO did not detect gravitational waves in the GW150914 event［J］. Global Jour. Phys. ,2016,4(2):404 − 420.

［7］James Creswell. Sebastian von Hausegger, Audrew D. Jackson, Hao Liu, Pavel Naselsky, On the Time Lags of the LIGO Signals, Abnormal Correlation in the LIGO Data, Journal of Cosmology and Astropartical Physics, 2017, August.

几年前的"霍金认错"有道理吗？

——对所谓"黑洞照片"的一点看法

黄志洵

（中国传媒大学信息工程学院　北京 100024）

2019 年 4 月 10 日的电讯说,一个国际团队在全球 6 个地点同时召开记者会,宣布获得了首张黑洞照片(其实是轮廓)。由此又说广义相对论得到印证,而且这是 Nobel 级成果。这次的宣传攻势很大,可能目标是今年的 Nobel 物理奖。据媒体的说法,首次向人类展示自己真容的黑洞位于室女座超巨椭圆星系 M87(Messier 87)中心,距离地球大约 5500 万光年。从照片上看这是一个中心为黑色的明亮环状结构,黑色部分是黑洞投下的"阴影"(shadow),明亮部分是绕黑洞高速旋转的吸积盘(accretion disk)。媒体的报道又说,黑洞并不是一个 empty space(空荡荡的空间),而是 a great amount of matter packed into a very small area(大量物质堆积在一个极小的区域),所以是 supermassive(超大质量)的。这次观测到的黑洞质量是太阳的 65 亿倍。

据说,拍照的工具是"Event Horizon Telescope"("事件视界望远镜",简称 EHT)。那么什么是 event horizon? 在黑洞周围,光线不能逃脱的临界范围被称为黑洞的半径或事件视界。事件视界实际是指 event(事件)被观测到的界限。目前,超越事件视界的景像,也就是黑洞内部,是无法被观测到的。

许多文章都说黑洞是大师 Albert Einstein 的预期。没有一份材料提到过,Einstein 其实并不认同黑洞存在。此外,也无人提及曾经的科学泰斗 Stephan Hawking,这位以研究黑洞成名的剑桥大学教授最终对黑洞持否定态度。……这篇短文是在又一个宣传造势高潮中谈点看法,供大家参考。

1 从经典黑洞到广义相对论(GR)黑洞

1783 年,英国人 John Michell 向英国皇家学会报告了一个科学预言:宇宙中可能存在"暗星"。按照 Newton 的万有引力定律,可以计算出物质粒子从某个星体逃离时所必须的最小速度。例如,对地球而言,逃逸速度为 11km/s。他推论,宇宙中可能存在一种 black star(或 dark

---

注:本文原载于《中国传媒大学学报(自然科学版)》,第 26 卷,第 6 期,2019 年 12 月,1 − 5 页。

该文于 2019 年 4 月写成后,曾发给部分专家学者看,得到了赞同的反映。例如张履谦院士说:"文章写的很有见解";李志远教授说:"仔细阅读后,完全赞同你的说法"。陈粤研究员说:"在新闻炒作喧嚣之时,您冷静思考问题,令我深受启发。尤其令我敬佩的是,您敢于提出不盲目追随西方学者,令人痛快淋漓,说出了很多人想说却不敢说的话"。……这些看法录此以供参考。

star),其特点是光微粒(当时尚无光子概念)均被该天体的引力拉回,故地球人看不到它们。13 年后,法国数学家 Pierre Simon Laplace 提出了类似的设想。……这是今天的黑洞(black holes)概念的早期形式。但这并不是现在所说的东西。

今天所谓黑洞始于德国人 Karl Schwarzschild(以下称史瓦西),他看到 1915 年 Einstein 发表于《普鲁士科学院会议报告》上的广义相对论(GR),并立即对其引力场方程(EGFE)在简单情况下的求解作出了贡献。他假设:①星体为球状;②星体无旋转;③星体具有均匀质量;④引力场是静止的。所以,虽然我们说 EGFE 非常复杂实际上无法求解,但是史瓦西却搞出了一个近似的(简化条件下的)解析解。史瓦西解写作

$$\mathrm{d}s^2 = \left(1 - \frac{2GM}{r}\right)\mathrm{d}t^2 - \left(1 - \frac{2GM}{r}\right)^{-1}\mathrm{d}r^2 - r^2\mathrm{d}\theta^2 - r^2\sin^2\theta\mathrm{d}\phi^2$$

式中:r 为致密星体半径;M 为质量;G 为万有引力常数;θ、ϕ 为球坐标相应的角度;t 为时间。故度规张量元素为

$$g_{00} = 1 - \frac{2GM}{r}$$

$$g_{11} = \left(1 - \frac{2GM}{r}\right)^{-1}$$

等等;取下式代表一个球面:

$$r = r_s = 2GM$$

在该球面上 $g_{00} = 0$,$g_{11} = \infty$,等等;r_s 称为史瓦西半径。现在 r_s 是解的奇点,在这个半径以内的物体,即使速度等于光速也没有足够的能量克服引力而飞出,即使光子也不能飞出这个区域,所以这个区域称为"黑洞"。在黑洞边界,时空度规无限大发散;此即黑洞的奇点问题。另一问题是,当 $r < r_s$,EGFE 的两项会变号,故空间坐标微分 $\mathrm{d}r$ 的系数是正的,变为时间坐标微分;而时间坐标微分 $\mathrm{d}t$ 的系数和 $\mathrm{d}\theta$、$\mathrm{d}\phi$ 一样,都是负的,一起构成三维空间坐标微分。此即时空反转现象,是黑洞的另一特征。

总之,$r < r_s$ 区域即为黑洞,而这完全是数学分析中得出来的东西。在现实世界中(宇宙中)有没有黑洞? 其实谁也不知道,要由实验(实际观测)来决定。现在我们知道 event horizon(事件视界)的含意,指的是一个球面,代表黑洞的边界。

值得注意的是,GR 的发明人 Einstein 并不认为黑洞存在。他在 1939 年的论文中论述了他的想法,表示在物理实在中不会有史瓦西奇点。但现在的主流物理界不承认他的意见,认为那更多的是来自一种直觉。……王令隽教授则认为,Einstein 持这种态度是因为黑洞边界上的无限大发散(以及黑洞内的时空反转)都是悖论,承认黑洞存在就会毁掉整个 GR 理论。

2 S. Hawking:著名黑洞物理学家在晚年否定黑洞存在

20 世纪 70 年代,身残志不残的著名物理学家 Stephan Hawking 出场了。1972 年至 1973 年他提出了关于黑洞过程不可逆性的黑洞动力学第二定律,也称视界面积不减定理。1974 年他提出黑洞有辐射,这是因为量子理论决定了黑洞表面真空涨落造成虚粒子对,负能虚粒子经由隧道效应而进入黑洞,正能粒子穿过外引力而辐射出来。因此,远处的观察者有可能观察到黑洞。……Hawking radiation 理论使他成为一位明星或权威,也推动黑洞研究进入高潮。这样,研究人员越来越多,似乎产业化了。这些追随者没想到,Hawking 在晚年自己把这一切推

翻,宣称黑洞并不存在。但黑洞物理学家们并不认账。黑洞怎能就没有了? 一定要证明它存在。

2004 年,Hawking 公开承认自己在 30 年前犯了错误。2014 年,他先在与 *Nature* 杂志人员的访谈中说,虽然经典理论认为物质无法从黑洞中脱逃,但在量子理论中却允许能量和信息从黑洞中出来。当年 1 月 22 日,Hawking 在 arXiv 预印本网站贴出文章说,根本不存在黑洞边界(event horizon),视界线与量子理论矛盾,黑洞是没有的。黑洞理论是自己一生中的最大错误(biggest blunder)。……由于 Hawking 是黑洞物理学的领军人物,他的认错引发了轩然大波。由于考虑自己的个人利益,也由于在量子力学(QM)与相对论的矛盾中 Hawking 公然站到了 QM 一边,Hawking 的追随者们愤怒地起来责怪他。例如,美国 UC – Berkeley 的 R. Bousso 说:"Hawking 的认错令人憎恨。"

今天,宣布"拍到黑洞照片"的人们,自然避免提到 Hawking。既然 Hawking 早已去世,死人是不会站出来辩论的;只要从正面对成果做宣传即可。

3　对 EHT 黑洞照片的评论

可以说,没有人否认这个国际团队拍出了一张宇宙中某个天体的照片。问题在于这是什么照片? 是否某种黑暗天体,怎么证明它就是黑洞? 而且,怎么证明它不是经典黑洞,而是 GR 黑洞? ……带着这些问题,笔者征询了两位物理学家(王令隽教授、梅晓春研究员)的意见。他们都有许多物理学论文、书籍行世,在国际上也有一定影响。王令隽先生回答说:

"我们怎么正确地认识这张公布了的 EHT 黑洞照片? 其实很简单,这就是一张天体照片,和广义相对论毫无关系,也根本不能作为证实广义相对论的直接证据。要和广义相对论扯上关系,必须证明这张照片上的东西具有相对论黑洞的两个本质特征:①在所认定的所谓"黑洞"边界(Event Horizon)上时空度规无限大发散;②在这个边界以内时间与空间反转。如果不能证明这两点,那就根本不能说这张照片就是广义相对论黑洞。这张照片是地球上 8 个射电天文台的亚毫米波观测数据由计算机合成的照片,信号不在可见光频段,所以所有的彩色都不是直接观测的,而是根据数学模型模拟计算出来的。但是,这不是我要说的根本问题,我无意挑战 EHT 团队的敬业精神和学术诚实,也无意质疑这张照片的真实性。我也不排除宇宙间有非常大的黑色星云或者黑色星体存在的可能性。但是,这些和广义相对论黑洞毫无关系,除非你能证明你所观察到的天体具有边界上的无穷大发散和内部的时空反转。

黑洞巨星和权威 Hawking 晚年否定黑洞的存在,认为黑洞研究是他一生铸成的大错。但也不能阻挡后人继续进行黑洞的研究项目,因为黑洞研究已然成为了一个国际性的产业。任何一个产业都有自我肯定和力求生存的本能。所以,黑洞研究和大爆炸理论研究还会在学术界存在相当长的时期。"

在电子邮件中,王教授强调说:"黑色天体不一定是广义相对论意义上的黑洞。广义相对论意义上的黑洞必须符合两个本质特性:①在黑洞的边界上引力无穷大;②在黑洞里面时间和空间反转,时间变成空间,空间变成时间。如果不能证实这两点本质特性,仅仅展示一张黑圈圈图片,不足以说明那就是黑洞,就认为验证了广义相对论。"

因此,他否认黑洞存在,指的是宇宙中不存在符合 GR 定义的黑洞。但这里有一个问题:既然 EHT 实验团队有理论团队为实验提供理论准备,难道他们没有证明所观察的天体具有广义相对论黑洞的本质特性? 王先生认为绝对没有;因为实际上没有任何人能证明一个边界上度规无穷大发散而边界内时空反转的天体的存在。

梅晓春先生的见解与王教授类似;他说,Newton 理论中就有黑洞的存在(半径与广义相对论黑洞一样),没有视界。因此,即使有黑洞,也只能是 Newton 黑洞,不可能是 Einstein 黑洞。后者是奇异性黑洞,有一个视界。物质全部压缩成奇点,视界是一个球面,视界内是真空,什么都没有。这样的怪物是不可能存在的。这个照片没有证明是 Einstein 黑洞,看不到视界的存在。总之,目前公布的黑洞照片,是一个数据合成的东西,计算机上搞出来的想象物,根本不是人的眼睛看到样子。这个黑洞相片的圆圈周围有大量的光芒,凭什么正面就没有光? 这是不可能的,黑洞只能躲在球面的光亮中,不可能对地球网开一面。……

总之,两位专家都对"黑洞照片"持否定态度,认为历史今后会有不同的评价。

4 在两个层面上的思考

本文提出的问题涉及两个层面:纯学术的方面和西方科学界的社会状态问题。首先,我们知道,Einstein 引力场方程(EGFE)具有非常复杂的特性,实际上不可求解。百年前史瓦西找到了一个最简单的边界条件下的解,也就是球对称质量的静止引力场。打那以后,理论并无真正的进展。其次,尽管现在的国际团队不提及 Hawking,但他的作用和影响仍然存在。物理学家 Hawking 职业生涯早期对物理学作出的最大贡献是提出"霍金辐射"概念,即认为黑洞实际上并不黑,而是会随时间推移散发出少量辐射。这一结果极为重要,因为它表明黑洞一旦停止"生长",将会因能量损失而开始非常缓慢地收缩。然而在当前,事件视界望远镜项目并没有对这一理论予以证实或否认。至于 Hawking 在晚年否定黑洞存在,国际团队既不愿,也不会提及。情况给人的印象是,EHT 研究的理论支撑还很不够。

不仅如此,笔者认为"霍金认错"实际上暴露出相对论与量子理论之间的巨大矛盾。据报道,已有美国天体物理学家提出这个问题——广义相对论与量子力学如何契合? 量子引力仍是物理学中最重要的未解之谜之一。专家指出,这张照片一点也不令人惊讶,因为它没有提供可能弥合这两个领域之间鸿沟的新物理学解释。

现在考虑社会层面的问题。应当指出,科学界并非一池清水,科学家也不都是谦谦君子。笔者早就注意到,近年来西方科学界(特别在理论物理界)乱象频生。在"黑洞是否真的存在"悬而未决时,美国 LIGO 竟于 2016 年宣布,他们在 2015 年"观测到两个黑洞碰撞(合并)造成的引力波"。这种缺乏实证的说法竟然在 2017 年获颁 Nobel 物理奖,让人惊讶但又不奇怪。

EHT 作为一个国际合作项目,如从建立各射电天文台的时间算起,也是几十年的努力了。这么大的阵仗,仅凭 Hawking 一句话,不可能就停下来。发表一张宣称是黑洞的照片,对于被大爆炸宇宙学控制而处境日益困难的天体物理学界,无疑是一剂强心针。媒体热炒,是非常自然的。不少人估计这一工作会赢得 Nobel 奖,也是完全可能的。此前有 LIGO 引力波实验赢得了 Nobel 奖,也有 LHC 的上帝粒子探测实验获得了 Nobel 奖,都是先例。像这种大规模的国际合作项目,无论人力物力都是其他科研项目无法比的。对其肯定与否,直接影响到社会对此类超大型科研(Big Science)的进一步支持。……这是西方科学界目前的情况,不像洁身自好的科学家想的那么简单。

必须承认西方科学界既往的辉煌,计量学中的国际单位制(SI)中的几十个参数和单位,都以西方科学家的姓氏命名。但现在的情况不同,搞科学已是动用大资金的大工程,必须有政府、企业家及公众的支持。大笔经费已经花掉了,不出成果就无法交代。如果失去支持,许多科学家、工程师和技术工人甚至会失业。……正是这些情况造成了笔者所谓的"西方科学界乱象"和"变了味的 Nobel 奖",也是我们反对继续紧跟西方的一个重要原因。

5 结束语

从本文内容可知,黑洞概念来自数学分析。科学研究当然离不开数学,但数学不能代替物理实在。究竟宇宙中有没有黑洞,权威人物(如 Einstein、Hawking)仍然心中存疑;这个问题尚未完全解决。

EHT 团队可能说,照片就是黑洞存在的铁证。然而对此笔者尚不能认同:首先,你必须证明这不是某种黑色天体;其次,你必须证明它不是经典黑洞(即暗星),而是 GR 黑洞(满足两个理论要求);再次,你必须证明 Hawking 晚年否定黑洞的理由是错的。……如果这些证据都还没有,那么我们只能说"这是一张天体照片"。这不是贬低 EHT 团队的工作,而是自然科学的逻辑性规则和实证性原则促使我们提出的严格要求。

回过头来看 GR 理论,虽然从提出至今已有 104 年,而且早就写入大学教科书;但至今仍然在讨论其正确性,质疑之声时有所闻。英国天文学家 A. Eddington(1882—1944)领导了 1919 年的著名实验,利用日蚀的机会观测了经过太阳的光线弯曲,便宣告 GR 理论已被证实。英国《泰晤士报》就在头版报道,成为轰动世界的新闻。其实日冕像地球大气一样会使光线折射弯曲,如此简单的道理竟被人们忽视了。有一位德国教授 Ditrisch 对 1919 年实验曾评论说:"承认结论不等于承认理由;该实验虽重要,但不能说 Einstein 理论已被证实。"这属于少数人的清醒声音。

在当代中国,改革开放使建设事业取得了伟大成就;其中,也包含向西方科技界学习的作用。但现在我们不必(也不可)再迷信及紧跟西方,独立思考仍然重要——这就是本文的结论。

致谢:在写这篇短文时,曾与在美国工作的王令隽教授和中国物理学家梅晓春研究员讨论,获得很大启发;谨致谢忱。

参 考 文 献

[1] Einstein A. The Field Equations for Gravitation, Sitzungsberichte der Deutschen Akademie der Wissenschaften zu Berlin, Klasse fur Mathematik, Physik und Technik, 1915;844.

[2] Einstein A. On a Stationary System with Spherical Symmetry Consisting of Many Graviting Masses, Annals of Mathematics, 1939, 40;922.

[3] Schwarzschild K. Uber das Graviationsfeld eines Massenpunktes nach der Einsteinschen Theorie, Sitzungsberichte der Deutschen Akademie der Wissenschaften zu Berlin, Klasse fur Mathematik, Physik und Technik, 1916;189.

[4] Schwarzschild K. Uber das Graviationsfeld einer Kugel aus inkompressibler Flussigkeit nach der Einsteinschen Theorie, Sitzungsberichte der Deutschen Akademie der Wissenschaften zu Berlin, Klasse fur Mathematik, Physik und Technik, 1916;424.

[5] Hawking S, Hartle J. Energy and Angular Momentum Flow into a Black Hole, Communications in Mathematical Physics, 1972, 27;283.

［6］ Hawking S. Black Holes in General Relativity, Communications in Mathematical Physics, 1972, 25:152.

［7］ Hawking S. The Event Horizon in Black Holes, edited by C. DeWitt and B. S. DeWitt (Gordon and Breach, New York), 1973: 2.

［8］ Hawking S. Black Hole Explosions? Nature, 1974, 248:30.

［9］ Hawking S. Particle Creation by Black holes. Communications in Mathematical Physics, 1975, 43:199.

［10］ Abbott B, et al. Observation of gravitational wave from a 22 – solar mass binary black hole coalescence. Phys Rev Lett. 2016, 116: 241 103 1 – 14.

［11］ Abbott B, et al. Observation of gravitational wave from a binary black hole merger. Phys Rev Lett, 2016, 116: 06112 1 – 16.

［12］ Abbott B, et al. GW170814: A three detector observation of gravitational waves from a binary black hole coalescence. Phys. Rev. Lett. , 2017, 119: 141101. 1 – 16.

［13］ Wang L J(王令隽). One hundred years of General Relativity—a critical view. Physics Essays, 2015, 28(4).

［14］ Mei X C(梅晓春), Huang Z X(黄志洵), Ulianov P, Yu P(俞平). LIGO experiments cannot detect gravitational, waves by using laser Michelson interferometers. Jour Mod Phys, 2016(7): 1749 – 1761.

［15］ 梅晓春, 黄志洵, 胡素辉, 等. 评 LICO 发现引力波实验和 2017 年诺贝尔物理奖. 科技文摘报, 2017 年 10 月 20 日, 第 34 – 35 版. 又见:http://vww. zgkjxww. com/qyfx/ 1508916503. html.

［16］ 梅晓春. 广义相对论不可能描述太阳系行星椭圆轨道周期运动的严格证明. 前沿科学, 2016, 10(4):69 – 88.

［17］ 王令隽. 致中国物理学界建议书. 前沿科学, 2017, 11(2):51 – 75.

［18］ 黄志洵, 波科学与超光速物理. 北京:国防工业出版社, 2014.

［19］ 黄志洵. 超光速物理问题研究. 北京:国防工业出版社, 2017.

［20］ 黄志洵. 对引力波概念的理论质疑. 前沿科学, 2017, 11(4):68 – 87

深切怀念激光物理学家、计量学家沈乃澂研究员

黄志洵

（中国传媒大学信息工程学院，北京　100024）

　　中国优秀的物理学家、计量学家沈乃澂先生，于 2019 年 1 月 19 日因病不幸在北京去世，享年 81 岁。这是科学界的重大损失。虽说生老病死是客观规律，但最近两年陆续有几位杰出专家学者离开了我们，他们又都是我的老朋友、好朋友，令我的心情不能平静。先是林金院士（中国运载火箭技术研究院研究员，卫星导航与惯性导航技术专家）；然后是耿天明先生（首都师范大学教授，量子力学专家）；2018 年底则是张操先生（美国 Alabama 大学教授，理论物理学家）；以及最近的沈乃澂先生。2016 年 12 月《前沿科学》杂志发表了我写的文章"试论林金院士有关光速的科学工作"，此文较长，深入浅出地阐明了林金研究工作的理论背景和意义；宋健院士读后曾给我写信，对该文给与了充分的肯定。……现在我要用这篇短文评介中国计量科学院研究员、国家科技进步一等奖获得者沈乃澂先生的科学工作，却不可能那么详尽、细致。但过往的许多事历历在目，使我提笔写下对这位可敬朋友的思念之情。为行文方便以下简称他为"老沈"。

　　我和老沈最早是在 20 世纪 70 年代中期相识的。有一天，《物理》杂志编辑部托他来我家面谈，向我约稿。在谈话中我了解到他是 1963 年从北大物理系毕业的，后分配到计量院，在光学计量方向上工作，近来一直在基本物理常数上下功夫。我虽然不是北大出身，但父母的家就在北大，因此我们的谈话就多了几分亲切。我刚告诉他自己的父亲在化学系任教，他立刻就猜出是黄子卿。物理、化学两系的老教授互相熟稔、常来常往，因此我对北大的物理名师（如周培源、王竹溪等）是很熟悉的。我告诉老沈，自己的专业是电子学；但它本是物理学的分支，因此我非常关注物理学的发展。至于基本物理常数，那恰好是我很有兴趣的领域。我还说，自己认为计量学是追求最高精确度的学问，一直对我有强烈的吸引力。

　　1979 年，中国开始以"改革开放"作为国策，沉闷已久的知识分子们都跃跃欲试想大干一场。这时我调入计量院工作的努力取得成功，从广义上讲与老沈成为同事（他在光学处，我在无线电处）。记不清是哪年了——老沈参加了一个物理学与计量学的代表团访问美国，这次出国无疑增加了他追赶国际先进水平的紧迫感和责任感。……进入计量院后我获悉院里有一个计划，要开展光频测量研究，而这是一个艰难的课题，在全世界没有几个国家能完成。虽然我的研究兴趣，在无线电领域是微波衰减测量及高频场强测量，在光学领域是光速测量和超光速问题研究；但我知道光速测量和光频测量密切相关，因此愉快地服从分配加入了光频测量团

　　注：本文原载于《中国计量》，2019 年第 5 期，65～67 页；又见 http://blog. sciencenet. cn/home. php? mod = blog & view = me & from = space

队,它包含从两个处抽调出来的多位科技人员。……我对光速测量的发展史非常熟悉。虽然 1958 年发表的由微波方法确定的光速值被普遍接受并定为标准值,但在 1960 年 T. Maiman 发明激光后情况出现了根本的变化。在 1972 年,真空中光速 c 的值被精确测定,所用方法非常独特,是靠精测激光波长和激光频率来决定 c 值。美国标准局(NBS)以高度复杂的技术对甲烷(CH_4)完成了测频,结果为 $f = 88.376181627 \times 10^{12} Hz$;取激光波长 $\lambda = 3.39223140\mu m$,由 $c = f\lambda$ 算出 $c = 299792458 m/s$。这是人类经过 300 年才得到的成果。

1979—1981 年间,计量院开始了建设预定作为国家基准之一的"光频测量链"的大胆努力,课题总负责人就是老沈。我仅是课题组成员之一,负责微波源的设计和低温真空系统的建立方面的工作,后者是为保证超导铌腔的工作环境所必须的。精测激光频率的意义不仅是把在微波已实现的频率计量高准确度提升到光频,而且可以帮助实现新的米定义和把光谱学中的波长定标改为频率定标。因此,老沈和我们都热情投入工作。当时的方案是先用铯原子钟加超导腔稳频振荡器(SCSO)产生高质量的 9192MHz 谱线,然后控制激光器链。美国 Stanford 大学在 1974 年发表了关于 SCSO 的长篇论文,团队带头人 S. Stein 名噪一时。正好他在 1980 年访华,我们无线电处指派的 4 名技术人员(其中有我)就与他在计量院会面并作技术咨询。总的讲,我们觉得压力很大——这个微波频率源的短时频稳度要达到 $1 \times 10^{-12}/10s$ 才行。为此要求超导态的铌腔有极高的质量因数($Q \geqslant 10^{10}$),不仅加工要求高,而且要处在真空、超低温条件下。由于我过去有从事真空技术工作的长期经验,由我负责设计建造低温真空系统是合理的。我与中国科学院电工所合作设计制造了全金属化超低温系统,液氦(LHe)温度 4.2K,经减压降温后可达 1.3K,保证了超导铌腔所需的工作环境。老沈担子也重,他要领导一个小组完成一个激光器链,其波长逐步减小($3.39\mu m \rightarrow 1.5\mu m \rightarrow 1.15\mu m$)。不管怎么说,我们各自努力工作,完成自己的任务。……当然,我们当时的方案是过分庞大复杂了。

光频测量课题使大家得到很好的锻炼,但研究经费难以为继。当时的计量院(NIM)的经费与 NBS 相比差得很远;事实上,根本改变是 20 年后的事。尽管我不让自己闲着——参加"高频场强标准"研制;组织编写《无线电计量测试丛书》;而且我配合宋孟宗研究员主持的课题(研制以精密圆截面截止波导为基础的一级衰减标准)完成了对波导内壁有极薄氧化层时对衰减常数的理论分析与计算。但内心已痛苦地意识到,自己可能会离开这里,转到高校任教。并不是说在大学工作就一定会有更多研究经费,但那里至少鼓励数学分析和理论思维。在计量院,除了有两位数学家专攻误差理论,对一般科技人员是不提倡做理论研究的。虽然我对计量学的热爱完全未变,我在这里也有许多朋友,但根据个人的情况是离开的时候了。

我和计量院有隔不断的情缘。首先,先父黄子卿院士早年在美国 MIT 获得 Ph. D 的论文是精测水的三相点(triple point)温度,其结果精确性高故曾被当作国际认可的标准值有若干年,所以后来他曾任计量院热工处的顾问。其次,我有一段时间为自己设计的真空测量仪表而多次来计量院做实验。再者,我在计量院所办刊物(《计量学报》《无线电计量》《国外计量》)上发表的论文很不少,这当然颇为增进我和该院之间的感情。总之,离开计量院对我而言是艰难的决定。

1985 年,我转到北京广播学院(后称中国传媒大学)微波工程系任教,先为副教授后升职教授。在这些年,与老沈的联系减少了。到 20 世纪末,老沈从计量院退休并转到中国科学院物理所工作;他立即注意到国际上的重要变化——改用飞秒的光频梳技术直接进行光频的绝对测量。这是因为 1999 年 W. Hansch 发明了全新的光频测量方法——光梳(light comb),并因此获得 2005 年 Nobel 物理奖。老沈和别的专家一起努力,促进了新光频测量技术在中国实现。他还两次出国参加国际计量局组织的国际比对。2006 年,在一次我主持的学术会议上,我们请他报告了光梳技术。……2012 年,北京大学出版社推出老沈的专著《光频标》(46 万字)。这是他一生中最重要的一本书,其中对光梳论述深刻,对以后的研究者深具价值。总之,可以说他是中国的光频测量技术的先行者,承前启后贡献很大。

老沈一贯重视国内外出现的新情况、新问题,与时俱进绝不保守。虽然他自己并未参与到超光速研究之中,但他以浓厚的兴趣多次向我了解情况,参加我们的每个学术会议,从而丰富了他的思想和认知。有一次他读了我的文章"负波速研究进展",颇为兴奋,写下了如下的评语:"可贵的是,黄志洵教授提出在 Sommerfeld – Brillouin 波速理论中,负群速其实是超光速的一种形态,这是对负波速的深刻理解。他进而提出在物理学中应展开'三负研究'的思想,即对负折射率、负波速、负 GH 位移的概念作相联系的深入研究,其观点新颖、发人深思。"……2014 年 9 月 21 日,中国传媒大学为我的新著《波科学与超光速物理》举办座谈会,共 20 多人,其中有 3 位院士。在会上,老沈发言说:"这本书比较深刻,应当作适当宣传。理论物理的困境如何突破需要考虑。长期以来挑战 Einstein 在科学界是禁区,但为什么经过多年宣传仍有许多人对相对论有意见甚至要推倒它?量子力学却没有这个情况。相对论说动体速度如接近光速其长度会趋于零,质量会趋于无限大,但这都没有实验证明。说'光速不能超过'也只是一种说法而无实验证明。目前已知:1987 年超新星爆发时中微子比光子早到地球;2008 年又知道量子纠缠的传播速度远大于 c;这些事都表明超光速有可能性。……不过,黄教授年事已高,我们希望中青年科学工作者开展研究。"

在 2015 年的一次谈话中,我向他诚恳地说明,为什么我提出"建设具有中国特色的基础科学"这一命题。我决非把自然科学分为"东方的、西方的",或者"中国的、外国的",而是说中国科学界过分迷信权威,过分紧跟西方——他们搞什么我们就搞什么,缺乏自己的新的科学思想和学理。……他表示赞同我的观点,指出这种情况在理论物理领域最严重。如过分迷信西方权威,就会窒息创新之路……。可见,虽然老沈受传统物理学教育年深日久,但他却不受束缚,总是愿意接受新事物、研究新问题。"位卑未敢忘忧国",在这点上我们是完全一致的。

老沈关心青年科技人员的成长。尤其令我感动的,当我的博士生要做实验找他帮助时,他总是像对自己的学生一样热情关怀照顾。而且,多次参加他们的毕业答辩;不辞辛劳、诲人不倦。在老沈的身上,体现了中国知识分子的传统美德。他的严肃、严谨与热情,我们是不会忘记的。

老沈一生著作宏富;2004 年中国计量出版社推出了他编译的书《基本物理常数 1998 年国际推荐值》(约 20 万字),是参考 P. Mohr 的著作,又融入了他的理解与评论,深具参考价值。另外,他还著有几种科普书——《太空之旅》、《神奇的纳米科技》、《开尔文刻度》。他是一位永不停下脚步的科学家。

※　　　※　　　※

2016 年 5 月 28 日是我的 80 岁生日,老同事、老朋友以及专家学者们举办了一个活动为我庆生。到会约 30 人,年龄最大的是中国航天科工集团第二研究院 203 所郭衍莹研究员(防空导弹及相控阵雷达专家)。老沈也参加了,而且来得很早;他看了我送给每人一具精致的扇子,上面写有我的一首旧体诗"航天大发展有感。"该诗的头两句说:"牛顿仍称百世师,今朝光速已太迟";对此他很有兴趣,缠住我讨论,直到活动开始。……当年 7 月,刚巧两家人都在北戴河度夏;我们乘车去老沈和夫人住所,有一次时间不长的谈话。没想到,这竟是我最后一次看到他。……2018 年 6 月老沈因病住院,当时并不严重。后来听说情况不好;到 11 月,老郭找我说,关于为已故的林金院士编文集的事,最好请老沈出任主编。当时我说这已不可行,因为他病了,已住院数月情况不容乐观。又过了两个月,老沈竟去世了。……

斯人已逝,精神长存。毕生致力于推动物理学与计量学的结合和发展的乃澂先生,不仅对国家有贡献,也给我们留下了绵长的记忆和思念。祝他在天堂安息。每个人的人生终归是要落幕的;但有的人的人生却带来了持久的影响力。

参 考 文 献

[1] Froome K. Precision determination of the velocity of electromagnetic waves[J]. Nature, 1958, 181(5604): 258 – 260.

[2] Evenson K, et al. Accurate frequency of molecular transitions used in laser stabilization: the 3. 39μm transition in CH_4 and the 9. 33 and 10. 18μm transitions in CO_2[J]. Appl. Phys. Lett. , 1973, 22: 192 – 198.

[3] Stein S. The superconducting cavity stabilized oscillator and an experiment to detect time variation of the fundamental constants [J]. HEPL, Stanford Univ,1974:741.

[4] Stein S. Application of superconductivity to precision oscillator[J]. Proc. Freq. Contr. Symp, 1975, 29,321 – 327.

[5] 陈浩树,彭世万,黄志洵. 计量学专用全金属化4. 2K 至 1. 3K 液氦杜瓦装置[J]. 计量学报,1983,4(2): 156 – 159.

[6] 沈乃澂. 基本物理常数. 见:鲁绍曾. 现代计量学概论[M]. 北京:中国计量出版社,1987.

[7] Udem Th, Reichert J, Holzwarth R, et al. Accurate measurement of large optical frequency differences with a mode – locked laser[J]. Opt. Lett. , 1999, 24: 881.

[8] 刘瑞珉,张钟华,沈乃澂. 基本物理化学常数的 CODATA 最新推荐值[J]. 物理, 2000, 29(10): 602 – 609.

[9] 沈乃澂. 基本物理常数 1998 年国际推荐值[M]. 北京:中国计量出版社,2004.

[10] 黄志洵. 光速测量与光频测量. 见:黄志洵. 超光速研究的理论与实验[M]. 北京:科学出版社,2005.

[11] 沈乃澂. 光频标[M]. 北京:北京大学出版社,2012.

[12] 黄志洵. 建设具有中国特色的基础科学[J]. 前沿科学,2015,9(1):51 – 65.

[13] 黄志洵. 再论建设具有中国特色的基础科学[J]. 中国传媒大学学报(自然科学版),2016,23(4):1 – 1.

[14] 中国传媒大学成功举办"《超科学与超光速物理》新书出版座谈暨学术讨论会". 见:黄志洵. 超光速物理问题研究 [M]. 北京:国防工业出版社,2017.

[15] 黄志洵. 试论林金院士有关光速的科学工作[J]. 前沿科学,2016,10(4):4 – 18.

英国皇家学会于 2005 年组织的一次投票：
Newton、Einstein 谁更伟大？

黄志洵

英国科学刊物 *New Scientist* 在 2005 年 12 月 3 日出版的一期上，报道了英国皇家学会（Royal Society）组织的一次投票的情况。参加者为皇家学会院士。要求回答的问题是："Newton 和 Einstein 谁是更有影响的科学家"（Newton and Einstein，which was the more influential scientist）。报道说，Einstein 由于其光电效应理论、狭义相对论和广义相对论而广为人知，他认为 Newton 的引力理论和时空观是错的（He showed that Newton had been wrong about gravity，and indeed about space and time）。这造成了宇宙学的整个新领域，包含大爆炸、黑洞、平行宇宙等概念。然而投票的结果是，只有 13.8% 院士投票给 Einstein，而 61.8% 的票是投给了 Newton。

这家周刊说，Newton 为我们提供了力学和光学的定律，以及名著《自然哲学之数学原理》；他指出引力为何会影响宇宙中的一切物体，其成就无与伦比。

2016 年 11 月 23 日法新社的电讯报道了同一件事，它说：对 345 位皇家学会科学家的调查结果是，在"谁对人类贡献更大"的问题上，60.9% 的人说是 Newton，只有 39.1% 的人把票投给 Einstein。……以上两个报道，虽然数据略有不同，但结论是一致的——英国顶尖科学家们的大多数认为 Newton 才是那个贡献最大的人。

半年后，该刊报道了另一件事——美国的一家图书公司在伦敦出售了一批 Einstein 的信件（33 封）和手稿（15 份），它们写于 1933—1954 年间，由 Ernst Strauss（Einstein 在 Princeton 大学期间的数学助手）的后人提供。这些材料显示了 Einstein 对主流物理学的脱离，以及内心的挣扎，而科学界已不再把他当回事。人们评论说，许多人以为 Einstein 是数学天才，其实并不是。他的早期工作就依靠了有数学天赋的同事，甚至还有第一任妻子（数学家）Mileva；而现在是仰赖于年青的数学家 Strauss。……晚年的 Einstein 想把引力（重力）和电磁力统一起来，还要吸收量子力学。但他的研究陷入一系列死胡同；连 Strauss 都说："我并不觉得看到他在不断探索很有趣。"

不久前我提出"牛顿仍称百世师"；上述情况可作为此说法的一个注释。

怎样做科学研究工作

黄子卿①

一、什么是科学研究工作

"提出问题,解决问题",提出问题是最重要的。研究成果大小,要看提的问题如何。提出的问题一定要是新的,首先是新的主意,新的见解。如果主意不新,方法新也好。主意、方法都不新,数据就得新。例如前人测了甲醇的蒸汽压,我们用同样的方法测出乙醇的蒸汽压,就算新的数据。退一步说,主意、方法都不新,但实验结果比前人的更准确,例如把某数据的有效数字向前推进一步,这仍然可以算是研究工作。

研究工作一定要有新主意、新方法或新数据;或是把前人的结果准确化,否则就不能称作研究工作。

二、正确认识理论与实验的关系

实验是科学研究中最重要的和最基本的。只有实验才能发现真理。不动手作实验是不能搞出新成就来的。

三、科学工作者的基本修养

(1)要把实验作准确,要达到现有技术条件下最高可能的准确度。不准确的实验可能导致错误的结论。

科学上许多重要发现是从这种微小的差别中引出来的。例如琼斯(Jones)用两种不同方法,即电导法和凝固点降低法,准确地测定盐溶液的电离度,发现这两种方法测得的结果有一些小差别。这不是实验误差引起的,而是盐溶液中电离度本身意义的问题。这样就引起了对经典电离理论的新的电解质理论。

(2)对科学的态度要忠实。首先对数据忠实,例如作了6个数据,4个数据接近,两个数据差得远,不能随便去掉这两个数据。除非有充足的理由,认为去掉它对,才能去掉。不能多取有效数字,不要夸大数据的准确性。不要挑最好的数据发表,因为最好的个别数据不能代表整个实验的准确度。

(3)要有实事求是的作风。要尊重前人和别人的工作;不要夸大自己的结果的作用。不例举自己未读过的参考文献。对别人的结果不要随便怀疑。

(4)要坚持真理。如果实验结果和理论不符,不要迁就理论,而要指出理论的不符处。

① 本书作者的先父黄子卿(1900—1982)是化学家,曾任北京大学教授、中国科学院院士、中国化学会副会长。他于1962年曾接受《中国科学报》记者的采访,其记录经整理后刊登在1962年5月29日的报纸上。这篇文章很短,但精辟地谈了几个问题;绝大多数内容对今天的科学家(尤其是青年科学家)仍有很好的参考价值。故我们收入到本书中,供读者参考。

四、青年科学工作者的培养和提高

主要有四个方面:基本操作、外文和基本理论的掌握。

(1) 基本操作不对,实验结果就不准。

(2) 外文,最好精通俄、英、德三门外文。

(3) 要多读专业书,学习要踏实,一字一句地搞清楚。

(4) 对学物理、化学的人,数学是很重要的,但不能喧宾夺主。

诗二首

黄志洵

航天大发展有感

牛顿仍称百世师，
今朝光速已太迟；
神舟想象行吟处，
宇宙深空系梦思。
广寒宫里春寂寂，
荧惑山中日迟迟；
冥星翘首望稀客，
唯有织女似昔时。

（作于丙申年春）

注：

"广寒宫"指月球；"荧惑"指火星，西方称战神（Mars）；"冥星"句指
2015 年 NASA 航天器迫近冥王星；"织女"指织女星（天琴座 α），距地
球 26 光年。

八十述怀

此生此际不清心，
科学人文在胸襟；
痴迷偏爱微波久，
光速禁囚虑远行。
笔耕时恐惊晓梦，
友情温暖谢群英；
回首旧时风雨路，
碧色芳草又清明。

（作于丙申年春）

本书作者的学术著作自选目录(1958—2019)

一 论文

1. 电子测量理论与实验研究及电子仪器设计

用于电子测量仪器设计的 Wien 电桥理论. 宇航计测技术,1998,18(3),39 – 49.

调频信号频偏测量的理论研究. 无线电计量,1976(1):36 – 44.

超小型电子管直流弱电流负反馈放大器. 无线电计量,1974(2):51 – 63.

用细金属丝测量湍流和气体压强. 北京广播学院学报(自然科学版),1998,5(3):1 – 13.

用石英晶体测量真空度的实验研究. 见:《超光速研究及电子学探索》,国防工业出版社,2008.

VR – 2 型真空继电器. 真空技术报导,1975(4):56 – 60.

818 – C 型定温电阻真空计. 电子管技术,1979(2,3),48 – 57,40 – 49.

100 千赫频率稳定度自动记录仪. 无线电技术,1966(4):18 – 22.

小型超短治疗机的设计. 见:《现代物理学新进展》,国防工业出版社,2011.

计量学专用金属化 4.2K 至 1.3K 液氦杜瓦装置. 计量学报,1983,4(2):156 – 159.

计算机辐射的研究. 宇航计测技术,1993,12(5):8 – 19.

2. 微波理论与技术

广义散射矩阵及功率波理论的若干问题. 凯山计量,1985(2):1 – 15.

微波针灸仪的设计和针刺时微波功率从生物体内反射的测量. 应用科学学报,1983,2(1):185 – 187.

微波衰减测量技术的进展. 中国传媒大学学报(自然科学版),2010,17(1):1 – 11.

用于太空技术的微波推进电磁发动机. 中国传媒大学学报(自然科学版),2015,22(4):1 – 10.

3. 横电磁室理论与技术探索

美国 Narda 8801 型横电磁波传输室性能的测量. 电子工业标准化通讯,1983(5):21 – 26.

A new TEM transmission cell using exponential curved taper transition. Acta Metrologica Sinica,1992,13(2):127 – 132.

吉赫横电磁室的实验研究. 北京广播学院学报(自然科学版),1994(3):48 – 56.

横电磁传输室和吉赫横电磁室特性阻抗的准静态分析与计算. 计量学报,1994,15(3):167 – 174.

用于小型通信机测试的小型横电磁室和 GTEM 室. 北京广播学院学报(自然科学版),1999,6(1):1 – 8.

注:这里列出了本书作者在 60 年间(1958—2019)的主要学术著作,涉及多个学科领域. 选择原则是研究工作的创新性、深刻性和实用性. 其中少数有合作者,特此说明.

GTEM 室内场强分布的计算分析．计量学报,1997,18(1):63 – 71.

4. 电磁波、场的消失态理论

论消失态．中国传媒大学学报(自然科学版),2008,16(3):1 – 19.

波科学中的消失态理论．见:《微波和光的物理学研究进展》,国防工业出版社,2019.

消失态与 Goos – Hanchen 位移研究．中国传媒大学学报(自然科学版)2009,16(3):1 – 14.

消失场的能量关系及 WKBJ 分析法．中国传媒大学学报(自然科学版),2011,18(3):1 – 17.

消失模波导滤波器的设计理论与实验．中国传媒大学学报(自然科学版),2006,13(3):1 – 8.

表面等离子波研究．前沿科学,2016,10(4):54 – 67.

5. 截止波导理论

H_{11} 模截止衰减器误差分析．电子学报,1963,1(4):128 – 141.

圆截止波导衰减常数的精确公式．无线电计量,1975(2):13 – 20.

金属壁内生成氧化层对高精密圆截止波导传播常数的影响．凯山计量,1984(1):1 – 12.

波导截止现象的量子类比．电子科学学刊,1985(3):232 – 237.

Exact calculations to the propagation constant of circular waveguide below cutoff. Acta Metrologica Sinica,1987,8(4):267 – 270.

6. 圆、矩横截面波导的新方程

The general characteristic equation of circular waveguide and its solution. 中国科学技术大学学报,1991,21(1):70 – 77.

Attenuation properties of normal modes in coated circular waveguides with imperfectly conducting walls. Microwave and Opt. Tech. Lett,1993,6(6):342 – 349.

用介质片加载时矩形波导内的场分布．中国传媒大学学报(自然科学版)2007,14(2):1 – 9.

7. 光子理论

论单光子研究．中国传媒大学学报(自然科学版),2009,16(2):1 – 11.

光子是什么．前沿科学,2016,10(3):75 – 96.

虚光子初探．现代基础科学发展论坛 2010 年学术会议论文集,北京,2010.

单光子技术理论与应用的若干问题．中国传媒大学学报(自然科学版),2019,26(2):1 – 18.

8. 光速理论

"真空中光速 c"及现行米定义质疑．前沿科学,2014,8(4):9 – 24.

使自由空间中光速变慢的研究进展．中国传媒大学学报(自然科学版),2015,22(2):1 – 13.

试论林金院士有关光速的科学工作．前沿科学,2016,10(4):4 – 17.

9. 超光速问题研究

Forty years research of faster – than – light—review and prospects. Engineering Sciences,2005,3(1):16 – 22.

无源媒质中电磁波的异常传播．中国传媒大学学报(自然科学版),2013,20(1):4 – 20.

超光速物理学研究的若干问题. 中国传媒大学学报(自然科学版),2013,20(6):1 – 19.

论有质粒子作超光速运动的可能性. 中国传媒大学学报(自然科学版),2015,22(3):1 – 16.

电磁源近场测量理论与技术研究进展. 中国传媒大学学报(自然科学版),2015,22(5):1 – 18.

论 1987 年超新星爆发后续现象的不同解释. 前沿科学,2015,9(2):39 – 52.

以量子非局域性为基础的超光速通信. 前沿科学,2016,10(1):57 – 78.

突破声障与突破光障的比较研究. 中国传媒大学学报(自然科学版),2019,26(4):1 – 9.

10. 电磁波负性运动及物理学负参数研究

Superluminal and negative group velocity in the electromagnetic wave propagation. Engineering Sciences,2003,1(2),35 – 39.

负波速研究进展. 前沿科学,2012,6(4):46 – 66.

电磁波负性运动与媒质负电磁参数研究. 中国传媒大学学报(自然科学版)2013,20(4):1 – 15.

负能量研究:内容、方法和意义. 前沿科学,2013,7(4):69 – 83.

用具有负介电常数的模拟光子晶体同轴系统获得负群速. 中国传媒大学学报(自然科学版),2013,20(5):21 – 23.

量子隧穿时间与脉冲传播的负时延. 前沿科学,2014,8(1):63 – 79.

负 Goos – Hanchen 位移的理论与实验研究. 中国传媒大学学报(自然科学版),2014,21(1):1 – 15.

Negative Goos – Hanchen shifts with nano – metal – films on prism surface. Optics Communication,2014,313:123 – 127.

Negative group veloup velocity pulse propagation through a left handed transmission lime. http://ar Xiv. orglabs//502. 04176,2015.

11. 引力理论与引力波

引力理论和引力速度测量. 中国传媒大学学报(自然科学版),2015,22(6):1 – 20.

试评 LIGO 引力波实验. 中国传媒大学学报(自然科学版)2016,23(3):1 – 11.

LIGO experiments cannot detect gravitational waves by using Michelson in terferometers. Journal of Modern physics,2016(7):1749 – 1761.

对引力波概念的理论质疑. 前沿科学,2017,11(4):68 – 87.

美国 LIGO 真的发现了引力波吗？ http://blog. sciencenet. cn/blog – 1354893 – 116029. html, 2019 英译:Did the American LIGO really find out the gravitational waves?

12. 量子理论及量子信息学探索

非线性 Schrodinger 方程及量子非局域性. 前沿科学,2016,10(2):50 – 62.

相对论性量子力学是否真的存在. 前沿科学,2017,11(4):12 – 38.

Casimir 效应与量子真空. 前沿科学,2017,11(2):4 – 21.

试论量子通信的物理基础. 中国传媒大学学报(自然科学版),2018,25(5):1 – 16.

试评量子通信技术的发展及安全性问题. 中国传媒大学学报(自然科学版),2018,25(6):1 – 13.

13. 其他

影响物理学发展的 8 个问题. 前沿科学,2013,7(3):59 – 85.

预测未来的科学. 中国传媒大学学报(自然科学版),2014,21(4):1 – 13.

大爆炸宇宙学批评．中国传媒大学学报(自然科学版),2015,22(1):4－19.

论寻找外星智能生命．前沿科学,2015,9(4):30－39.

建设具有中国特色的自然科学．前沿科学,2015,9(1):51－65.

再论建设具有中国特色的基础科学．中国传媒大学学报(自然科学版),2016,23(4):1－14.

二　书籍

1. 截止波导理论导论．北京:中国计量出版社,初版1982,再版1991.

2. 微波传输线理论与实用技术．北京:科学出版社,1996.

3. 美的风姿．重庆:重庆出版社,1999.

4. 超光速研究——相对论、量子力学、电子学与信息理论的交汇点．北京:科学出版社,1999.

5. 超光速研究新进展．北京:国防工业出版社,2002.

6. 超光速研究的理论与实验．北京:科学出版社,2005.

7. 超光速研究及电子学探索．北京:国防工业出版社,2008.

8. 波科学的数理逻辑．北京:中国计量出版社,2011.

9. 现代物理学研究新进展．北京:国防工业出版社,2011.

10. 波科学与超光速物理．北京:国防工业出版社,2014.

11. 超光速物理问题研究．北京:国防工业出版社,2017.

12. 微波和光的物理学研究进展．北京:国防工业出版社,2020.

汉字笔画索引

六画

七画

内 容 简 介

本书是论述微波物理和光物理的论文集,共 28 篇论文。全书共分 6 个部分。第 1 部分(电磁波、场的消失态理论)和第 2 部分(截止波导理论)关系密切,10 篇论文呈现了作者在这一领域的突出贡献。第 3 部分(金属壁波导新方程及导波系统新结构)有 4 篇文章,是创新研究,是周密思维的成果。第 4 部分(电磁波负性运动及物理学中的负参数),用 4 篇文章展示了一个独特的研究领域,建立了关于电磁波的新思想;指出电磁参数可能为负及电磁波的负性运动都是普遍存在的。第 5 部分(超光速、引力波问题研究)包含 5 篇论文,反映了作者所做的若干研究工作和基础物理理论观点。第 6 部分(量子理论和量子信息学)有 5 篇文章,突出地论述了负能真空、相对论性量子力学、量子通信、单光子束、Proca 波方程等内容。

本书写作严谨、内容丰富实在,有许多原创性思想和贡献。本书对科学家、工程师有益,可供大专院校师生阅读,对物理学家、电子学家、计量学家、航天专家尤有参考价值。

This book is a collection of works on the microwave physics and light physics, it consisting of 28 papers. The book is divided into six parts. Part one, "Theory of Evanescent State in EM – waves and EM – fields"; Part two, "Theory of Waveguide Below Cutoff"; They two are very close to each other, 10 papers are outstanding achivements of the author. Part three, "The New Equation of Metal – wall Waveguide and the New Structure of Guided System", contains 4 papers, and they are the original results in study, obtained by consider carefully. Part four, "The Negative Characteristic EM – wave Motion and the Negative Parameters on Physics", contains 4 papers, we gives a special research area and established a new idea for EM – waves. We say the possibility of EM – parameters become negative or negative characteristic motion of EM – waves can exist everywhere. Part five, "Research of Faster – than – Light (Superluminal) and the Gravitational Waves", contains 5 papers. In these articles the brilliant expositions of author's view – points permeated in the basic physical theory. Part six, "Quantum Theory and Quantum Information Technology", this is a glaring explanation on the concepts of negative energy vacum, relativity quantum mechanics, quantum communication, single photons, Proca wave equation, etc.

This book has substantial content, it with many original thoughts and contributions. The book is valuable for scientists, engineers, teachers, and postgraduate students; especially for physicists, electronists, metrologists, and specialist of space – flight.

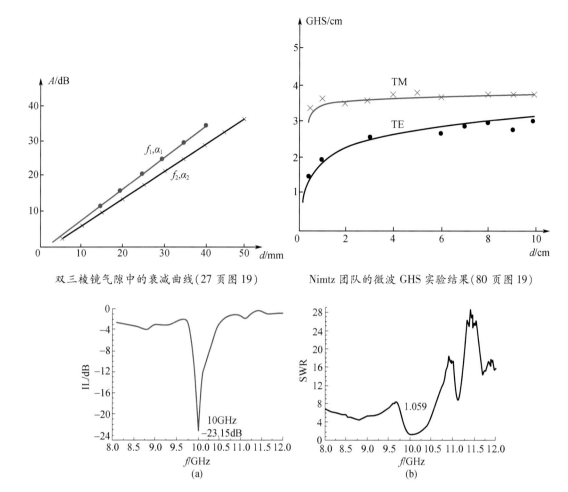

双三棱镜气隙中的衰减曲线(27 页图 19)

Nimtz 团队的微波 GHS 实验结果(80 页图 19)

自行研制的滤波器的 ANA 测量结果(110 页图 17)

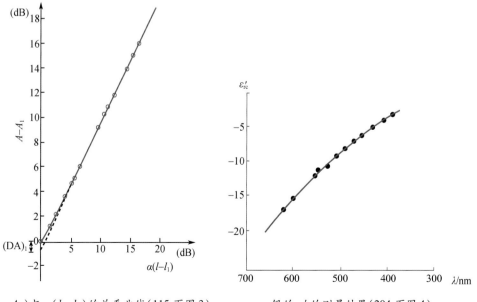

$(A-A_1)$ 与 $\alpha(l-l_1)$ 的关系曲线(115 页图 3)

银的 ε_{rc}' 的测量结果(204 页图 4)

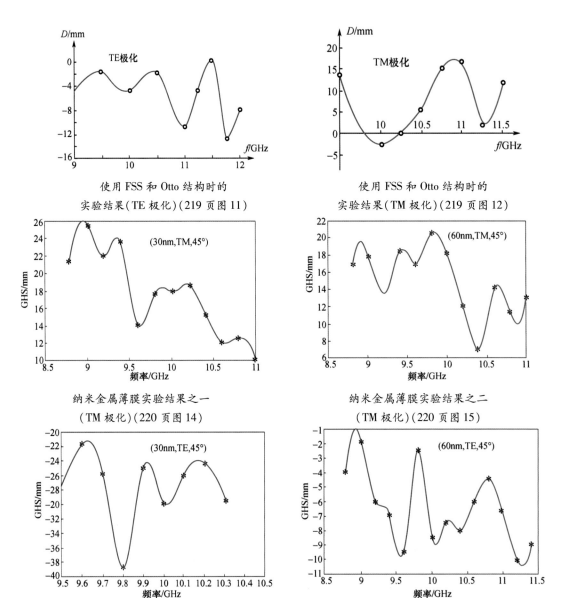

使用 FSS 和 Otto 结构时的
实验结果(TE 极化)(219 页图 11)

使用 FSS 和 Otto 结构时的
实验结果(TM 极化)(219 页图 12)

纳米金属薄膜实验结果之一
(TM 极化)(220 页图 14)

纳米金属薄膜实验结果之二
(TM 极化)(220 页图 15)

纳米金属薄膜实验结果之三(TE 极化)(220 页图 16)　纳米金属薄膜实验结果之四(TE 极化)(220 页图 17)

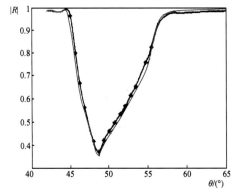

本文实验结果(点线为棱镜 1 的 ATR 谱;
星线为棱镜 2 的 ATR 谱)(95 页图 13)

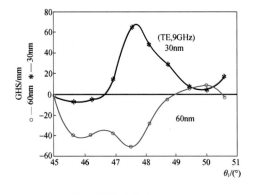

纳米金属薄膜实验结果之五
(TE 极化)(221 页图 18)

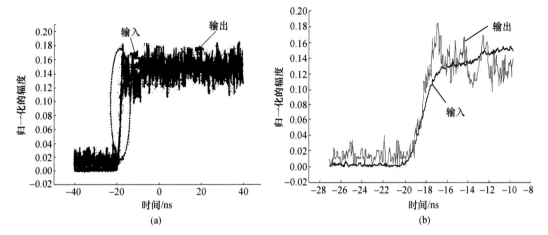

(a)

(b)

（a）在频率为5.94GHz时的波形图,输出波形超前于输入波形,输出波形有
失真并伴有噪声干扰;（b）图（a）中椭圆曲线的放大波形,明显地看出输出波形的超前。(241页图4)

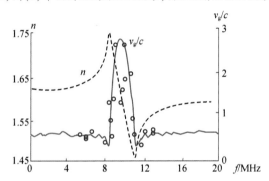

中国传媒大学研究组的计算和实验情况（∘代表实验值）(274页图8)

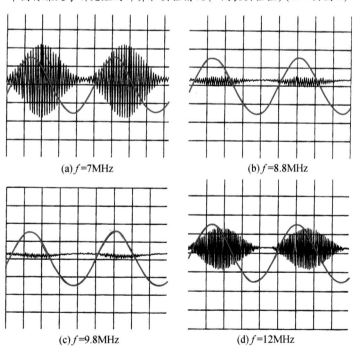

(a) f=7MHz

(b) f=8.8MHz

(c) f=9.8MHz

(d) f=12MHz

实验中的波形观测(275页图9)

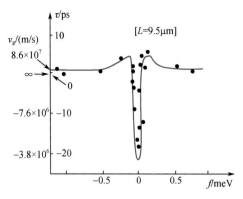

最早的 NGV 实验结果（293 页图 2）

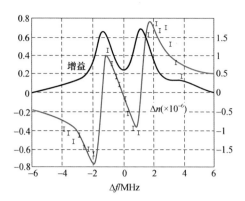

WKD 实验中折射率变量 Δn 和增益 G
测量结果（296 页图 4）

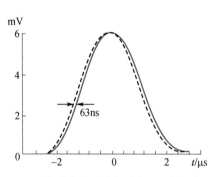

WKD 实验中的脉冲超前（296 页图 5）

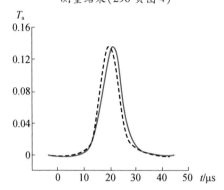

陈徐宗小组实验中的脉冲超前（298 页图 6）

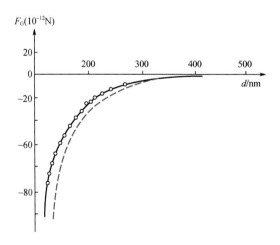

Casimir 力测量结果示意（380 页图 2）

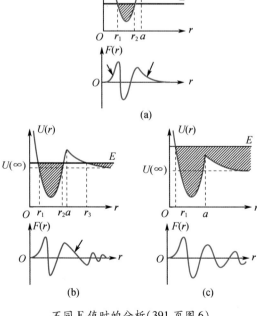

不同 E 值时的分析（391 页图 6）
（a）传导模；（b）泄漏模；（c）辐射模。